Les maladies des plantes maraîchères

Les maladies des plantes maraîchères

3ᵉ édition

Charles-Marie MESSIAEN, Dominique BLANCARD,
Francis ROUXEL et Robert LAFON

INSTITUT NATIONAL DE LA RECHERCHE AGRONOMIQUE
147, rue de l'Université, 75007 Paris

DU LABO AU TERRAIN

Ouvrages parus dans la même collection :

Combattre les ravageurs des cultures : enjeux et perspectives
G. RIBA, Christine SILVY
1989, 230 p.

Ennemis et maladies des prairies
G. RAYNAL, J. GONDRAN,
R. BOURNOVILLE, M. COURTILLOT éd.
1989, 252 p., 39 pl. couleur

Cultures florales de serre en zone méditerranéenne française
Eléments climatiques et physiologiques
Coédition INRA-PHM Revue Horticole
E. BERNINGER
1990, 208 p.

Cultures en pots et conteneurs
Principes agronomiques et applications
Coédition INRA-PHM Revue Horticole
F. LEMAIRE, A. DARTIGUES, L.-M. RIVIERE, S. CHARPENTIER
1990, 184 p.

Le canard de Barbarie
B. SAUVEUR, H. de CARVILLE éd.
1990, 182 p.

L'escargot *Helix aspersa*
Biologie-élevage
J.C. BONNET, P. AUPINEL, J.L. VRILLON
1990, 124 p.

Les herbicides : mode d'action et principes d'utilisation
R. SCALLA, éd.
1991, 464 p.

© INRA, Paris, 1991
ISBN : 2-7380-0286-2
ISSN : 1150-3564

EPIGRAPHE

...And agarics, and fungi with mildew and mould
Started like mist from the wet ground cold
Pale, fleshy, as if the decaying dead
With a spirit of growth had been animated...
...The Sensitive plant, like one forbid
Wept, and the tears within each lid
Of its folded leaves, which together grew,
Were changed in a blight of frozen glue...

« ***The Sensitive Plant*** ». P.B. SHELLEY, 1820

...Et des agarics, et des champignons, avec du mildiou et de la moisissure
Jaillirent comme un brouillard de la terre humide et froide
Pâles, charnus comme si les morts en se décomposant
Avaient été animés d'un esprit de croissance...
...La plante sensitive, comme une exilée
Pleurait, et les larmes dans chacune des paupières
De ses feuilles repliées et entrelacées
Se changeaient en une flétrissure de glu gelée...

REMERCIEMENTS

Ils iront tout d'abord à la Direction et au Service des Editions de l'INRA, qui ont suscité la réédition et la remise à jour d'un ouvrage déjà désuet. Mais les quatre auteurs mentionnés n'ont pas été les seuls à contribuer à ce nouveau texte. Nous tenons à remercier ici les diverses personnes *, pour la plupart agents de l'INRA, qui ont participé à l'ouvrage par apport d'informations originales, de documentation, ou par lecture critique de certains paragraphes :

— à l'INRA-Montfavet : K. GEBRÉ-SELASSIÉ, **H. LECOQ,** J.P. LEROUX, **H. LOT,** G. MARCHOUX, P.M. MOLOT (Pathologie végétale) ; **H. LATERROT, M. PITRAT,** P. PÉCAUT (Amélioration des Plantes).

— à l'INRA-Antilles-Guyane : G. JACQUA, P. PAUVERT, P. PRIOR, A. TORIBIO (Pathologie végétale) ; G. ANAÏS, G. ANO (Amélioration des Plantes) ; M. CLAIRON (Agronomie).

— à l'INRA-Rennes-Le Rheu : C. KERLAN, **A. MIGLIORI.**

— à l'INRA-ENSA Montpellier : B. ALLIOT, A. BEYRIES, P. DAVET, J.B. QUIOT, P. SIGNORET, A. VIGOUROUX (Biologie et Pathologie végétale) ; F. LECLANT (Zoologie).

— à la Station INRA-USTL-CNRS de Saint-Christol-lès-Alès : J. GIANOTTI.

— à l'INRA-GRISP d'Antibes : F. BERTAUX.

— à l'INRA-Dijon : P. CAMPOROTA.

— à l'INRA-Angers : Mme R. SAMSON.

— à l'INRA-Versailles : Mme M. LEMATTRE, J. SCHMIT, D. SPIRE (Pathologie végétale) ; **H. BANNEROT, R. COUSIN,** Mlle **B. MAISONNEUVE** (Amélioration des Plantes).

Sans oublier la participation de H. MUGNIER (Rhône-Poulenc Agrochimie) au « Répertoire mycologique ».

---

* Elles sont citées par ordre alphabétique, les caractères gras indiquant les contributions les plus importantes.

AVANT-PROPOS

Vingt ans séparent cette édition des « Maladies des plantes maraîchères » de la précédente. Que de nouveautés apparues pendant cette période !

Celles qui nous paraissent les plus intéressantes concernent :

— les progrès des méthodes de diagnostic ;

— l'organisation du monde des virus en groupes reposant sur des affinités profondes ;

— les progrès incessants dans l'acquisition des résistances variétales, la meilleure connaissance des stratégies de leur utilisation, le perfectionnement de l'outil génétique (ex. : haplo-diploïdisation).

Cet enthousiasme est cependant entaché d'amertume, en ce qui concerne la lutte chimique contre les maladies cryptogamiques : rien de nouveau concernant les bactéries qui s'adaptent au Cuivre et, à l'horizon, la faillite des fongicides, sinon vis-à-vis de tous les champignons phytopathogènes, mais à l'encontre de certains « outsiders » comme *Botrytis cinerea*. Dans le même temps l'artificialisation des méthodes de culture, en particulier en culture abritée, donne leur chance à des parasites autrefois obscurs, exotiques, ou totalement imprévus, comme le *Penicillium* qui rivalise aujourd'hui avec le *Botrytis* sur Concombres de serre...

Cette situation est d'autant plus inquiétante que l'interdiction des dithiocarbamates — seuls fongicides auxquels les champignons, semble-t-il, ne s'accoutument pas — se profile à l'horizon...

Nous ne blâmons certes pas l'acharnement et le sérieux avec lequel les spécialistes phytosanitaires, qu'ils soient officiels ou privés, expérimentent nouvelles matières actives, formulations ou mélanges. Nous nous réjouissons de l'intérêt, plus marqué qu'il y a 20 ans, qu'ils manifestent (législation oblige) pour les plantes maraîchères.

Mais ne serait-il pas temps de consacrer au moins autant de temps et de dévouement à l'étude de solutions alternatives ?

Pourquoi le cacher ? C'est aux maraîchers « biologiques » que vont notre plus grande sympathie et notre déception de ne pouvoir mieux les aider, compte tenu de nos connaissances actuellement fragmentaires sur la lutte biologique contre les maladies des plantes.

Ils nous déçoivent cependant un peu aujourd'hui, en tolérant l'usage du Cuivre — hérésie écologique majeure à long terme — sans doute corrélative à une certaine perte de foi dans les vertus « assainissantes » de leurs méthodes.

— Comment, avec des moyens simples et peu coûteux, grâce à des amendements organiques obtenus sur l'exploitation même, ou à partir de déchets sans valeur, favoriser au maximum une flore antagoniste efficace dans le sol ?

— Vaut-il mieux compter sur les *Trichoderma* en sol acide, sur les Actinomycètes et les *Pseudomonas* fluorescents en sol calcaire ?

— Peut-on espérer un effet systémique ascendant de cette flore antagoniste qui, conjugué avec des résistances partielles du végétal, soit efficace vis-à-vis des maladies des organes aériens des plantes ?

— Existe-il vraiment des extraits de plantes terrestres ou marines, fermentés ou non, utilisables en pulvérisation contre les maladies ?

Autant de questions auxquelles il vaudrait la peine de consacrer un effort de recherche, et auxquelles nous formons le vœu qu'une quatrième édition — dans dix ans, dans vingt ans ? — pourra apporter des réponses, donnant ainsi, pour la pathologie végétale, des bases scientifiques à un véritable maraîchage biologique.

C.M. MESSIAEN - Avril 1990

(Cet avant-propos n'engage que son auteur, et non tous les auteurs de l'ouvrage...)

SOMMAIRE

I
LE DIAGNOSTIC

Tout symptôme sur une plante qui n'est pas manifestement causé par un insecte visible à l'œil nu sera qualifié de « maladie », par le maraîcher. Il n'y a pas toujours relation univoque entre symptôme et cause. Par exemple, sur feuillage ou fruits on peut confondre avec des maladies des dégâts d'acariens invisibles à l'œil nu, conduisant à des déformations ou nécroses dont nous traiterons brièvement dans les chapitres qui suivent.

Sur les parties souterraines des plantes, il est souvent difficile de déterminer à première vue la part que prennent de mauvaises conditions de sol, des microorganismes pathogènes ou des nématodes dans un mauvais développement, une nécrose ou une hypertrophie. Nous ferons donc allusion aux **nématodes**, à côté des agents parasitaires qui provoquent à proprement parler les maladies des plantes maraîchères : **champignons, bactéries, mycoplasmes** et **virus** — sans oublier les cas de « **maladies non parasitaires** ».

I. Maladies non parasitaires

Les causes des maladies non parasitaires sont très variées, mais se ramènent très généralement à des conditions de milieu défavorables : carence (vraie, ou induite) ou excès de tel ou tel élément minéral, excès d'humidité, alimentation en eau insuffisante — ou succession brusque de ces deux situations — présence dans le sol ou l'atmosphère de produits toxiques (traces d'herbicides, métaux lourds).

Il y a interaction entre ces facteurs et le génotype de la plante, diverses variétés de la même espèce peuvent se montrer plus ou moins sensibles à ces facteurs défavorables.

Ces « maladies non parasitaires » relèvent donc plutôt de l'Agronomie ou de la Physiologie que de la Pathologie végétale.

Une série de maladies non parasitaires mérite cependant d'être mentionnée ici : celle des affections provoquées par le manque de calcium dans certains fruits charnus (ex. : Tomate) ou organes de réserve (ex. : Céleri-rave).

Le calcium migre beaucoup moins vite dans les végétaux que les autres éléments ; il ne semble pas qu'il puisse être transporté par voie vasculaire, mais qu'il progresse plutôt dans les parenchymes. Comme c'est de cet élément que dépend la solidité du ciment pectique qui forme la lamelle moyenne réunissant entre elles les cellules, son absence rend les tissus beaucoup plus sensibles au *collapsus* provoqué par un manque d'eau temporaire. Pouvant apparaître sans aucun lien avec la teneur en calcium du sol, ces maladies nécrotiques dues à des carences en calcium dans certains organes sont favorisées par une croissance trop luxuriante, les doses excessives d'azote (en particulier ammoniacal), la carence en bore. La Nécrose apicale des tomates, le Cœur noir du Céleri en sont les exemples les mieux connus. Certains aspects de la Nécrose marginale des feuilles de laitue pourraient y être rattachés.

II. Champignons

L'examen microscopique montre que toutes les structures des champignons sont formées de filaments libres ou entrelacés dont l'ensemble est désigné sous le nom de **mycélium** — tout au moins pour les quatre groupes les plus importants : Oomycètes, Zygomycètes, Ascomycètes, Basidiomycètes. On rattache traditionnellement aux champignons des organismes dépourvus de mycélium, Myxomycètes et Archimycètes (tabl. 1 et fig. 1).

Tableau 1

	Forme végétative	Reproduction asexuée	Reproduction sexuée
Myxomycètes	Plasmodes	Zoospores	Zygotes de nature diverse
Archimycètes	Cellules et kystes divers	Zoospores	
Oomycètes	Mycélium non cloisonné	Sporanges produisant des zoospores ou se conduisant comme conidies	Oospores
Zygomycètes	Mycélium non cloisonné	Sporanges produisant des sporangiospores, conidies	Zygospores
Ascomycètes	Mycélium cloisonné	Conidies, chlamydospores, sclérotes	Asques contenant des ascospores
Basidiomycètes	Mycélium cloisonné	Ecidiospores, urédospores (chez les Rouilles), sclérotes	Basides produisant des basidiospores

Les filaments mycéliens, dans la plupart des cas, produisent des **spores**. Elles peuvent provenir d'un processus de reproduction végétative, on appelle alors **zoospores** celles qui sont mobiles grâce à des flagelles, **conidies** celles qui sont disséminées passivement. Les **chlamydospores** sont des conidies à paroi épaisse assurant une longue conservation.

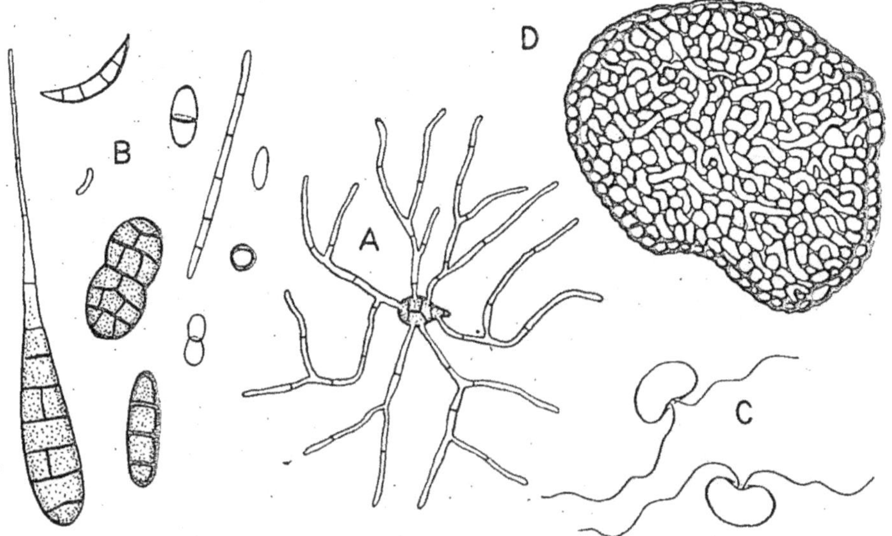

Figure 1.
A : Conidie d'*Alternaria* en germination produisant des filaments mycéliens.
B : Diverses formes de conidies.
C : Zoospores nageuses d'un Phycomycète.
D : Coupe d'un sclérote.

On appelle **sclérotes** des organes de conservation de plus grande taille, formés de filaments entrelacés (fig. 1).

Les conidies sont le plus souvent portées par des organes spécialisés, les **conidiophores**. Ceux-ci prennent naissance, soit isolément, soit groupés en fructifications de type **acervule, sporodochium** ou **pycnide** (fig. 2).

Quand des processus sexués ont lieu chez les champignons ils aboutissent à la formation de spores auxquelles on donne des noms spéciaux : **oospores, zygospores, ascospores, basidiospores** (fig. 3).

On appelle **forme imparfaite** * d'un champignon la forme de reproduction végétative, **forme parfaite** * celle qui aboutit au processus sexué. Souvent, surtout chez les Ascomycètes, les formes parfaite et imparfaite d'un même champignon portent des noms différents.

Les champignons dont la forme parfaite est inconnue sont réunis dans le groupe artificiel des « *Fungi imperfecti* » ou **Adélomycètes**. Il s'agit le plus souvent de formes imparfaites correspondant à telle ou telle famille d'Ascomycètes.

Sans entrer plus en détail dans la systématique des champignons, nous envisagerons, du point de vue pratique, les principaux groupes nuisibles aux plantes maraîchères.

---

* Ou, dans certaines publications récentes : « *anamorphe* » et « *téléomorphe* ».

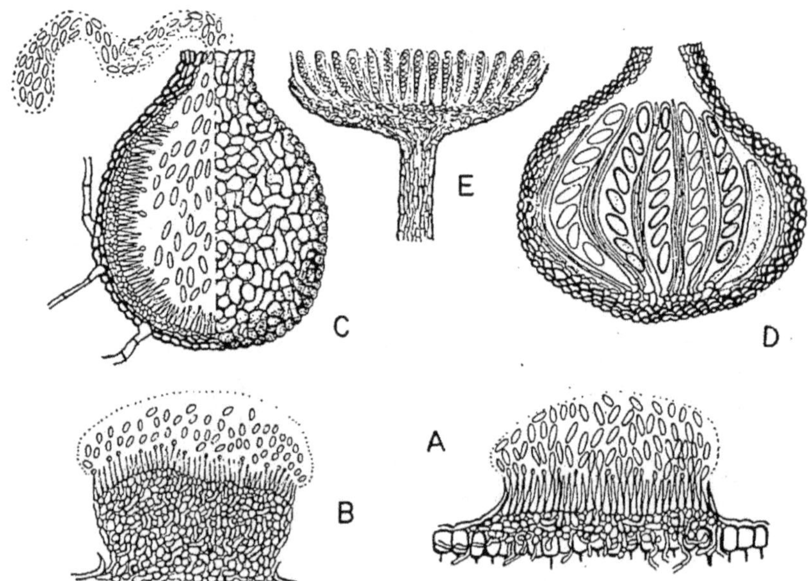

Figure 2. — Coupes de fructifications complexes
A : Acervule ; **B** : Sporodochium ; **C** : Pycnide ; **D** : Périthèce ; **E** : Apothécie.

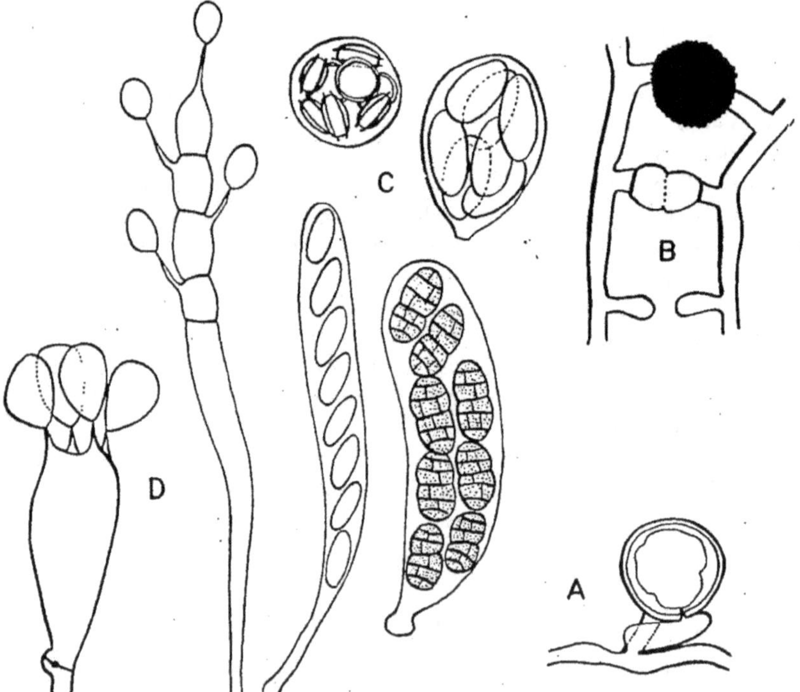

Figure 3. — Formes parfaites des champignons
A : Oospore ; **B** : Zygospore ; **C** : Asques ; **D** : Basides.

Myxomycètes et Archimycètes

Ces « champignons » dépourvus de mycélium ne forment pas un ensemble homogène, ce que révèle en particulier la nature de leurs zoospores : pour-- vues d'un seul flagelle postérieur chez les **Olpidiacées** (famille qui nous intéresse parmi les **Archimycètes**, unicellulaires), biflagellées chez les **Plasmo- diophoracées** (famille qui nous concerne parmi les **Myxomycètes**, caractérisés par leurs **plasmodes**, masses cellulaires plurinucléées). Ce sont tous des microorganismes aquatiques ou telluriques.

Les espèces de ces deux familles qui attaquent les plantes maraîchères sont peu nombreuses : elles peuvent provoquer des dégâts, soit par elles-mêmes, comme *Spongospora subterranea* (Tomate, Cresson) ou *Plasmodiophora bras- sicae* (Crucifères) qui seront décrits dans les chapitres suivants, soit de façon indirecte.

Ne provoquant que des dégâts peu nets par eux-mêmes, mais au contraire importants comme vecteurs de virus, nous mentionnerons ici les *Olpidium* et les *Polymyxa* (fig. 4).

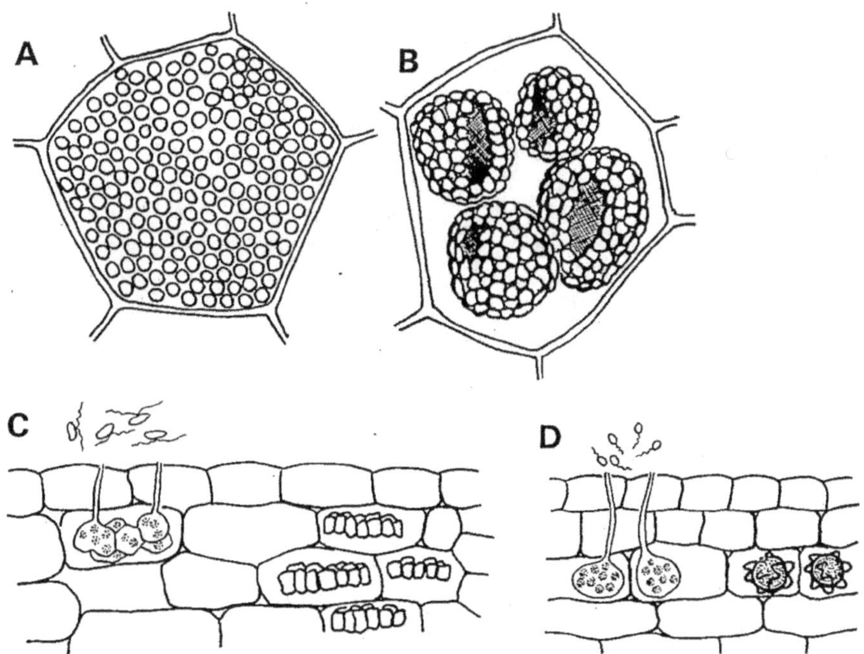

Figure 4. — Myxomycètes et Archimycètes.
A : *Plasmodiophora* : spores de conservation sans aucun lien entre elles dans la cellule géante.
B : *Spongospora* : spores de conservation réunies en sphères creuses.
C : *Polymyxa* : zoosporanges multiples, pas de cellules géantes, spores de conservation en petits groupes.
D : *Olpidium*, sporanges et kystes.

Les *Olpidium* sont vecteurs des virus du groupe de la Nécrose du Tabac, du « *Big vein* » de la laitue et d'un certain nombre de virus sur Cucurbitacées. On distingue aujourd'hui chez *Olpidium brassicae* une race inféodée aux Crucifères, et une autre attaquant la laitue, et de nombreuses autres plantes, tout spécialement vectrice de virus. Ces *Olpidium* de type « *brassicae* » ont des kystes de conservation (pouvant survivre 7 ans dans le sol) à parois verruqueuses. *Olpidium radicale* (comprenant *O. cucurbitacearum*) a des kystes à paroi lisse, la souche « Cucurbitacées » est vectrice de virus sur cette famille.

Les *Olpidium* se sont adaptés de façon très étonnante à la culture hydroponique, en particulier à la méthode du « film nutritif ». On a donc vu apparaître sur ce type de cultures, çà et là, d'importants dégâts des virus dont ils sont vecteurs. Leur prolifération dans ce type de cultures peut être freinée par addition de mouillants non ioniques dans la solution nutritive (ex. : nonyl phénol éthoxylé, vendu comme mouillant pour les bouillies herbicides, à 20 ppm).

Les *Polymyxa* (Plasmodiosphoracées) sont vecteurs de virus sur céréales (*P. graminis*) et sur betterave (*P. betae*) v. « Rhizomanie de la Betterave », chapitre XII).

Saprolégniales

Les Saprolégniales sont, comme les Péronosporales (chapitre suivant) des Oomycètes. Elles s'en distinguent par le mode de production des zoospores, émises d'abord sous forme de petits corps globuleux sortant d'un sporange allongé, qui eux-mêmes émettent des zoospores (germination « achlyoïde », fig. 5). La plupart des Saprolégniales se distinguent aussi des Péronosporales par la présence de plusieurs oospores dans l'oogone — mais non le genre *Aphanomyces*, parasite des plantes supérieures, qui forme ses oogones et ses oospores de la même manière que les *Pythium*. Les affinités *Aphanomyces-Pythium* se traduisent aussi par leurs sensibilités communes à certains fongicides (v. chap. II).

Nous retrouverons le genre *Aphanomyces* sur Pois, Haricot, Betterave et Radis.

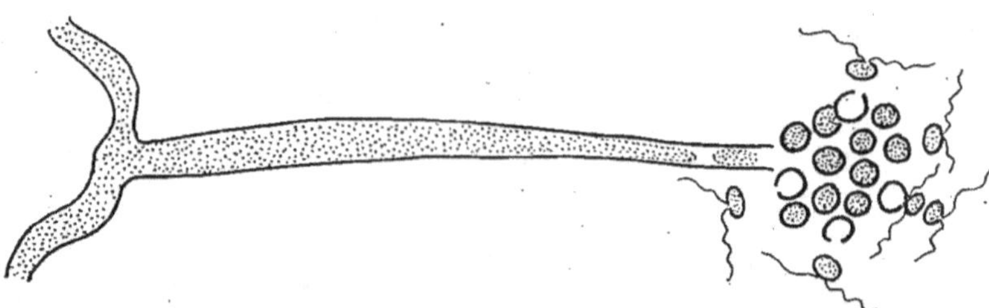

Figure 5. — Germination « achlyoïde » d'un sporange filamenteux d'*Aphanomyces* : des spores primaires s'enkystent en groupe à l'extrémité du sporange, puis germent pour donner des zoospores secondaires.

Péronosporales
(Pythiacées du sol, Mildious, Rouilles blanches)

La plupart des **Pythiacées** (*Pythium, Phytophthora*) sont restées des organismes telluriques attaquant de préférence les racines, les organes souterrains et le collet des plantes.

• Les *Pythium* constituent un élément permanent de la microflore des sols. On peut y distinguer deux grandes catégories : les **Nématosporangiés** (sporanges lobés irréguliers) et les **Sphérosporangiés** (sporanges sphériques) (fig. 6 A,B).

Dans les deux catégories, on rencontre des espèces peu spécialisées pouvant attaquer de nombreuses plantes. Dans les climats tempérés le type en est *P. ultimum* (sphérosporangié), qui provoque des pourritures de graines avant émergence, en sol froid ou asphyxiant. Une fois la plantule émergée, les attaques à l'extrémité des racines (toujours en sol humide et frais) peuvent réduire leur vigueur et leur donner un aspect « coralloïde » *.

La germination des formes de conservation des *Pythium* de type *ultimum* dans le sol (oospores, conidies enkystées) est stimulée par les exsudations glucidiques et aminées des graines en germination. Certaines variétés aux grains de haute valeur gustative (pois ridés, haricots flageolets verts, maïs sucré) dont l'amidon n'est pas totalement polymérisé, exsudent plus de sucres que les cultivars courants au cours de la germination, et sont particulièrement sensibles aux *Pythium*.

Dans les régions tropicales, des nématosporangiés dont le type est *P. aphanidermatum* peuvent aussi montrer une agressivité non spécifique : ils attaquent latéralement la radicule et l'hypocotyle en sol chaud et humide, et provoquent surtout des fontes de semis après émergence. Les fortes pluies qui disséminent les zoospores favorisent ce type de dégât.

P. aphanidermatum a été récemment détecté en culture hydroponique dans les pays tempérés, provoquant des pourritures de racines.

Il existe aussi des *Pythium* beaucoup plus spécialisés, dont les formes de conservation ont probablement besoin d'exsudats spécifiques de la racine de leur plante-hôte pour pouvoir germer. Leurs dégâts seront décrits dans les chapitres suivants (ex. : Carotte, Laitue).

• Les *Phytophthora* se distinguent des *Pythium* par leurs sporanges pourvus de papilles (fig. 6 C). La plupart sont, comme les *Pythium*, des champignons du sol, quoique moins aptes à la vie saprophytique. Ils provoquent des pourritures des racines et du collet sur des plantes en voie de croissance ou en cours de production. Des organes aériens (ex. : fruits de Solanées ou Cucurbitacées) peuvent être atteints au contact du sol ou par projection de terre au cours de pluies violentes.

La lutte contre les *Phytophthora* du sol repose notamment sur l'amélioration des pratiques culturales : drainer, éviter de faire couler l'eau d'irrigation au pied des plantes.

---

* Ce symptôme, appelé en anglais « *stubby root* » peut être causé aussi par des nématodes ectoparasites, les *Trichodorus*.

Figure 6.

A : *Pythium* nématosporangié.

B : *Pythium* sphaerosporangié.

C : Un *Phytophthora* du sol (on peut observer de telles structures en faisant incuber 24 à 48 h des rondelles de culture sur gélose dans des boîtes de Pétri contenant de l'eau distillée ou, dans les cas les plus rebelles, une dilution de terre).

D : Coupe de feuille de pomme de terre attaquée par *Phytophthora infestans* (d'après Limasset).

On peut essayer de pulvériser la base des plantes avec des fongicides efficaces sur les Péronosporales, ou ajouter des fongicides solubles à l'eau d'irrigation (exemple « Nabame ») dans le cas d'irrigation à la raie, ou localisée. Ces méthodes d'irrigation sont beaucoup plus favorables à la propagation de ce type de *Phytophthora* que l'irrigation par aspersion.

● On réunit en français sous le nom de **Mildious** * les *Phytophthora* qui se sont adaptés à la vie aérienne, en perdant presque complètement leurs aptitudes saprophytiques (fig. 6 D) et les **Péronosporacées**, qui sont allées encore plus loin dans cette évolution et sont devenues des **parasites stricts**, non cultivables *in vitro* (fig. 7).

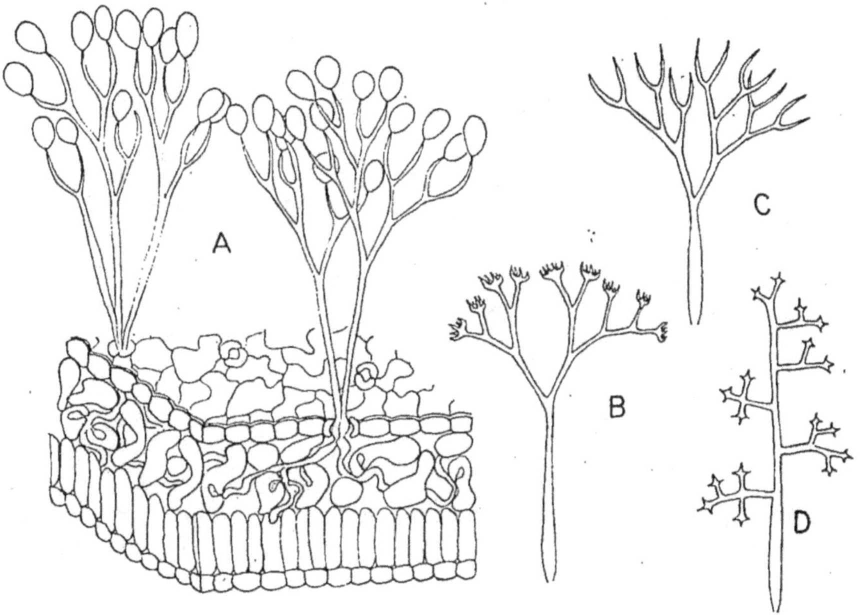

Figure 7.
A : Coupe d'une feuille attaquée par un *Peronospora*.
B, C, D : Forme des conidiophores chez les Péronosporacées : *Bremia* (B), *Peronospora* (C) et *Plasmopara* (D).

Dans les deux cas, le mycélium évolue dans le parenchyme foliaire, en envoyant des **suçoirs** dans les cellules. Les « conidiophores » émergent par les stomates et portent des zoosporanges que l'on appelle aussi « Conidies » — parfois à juste titre car, de façon facultative ou régulière (ex. : *Peronospora*, *Bremia*) elles peuvent germer directement par un filament, au lieu d'émettre des zoospores.

---

* La terminologie anglaise est différente : le terme *downy mildews* est réservé aux Péronosporacées, on appelle « *blights* » les dégâts provoqués par les *Phytophthora* à dissémination aérienne.

Ainsi les *Peronospora* n'ont pas besoin d'eau liquide à la surface des feuilles pour contaminer leurs hôtes, l'humidité saturée leur suffit (contrairement aux *Pseudoperonospora*, émetteurs de zoospores).

● Les **Albuginacées**, communément appelées « **Rouilles blanches** » font elles aussi partie des Péronosporales, leur biologie est voisine de celle des Péronosporacées bien que la forme des conidiophores soit toute différente (fig. 8). Ils sont réunis en petits coussinets blancs, qui font éclater l'épiderme, libérant une poudre blanche formée de conidies.

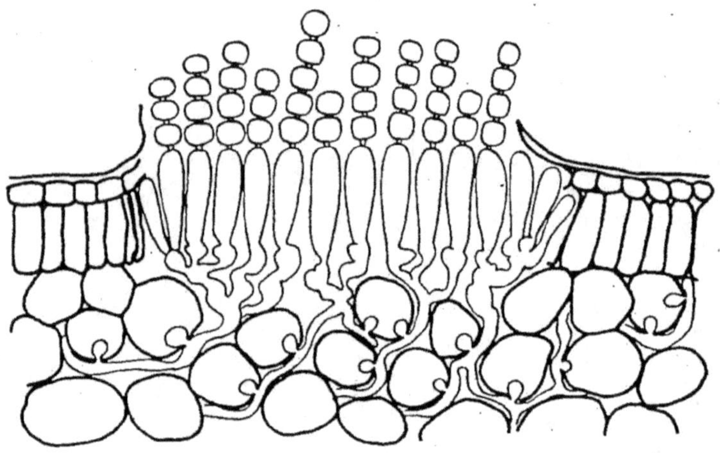

Figure 8. — Coupe d'une feuille envahie par un *Albugo* (Rouille blanche).

On peut, par exemple, sur Capselle, observer côte à côte au printemps sur hampes florales le Mildiou (*Peronospora parasitica*) et la Rouille blanche (*Albugo candida*) des Crucifères.

Mucorales nuisibles aux plantes

Les Mucorales (Zygomycètes) sont dans la plupart des cas des moisissures menant une vie saprophyte. Certains genres (*Mucor, Actinomucor, Cunninghamiella, Zygorhynchus*) font partie de la microflore normale du sol. Deux espèces intéressent les plantes maraîchères (fig. 9) : *Rhizopus nigricans*, capable d'envahir des fruits mûrs blessés ou présentant des fentes (tomates, melons, fraises, pêches), et *Choanephora cucurbitacearum*. Ce dernier se rencontre en conditions tropicales de plaine, il envahit les fleurs (Cucurbitacées, Haricot, *Vigna*, Gombo). Sa biologie est analogue à celle de *Botrytis cinerea*. Il peut provoquer la pourriture de fruits ou de gousses à partir de la fleur fanée, et parfois envahir les tiges (Légumineuses, Epinards-amarantes).

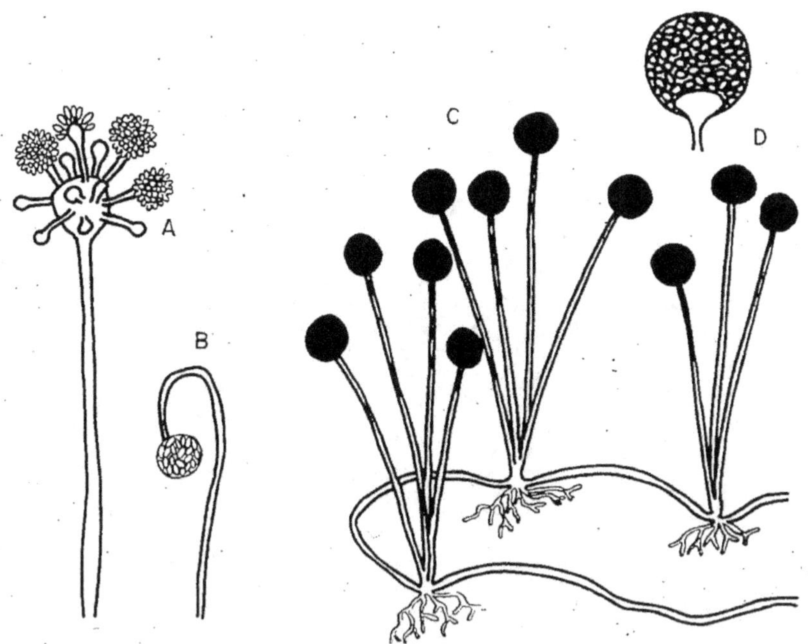

Figure 9. — Mucorinées nuisibles aux plantes.
A, B : Conidiophore et sporangiophore de *Choanephora cucurbitacearum* (v. aussi figure 61).
C : Mode de croissance de *Rhizopus nigricans*.
D : Sporange de *Rhizopus nigricans*.

Endomycorhizes

Chez la plupart des plantes herbacées, on trouve dans les cellules de l'écorce des racines des « **mycorhizes vésiculo-arbusculaires** », correspondant à des champignons appartenant aux **Endogonacées** qui font partie, comme les Mucorales, des **Zygomycètes** (fig. 10).

Loin d'être nuisibles aux plantes, ces mycorhizes participent à l'absorption des éléments minéraux par les racines, en particulier pour l'assimilation des phosphates insolubles.

Parmi les plantes maraîchères ce sont les *Allium* qui sont les plus dépendants des mycorhizes pour leur nutrition phosphorique, une désinfection trop poussée des pépinières peut en particulier compromettre la production de plants de poireaux.

Chez les légumineuses, l'association endomycorhizienne commence à être estimée comme importante au même titre que la nodulation par les *Rhizobium*.

Bien entendu la présence de mycorhizes peut modifier la réaction des racines vis-à-vis de leurs parasites : on commence à soupçonner une telle situation dans le cas de l'Asperge.

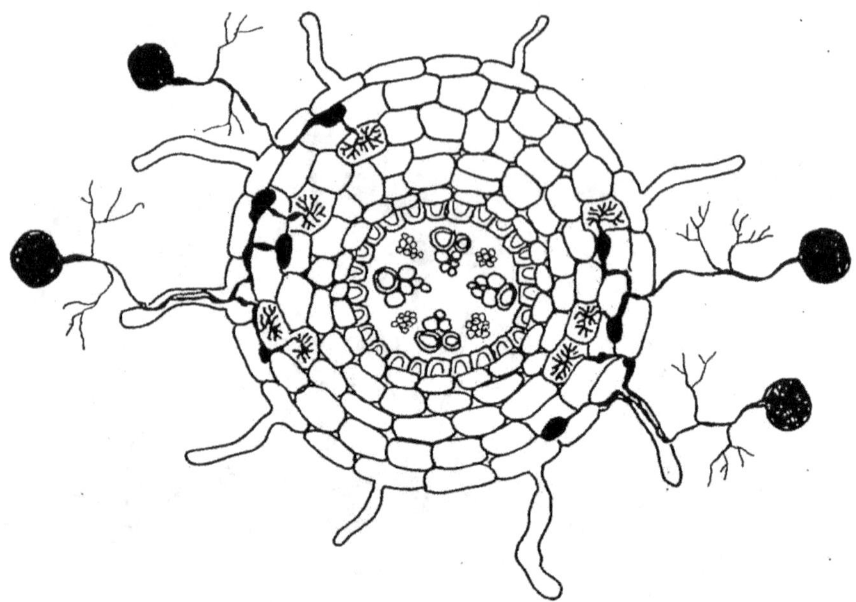

Figure 10. — Les Endomycorhizes : spores d'Endogonacées ayant germé puis envahi une radicelle pour former des mycorhizes vésiculaires-arbusculaires (d'après Ménard, Gianinazzi-Pearson et Caens).

L'inoculum de spores d'Endogonacées présent dans le sol peut être détruit par l'application de fumigants (ex. : Bromure de méthyle). Les fongicides non fumigants sont pour la plupart bien tolérés (dithiocarbamates, dicarboximides) sauf ceux de la famille des benzimidazoles. Il sera donc préférable, de ce point de vue, de restreindre leur application dans le sol aux traitements de semences.

Ascomycètes et formes imparfaites s'y rattachant

Dans ce vaste ensemble, nous donnerons ci-dessous une description générale des groupes les mieux représentés sur plantes maraîchères, en nous basant le plus souvent sur les formes conidiennes.

● Oïdiums

Les Oïdiums sont des formes imparfaites d'Erysiphacées. Le nom de leur forme conidienne la plus fréquente est devenu le nom commun français (en anglais : *powdery mildews*).

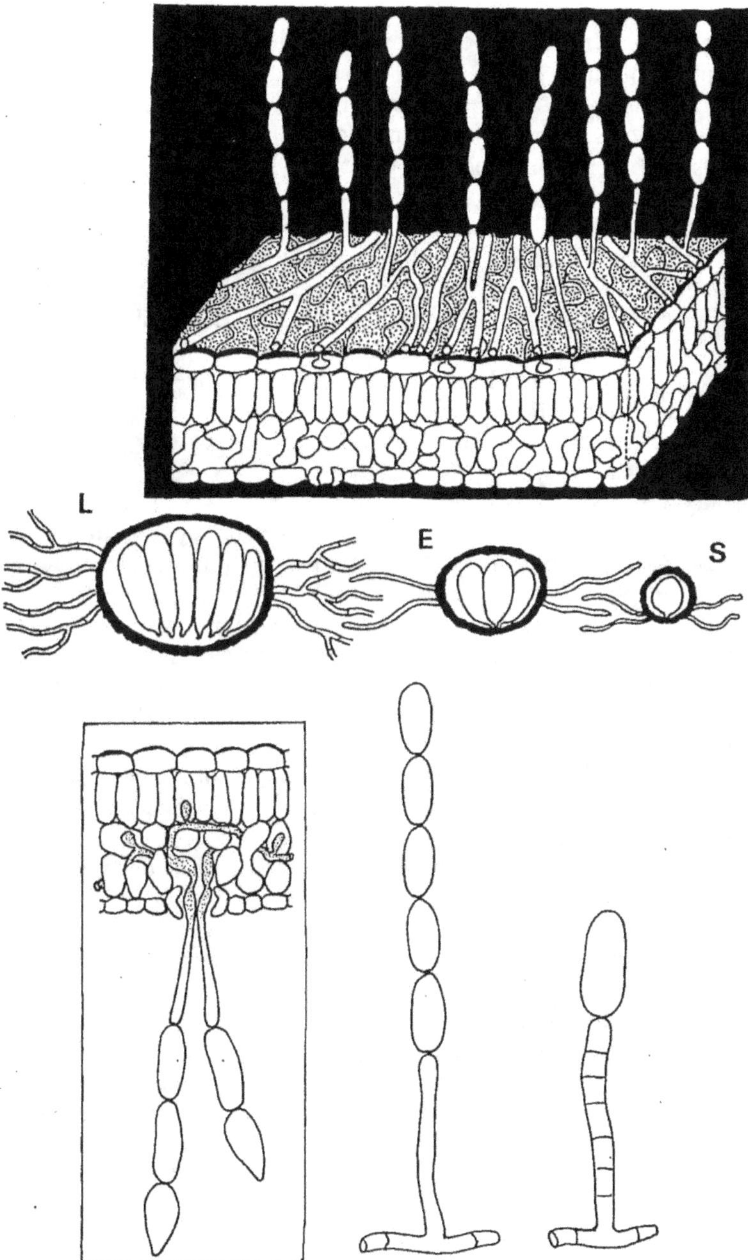

Figure 11. — En haut : forme conidienne *Oïdium* (mycélium superficiel, suçoirs dans les cellules épidermiques).
En dessous, formes parfaites d'Erysiphacées. **L** : *Leveillula* ; **E** : *Erysiphe* ; **S** : *Sphaerotheca*.
En bas : à gauche, forme conidienne de type *Oidiopsis* (mycélium interne, conidiophores émergeant des stomates. A droite, conidiophores d'*Oidium* de type *« cichoracearum »* (plusieurs conidies produites par jour) et *« polygoni »* (une seule conidie par jour).

Leur mycélium est incolore ou peu coloré [*]. Leur forme parfaite est représentée par des périthèces, petits corps globuleux noirs renfermant un ou plusieurs asques, entourés d'appendices spéciaux appelés **fulcres**.

Le genre *Leveillula* fait exception parmi les Oïdiums. Son évolution est interne. Les conidies germent en donnant des filaments qui pénètrent par les stomates dans le parenchyme foliaire. C'est par les stomates que ressortent les conidiophores (fig. 11).

Leveillula taurica est une espèce caractéristique des régions méditerranéennes et de la saison sèche des climats sahéliens. Elle attaque de nombreuses plantes maraîchères (Tomate, Poivron, Artichaut...) ainsi que des plantes sauvages. On observe à la face supérieure des feuilles des taches jaunâtres, à la face inférieure un feutrage blanc constitué par la forme conidienne *Oidiopsis*. Les périthèces ne se rencontrent que rarement, sur des labiées sauvages (*Phlomis herba venti*). Contrairement à ce que l'on avait pu penser autrefois, *L. taurica* est un parasite hautement polyphage, non subdivisé en formes spécialisées.

Les travaux récents de l'équipe P. Molot (INRA Montfavet) ont montré que, sur feuilles stériles *in vitro*, des isolats provenant de Poivron, Tomate, Concombre ou Artichaut pouvaient se développer sur l'une quelconque de ces espèces.

Toutes les autres espèces attaquant les plantes maraîchères présentent le véritable type *Oïdium* (fig. 11). Les filaments mycéliens restent externes, rayonnant à la surface de l'épiderme de l'hôte et y envoyant des **suçoirs** (*haustoria*) assurant fixation et nutrition du mycélium. Celui-ci porte des conidiophores verticaux produisant des chaines de conidies [**].

Les Oïdiums forment à la surface des feuilles atteintes des colonies arrondies puis confluentes, d'aspect blanc poudreux, dégageant une « odeur de champignon » caractéristique.

Dans la plupart des cas les périthèces sont rares. C'est cependant sur leurs particularités (nombre d'asques, forme des fulcres) qu'est fondée la distinction des genres *Erysiphe*, *Sphaerotheca*, *Microsphaera*, etc. (fig. 11). On peut cependant parfois distinguer les espèces par des caractères de leurs formes conidiennes (ex. : oïdiums des Cucurbitacées - chap. IV).

Comme les Péronosporacées, les Oïdiums sont des **parasites stricts**. A l'inverse des mildious, ils sont capables d'évoluer en l'absence de pluies ou de rosées : une humidité relative de 70 à 80 % leur suffit le plus souvent. Ils ont tendance à régresser en période de fortes pluies, ou sous arrosage par aspersion. Le microclimat des serres leur est très favorable.

Si l'on excepte le *Leveillula*, qui sera combattu par des traitements préven-

---

[*] La famille des **Méliolacées**, de biologie analogue, se caractérise par un mycélium foncé. Les Méliolacées sont fréquentes dans les climats tropicaux.

On ne doit pas les confondre avec les **Fumagines**, champignons saprophytes très divers qui se développent sur les exsudats sucrés de pucerons ou de cochenilles.

[**] Suivant les cas il y a production de plusieurs conidies par conidiophore chaque jour (ex. : *Erysiphe cichoracearum*), ou une seule conidie par jour. Dans ce dernier cas on n'observe de chaines qu'en l'absence de courants d'air (ex. : *Erysiphe polygoni*).

tifs ou systémiques, la position externe des oïdiums permet d'appliquer des traitements curatifs pendant un temps assez long après la contamination.

La gamme des fongicides actifs sur les Oïdiums est assez particulière et se confond partiellement avec celle des acaricides (v. chap. II).

● Anthracnoses

Les anthracnoses des plantes maraîchères [*] sont provoquées par des champignons faisant partie des Polystigmatales [**]. Leur forme parfaite *Glomerella* est rare, c'est la forme conidienne *Colletotrichum* qu'on observe sur les organes atteints (fig. 12 A).

Les spores de *Colletotrichum* sont produites par des petites pustules ou **acervules**, souvent entremêlées de soies noires ou *setae*.

Les spores incolores germent en donnant à l'extrémité du tube germinatif une cellule brune appliquée sur l'épiderme, *l'appressorium* (fig. 12 B). Les spores ne peuvent germer qu'à la faveur des pluies, elles résistent mal à la dessiccation une fois disséminées. L'appressorium est au contraire très résistant.

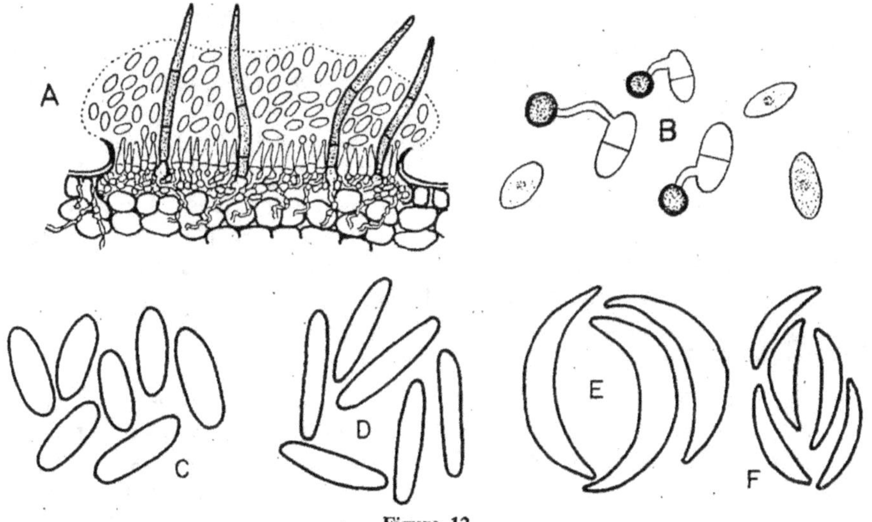

Figure 12.

A : Coupe d'acervule de *Colletotrichum*.
B : Germination des spores par *appressorium*.
C, D, E, F : Forme des spores des principaux types de *Colletotrichum* : *gloeosporioides* (C), *atramentarium* (D), *graminicola* (E), *dematium* (F).

On peut distinguer, parmi les *Colletotrichum* attaquant les plantes cultivées, quatre groupes principaux :

Groupe 1. : conidies cylindriques relativement courtes : type *Colletotrichum*

---

* Sur la Vigne, l'Anthracnose est provoquée par un champignon tout différent, à forme parfaite *Elsinoe*.

** Autrefois, Gnomoniacées.

gloeosporioides (*Glomerella cingulata*). Ce groupe comprend, surtout dans les régions tropicales, des formes saprophytes facilement productrices de périthèces, mais aussi de nombreuses formes spécialisées que l'on continue à désigner par des noms particuliers : *C. lindemuthianum* (Haricot), *C. lagenarium* (Cucurbitacées). Ces espèces ont une propagation aérienne, se conservent mal dans le sol et se perpétuent sur les déchets de culture ou par les semences.

Groupe 2. (pour mémoire) : grandes conidies en forme de croissant, type *Colletotrichum graminicola*. Ce groupe comprend des parasites de graminées (Maïs, Sorgho, Canne à sucre).

Groupe 3. : conidies cylindriques allongées, souches productrices de sclérotes : type *Colletotrichum atramentarium*, qui attaque les racines de Solanées, mais peut aussi atteindre les fruits (on l'appelle alors *Colletotrichum coccodes*).

Groupe 4. : conidies de petite taille, aux extrémités pointues, en forme de navette ou de croissant : type *Colletotrichum dematium*. Pourvues de sclérotes, les espèces de ce groupe attaquent les parties aériennes ou souterraines des plantes (ex. : *C. circinans* sur Oignon, *C. spinaciae* sur Epinard).

Les conidies de *Colletotrichum* sont produites au sein d'une substance gélatineuse qui se racornit par temps sec, elles ne peuvent être disséminées que par la pluie et non par le vent. L'épidémie progresse à partir des foyers initiaux à chaque pluie, et d'autant plus rapidement que celles-ci sont accompagnées de vent. Il est important de restreindre le plus possible l'apparition de ces foyers.

Les taches d'anthracnose sont en général bien délimitées. Arrondies ou ovales sur les fruits ou les tiges, elles sont sur les feuilles liées aux nervures, et prennent une forme losangique ou quadrillée. Elles se recouvrent de points roses ou crème, éventuellement confluents : les acervules.

● Champignons à pycnides

Les pycnides (fig. 13) sont de petites fructifications en général foncées, situées sous l'épiderme des feuilles, des tiges ou des fruits. Elles sont creuses, leur paroi interne est tapissée de conidiophores. Les « pycnospores » s'échappent par un orifice, l'**ostiole**, réunies en une masse visqueuse ou un tortillon appelé **cirrhe**. Les spores sont entourées par une substance gélatineuse, inhibitrice de la germination à l'état concentré, et prolongeant leur survie dans les cirrhes racornis par temps sec. Diluée par la pluie et disséminée sur les feuilles avec les pycnospores, cette **gelée sporifère** stimule au contraire leur germination.

Les champignons à pycnides se rattachent à trois familles d'Ascomycètes : **Dothidéacées** *, **Pléosporacées**, **Valsacées**. Leur systématique est souvent confuse, un champignon produisant 1 à 2 % de pycnospores bicellulaires pourra être appelé *Phoma* ou *Phyllosticta* (suivant la taille des pycnides) par certains auteurs, *Ascochyta* ou *Diplodina* par d'autres.

---

* Autrefois Mycosphaerellacées.

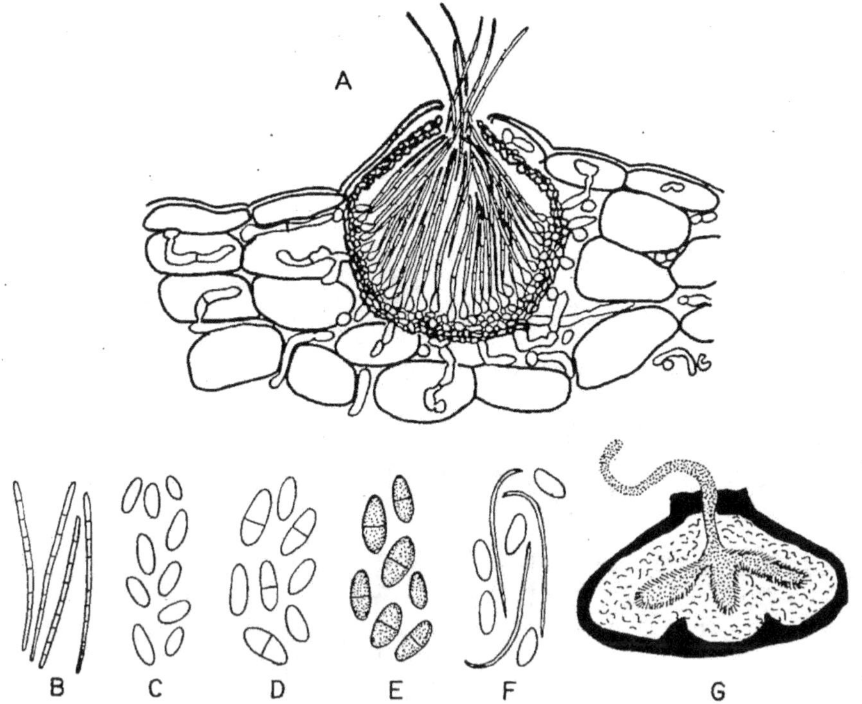

Figure 13. — Champignons à pycnides.
A : Coupe dans une feuille attaquée par un *Septoria*.
B, C, D, E, F : Diverses formes de pycnospores : *Septoria* (B), *Phoma* et *Phyllosticta* (C), *Ascochyta* et *Diplodina* (D), *Diplodia* (E), *Phomopsis* (F).
G : Coupe d'une pycnide stromatique de type *Phomopsis*.

Aux Valsacées se rattachent les *Phomopsis* (forme parfaite *Diaporthe*), producteurs de pycnides stromatiques, sortes de sclérotes à l'intérieur desquels se creusent des loges sporifères à contour lobé. Les *Phomopsis* produisent en principe en mélange deux sortes de spores, ovales et effilées.

● *Alternaria, Stemphylium* et champignons voisins

Ce sont des formes imparfaites de **Pléosporacées**, les périthèces sont rares, sauf chez les formes saprophytes, comme *Alternaria tenuis* (*Pleospora alternariae*) ou *Stemphylium botryosum* (*Pleospora herbarum*) (fig. 14).

A l'exception de quelques espèces à conidies produites en chaines (ex. : *Alternaria brassicicola*, sur Crucifères), la plupart des *Alternaria* parasites des plantes maraîchères ont de très grandes spores solitaires, pourvues le plus souvent d'un appendice filiforme. C'est le cas des *Alternaria* parasites des *Allium*, de la Carotte, de la Tomate, des Chicorées.

Ces espèces attaquent les feuilles, les tiges, éventuellement les fruits de leurs hôtes. Les lésions sont noires, bien délimitées, plus ou moins circulaires et zonées sur les feuilles.

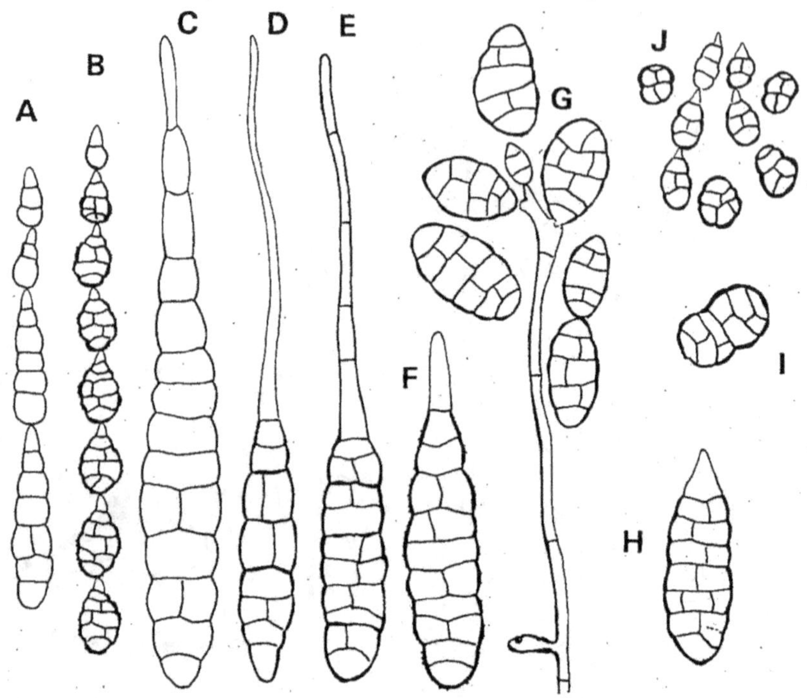

Figure 14. — Les *Alternaria* et *Stemphylium* : incertitude de leur systématique.
A : *Alternaria brassicicola*.
B : *Alternaria* saprophyte (ces *Alternaria* à spores en chaîne font partie des « *Catenatae* »).
C : *Alternaria brassicae* (qui produit parfois des chaînes de 2 spores).
D : *Alternaria* de type « *noncatenata* », section comprenant les formes *solani, cucumerina, dauci, porri, endiviae*.
E : *Alternaria crassa* (sur Datura, Aubergine : le prolongement filiforme est brun, et non hyalin comme en « D »).
F : Forme d'*Alternaria porri* dépourvue de prolongement filiforme.
G : *Stemphylium radicinum*, ou *Alternaria radicina*, suivant les auteurs.
H : *Stemphylium floridanum* (ne dérive-t-il pas d'un Alternaria de type « F » ?).
I : *Stemphylium botryosum*.
J : Un *Ulocladium* (spores de deux types en mélange).

Les conidies de ces *Alternaria* sont très résistantes à la sécheresse et douées d'une très grande longévité (plus d'un an à l'état sec). Elles se conservent sur les débris de plantes malades ou, plus difficilement, dans le sol.

Ces *Alternaria* sont particulièrement favorisés par les alternances de pluie et de soleil. Pour qu'ils fructifient sur une lésion, celle-ci doit être lavée par la pluie, puis illuminée par le soleil. Par temps sec en milieu de journée, les conidies sont libérées par torsion brusque du conidiophore (cette dissémination est contrariée par une pluie ou un arrosage par aspersion entre 11 h et 13 h). Des gouttes de pluie ou de rosée sont nécessaires pour la germination nocturne des spores déposées sur les feuilles. Suivant la réceptivité de l'hôte il y aura apparition rapide de lésions, ou seulement infection latente.

Les hôtes des *Alternaria* sont en général réceptifs à deux périodes de leur cycle : au stade plantule puis, après une période peu réceptive, à partir du grossissement des bulbes, racines tubérisées ou fruits. Des infections latentes qui se sont produites précédemment peuvent alors se révéler, même par temps sec.

Les *Stemphylium* parasites des plantes (ex. : *S. radicinum* sur Carotte, *S. solani* sur Tomate) ont une biologie analogue à celle des *Alternaria*. Ils s'en distinguent par le mode de production des conidies (en « cyme ») et leur forme. Les variations de réceptivité de l'hôte au cours de son cycle sont ici moins accusées.

On classe aujourd'hui dans les *Ulocladium* des champignons produisant deux sortes de spores : les unes produites en chaînes comme celles des *Alternaria* de type *tenuis*, les autres globuleuses, produites comme celles des *Stemphylium*. *Ulocladium atrum* provoque des taches foliaires sur Concombre.

Les *Corynespora* (conidies sans cloisons longitudinales, en courtes chaînes) provoquent des lésions analogues à celles des *Alternaria*. On regroupe aujourd'hui en une seule espèce, *C. cassiicola*, des champignons autrefois désignés sous des noms variés, attaquant les Cucurbitacées, les Solanées, les légumineuses. Les *Corynespora* sont fréquents dans les régions tropicales.

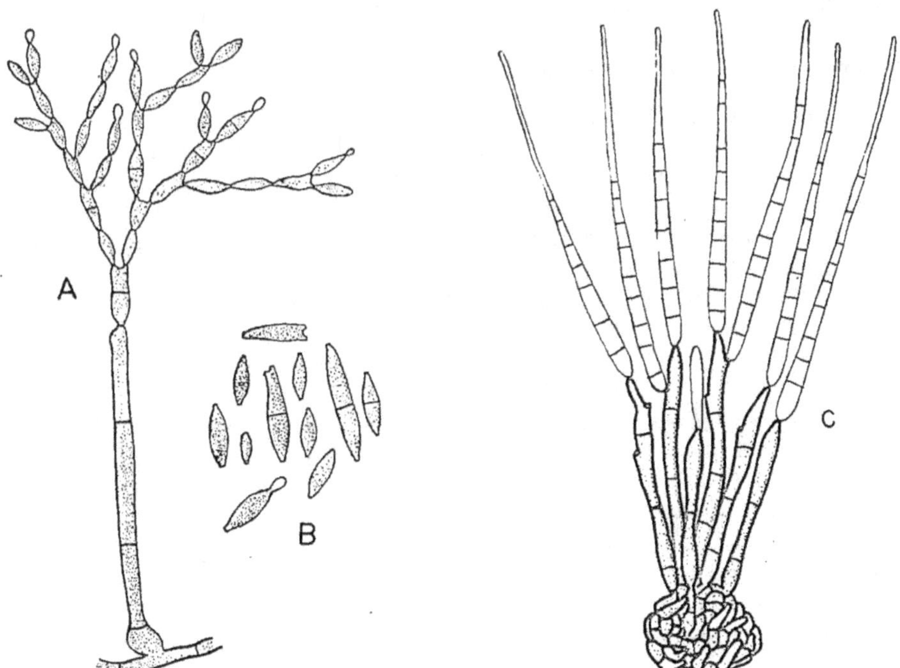

Figure 15.
A : Conidiophore de *Cladosporium* observé à sec.
B : Dans l'eau, les articles du conidiophore de *Cladosporium* se désarticulent.
C : Fructification d'un *Cercospora*. Un sclérote différencié dans une chambre sous-stomatique produit un bouquet de conidiophores.

● Cercosporioses et Cladosporioses

Les *Cercospora* produisent sur des conidiophores bruns des conidies hyalines cloisonnées transversalement. Ils peuvent présenter deux types de développement très différents. Les uns se comportent en « maculicoles » : ils provoquent sur les feuilles l'apparition de taches nécrotiques, et fructifient sur le tissu mort. Leurs conidiophores se différencient à partir d'une sorte de sclérote sous-épidermique (fig. 15 C). Leurs conidies allongées sont disséminées par la pluie.

D'autres *Cercospora*, et un certain nombre de *Cladosporium* *(fig. 15 A, B) fructifient au contraire à la face inférieure des feuilles sur du tissu encore vivant, sous forme d'un velouté gris ou violacé. A ce velouté correspond à la face supérieure de la feuille une tache pâle ou jaunâtre à contour estompé. Ces parasites peuvent contaminer les feuilles à la faveur de l'humidité saturée de la nuit et de très faibles courants d'air. Les vents violents contrarient leur développement. On les rencontrera dans les parcelles très abritées ainsi que sous les serres.

Les *Cercospora* et *Cladosporium* peuvent être rattachés selon toute vraisemblance aux Dothidéacées (ex. Mycosphaerellacées).

Cladosporium herbarum est un saprophyte très fréquent envahisseur secondaire d'organes sénescents ou de lésions d'origine diverse.

● Parasites des racines et du collet des plantes

A côté des Pythiacées et des Basidiomycètes du sol, on rencontre sur les racines et le collet des plantes de nombreux champignons se rattachant de façon sûre ou probable aux Ascomycètes. Ils sont souvent peu observables sur place, et caractérisés seulement par isolement. On peut citer :

— des *Colletotrichum* sclérotiques de type *dematium* ou *atramentarium* (v. ci-dessus),

— des champignons à pycnides, comme les **Pyrenochaeta** (pycnides à spores unicellulaires, à paroi externe ornée de *setae*), en particulier sur racines d'*Allium* et de Solanées. Il y a aussi des **Phomopsis** telluriques, comme *P. sclerotioides* sur racines de Cucurbitacées.

Macrophomina phaseoli, champignon à croissance très rapide en conditions chaudes produit plus souvent des **microsclérotes** que des pycnides. Il attaque la base des tiges de plantes affaiblies par la chaleur et la sécheresse (Légumineuses, Pomme de terre, Tournesol, parfois Tomate).

— **Thielaviopsis basicola** **, qui se rattache probablement aux Ophiostomales provoque sur racines et bases de tiges des lésions noires allongées (fig. 16). Il produit des chlamydospores en abondance sur les organes attaqués. On le retrouvera, dans les chapitres suivants, sur Haricot et Aubergine. Il attaque aussi le Tabac et parfois le Melon. Sa virulence s'exerce entre 15 °C et 20 °C.

---

* Le *Cladosporium* qui attaque les feuilles de tomate s'appelle aujourd'hui *Fulvia fulva*.
** Synonyme : *Chalara elegans*.

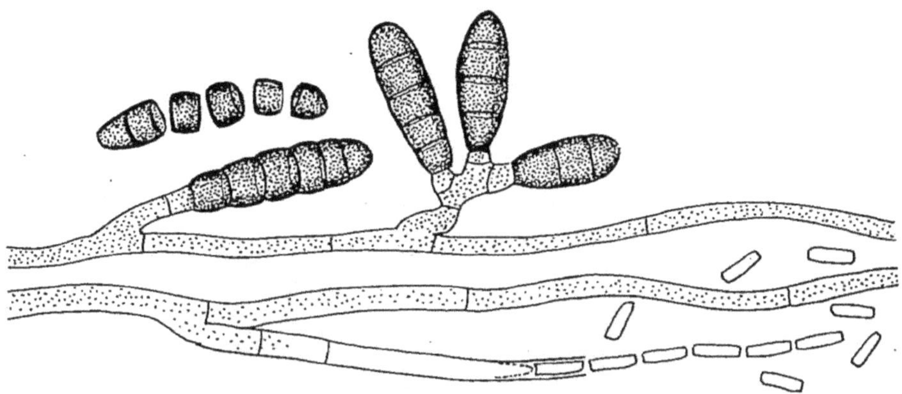

Figure 16. — *Thielaviopsis basicola* et ses deux types de fructifications : phialides produisant des phialospores, et chlamydospores se désarticulant en « tonnelets » unicellulaires.

— Dans le vaste ensemble des **Fusarium**, dont certains sont des composants normaux de la microflore du sol (*F. oxysporum* et *solani* saprophytes, *F. roseum* var. *gibbosum*), on rencontre sur plantes maraîchères des souches parasites sur racines et collets : formes spécialisées de *Fusarium solani* (sur légumineuses, Cucurbitacées) et formes spécialisées de *F. oxysporum* de type *radicis* (non vasculaires). *F. roseum* y est moins fréquent que sur céréales, on le rencontre cependant sur Pois, Fève, *Allium*. Les *Fusarium* sont des formes imparfaites de Nectriacées. On les rencontrera souvent dans les isolements faits à partir de bases de tiges ou de racines : il faudra faire la preuve de leur virulence par inoculation avant d'affirmer qu'ils sont la cause d'une maladie.

● Trachéomycoses (Fusarioses, Verticillioses)

Les Trachéomycoses (maladies vasculaires provoquées par des champignons) sont le plus souvent causées chez les plantes maraîchères par des **formes spécialisées** (f. sp.) souvent subdivisées en « **races** » de *Fusarium oxysporum*, ou par *Verticillium dahliae*. On parle alors de « **Fusarioses vasculaires** » ou de « **Verticilliose** » (fig. 17).

Qu'il s'agisse de flétrissement brusque, ou de jaunissement suivi de nécrose, on doit soupçonner une **maladie vasculaire** dès qu'on voit apparaître ces symptômes sur une plante en relation avec la **phyllotaxie** * : on les observe sur des moitiés de feuilles, la feuille suivante pouvant être entièrement atteinte, la suivante saine. Sur des plantes ramifiées certaines branches peuvent être entièrement flétries alors que d'autres restent demi-saines ou saines (fig. 18).

Ces symptômes sont en relation avec l'envahissement des vaisseaux du bois (ou « trachées ») par des champignons ou des bactéries. Les variétés sensibles

---

* Disposition des feuilles sur la plante, en relation avec les vaisseaux qui les alimentent.

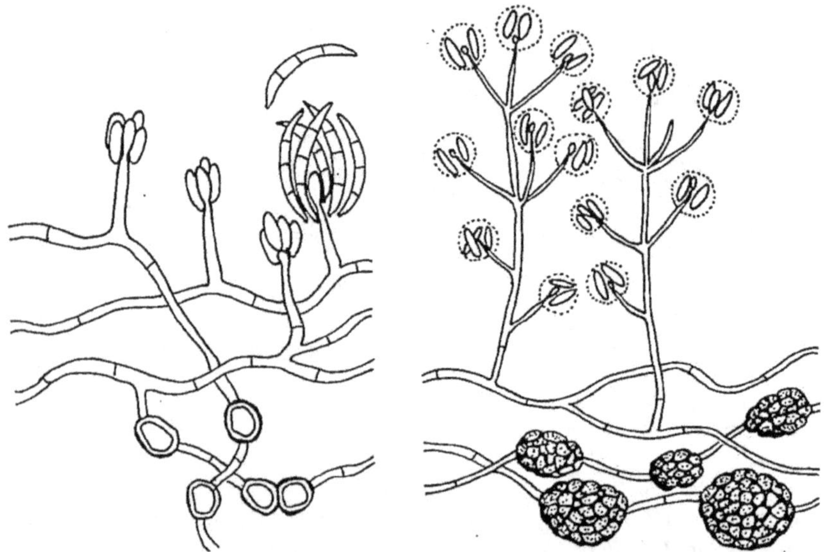

Figure 17. — Champignons agents de trachéomycoses : à gauche, *Fusarium oxysporum* (microconidies en « fausses têtes », macroconidies, chlamydospores ; à droite *Verticillium dahliae* : conidiophores verticillés, conidies produites dans une gouttelette d'eau, microsclérotes.

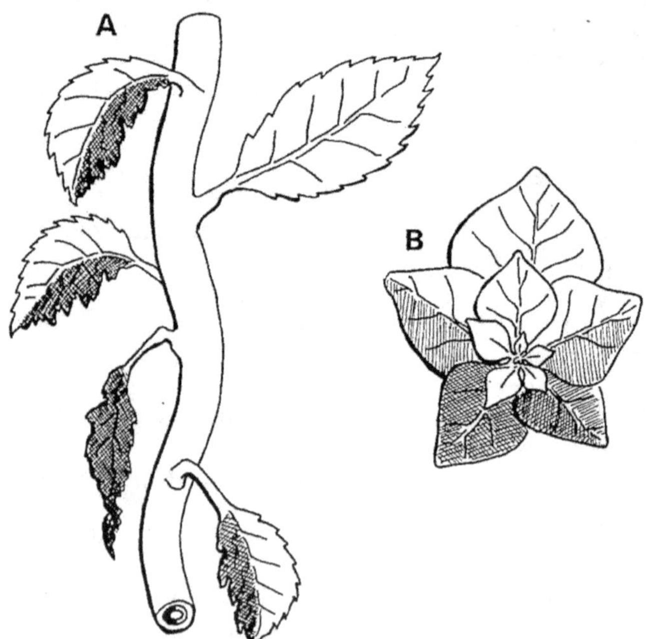

Figure 18. — Répartition foliaire des symptômes de maladies vasculaires.
A : Sur une plante à entrenœuds longs.
B : Sur une plante à croissance en rosette.

ne réagissent parfois pas du tout à cette infection : on observe alors des flétrissements rapides provoqués par l'obstruction totale des vaisseaux par le parasite. Elles peuvent aussi réagir par **gommose** et **tyllose** : les cellules compagnes des vaisseaux se nécrosent, en laissant échapper dans la cavité vasculaire des gommes brunâtres, ou réagissent par la production de tylles (expansions globuleuses obstruant le vaisseau — fig. 19). Si cette réaction est très précoce, elle conduit à la résistance. Si elle est trop tardive, elle conduit au « suicide » de la plante, avec jaunissement puis nécrose du feuillage.

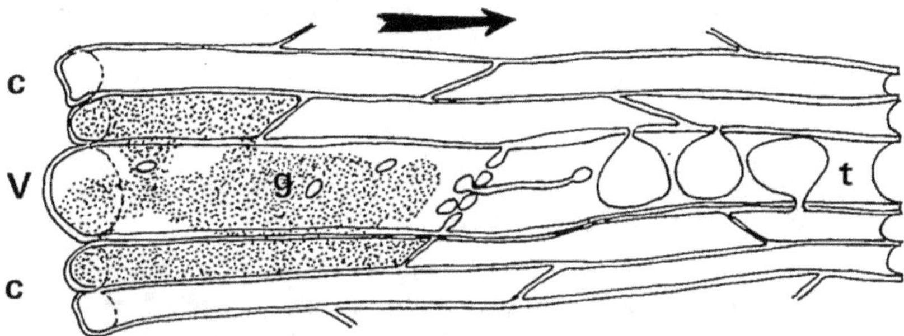

Figure 19. — Réaction du tissu vasculaire à l'invasion d'un vaisseau (V) par des microconidies de *Fusarium*, arrêtées par les plaques perforées du vaisseau, mais germant pour bourgeonner à nouveau. Les cellules du parenchyme ligneux voisines du vaisseau (C) réagissent par nécrose en émettant de la gomme (g), ou par tyllose (t), obstruant la cavité du vaisseau. La flèche indique le sens du courant de sève brute.

Les **chlamydospores** de *Fusarium oxysporum*, les **microsclérotes** de *Verticillium* se conservent très longtemps, et souvent très profondément dans le sol. Leur germination et leur pénétration dans les racines se produisent sans nécrose apparente. Suivant les cas, les blessures de racines favorisent et régularisent l'infection (Fusariose et Verticilliose de la Tomate), ou ne semblent pas nécessaires (Fusariose du Melon). Dans le premier cas, les attaques de nématodes (endo ou ectoparasites) peuvent favoriser les infections. Un nombre faible de germes suffit à contaminer et faire périr une plante entière, contrairement à ce qui se passe pour les maladies de type « nécroses de racines ».

La croissance de *F. oxysporum, in vitro,* est optimale vers 28 °C-30 °C. Par contre, suivant les couples hôte-parasite, les températures optimum pour l'agressivité peuvent être très différentes : 30 °C pour *F. oxysporum* f. sp. *lycopersici* (Tomate), 18 °C-20 °C pour *F. oxysporum* f. sp. *melonis* (Melon).

Verticillium dahliae a un optimum d'agressivité vers 20 °C sur ses différents hôtes, et se montre beaucoup moins spécialisé que *F. oxysporum.* L'Aubergine se montre sensible à des souches d'origine très diverse (plantes maraîchères, arbres fruitiers). Une tendance à la spécialisation se manifeste pour les souches « Tomate », encore plus pour celles qui attaquent le Poivron, qui sont minoritaires en conditions de polyculture.

Les attaques de Verticilliose sont en général moins foudroyantes que celles des Fusarioses vasculaires, et les plantes peuvent se rétablir si les températures s'élèvent au dessus de 25 °C.

La lutte par les fongicides est très difficile vis-à-vis des trachéomycoses : la résistance variétale constitue la solution la plus souhaitable.

Vis-à-vis des Fusarioses vasculaires on connaît des **sols résistants**, en général argileux (argiles de type « smectite »). La cause de cette « résistance » à l'installation de germes des formes spécialisées de *F. oxysporum* a été très étudiée ces dernières années. Elle est d'origine biologique, puisque la stérilisation du sol la fait disparaître. Elle coïncide avec une abondance particulière de *F. oxysporum* saprophytes et de *Pseudomonas* fluorescents.

Cette « résistance » s'exprime aussi vis-à-vis de *F. oxysporum* f. sp. *radicis lycopersici*, mais non vis-à-vis des *F. solani* ou *roseum*, ni de la Verticilliose.

● Sclerotinia et Botrytis

Les *Sclerotinia* appartiennent aux Hélotiacées. Ils produisent tous des **sclérotes** (fig. 1. D) de forme très variable (globuleux, festonnés ou en croute), avec une écorce noire et un centre clair. Ces sclérotes peuvent germer soit par voie mycélienne, soit en donnant une **apothécie** en forme de trompette (fig. 20 C, v. aussi fig. 2 E).

Parmi les espèces qui nous intéressent, certaines possèdent une forme conidienne *Botrytis* (fig. 20 F), d'autres non. Toutes sont cependant capables de produire des microconidies, incapables de germer, qui jouent probablement un rôle dans les processus de fécondation aboutissant à la formation des apothécies.

Aussi bien chez les **Sclerotinia** proprement dits (dépourvus de forme conidienne *Botrytis*) que chez les **Botryotinia** (section du genre comprenant les espèces à forme conidienne *Botrytis*) on rencontre des espèces spécialisées à une espèce ou une famille végétale, nous les décrirons dans les chapitres suivants.

Il existe aussi deux espèces polyphages, capables d'attaquer sans aucune spécificité des végétaux très variés : *Sclerotinia sclerotiorum* et *Botryotinia fuckeliana* (= *Botrytis cinerea*).

Sclerotinia sclerotiorum peut se développer à la surface du sol sous forme mycélienne. Sa croissance est inhibée en profondeur par la trop forte concentration en gaz carbonique (CO_2). Les sclérotes s'y conservent inactifs, jusqu'à ce qu'ils soient ramenés à la surface par les façons culturales.

Ils peuvent alors germer en produisant du mycélium ou des apothécies. Chez les souches à gros sclérotes (*S. sclerotiorum, sensu stricto*) la germination par apothécies est fréquente.

Celles-ci projettent des nuages d'ascospores qui peuvent germer sur les organes aériens des plantes, provoquant des pourritures de groupes de feuilles et de gousses (Légumineuses), de tiges et de fruits (Solanées, Cucurbitacées). La germination mycélienne au niveau du sol peut conduire à des pourritures de têtes de chou, de céléris, de salades.

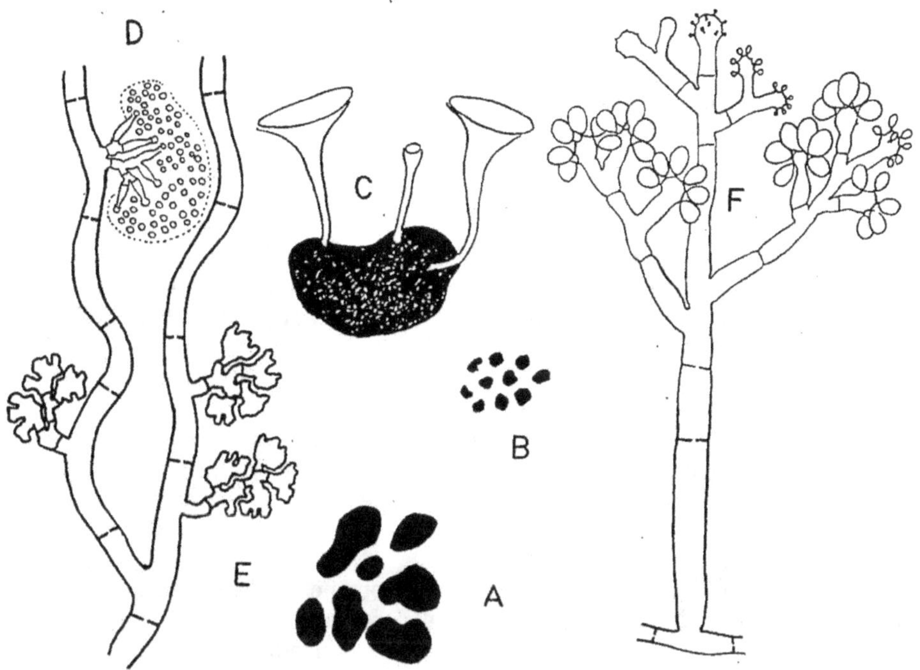

Figure 20. — Sclerotinia.

A : Sclérotes de *S. sclerotiorum*.
B : Sclérotes de la variété *minor*.
C : Germination d'un sclérote donnant des apothécies.
D, E : Microconidies et *appressoria* produits par le mycélium.
F : Forme conidienne *Botrytis*.

Au contraire, chez les souches à petits sclérotes (moins de 2 mm : *Sclerotinia sclerotiorum* var. *minor*), la germination mycélienne prédomine. Ces souches sont favorisées par la succession fréquente de cultures de Laitues et Chicorées, dont elles attaquent le collet.

L'optimum d'agressivité de *S. sclerotiorum* se situe entre 18 °C et 25 °C, on l'observe en zone tropicale à partir de 500 m d'altitude.

Les épidémies de *Sclerotinia* sont favorisées, en saison, par le temps pluvieux, les plantations serrées, les cultures luxuriantes ou malpropres où la densité foliaire est élevée.

D'une culture sensible à l'autre (seuls les *Allium* et les graminées sont épargnés) c'est la survie des sclérotes dans le sol qui détermine l'aggravation ou la régression des épidémies. Les sclérotes peuvent être attaqués, soit par des parasites spécifiques (*Coniothyrium minitans*, *Sporidesmium sclerotivorum*, *Teratosperma oligocladum*), soit par des moisissures communes appartenant aux genres *Trichoderma* et *Gliocladium*. L'application au sol de procédés physiques ou chimiques de lutte doit être raisonnée en tenant compte, non seulement de la sensibilité du *Sclerotinia* à ces procédés, mais aussi de celle de ses antagonistes.

Botryotinia fuckeliana, qui ne produit que des sclérotes peu différenciés en forme de croute, et dont les apothécies sont très rares, est surtout connu par sa forme conidienne **Botrytis cinerea**. Elle présente l'aspect d'une moisissure grise produisant un très grand nombre de spores.

B. cinerea est un parasite de faiblesse, non spécialisé. Une spore isolée n'est capable de pénétrer que des organes végétaux dont la cuticule est très mince (pétales de fleurs).

La pénétration de feuilles, tiges ou fruits peut avoir lieu à partir d'une blessure, d'une fente de croissance, ou d'une **base nutritive** constituée d'une fleur flétrie, d'une feuille sénescente, ou d'accumulations de pollen.

Les attaques de *B. cinerea* sont à redouter en conditions humides, à des températures comprises entre 15 °C et 20 °C, sur des plantes étiolées par des conditions de luminosité insuffisante. Rare sous les Tropiques, il y est remplacé par *Choanephora cucurbitacearum*.

Les plantes les plus diverses peuvent être attaquées par *B. cinerea* : feuilles et gousses de Légumineuses (à partir de fleurs flétries), tiges et fruits de Solanées et Cucurbitacées, Laitues, fraises (et, hors de notre sujet, raisins, et capitules de Tournesol). L'inoculum est très répandu dans la nature (ex. : « mûres » de *Rubus*).

Ici encore, on doit tenir compte de phénomènes d'antagonisme dans la mise au point de méthodes de lutte, et en particulier, de la concurrence sur pétales de fleurs sénescentes entre *B. cinerea* et bon nombre de champignons saprophytes (ex. : *Cladosporium herbarum*).

Basidiomycètes

Deux groupes de Basidiomycètes sont particulièrement importants sur plantes maraîchères : les **Rouilles** (Urédinales), et des formes « Rhizoctones » ou *Sclerotium* du sol, correspondant à des basidiomycètes à forme parfaite peu différenciée. Par contre on n'observe que très rarement des **Ustilaginales** [*] (charbons et caries), ou des attaques d'Armillaires ou Polypores, spécialisés aux plantes ligneuses.

○ Urédinales, ou « Rouilles »

Les Rouilles, ou Urédinales, appartiennent aux Protobasidiomycètes (basides cloisonnées). Leur cycle évolutif est compliqué et, quand il est complet, comporte cinq sortes de fructifications que l'on peut rencontrer sur feuilles, tiges, parfois fruits immatures des plantes-hôtes :

---

[*] Sinon le genre *Entyloma* (« charbon foliaire ») que nous rencontrerons sur Haricot et Épinard, ainsi que le charbon de l'Oignon, *Urocystis cepulae*.

S **spermogonies** (ou « pycnides ») produisant des *spermaties* (jouant le rôle de gamètes dans la « diploïdisation », qui aboutit au stade suivant)

I **écidies** produisant des *écidiospores*

II **urédosores** produisant des *urédospores*

III **téleutosores** produisant des *téleutospores* ou probasides

IV **basides** produisant des *basidiospores*, issues de la germination des téleutospores.

(v. fig. 21)

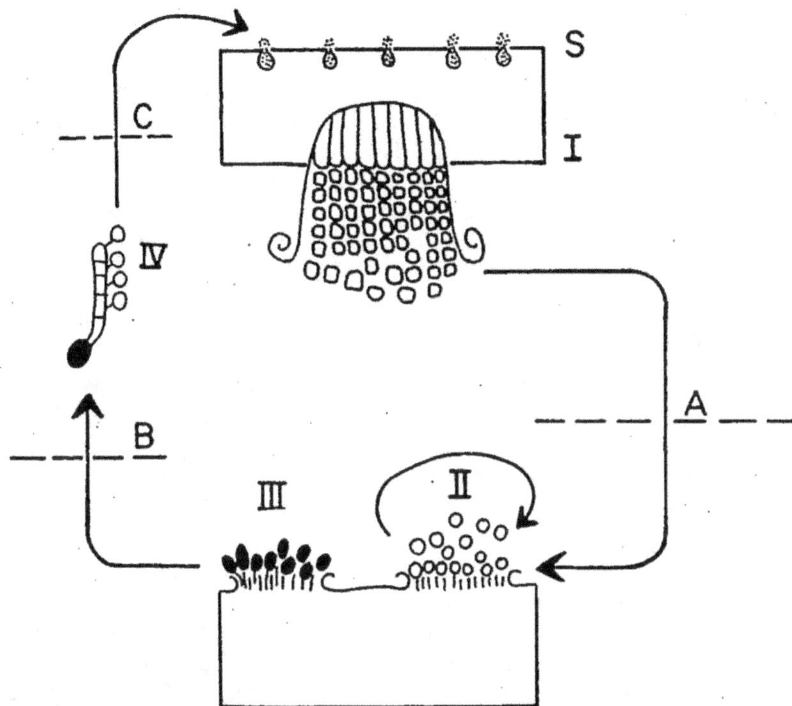

Figure 21. — Cycle des rouilles : formes évolutives.
S : Spermogonies. I. Ecidies. II. Urédospores. III. Téleutospores. IV. Basidiospores.
Chez les rouilles hétéroïques, le changement d'hôte se produit en A. En B, les téleutospores sont dispersées dans la nature à la mort des feuilles du deuxième hôte.
En C, les basidiospores infectent les feuilles du premier hôte.

Suivant les cas, S, I, II et III sont produits par le même hôte (rouilles **autoïques**), ou sur deux hôtes différents (rouilles **hétéroïques**). L'hôte « éciden » produit alors S et I, les écidiospores infectent le deuxième hôte, qui produit II et III. Les basidiospores (IV) réinfectent le premier hôte. Les urédospores sont capables de réinfecter le deuxième hôte, la Rouille peut ainsi se maintenir par reproduction végétative sur celui-ci.

Sur les plantes maraîchères, on peut trouver des rouilles autoïques (rouille du Haricot, rouille de l'Ail). Si la rouille est hétéroïque, la plante maraîchère peut constituer le deuxième hôte. En conditions climatiques favorables, la rouille peut s'y maintenir indéfiniment sous sa forme II, et la forme écidienne rester très rare.

Si par contre la plante maraîchère est l'hôte écidien, les dégâts ne peuvent apparaître qu'à proximité du deuxième hôte, comme par exemple les écidies de *Puccinia opizii*, sur Laitue, à proximité de *Carex*.

Les Rouilles se comportent pratiquement comme **parasites stricts**. On a réussi cependant à en cultiver certaines *in vitro*, sur des milieux très complexes. Les colonies sont de croissance très lente, et fructifient difficilement.

• Basidiomycètes du sol parasites des plantes

Ces champignons appartiennent soit aux **Auriculariacées**, dont les basides sont cloisonnées longitudinalement (*Helicobasidium purpureum* *, forme parfaite du Rhizoctone violet), soit aux **Téléphoracées**, dont les basides sont analogues de celles des champignons à chapeau, mais dont la forme parfaite n'est représentée que par de minces pellicules sans forme définie à la surface du sol ou des organes atteints (formes parfaites des Rhizoctones bruns et de *Sclerotium rolfsii*).

— *Le Rhizoctone violet*

Rhizoctonia violacea est capable de vivre très profondément dans le sol, et se propage à la surface des organes atteints sous la forme d'un lacis de filaments violets qui, de place en place, s'agrègent en petits sclérotes ou « corps miliaires ». A partir de ceux-ci, le Rhizoctone pénètre dans la racine ou le tubercule dont il décompose la zone corticale. Le Rhizoctone violet apparaît dans les parcelles en taches plus ou moins arrondies de plusieurs mètres de diamètre s'agrandissant chaque année, la virulence du champignon est maximale à la périphérie de la tache.

On observe des attaques sur racines charnues ou tubercules de plantes appartenant à des familles très diverses : Carotte, Betterave, Asperge, Pomme de terre, racines pivotantes de Luzerne, bulbes de *Crocus*, sans qu'il y ait spécialisation des souches à tel ou tel hôte. Ce parasite se distingue de la plupart des autres champignons phytopathogènes du sol par ses exigences nutritives, qui le rendent difficile à cultiver en milieu artificiel, et par l'action favorable des amendements organiques (fumiers frais, résidus de légumineuses).

— *Les Rhizoctones bruns* (fig. 22)

Le vaste ensemble communément désigné comme « *Rhizoctonia solani* » n'est pas homogène.

Certaines souches, en particulier celles qui attaquent les céréales d'hiver, et le Fraisier (*Rhizoctonia fragariae*) ont des articles mycéliens régulièrement

---

* Syn. : *Helicobasidium berbissonii*.

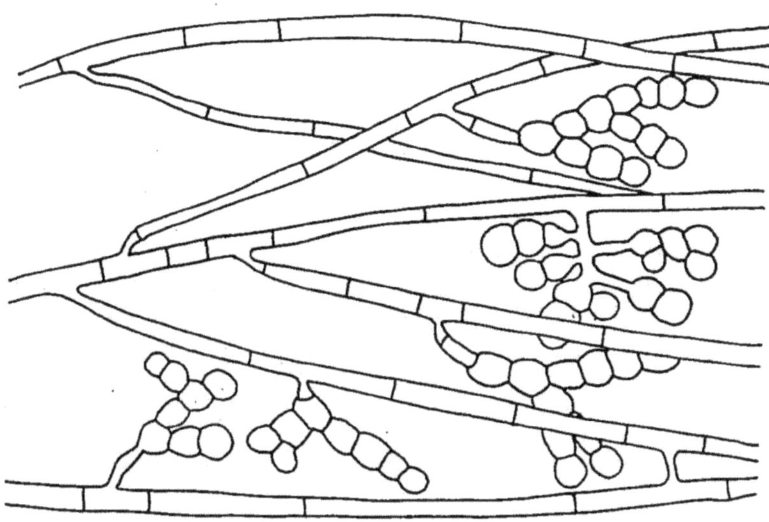

Figure 22. — Mycélium et articles en forme de tonnelet (ébauches de sclérotes) produits par *Rhizoctonia solani* (voir aussi figures 53 B, 56 et 64 B).

binucléés, et se rattachent à des formes parfaites *Ceratobasidium*. Celles dont les articles mycéliens sont plurinucléés se rattachent à des formes parfaites *Thanatephorus* (autrefois *Corticium*). On peut y distinguer des groupes de souches, soit par leurs conditions de développement et leurs hôtes préférés, soit en étudiant leurs affinités d'anastomose *. Il y a souvent coïncidence entre groupes définis par ces deux méthodes.

Les rhizoctones bruns provoquent des lésions sur racines, collets, hypocotyles de plantules, feuilles ou fruits touchant le sol humide. Ces lésions sont brunes ou rougeâtres, creuses, mieux délimitées que celles de *Sclerotinia*. On peut y observer le mycélium brunâtre puis les sclérotes bruns du rhizoctone, plats ou arrondis suivant les souches, moins bien différenciés en moelle et écorce que ceux de *Sclerotinia*.

On peut distinguer les groupes et sous groupes suivants, par ordre décroissant de spécialisation :

Groupe AG 3, comportant des souches à optimum thermique assez bas (18 °C), spécialisées à la Pomme de terre, pouvant se conserver sur les tubercules (sclérotes superficiels) et pouvant attaquer les germes et les bases de tiges. C'est sur ce groupe qu'on trouve les publications les plus abondantes, il ne concerne guère les plantes maraîchères (légère virulence sur Tomate en inoculation artificielle).

---

* Les filaments de 2 souches confrontées en boîte de Petri peuvent, soit ne pas entrer en contact, soit présenter des soudures, ou « anastomoses » à la rencontre des deux colonies.

Groupe AG 2, qui se subdivise en deux sous-groupes :

AG 2-1 : souches spécialisées aux Crucifères, dont l'optimum thermique est également bas (18 °C) et pouvant être actives dès 10 °C. Elles peuvent tacher ou détruire les radis, attaquer collets et pommes de choux.

AG 2-2 : la température optimum d'activité de ces souches est plus élevée (20 °C-25 °C). Elles sont surtout isolées de racines et tiges de Maïs (verse parasitaire), et sur la Betterave sucrière.

Groupe AG 4 : souches polyphages capables de provoquer des fontes de semis sur de nombreuses dicotylédones, d'attaquer les hypocotyles de Légumineuses, le collet des Solanées et Cucurbitacées, les tiges et fruits de Melon, les fruits de Tomate en contact avec le sol. Leur optimum se situe vers 28 °C, elles peuvent être actives entre 15 °C et 35 °C. Elles sont particulièrement redoutables dans les cultures irriguées méditerranéennes, mais se rencontrent aussi plus au Nord (région lyonnaise, plaine du Pô) et dans les climats sahéliens (Sénégal).

Groupe AG 1 : encore plus polyphages puisque, en sus des dicotylédones, elles peuvent attaquer les gaines foliaires de Graminées, ces souches sont favorisées par des conditions plus humides : on les rencontre en France sur Laitues dans la région de Grenoble. Mais c'est en conditions tropicales humides qu'elles donnent toute leur mesure en devenant des « rhizoctones foliaires » capables d'envahir activement les parties aériennes des plantes : feuillage de légumineuses, d'Ignames, feuilles périphériques des choux, gaines foliaires du Riz, de la Canne à sucre, du Maïs, gazons d'*Axonopus*.

On les subdivise en deux sous-groupes :

AG 1 *sasakii*, qui ne produit que des **macrosclérotes** assez tardivement, après un développement mycélien abondant.

AG 1 *microsclerotia*, qui produit deux types de sclérotes : **microsclérotes** de taille inférieure au mm, globuleux ou en forme de 8, puis des macrosclérotes plus globuleux que ceux des souches AG 4. Les deux types de souches produisent des dégâts analogues de « **web-blight** », le rôle des microsclérotes dans l'épidémie n'est pas encore clairement démontré.

Les attaques de Rhizoctone foliaire se produisent dans un intervalle de température de 18 °C - 35 °C, au cours des mois très pluvieux (plus de 400 mm).

En ce qui concerne les souches tempérées, et plus particulièrement les « AG 4 », le facteur qui favorise le plus les attaques de Rhizoctone brun est l'**humidité de la surface du sol**. En terrain contaminé on cherchera à l'éviter par drainage, culture en planches, arrosages modérés pratiqués en milieu de journée. Dans le Midi de la France les terrains argilo-sableux des périmètres irrigués par infiltration sont tout particulièrement contaminés.

Les amendements organiques peuvent influencer le potentiel infectieux du sol en *Rhizoctonia*, en particulier ceux dont le rapport C/N est élevé (ex. : paille hachée, bagasse de Canne à sucre). Ils provoquent la **rétrogradation de l'azote**, défavorable au parasite, et ne pourront en fait être employés qu'avant légumineuses.

L'enfouissement des déchets de récolte, les engrais verts dicotylédones enfouis directement sans dessèchement préalable en surface favorisent le Rhizoctone brun.

— Le *Sclerotium rolfsii* (fig. 23)

Ce champignon très polyphage se rencontre dans les régions tropicales, sud méditerranéennes, ou à climat océanique chaud. Nous ne l'avons rencontré en France que dans la région de Bayonne. Il se caractérise par son mycélium blanc très vigoureux pouvant progresser activement à la surface du sol à partir de « bases nutritives » (végétaux ayant succombé à ses attaques, ou fragments végétaux colonisés de façon saprophytique). Ses sclérotes arrondis, beiges, bien structurés en écorce et moelle, ressemblent à des graines de Crucifères (1 à 2,5 mm de diamètre). Ils peuvent être produits en très grand nombre à la surface des organes attaqués si ceux-ci sont tant soit peu charnus. Les pourritures provoquées par *S. rolfsii* sont d'une consistance analogue à celles causées par *S. sclerotiorum*.

S. rolfsii peut attaquer toutes les plantes envisagées dans cet ouvrage, en provoquant des mortalités de plantules, des pourritures du collet, de tuber-

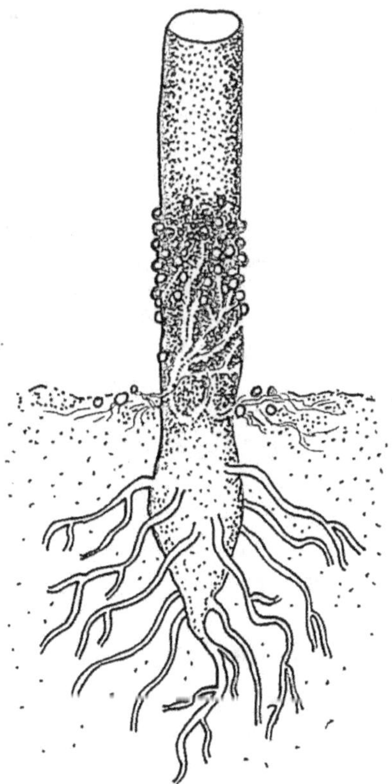

Figure 23. — Attaque de *Sclerotium rolfsii* au collet d'une plante (v. aussi figure 57).

cules proches de la surface du sol, de tiges et feuilles rampantes, de fruits touchant la terre. On le rencontre aussi sur gaines foliaires de Maïs et de Canne à sucre.

La gravité des attaques est déterminée par le nombre, l'aptitude à germer des sclérotes se conservant dans le sol, et la vigueur de la croissance du mycélium en surface.

La germination des sclérotes et la croissance du mycélium sont inhibées par les **composés azotés solubles** dans le sol (par ordre d'efficacité décroissante : urée, NH_4^+, NO_3^-). Les situations pluvieuses (tropiques humides, été à Bayonne) et l'irrigation par aspersion favorisent *S. rolfsii* par lessivage de la couche superficielle du sol : les publications israéliennes sur *S. rolfsii* se sont taries depuis que l'irrigation au goutte à goutte y a remplacé l'aspersion. On pourra redresser de telles situations en apportant l'azote de façon fractionnée, en particulier sous forme d'urée.

La survivance des sclérotes dans le sol est de longue durée en conditions sèches, la germination des sclérotes réhumidifiés est très rapide. En sol humide leur germination est échelonnée, et favorisée par leur remontée en surface par les façons culturales.

Ils peuvent être détruits par des champignons appartenant aux *Trichoderma* et *Gliocladium*, comme ceux de *Sclerotinia*.

L'apport au sol d'amendements organiques peut exercer deux effets contradictoires :

— colonisation de cet apport par *S. rolfsii* (surtout s'il s'agit de matière végétale verte ou peu décomposée) et production de nouveaux sclérotes.

— à plus long terme, stimulation des antagonistes.

On attendra donc au moins 20 jours avant de semer ou planter après application de l'amendement.

Suivant la qualité de la matière végétale apportée, l'un ou l'autre effet peut prédominer. Les matières végétales riches en tanins privilégient l'effet « stimulation des antagonistes ». Parmi les substrats ou extraits essayés en Guadeloupe par A. Toribio, l'engrais vert Sorgho coupé et décomposé en surface avant enfouissement, les déchets de café, les pseudo-troncs de Bananier hachés ont un effet défavorable sur *S. rolfsii*. L'action la plus remarquable est celle du jus de rachis de régime de bananes, efficace en arrosage, même dilué jusqu'au dixième. Il reste actif après autoclavage.

III. Bactéries

Caractères généraux

Les bactéries sont des êtres vivants de morphologie simple, de taille inférieure à celle des plus petites spores de champignons ($0,5$ à 1×1 à $3\ \mu$). Elles en diffèrent aussi par leur nature **procaryote** : pas de noyau différencié, un chromosome annulaire libre dans le cytoplasme de la cellule bactérienne, avec possibilité de petits fragments annulaires surnuméraires d'ADN, ou « plasmides ».

Leur comportement physiologique est très varié, certaines peuvent réaliser des réactions chimiques dont les autres êtres vivants sont incapables (ex. : fixation de l'azote, nitrification).

Les bactéries parasites des plantes ont au contraire une physiologie assez banale. On n'y rencontre aucune bactérie sporulée, aucun anaérobie strict, et seulement des formes en bâtonnet (aucun *Coccus*, aucun vibrion, aucun spirochète).

On les classe en 5 genres, parmi lesquels les *Agrobacterium* intéressent peu les plantes maraîchères [*].

Sur celles-ci on observe des attaques de *Corynebacterium, Pseudomonas, Xanthomonas* et *Erwinia*.

On les distingue par l'aspect et la vitesse de croissance de leurs colonies sur gélose, la production éventuelle de pigments diffusibles, la disposition des flagelles conditionnant la **motilité** en milieu liquide. On doit utiliser de plus des **caractères biochimiques** : aptitude à métaboliser tel ou tel sucre ou acide aminé, nature des métabolites produits, aptitude à l'anaérobie facultative. La **paroi bactérienne** peut être de nature très différente suivant les genres, ce que l'on met en évidence par la coloration de **GRAM**.

Le tableau 2 résume les caractères les plus nets des bactéries qui nous intéressent, au niveau générique ou subgénérique.

En ce qui concerne les **espèces**, elles sont à la fois définies par une étude biochimique plus fine, et par la spécificité parasitaire. On avait autrefois tendance à privilégier ce deuxième aspect et à distinguer par exemple chez les *Xanthomonas* les *X. campestris* (sur Crucifères), *X. vesicatoria* (sur Solanées), *X. phaseoli* (sur Haricot). On préfère aujourd'hui retenir de « grandes espèces », chez lesquelles on distingue des « **pathovars** », ou « **pv.** », par exemple *X. campestris* pv. *campestris*, pv. *vesicatoria*, pv. *phaseoli*.

Ces « pathovars » sont l'équivalent des « formes spécialisées » ou « f. sp. » des Rouilles ou des *Fusarium*.

On peut aussi rechercher des affinités entre souches bactériennes par la **sérologie**. Les difficultés de tel ou tel cas d'espèce proviennent du fait qu'il n'y a pas toujours concordance entre groupes basés sur la sérologie (**sérotypes**), la biochimie (**biotypes**, ou **biovars**), ou le pouvoir pathogène (**pathotypes**, ou **pathovars**).

Chez les *Pseudomonas*, un caractère assez valable distingue les bactéries parasites des plantes des souches saprophytes : l'aptitude à provoquer chez les plantes non-hôtes une **réaction hypersensible**. On utilise pour ce test l'injection de quantités de l'ordre de 10^7 bactéries dans un compartiment internervaire de feuille de Tabac. On observe une nécrose en moins de 24 heures. Les *Xanthomonas* et certains *Erwinia* réagissent eux aussi à ce test, avec une incubation plus longue.

---

[*] Sinon comme « vecteurs » d'information génétique dans les laboratoires de biotechnologie végétale — nous rencontrerons cependant *A. rhizogenes* sur Concombre.

Tableau 2

Quelques caractères fondamentaux des genres bactériens parasites des plantes maraîchères

Genres	Catégories	GRAM	Morphologie flagelles	Croissance	Couleur des colonies	Pigments diffusibles	Métabolisme du glucose	Test oxydase de Kovacs
Corynebacterium *		+		lente	jaune orangé	–	faible ou nul	–
Pseudomonas	fluorescents	–		rapide	incolore	+ (fluo)	oxydatif	+
	non fluorescents					–		
Xanthomonas	croissance rapide	–		rapide	jaune	parfois + (brun)	oxydatif	–
	croissance lente			lente				
Erwinia	non pectinolytiques	–		rapide	incolore	–	fermentatif	+
	pectinolytiques			rapide				
	saprophytes			très rapide	jaune			

* Certains ouvrages récents parlent toujours de *Corynebacterium*, d'autres transfèrent *C.michiganense* au genre *Clavibacter*, *C.flaccumfaciens* au genre *Curtobacterium*.

Symptômes

Les symptômes provoqués par les bactéries phytopathogènes sont très variés : on connait des **trachéobactérioses**, homologues des trachéomycoses, mais pour lesquelles le site infectieux initial peut être plus varié : infection racinaire, comme pour Fusarioses vasculaires ou Verticilliose (ex. : *Pseudomonas solanacearum*), mais aussi transmission par la graine ou les blessures de tiges ou pétioles (ex. : *Corynebacterium michiganense*), transmission par Coléoptères (ex. : *Erwinia tracheiphila*), ou réabsorption par les hydatodes des gouttes d'eau exsudées au bord des feuilles. Dans ce cas l'infection est descendante et, après l'apparition de lésions en forme de V à la marge des feuilles, on peut avoir migration dans les pétioles et les tiges (ex. : *Xanthomonas campestris* pv. *campestris*).

De nombreuses bactéries (*Pseudomonas, Xanthomonas*) peuvent se comporter en **parasites foliaires**, provoquant soit des pustules noires, soit des taches d'abord « graisseuses » (en anglais « *watersoaked* ») puis nécrotiques en leur centre, souvent entourées d'un **halo** vert pâle ou jaune, signe de l'émission d'une **toxine**.

Les bactéries provoquant des taches foliaires sont le plus souvent véhiculées d'une feuille à l'autre par le choc et le rejaillissement de grosses gouttes d'eau (pluie ou aspersion) qui les font pénétrer dans les chambres sous-stomatiques.

La **transmission par graines** est fréquente, les bactéries peuvent contaminer seulement les téguments, ou envahir les cotylédons. A la germination on peut observer, soit des lésions sur les plantules, ou seulement un envahissement épiphyte discret des jeunes plantes, jusqu'au stade sensible survenant plus tardivement.

A l'état épiphyte, certaines bactéries (surtout les *Pseudomonas*) peuvent, en sus de leur pouvoir pathogène proprement dit, exercer un effet **glaciogène**, sensibilisant les feuilles au gel dès 0 °C, alors qu'en leur absence elles ne gèlent qu'à -3 °C ou -4 °C. Cet effet a surtout été étudié sur les arbres fruitiers, mais peut se produire aussi chez les plantes maraîchères (ex. : *Pseudomonas syringae* pv. *pisi*).

De façon moins spécifique, certains *Pseudomonas* et *Erwinia* peuvent provoquer sur nervures charnues (salades et choux pommés, choux-fleurs, céleris), bulbes ou tubercules des **pourritures molles** (anglais *soft rot*). Il s'agit dans ce cas de bactéries pourvues d'**enzymes pectinolytiques**.

Étude particulière des principaux genres bactériens nuisibles aux plantes maraîchères

Les *Corynebacterium* (dont certains ont été rebaptisés *Curtobacterium* et *Clavibacter*) provoquent des trachéobactérioses transmissibles par les semences, avec dispersion secondaire par blessures. On peut citer sur plantes maraîchères *C. flaccumfaciens* (légumineuses) et *C. michiganense* (Tomate).

Les *Pseudomonas* ne constituent pas une entité homogène, on les divise en « fluorescents » et « non fluorescents » d'après la production, ou non, d'un pigment diffusible fluorescent en lumière ultraviolette, sur milieu de KING.

Parmi les **non fluorescents** on peut citer des parasites des *Allium* : *P. cepacia* et *P. gladioli* pv. *alliicola*, et surtout le redoutable *Pseudomonas solanacearum*, agent de trachéobactérioses sur Bananiers et Solanées (v. chapitre III).

Parmi les *Pseudomonas* **fluorescents**, on doit tout d'abord citer la grande espèce *P. syringae*, dont les « pathovars » provoquent de nombreuses maladies spécifiques sur plantes maraîchères (pv. *lachrymans* sur *Cucurbitacées*, *pisi, phaseoli, tomato*...).

On y rencontre aussi des espèces moins spécialisées agents de pourritures marginales de feuilles ou de « *soft rots* » par temps chaud et humide : *P. viridiflava, P. cichorii, P. marginalis*. Il y a aussi des *Pseudomonas* saprophytes comme *P. fluorescens**. Les *Pseudomonas* fluorescents saprophytes intéressent l'agronome dans la mesure où, épiphytes sur racines, ils peuvent aider les plantes à assimiler le fer, et exercer un antagonisme vis-à-vis des parasites racinaires.

Les *Xanthomonas* ne constituent pas non plus un groupe homogène. Leur optimum thermique est souvent plus élevé que celui des *Pseudomonas*, ils sont particulièrement redoutables en conditions tropicales.

On peut distinguer : des *Xanthomonas* à **croissance rapide**, presque tous regroupés dans la grande espèce *X. campestris*, dont on distingue de nombreux pathovars, dont beaucoup intéressent les plantes maraîchères (ex. : *campestris, phaseoli, vesicatoria*).

Les *Xanthomonas* à **croissance lente** provoquent des maladies intéressant la Canne à sucre, le Peuplier. On y trouve aussi le *Xanthomonas fragariae*.

Les *Erwinia* sont les seules bactéries phytopathogènes pouvant se comporter en anaérobies facultatifs. On peut y distinguer :

— les *Erwinia* **pectinolytiques**, que l'on appelle aussi *Pectobactérium*, se subdivisant en 2 espèces, *E. carotovora* (et sa var. *atroseptica*, adaptée aux basses températures), agent de pourritures d'organes charnus, et *E. chrysanthemi*, adaptée aux températures élevées, dont on a décrit quelques pathovars en dehors du domaine des plantes maraîchères (plantes florales, *Diffenbachia*, Maïs).

— les *Erwinia* **non pectinolytiques**, parmi lesquels on trouve soit de véritables parasites à spécificité parasitaire très accusée (ex. : *Erwinia tracheiphila*, agent de la trachéobactériose des Cucurbitacées), soit des saprophytes courants, comme *E. herbicola*, envahisseur secondaire universel de lésions d'origine fongique ou bactérienne, que l'on ne doit pas confondre avec les *Xanthomonas*, bien que ses colonies à croissance très rapide soient colorées en jaune.

A côté des bactéries se placent les **Actinomycètes**, procaryotes filamenteux

---

* Cependant signalé comme parasite dans le cas de la « maladie café au lait » de l'Ail.

dont nous évoquerons au chapitre II les souches saprophytes, pour leur rôle important au sein de la microflore du sol.

Certains **Streptomyces** provoquent des **gales** sur des organes souterrains (tubercules ou racines charnues). *S. scabies* (sur Pomme de terre) et *S. ipomoeae* (sur Patate douce) sont les deux espèces les plus connues.

Des gales à *Streptomyces* ont été signalées sur Navet, Carotte et Betterave.

Ces divers *Streptomyces* peuvent être combattus dans le sol par l'abaissement du pH (ex. : application de soufre) ou par les fongicides (ex. : quintozène).

Ils sont favorisés par la sécheresse de la couche superficielle du sol en cours de grossissement des racines ou tubercules.

IV. Mycoplasmes

Les dégâts provoqués par ce type de microorganismes ont été longtemps attribués à des virus, car l'observation au microscope optique ne révélait rien sinon des anomalies du tissu libérien ou **phloème** (hypertrophies ou nécroses). L'usage du **microscope électronique** allié à celui de l'**ultramicrotome** permit, à partir de 1967, d'observer dans les tubes criblés des plantes malades des **mycoplasmes**, microorganismes de petite taille (50 à 100 nm, parfois plus), de forme variable, pourvus d'une membrane unitaire à 3 feuillets et d'un cytoplasme, dépourvus de la paroi caractéristique des bactéries et rickettsies. Les mycoplasmes ou « Mollicutes » comprennent aussi des formes parasites de l'homme et des animaux, et ressemblent aux « formes L » dérivées des bactéries par perte de la paroi.

A ces caractères morphologiques s'ajoute la possibilité d'obtenir sur les plantes une **rémission** des symptômes par pulvérisation d'antibiotiques du groupe des **tétracyclines**, à des doses de l'ordre de 1 ‰.

Les symptômes provoqués par les mycoplasmes peuvent se rapprocher de ceux des virus à localisation libérienne (lutéovirus, géminivirus). On observe des mortalités assez rapides, avec nécrose du liber, ou des jaunisses avec arrêt de croissance. Mais, de plus, lorsque les plantes survivent longtemps à l'infection (avec hypertrophie du phloème) s'y rajoutent des phénomènes de ramification anormale, et de **virescence** ou **phyllodie** sur les fleurs : hypertrophie du calice, verdissement ou atrophie des pétales, stérilité ou atrophie des étamines, retour à l'état foliacé des carpelles.

Bien avant d'avoir découvert la nature exacte de ce type de maladies — alors désignées comme virus du groupe « **Aster yellows** » — on connaissait la possibilité de les transmettre, soit par la greffe, soit par leurs vecteurs naturels, qui sont dans la plupart des cas des Cicadelles (Delphacides). La transmission s'effectue suivant le mode persistant, avec multiplication dans l'insecte, et souvent transmission à sa descendance.

En conditions naturelles, les épidémies graves de maladies à mycoplasmes sont liées à la présence de plantes-sources, souvent sauvages, et à la prolifération des cicadelles vectrices.

On peut citer le cas de la Californie, où un mycoplasme transmis par *Macrosteles fascifrons* et *Aphrodes bicinctus* provoque les « **Aster yellows** ». Cette maladie attaque des plantes appartenant à 40 familles, ornementales, comme la Reine Marguerite (*Callistephus sinensis*, « *China aster* » en anglais, d'où le nom de la maladie), maraîchères (Carotte, Céleri, Laitues et Chicorées, *Allium*) et de nombreuses plantes sauvages servant de réservoir (Composées, Ombellifères, Plantain).

Les mycoplasmes peuvent aussi être transmis expérimentalement par **Cuscutes**, que l'on utilise comme « ponts » entre plantes malades et plantes saines.

La **Pervenche africaine** (*Vinca rosea*), inoculée par cuscute, et réagissant par virescence et phyllodie, se révèle un très bon hôte expérimental de la plupart des mycoplasmes parasites des plantes.

Dans l'Ancien Monde (v. chapitres suivants), ce sont surtout, parmi les plantes maraîchères, les Solanées qui sont sujettes à ce type de maladies.

Nous ne rencontrons pas (pour le moment) sur plantes maraîchères de **Spiroplasmes**, mollicutes allongés, mobiles, cultivables sur milieux artificiels (contrairement aux précédents), ni de **Rickettsies**, pourvues d'une paroi, sensibles à la pénicilline, que l'on rencontre soit dans le phloème (maladie du « club leaf » du trèfle) soit dans le xylème (plantes ligneuses).

V. Virus

Les virus sont des agents infectieux invisibles au microscope optique, qui envahissent leurs hôtes sensibles de façon généralisée ou « systémique ». Chez les plantes, les seules parties exemptes de virus, ou n'en contenant que très peu, sont les **méristèmes** logés à l'apex des tiges, à l'intérieur des bourgeons.

Symptômes

Les virus provoquant des **mosaïques** se multiplient abondamment dans les parenchymes, en particulier dans les zones vert-clair ou jaunes du feuillage mosaïqué. Dans les premiers stades de l'infection, la propagation rapide du virus dans toute la plante s'opère cependant par les tubes criblés du phloème.

Pendant cette phase, la croissance s'arrête presque complètement (fig. 24) et, sur les feuilles déjà développées au moment de l'infection peuvent apparaître des **symptômes de choc**, nécrotiques ou chlorotiques : anneaux, ou « ring spots », lignes sinueuses ou, de façon moins nette, plages jaunes ou anthocyanées, nécroses.

La croissance reprend ensuite, à une vitesse inférieure, ou parfois presque égale à celle de la plante saine. C'est alors que s'expriment les **symptômes chroniques** de mosaïque.

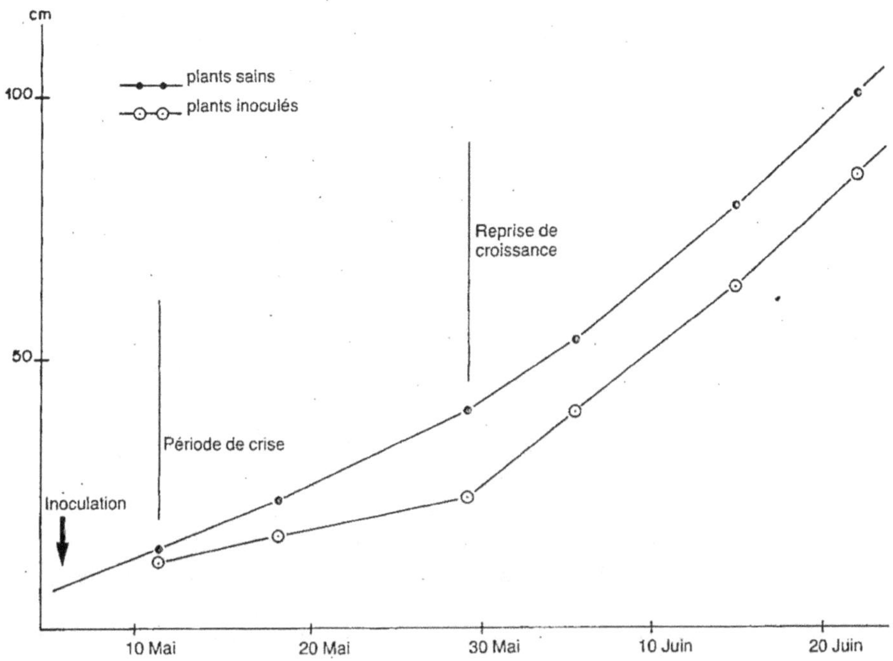

Figure 24. — Croissance en longueur des plants de Tomate sains (-○—○-) et inoculés par la Mosaïque du Tabac (-○—○-) (Essais INRA, Montfavet, 1962).

Celle-ci peut être plane, les zones vert-foncé sont alors réparties au hasard, ou bien liées aux nervures (*vein banding*).

Si les zones claires, au cours du développement de la feuille, ont une croissance plus lente que les zones vert-foncé, la mosaïque peut être « cloquée ». Ces zones à faible croissance peuvent même disparaître, la feuille prend alors un aspect filiforme ou lacinié.

Dans certains cas la reprise de croissance peut n'être que transitoire, et faire place à une nouvelle crise. Chez les plantes à multiplication végétative, on observe les « symptômes de choc » sur la génération infectée, et d'emblée les symptômes chroniques sur les générations suivantes.

On observe dans certains cas chez les plantes atteintes de virus des **symptômes nécrotiques** (*streak*). Il s'agit soit de la faillite d'une résistance par hypersensibilité, soit de l'effet de conditions d'environnement (froid, chaleur excessive) ne correspondant pas aux conditions de croissance équilibrée du couple hôte-virus, soit enfin d'infections complexes par deux virus de nature différente.

Les virus qui, au contraire, se multiplient de façon préférentielle ou exclusive dans les tissus libériens provoquent soit des « **jaunisses** », avec arrêt de croissance presque total, soit des **enroulements** (*leaf roll)* ou des **crispations** *(leaf curl)* du feuillage : les feuilles, plus petites que la normale prennent une consistance cassante et se recourbent en cuillère. Ces symptômes traduisent un mauvais fonctionnement libérien.

Structure et multiplication des virus

Les virus comportent tous un filament d'**acide nucléique** porteur d'une « information génétique » leur permettant de détourner à leur profit le métabolisme cellulaire de l'hôte. L'acide nucléique est entouré d'une **capside** protéique (sauf dans le cas des « **viroïdes** »).

Certains virus (les plus gros) comportent une enveloppe lipoprotéique autour de la capside : parmi les virus des plantes les **rhabdovirus** et celui de la Maladie bronzée de la Tomate *(Tomato spotted wilt)*.

Les particules de virus, observables seulement au microscope électronique, ont une forme variable et une taille se mesurant en nanomètres (ou milimicrons). Les sous-unités protéiques de la capside peuvent se disposer en hélice et constituer des bâtonnets rigides ou des filaments flexueux, ou bien suivant une symétrie icosaédrique pour former des particules globuleuses. Le filament d'acide nucléique est inséré en spirale à l'intérieur de la particule allongée, ou pelotonné dans la partie centrale de l'icosaèdre (fig. 25).

Les virus sont désignés par des **noms anglais** rappelant en général leur premier hôte décrit, et le type de symptôme, en abrégé par les initiales majuscules des mots anglais formant le nom du virus (ex. : « *Tobacco mosaic virus* », ou **TMV**, virus de la Mosaïque du Tabac).

La nature de l'acide nucléique (ribo ou désoxyribo, un ou deux brins, nature des extrémités), son mode de répartition dans une, deux, ou plusieurs particules, la forme et les dimensions de la capside, les symptômes provoqués, le mode de transmission permettent aujourd'hui de classer les virus en « **groupes** » traduisant des affinités profondes. On leur donne des noms dérivés, soit d'une propriété générale du groupe, soit des syllabes initiales du virus choisi comme type (ex. : **lutéovirus** provoquant des jaunisses, du latin *luteus*, jaune, **tobamovirus** dont le type est le Tobacco **mosaic virus**).

Certains virus, comme le « *Tomato spotted wilt* » n'ont été encore rattachés à aucun groupe. Certains groupes (ex. : **réovirus**) n'attaquent qu'occasionnellement les plantes maraîchères. Leurs caractéristiques seront données en note dans les chapitres suivants, ou au cours de celui-ci.

Le tableau 3 décrit de façon sommaire les caractéristiques des groupes importants pour les plantes maraîchères.

Pour qu'un virus puisse se multiplier dans une plante, il faut que son acide nucléique soit reproduit à de nombreux exemplaires, encapsidé, que le virus puisse passer d'une cellule à l'autre, et être enfin acquis par l'éventuel vecteur.

L'acide nucléique viral se comportera donc comme composé de quelques gènes, qui utiliseront les ribosomes de l'hôte pour produire un certain nombre de protéines :

— protéine capside,

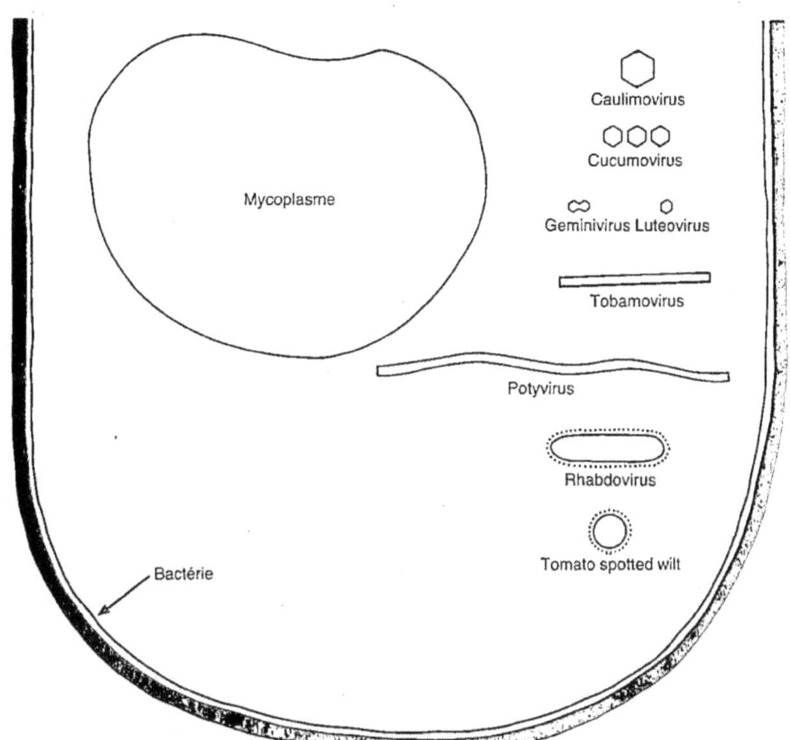

Figure 25. — Taille comparée des particules de divers groupes de virus, d'un mycoplasme (forme très variable) et d'une bactérie. A la même échelle une spore de *Stemphylium* mesurerait 4 × 2 m.

— polymérases ou « réplicases » permettant la reproduction de l'acide nucléique (mais une partie de l'activité « réplicase » peut être fournie par la plante-hôte),

— éventuellement une protéine indispensable au passage d'une cellule à l'autre par les plasmodesmes,

— éventuellement aussi une protéine indispensable à la transmission selon le mode non-persistant (protéine adjuvante ou « *helper* »),

— d'autres protéines enfin dont le rôle biologique est encore en cours d'étude : « protéine de maturation », « protéine d'accrochage »...

Ces mécanismes de multiplication virale peuvent arriver à se montrer à la fois très efficaces, et relativement bien tolérés par la plante-hôte : dans un plant de Tomate infecté par la Mosaïque du Tabac, dont la croissance après la crise initiale peut reprendre à une vitesse de l'ordre de 90 % de celle de la plante saine, 70 % des protéines peuvent être constituées par des particules virales. Des virus atteignant des concentrations beaucoup plus faibles peuvent se montrer beaucoup plus nuisibles (ex. : lutéovirus).

Certaines entités infectieuses incapables d'assurer à elles seules toutes les

Tableau 3

Groupes de virus les plus fréquents sur plantes maraîchères

Groupes de virus	Morphologie des particules	Génome unique ou divisé	Nature de l'acide nucléique	Vecteurs et mode de transmission	Observations particulières
Tobamovirus	bâtonnets rigides 300 × 18 nm	unique	RNA simple brin +	—	transmission mécanique dans la pratique
Potyvirus	flexueuses 700-900 × 11 nm	unique	RNA simple brin +	pucerons, non persistant	inclusions cellulaires de type « pinwheels » ; souvent transmis par graines
Cucumovirus	globuleuses 29 nm	divisé en 3	RNA simple brin +	pucerons, non persistant	possibilité d'un satellite
Caulimovirus	globuleuses 50 nm	unique	DNA 2 brins	pucerons, bimodal	
Luteovirus	globuleuses 25-30 nm	unique	RNA simple brin +	pucerons, persistant	localisés au phloème
Tymovirus Comovirus Sobemovirus	globuleuses 25-30 nm	— unique — divisé en 2 — unique	RNA simple brin +	coléoptères, vite acquis puis semi-persistant	como et sobemovirus souvent transmis par graine
Geminivirus	jumelles 18-20 nm	unique ou divisé en 2	DNA simple brin	aleurodes ou cicadelles, persistant	
Rhabdovirus	bacilliformes 135-380 × 45-95 avec enveloppe	unique	RNA simple brin −	pucerons ou cicadelles, persistant	se multiplient dans les vecteurs

fonctions évoquées ci-dessus ne peuvent être transmises que comme **satellites** d'un virus doué d'autonomie.

Suivant les cas (couples hôtes/parasites) la présence du satellite aggrave les symptômes, les atténue ou passe inaperçue.

Modes de transmission des virus

Dans le cas de **multiplication végétative** de la plante hôte, le virus est transmis par tubercules, bulbes, caïeux, rhizomes ou boutures à tous ses descendants. Dans le cas d'une plante greffée, il suffit qu'un des deux partenaires porte le virus.

C'est seulement quand l'infection de la plante-mère est très tardive que certains tubercules (Pomme de terre) ou certains caïeux (dans un bulbe d'Ail) peuvent échapper à l'infection.

Le plus souvent les graines portées par des plantes infectées restent saines. Certains virus cependant (en particulier poty-, como-, sobemovirus) sont **transmis par les graines** dans une proportion qui peut aller jusqu'à 20 %.

Le passage des virus d'une plante à l'autre au cours d'une culture, condition de développement d'une **épidémie**, peut se faire de diverses façons.

● **Transmission mécanique**

Possible au laboratoire pour de nombreux virus, elle n'est importante en pratique que dans certains cas particuliers : **tobamovirus, potexvirus** [*], **viroïdes** [**]. Elle se réalise par contact de plante à plante, ou par les doigts et les outils du maraîcher (v. paragraphe « Mosaïque du Tabac », chapitre IV).

● **Transmission par insectes** (fig. 26)

C'est le cas le plus fréquent. On connaît des insectes vecteurs de virus parmi :

insectes piqueurs	Les Pucerons (Aphididés) Les Cicadelles (Delphacides) Les Thrips (Tingidés) Les Aleurodes (*Bemisia, Trialeurodes*)
insectes broyeurs	Les Coléoptères (Chrysomélidés, coccinelles phytophages et quelques Curculionidés)

La relation insecte/virus peut être plus ou moins étroite, mais ne se ramène jamais à une simple transmission par les mandibules ou stylets souillés de jus de plante malade, par voie purement mécanique.

---

[*] Virus filamenteux 500 nm, ARN simple brin, dont le type est le *Potato virus X*, qui peut aussi envahir la Tomate, mais dont l'importance est aujourd'hui presque nulle.

[**] Entités infectieuses constituées d'un filament circulaire de RNA, réentortillé sur lui même, dépourvu de capside, de poids moléculaire inférieur à celui du RNA des virus les plus petits ou des satellites, mais cependant capable d'autoreproduction dans les cellules de l'hôte.

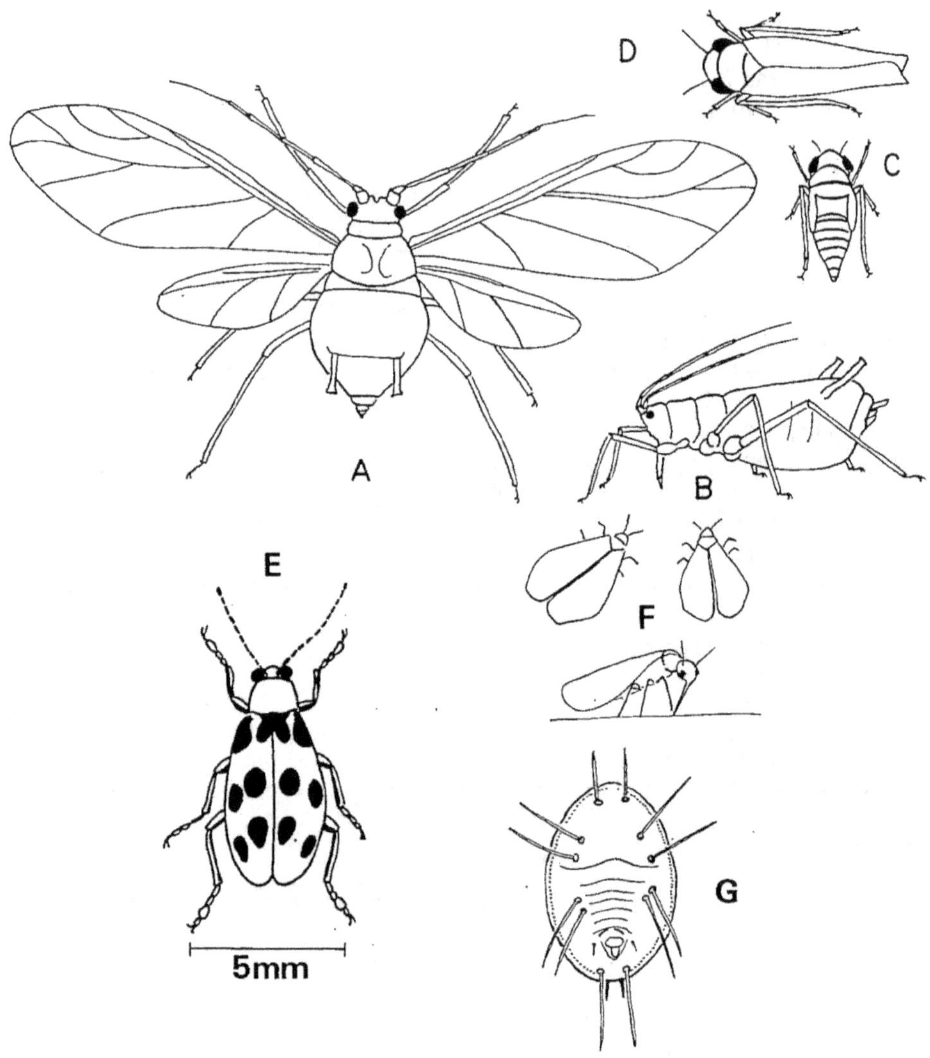

Figure 26. — Vecteurs de virus.
A : Puceron ailé. **B** : Puceron aptère. **C** : Larve de cicadelle. **D** : Cicadelle adulte. **E** : *Diabrotica undecimpunctata howardi*, coléoptère américain vecteur de *Erwinia tracheiphila*, du *Squash mosaic virus*, du *Cowpea mosaic virus*, etc. **F** : Adultes de *Bemisia tabaci*. **G** : Larve du même insecte, à un plus fort grossissement.

La transmission suivant le **mode non persistant** (ex. : **potyvirus, cucumovirus** propagés par pucerons) comporte : une **acquisition très rapide** du virus, favorisée par un jeûne préalable de l'animal, et une **aptitude immédiate à la transmission,** qui ne subsiste pas au delà de quelques piqûres sur de nouvelles plantes (un puceron ailé transporté par le vent peut cependant rester infectieux s'il reste 24 h sans s'alimenter).

La transmission suivant le **mode persistant** nécessite par contre un **temps d'acquisition** pouvant aller d'une à deux heures à un jour ou deux, et un **temps de latence** entre l'acquisition du virus et la manifestation du pouvoir infectieux.

Celui-ci dure très longtemps, parfois durant toute la vie de l'insecte, et malgré les mues, si le virus a été acquis au stade larvaire.

Ce mode de transmission concerne certains virus transmis par pucerons (ex. : **lutéovirus, rhabdovirus**) et tous les virus transmis par cicadelles.

Le virus subit donc un trajet dans le corps de l'insecte, passant du tube digestif à la cavité générale, pour se concentrer enfin dans les glandes salivaires, à partir desquelles les stylets sont contaminés.

Suivant les cas particuliers il y a seulement accumulation du virus grâce à une longue acquisition (**virus circulatifs**), ou au contraire multiplication du virus dans le corps de l'insecte (**virus propagatifs**). Dans ce dernier cas, il peut y avoir **transmission transovarienne** à la descendance d'une femelle infectieuse.

Certains cas de relation virus/insecte/plante ne réalisent pas exactement l'un ou l'autre schéma, on parle alors de transmission selon le mode **semi-persistant**, terme servant surtout à masquer notre ignorance. Une situation encore plus complexe est celle de la **transmission bimodale** (v. Mosaïque du Chou-fleur, chap. XI).

● **Transmission par le sol**

Il s'agit alors, soit de transmission directe aux racines ou aux feuilles inférieures à partir de débris végétaux (virus très stables : v. « Mosaïque du Tabac », chap. IV), soit de transmission par vecteurs telluriques appartenant, soit aux Nématodes, soit aux champignons inférieurs (Archimycètes, Myxomycètes).

Étude de quelques groupes de virus
particulièrement importants pour les plantes maraîchères

● **Virus transmis par pucerons selon le mode non persistant**

Ceux qui nous concernent sont principalement les **potyvirus** et **cucumovirus**. La relation virus-vecteur dans ce cas est peu spécifique, des pucerons d'espèces très diverses pouvant transmettre le virus au passage en piquant successivement une plante malade puis une plante saine, même si l'une ou l'autre ne sont pas pour eux des hôtes naturels, et qu'il ne s'agisse que de « piqûres d'essai » à la recherche d'un hôte favorable.

Ce mode de propagation est prédominant en conditions tempérées ou méditerranéennes à l'époque où se produisent de grands vols de pucerons ailés à partir de leurs hôtes hivernaux (mai dans le Midi de la France, juillet dans l'Europe du Nord). Ceux-ci migrent, soit à partir de l'hôte où a été pondu l'œuf d'hiver (ex. : le Pêcher pour *Myzus persicae*), soit de plantes sur lesquelles ont survécu des femelles parthénogénétiques (ex. : Crucifères sauvages pour la même espèce). L'intensité des gels de janvier à avril influe sur l'effectif de pucerons survivants, les vols printaniers sont plus tardifs à la suite d'hivers rudes.

Après cette pointe printanière ou estivale, la circulation de pucerons diminue, en particulier à cause de la prolifération de leurs ennemis (Coccinelles, Syrphes, Hyménoptères), à condition que l'équilibre n'ait pas été rompu par excès de traitements plus efficaces sur les ennemis des pucerons que sur ceux-ci (ex. : insecticides phosphoriques et *Myzus persicae*).

Dans les pays méditerranéens méridionaux, la régression hivernale peut être moins marquée, mais on peut observer une régression estivale à la suite de chaleurs excessives ($> 35\,°C$), et la courbe exprimant la circulation de pucerons ailés peut devenir bimodale (maximums en mars-avril et octobre).

Dans les pays tropicaux humides, les fluctuations de la circulation de pucerons deviennent très aléatoires, le principal facteur de régression étant constitué par les périodes pluvieuses (mois à 400 mm ou plus). Les épidémies sont moins violentes, mais mieux réparties dans l'année.

Les **sources de virus** prédominantes peuvent être, suivant les cas d'espèce :

— des individus malades de l'espèce cultivée, présents dès le départ dans la parcelle. C'est bien entendu le cas des plantes à reproduction végétative (ex. : *Allium* cultivés), mais aussi celui de certains potyvirus très spécialisés à leur espèce-hôte, chez laquelle ils sont transmis par la graine (ex. : Mosaïque de la Laitue, Mosaïque commune du Haricot) ;

— des parcelles déjà contaminées de la plante cultivée, dans le voisinage, du fait du chevauchement des cultures, ou d'une production de graines chez les espèces bisannuelles (ex. : crucifères, betteraves, oignons) ;

— des repousses accidentelles de la plante cultivée ;

— des plantes sauvages ou fourragères appartenant à la même famille, dans le cas de potyvirus moins spécifiques (ex. : Mosaïque jaune du Haricot) ;

— des plantes sauvages ou cultivées de familles différentes, dans le cas de certains potyvirus (Watermelon mosaïc 2 se perpétuant sur légumineuses), et surtout dans celui de la **Mosaïque du Concombre** (CMV) auquel des études approfondies ont été consacrées en conditions méditerranéennes (travaux de l'INRA-Montfavet).

Ce virus, type des **Cucumovirus** *, a un génome divisé en 3 ARN, répartis dans 4 types de particules (la quatrième catégorie de particules contient la partie de l'ARN 3 codant pour la capside). Il peut être transmis par de très nombreux pucerons : 31 espèces relevées comme vectrices à l'INRA-Montfavet, parmi lesquelles *Aphis gossypii* est la plus fréquemment infectieuse. Le rôle des autres espèces ne doit cependant pas être sous-estimé, comme le montre l'effet beaucoup moins favorable qu'on ne l'avait espéré du gène **Vat** rendant inefficace la transmission par *A. gossypii* chez le Melon.

Le nombre d'hôtes possibles du virus s'élève à 775 espèces végétales

---

* Groupe assez restreint, contenant aussi le *Peanut stunt virus*, spécialisé aux légumineuses, et le *Chrysanthemum aspermy virus* (surtout sur plantes florales, parfois sur Tomate).

réparties dans 365 genres et 86 familles. On y compte des plantes ornementales, ligneuses et, parmi les plantes maraîchères les Solanées et Cucurbitacées dont il sera question dans les chapitres suivants, l'Épinard et le Céleri.

On trouve également de nombreuses plantes sauvages infectées, qui jouent un rôle très important dans l'épidémiologie du virus, qui peut ainsi contaminer gravement les cultures printanières ou estivales, même en l'absence d'hôtes cultivés hivernaux (épinards, céleris). Sur le domaine de l'INRA-Montfavet, 39 plantes sauvages ont été trouvées porteuses du CMV, les plus importantes d'entre elles et leur période de végétation sont indiquées sur la figure 27.

Certaines de ces plantes-hôtes spontanées, en particulier le **Mouron blanc** (*Stellaria media*) transmettent le virus par graines, ce qui permet sa permanence même au travers d'hivers très rudes au cours desquels les hôtes cultivés hivernaux gèlent, ainsi que beaucoup d'hôtes spontanés. Dans le Vaucluse, après l'hiver 1962-1963 (températures inférieures à − 10 °C pendant 50 jours) l'épidémie n'a été retardée que de trois semaines.

Le CMV n'est pas une entité homogène. On y distingue des souches provoquant soit des lésions locales, soit une mosaïque généralisée sur *Vigna sinensis* var. « Black » (le 2ᵉ type de souches est plus fréquent dans les régions tropicales).

Dans le midi de la France, deux « populations de virus » coexistent, que l'on peut distinguer par les symptômes sur Tabac, la sérologie et l'optimum thermique.

Les souches « thermosensibles » cessent de se multiplier chez leurs hôtes aux températures supérieures à 30 °C que supportent au contraire les souches « thermorésistantes ».

Les concentrations en CMV chez les plantes atteintes sont fluctuantes : après la période de « crise » initiale, la teneur en virus peut devenir très faible, mais de nouvelles crises accompagnées de remontées de la concentration en virus peuvent se produire. Au cours des périodes de régression de la teneur en virus, des recontaminations par d'autres souches de CMV peuvent se produire. Certaines plantes se prêtent de façon particulière à la multiplication de tel ou tel type de souche : le Melon sélectionne les souches thermorésistantes, au contraire, parmi les hôtes sauvages, la Douce-amère et la Garance sauvage favorisent les souches thermosensibles. La Tomate, le Poivron, le Céleri et, parmi les plantes sauvages le Mouron blanc, le Séneçon, la Mercuriale ne favorisent pas spécialement l'un ou l'autre type de souches. Chez ces plantes, les infections printanières sont le fait des souches thermosensibles, les infections estivales celui des souches thermorésistantes.

Dans chacune des populations de virus on peut trouver des souches douées de propriétés particulières :

— dans les deux populations on peut trouver des souches pourvues d'un « satellite » ou « ARN5 » qui modifie le symptôme sur Tomate : maladie nécrotique évoluant rapidement vers la mort de la plante, au lieu du symptôme « filiforme » classique ;

— c'est au contraire seulement dans la population thermorésistante qu'on

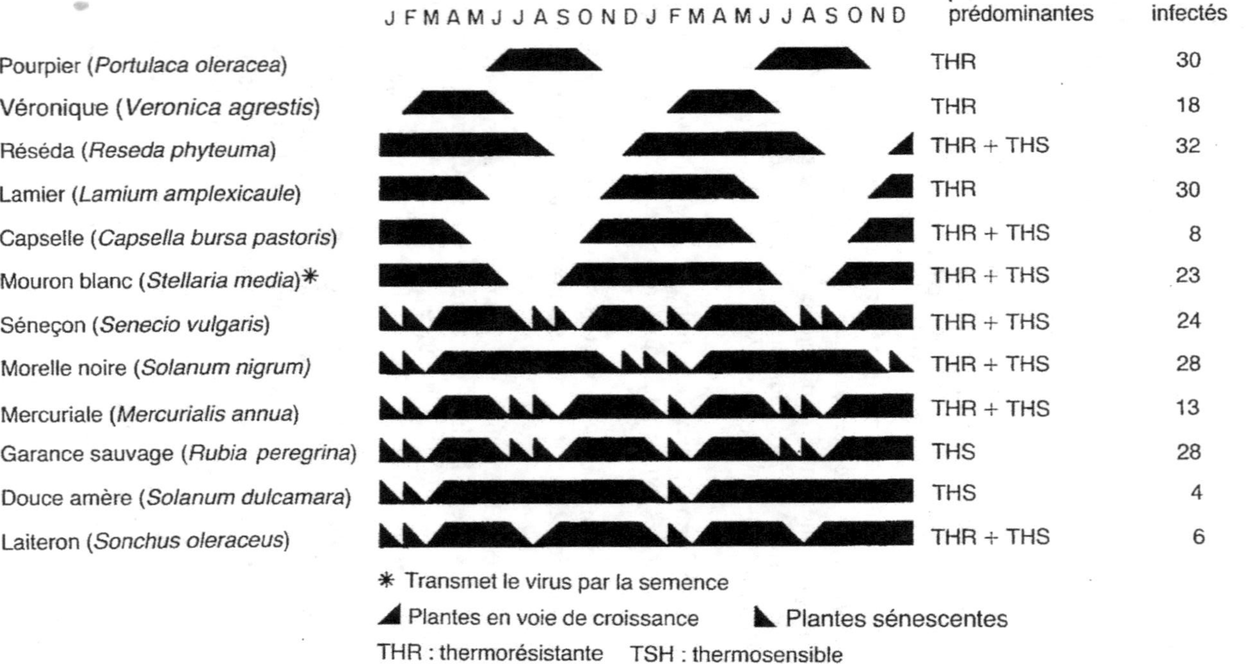

Figure 27. — Quelques plantes spontanées importantes pour la perpétuation de la Mosaïque du Concombre dans le Midi de la France (résultats INRA-Montfavet, 1979).

trouve les souches « Song », capables chez le Melon de surmonter la résistance dérivée de « Songwhan charmi » (= PI 161375), ainsi que les souches « Légumineuses », systémiques sur *Vigna*.

Le CMV, dans sa globalité, se comporte donc comme un virus redoutable, particulièrement bien adapté aux exploitations maraîchères de petite taille pratiquant la polyculture, subdivisées en petites parcelles avec des bordures et des haies abritant une flore spontanée diverse.

L'efficacité de la transmission du CMV par pucerons est cependant inférieure à celle observée pour les potyvirus (si l'on considère les chances de réussite d'un puceron infectieux).

Cette efficacité de la transmission est d'ailleurs variable suivant les plantes-hôtes : elle est la plus élevée, chez les plantes cultivées, pour les Cucurbitacées (Melon, Courgette). Elle est plus faible chez le Poivron, encore plus faible et diminuant avec l'âge chez la Tomate.

Aux conditions énumérées ci-dessus comme favorables aux épidémies de CMV on doit donc ajouter les importantes circulations de pucerons ailés, telles qu'il s'en produit au mois de mai dans les régions méditerranéennes [*].

Au contraire les situations plus proches de la monoculture, les hivers doux permettant le chevauchement des cultures et la survie de plantes-hôtes spontanées de la même famille que la plante cultivée, les déplacements de pucerons moins importants mais mieux répartis sur l'année favoriseront plus les potyvirus que le CMV (les WMV et ZYMV sur Cucurbitacées, le virus Y sur Solanées, la Mosaïque du Céleri sur Céleri).

Ce sera le cas des régions sud-méditerranéennes ou tropicales, où le CMV peut cependant trouver des situations favorables (ex. : côtes sous le vent des îles des Petites Antilles) avec des hôtes spontanés différents de ceux signalés ci-dessus (Commélinacées, Légumineuses, *Cleome* spp, Ipomées, en Guadeloupe, où le virus attaque aussi le Bananier « Poyo » et l'Igname Cousse-Couche, *Dioscorea trifida*).

● Virus transmis par pucerons selon le mode persistant

Il s'agira surtout dans ce cas de **Lutéovirus**, pour lesquels la relation virus-insecte est beaucoup plus étroite : temps d'acquisition minimum d'une heure, optimum 4 à 12 heures, latence de 12 heures, persistance éventuelle du pouvoir infectieux sur toute la vie de l'insecte, même à travers les « mues ». L'épidémiologie de certains **rhabdovirus** transmis par pucerons [**] sera comparable (ex. : *Sowthistle yellow vein*), ainsi que celle de la « Mosaïque-énation du pois ».

Ce type de virus n'étant pas transmis par graines, il ne pourra y avoir d'épidémie grave que dans les cas suivants (chez les plantes non reproduites par voie végétative) :

---

[*] Les plantations de juillet sont elles aussi très atteintes car, s'il circule moins de pucerons, ils sont infectieux en beaucoup plus forte proportion.
[**] Les Rhabdovirus transmis par Cicadelles intéressent surtout les graminées.

— une plante sauvage et une plante maraîchère appartenant à la même famille sont les hôtes d'un puceron spécialisé à cette famille et d'un virus les attaquant toutes les deux. L'épidémie ne concernera qu'une espèce maraîchère, et seulement dans les régions où les 2 hôtes coexistent (ex. : Laiteron et Laitue pour le « sowthistle yellow vein ») ;

— si le virus et le vecteur sont capables de coloniser des hôtes très variés, on pourra observer des épidémies aussi graves que dans le cas de la Mosaïque du Concombre. C'est le cas de la « Jaunisse occidentale de la Betterave » (Beet western yellows virus, BWYV) qui, à partir d'hôtes sauvages (ou cultivés hivernaux) très variés (Séneçon, Capselle, mais aussi Colza d'hiver, Mouron blanc, Sanve, Plantains) peut être véhiculée par *Myzus persicae*, ainsi que par *M. ascalonicus* et *Aulacorthum solani*, sur Betterave, Laitue, Chicorées scarole et frisée, Epinard, Radis, Navet et Tournesol [*]. Les situations chaudes et ensoleillées sont particulièrement favorables à l'expression des symptômes et, tout spécialement, les étés méditerranéens. Ce virus a pris une grande extension ces dernières années — peut être autrefois confondait-on ses symptômes avec des « carences ».

● Virus transmis par Aleurodes

Il s'agit principalement de **Géminivirus** [**] transmis dans les régions sud-méditerranéennes et tropicales par *Bemisia tabaci*, insecte qui peut proliférer sur la végétation spontanée ou adventice à des températures de 25 °C-30 °C. Il en existe des « races » s'alimentant de façon préférentielle sur certaines familles végétales (ex. : Malvacées, ou Euphorbiacées). Ce sont les populations de *Bemisia* liées aux Malvacées, mais fréquentant aussi Solanées, Cucurbitacées et Légumineuses, qui véhiculent les géminivirus les plus redoutables sur plantes maraîchères, comme le *Tomato yellow leaf curl* ou la *Golden bean mosaic*.

Suivant que ces virus colonisent de façon préférentielle les parenchymes ou le tissu libérien, ce sont les symptômes de « Mosaïque dorée », ou de « Leaf curl » (arrêt de croissance, chlorose marginale et recroquevillement des feuilles) qui prédominent.

Bemisia tabaci acquiert le virus à l'état de larve, suivant le mode persistant — circulatif (le pouvoir infectieux peut cependant subir des fluctuations au cours de la vie de l'insecte). La période d'acquisition est de 2 à 3 heures.

Un virus transmis par *Trialeurodes vaporarium* (Aleurode très commun dans les pays méditerranéens et les serres des pays tempérés) appartient à une catégorie toute différente : les **Closterovirus** [***]. Il peut attaquer le

---

[*] Aux États-Unis une seule et même souche attaque tous ces hôtes. En Europe, le plus souvent, la souche « Betterave » est distincte.

[**] Il existe aussi des « Géminivirus » transmis par Cicadelles. Au centre des États-Unis et dans certaines zones de Californie la présence du *Beet curly top virus* et de son vecteur *Circulifer tenellus* rend impossible la culture des Betteraves, mais aussi du Haricot et de la Tomate, sinon avec des variétés résistantes ou tolérantes.

[***] Virus filamenteux de plus de $1\,\mu$ de longueur, RNA simple brin, le plus souvent transmis par pucerons (ex. : Jaunisse de la Betterave).

Concombre, le Melon et la Laitue, en particulier dans les serres et les abris plastiques, en cas de fortes proliférations de mouches blanches.

● Virus transmis par Coléoptères

Appartenant aux groupes **Comovirus, Sobemovirus** et **Tymovirus**, ils cumulent les avantages épidémiologiques.

Leurs vecteurs (Chrysomélidés, coccinelles phytophages, charançons) acquièrent le virus et deviennent infectieux très rapidement (moins d'une heure), et conservent leur pouvoir infectieux plusieurs jours.

De plus les Comovirus (type : *Cowpea mosaic*) et les Sobemovirus (type : *Southernbean mosaic*) des légumineuses et Cucurbitacées peuvent être transmis par la graine dans une proportion importante. Le commerce international des semences peut ainsi les disséminer hors de leur zone d'origine : pays tropicaux et sud des États-Unis (ex. : Squash mosaic virus sur Cucurbitacées en Afrique du Nord).

● Virus transmis par le sol

Les cas de transmission directe à partir de débris végétaux subsistant dans le sol sont rares, et ne concernent que des virus très stables et très concentrés dans les tissus des plantes, comme les **Tobamovirus** (v. Mosaïque du Tabac, chap. IV).

Les virus « transmis par le sol » sont en général propagés par des vecteurs, qui peuvent appartenir :

— aux **Nématodes**, c'est le cas pour les **Nepovirus** [*] (très importants sur plantes ligneuses, représentés dans quelques rares cas sur plantes maraîchères par l'*Arabis mosaic virus*, transmis par *Xiphinema* spp.), et pour les **Tobravirus** [**] (ex. : **Tobacco rattle virus**, transmis par *Trichodorus* et *Paratrichodorus* spp., dont une souche attaque le Pois) ;

— aux **Archimycètes** ou **Myxomycètes** : c'est le cas des virus du groupe de la **Nécrose du Tabac** [***], transmis par *Olpidium*. Favorisés par la succession de plantes maraîchères, la saturation des sols en eau, ils restent dans la plupart des cas cantonnés aux racines et passent inaperçus. Ils peuvent se généraliser en conditions de températures suboptimales, jours courts et faible éclairement (cultures d'hiver ou de premier printemps, en plein air ou sous serres mal chauffées). Ils se manifestent alors par des maladies nécrotiques généralisées sous forme de « streaks » ou de « criblures » (ex. : *Bean stipple streak* sur Haricot, *Cucumber necrosis* sur Concombre).

Des virus très différents de la Nécrose du Tabac peuvent être transmis par *Olpidium*, comme le *Big vein* de la Laitue [****] ou la *Criblure du Melon*

---

[*] Particules globuleuses 28 nm, 2 sortes d'acide nucléique RNA simple brin.

[**] Particules allongées de 2 longueurs (180 − 215 × 22 et 46 − 114 × 22 nm) contenant 2 sortes d'acide nucléique, RNA simple brin.

[***] Particules globuleuses 28 nm, RNA simple brin, souvent accompagnées d'un satellite 17 nm.

[****] Particules allongées 350 × 18 nm, RNA double brin.

(encore mal connue du point de vue moléculaire), qui se manifestent cependant sous des conditions climatiques analogues.

Polymyxa graminis transmet des virus de céréales, et *Polymyxa betae* le *Beet necrotic yellow vein virus* [*], qui provoque la **Rhizomanie de la Betterave**, importante sur cultures industrielles, mais qu'il n'est pas impossible de rencontrer sur les variétés potagères (Betterave rouge, Côte de Blette).

Les relations entre virus et champignons inférieurs commencent à être connues : les particules de virus sont attachées au flagelle de la zoospore d'*Olpidium* dans le cas de la Nécrose du Tabac, internes au plasmode dans le cas de *Polymyxa betae* : il est donc probable qu'on y trouvera des situations aussi variées qu'entre virus et insectes.

VI. Nématodes

Nous ne donnerons ici que quelques indications élémentaires sur les **Nématodes phytophages** [**], auxquels nous ferons allusion dans les chapitres suivants comme parasites de racines ou de bulbes. Ce sont des vers de petite taille, le plus souvent invisibles à l'œil nu, pourvus d'un **stylet buccal** leur permettant de piquer les cellules pour en absorber le contenu. Sous leur forme larvaire ou adulte (sauf dans le cas des femelles hypertrophiées de *Meloidogyne, Heterodera* ou *Globodera*) ils se déplacent dans le sol par des mouvements ondulatoires. Un film d'eau leur est nécessaire, ainsi qu'une bonne structure du sol leur permettant de passer d'un agrégat à l'autre. Les sols légers leur sont plus favorables que les sols argileux.

On les divise en **ectoparasites** (vivant dans le sol et piquant les racines çà et là), **semi-endoparasites** (la partie antérieure de leur corps est fichée dans la racine) et **endoparasites**, vivant à l'intérieur des organes végétaux. Parmi ces derniers on distingue les « Nématodes à galles », les « Nématodes à kystes », et les « endoparasites migrateurs ».

Nématodes à galles (fig. 28)

Ils appartiennent au genre *Meloidogyne*. Ils survivent dans le sol sous forme de larves du 2e stade, lovées dans la coque de l'œuf. Elles éclosent à proximité des racines, stimulées par les exsudations de celles-ci. Les larves pénètrent dans les racines et se fixent au voisinage du cylindre central, provoquant la formation de cellules géantes dont elles se nourrissent. Les tissus environnants prolifèrent pour donner des galles, d'un diamètre de 2 à 4 mm sur les petites racines lorsqu'elles correspondent à un seul individu, mais pouvant devenir beaucoup plus grosses dans le cas d'attaques multiples

---

[*] Particules allongées de 3 ou 4 longueurs suivant les souches, RNA simple brin.

[**] Il en existe aussi des mycophages, des bactériophages, des « cannibales »... et des parasites de l'homme et des animaux.

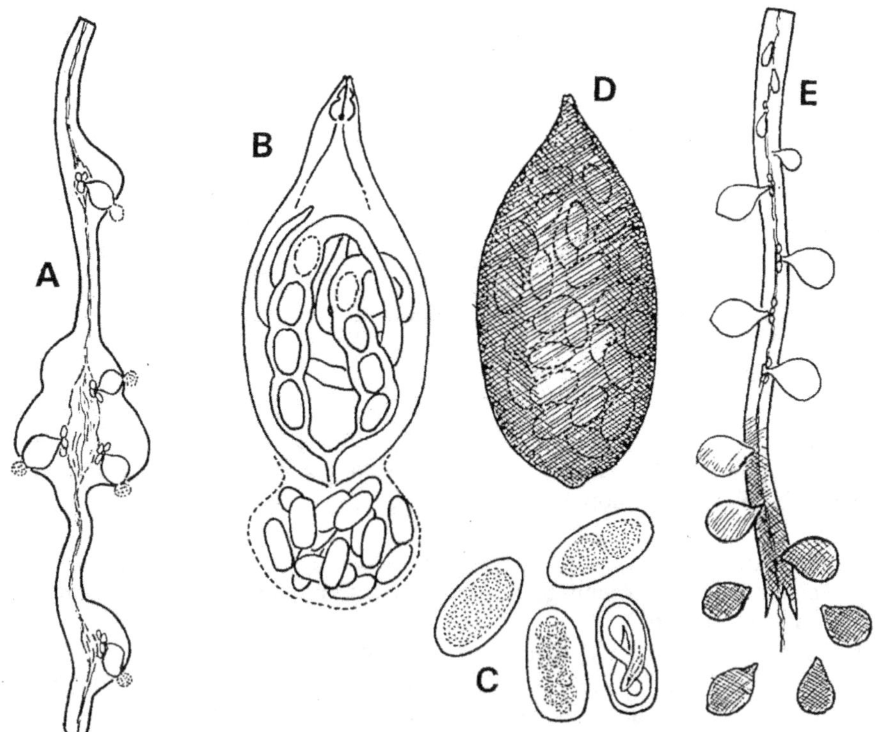

Figure 28. — Nématodes à galles (*Meloidogyne*) et nématodes à kystes (*Heterodera*).
A : Radicelle déformée par une attaque de *Meloidogyne* (en coupe).
B : Femelle adulte de *Meloidogyne*, avec sa masse d'œufs.
C : Œuf de *Meloidogyne* à divers stades de développement embryologique.
D : Femelle d'*Heterodera* transformée en kyste.
E : Racine attaquée par des *Heterodera*.

sur racines principales. Les mâles, souvent absents, restent filiformes et retournent au sol. Les femelles hypertrophiées atteignent la taille d'un grain de millet et, dans le cas des petites galles, excrètent à l'extérieur une masse d'œufs mucilagineuse. Dans le cas de grosses galles les masses d'œufs peuvent rester incluses.

La production de galles est nocive pour la plante, du fait non seulement du prélèvement des produits de la photosynthèse, mais aussi par inhibition de croissance des radicelles, donc difficulté d'alimentation en eau. De plus, les galles sont plus sensibles à des champignons du sol « parasites de faiblesse » (*Pythium, Fusarium, Rhizoctonia* spp.) que les racines normales. La pourriture des galles, que l'on observe surtout après plusieurs cultures successives de plantes sensibles, peut provoquer le flétrissement des plantes.

On distingue sur plantes maraîchères quatre espèces de *Meloidogyne*, éventuellement subdivisées en « races ». Les espèces se distinguent par les particularités de leur biologie, par l'examen des « plaques périnéales », reconnaissables par les spécialistes, et par leur gamme d'hôtes.

M. hapla se distingue des 3 autres espèces par le type de galles : petites, arrondies, entrainant la ramification des racines.

Sa reproduction peut avoir lieu par voie sexuée, les larves dormantes dans le sol peuvent résister à un gel léger.

M. incognita, M. arenaria et *M. javanica* sont au contraire parthénogénétiques et sensibles au gel. Les galles peuvent devenir grosses et difformes, la production de radicelles est inhibée. Les températures cardinales pour le développement de ces nématodes sont : 14 °C-**28** °C-32 °C. Ces trois espèces se rencontrent dans les régions méditerranéennes et tropicales.

Nématodes à kystes

Les premiers stades de développement des **Heterodera** et **Globodera** sont analogues à ceux des *Meloidogyne*, mais ils ne déterminent pas la formation de galles. En fin de développement les femelles émergent des racines et la masse d'œufs restant entourée par la paroi de l'abdomen se transforme en kyste, contenant 500 à 600 œufs à maturité échelonnée.

Les racines attaquées prennent un aspect exagérément chevelu, avec atrophie des racines principales.

L'optimum thermique des nématodes à kystes est inférieur à celui des *Meloidogyne* (15 °C-**25** °C-29 °C), on les rencontre couramment dans les pays à climat tempéré océanique ou continental (Europe du Nord, plaine du Pô). Les espèces concernant les plantes maraîchères sont :

Heterodera carotae sur Carotte

H. cruciferae sur Crucifères

H. gottingiana sur Petit Pois, une race « Haricot » signalée aux États-Unis

H. schachtii sur Betterave, Epinard, Crucifères

Globodera rostochiensis et *G. pallida* sur Pomme de terre et Tomate.

Contrairement aux *Meloidogyne* dont le cycle de développement peut être très rapide (30 jours à t °C optimum), les nématodes à kystes n'ont en général qu'une génération par an, parfois 2 chez *H. carotae*.

Nématodes ectoparasites migrateurs

Ces nématodes, en particulier les **Pratylenchus**, peuvent être vus au microscope enroulés à l'intérieur des cellules externes des racines. Ils provoquent sur celles-ci des lésions brunes ou rougeâtres, qui peuvent s'étendre à la suite de pénétration d'envahisseurs secondaires. Parmi les plantes maraîchères c'est le Céleri qui est le plus sujet à ce type d'attaque.

Nématodes semi-endoparasites

Le **Nématode réniforme** (*Rotylenchulus reniformis*) peut attaquer toutes les plantes maraîchères, les Bananiers, les Agrumes, l'Ananas, l'Avocatier, les plantes à tubercules tropicales : seules les graminées lui sont défavorables. Les symptômes qu'il provoque sont peu nets, on admet qu'il est une des causes de « fatigue » des sols maraîchers tropicaux.

Nématodes ectoparasites

Ils comportent des genres nombreux (ex. : *Helicotylenchus, Belonolaimus, Dolichodorus...*) et l'évaluation exacte des dégâts qu'ils provoquent est malaisée. Le Céleri est, là aussi, souvent cité comme plante sensible. Certains nématodes ectoparasites peuvent jouer un rôle important comme vecteurs de virus : *Xiphinema* et *Longidorus* pour les **Nepovirus**, *Trichodorus* et *Paratrichodorus* pour les **Tobravirus**.

Nématode des tiges (fig. 29)

Ditylenchus dipsaci peut attaquer de très nombreuses plantes, y compris les Céréales (Avoine, Maïs). Il pénètre à la base des tiges et provoque, soit des pourritures, soit des déformations. L'espèce se subdivise en fait en races biologiques dont on tiendra compte pour organiser les rotations (v. p. 362). Les dégâts les plus graves observés sur plantes maraîchères concernent les *Allium* (v. chap. IX), mais la Betterave, la Fève et le Pois peuvent être aussi attaqués.

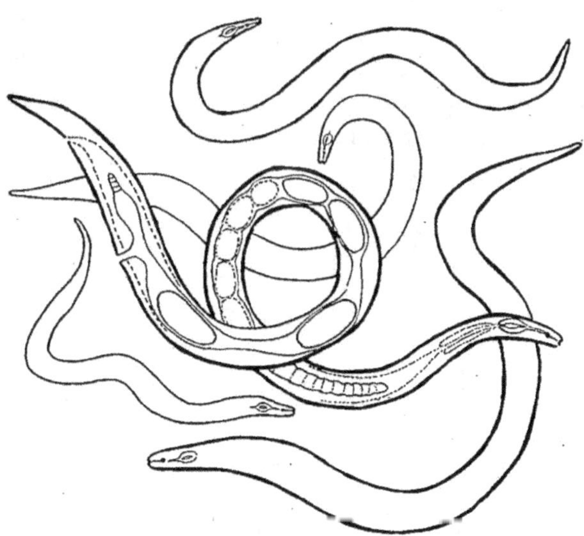

Figure 29. — Le « Nématode des tiges » *Ditylenchus dipsaci* : femelle adulte et individus de diverses tailles.

VII. Les dégâts d'Acariens
pouvant prêter à confusion avec les maladies

Tout juste visibles à l'œil nu, ou seulement avec une forte loupe, les Acariens provoquent des dégâts que le maraîcher peut souvent confondre avec de véritables maladies des plantes (fig. 30).

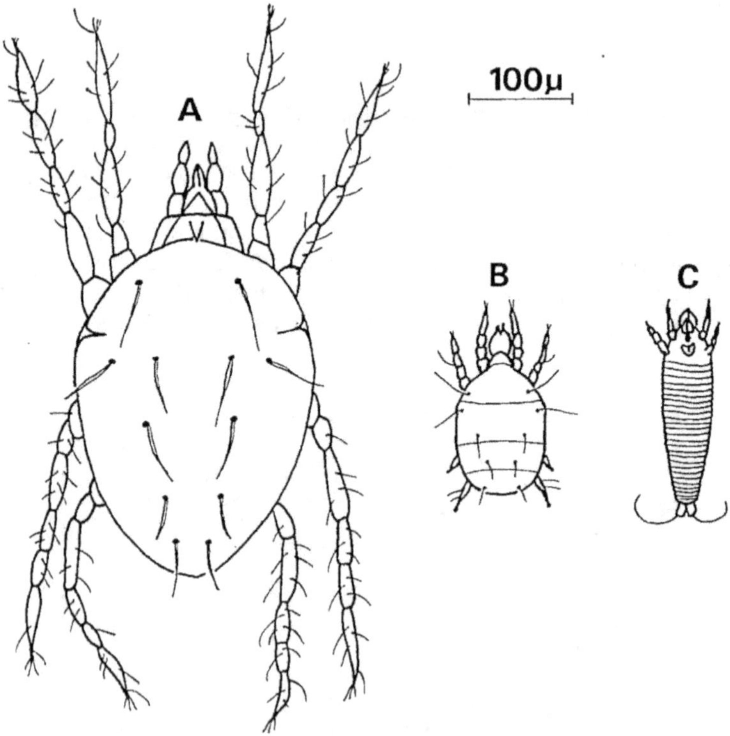

Figure 30. — Acariens phytophages : tailles comparées d'un Tétranyque (A), d'un Tarsonème (B) et d'un Eryphyoïdé (C).

Les **Tétranyques**, ou « Araignées rouges », discernables avec une bonne vue, mobiles grâce à leurs 8 pattes agiles, souvent producteurs de fils de soie (*Tetranychus telarius*) sont en général bien perçus.

Par contre les **Tarsonèmes** qui ne vivent que sur des organes en voie de croissance : feuilles n'ayant pas atteint leur taille définitive, fleurs, très jeunes fruits, passent souvent inaperçus. Les dégâts qu'ils provoquent : brunissements, stries nécrotiques ou liège sur les fruits, distortions ou laciniations de feuilles peuvent rester mystérieux ou être confondus avec des symptômes de virus. Au moment où on les constate, les tarsonèmes ont déjà migré vers des organes plus jeunes. Dans les pays tropicaux *Polyphagotarsonemus latus*, agent de l'**Acariose déformante** provoque des symptômes très divers sur de nombreuses plantes : Coton (déformations foliaires), Agrumes (fruits devenant gris) et plantes maraîchères : sur Poivron, déformations foliaires prêtant à confusion avec les virus, sur Aubergine, lésions liégeuses sur fruits, plus rarement sur Tomate, rabougrissement et déformations foliaires évoquant un « leaf curl ». Dans les pays tempérés le Tarsonème du fraisier (*Tarsonemus pallidus*) en est le représentant le plus connu.

Les **Eriophyiidés**, acariens vermiformes pourvus seulement de 4 pattes sont eux aussi invisibles à l'œil nu. Leurs dégâts, suivant les couples hôte/parasite se manifestent par des nécroses épidermiques de tiges et feuilles, avec flétrissement de celles-ci (Acariose bronzée de la Tomate), des proliférations de poils (Erinoses, plus rares sur plantes maraîchères), ou par des galles globuleuses ou buissonnantes sur feuilles ou rameaux.

Les Tétranyques et les Eriophyiidés sont favorisés par le temps sec et les méthodes d'irrigation ne mouillant pas le feuillage. Ce principe ne se vérifie pas pour les Tarsonèmes, bien à l'abri au voisinage des bourgeons ou dans le calice des jeunes fruits.

VIII. Pratique de la détermination des maladies

Il est utile de donner à nos lecteurs une idée des difficultés que peut présenter la détermination des maladies des plantes, ce qui leur expliquera pourquoi les spécialistes ne répondent pas toujours aussi nettement et rapidement qu'ils le souhaitent à leurs questions.

Il est tout d'abord essentiel que l'échantillon soit correctement prélevé et transporté ou expédié. On évitera d'utiliser systématiquement des sacs plastiques clos, trop propices au développement d'envahisseurs secondaires ou de pourritures. On utilisera de préférence des sacs plastiques perforés (1 trou tous les 5 cm en tous sens), avec comme complément, s'il s'agit de feuilles, un échantillon aplati entre deux papiers filtres. Quand on expédie des plantes entières, on enveloppera séparément les racines dans un sac plastique perforé entouré de papier filtre humide, afin d'éviter de souiller les parties aériennes par des particules de terre.

Au XIXe siècle, le bactériologiste Koch a énoncé les règles suivantes, pour établir la preuve qu'un microorganisme est la cause d'une maladie :
1. isoler le microorganisme à partir de l'organe malade,
2. établir *in vitro* des cultures pures du microorganisme,
3. inoculer l'hôte à partir des cultures pures et reproduire les symptômes,
4. réisoler le même microorganisme à partir de l'hôte inoculé.

Il n'est pas toujours possible de suivre exactement ces règles en pathologie végétale : certains champignons « parasites stricts » ne peuvent être cultivés *in vitro*, et la « culture pure » sera remplacée par la « culture associée » sur des plantules ou organes détachés de la plante hôte (sur des disques de feuilles flottant sur un liquide approprié pour les mildious, sur des cotylédons ou feuilles désinfectés posés sur gélose nutritive, pour les oïdiums). Dans le cas des parasites stricts de racines, de remarquables progrès ont été réalisés récemment grâce à l'usage de cultures *in vitro* de « racines transformées » obtenues grâce à *Agrobacterium rhizogenes*.

En virologie, le stade 2 sera remplacé par la **purification** du virus.

On trouvera dans le répertoire en fin de volume des indications simples pour l'isolement et la culture de quelques champignons phytopathogènes.

Méthodes d'étude des maladies cryptogamiques des parties aériennes des plantes

L'observation directe des lésions à la **loupe binoculaire** permettra de voir distinctement le détail des colonies d'oïdiums, des pustules de rouilles, les pycnides et leur ostiole, les *setae* dans les acervules de *Colletotrichum*, les grandes spores d'*Alternaria*.

Cet examen à la loupe sera complété par une étude au **microscope optique**. Pratiqué dans l'eau sur des fragments prélevés à la marge des lésions bactériennes, il permettra de voir les bactéries exsudées en paquets compacts (*Xanthomonas*) ou rapidement diluées (*Pseudomonas*) à partir des tissus malades. Si l'on dispose d'un fort grossissement (× 100 immersion) on pourra observer la motilité des bactéries. Les mycologues emploient traditionnelle- ment un colorant (bleu coton C4B dans l'acide lactique ou le lactophénol), utile dans le cas des mycéliums et spores non colorés des Asco et Basidiomy- cètes. Les Péronosporales se colorent beaucoup mieux par le Rose de Bengale (1/10 000 en solution aqueuse). La pratique des coupes (rasoir, moelle de sureau...) a tendance à se perdre.

Si ces examens ne permettent de rien voir de précis, il est traditionnel de placer les échantillons en « chambre humide » (cristallisoir de verre ou sac plastique) pour induire fructifications fongiques ou exsudats bactériens. Mais attention aux envahisseurs secondaires : *Cladosporium*, *Alternaria*, *Epicoc- cum*, *Curvularia* saprophytes et *Erwinia herbicola*...

Si l'on a recours à l'isolement il vaudra mieux le pratiquer dès le prélève- ment de l'échantillon. Si la fructification fongique ou l'exsudat bactérien sont présents, on pourra en prélever directement aussi peu que possible, avec une aiguille rendue gluante en la trempant après flambage dans le milieu de culture. Dans le cas contraire, on découpera à l'aiguille lancéolée de très petits fragments à la marge des lésions, sur la feuille posée sur une plaque de verre ou de faïence flambée *. On les déposera, pour les isolements fongiques

---

* Nous ne préconisons pas, dans le cas général, de désinfection superficielle de la feuille, qui peut avoir des effets sélectifs.

après les avoir attrapés avec une aiguille ou un fil gluants (v. ci-dessus), sur boîte de Pétri, ou à la limite de la gélose dans un tube incliné. 24 à 48 h après on guettera à l'objectif × 10 (ou × 20 à longue distance focale) la croissance fongique espérée à partir de l'explant.

Dans le cas des bactéries, un fragment analogue sera dilacéré dans une goutte d'eau, à partir de laquelle on réalisera un « étalement » sur boîte de Pétri avec une anse de fil de platine ou une baguette de verre.

Les organes épais (tiges, fruits) se prêtent beaucoup plus facilement aux isolements que les feuilles. On pourra pratiquer une désinfection superficielle (passage à l'alcool, flambage rapide), éliminer au scalpel l'épiderme et prélever dans le tissu sous jacent, à la limite de la lésion.

Méthodes d'étude des parasites telluriques et des « fatigues de sol »

Déterminer la cause — ou les causes — d'un dépérissement lié à des nécroses ou un mauvais développement des racines est une des tâches les plus difficiles pour le phytopathologiste.

Le parasite initial peut n'être présent sur racines que sous une forme peu caractéristique (mycélium) ou même absent (nématodes ectoparasites). Placée en « chambre humide » ou sur milieu de culture, la racine malade peut se recouvrir de fructifications de champignons qui ne sont que des envahisseurs secondaires, en particulier des *Fusarium* spp.

De plus, l'étiologie d'un dépérissement peut être complexe et liée à l'intervention d'un « parasite de faiblesse » plus un autre facteur non parasitaire : carence ou toxicité d'un élément minéral, action d'une phytotoxine, mauvaise structure du sol.

D'où l'intérêt respectif des méthodes **analytiques** et **synthétiques**, dont les résultats se complètent.

• Méthodes analytiques

Elles consistent à mettre en évidence par observation directe (ex. : chlamydospores de *Thielaviopsis, Pratylenchus* sur les racines), soit par extraction (nématodes), soit par mise en culture *in vitro* (champignons en général *) — de microorganismes **candidats** au rôle d'agent pathogène. Ensuite, dans la plupart des cas, il faudra confirmer par inoculation artificielle le rôle de parasite primaire de tel ou tel « candidat » mis en évidence, surtout s'il appartient à un genre où coexistent parasites primaires, envahisseurs secondaires et saprophytes (ex. : *Pythium, Fusarium*).

---

* Voir en fin d'ouvrage pour les méthodes adaptées à l'isolement de telle ou telle catégorie de champignons à partir des racines ou du sol.

• Méthodes synthétiques

Elles ont été proposées en France par D. Bouhot (INRA - Dijon). On cultive en serre la plante-hôte, éventuellement « miniaturisée », sur un échantillon de sol suspect, et on recherche le traitement qui, appliqué à ce sol, permet de retrouver une croissance normale et des racines saines.

Dans un premier stade, on pratique comparativement une désinfection globale du sol (chaleur ou rayons gamma), ou l'application d'une fertilisation générale NPK, d'oligoéléments, d'humus ou de charbon activé (élimination des phytotoxines).

Dans une deuxième étape, en fonction des traitements qui ont donné une réponse positive, on raffinera le test en appliquant des traitements plus spécifiques, par exemple pesticides actifs sur nématodes ou telle ou telle catégorie de champignons, en cas de réponse positive à la désinfection du sol.

Cette méthode, en cas de réponse partielle à **deux** traitements au premier stade, permet d'élucider les cas de dépérissement liés à l'**interaction** de deux facteurs.

La détermination des causes d'un symptôme d'origine tellurique reste toujours difficile : il a fallu de nombreuses années pour attribuer à *Phytophthora capsici* la mortalité foudroyante des Poivrons *, et ce n'est que tout récemment que *Pythium violae* a été reconnu comme agent du symptôme « *cavity spot* » sur Carotte, attribué pendant des années aux mauvaises conditions de sol — qui favorisent le *Pythium*.

La mise en évidence des agents de **maladies vasculaires** est beaucoup plus facile : après désinfection superficielle de la tige d'une plante malade, on prélève un fragment de 3-4 mm de tissu vasculaire. Posé sur un milieu de culture simple il donnera une colonie de *Fusarium oxysporum* ou de *Verticillium*.

Suspendu dans un tube d'eau stérile, il laissera échapper vers le bas des trainées bactériennes, dans le cas de *Pseudomonas solanacearum*. L'isolement des *Corynebacterium* est plus difficile.

Méthodes d'étude des virus et des mycoplasmes

Nous examinerons dans ce paragraphe les méthodes « classiques » permettant à un laboratoire moyennement équipé et pourvu d'une serre insect-proof d'étudier, sans aide extérieure, les virus et les mycoplasmes. Nous pouvons les classer en trois catégories :
— transmission de l'agent infectieux à une gamme d'hôtes
— obtention d'images électroniques ou optiques
— détection par sérologie.
Une identification sera d'autant plus sûre que des résultats concordants seront obtenus par les trois types de méthodes.

---

* Dans la première édition de cet ouvrage elle était attribuée à l'asphyxie racinaire.

● Indexation sur hôtes différentiels

Les « hôtes différentiels » utilisés pour caractériser un virus ou un mycoplasme seront, soit des variétés particulières de l'espèce hôte, soit des plantes appartenant à la même famille, soit des plantes de familles différentes.

La transmission à ces différents hôtes sera plus ou moins facile selon la nature de l'agent infectieux.

— Le **greffage** d'un implant, même de taille minime, de la plante malade sur l'hôte à infecter est un moyen universel de transmettre virus et mycoplasmes. Il faut cependant qu'il y ait affinité de greffe, et l'opération n'est en fait facile qu'entre Solanées ou Cucurbitacées, ainsi que sur organes charnus (tubercules ou racines) dans lesquels on peut implanter un cylindre découpé dans un organe analogue de la plante malade.

— L'usage des **vecteurs naturels** de l'agent infectieux peut être envisagé. Il est facile à tout laboratoire d'élever les pucerons *Myzus persicae* (sur Tabac, Navet ou Chou chinois) et *Aphis gossypii* (sur plantules de Cucurbitacées). Les manipulations de pucerons se feront à l'aide d'un pinceau humidifié, les temps d'acquisition, de latence, et la longueur du repas infectieux nécessaires pour réussir les transmissions indiqueront s'il s'agit d'agents infectieux de type « persistant » ou « non persistant ».

Les élevages de cicadelles sont beaucoup plus difficiles à réaliser. Nous avons vu ci-dessus que l'usage du vecteur naturel pouvait, en particulier dans le cas des mycoplasmes, être remplacé par celui des **cuscutes**.

— La **transmission mécanique** obtenue en frottant les feuilles de la plante hôte avec un extrait de la plante malade (jus brut ou purifié) additionné d'un abrasif (**carborundum** ou **célite**) est beaucoup plus séduisante, d'autant plus qu'elle permet sur certains hôtes différentiels d'obtenir des **lésions locales** beaucoup plus rapidement que les symptômes généralisés sur les hôtes sensibles.

Elle est réalisable sans aucune précaution particulière chez les **Tobamovirus**, et relativement facile chez les autres groupes de virus de type « Mosaïque » (en particulier **Potyvirus, Cucumovirus, Caulimovirus**).

Il faut cependant surmonter les échecs de transmission qui peuvent être dus à l'oxydation rapide des phénols du jus de plante, et à la présence d'inhibiteurs de transmission de nature protéique, particulièrement actifs quand la source et l'hôte appartiennent à des genres ou des familles différents. On y remédie par addition d'antioxydants (ex. : diethylditiocarbamate) au tampon phosphate utilisé pour le broyage, et de charbon activé, absorbant les inhibiteurs de transmission (la célite, souvent utilisée pour remplacer le carborundum a par elle-même des propriétés anti-inhibiteurs de transmission).

Par contre, la transmission mécanique se révèle difficile ou impossible avec les virus localisés au phloème (*lutéovirus*, la plupart des *géminivirus*, par exemple).

● Obtention d'images

Nous évoquerons au paragraphe suivant l'usage du **microscope électronique**, qui seul permet de voir les particules virales ou les mycoplasmes. Il faut signaler cependant que certains virologues tirent parti d'observations au microscope optique sur des lambeaux d'épiderme traités avec des colorants spéciaux, qui révèlent des inclusions caractéristiques de tel ou tel groupe de virus, formées soit par des particules virales, soit par des sous-produits du métabolisme des cellules infectées (comme les « *pinwheels* » des potyvirus). Dans le cas des mycoplasmes, un colorant appelé « DAPI » (diamidinophény-lindole) permet de suspecter, en microscopie de fluorescence, la présence de mycoplasmes dans les tubes criblés (coloration spécifique du DNA).

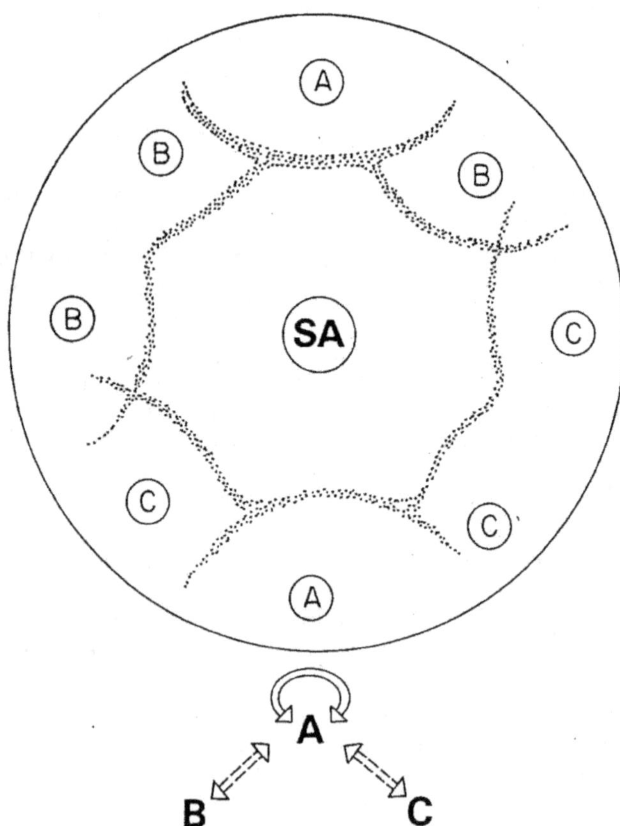

Figure 31. — Application de la sérologie à l'étude des virus (méthode la plus élémentaire). Dans une boîte gélosée, on dépose au centre du sérum « anti A ». Il y a une affinité sérologique partielle entre A et B, A et C, mais non entre B et C. Les lignes de précipitation antigènes/anticorps ne se raccordent pas entre B et C, et se raccordent avec des « éperons » entre A et B ou A et C.

● Méthodes sérologiques

Les animaux (et plus particulièrement le lapin, traditionnellement élevé par les virologues) sont capables de développer des anticorps contre les virus des plantes, après injection d'extraits plus ou moins purifiés de plantes malades.

L'injection de jus bruts ou centrifugés à faible vitesse permet d'obtenir des sérums qui contiennent à la fois des anticorps anti-virus et des anticorps réagissant avec les protéines normales de la plante-hôte. La **purification** des virus végétaux [*] permet d'obtenir des sérums plus concentrés et plus sensibles.

On appelle aujourd'hui « **anticorps polyclonaux** » les sérums obtenus par cette voie traditionnelle (par opposition aux « anticorps monoclonaux » : v. paragraphe suivant).

Les sérums sont classiquement utilisés :

— soit en milieu liquide : on observe au microscope à fond noir la « précipitation sur lame » obtenue en mélangeant une goutte de sérum et une goutte de jus centrifugé de plante malade ;

— soit en milieu gélosé : on dépose dans des puits pratiqués dans la gélose d'une « boîte d'Outcherlony » des gouttes de sérum et de jus de plante, on observe au point de rencontre des zones de diffusion des anticorps et des particules virales un « arc de précipitation » (v. fig. 31) dont le dessin donne de précieux renseignements.

Bien entendu, il y a entre laboratoires virologiques des échanges amicaux de sérums contre tel ou tel virus.

Méthodes modernes de détection des agents pathogènes, basées sur la microscopie électronique, les perfectionnements récents de l'immunologie ou l'hybridation moléculaire des acides nucléiques

Les méthodes que nous avons évoquées ci-dessus sont à la portée d'un laboratoire moyen, comprenant un à trois chercheurs phytopathologistes, et équipé de matériel courant (autoclave ou grande cocotte-minute, tubes, boîtes de Pétri, verrerie courante de laboratoire, pilon et mortier pour broyage de plantes, équipements de serres et de stérilisation du terreau).

Depuis une dizaine d'années des méthodes de détection beaucoup plus sophistiquées ont été mises au point, dont la maîtrise totale ne peut être atteinte que par des équipes de haut niveau dotées d'un matériel onéreux.

Nous les mentionnerons cependant ici pour deux raisons :

— pour leur enlever le caractère « mythique » qu'elles pourraient arriver à revêtir pour l'agronome pratiquant, s'il en entend énoncer les noms sans en connaître le principe,

— et parce que, sans en maîtriser l'élaboration, il pourra être appelé à les utiliser même jusqu'au champ, présentées sous forme de « kits » tout préparés, au même titre que le particulier qui utilise les tests médicaux vendus par le pharmacien.

---

[*] Sur laquelle nous ne nous étendrons pas dans cet ouvrage. Elle repose sur des alternances de centrifugations et ultracentrifugations, ou sur des successions d'absorption et d'élution sur des colonnes de substances jouant le rôle de « tamis moléculaires » (ex. : « Séphadex »).

● Microscopie électronique

Nécessitant des appareils délicats et coûteux, dans des salles spécialement installées, la microscopie électronique revêt deux aspects bien différents :

— la **microscopie électronique par balayage** représente en fait une sorte de « super loupe binoculaire », permettant d'aller un peu plus loin que la loupe optique pour l'observation de l'ornementation des spores de champignons, de leur germination, de leur insertion sur les conidiophores, ou des pièces buccales des insectes. Elle est plutôt le moyen d'obtenir des « images de luxe » qu'une méthode indispensable en phytopathologie pratique ;

— la **microscopie électronique par transmission**, qui permet de mettre en évidence des objets de l'ordre du nanomètre (et non du micron, comme la microscopie optique) est devenue une méthode d'usage quotidien pour les laboratoires virologiques importants. Ici encore nous retrouvons la distinction entre les virus envahissant les parenchymes et les agents infectieux localisés au phloème.

Les premiers peuvent être observés sur des « grilles » sur lesquelles on a déposé une goutte d'extrait purifié de plante malade, ou même une goutte de sève exsudée à la section d'un pétiole (méthode « *dip* »). Ces grilles sont séchées, colorées par des ions métalliques (coloration « positive » ou « ombrage », ou « coloration négative ») avant examen au microscope électronique.

Par contre les virus localisés au phloème et les mycoplasmes nécessiteront le plus souvent la préparation de **coupes** à l'**ultramicrotome** avant examen.

● Perfectionnements de la sérologie

L'usage des « anticorps polyclonaux » — sérums classiques — peut être perfectionné par jumelage des anticorps avec des fluorochromes, ou avec des enzymes permettant d'obtenir des réactions colorées.

— L'**immunofluorescence** (observation au microscope de bactéries traitées avec des anticorps fluorescents, en lumière ultraviolette) permet de déceler de façon **spécifique** les bactéries phytopathogènes, même en très petite quantité.

— La méthode ELISA (*enzyme linked immuno sorbent assay*), dont il est beaucoup question dans de nombreuses publications récentes, permet, si l'on dispose d'un bon sérum, de réaliser des **détections sérologiques en série**, avec une grande sensibilité [*].

On fixe des anticorps spécifiques du virus au fond de petites cupules pratiquées sur des plaques plastiques, on rince. On apporte les extraits à tester, cupule par cupule. S'ils contiennent le virus cherché, celui-ci se fixe sur l'anticorps tapissant les parois de la cupule. Après nouveau rinçage, on apporte à nouveau l'anticorps, mais cette fois couplé à un enzyme, le virus retiendra cet « anticorps couplé », qui, après un dernier rinçage permettra d'obtenir une réaction colorée après apport du substrat de l'enzyme (méthode ELISA « double sandwich »).

---

[*] 10 à 20 fois plus sensible que la diffusion sur gélose, et plus économique en sérum.

Une modification de ce test permet d'éviter d'avoir à fabriquer un complexe enzyme-anticorps, en utilisant comme un troisième apport un « sérum anti-lapin » réagissant avec tous les anticorps provenant de cet animal.

— **Les anticorps monoclonaux** représentent, pour la sérologie, une révolution beaucoup plus profonde que les méthodes précédentes. Leur principe est le suivant : le plus souvent les antigènes, même les plus simples, comme les virus, présentent plusieurs **sites antigéniques** distincts, et stimulent chez l'animal immunisé la prolifération de plusieurs **clones** de lymphocytes B producteurs d'anticorps, chacun correspondant à un motif antigénique particulier.

D'où l'idée de multiplier *in vitro* ces clones lymphocytaires produisant des anticorps spécifiques d'un seul motif antigénique. Malheureusement les lymphocytes B ne sont pas capables de prolifération illimitée *in vitro*. On doit donc, après avoir prélevé dans la rate d'une souris fortement immunisée des cellules-souches de lymphocytes B, les fusionner avec des cellules cancéreuses (cultivables indéfiniment *in vitro*), et constituer des clones issus d'une seule cellule de ces « hybridomes ». Ces clones pourront être soit conservés au réfrigérateur, soit ressortis sur demande pour prolifération sur un milieu de culture dans lequel ils émettront leur **anticorps monoclonal**.

Cette méthode permet donc d'obtenir des anticorps de très haute spécificité et de s'affranchir des aléas de variation de sensibilité ou de spécificité liées aux « fournées » successives de préparation des « anticorps polyclonaux » (sérums classiques), fonction des variations d'un animal à l'autre, d'une préparation de virus à une autre, ou des cultures bactériennes (bien entendu la méthode s'applique aussi bien aux bactéries qu'aux virus). Elle peut s'appliquer par ailleurs à des agents infectieux difficiles à préparer à l'état pur (ex. : mycoplasmes). Même si l'extrait injecté à la souris est impur, on pourra, en testant les clones d'hybridomes successivement, avoir la chance d'en trouver un qui produise l'anticorps spécifique recherché.

○ Immunoélectromicroscopie ou « IEM »

Cette méthode combine la microscopie électronique par transmission et la sérologie (les anticorps employés peuvent être poly- ou monoclonaux, pourvu qu'ils soient très spécifiques).

On fait agir un sérum sur un extrait de plante malade contenant éventuellement plusieurs virus. Seules les particules de virus correspondant à l'anticorps employé réagissent avec celui-ci. A l'examen de la grille ainsi préparée, ces particules apparaîtront « décorées » par un granité représentant l'anticorps. On pourra ainsi démontrer la présence de deux virus différents, même si leurs particules ont une morphologie analogue (v. chap. IX, l'exemple des virus de l'Ail).

○ « Sondes moléculaires »

Toutes les méthodes sérologiques décrites ci-dessus reposaient sur le pouvoir antigénique des protéines (ou éventuellement des polyosides, chez les bactéries).

Les « sondes moléculaires » reposent sur les affinités des acides nucléiques. Mis en présence un brin « positif » et un brin « négatif » correspondant au même acide nucléique ont tendance à s'associer de façon étroite *. D'où l'idée d'utiliser des « **DNA complémentaires** » des acides nucléiques des virus (qu'ils soient à RNA ou DNA), des bactéries ou des champignons comme agents de détection. Ces « **cDNA** » peuvent être préparés soit de façon directe — par usage de la « transcriptase inverse » à partir des RNA — soit par introduction de l'information génétique correspondante dans un plasmide d'une souche d'*Escherichia coli*. Ils peuvent concerner toute la longueur de l'acide nucléique à rechercher, ou une partie seulement.

La préparation des sondes nucléaires ne peut donc être assurée que par des laboratoires de très haut niveau. Ces sondes peuvent réaliser la détection soit par marquage radioactif — utilisables donc seulement en laboratoire — soit par couplage avec un marqueur chimique aboutissant à une réaction colorée : on peut alors obtenir des tests permettant une utilisation au champ, pour détecter un virus ou un mycoplasme non seulement à partir d'une foliole de plante suspecte, mais aussi dans un insecte vecteur (aleurode, cicadelle), avec révélation ultérieure au laboratoire.

L'utilisation de sondes nucléaires peut se révéler plus spécifique que la sérologie pour distinguer des « pathovars » de *Pseudomonas* ou *Xanthomonas*, des « formes spéciales » de *Fusarium*.

● Conclusion

Depuis ses débuts (mise en évidence de *Phytophthora infestans* comme agent du mildiou par De Bary, des maladies bactériennes des plantes par E. Smith à l'époque pastorienne), en passant par la purification de virus de la Mosaïque du Tabac par Bawden (dans les années 30) la pathologie végétale a suivi de peu, ou parfois précédé la médecine par son niveau scientifique. Il en est de même aujourd'hui pour les méthodes que nous venons d'évoquer. L'enjeu économique, la facilité de travailler avec des « cobayes » végétaux sont sans doute l'explication de cette situation.

---

* Le brin « positif » est celui qui sert de modèle, suivant le « code génétique » à une protéine. Dans un acide nucléique « double brin », ce brin positif est associé à un brin négatif dont chaque base purique est complémentaire.

Bibliographie

• Ouvrages généraux

— *Sur les maladies des plantes maraîchères*

DIXON G.R., 1981. — *Vegetable crop diseases*, Mc.Millan, London, 404 p.

MATTA A., GARIBALDI A., 1969. — *Malattie delle piante ortensi*. Edizioni agricole, Bologna, 232 p.

SHERF A.F., MacNAB A.A., 1986. — *Vegetable diseases and their control*. J. Wiley and sons ed., 728 p.

WALKER J.C., 1952. — *Diseases of vegetable crops*. Mc. Graw Hill, New York, 529 p.

— *Sur la pathologie végétale*

AGRIOS G.N., 1988. — *Plant pathology*. (3ᵉ édition). Academic Press ed., 803 p.

LIMASSET P., DARPOUX H., 1951. — *Principes de Pathologie végétale*. Dunod, Paris, 334 p.

ROGER L., 1951-1954. — *Phytopathologie des pays chauds*. 3 vol., P. Lechevallier, Paris, 3154 p.

SMITH I.M., DUNEZ J., LELLIOTT R.A., 1988. — *European handbook of plant diseases*. Blackwell Oxford-London, (ouvrage collectif), 583 p.

• Mycologie

— *Ouvrages généraux d'usage courant*

BARNETT H.L., 1955. — *Illustrated genera of imperfect fungi*. Burgess Publish Co. Minneapolis, 218 p.

ELLIS M.B., 1971. — *Dematiaceous hyphomycetes*. Commonwealth Agr. Bureaux ed., 607 p.

GILMAN J.C., 1957. — *A manual of soil fungi*. (2ᵉ édition). Iowa State College Press ed., 450 p.

VON ARX J.A., 1970. — *The genera of fungi sporulating in pure culture*. J. Cramer - Lehre ed., 288 p.

— *Ouvrages concernant certains groupes de champignons, points particuliers*

Myxomycètes - Archimycètes

BUCZACKI S.T., 1983. — *Zoosporic plant pathogens - a modern perspective*. Academic Press ed., ouvrage collectif, 352 p.

Péronosporales

ERWIN D.C., BARTNICKI-GARCIA S., TSAO P.H., 1983. — *Phytophthora, its biology, taxonomy, ecology and pathology*. American Phytopathol. Society ed., ouvrage collectif, 392 p.

MATTHEWS S., WHITBREAD R., 1968. — Factors influencing preemergence mortality in peas : association between pear exsudates and the incidence of preemergence mortality in wrikled-seed peas. *Plant Pathol.*, **17**, 11-17.

MESSIAEN C.M., BARRIERE Y., BELLIARD ALONZO L., DE LA TULLAYE B., BOUHOT D., 1977. — Étude qualitative des Pythium dans quelques sols des environs de Versailles. *Ann. Phytopathol.*, **9**, 455-465.

SPENCER D.M., 1981. — *The downy mildews.* Academic Press ed., ouvrage collectif, 636 p.

WATERHOUSE G.M., 1968. — *The genus* Pythium. CMI-Kew, England, 72 p.

Oïdiums

SPENCER D.M., 1978. — *The powdery mildews.* Academic Press ed., ouvrage collectif, 565 p.

MOLOT P.M., LEROUX J.P., DIOP-BRUCKLER M., 1990. — *Leveillula taurica*, cultures axéniques, biologie et pouvoir pathogène sur Piment, Tomate, Concombre, Artichaut et Cardon (sous presse, *Agronomie*).

TRAMIER R., 1953. — Étude préliminaire du *Leveillula taurica* dans le midi de la France. *Ann. Epiphyt.*, **14**, 335-370.

Anthracnoses

MESSIAEN C.M., 1955. — *Sur quelques anthracnoses des plantes cultivées. Ann. Epiphyt.*, **16**, 285-299.

VON ARX, 1957. — Die Arten der gattung Colletotrichum. *Phytopathol. Zeitschrift.*, **29**, 313-368.

Alternaria, Stemphylium

JOLY P., 1964. — *Le genre* Alternaria. P. Lechevallier, Paris, 250 p.

NEERGARD P., 1945. — *Danish species of* Alternaria *and* Stemphylium. Einar Munskgaard-Copenhagen, 560 p.

Cercospora

CHUPP C., 1953. — *A monograph of the genus* Cercospora. Ithaca, New York.

Fusarium

NELSON P.E., TOUSSOUN T.A., COOK R.J., 1981. — Fusarium *diseases biology and taxonomy.* Pennsylvania State Univ., ouvrage collectif, 457 p., comprenant en particulier :

MAS P., MOLOT P.M., RISSER G. — Fusarium *wilt of muskmelon* (169-177)

LOUVET J., ALABOUVETTE C., ROUXEL F. — *Microbial suppressiveness of some soils to* Fusarium *wilts* (261-275).

BOUHOT D. — *Some aspects of pathogenic potential in* formae speciales *and races of* Fusarium oxysporum *on* Cucurbitaceae (318-328).

MAC HARDY W.E., BECKMAN C.H. — *Vascular wilt* Fusaria : *infection and pathogenesis* (365-390).

MESSIAEN C.M., CASSINI R., 1968. — *Recherches sur les Fusarioses.* IV. La systématique des Fusarium. *Ann. Epiphyt.*, **19**, 387-454.

MESSIAEN C.M., MAS P., 1969. — Recherches sur les fusarioses. V. Mise au point sur l'activité parasitaire du *Fusarium oxysporum*, et sur divers facteurs rendant les plantes plus ou moins sensibles aux fusarioses vasculaires. *Ann. Phytopathol.*, **1**, 401-406.

MATTA A., GENTILE A., 1968. — The relation between polyphenoloxydase activity and ability to produce indole acetic acid in *Fusarium* infected tomato plants. *Neth. J. Plant Pathol.*, **74.**, (1968 suppl.) 47-51.

Verticillium

ISAAC I., 1949. — Comparative studies of pathogenic isolates of Verticillium. *Trans. Br. Mycol. Soc.*, **32**, 137-157.

ISAAC I., GRIFFITHS A., 1962. — *Studies on* Verticillium *wilt of Tomato.* C.R. XVI. Congr. Int. Hortic., Bruxelles II., 333-342.

VIGOUROUX A., 1971. — *Hypothesis to explain the pathological behaviour of* Verticillium *isolates.* 1st. Int. Symposium. Wye college. (U.K.) Sept. 1971.

Sclerotinia - Botrytis

WHETZEL H.H., 1945. — Synopsis of genera and species of *Sclerotiniaceae*, a family of stromatic inoperculate ascomycetes. *Mycologia*, **38**, 648-714.

COLEY-SMITH J.R., VERHOEFF K., JARVIS W.R., 1980. — *The biology of* Botrytis. Acad. Press., 318 p.

LOUVET J., BULIT J., 1963. — Rôle du gaz carbonique dans l'écologie de *Sclerotinia minor* et de *Fusarium oxysporum f. sp. melonis. Ann. Inst. Pasteur*, **105**, 242-256.

Urédinales (Rouilles)

VIENNOT-BOURGIN G., 1956. — *Mildious, Oïdiums, Caries, Charbons, Rouilles des plantes de France.* 1 vol. texte, 317 p., 1 vol. planches 89 pl., P. Lechevallier, Paris.

Basidiomycètes du sol (Rhizoctonia, Sclerotium rolfsii)

BEYRIES A., MESSIAEN C.M., 1969. — Virulence et spécificité de quelques souches de *Rhizoctonia solani* vis-à-vis des plantes maraîchères. *Ann. Phytopathol.*, **1**, 37-54.

MESSIAEN C.M., MAMPOUYA P.C., BELLIARD ALONZO L., 1976. — Effet des composés azotés solubles sur la croissance mycélienne de *Sclerotium rolfsii* dans le sol. *Ann. Phytopathol.*, **8**, 17-23.

MOLOT P.M., SIMONE J., 1964. — Action comparée d'une fumure organique ou minérale azotée sur le développement de *Rhizoctonia violacea. Rev. Zool. Agric. Appl.*, 42-44.

MOLOT P.M., SIMONE J., 1964. — Polyphagie ou spécialisation parasitaire du *Rhizoctonia violacea. C.R. Acad. Agric. Fr.*, 228-232.

OGOSHI A., 1987. — Ecology and pathogenicity of anastomosis and intraspecific groups of *Rhizoctonia solani. Ann. Rev. Phytopathol.*, **25**, 125-143.

PARMETER J.R., SHERWOOD R.T., PLATT W.D., 1969. — Anastomosis grouping among isolates of *Thanatephorus cucumeris. Phytopathology*, **59**, 1270-1278.

PUNJA Z.K., 1985. — The biology, ecology and control of *Sclerotium rolfsii. Ann. Rev. Plant Pathol.*, **23**, 97-127.

TORIBIO J.A., 1989. — *Suppression du* Sclerotium rolfsii *par amendement organique du sol.* Thèse, Université des Sciences et Techniques du Languedoc.

● Bactéries phytopathogènes

FAHY P.C., PERSLEY G.J., 1983. — *Plant bacterial diseases, a diagnostic guide.* Academic Press, ed., 393 p.

SCHAAD N.W., 1980. — *Laboratory guide for identification of plant pathogenic bacteria* (ouvrage collectif). Ann. Phytopath. soc. ed., 72 p.

● Mycoplasmes

BOVÉ J.M., 1984. — Wall-less prokaryotes of plants. *Ann. Rev. Plant Pathol.*, **22**, 361-396.

WHITCOMB R.F., TULLY J.G., 1979. — *The Mycoplasmas*, III. *Plant and insect mycoplasmas.* Academic Press ed., 351 p.

○ **Virus**

— *Ouvrages généraux*

BOS L., 1978. — *Symptoms of virus diseases of plants.* Centre for agr. publ. and doc., Wageningen ed., 225 p.

CORNUET P., 1987. — *Éléments de virologie végétale.* INRA ed., 206 p.

MATTHEWS R.E.F., 1981. — *Plant Virology.* Academic Press ed., 897 p.

NOORDAM D., 1973. — *Identification of plant viruses. Methods and experiments.* Centre for agr. publ. and doc. Wageningen ed., 207 p.

— *Points particuliers*

MESSIAEN C.M., MAISON P., MIGLIORI A., 1963. — Le virus 1 du Concombre dans le Sud Est de la France. *Phytopathol. mediterr.*, **2**, 251-260.

QUIOT *et al.*, 1979. — Études épidémiologiques sur le virus de la Mosaïque du Concombre, 13 articles. *Ann. Phytopathol.*, n° spécial, **11**, (3), 265-475.

QUIOT J.B., LECOQ H., LABONNE G., QUIOT-DOUINE L., 1988. — Transmission des potyvirus par les pucerons : le facteur HELPER. *Ann. ANPP.*, **2**, vol. 1/1, 125-139.

VAN DORST H.J.M., HUIJBERTS N., BOS L., 1983. — Yellows of glasshouse vegetables, transmitted by *Trialeurodes vaporarium. Neth. J. Plant Pathol.*, **89**, 171-184.

○ **Méthodes de diagnostic**

— *Maladies d'origine tellurique : exemples de méthodes « analytiques »*

BOUHOT D., 1975. — Technique sélective et quantitative d'estimation du potentiel infectieux des sols, terreaux et substrats infestés par *Pythium* spp. Description et mode d'emploi. *Ann. Phytopathol.*, **7**, 147-154.

BOUHOT D., 1975. — Recherches sur l'écologie des champignons parasites dans le sol. VI. Une technique sélective de détermination du potentiel infectieux des sols, terreaux et substrats infestés par *F. oxy. f. sp. melonis. Ann. Phytopathol.*, **7**, 19-25.

CAMPOROTA P. — Recherches sur l'écologie des champignons parasites dans le sol. XV. Choix d'une plante-piège et caractérisation des souches de *Rhizoctonia solani* pour la mesure du potentiel infectieux des sols et substrats. *Ann. Phytopathol.*, **80**, 31-44.

— *Maladies d'origine tellurique : la méthode « synthétique »*

BOUHOT D., 1979. — Un test biologique à deux niveaux pour l'étude des fatigues du sol. *Ann. Phytopathol.*, **11**, 95-115.

— *Méthodes modernes de diagnostic*

CZOSNEK H., NAVOT N., 1988. — Virus detection in squash-blots of plants and insects : application in diagnostics, epidemiology and breeding. In « *Biotechnology in agriculture* », Alan R. Liss ed., 83-96.

MILLER S.A., MARTIN R.R., 1988. — Molecular diagnosis of plant disease. *Ann. Rev. Phytopathol.*, **26**, 439-432.

II
LES MÉTHODES DE LUTTE

I. Les 4 orientations principales

Le tableau 4 résume les principales orientations que l'on peut adopter — et de préférence combiner — pour lutter contre les maladies d'une plante, ou de l'ensemble des espèces du jardin maraîcher :

Tableau 4

① AMÉLIORER LES PRATIQUES CULTURALES
(fertilisation, amendements, rotation, maîtrise de l'eau et du climat)
1a : pour les rendre directement défavorables aux parasites
1b : pour stimuler les antagonismes naturels
1c : pour rendre la plante-hôte plus résistante

② SUPPRIMER LES TRANSMISSIONS PAR SEMENCES ET PLANTS
2a : par désinfection de ceux-ci
2b : par sélection sanitaire

③ RENDRE LES PLANTES PLUS RÉSISTANTES
3a : physiologiquement
3b : génétiquement (variétés résistantes)

④ COMBATTRE DIRECTEMENT LES PARASITES (ou leurs vecteurs)
4a : par voie physique
4b : par voie chimique (les pesticides)
4c : par voie biologique (antagonisme, hyperparasitisme, prémunition)

... les orientations « 2b », « 3b » et « 4b » étant pour le moment les plus pratiquées. Les points de vue « 1c » et « 3a » coïncident, d'où la flèche qui les réunit. C'est sur les points 1b, 1c, 3a, 4c que les données dont nous disposons actuellement sont les plus incomplètes et les plus contradictoires. C'est cependant sur ces orientations que devra s'appuyer toute tentative de production maraîchère à label « biologique ».

II. Lutte contre les maladies d'origine tellurique

Le sol : microflore et microfaune (fig. 32)

Le sol est habité de façon permanente par de nombreux organismes : animaux visibles à l'œil nu (vers de terre, larves d'insectes, mollusques) ou microscopiques, composant la **microfaune** (nématodes phytophages ou saprophages, collemboles, tardigrades, protozoaires). Il existe aussi une **microflore**. Elle se compose de **bactéries**, dont le rôle suivant les espèces est très divers, d'**Actinomycètes** (procaryotes filamenteux) et de **champignons**, qui partagent avec les bactéries et les Actinomycètes la tâche de décomposer les débris végétaux et animaux, pour donner finalement des nitrates, du gaz carbonique (CO_2) et des composés bruns mal définis désignés sous le nom d'**humus**, très lentement décomposés par certains Actinomycètes.

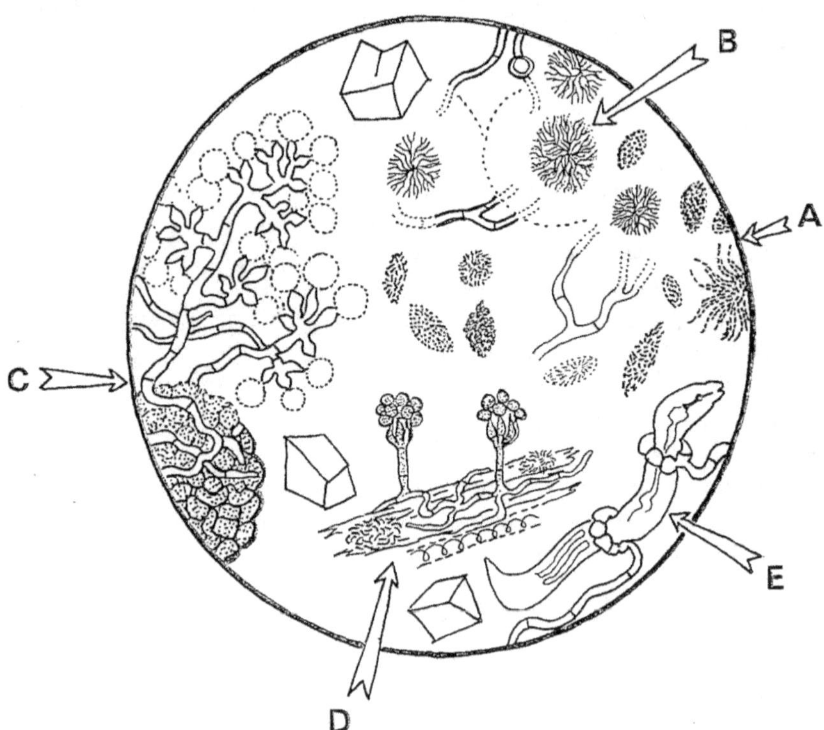

Figure 32. — La microflore du sol (vue imaginaire à l'échelle de trois grains de sable).
A : Colonies bactériennes, globuleuses ou ramifiées.
B : Actinomycètes, induisant la mycolyse.
C : Conidiophores de *Trichoderma* émergeant d'un sclérote en voie de décomposition.
D : Champignons et bactéries cellulolytiques.
E : Champignon nématophage.

La plupart des membres de la microfaune et de la microflore sont **saprophages** ou **saprophytes**, vivant aux dépens de la matière organique morte. Certains sont **parasites des plantes** : ce sont ceux qui nous intéressent — mais il existe aussi des parasites de nématodes (champignons, protozoaires) et des parasites de champignons (nématodes, champignons hyperparasites, protozoaires).

Ces diverses catégories de microorganismes sont reliées entre elles par des interactions très complexes : chaînes alimentaires, symbioses ou synergies, antagonismes, parasitismes.

Le tableau 5, de façon très élémentaire, tente de donner une idée du rôle et du comportement des principaux genres représentés dans la microfaune et la microflore du sol. Il ne tient pas compte des relations de parasitisme entre microorganismes évoquées ci-dessus, ni des **symbioses racinaires**, qui peuvent elles aussi modifier les relations entre les racines et leurs parasites : **légumineuses** et *Rhizobium*, **endomycorhizes** et racines de la plupart des plantes annuelles.

Tableau 5

Activités dans le sol des principaux composants de la microfaune et de la microflore

	Parasites des plantes	Premiers stades de dégradation des matières organiques	Cellulolyse	Dégradation des composés les moins assimilables **	Ammonification	Nitrification
Nématodes	Meloidogyne Heterodera					
Bactéries	Pseudomonas Erwinia	Pectobacterium Bacillus * Pseudomonas *	Cellvibrio Cellfalcicula Cytophaga		Bacillus *	Nitrosomonas Nitrobacter
Actinomycètes	Streptomyces			Streptomyces *		
Champignons	Pythium Phytophthora Thielaviopsis Pyrenochaeta Fusarium Verticillium Sclerotinia Rhizoctonia	Pythium * Mucorinées * Aspergillus * Penicillium * Fusarium * Trichoderma * Gliocladium *	Stachybotrys * Myrothecium * Chaetomium *			

* Genres parmi lesquels on peut trouver des espèces antagonistes des parasites des plantes.
** Glucides complexes provenant de carapaces d'invertébrés, de parois bactériennes ou fongiques, de parois cellulaires ou substances de réserve d'algues, et « humus ».

Les microorganismes parasites des plantes ne mènent pas en général dans le sol une vie active permanente, même si certains d'entre eux sont capables d'envahir activement des organes végétaux verts enfouis ou déposés à la surface du sol (*Pythium* spp., *Rhizoctonia solani*, *Sclerotium rolfsii*). La plupart des **champignons** sont incapables de subsister dans le sol à l'état de mycélium : celui-ci est détruit au contact du sol (**mycolyse**).

Leur conservation est assurée par des **formes de résistance** : articles mycéliens enkystés, chlamydospores, sclérotes. Celles-ci sont, soit en état de **dormance**, ne reprenant une vie active que sous l'effet d'exsudations spécifiques des racines de l'hôte, soit simplement maintenues à l'état de repos par l'action inhibitrice de la microflore générale du sol (**mycostase**). C'est le cas des chlamydospores de *Fusarium* (fig. 33).

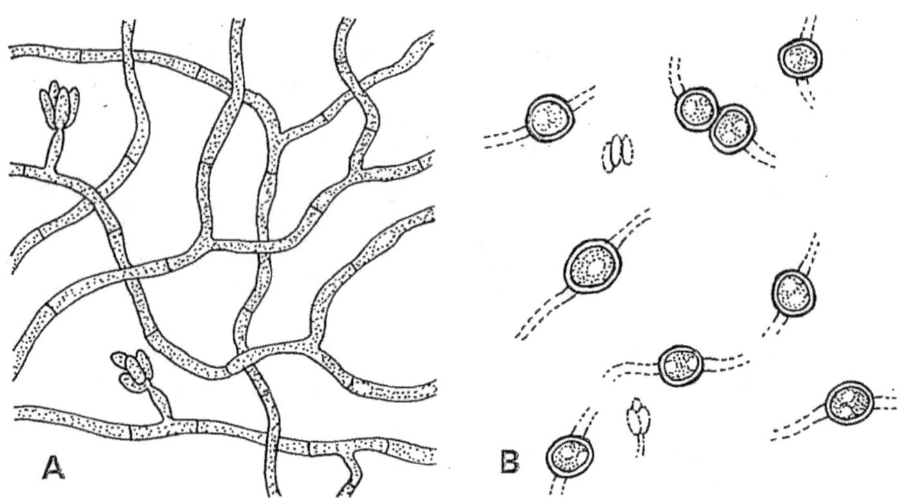

Figure 33. — Mycolyse et mycostase. Des boîtes de Pétri d'un milieu faiblement nutritif sont ensemencées avec un *Fusarium oxysporum* (A). Après application de terre il ne reste plus, après lyse du mycélium et des microconidies, que des chlamydospores (B).

Les effets « mycolyse » et « mycostase » sont produits par les microorganismes qui sont en activité permanente dans le sol (bactéries, actinomycètes), à la fois par émission d'antibiotiques, et par concurrence pour les matières nutritives disponibles. La persistance dans le sol des germes infectieux non dormants est fonction de ces deux phénomènes. Un apport de matière organique fraîche, ou les exsudations d'une racine pourront faire germer chlamydospores ou sclérotes. Si l'effet « mycolyse » domine, il y aura perte de germes infectieux. Si au contraire c'est la production de nouveaux germes, suivie de mycostase, il y aura accroissement du taux d'inoculum dans le sol.

On observe des phénomènes analogues chez les Nématodes : les *Meloidogyne* survivent dans le sol à l'état de larves enkystées, réveillées au passage d'une racine.

Effet des pratiques culturales

Les notions évoquées ci-dessus expliquent à quel point il est difficile de prévoir l'effet de toute intervention sur un milieu aussi complexe que le sol, et de formuler des règles générales. Nous nous risquerons cependant à en formuler deux :

A. La répétition de cultures d'un hôte sensible à un parasite tend à faire augmenter le nombre de germes de celui-ci dans le sol.

On connaît des exceptions à cette règle, en particulier pour le Piétin du Blé (*Ophiobolus graminis*), qui régresse sous monoculture, après explosion initiale. On ne connaît pas de situation analogue dans le domaine maraîcher.

B. Réciproquement, la culture de plantes non sensibles et l'incorporation de matière organique non colonisable par le parasite permettront la prolifération d'organismes susceptibles de concurrencer le parasite.

Nous examinerons ci-dessous les divers aspects des pratiques culturales susceptibles d'agir sur les parasites telluriques.

● Rotations

La nécessité d'alterner les cultures est évidente en culture maraîchère. On trouvera au tableau 6 des indications sur les précédents favorables ou défavorables à telle ou telle plante maraîchère. Il a été établi en tenant compte des dangers de monoculture d'une espèce ou d'une famille végétale, et de certains parasites pouvant attaquer plusieurs hôtes (ex. : *Thielaviopsis basicola* sur Tabac, Aubergine et Légumineuses, *Pyrenochaeta lycopersici* sur Solanées et Cucurbitacées).

● Maîtrise de l'eau

Les parasites du sol les plus concernés par la saturation et la circulation de l'eau dans le sol sont ceux qui se propagent par zoospores (ex. : *Olpidium, Pythium, Phytophthora*). Sur les cultures menacées, on veillera à l'évacuation des eaux pluviales lors de fortes précipitations (cultures sur billons ou planches surélevées).

L'irrigation à la rigole favorise les dégâts de *Phytophthora* parasites des racines (ex. : *P. capsici* sur Poivron). Par contre, *P. cactorum*, qui pénètre dans les plants de fraisier à la faveur d'eau persistant à l'aisselle des feuilles, est favorisé par l'irrigation par aspersion.

C'est quand la surface du sol reste humide en permanence pendant plus d'une journée qu'on doit redouter les dégâts de *Rhizoctonia solani* au collet des plantes et sur les fruits en contact avec le sol.

● Engrais et amendements minéraux

La fertilisation minérale, par son équilibre, ses carences ou ses excès peut

Tableau 6

Précédents plus ou moins favorables aux cultures maraîchères

Précédents	Cultures maraîchères									Plantes de grande culture								Engrais vert Graminée
Culture envisagée	Tomate	Aubergine	Poivron	Cucurbitacées	Céleri, Carottes	Crucifères	Laitues, Chicorées	Légumineuses	Allium	Maïs	Sorgho	Céréales d'hiver	Pomme de terre	Soja	Colza	Tournesol	Tabac	
Tomate	000	000	000	×××					+++	+++		+++	000				000	+++
Aubergine	000	000	000					×××	+++	+++		+++	000	×××			000	+++
Poivron	000	000	000	×××					+++	+++		+++	000				000	+++
Cucurbitacées	×××		×××	000					+++	+++		+++						+++
Céleri, Carotte					000				+++	+++		+++						+++
Crucifères						000			+++	+++		+++			000			+++
Laitues, Chicorées							000		+++	+++	×××	+++				000		+++
Légumineuses		×××						000	+++	+++	+++	+++		000			×××	+++
Allium								×××	000	×××		×××						×××

000 déconseillé   ××× douteux   sans inconvénient   +++ favorable.

influencer la gravité des maladies, mais il est difficile d'énoncer des règles générales, ne serait-ce que pour le pH *.

On trouvera au chapitre III une analyse de l'influence de l'équilibre des cations sur la fusariose de la Tomate.

D'une façon générale on peut signaler l'influence défavorable de la présence transitoire d'**ammoniaque** dans le sol, à la suite d'applications d'urée, de matière organique riche en azote ou de fumier frais, sur les *Pythium* et *Phytophthora*, sur *Sclerotium rolfsii* et *Pseudomonas solanacearum*, et sans doute de nombreux autres parasites telluriques.

Cet effet « coup de poing ammoniacal » n'est utilisable qu'avec des plantes supportant et valorisant des doses élevées de cette forme d'azote : Cucurbitacées, Aubergine. Les *Allium* et les légumineuses y sont au contraire très sensibles.

• Effet des apports de matière organique

La situation la plus défavorable est celle où la seule matière organique faisant retour au sol est constituée par les racines de la plante cultivée, support préférentiel des parasites telluriques.

Essayer d'éradiquer un parasite par arrachage des bases de plantes malades est par ailleurs assez illusoire, car la plus grande partie des racines et radicelles reste dans le sol.

Faut-il pour autant, dans tous les cas, enfouir après la dernière récolte les parties aériennes des plantes ? Le « rotavator » constitue en effet une grande facilité. Enfouir tiges et feuilles, salades ou choux de deuxième choix, derniers fruits immatures ou dépréciés, représente cependant un danger d'envahissement de ces déchets dans le sol par des parasites polyphages (*Pythium, Rhizoctonia solani*) ou plus spécialisés (*Phytophthora parasitica* après enfouissement de tiges et fruits immatures de Tomate).

La décomposition des organes végétaux verts dans le sol peut de plus libérer des **phytotoxines** plus ou moins spécifiques (v. chap. XIII, la « maladie du gros pivot » de la Laitue), surtout si elle a lieu en conditions anaérobies. Il vaudra donc mieux évacuer de la parcelle les déchets de culture et les soumettre à un compostage.

Les mêmes objections peuvent être opposées, en culture maraîchère, à l'emploi des **engrais verts**. S'ils sont réalisés avec des légumineuses ou des Crucifères, les risques de multiplication de parasites de plantes maraîchères appartenant à la même famille sont à craindre, ainsi que celui d'envahissement par des parasites polyphages après enfouissement.

On préférera donc en culture maraîchère les engrais verts-graminées (céréales d'hiver avant les cultures estivales, ou Maïs semé très serré après des cultures printanières). Au lieu de les enfouir directement, on les fauchera préalablement, et on laissera la matière végétale se décomposer en surface 15 à 25 jours avant de la retourner. On incorporera ainsi dans le sol une matière

---

* En Bretagne, l'élévation du pH défavorise *Plasmodiophora brassicae* (hernie des Crucifères), mais favorise *Streptomyces scabies* (gale de la Pomme de terre).

organique précolonisée par des moisissures saprophytes (*Alternaria, Cladosporium* spp.). On fournira ainsi aux microorganismes telluriques, non seulement des parois cellulaires végétales, mais aussi des membranes fongiques, nous en verrons l'intérêt ci-dessous.

Dans les régions tropicales on préconisera un engrais vert réalisé avec un hybride fourrager Sorgho × Sudan grass, coupé sur place quatre ou cinq fois, le tout étant enfoui en fin d'opération.

Les critiques que soulève l'apport au sol de déchets de culture frais ou d'engrais verts ne s'appliquent pas à l'usage de matière végétale prédécomposée, aboutissant à une masse riche en corps bactériens et composés humiques (**composts** *), ou de produits n'ayant pas pour origine des végétaux supérieurs : résidus de fermentation riches en corps bactériens, algues brunes ou rouges, carapaces de crustacés, résidus d'abattoirs, boues de station d'épuration (à condition que celles-ci soient pauvres en métaux lourds...).

On peut attendre de tous ces amendements une action stimulante sur une microflore composée de bactéries et d'actinomycètes susceptibles d'exercer une action antagoniste générale sur les parasites des plantes.

Des effets plus spécifiques peuvent être attendus de certains types de matière organique : les substances **riches en tanins** (composts d'écorces, de marc de raisin) stimulent dans le sol les *Trichoderma* et *Gliocladium* antagonistes ou parasites de nombreux pathogènes telluriques.

A l'opposé de l'action de l'ammoniaque évoquée ci-dessus (que l'on peut obtenir avec des amendements très riches en protéines comme le sang desséché ou certains tourteaux), l'application au sol d'amendements à rapport C/N très élevé (paille d'orge hachée, bagasse de Canne à sucre) peut restreindre l'activité dans le sol de parasites tels que *Thielaviopsis basicola, Fusarium solani* f. sp. *phaseoli* et *Rhizoctonia solani*. Cet effet est lié à la **rétrogradation de l'azote** provoquée par de tels amendements. Il ne pourra être utilisé qu'avant culture de plantes peu exigeantes en azote, ce qui n'arrive pas souvent en culture maraîchère, sinon pour les légumineuses.

Désinfection du sol

Un sol privé de tous ses microorganismes (longuement stérilisé à l'autoclave à 120 °C, par exemple) devient un milieu inerte, peu favorable à la croissance des plantes.

On peut, par contre, envisager de débarrasser le sol de tous ses animaux et de tous les champignons, tout en conservant les bactéries assurant les fonctions fondamentales, en particulier ammonification et nitrification. Ce résultat peut être obtenu de façon plus ou moins parfaite, grâce à l'action de la **chaleur**, ou de certains gaz toxiques, les **fumigants**.

---

* La fermentation des composts, quand elle s'accompagne d'échauffement, est l'œuvre d'une microflore thermophile très particulière : thermoactinomycètes, *Bacillus* spp. et champignons thermophiles.

Le principal écueil réside dans la fragilité des germes nitrifiants, alors que les ammonifiants (*Bacillus* spp.) résistent parfaitement grâce à leurs spores de conservation, et provoquent une accumulation temporaire d'ammoniaque. Celle-ci n'est dangereuse que lorsque la teneur du sol en azote organique facilement décomposable est élevée avant désinfection (application récente de tourteaux, sang desséché ou fumier frais) et sur les plantes particulièrement sensibles (légumineuses, *Allium*).

On peut aussi craindre dans certains sols (acides, déjà riches en manganèse au départ) une libération excessive de manganèse soluble après désinfection, que l'on combattra par addition de calcaire broyé et lessivage abondant.

Les sols ainsi désinfectés, où la microflore n'est représentée que par des bactéries, des actinomycètes (qui recolonisent très rapidement) et quelques rares champignons saprophytes résistants à la chaleur (*Mortierella* spp.) ou à tel ou tel fumigant (*Trichoderma* dans les sols désinfectés à la chloropicrine ou au formol, *Penicillium* avec le bromure de méthyle) sont très propices à la croissance des plantes. On peut citer comme exception celles, comme le Poireau, qui sont très dépendantes de leurs endomycorhizes pour leur nutrition.

Cette stérilisation partielle n'est cependant que de courte durée et les champignons, en particulier, reviennent très vite : germes apportés par l'atmosphère, l'eau d'arrosage, les outils, ou remontant des couches inférieures, dans le cas de la désinfection du sol en place.

Si par malchance c'est un germe parasite qui s'installe en premier, il peut se développer de façon grave. C'est en particulier le cas quand on utilise dans de tels sols des semences des bulbes, ou des plants contaminés.

Il arrive aussi que des Ascomycètes de type « Pézize » (ex. : *Pyronema confluens*) se développent à la surface des sols désinfectés : on voit apparaître des apothécies roses, ou une forme conidienne voisine des *Botrytis*. Cet accident est sans gravité, ces champignons n'étant pas nuisibles aux plantes ; on les éliminera par grattage superficiel.

● Désinfection du sol par la vapeur

Le passage au travers de la terre de vapeur d'eau à 100 °C pendant 10 à 20 mn permet de réaliser la stérilisation partielle. La vapeur d'eau est légère (densité 0,6 par rapport à l'air), on ne doit donc pas espérer la voir descendre d'elle-même dans le sol. La terre est plus facilement échauffable que l'eau, la terre sèche plus poreuse que la terre humide. Il serait donc peu judicieux de l'arroser avant désinfection.

A partir d'un **générateur de vapeur** on peut appliquer celle-ci au sol de diverses façons :

— avec des **cloches** (fig. 34 A) qui ne permettent de désinfecter que 5 à 10 cm d'épaisseur, ce qui peut être intéressant pour des pépinières de courte durée. Les **herses** (fig. 34 B) sont d'une manipulation difficile, lente et onéreuse.

— **L'insufflation de vapeur sous bâches plastiques** a été très employée en

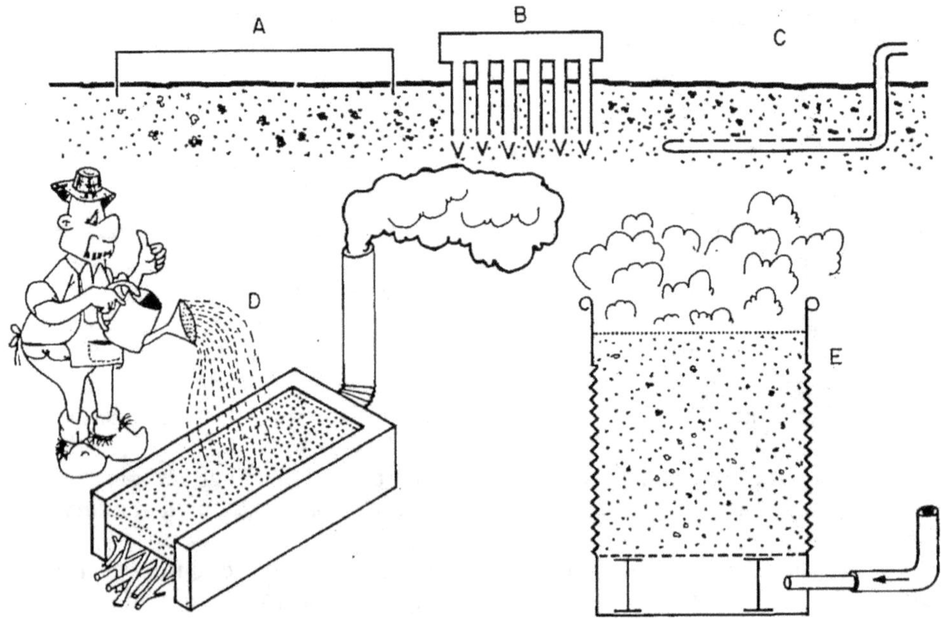

Figure 34. — Désinfection du sol par la vapeur.
A : Méthode des cloches. **B** : Méthode des herses. **C** : Installation fixe souterraine. **D** : Méthode de l'Institut des Tabacs de Bergerac. **E** : Désinfection d'un bac de terre.

serre. Elle dure 4 à 7 h, une désinfection profonde est réalisée par l'eau de condensation ruisselant, très chaude, dans le sol.

— La **production de terreau stérilisé à la vapeur** pour plants en pots ou en mottes peut être réalisée avec des bacs disposés comme sur la figure 34 E. On compte dix minutes à partir du moment où on voit apparaître la vapeur à la surface des bacs.

Il est essentiel qu'ils soient pourvus d'un double fond, non seulement pour permettre l'insufflation de vapeur, mais aussi pour assurer un bon drainage, qui évitera le développement en fond de bac d'une microflore anaérobie (*Clostridium* spp.) productrice de phytotoxines rendant toxique pour les plantes la terre du fond des bacs.

Si l'on ne dispose pas de générateur de vapeur, on peut utiliser des bacs à double fond, métalliques, et chauffer l'eau placée au fond avec du gaz ou un feu de bois jusqu'à ébullition, ou réaliser un dispositif de type « Bergerac » (fig. 34 D).

Nous avons signalé les inconvénients que pouvait présenter l'élévation de la température de la terre à stériliser jusqu'à 95 °C ou 100 °C : élimination des germes nitrifiants, libération de Mn soluble.

On peut les éviter, et mieux respecter la flore fongique saprophyte en employant la **vapeur aérée**, mélange air-vapeur à 70 °C, qui élimine graines de mauvaises herbes, nématodes et champignons parasites (mais non la Mosaïque du Tabac, v. chap. III).

• Solarisation

Dans les pays où, pendant plus d'un mois, les températures maximum sont de l'ordre de 30 °C, et l'incidence des rayons solaires supérieure à 70° à midi, un sol recouvert d'une bâche plastique transparente atteint chaque jour dans l'après-midi 50 °C en surface, 40 °C à 15-20 cm de profondeur. On réduit ainsi l'inoculum de champignons et nématodes parasites des plantes. Les climats de type méditerranéen réunissent les conditions idéales pour réaliser ce type d'opération (ex. : Californie, Moyen-Orient). La région méditerranéenne du Sud de la France est à la limite Nord de la zone où cette opération est possible.

En conditions tropicales humides, où le soleil est encore plus proche de la verticale, les chances d'obtenir une période de 40 à 45 jours sans nuages sont par contre plus faibles qu'en conditions méditerranéennes (ou sahéliennes). Il a été vérifié que, si l'on compte 40 à 45 jours ensoleillés au total, même entrecoupés de jours gris, la méthode reste efficace.

Sous serre, si celle-ci reste inoccupée pendant une période estivale de 30 jours, on obtiendra en fermant toutes les ouvertures, en addition à l'effet du plastique sur le sol, des élévations de température encore plus considérables.

Pour désinfecter du terreau, on peut facilement concevoir des « Coffres solaires ».

La terre à « solariser » doit être humide, sans excès. On applique cette méthode en Californie sur de vastes surfaces. A plus forte raison on la conseillera pour des pépinières.

• Fumigants

Nous réunirons ici un certain nombre de produits agissant sous forme de gaz et doués, suivant les cas de propriétés **nématicides, herbicides** ou **fongicides**. Suivant les formulations on injecte le fumigant lui même, qui se présente comme un liquide à point d'ébullition très bas, ou on applique au sol un produit plus maniable, qui s'y décompose en libérant le gaz toxique.

Certains de ces produits contiennent du **brome** qui, après minéralisation, peut être absorbé par les plantes maraîchères en particulier par les salades, sous forme de bromures. On les évitera donc avant plantation de légumes-feuilles.

Le gaz fumigant pénètre d'autant mieux dans le sol que sa densité par rapport à l'air est plus élevée. Nous désignerons celle-ci par « D » dans la liste ci-dessous.

L'action prépondérante est nématicide pour le **dichloropropène** (D = 3,82), vendu soit pur, soit en mélange avec du dichloropropane (inactif). Le **dibromoéthane**, aux vapeurs plus lourdes (D = 6,3) a des propriétés analogues, mais attention au brome...

La **chloropicrine** (trichloronitrométhane, D = 5,2) est un gaz très pénétrant que l'on utilise en injection dans le sol à raison de 400 à 600 litres de liquide à bas point d'ébullition/ha.

Ancien gaz de combat, ce produit très dangereux ne peut être appliqué que par des équipes spécialisées munies de masques à gaz.

L'efficacité est très bonne vis-à-vis des champignons, une injection à 15 cm de profondeur désinfecte 30 cm d'épaisseur de sol. L'efficacité nématicide et herbicide est moyenne.

Le **bromure de méthyle** (D = 3,01) est lui aussi un très bon fumigant, d'efficacité générale (graines de mauvaises herbes, nématodes, champignons). Il est livré liquéfié en bouteilles, comme le butane. D'une toxicité encore plus insidieuse que celle de la chloropicrine (inodore, il détruit le système nerveux) il ne peut être appliqué que par des équipes spécialisées, en injection sous bâche plastique. On lui ajoute 2 % de chloropicrine, pour servir d'avertisseur, ou jusqu'à 20 % pour améliorer son efficacité en profondeur.

Le **méthylisothiocyanate** (D = 2,6) a plutôt tendance à remonter qu'à descendre dans le sol. On l'emploie soit en injection, dissous dans le dichloropropène, soit en provoquant son dégagement dans le sol par décomposition du N−méthyldithiocarbamate de sodium, ou « **métam-sodium** » appliqué en arrosage à des doses de 1 000 à 1 500 l/ha de produit à 50 %. L'efficacité est triple : herbicide, nématicide et fongicide.

Le **formol** (ou formaldéhyde, D = 1) est le fumigant dont la densité par rapport à l'air est la plus faible. On l'applique lui aussi par arrosage. Parmi les fumigants c'est le seul dont on puisse espérer une action bactéricide. Il est cependant insuffisant pour éliminer *Pseudomonas solanacearum* en application au champ. Son action est surtout fongicide. On l'utilisera, soit pur, soit en mélange avec le métam-sodium (4 000 à 5 000 l/ha de solution à 40 %, ou 750 l de métam-sodium à 50 % + 2 000 l de formol 40 % par hectare).

Qu'il s'agisse du formol, du métam-sodium ou de leur mélange, on les appliquera dilués dans un grand volume d'eau (10 l/m^2), suivis d'un deuxième arrosage avec 10 l d'eau pure.

Le **Dazomet** est une poudre blanche qui, mélangée au sol, se décompose en méthylisothiocyanate et formol. On l'incorpore par fraisage à raison de 500-700 kg/ha.

Quel que soit le mode d'application des fumigants (injection, arrosage, fraisage) on améliorera considérablement l'efficacité en posant aussitôt à la surface du sol une bâche plastique, bien appliquée au sol sur les côtés, qui sera laissée en place 8 à 10 jours. On augmente l'efficacité en retardant la dissipation dans l'air du gaz toxique. Cette précaution est d'autant plus nécessaire que la densité de vapeur du fumigant est plus faible.

Après l'application d'un fumigant on doit observer un certain délai avant plantation ou semis de la plante cultivée. Ce délai dépend à la fois des propriétés herbicides du fumigant et de sa rapidité d'élimination — elle-même fonction de la température, de l'ensoleillement et de l'humidité du sol. Il peut varier entre 10 à 12 jours (ex. : métam-sodium plus formol, températures de l'ordre de 28 °C), trois semaines (dichloropropène) et plus de 50 jours (métam-sodium en conditions automnales, sol humide).

Les graines sont plus sensibles aux résidus de fumigants que les plants repiqués. On s'assurera de l'innocuité du sol avant semis ou plantation, en pratiquant un « test-graines » : on remplit à mi-hauteur un bocal hermétique avec un échantillon de sol traité, éventuellement humidifié, on dépose à la surface des graines à germination rapide (cresson alénois, *Vigna radiata*), on bouche et on vérifie la bonne germination des graines après 48 h.

• Fongicides et nématicides compatibles avec la croissance des plantes

La pharmacopée agricole propose un certain nombre de produits à efficacité insecticide, nématicide ou fongicide, applicables juste avant semis ou plantation, ou en cours de végétation.

Bon nombre de ces produits, en particulier les insecticides-nématicides, très toxiques pour le consommateur, ne sont autorisés qu'en culture florale, betteravière ou bananière. Nous citerons ici ceux qui sont autorisés ou tolérés en culture maraîchère.

— *Fongicides à large spectre*

On peut citer le **thirame** et le sulfate d'**orthoxyquinoléine**, qui peuvent être utilisés respectivement à 2 g et 0,12 g/m^2 pour essayer de sauver des pépinières où se déclarent des fontes de semis.

— *Fongicides plus ou moins spécifiques*

Le pentachloronitrobenzène ou **quintozène** est utilisé sur les *Sclerotinia*, *Rhizoctonia solani*, *Sclerotium rolfsii* et *Plasmodiophora brassicae*, à raison de 10 à 30 g/m^2. On peut diminuer la dose par localisation de l'épandage. Le quintozène est sans aucun effet sur *Pythium* et *Phytophthora*, dont il peut parfois aggraver les dégâts.

Parmi les produits plus récents, on emploie vis-à-vis de *Rhizoctonia solani* l'**iprodione**, le **mépronil**, le **pencyuron**, vis-à-vis des *Sclerotinia* l'**iprodione**, la **vinchlozoline**, la **procymidione**.

Les produits de la famille du **bénomyl** peuvent être employés vis-à-vis de la verticilliose, des fusarioses du collet, de *Phomopsis sclerotioides* sur Concombre en serre.

Vis-à-vis des **Pythiacées** on a utilisé le **nabame** (éthylène bis dithiocarbamate de sodium) dilué à 1/50 000 dans les eaux d'arrosage. On utilise aujourd'hui des anti-mildious spécifiques : **propamocarbe, phoséthy-Al**, officiellement autorisés, mais plus ou moins efficaces suivant les couples hote-parasite et la nature du sol. On utilise encore plus souvent le **métalaxyl**, le **furalaxyl** ou des mélanges **oxadixyl - mancozèbe - cymoxanyl**.

— Nématicides

Le seul actuellement autorisé, tout au moins sur Pomme de terre et Tomate (lutte contre les *Meloidogyne* et *Globodera*) est l'**éthoprophos**. Son usage n'est pas prévu sur les autres cultures maraîchères, et tout spécialement **interdit sur carotte**.

La persistance de ce produit est de 2 à 4 mois suivant la température et le pH du sol. Très malodorant et toxique (DL 50 = 62 mg/kg pour le rat) son usage, du fait de son caractère non systémique, est cependant moins inquiétant que ne serait celui, par exemple de l'**aldicarbe** (systémique, DL 50 = 1 mg/kg... !). Outre ses propriétés nématicides et insecticides, pour lesquelles on l'emploie à raison de 10 kg/ha, l'éthoprophos présente des propriétés fongicides vis-à-vis des *Pythium, Phytophthora, Rhizoctonia solani*. et *Sclerotium rolfsii* : vis-à-vis des *Pythium*, 200 ppm d'éthoprophos ont une activité comparable à celle de 100 ppm de furalaxyl.

• Pertes d'activité de fongicides vis-à-vis des champignons du sol

Nous verrons ci-dessous que parmi les champignons parasites des organes aériens des plantes il apparaît, surtout vis-à-vis des produits les plus récents, des « souches résistantes ». Cette résistance est directement décelable *in vitro* sur des milieux de culture additionnés de fongicides (tout au moins pour les non-parasites stricts...).

Ce phénomène ne semble pas se produire fréquemment chez les parasites telluriques : l'explication en est sans doute le peu de chances de réussite d'infections du fait d'une seule cellule mutante pour la résistance à un fongicide : un sclérote entier, de nombreuses chlamydospores, ou une vigoureuse palmette mycélienne sont nécessaires à la réussite d'une infection.

On a observé cependant, au moins dans trois cas particuliers, des **pertes d'activité** de fongicides vis-à-vis de parasites telluriques :

— Benzimidazoles / Sclerotinia minor et Sclerotium cepivorum

L'interprétation est dans ce cas la suivante : le bénomyl et les produits voisins sont fongistatiques et non fongicides. Les sclérotes inhibés survivent, et d'autant mieux que ces fongicides sont tout particulièrement actifs vis-à-vis des *Trichoderma* et *Gliocladium*, agents de destruction des sclérotes dans le sol.

— Benzimidazoles / maladies vasculaires

La perte d'activité de ces fongicides a été particulièrement évidente sur les œillets cultivés sous abri sur la Côte d'Azur et la Riviera ligure, vis-à-vis du Bénomyl et des produits voisins utilisés pour lutter contre *Fusarium oxysporum* f. sp. *dianthi* et *Phialophora cinerescens* (champignon voisin du *Verticillium*).

Les études réalisées par Tramier (INRA Antibes) ont montré que, dans ce cas, la résistance aux benzimidazoles du *Fusarium* et du *Phialophora* ne se manifeste qu'au sein des tissus de l'hôte. Elle n'est pas décelable *in vitro*.

Ces travaux n'ont sans doute pas eu le retentissement qu'ils méritaient, et les baisses d'efficacité des applications au sol de benzimidazoles en culture maraîchère (Fusarioses et Verticillioses sur Solanées et Cucurbitacées), souvent déplorées, mériteraient qu'on se soucie d'étendre ce type d'investigations aux plantes maraîchères.

— *Dicarboximides* - Sclerotinia minor et Sclerotium cepivorum

Après l'abandon de l'usage du bénomyl pour lutter contre ces deux parasites, l'iprodione a pris le relais, puis la vinchlozoline. Ces deux produits ont eux aussi connu des baisses d'activité, aussi bien pour la Laitue que pour les *Allium*. Dans ce cas l'explication réside dans la stimulation dans le sol, à la suite de leur usage répété, d'une microflore apte à les dégrader rapidement, ce qui fait chuter leur durée de vie de deux à trois mois à quelques semaines. Nous reviendrons sur ce cas particulier dans le chapitre « Laitue ».

Nous retiendrons de ces trois exemples que les explications des pertes d'activité de fongicides appliqués au sol ne sont pas forcément simples.

● Cas particulier des cultures hydroponiques

S'affranchir de tout souci lié à la complexité du milieu « sol », où nous n'intervenons le plus souvent que dans l'ignorance des effets secondaires possibles, c'est à première vue un des principaux avantages des cultures hydroponiques (ou « hors sol »). Elles consistent à faire pousser les plantes sur des substrats ou des surfaces inertes, en les alimentant par des solutions nutritives.

Il y a cependant parfois des déceptions : les substrats peuvent être colonisés par des microflores imprévues, instables, au sein desquelles des microorganismes pathogènes peuvent être présents, provoquant quelquefois des dégâts encore plus foudroyants qu'en sol naturel.

On peut redouter en particulier les microorganismes pourvus de germes mobiles dans l'eau : bactéries (*Pseudomonas solanacearum*, *Erwinia* spp.), Archimycètes nuisibles par eux-mêmes, ou par les virus dont ils sont vecteurs (virus transmis par *Olpidium*), *Pythium* de type *aphanidermatum* et *Phytophthora*.

Des précautions d'hygiène sont donc encore plus indispensables en culture hydroponique que sur sol stérilisé : ne jamais utiliser de plants produits sur terre non stérile, désinfecter les graines. On évitera tout usage d'eau pompée dans des mares où se décomposent des déchets végétaux, tout système de culture où l'on risque de marcher sur les bacs, qui seront éventuellement protégés par du plastique, ainsi que les réserves d'eau ou de solutions.

Les substrats, après une ou deux cultures, seront jetés ou désinfectés au formol.

On a récemment constaté que les déplacements de zoospores dans les solutions pouvaient être contrariés par addition de mouillants de type « nonylphénol polyéthoxylé » à 20 ppm.

Porte-greffes résistants

Nous retrouverons ci-dessous la **résistance variétale** comme moyen de lutte contre les maladies des plantes.

Le transfert aux variétés cultivées de gènes de résistance présents dans des géniteurs appartenant à des espèces ou des genres éloignés peut cependant être difficile ou impossible. Dans certaines familles végétales (en ce qui nous concerne *Solanées* et *Cucurbitacées*), les compatibilités de greffe réunissent des espèces ou genres beaucoup plus éloignés botaniquement que ne le font les compatibilités d'hybridation. Le tableau 7 résume ce qui est actuellement possible dans ce domaine.

Tableau 7

Porte-greffes utilisés en culture maraîchère

Greffon	Porte-greffe utilisé suivant les zones		Parasites combattus
	Zone tempérée	Régions chaudes	
Tomate *	hybrides F$_1$ * « KNVF » (tomate VNF × Lyc. *hirsutum*)		Fusariose Verticilliose *Meloidogyne* Racines liégeuses
		Tomate CRA66	*Pseudomonas solanacearum*, fusarioses
		Tomate CRA 257	*Pseudomonas solanacearum*, fusarioses *Meloidogyne*
		Solanum aethiopicum « Iizuka »	*Pseudomonas solanacearum*, fusarioses
Aubergine	Tomate VFN ou hybride F$_1$ KNVF		*Verticillium* *Meloidogyne* *Thielaviopsis*
		Solanum aethiopicum « Iizuka »	*Ps. solanacearum*
		Aubergine « Ceylan SM 163 »	*Ps. solanacearum*
		Solanum torvum	*Ps. solanacearum, Verticillium, Méloidogyne, F. solani*
Concombre	*Cucurbita ficifolia*		Fusarioses, *Phomopsis sclerotioides*
Melon	*Benincasa cerifera* *Cucurbita* F$_1$ *maxima* × *moschata*		Fusarioses Fusarioses, *Phomopsis sclerotioides*
Pastèque		*Lagenaria siceraria*	Fusariose

* Pour plus de détails (races de Fusariose, Mosaïque du Tabac) v. chapitre III.

Suivant les cas particuliers, divers systèmes peuvent être utilisés pour assembler le porte-greffe résistant et le greffon de haute valeur horticole : greffe par approche, en fente terminale, par perforation latérale (v. fig. 35), ainsi que pour organiser ensuite leur vie commune.

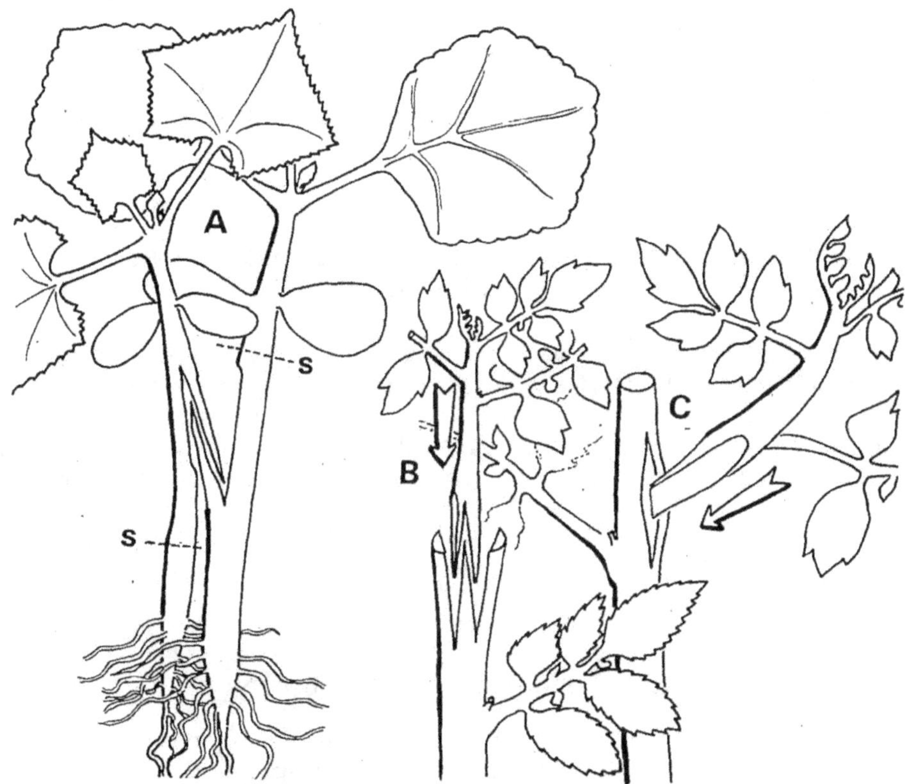

Figure 35. — Méthodes de greffage.
A : Greffe par approche du Concombre sur *Cucurbita ficifolia* (en S les emplacements où se pratique le sevrage une fois la soudure faite).
B : Greffe en double fente terminale sur Tomate.
C : Greffe en perforation latérale.
En conditions d'humidité élevée ces deux dernières méthodes peuvent se pratiquer à l'air libre. Sous humidité inférieure à 80 %, il est nécessaire d'encapuchonner le greffon sous un sachet plastique perforé au coin, surtout pour « B ».

Les théoriciens du greffage distinguent l'**holodibiose** (le porte-greffe ne conserve aucun feuillage, le greffon aucune racine) et l'**hémidibiose** (un des deux partenaires conserve feuillage et racines). En greffage maraîcher certaines situations d'hémidibiose ont été autrefois conseillées :
— dans le greffage de la tomate sur hybride F_1 *L. esculentum* × *L. hirsutum*, on laissait subsister le système racinaire du greffon, après avoir pratiqué

une greffe par approche. Ce système, efficace vis-à-vis de la maladie des racines liégeuses, ne protégeait pas la Tomate contre les maladies vasculaires. On pratique aujourd'hui l'holodibiose, après greffage en fente ou perforation latérale, en évitant l'émission de racines adventives par le greffon (ne pas enterrer le point de greffe) ;

— dans le greffage du melon sur *Cucurbita maxima*, on laissait produire quelques feuilles au porte-greffe pour éviter le dépérissement général du couple. Il semble que les racines de *C. maxima* ne soient pas nourries de façon adéquate par le feuillage « Melon ». Cet inconvénient semble avoir disparu aujourd'hui avec l'usage comme porte-greffe de l'hybride F_1 *C. maxima* × *C. moschata*, les feuilles de celui-ci ne sont conservées que quelques semaines.

III. Lutte contre les maladies cryptogamiques à propagation aérienne

Lorsque se réalise sur le feuillage, les tiges ou les fruits d'une plante la combinaison hôte sensible/parasite agressif/conditions climatiques favorables à l'épidémie, les meilleures pratiques culturales ne pourront guère retarder l'apparition des dégâts. Ce sont les méthodes de lutte chimique et les possibilités de résistance variétale qui domineront, pour les maladies des parties aériennes des plantes, l'organisation de la lutte. Dans certains cas, cependant, dans la mesure où elles modifient le microclimat ou la tolérance de la plante, les pratiques culturales peuvent avoir un effet partiel qu'il ne faut pas négliger.

Pratiques culturales et gestion de l'eau

En règle générale, les plantes cultivées à forte densité et recevant une fumure azotée excessive se prêtent mieux à la propagation des maladies foliaires. On observe parfois des effets plus spécifiques de la nutrition minérale. Une nutrition calcique insuffisante sensibilise par exemple les *Allium* aux attaques d'*Alternaria porri*.

Ce sont surtout les **méthodes d'irrigation** qui peuvent influer sur la propagation des maladies foliaires.

L'irrigation par aspersion, en particulier :

— défavorise les oïdiums, ainsi que les attaques d'acariens de type « tétranyques » et « ériophyiidés » ;

— elle peut propager directement des parasites foliaires bactériens de type *Pseudomonas* ou *Xanthomonas* ;

— son action vis-à-vis de la plupart des parasites foliaires fongiques est beaucoup plus nuancée : le temps nécessaire à leurs spores pour germer sur la feuille et pénétrer l'épiderme ou les stomates de l'hôte se chiffre autour d'une douzaine d'heures. L'irrigation par aspersion favorisera l'épidémie si elle prolonge de trois ou quatre heures la période de rosée nocturne, donc si elle est pratiquée tôt le matin, ou tard le soir.

Au contraire, une irrigation entre 11 et 15 h ne favorisera pas l'infection, si le feuillage sèche rapidement au soleil, et pourra même freiner la dissémination des *Alternaria*.

Il faudra enfin tenir compte du lessivage des fongicides (non systémiques ou translaminaires) pour déterminer le programme de traitements.

● Cas particulier des cultures en serre

Les cultures abritées supportent des attaques parasitaires différentes de celles qu'on observe en plein air, non seulement pour les maladies cryptogamiques à propagation aérienne, mais aussi pour les champignons du sol et les virus. Nous nous bornerons à rappeler dans ces deux cas :

— l'aggravation des maladies telluriques favorisées par les températures fraîches du sol (ex. : racines liégeuses sur Tomate, fusariose du Melon) dans les serres chauffées par air pulsé, méthode qui réchauffe moins le sol comparativement à l'air que le chauffage classique par tuyaux d'eau chaude ;

— l'aggravation des maladies à virus transmises par contact (ex. : tobamovirus), ce mode de transmission peut s'étendre en serre même à des virus normalement transmis par insectes (ex. : Mosaïque de la Courge SqMV).

En ce qui concerne les **maladies cryptogamiques** à **propagation aérienne**, deux facteurs peuvent modifier leur importance en serre par rapport aux cultures en plein air :

— le filtrage de certains rayonnements par la paroi, qui peut influencer la sporulation de certains champignons. Les *Alternaria*, en particulier, sont défavorisés et sont moins souvent observés, surtout sous serres de verre. La réduction de sporulation de *Botrytis cinerea* nécessiterait une filtration des ultra-violets jusqu'à 390 nm, que ne réalisent pas les matériaux couramment utilisés ;

— la modification des périodes d'humidité saturée et d'humectation des feuilles, l'absence de pluies disséminatrices pour les anthracnoses et les champignons à pycnides.

Dans les serres de verre à simple paroi, le toit de verre joue le rôle de « piège à condensation ». Les gouttes d'eau ruissellent, l'eau condensée rejoint les parois latérales, ou tombe à des endroits précis.

Dans de telles conditions seront favorisés :

— les oïdiums au cours des périodes ensoleillées,

— pendant les périodes nuageuses, les champignons capables d'envahir les plantes à la faveur de l'humidité saturée, comme *Fulvia fulva* sur Tomate, ou *Cercospora unamunoi* sur Poivron.

Les périodes d'humectation du feuillage (température des feuilles inférieures au point de rosée) se produiront entre minuit et l'aube. Si les matins sont gris, et que, par souci d'économie d'énergie, on se refuse à ouvrir les ouvertures en continuant à chauffer, les parasites ayant besoin d'un film d'eau sur les feuilles pourront intervenir, en particulier le *Bremia* sur Laitue.

La mise en place de doubles parois (plastique à l'intérieur du verre, ou matériau plastique rigide à double couche) en diminuant l'effet « piège à condensation de la paroi froide » allongera la période d'humectation, aggravera les dégâts de *Bremia lactucae* et pourra même permettre le développement du Mildiou des Cucurbitacées.

Les tunnels plastiques sont encore plus favorables, sinon aux Oïdiums (ils y sévissent moins gravement que dans les serres vitrées), du moins aux autres parasites à propagation aérienne. Ils réalisent en fait de grandes « chambres humides » où les gouttes d'eau condensées sur la paroi ruissellent beaucoup moins que sur le verre, et, soit du fait de leur grossissement progressif, soit à la suite de chocs quand le personnel y rentre le matin, simulent la pluie et peuvent propager les parasites. Les mildious à zoospores (*Bremia, Pseudoperonospora*) y seront favorisés, on pourra même y observer *Phytophthora infestans* sur Tomate.

Les effets que nous venons d'évoquer concernent directement le parasite. Du fait de la culture hivernale et du chauffage, le rapport éclairement/température, plus faible que pour les cultures de saison, provoque chez les plantes une croissance étiolée, avec des cuticules plus minces, tout particulièrement favorable aux attaques de *Botrytis cinerea*. Le producteur de légumes en serre devra donc tenir compte de tous ces dangers pour le choix variétal et l'organisation de la lutte fongicide, pour laquelle il pourra dans certains cas employer les produits en fumigation ou nébulisation.

Usage de bactéricides et fongicides

C'est au XIXᵉ siècle que la Vigne, puis les arbres fruitiers ont commencé à recevoir de façon régulière des pulvérisations de fongicides : produits à base de **Soufre** (dès 1850) et de **Cuivre** (1885) *. Ces deux matières actives ont constitué jusqu'aux années 1950 l'essentiel de la panoplie antifongique et antibactérienne (grâce au cuivre) dont disposaient les agriculteurs. Dès 1945 ont été expérimentés puis utilisés en France des **fongicides organiques de synthèse** dont la « **première génération** » (ex. : dithiocarbamates) comprenait des produits utilisés à des doses de matière active de l'ordre de 150 g/hl, non systémiques, d'efficacité préventive — ce qui suppose une couverture excellente du feuillage par la pulvérisation ou le poudrage.

De plus en plus nombreux, à partir des années 60 sont venus s'y ajouter des produits constituant la « **deuxième génération** » des fongicides de synthèse, souvent systémiques, efficaces à des doses encore plus faibles (inférieures à 50 g/hl), accompagnés de produits éventuellement non systémiques, mais très spécialement actifs envers une famille fongique.

La panoplie actuelle est très complexe, car elle comprend toujours le Cuivre et le Soufre, en plus des produits des deux générations de fongicides de synthèse.

---

* Les producteurs de Tomates du Sud-Ouest de la France, dès cette époque, dédoublaient leur reste de bouillie bordelaise 2 % pour pulvériser leurs plants de Tomates.

La **Vigne**, les **Arbres fruitiers** (Rosacées, Agrumes et Bananiers hors de l'Europe tempérée), plus récemment les Céréales, constituent les marchés majeurs de l'industrie des pesticides. La France, comme d'autres pays, a longtemps vécu une situation ou les « homologations » (usages recommandés) ou « autorisations provisoires de vente » concernaient les maladies des arbres fruitiers ou de la Vigne, et où les producteurs maraîchers, leurs conseillers, et les chercheurs réalisant les essais de lutte chimique choisissaient par **analogie** les fongicides à expérimenter ou conseiller pour les cultures maraîchères, sur lesquelles certains produits étaient expressément interdits. Nous vivons, à l'époque où est rédigé ce livre (1988-1990), la transition vers une situation légale où « tout ce qui n'est pas officiellement autorisé est interdit » — d'où l'effervescence régnant dans les comités ayant à préciser l'emploi des fongicides en culture maraîchère.

Ces vingt dernières années ont vu aussi le passage d'une réglementation d'emploi reposant sur la notion de « délai avant récolte » à celle de « limite maximale de résidus », qui protège de façon efficace surtout les pays vers lesquels nous exportons (v. annexe 2).

L'aspect légal de cette évolution est détaillé de façon extensive dans l'annexe 2 de cet ouvrage.

Nous essaierons de décrire ci-dessous la « panoplie 90 » de l'utilisateur de bactéricides et fongicides, ainsi que la façon dont réagit à son usage le monde des bactéries et champignons phytopathogènes à propagation aérienne.

• Bactéricides

C'est vis-à-vis des bactéries que la panoplie est la plus réduite : les produits à base de **Cuivre** (v. leur détail ci-dessous) sont régulièrement conseillés et utilisés vis-à-vis des bactérioses végétales. La plupart des phytopathologistes semblent avoir oublié que l'ion **Zinc** est lui aussi bactéricide, en particulier vis-à-vis des *Xanthomonas*.

Comparativement aux produits cupriques purs, l'efficacité bactéricide plus élevée des **mélanges Cuivre + éthylène bisdithiocarbamates**, constatée en particulier au Sud des État-Unis vis-à-vis de *X. campestris* pv. *vesicatoria* (Poivron, Tomate) peut s'expliquer de deux façons :
— action de l'ion Zn du zinèbe présent dans le mélange,
— solubilisation plus élevée du cuivre en présence de dithiocarbamates. Cette efficacité plus élevée s'observe en particulier si la bouillie est préparée la veille de l'emploi. Bien entendu la phytotoxicité cuprique risque elle aussi d'être plus élevée...

Il ne faudrait pas croire que l'efficacité des ions Cu et Zn vis-à-vis des bactéries soit immuable : des études réalisées au Sud des État-Unis et à la Barbade montrent que *X. camp.* pv. *vesicatoria* peut devenir **résistant au** Cuivre grâce à un **plasmide** d'acquisition facile. La résistance au Zinc est également possible **in vitro**, mais n'a pas été observée au champ.

On peut facilement (outre l'usage du Zinèbe) préparer une bouillie au zinc en rajoutant 400 g de chaux éteinte à 1 kg de SO_4Zn dissous dans 100 l d'eau.

La faculté d'adaptation aux ions métalliques de certaines bactéries parasites des plantes peut inciter à chercher d'autres voies : certainement pas celle des antibiotiques, auxquels les bactéries s'adaptent encore beaucoup plus vite qu'aux ions métalliques. L'usage d'**oxydants** peut être préconisé : permanganate de potasse ou, comme cela a été expérimenté récemment à la SONITO, **eau de Javel** diluée à concurrence de 4 à 8 mg de chlore actif/litre. Les oxydants seront probablement surtout intéressants pendant la phase épiphyte initiale des *Pseudomonas* et *Xanthomonas*.

● Fongicides minéraux

Peu de cultivateurs ont conservé l'habitude de préparer leur « **bouillie bordelaise** » en ajoutant de la chaux éteinte (400 g si elle est de bonne qualité) à une solution de 1 kg de sulfate de cuivre dans 100 litres d'eau *. L'industrie propose diverses formes de **cuivre insolubilisé**. Les plus fréquentes sont (par ordre de phytotoxicité croissante) :
— la bouillie bordelaise desséchée prête à l'emploi
— l'hydroxyde de cuivre
— l'oxychlorure de cuivre
— l'oxyde de cuivre micronisé.

On les emploiera en se basant sur la dose de cuivre-métal, à l'hectolitre ou à l'hectare, et sur la sensibilité des espèces maraîchères à la phytotoxicité cuprique. La Tomate est la plus résistante et supportera facilement des bouillies à 250 g de **Cu** par hl, le haricot sera déjà plus sensible, ainsi que le céleri. Les Cucurbitacées, les *Allium*, les laitues toléreront encore moins la phytotoxicité cuprique **.

Le Cuivre est efficace de façon directe vis-à-vis des Péronosporales : les zoospores confrontées à du sulfate de cuivre à 1/50 000 sont tuées instantanément. Les autres champignons sont plus ou moins sensibles, les *Colletotrichum* se montrant particulièrement résistants, capables de contaminer des plantes fraîchement traitées à la bouillie bordelaise 2 %. Mais l'action du Cuivre sur les mycoses des plantes ne se limite pas à une action fongicide directe. Au même titre que le Plomb, le Mercure ou l'Argent, il suscite des modifications physiologiques dans les tissus superficiels des plantes : épaississement des parois cellulaires, production de phytoalexines. On peut sans doute expliquer ainsi pourquoi les manuels datant d'avant 1950 prônaient sans hésiter l'usage du Cuivre contre toutes les mycoses des plantes...

Le **Soufre** est tout spécialement actif vis-à-vis des **Oïdiums**, contre lesquels il peut être employé en poudrage ou en pulvérisation. Il agit surtout par ses vapeurs, et se montrera plus efficace (mais éventuellement phytotoxique) par temps chaud (maxima > 30 °C).

---

* La précédente édition de cet ouvrage détaillait encore le cérémonial de cette préparation !

** Cette phytotoxicité peut s'exercer aussi par l'intermédiaire du sol. Dans les sols du Médoc où les viticulteurs ont appliqué, depuis 1885, 4 tonnes de cuivre métal/hectare, rien ne pousse plus sauf la vigne — et encore ! Le danger est plus accusé en sol non calcaire. A l'échelle séculaire, l'usage du cuivre est une hérésie écologique.

En poudrage les soufres les plus actifs sont les « sublimés ». Les soufres mouillables pour pulvérisation sont tous actuellement « micronisés ». L'action du Soufre sur d'autres champignons que les oïdiums n'est pas négligeable, en particulier sur ceux dont le mycélium est superficiel (dans d'autres domaines que le nôtre : Tavelure des arbres fruitiers, *Marssonina* du rosier). Le soufre sera utilisé en poudrage à des doses de l'ordre de 10 kg/ha, en pulvérisation en bouillies à 600 g/hl.

● Fongicides organiques de synthèse à large spectre d'action

Parmi ceux de la « **1ʳᵉ génération** » les plus importants, en volume d'utilisation restent les **dithiocarbamates** et, plus spécialement en culture maraîchère les éthylène-et propylène-bis-dithiocarbamates, parmi lesquels on peut citer :

ethyl
- **Zinèbe** (sel de zinc)
- **Manèbe** (sel de manganèse)
- **Mancozèbe** (sel complexe de zinc et de manganèse)

propyl **Propinèbe** (sel de zinc)

Les trois derniers présentent une efficacité fongicide et une persistance meilleure que celle du zinèbe, qui reste cependant intéressant sur jeunes plantes fragiles grâce à son absence totale de phytotoxicité, ainsi que grâce au zinc qu'il contient (24 % - v. ci-dessus « bactéricides »).

Ces produits ont comme lacunes à leur efficacité fongicide générale les *Oïdiums* et *Botrytis cinerea*. Vis-à-vis de ce dernier, le **Thirame** (que nous retrouverons au paragraphe « traitements de semences ») présente une meilleure efficacité que les autres dithiocarbamates. Il représentera peut-être le dernier recours quand ce champignon sera devenu résistant, comme en Crète, à tous les anti-Botrytis cités ci-dessous.

Une autre famille de fongicides a suivi de peu les dithiocarbamates, celle des **phthalimides**. Elle est aujourd'hui mal vue des hygiénistes, qui ont réussi à faire interdire dans presque tous les pays développés le meilleur fongicide du groupe, le **captafol**. Restent (en sursis) le **captane** et le **folpel** (le premier meilleur fongicide, mais moins persistant que le second).

Le spectre d'activité de ces produits est analogue à celui des dithiocarbamates, avec en plus une légère activité sur *Botrytis cinerea*.

Deux produits n'ayant pas donné naissance à une nombreuse famille, la **dichlofluanide** et le **chlorothalonil**, sont de plus en plus utilisés. Ils ajoutent au spectre d'activité des dithiocarbamates les oïdiums (sans être aussi actifs que les produits spécifiques mentionnés ci-dessous), et *Botrytis cinerea*, vis-à-vis duquel on a longtemps cru que leur activité resterait stable. Des souches de *Botrytis* résistantes à ces deux produits, et au captane, sont cependant apparues dans les cultures sous abris de Crète. Les conidies restent relativement sensibles, mais la croissance mycélienne reste possible en présence de ces produits, ce qui permet au *Botrytis* de provoquer ses dégâts habituels, à partir de bases nutritives.

C'est un des rares exemples actuels d'apparition de souches résistantes aux fongicides de la « 1ʳᵉ génération » de fongicides organiques.

Les produits de la « 2ᵉ génération » de fongicides de synthèse ont d'abord compris la famille des **benzimidazoles**, parmi lesquels nous citerons : .

Le **thiabendazole**   (translaminaire)
Le **bénomyl**
Le **méthylthiophanate**   (systémiques, les deux premiers, absorbés par la plante, se transforment en carbendazime)
Le **carbendazime**

Avec deux lacunes importantes : les Péronosporales, et les champignons à forme parfaite *Pleospora* (*Alternaria, Stemphylium, Phoma betae*), ces fongicides ont fait faire à la lutte fongicide d'énormes progrès, par leur caractère systémique permettant des applications curatives en début d'épidémie, et l'espacement des traitements.

Cependant certains oïdiums, certaines formes imparfaites de Dothidéacées (ex-Mycosphaerellacées : *Septoria, Cercospora*), et *Botrytis cinerea* n'ont pas tardé à différencier des souches résistantes à ces fongicides. Ces résistances sont de très haut niveau (rapport de 1 à 1 000 entre les doses qui inhibent les souches sensibles et résistantes), et souvent « persistantes » : on retrouve des souches résistantes plusieurs mois ou plusieurs années après l'arrêt de l'emploi des « benzimidazoles ». Les anthracnoses et les *Cladosporium-Fulvia* restent, semble-t-il, sensibles.

Des produits plus récents, appartenant à première vue à des familles chimiques diverses, mais dont la plupart partagent la propriété d'inhiber chez les champignons à mycélium cloisonné la **biosynthèse des stérols** ont pris la relève des benzimidazoles (v. tabl. 8).

Tableau 8

Quelques fongicides récents appartenant à la catégorie des « Inhibiteurs de la biosynthèse de l'ergostérol » ou « IBE »

	Familles chimiques	Matières actives
	imidazoles	**imazalil**, prochloraze
	pyrimidines	**fenarimol**
IBE groupe 1	triazoles	**bitertanol, flusilazol, flutriafol,** hexaconazole, propiconazole **triadimefon, triadimenol**
	formamides	triforine
IBE groupe 2	morpholines	**fenpropimorphe**, tridemorphe.

Les produits en caractère gras sont l'objet (en 1989-1990) d'une procédure d'homologation pour un certain nombre d'usages maraîchers. Les autres ont été déjà utilisés spontanément dans certains cas par des producteurs (ex. propiconazole pour la Rouille de l'Ail).

On divise ces « **IBE** » (inhibiteurs de la synthèse de l'ergostérol) en 2 groupes, suivant l'étape à laquelle ils bloquent la série de réactions aboutissant à cette synthèse.

A l'intérieur de chaque groupe, on distingue des familles chimiques, le plus souvent repérées par la terminaison de leur « nom commun » désignant la matière active (les « -conazoles », les « -arimol », les « -morphes »...).

Aucun de ces produits n'est proposé vis-à-vis des mildious, par contre leur spectre d'activité couvre en général les Oïdiums, les Rouilles et les champignons correspondant à des formes parfaites Dothidéacées (ex-Mycospharellacées) — comme les *Septoria*, les *Cercospora* — et Pléosporacées autres que *Pleospora* — comme certains *Phoma* (ex. : *Phoma lingam*), et *Ascochyta*.

On sait aujourd'hui que, vis-à-vis de cette catégorie de fongicides, il peut aussi se différencier des souches résistantes (tout au moins chez les Ascomycètes). Le rapport des doses inhibitrices souches sensibles/souches résistantes est cependant le plus souvent assez faible (de l'ordre de 10). De plus les résistances ne s'exercent pour le moment que vis-à-vis de l'un des deux « groupes » signalés ci-dessus, et pour le moment surtout vis-à-vis du groupe I.

Les souches résistantes aux IBE I et II ne sont en 1989 que des curiosités de laboratoire et, à l'intérieur de chaque groupe, certains produits (ex. : la Triforine) restent plus « coriaces » vis-à-vis des souches résistantes.

● Anti-mildious

Ces produits, spécifiques des Péronosporales, sont pour la plupart systémiques, sauf le **cymoxanyl** qui n'est que translaminaire. Le **propamocarbe**, appliqué au sol, surtout efficace contre certains *Pythium* et *Phytophthora* (pas tous...) peut aussi se montrer actif par voie systémique contre certains mildious (ex. : *Bremia lactucae*).

Les **acylanines**, dont la plus employée en culture maraîchère est le **métalaxyl**, sont systémiques. Très employées en pulvérisation sur les plantes depuis le début des années 80, elles ont très rapidement entrainé l'apparition de souches résistantes de *Phytophthora infestans, Pseudoperonospora cubensis*, avec des rapports assez élevés entre les doses inhibitrices souches sensibles/souches résistantes (supérieurs à 100).

L'**oxadixyl** n'appartient pas tout à fait à la même famille chimique que les acylanines, et les résistances croisées acylanines-oxadixyl sont peu accusées.

Le **phoséthyl-Al**, peu fongicide **in vitro**, absorbé par les plantes, se transforme en ion phosphite. Son activité anti-mildiou semble liée à une activation des défenses naturelles de la plante.

La doctrine officielle (en 1989) serait donc celle selon laquelle il n'y aurait pas de « résistance croisée » inquiétante entre acylanines, d'une part, et mélange cymoxanyl + oxadixyl, ou phoséthyl-Al d'autre part (nous rediscuterons de cette question pour *Phytophthora infestans* p. 173 et pour *Pseudoperonospora cubensis* p. 232).

Ces produits sont également actifs sur les « Rouilles blanches » (*Albugo*).

● Anti-oïdiums

Nous avons signalé ci-dessus l'action non négligeable de la dichlofluanide et du chlorothalonil, l'efficacité des « benzimidazoles », sujette à céder à l'apparition de souches résistantes *, et celle des IBE. Notre pharmacopée propose aussi des produits plus spécifiques des oïdiums, dont certains partagent avec le Soufre des propriétés acaricides. C'est le cas du **chinométhionate**, produit assez ancien, mais toujours intéressant.

Strictement anti-oïdiums, nous citerons le **dinocap**, encore plus ancien, non systémique, et toute une série de produits récents, systémiques, parmi lesquels ont été proposés en culture maraîchère : **bupirimate, pyrazophos, myclobutanil**.

● Anti-sclerotinia

Nous retrouvons ici la famille des **dicarboximides**, qui ont été déjà signalées parmi les fongicides appliqués au sol : **iprodione, vinchlozoline, procymidione**.

Contrairement aux *Sclerotinia sensu stricto*, vis-à-vis desquels les pertes d'activité observées avec ces produits mettent en jeu des mécanismes complexes, décrits ci-dessus, *Botrytis cinerea* développe des résistances directes, décelables *in vitro*. Elles sont cependant de niveau moins élevé que celle qu'il acquiert vis-à-vis du bénomyl, et « non-persistantes ».

Alors qu'on ne prescrit même plus les benzimidazoles pour lutter contre *B. cinerea*, on conseille toujours les dicarboximides, mais seulement deux fois pour une saison de culture.

L'**iprodione** est, de plus, un fongicide à spectre d'activité relativement large : c'est le meilleur anti-*Alternaria* dont nous disposons depuis l'abandon du captafol, son activité anti-Rhizoctone brun est également intéressante.

● Anti-basidiomycètes

On peut envisager de lutter en pulvérisation sur le feuillage contre les Rouilles, mais aussi contre les Rhizoctones foliaires de type AG 1. Nous avons signalé ci-dessus l'efficacité de la plupart des IBE vis-à-vis des Rouilles. On peut y ajouter l'**oxycarboxine**.

Parmi les produits récents efficaces vis-à-vis du *Rhizoctonia*, nous retrouverons l'**iprodione** et, plus récemment le **pencyuron** et le **mépronil**, déjà cités pour leur application au sol.

● Quelle stratégie adopter pour limiter la prolifération des « souches résistantes » : alternance ou mélange ?

On peut comparer l'apparition des souches de bactéries ou de champignons résistantes aux pesticides à celle des souches surmontant chez les plantes les résistances dites « verticales » avec relation gène-pour-gène.

---

* Pas toujours, cependant : nous verrons p. 274 que l'oïdium américain du haricot ne semble pas devenir résistant au bénomyl. On continue à préconiser les benzimidazoles sur *Erysiphe pisi* et *E. betae*. Les oïdiums de type « *polygoni* », contrairement à ceux de type « *cichoracearum* » seraient-ils incapables de s'adapter à ces fongicides ?

On peut donc aussi imaginer des stratégies d'utilisation de ces pesticides parallèles à celles qui visent à préserver l'efficacité des résistances monogéniques (accumulation de gènes dans une seule variété, variétés composées ou « multilines », rotation des résistances...).

On doit tout d'abord éclaircir l'extension du caractère « croisé » de ces résistances : souvent la résistance à un produit entraîne la résistance à tous ceux d'une même famille chimique (ex. : benzimidazoles, dicarboximides acylanines). La résistance croisée à des produits de familles chimiques différentes serait plus rare, en particulier entre fongicides de la « 2e génération » définie plus haut, et produits non systémiques à large spectre de la « 1re génération » (dithiocarbamates, phthalimides, dichlofluanide, chlorothalonil). On a même signalé des cas de « résistance croisée négative », en particulier pour *Botrytis cinerea*, entre « benzimidazoles » et « dithiophencarbe ». Les souches résistantes aux premiers étaient supposées *ipso facto* sensibles au second. Cet espoir s'est vite évanoui.

Les deux stratégies d'emploi entre lesquelles on peut hésiter pour associer les fongicides entre lesquels il n'existe pas de résistance croisée sont le **mélange** et **l'alternance**.

Des études américaines récentes comparant alternance et mélange en simulation sur ordinateur accordent aux deux un égal mérite, dans le cas général.

Cependant l'alternance sera préférable au mélange, pour limiter la prolifération de la souche résistante à un produit systémique, associé à un fongicide non systémique d'efficacité générale, dans les deux cas suivants :

— si les pulvérisations ne couvrent pas la totalité du feuillage, ce qui génère des zones où seul le produit systémique sera présent ;

— si, sur les souches sensibles au produit systémique il y a effet de synergie (efficacité du mélange supérieure à celle de ses deux composants).

L'industrie des fongicides a dans la plupart des cas déjà répondu pour le producteur en proposant des mélanges tout préparés : on ne trouve plus, pour lutter contre les mildious, en pulvérisation, de métalaxyl à l'état pur.

• Méthodes d'application des produits sur les plantes

Les arguments en faveur du poudrage (pas de transport d'eau, nuage de poudre atteignant la face inférieure des feuilles) concerneront surtout les cultures non palissées de plein champ (ex. : melons de coteau). La gamme de produits dont on dispose en poudre pour poudrage est assez restreinte : cuivre, soufre, éthylène bis-dithiocarbamates, folpel et mélanges de ces divers produits.

C'est en pulvérisation (à partir de poudres mouillables ou de concentrés émulsifiables) que les fongicides sont utilisés le plus souvent. Le mode de pulvérisation peut avoir une influence sur l'efficacité des traitements : un abondant lessivage en pulvérisation « classique » contribuera à éliminer les oïdiums, et les acariens nichés à l'aisselle des feuilles, au contraire une pulvérisation pneumatique à faible volume permettra une adhérence sur des végétaux à cuticule cireuse (*Allium*, choux). Dans ce dernier cas on se basera sur la dose préconisée à l'hectare, et non sur la dose à l'hectolitre, valable pour des applications de 1 000 à 2 000 l/ha. Les formulations de fongicides dans l'huile destinées aux bananiers sont phytotoxiques sur plantes maraîchères.

On peut parfois imaginer des modes d'application plus originaux. L'injection de fongicides en fin d'arrosage dans la tuyauterie d'irrigation par aspersion peut être envisagée, on luttera ainsi à la fois contre les parasites à propagation aérienne et ceux qui sévissent à la surface du sol — là encore on se référera à la dose préconisée à l'hectare.

En culture abritée l'usage de fumigations fongicides est peu répandu. Les « lampes à soufre » destinées à lutter contre l'oïdium ne sont pas sorties des serres à rosiers de la Côte d'Azur. Le thiabendazole formulé en fumigène n'est préconisé que pour la désinfection des locaux. Le tétrachloronitrobenzène, utilisé en Hollande et en Angleterre sous forme fumigène pour lutter contre le *Botrytis* n'est pas inscrit dans la pharmacopée française, non plus que celle de l'imazalil, réservée aux rosiers.

Il est bien rare qu'on n'ait pas à lutter contre plusieurs maladies à la fois — ou en même temps contre maladies et insectes. Dans la précédente édition nous donnions un « tableau de compatibilité des mélanges de pesticides ». Aujourd'hui les produits sont devenus trop nombreux, et les incompatibilités peuvent aussi bien provenir des adjuvants que des matières actives... les cases noires, dans le tableau de compatibilité en question concernaient d'ailleurs surtout la bouillie bordelaise.

● Cadences et programmes de traitements

Un certain nombre de données, souvent contradictoires, sont à prendre en compte pour déterminer le démarrage et la fréquence d'application d'un programme de traitements :

— **la croissance du végétal**, et la sensibilité respective des organes jeunes et adultes ;

— **les conditions microclimatiques** (températures minima et maxima, humidité de l'air, ensoleillement, pluie, rosée) qui influent sur le développement du parasite, dont il faudrait connaître, non seulement les températures cardinales, mais à l'intérieur de cette gamme de températures et en fonction de celles-ci les temps d'incubation et les délais entre apparition des lésions et nouvelle sporulation. Ces connaissances aboutissent à déterminer des « cycles de développement du parasite » (d'une contamination à la production de nouveaux germes). Une connaissance, plus approfondie encore, du pourcentage de réussite de ces germes au moment de la contamination, et du nombre de germes produits par chaque lésion, permet d'évaluer, toujours en fonction des données climatiques, l'efficacité de ces cycles de multiplication. On arrive ainsi, avec l'aide du calcul informatique, à une **modélisation** de l'épidémie. On peut ainsi déterminer les périodes à risques et prescrire un traitement préventif au cas où se produirait une pluie contaminatrice — ou curatif si l'on dispose de produits efficaces même appliqués après contamination ;

— **le lessivage des produits par la pluie ou l'irrigation par aspersion** ;

— **le souci des résidus**, qui conduira à renoncer, même s'ils étaient nécessaires, à des traitements trop tardifs, pour privilégier plutôt ceux qui visent les premiers cycles de multiplication du parasite sur les jeunes plantes, même s'ils n'aboutissent qu'à de faibles dégâts immédiats.

Dans le cas de grandes cultures couvrant des milliers d'hectares, et dont les dates de plantation sont relativement homogènes (ex. : céréales) ou le cycle végétatif régulier chaque année (ex. : Vigne, arbres fruitiers) la modélisation des épidémies peut être réalisée à l'échelle régionale, et faire l'objet d'**avertissements agricoles** de la part du **Service de la Protection des végétaux**. Dans la plupart des cas, les cultures maraîchères ne réalisent pas ces conditions, du fait :

— des dates de plantation échelonnées,

— de la diversité des conditions microclimatiques : cultures totalement ou partiellement abritées, protégées ou non des vents, arrosées à l'aspersion ou à la rigole...,

— de la multiplicité des espèces et variétés cultivées.

Les cultures de **Tomates**, du fait des grandes surfaces en jeu (ex. : pour l'industrie) arrivent cependant à mériter dans certains pays des avertissements agricoles. Ils fonctionnent en France depuis les années 60 avec une méthode reposant sur le décompte des cycles de multiplication du mildiou.

Aux États-Unis, on propose le modèle « BLITECAST » pour le mildiou, et le modèle « FAST » pour l'alternariose.

Pour les autres cultures, comment déterminer le début et le rythme des traitements ?

Dans le cas de cycles végétatifs très courts (ex. : Haricots) on peut préconiser des programmes-types liés aux stades de végétation : traitements au stade 2 feuilles (pouvant éventuellement être remplacé par un traitement des semences avec un fongicide systémique), au stade « boutons floraux » et au stade « floraison », pour lutter contre Anthracnose, graisses, Rouille, *Sclerotinia* et *Botrytis* en production de mange-tout.

Dans la plupart des cas, avec l'aide des conseillers agricoles et du Service de la Protection des Végétaux, le producteur réalisera un compromis entre « traitements d'assurance » tous les 8 à 10 jours avec les fongicides non systémiques, tous les 15 à 20 jours avec les systémiques, et une modulation de ceux-ci avec ralentissement des cadences ou arrêt total en conditions défavorables aux maladies — en se basant par exemple sur les « températures cardinales » indiquées dans ce livre.

Pour le **choix des produits**, on se souviendra que le caractère « systémique » d'un produit ne garantit pas que tous les organes de la plante soient également protégés.

Les produits véhiculés par la sève brute (ex. : bénomyl) ont tendance à migrer vers les organes jeunes ou adultes pourvus de stomates. Ils abandonneront donc les feuilles sénescentes et migreront peu vers les fruits, dont la croissance est liée au flux de sève élaborée.

A l'opposé, le captane, non systémique, détruit par la lumière, protégera moins les feuilles que les fruits qu'elles ombragent.

Il est probable, enfin, que dans un avenir proche, avec l'essor de la microinformatique et la technicité de plus en plus élevée des producteurs maraîchers, ceux-ci pourront gérer à l'échelle de leur exploitation la modélisation de leurs épidémies.

Désinfection des semences et plants

On pratique ce type de traitements avec deux objectifs principaux :
— entraver le développement, à la germination, de germes parasites présents à la surface, ou dans les couches plus profondes des graines, caïeux, bulbes ou tubercules ;
— protéger les plantules ou germes contre les attaques de *Pythium*, *Rhizoctonia*, *Fusarium*, présents dans le sol. Non systémique, le fongicide diffusera dans le sol autour de la graine et créera ainsi autour de la plantule une « zone de protection ». Systémique, il migrera dans la plantule ou le germe.

○ Traitements par la chaleur

Le *trempage à l'eau chaude* est très généralement conseillé pour débarrasser graines, bulbes ou tubercules des champignons, bactéries et nématodes. Les températures et durées de traitement efficaces sont en général de l'ordre de 50 °C, une heure. Un essai préalable, suivi d'un contrôle de germination est recommandable dans chaque cas, car les tolérances non seulement spécifiques et variétales à ce traitement, mais aussi celles de tel ou tel lot de semences sont variables.

Le *passage des graines à la chaleur sèche* a surtout été préconisé pour les débarrasser des virus transmis par les semences. Il peut être aussi efficace vis-à-vis des bactéries (ex. : *Pseudomonas sy.* pv *phaseolicola*). La tolérance des graines à ce traitement est là aussi variable avec l'espèce (Haricot : 70 °C, 2 h ; Tomate : 80 °C, 24 à 48 h ; Laitue : 100 °C, 24 h) et les lots de semences.

○ Traitements par des acides ou des oxydants

On se reportera au chapitre III (p. 203) pour les traitements de semences de Tomate susceptibles de lutter contre la transmission des maladies bactériennes par les semences (acide lactique engendré par fermentation, acide chlorhydrique, acide acétique, eau de Javel).

○ Enrobage fongicide des semences

On peut employer en enrobage fongicide des produits de deux types principaux :
— *non systémiques*, d'efficacité fongicide générale (ex. : **Thirame**, **Manèbe**, **Captane**, **Quinolate de Cuivre**, qui produiront l'effet « zone de protection »

autour de la graine et de la plantule (d'autant plus si la germination est hypogée).

Ce type de traitement protégera en particulier des « manques à la levée en sol froid » dus aux *Pythium* de type *ultimum*, et pourra débarrasser la graine d'infections fongiques superficielles. Dans ce dernier cas, l'usage de produits plus spécifiques peut être recommandé (ex. : **iprodione** vis-à-vis des *Alternaria*) ;

— *systémiques*, comme le **bénomyl**, capable d'éradiquer des graines atteintes dans le tissu des cotylédons, le *Colletotrichum* chez le Haricot, les *Ascochyta* chez le Pois. On peut aussi espérer de ce type de fongicides une protection de la plantule et de la jeune plante pendant 15 à 25 jours après germination (Haricot vis-à-vis de l'Anthracnose et des *Cercospora*). De la même façon les antimildious systémiques peuvent être utilisés à la fois pour tuer les oospores présentes sur les graines et pour protéger les jeunes plantes (ex. : **métalaxyl** sur Pois ou sur Épinard).

Malheureusement les spécificités de plus en plus aiguës des fongicides modernes (ex. : hymexazol actif sur *Aphanomyces* et *Pythium*, mais non sur *Phytophthora* et Péronosporales) conduisent inexorablement à envisager, comme pour les pulvérisations en végétation, des mélanges complexes : le **chloronèbe**, qui permettait de lutter sur Haricot contre Pythium, Rhizoctone et *Sclerotium rolfsii* a disparu de la pharmacopée, et seul un mélange très complexe pourrait le remplacer. Là aussi la combinaison fongicide à large spectre + fongicide plus spécialisé représentera la solution la plus sage.

● Pratique du traitement de semences

La thermothérapie à l'eau chaude ou à l'air chaud suppose une régulation thermostatique des bains ou des enceintes à 0,5 °C près, avec brassage de l'air ou de l'eau pour éviter des surchauffes locales. Le séchage après trempage à l'eau chaude est essentiel.

Les procédés industriels d'enrobage des semences permettant de transformer des graines très petites ou irrégulières (Carotte, Céleri) en boulettes se prêtant au semis mécanique peuvent inclure des couches fongicides dans la gangue entourant les semences.

A l'échelon individuel, on pourra procéder à des poudrages à sec si les graines sont assez petites, rugueuses ou poilues pour retenir la quantité de fongicide prescrite (en général de l'ordre de 2 à 4 g/kg de semences pour les fongicides non systémiques, de 0,5 à 2 g pour les systémiques). Dans le cas de grosses graines lisses, on utilisera de préférence le « poudrage humide » : brasser une première fois graines et poudre mouillable, à sec, ajouter autant de ml d'eau que de grammes de poudre, agiter une deuxième fois jusqu'à répartition homogène. L'appareillage utilisé pourra aller du bocal à la bétonneuse, en passant par la classique « baratte excentrée » qui permet de traiter des quantités de graines de l'ordre de 20 à 50 kg.

IV. Lutte contre les virus et mycoplasmes

Il est actuellement impossible (sinon au laboratoire et sur quelques individus) de guérir dans les conditions pratiques des plantes virosées. La lutte contre les virus sera donc essentiellement préventive. Il en sera de même pour les mycoplasmes, l'usage des tétracyclines dans la pratique agricole n'étant pas envisageable.

Dans la plupart des cas, les pertes de récoltes provoquées par les virus sont d'autant plus importantes que la contamination est plus précoce. Par

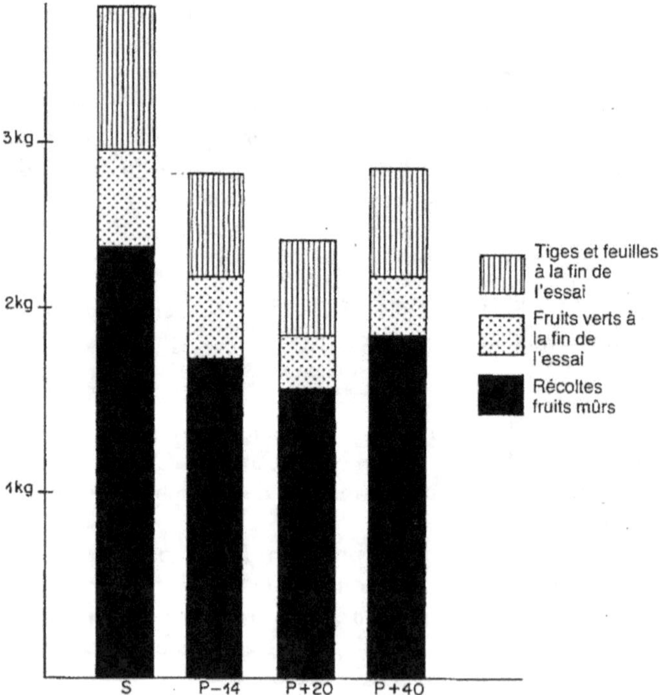

Figure 36. — Résultats d'un essai réalisé en 1963 à l'INRA-Montfavet. Plants de tomate conduits sur une tige, plantation du champ le 24 avril.
S : plantes saines. P − 14, P + 20, P + 40 : plantes contaminées par la mosaïque du Tabac 14 jours avant, 20, ou 40 jours après plantation.

exemple, les nombres de fruits commercialisables par plant de courgette, en fonction de la date de contamination par WMV_1 ont été les suivants :

Date de contamination

(Nombre de jours après plantation) : 23 42 45 49 52 58 64 69

Nombre de fruits récoltés :   0,5 3,1 4,2 5,0 5,5 6,5 8,0 8,6

dans un essai réalisé en Guadeloupe (Quiot, 1983).

Cependant cette règle générale peut se trouver en défaut si interviennent de façon nette des phénomènes de « crise » et de « récupération ».

Si la « crise » a lieu au moment où les fruits sont en période de croissance active, alors que celle du feuillage est très ralentie, on peut observer des symptômes sur fruits qui nuisent à leur qualité (ex. : sur Tomate, brunissement interne ou mûrissement par plages, pour les infections tardives de Mosaïque du Tabac).

Si elle a lieu à une période où la plante est par ailleurs soumise à un « stress » (ex. : repiquage en sol froid), les pertes de rendement pourront être plus importantes que sur des plantes contaminées très précocement (v. fig. 36, le cas de la Mosaïque du Tabac sur Tomate, plantations de 1963 à l'INRA-Montfavet). Ce genre de situation peut conduire à l'utilisation de la **prémunition** : une infection précoce par un virus protège la plante contre toute infection par d'autres souches du **même virus** (à condition que la première souche soit présente dans toute la plante, avec une concentration suffisante).

Prémunition

Cette méthode peut être intéressante si l'on possède une souche à la fois compétitive par rapport aux autres souches du même virus, donc capable de s'opposer efficacement aux surinfections ultérieures, et ne provoquant que des symptômes faibles. On a utilisé cette méthode dans le cas de la Mosaïque du Tabac sur Tomate (v. chap. IV).

Elle pourrait aussi être envisagée pour les plantes à multiplication végétative, en utilisant la combinaison variétés tolérantes - souches à symptômes faibles. Déjà utilisée de cette façon pour les arbres fruitiers, il n'est pas exclu de la voir rentrer en pratique dans l'avenir pour les *Allium*.

Lutte contre les virus et mycoplasmes transmis par insectes

• Connaissance des zones à risque à l'échelle régionale ou parcellaire

Il serait absurde d'entreprendre des plantations à des saisons ou dans des zones conduisant à 100 % d'infections précoces réduisant les récoltes à peu de chose. Des zones de moyenne altitude, à hivers plus gélifs, où les vols de pucerons débutent plus tard, pourront prendre le relais, pour les cultures « de saison », par rapport aux zones plus favorisées climatiquement, mais où les contaminations sont plus précoces, et n'épargneront que des cultures démarrées sous chenille plastique ou sous chassis.

A l'échelle de la parcelle, si les contaminations viennent de sources extérieures, les bordures seront les premières atteintes et les plus durement touchées. Les parcelles longues et étroites seront les plus défavorisées.

Le fractionnement du paysage par des haies brise-vent, sans diminuer la moyenne générale des contaminations, concentre celles-ci dans la zone de calme relatif située à une distance des haies égale à 3 fois leur hauteur.

● Elimination des sources de virus et de vecteurs

Quand le virus est transmis d'une génération de la plante cultivée à la suivante par les semences ou les plants, c'est à la **sélection sanitaire** qu'il faut faire appel pour supprimer les premiers foyers de virus (voir paragraphe suivant).

Toujours chez l'espèce cultivée la source de virus peut être constituée par des parcelles voisines, dans le cas de **cultures chevauchantes**, par des **porte graines** ou par des **repousses**. Dans le cas de cultures économiquement importantes pour une région, des mesures prises à l'échelon collectif peuvent améliorer la situation : pratiquer une coupure pendant deux ou trois mois de l'année dans la culture de l'espèce sensible, isoler les porte-graines en les reportant éventuellement dans une autre région *, prendre soin de l'élimination des repousses...

L'élimination des plantes sauvages sources de virus et de vecteurs est beaucoup plus difficilement réalisable. Le nettoyage soigneux des bordures de parcelles, si possible sur 20 m de large, complété par l'usage des méthodes de lutte que nous évoquerons ci-dessous, peut cependant donner des résultats appréciables. On pourrait aussi, dans la plupart des cas concernant les plantes maraîchères, se contenter de détruire les dicotylédones dans les bordures par un herbicide approprié (éviter cependant le 2.4 - D).

● Diminution de l'efficacité des vecteurs

L'idée qui vient en premier lieu à l'esprit est d'utiliser les **insecticides** pour ralentir les épidémies de virus ou mycoplasmes. Cela ne présente en fait d'efficacité que si la transmission a lieu selon le mode persistant (ex. : lutéovirus, rhabdovirus, mycoplasmes). L'insecte aura le temps de subir l'effet du pesticide pendant le repas d'acquisition, le temps de latence ou le repas infectieux, qui se chiffrent en heures ou dizaines de minutes. Encore faudra-t-il choisir des insecticides efficaces vis-à-vis du vecteur, et plus efficaces sur celui-ci que sur ses ennemis (ex. : pyrimicarbe ou lindane sur *Myzus persicae*, et non organo-phosphorés).

Au contraire, dans le cas de transmissions par pucerons ailés prédominante, et selon le mode non-persistant, des traitements aphicides réguliers et

---

* Pourquoi voyons-nous s'implanter dans la Drôme ou l'Ardèche les porte-graines de betterave destinés aux pays de l'Europe du Nord ?

tenant la culture totalement indemne de colonies de pucerons ne ralentissent même pas d'un jour la contamination des cultures.

Il vaut mieux alors tirer parti des particularités de ce mode de transmission. Diverses voies peuvent s'offrir à nous :

— **dissuader les pucerons d'atterrir sur les plantes sensibles.** L'appareil optique des pucerons est assez rudimentaire, mais leur permet de distinguer les couleurs : le vert et surtout le jaune * les attirent, par contre les surfaces réfléchissant le soleil ou le ciel exercent un effet répulsif, en particulier les flaques d'eau. Des films réfléchissants en couverture du sol exercent un effet répulsif analogue : celui des paillages plastiques transparents n'est déjà pas négligeable, celui de feuilles d'aluminium ou de plastique peint en argenté encore plus appréciable. Plus la bande refléchissante entourant les plantes est large, plus la contamination est retardée. La figure 37 résume les résultats d'expériences de ce type réalisées à l'INRA-Montfavet en 1967.

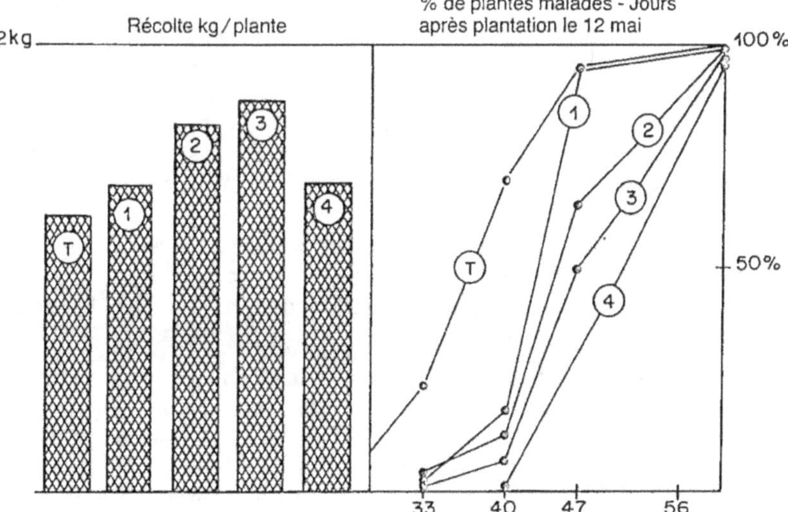

Figure 37. — Effet de la couverture du sol avec des plastiques réfléchissants sur la propagation de la Mosaïque du Concombre.

1 : plastique transparent largeur 60 cm. **2** : plastique transparent largeur 120 cm. **3** : plastique semi-argenté largeur 120 cm. **4** : plastique argenté largeur 120 cm. **T** : témoin sol nu.

Les rendements sont favorisés à la fois par le retard à la contamination et par le réchauffement du sol, ce qui explique la plus forte récolte pour le plastique pulvérisé avec la peinture argentée de telle façon que les taches brillantes n'occupent que 50 % de la surface (résultats INRA-Montfavet, 1967).

Dans le cas des **Bemisia**, dont la sensibilité optique est sans doute différente, ce sont le jaune et le blanc mats qui exercent l'effet répulsif le plus net.

---

* D'où l'usage de pièges constitués par des cuvettes jaunes remplies d'eau pour suivre les vols de pucerons.

Dans le même esprit, on a proposé de placer au-dessus des plantes des filets blancs à maille de quelques cm, ou même de pulvériser sur les plantes un enduit blanc.

On a proposé aussi d'exploiter l'attraction des pucerons pour le jaune en plaçant autour des parcelles des panneaux jaunes verticaux enduits de glu, à 80 cm du sol.

Cette méthode qui s'est montrée efficace en Israël n'a pas donné de résultats dans le Midi de la France.

— **opposer aux vecteurs des barrières infranchissables.** Nous avons vu ci-dessus que les pucerons ailés étaient déjà gênés dans leur recherche des plantes par des plastiques réfléchissants placés sur le sol, ou des filets à larges mailles au-dessus des plantes. On ne doit donc pas s'étonner de voir les cultures sous abris de verre ou de plastique beaucoup moins atteintes que celles de plein air, à condition de n'y introduire que des plants sains et d'éviter d'y laisser proliférer les vecteurs éventuels.

La production de plants sains sous abris ou chassis grillagés peut même avoir un intérêt pour les cultures de plein air, dans le cas où les plantes sont plus réceptives à l'infection virale au stade jeune : c'est le cas de la Tomate pour les souches communes de la Mosaïque du Concombre. Dans des essais réalisés à Montfavet sur plantations de tomates de fin juin, nous avons obtenu des protections de 95 % en produisant les plants sous chassis grillagés à maille de 1,5 mm, de 100 % avec des toiles transparentes à maille de 0,5 mm.

Plus récemment il a été montré que des cultures protégées par un voile de fibres plastiques non tissées très léger sont très efficacement protégées des virus transmis par pucerons. Cette méthode combine en fait la difficulté matérielle d'accès et la dissuasion optique.

— **rendre les piqûres de pucerons inefficaces.** On peut parvenir à ce résultat en pulvérisant les plantes avec des huiles minérales non phytotoxiques appelées « **Stylet oil** ». La traversée de la couche huileuse par les stylets semble les débarrasser des particules virales ou les inactiver. L'huile doit être pulvérisée à faible volume sous forte pression, le feuillage doit en être complètement recouvert. Sur plantes maraîchères les meilleurs résultats ont été obtenus sur le Poivron (Floride, Israël), peut-être du fait de la croissance assez lente de la plante. Les essais réalisés sur Cucurbitacées dans le Midi de la France ont été moins convaincants.

On peut aussi faire en sorte que les pucerons (toujours dans le cas des virus non-persistants) atterrissent en premier sur une plante non hôte, sur laquelle leurs piqûres d'essai auront pour effet de « nettoyer leurs stylets ».

On peut, dans ce but, subdiviser les parcelles cultivées en plantes maraî-chères par des lignes de graminées prévues à l'avance pour atteindre 1 m de haut au moment des migrations (blé d'hiver semé l'automne précédent, orge de printemps semé en février). Cette méthode qui complique beaucoup les pratiques culturales pourrait cependant être préconisée pour des porte-graines précieux (ex. : Laitue). En conditions tropicales des haies de Canne à sucre, *Pennisetum* ou Sorgho pourraient être utilisées dans le même but.

L'énumération de ces méthodes peut laisser le lecteur sceptique. Elles n'ont que rarement été utilisées dans la pratique. Rappelons cependant :
— qu'un retard de six à huit jours des contaminations peut souvent doubler une récolte ;
— que la combinaison de deux ou trois de ces méthodes peut donner des résultats bien supérieurs à ceux d'une seule.

• Lutte contre les virus transmis par le sol

Les virus transmis par nématodes sont peu importants sur plantes maraîchères. L'expérience acquise dans le domaine des plantes pérennes (ex. : court-noué de la Vigne) montre qu'il faut pour les combattre observer des rotations de plusieurs années, ou utiliser des doses de fumigants triples de celles que l'on utilise couramment.

Vis-à-vis des *Olpidium* ou *Polymyxa*, vecteurs de virus par leurs zoospores, on évitera autant que possible la saturation du sol en eau (drainage, planches surélevées). Parmi les fongicides, le quintozène est actif vis-à-vis des Plasmodiophoracées, ainsi que l'hymexazol, beaucoup plus récent. Nous avons signalé ci-dessus l'efficacité d'un mouillant non ionique ajouté à la solution nutritive pour lutter contre les *Olpidium* en culture hydroponique.

V. La sélection sanitaire

Lorsque les premiers foyers épidémiques dans une culture proviennent de semences ou plants contaminés, l'usage de graines, plants ou bulbes sains permet de retarder la propagation des maladies, qu'elles soient cryptogamiques ou virales : c'est le but de la **sélection sanitaire**. Dans le cas de virus sur plantes multipliées par voie végétative, les situations où 100 % du matériel est infecté au départ ne sont pas rares, l'usage de plants sains permettra d'augmenter les récoltes même s'il y a recontamination en cours de culture, à condition que les « symptômes de choc » ne soient pas trop violents.

Production de graines exemptes de maladies

Dans le cas des maladies cryptogamiques, on arrivera à produire des graines saines en jouant à la fois sur le choix de situations climatiques et de méthodes d'irrigation peu favorables aux épidémies, et sur les traitements fongicides ou bactéricides en végétation
Suivant les cas, c'est l'un ou l'autre aspect qui sera privilégié : pour les infections fongiques, on dispose de fongicides en général efficaces. Pour les bactéries (v. chap. V « Les graisses du Haricot »), les bactéricides agricoles n'étant pas extrêmement efficaces, c'est l'aspect climatique et le choix d'une méthode d'irrigation ne mouillant pas les feuilles qui seront primordiaux.

Dans le cas des virus transmis par la graine (ex. : Mosaïque de la Laitue), on arrivera à des schémas de sélection sanitaire aussi astreignants que ceux du paragraphe suivant. Le premier stade : « trouver des individus sains » ne posera cependant pas de problème, la transmission des virus par les graines n'étant jamais efficace à 100 %.

Sélection sanitaire dans le cas des plantes à reproduction végétative

Le gain de rendement par usage de plantes saines peut aller de 10 % pour des virus relativement bien « tolérés », à symptômes faibles ou invisibles, jusqu'à 40-50 % pour les virus à symptômes forts (ex. : Mosaïque de l'Ail sur « Blanc de la Drôme ») — encore plus dans le cas d'infections complexes.

On peut distinguer les stades suivants dans la sélection sanitaire vis-à-vis des virus chez les plantes à reproduction végétative.

● Obtention d'un matériel sain au départ

Si la population dont on dispose contient encore quelques individus apparemment indemnes, on les plantera dans un lieu ou une enceinte à l'abri des vecteurs : la cage grillagée représente le maximum de sécurité. On conservera les descendances par familles séparées pour vérifier le bon état sanitaire, par examen visuel, indexage sur hôtes différentiels ou sérologie (voir ci-dessous : **contrôle**). On comparera l'aptitude au rendement des clones ainsi obtenus : on combine en fait sélection sanitaire et clonale.

Si aucune plante saine n'est disponible au départ, on emploiera des méthodes aboutissant à la **guérison** de plantes virosées, non pas à grande échelle, mais pour obtenir quelques individus sains pouvant servir de point de départ.

Le **semis** a pour inconvénient de ne pas reproduire le clone de départ : les variétés reproduites par voie végétative sont en règle générale très fortement hétérozygotes.

La **thermothérapie** n'est efficace que sur certains virus (en particulier ceux dont les particules sont globuleuses). Elle peut être pratiquée :

— soit sur des organes végétaux non feuillés (boutures, plants, bulbes), plongés dans des bains d'eau chaude aux environs de 50 °C pendant 30 à 120 minutes. Cela ne réussit que très rarement pour les virus (par contre on élimine ainsi les nématodes) ;

— soit sur plantes entières, dans des compartiments de serre maintenus plusieurs semaines à des températures comprises entre 35 °C et 40 °C ;

— soit sur boutures aseptiques cultivées *in vitro*, les tubes étant plongés dans un bain-marie thermostatique et éclairés.

On cultive ensuite pendant plusieurs mois les plantes rescapées à l'abri des recontaminations, afin de voir s'il y a véritable guérison, ou rémission suivie de rechute.

La **culture de méristème** tire parti de la faible concentration en virus à l'apex interne des bourgeons. On prélève aseptiquement sous loupe binoculaire des calottes méristématiques de 200 μ à 1 mm de diamètre, et on les dépose dans des tubes de milieu nutritif complexe. Certains méristèmes se développent en plantules, dont quelques-unes se révèlent indemnes de virus après sortie des tubes et repiquage sur terre stérilisée.

Même issues de variétés clonées au départ, les familles issues de différents méristèmes ne seront pas remélangées ; on peut là aussi observer des rechutes. Même sans virus les différentes familles peuvent différer par la vigueur et la précocité.

● Multiplication du matériel sain

On ne peut pas multiplier indéfiniment les surfaces de serre grillagée et, si l'on veut mettre à disposition du public le matériel sain, il faut trouver des conditions où l'on puisse le multiplier en plein air sans qu'il se recontamine trop vite.

Il est alors indispensable d'acquérir une connaissance, même empirique, des vitesses de recontamination en divers lieux et diverses saisons sur le territoire dont on dispose.

Cette vitesse de recontamination est fonction :

— de l'éloignement des cultures de multiplication vis-à-vis des sources de virus : cultures contaminées, ou réservoirs naturels,

— de l'abondance des vecteurs, conditionnée par le climat, la saison, et les traitements insecticides réalisés.

On définira ainsi des conditions compatibles avec la réalisation du projet : **dans des zones favorables, dans des conditions d'isolement bien définies, avec des traitements insecticides efficaces, on pourra se rendre maître, par épuration sévère à chaque génération, de pourcentages de recontamination faibles.**

On procède généralement par étapes successives de tolérance de plus en plus large, une « super élite » totalement indemne sortant des cages grillagées donnant une « élite » à 1 ‰ de plantes malades, aboutissant enfin à une « semence certifiée » à pourcentage variable suivant le cas (1 ‰ à 5 %).

De cette façon les lots refusés par le contrôle dans une catégorie peuvent être reclassés dans une catégorie inférieure.

Les générations les plus précieuses pourront bénéficier des méthodes de lutte contre les virus évoquées au paragraphe précédent (ex. : protection par voile de fibres plastiques non tissées).

Quand on met en train une opération de ce genre pour un ou plusieurs virus, il est bien rare qu'on n'ait pas à se soucier de **difficultés sanitaires** annexes : nématodes ou maladies cryptogamiques transmises par les plants.

On rajoutera au schéma ci-dessus des exigences de désinfection du sol ou de rotation, de traitements anticryptogamiques soit en végétation, soit en trempage ou poudrage humide de plants, tubercules ou bulbes. La thermothérapie par trempage à l'eau chaude permettra dans certains cas d'éliminer les nématodes.

● Méthodes de culture *in vitro*

Elles peuvent permettre d'améliorer les schémas de sélection sanitaire. A partir du matériel sain de départ, on pourra pratiquer des générations de « multiplication accélérée *in vitro* » ou « **micropropagation** », soit par bouturage aseptique répété de plantes à entrenœuds longs, soit par cycles successifs d'induction de bourgeons, division et enracinement pour les plantes à tige courte. On peut ainsi ne pratiquer en plein air que les dernières multiplications, sur une ou deux générations, diminuant d'autant les soucis évoqués ci-dessus.

Il faut cependant s'assurer que le mode de multiplication choisi conserve bien le type variétal : les espèces végétales et même les variétés peuvent réagir de façon très différente à ce point de vue, certaines variant peu, même avec des méthodes de « dédifférenciation-redifférenciation » passant par le stade « cal », d'autres pouvant présenter plus de variants qu'en multiplication normale, même avec des méthodes *a priori* « conservatrices ».

On devra se souvenir aussi que le stade « sortie » des tubes ou des bocaux est délicat, et que les jeunes plantes sevrées peuvent se montrer très sensibles aux recontaminations.

Le laboratoire de micropropagation devra donc se doubler d'installations de serres sophistiquées (brumisation, ombrages progressivement décroissants, grillages anti-insectes) aussi onéreuses et exigeantes en personnel qualifié que le laboratoire lui-même.

● Contrôle

A ses débuts, la sélection sanitaire ne disposait que du **contrôle en végétation** après épuration, toujours utile, mais qui ne permet pas de déceler les contaminations tardives.

Le contrôle *a posteriori* permet éventuellement d'éclaircir les cas litigieux, mais non de les prévoir. Un **contrôle préalable** est donc souhaitable avant commercialisation.

Dans le cas des graines, une germination sur papier filtre, gélose à l'eau ou gélose nutritive suivant les cas, permettra de déceler les champignons transmis par les semences. Pour les nématodes des bulbes, des prélèvements réalisés dans les « plateaux » d'un échantillon du lot à tester permettront une détection.

Pour déceler des bactéries phytopathogènes dans les graines, un bon point de départ est le trempage de celles-ci dans l'eau pendant 24 h. Les bactéries diffusent et se multiplient dans l'eau de trempage, que l'on centrifuge — les difficultés commencent ensuite (voir ci-dessous).

Dans le cas des virus, la première méthode de contrôle préalable employée a été la **préculture** d'échantillons prélevés dans les lots à certifier : semis de graines à contre-saison, plantation en serre de tubercules ou de bulbes dont la dormance a été artificiellement raccourcie. On observe un à un les individus pour déceler les symptômes. L'inconvénient de ce type de méthodes est le nombre d'individus à examiner pour garantir de façon sûre un pourcentage limite garanti.

Le tableau 9 donne le nombre d'**unités d'échantillonage** (inverse du taux-limite : 100 pour 1 %, 500 pour 0,2 %, 1 000 pour 1 ‰) à examiner pour pouvoir accepter ou refuser un lot (avec une certitude de 95 % pour accepter, 97,5 % pour refuser).

Tableau 9

Contrôle des lots de semences ou plants

Unités d'échantillonnage examinées	Nombre d'individus malades observés permettant	
	d'accepter un lot	de le refuser
1	—	4
3	0	8
6	2	16
9	4	18
12	6	20
18	11	25
24	16	34

Acceptable si les pourcentages à garantir sont de l'ordre de 5 %, ce type de méthode devient impraticable s'ils sont de l'ordre de 1 ‰.

D'où l'idée de tester non des individus, mais des **groupes** de plantules, caïeux, ou bulbes prégermés ou non, dont on teste un extrait global avec des méthodes assez sensibles pour donner une réponse positive si un seul individu dans le groupe est contaminé.

L'extrait obtenu à partir d'un « groupe » (culot de centrifugation de l'eau de trempage de 100 à 500 graines pour les bactéries, jus de 100 à 1 000 graines gonflées ou germées, ou d'autant de germes de bulbes ou tubercules pour les virus), peut être testé de plusieurs façons.

Dans les années 60, on disposait surtout de **tests sur plantes** : eau de trempage de 100 haricots inoculée à une plantule de haricot « Mistral » très sensible à *Pseudomonas syringae* pv. *phaseolicola*, broyat de 700 plantules de laitue germées en boîte de Pétri inoculé à un *Chenopodium quinoa* réagissant par mosaïque généralisée à la Mosaïque de la Laitue... Ce type de test nécessite un délai entre l'inoculation de la plante-test et l'observation des symptômes, ainsi que des installations impeccables de chambres climatisées pour l'élevage et l'incubation des plantes-test.

On préfère aujourd'hui dans la plupart des cas, toujours en pratiquant la « méthode des groupes » utiliser des détections par sérologie perfectionnée :

immunofluorescence pour les bactéries, test **ELISA** pour les virus. Les principes statistiques pour l'interprétation des résultats seront basés sur la « loi binomiale ».

L'essentiel, dans tous les cas, est de bien préciser la limite de sensibilité de la méthode, pour pouvoir fixer avec sécurité l'effectif maximum acceptable d'un groupe.

● Bon usage des semences certifiées

L'acheteur ne doit pas confondre dans son esprit « semence certifiée » et « variété résistante ». Il serait absurde, par exemple, de planter un échantillon de ce matériel précieux au milieu d'un grand champ virosé, dans l'espoir de démontrer sa supériorité et de garder des plants.

Si le producteur désire tirer le meilleur parti de son achat de semences certifiées saines, et éventuellement les reproduire une fois sur la ferme, les principes d'isolement, de traitements insecticides (et d'épuration si l'on veut reproduire) sont valables pour lui aussi.

VI. La résistance variétale

La lutte contre les maladies ou les nématodes par l'amélioration des méthodes culturales, les traitements ou la sélection sanitaire est un combat qui n'a pas de fin.

L'obtention de variétés résistantes supprime au contraire le problème, et rentabilise mieux les efforts de la recherche que la mise au point de méthodes de lutte coûteuses ou astreignantes.

La sélection de variétés résistantes passe en général par les stades suivants.

Recherche de géniteurs de résistance

Des plantes résistantes peuvent être trouvées en minorité dans une variété hétérogène : ce fut le cas pour les choux résistants à la fusariose vasculaire aux États-Unis, pour les melons résistants à la race O de Fusariose, en France.

Cet événement est cependant assez rare, on est en général obligé d'aller chercher plus loin : relations avec les collègues étrangers, accès aux collections des instituts internationaux (en particulier aux « Plant introductions » ou « P.I. » suivies de 6 chiffres, conservées à Beltsville-U.S.A.). On a d'autant plus de chances de trouver des plantes résistantes que l'on étudie des collections plus nombreuses et provenant de pays situés au **centre d'origine** de l'espèce cultivée ou, mieux encore, dans ses **centres de diversification**.

Dans ces derniers, l'espèce cohabite en général avec des souches agressives (et diversifiées elles aussi) de ses parasites. Les populations de plantes que l'on y cultive dans les conditions de l'agriculture traditionnelle sont constituées de mélanges d'individus sensibles et résistants, le tout subsistant à l'état d'équilibre.

En cas d'échec de ce type d'investigation, on peut se trouver conduit à rechercher des résistances dans des espèces voisines, cultivées ou sauvages, plus ou moins facilement hybridables. Les méthodes modernes de transfert de gènes seront sans doute utilisées dans l'avenir.

Étude de l'hérédité de la résistance

Après avoir, de préférence, amené les géniteurs de résistance à l'état de lignées pures, ou de populations homogènes pour la résistance, on pratique des croisements avec les plantes sensibles. Le niveau de résistance de la F_1, le pourcentage de plantes résistantes ou l'échelonnement des notes dans la F_2 et les rétrocroisements ($F_1 \times$ résistant) et ($F_1 \times$ sensible) permettent de déterminer l'hérédité de la résistance. Diverses situations peuvent être mises en évidence.

• Immunités ou hautes tolérances dues à un ou deux gènes récessifs

Ce type de résistance ne se manifeste par aucune réaction particulière du tissu de l'hôte, qui montre, soit une immunité totale, soit une réaction de type sensible, sans nécrose, mais très faible.

Les températures élevées n'affectent pas ce type de résistance, qui peut parfois être réduit à néant par l'apparition de nouvelles races du parasite (exemples : résistance à l'Oïdium chez le Pois, au virus Y chez le Poivron : 1 gène de résistance, à *Meloidogyne incognita* chez le Haricot : 2 gènes récessifs).

• Hypersensibilités gouvernées par un gène dominant

Ce type de résistance se traduit par la mort des cellules en contact immédiat avec le parasite, à l'échelle microscopique, ou sous forme de **lésions locales** chlorotiques ou nécrotiques visibles à l'œil nu. L'hypersensibilité se manifeste sur les feuilles dans le cas des virus transmis par voie mécanique (naturellement ou expérimentalement *) ou des maladies cryptogamiques à propagation aérienne. Elle peut se manifester sur les racines (cas des *Meloidogyne* sur Tomate) ou, beaucoup plus discrètement, au voisinage des vaisseaux du xylème pour les maladies vasculaires.

L'hypersensibilité est souvent mise en défaut à des températures supérieures à 30 °C. Le seuil de température est souvent plus bas pour l'hétérozygote que pour l'homozygote.

---

* Le plus souvent, aucun symptôme ne se manifeste quand le même virus est transmis par puceron.

Dans le cas des virus, des alternances de température de type 20 °C-30 °C peuvent conduire à des nécroses généralisées : le virus, s'étant répandu dans toute la plante à température élevée, déclenche la réaction hypersensible quand la température baisse. On peut aussi observer une nécrose généralisée dans le cas d'un greffon hypersensible placé sur un sujet sensible.

Il y a quelques exceptions à la règle générale : résistance monogénique dominante = hypersensibilité. On peut citer les gènes **Tm1** (résistance à la Mosaïque du Tabac) et **Cf2** (résistance à *Fulvia fulva*) chez la Tomate, pour lesquels aucune réaction tissulaire nécrotique n'apparaît à la suite de l'inoculation.

● Gènes faibles, forts, ultraforts

Les résistances monogéniques sont souvent mises en défaut par l'apparition de nouvelles races de parasites. On peut distinguer, d'après Van Der Plank des gènes de résistance « faibles » ou « forts ».

Dans le premier cas, les races capables d'attaquer l'hôte pourvu du gène « faible » préexistent dans les populations naturelles du parasite et peuvent se maintenir sans difficulté sur l'hôte sensible. Dans le second cas, les races capables de surmonter le gène « fort » n'apparaissent qu'après la mise en culture de grands effectifs de plantes pourvues de ce gène. Ces races sont moins compétitives sur l'hôte sensible ou à l'état saprophyte que les souches « communes ».

Les gènes « faibles » n'ont aucun intérêt pratique. Les gènes « forts », pour rester efficaces, devront être utilisés selon des « **agencements** » (*patterns*) soit dans le temps : rotation des résistances, surtout efficace dans le cas de parasites telluriques, soit dans l'espace : **variétés composées** ou *multilines*, faites d'un mélange de lignées morphologiquement semblables, mais pourvues de gènes de résistance différents (stratégie peu utilisée pour le moment dans le domaine maraîcher).

Il subsiste cependant un certain nombre de résistances monogéniques qui n'ont jamais été mises en défaut : gène **Sm** de résistance aux *Stemphylium* chez la Tomate, hypersensibilité à la Mosaïque commune du Haricot, résistance à la Cladosporiose chez le Concombre. Nous les qualifierons de « **gènes ultraforts** ».

● Gènes dominants de résistance renforcés par l'action de modificateurs, résistances oligogéniques

Dans ces cas, voisins du précédent, mais correspondant en général à des résistances plus stables, l'action du principal gène de résistance ne se manifeste pleinement que dans un « contexte génétique » formé de deux ou trois gènes annexes, à l'hérédité intermédiaire, ou récessifs (voir plus loin les résistances à l'Oïdium chez le Concombre, au *Xanthomonas* chez le Chou, au *P.s.* pv. *phaseolicola* race 2 chez le Haricot).

● **Résistances polygéniques, se comportant le plus souvent comme « horizontales »**

Dans ce cas la F_1 (sensible × résistant) peut, suivant les exemples, se comporter comme résistante, de réaction intermédiaire, ou sensible, suivant le degré de dominance des gènes à effet additif et non discernable qui agissent.

La F_2 présente une gamme continue d'individus allant du plus sensible au plus résistant. Il faut trier de très grands effectifs pour trouver des plantes F_2 aussi résistantes que le parent résistant et donnant une descendance homogène. Ce type de résistance est le plus souvent efficace vis-à-vis de toutes les races du parasite, et non sujet à l'apparition de races nouvelles. On le qualifie alors d'**horizontal**.

Par contre, le plus souvent, la résistance n'est pas absolue et peut se trouver mise en défaut sur plantes très jeunes, ou sénescentes, ou en conditions très favorables à la maladie, surtout s'il s'agit d'un hybride F_1 sensible × résistant.

On aura donc avantage à renforcer les résistances de ce type par de bonnes pratiques culturales et, éventuellement, par une légère protection phytosanitaire.

● **Cas particulier de la résistance aux virus**

En plus des mécanismes généraux conduisant à l'immunité ou à l'hypersensibilité, la résistance des plantes aux virus peut être en relation avec un certain nombre de « barrières » aux divers stades de l'infection :

— **réceptivité faible ou nulle à l'infection par vecteurs**. Les chances de réussite de la transmission par un seul insecte vecteur peuvent être beaucoup plus faibles que chez une variété très sensible, ou même nulles pour certains génotypes de la plante. L'hérédité peut être polygénique, dans le cas de « faible réceptivité », ou monogénique (gène **Vat** chez le Melon inhibant la transmission par *Aphis gossypii*) ;

— tendance à **l'abscission de la feuille infectée** avant généralisation du virus : cette réaction, moins précoce que l'hypersensibilité proprement dite peut cependant se montrer efficace ;

— **migration faible** du virus, de la branche infectée aux autres parties de la plante.

Si, comme Pochard (INRA-Montfavet) chez le Poivron, on arrive à regrouper des résistances de ces divers types, même partielles, chez une seule variété, on peut arriver à synthétiser des résistances polygéniques de niveau très élevé.

La **tolérance** aux virus correspond, pour des plantes infectées de façon systémique, à une expression faible ou nulle des symptômes et à une productivité acceptable.

Elle existe chez certaines variétés (ex. : Ail « Violet de Cadours » vis-à-vis de l'OYDV, chap. IX).

On peut cependant redouter cette situation pour deux raisons : des symptômes graves peuvent survenir à la suite de surinfection par un virus d'un autre groupe, par effet de **complexe** ;

— les plantes tolérantes constituent un réservoir de virus redoutable pour les variétés sensibles cultivées à proximité.

Les méthodes modernes du génie génétique apporteront sans doute leur contribution à la résistance des plantes aux virus. On étudie actuellement dans les laboratoires de pointe les possibilités d'incorporer aux chromosomes de la plante des gènes viraux intacts ou modifiés :

— soit pour faire produire à la plante la protéine-capside, ce qui produit le même effet que la prémunition ;

— soit pour lui faire produire des ARN « antisens », ou « complémentaires » de l'ARN viral, empêchant ainsi sa réplication.

Incorporation des gènes de résistance dans les variétés cultivées

Pour incorporer des gènes de résistance dans un type variétal satisfaisant, mais sensible, on aura recours au **rétrocroisement**, mettant en jeu 6 à 10 générations, avec des effectifs faibles dans le cas des résistances monogéniques, la méthode devenant beaucoup plus lourde dans le cas d'une hérédité polygénique. On aura toujours intérêt à regrouper dans un seul génotype plusieurs types de résistance de nature différente, recréant ainsi un « système oligogénique ».

A la limite, lorsqu'on ne dispose d'aucun géniteur de résistance de très haut niveau, on peut espérer regrouper, à partir de croisements complexes entre variétés non apparentées, des gènes de résistance partielle dilués dans des contextes sensibles et reconstituer ainsi une résistance polygénique, par **sélection récurrente.**

Les résistances récessives ne pourront être utilisées que sous forme de lignées pures, de populations homogènes pour la résistance, ou d'hybrides F_1 entre parents résistants.

Les résistances monogéniques dominantes pourront être conférées à des hybrides F_1 (sensible $\times$ résistant).

Attention cependant à la température à laquelle les hétérozygotes deviennent sensibles.

Les résistances polygéniques seront utilisées à l'état homozygote quand les infections seront très fortes. On peut utiliser des hybrides F_1 (sensible $\times$ résistant) si la résistance polygénique est partiellement dominante, au cours de saisons où la maladie est moins sévère, ou épaulés par de bonnes pratiques culturales.

Annexe 1

Le contrôle des produits antiparasitaires
à usage agricole

En France, l'utilisation des fongicides destinés à lutter contre les maladies des plantes maraîchères est soumise à la réglementation générale concernant la vente et l'usage des produits « phytosanitaires » (ou « agropharmaceutiques »).

On ne peut pas imaginer en effet un usage complètement laxiste de ces produits car il est nécessaire qu'un minimum de garanties soit accordé au maraîcher utilisateur concernant :

— l'efficacité contre les maladies ;

— l'innocuité à l'égard de l'utilisateur et du consommateur ;

— le respect des normes en matière de résidus.

Pour cela la France s'est dotée d'une réglementation sévère dès l'apparition des pesticides de synthèse, c'est-à-dire à la fin de la Seconde Guerre mondiale.

Réglementation de la vente

Dans un premier temps, la principale préoccupation du législateur a été de réglementer la vente. La loi du 2 novembre 1943 précise à son article premier :

« *est interdite la vente, la mise en vente ou la distribution à titre gratuit des produits antiparasitaires à usage agricole, s'ils n'ont pas fait l'objet d'une homologation* ». Cette loi recouvre :

— les antiseptiques et anticryptogamiques destinés à la protection des cultures et des matières végétales,

— les herbicides,

— les produits de défense contre les vertébrés et invertébrés nuisibles aux cultures et aux produits agricoles,

— les adjuvants.

La loi du 23 décembre 1972 a étendu ce champ d'application à l'ensemble des produits utilisables sur le sol, dans l'eau, sur les végétaux, les produits récoltés, ainsi que ceux destinés à :

— la lutte contre les vecteurs de maladies humaines et animales (à l'exclusion des médicaments),

— l'assainissement et le traitement antiparasitaire des locaux, matériels, véhicules... susceptibles de recevoir ou d'être en contact avec des animaux, ou des produits d'origine animale ou végétale,

— l'assainissement et le traitement antiparasitaire du matériel de collecte et de transport, ainsi que des locaux utilisés pour le traitement des ordures ménagères et déchets d'origine animale ou végétale.

Différents arrêtés et circulaires d'application des deux lois citées ci-dessus précisent les conditions dans lesquelles peuvent être vendus ces produits.

Cette réglementation s'applique aux spécialités à base de produits chimiques minéraux ou de synthèse, et aux préparations biologiques, y compris celles qui résultent de recherches ayant recours au génie génétique.

Signalons enfin que la loi du 13 juillet 1979 complète les textes précédents en réglementant le contrôle des matières fertilisantes et des supports de culture.

Réglementation des usages

Les lois sur la vente des produits phytosanitaires se sont révélées insuffisantes au cours du temps, car un vide juridique subsistait pour les usages non définis lors de l'autorisation de vente d'une spécialité. L'autorisation était accordée pour un ou plusieurs usages principaux, avec éventuellement des usages assimilés, mais elle restait muette quant aux autres cas où le produit pouvait éventuellement être utilisé.

Pour pallier cet inconvénient, l'arrêté du 5 juillet 1985 a été pris en vue d'interdire l'emploi des spécialités pour d'autres usages que ceux autorisés.

Autrement dit : « *Tout ce qui n'est pas autorisé est interdit* ».

Cette nouvelle réglementation intéresse au plus haut point le domaine des plantes maraîchères, car jusqu'ici peu d'usages étaient cités dans les autorisations de vente, en dehors de grandes maladies comme le Mildiou de la Tomate, par exemple. Il en résultait beaucoup d'anarchie sur le terrain, les fongicides étant le plus souvent employés par assimilation, voire extrapolation à partir d'exemples pris sur d'autres cultures.

Dorénavant, tous les cas de traitement seront répertoriés, y compris les cas les plus marginaux. A partir de ce répertoire, les autorisations seront données aux firmes qui en feront la demande pour leurs spécialités, sur la base d'une expérimentation prouvant efficacité et innocuité. Les demandes pourront aussi être présentées par les techniciens de la profession maraîchère, par exemple dans le cas où une spécialité serait ponctuellement particulièrement intéressante.

S'il y avait désaccord avec la firme, celle-ci ne voulant pas investir dans la vente pour cet usage, c'est le Ministère de l'Agriculture qui prendrait la décision préconisant le produit.

La nécessité de définir tous les cas de traitement possibles, sur toutes les plantes cultivées, a demandé un effort collectif très important de la part des groupes de travail désignés par le Ministère de l'Agriculture.

L'homologation des produits

En application de la loi de 1943, le décret du 1er août 1974 désigne trois instances complémentaires chargées d'organiser le contrôle des produits phytosanitaires :

— la Commission d'étude de la toxicité,

— la Commission des produits antiparasitaires,

— le Comité d'homologation.

A des titres divers, ces commissions interviennent dans le processus qui s'engage lorsqu'une firme dépose auprès du Ministère de l'Agriculture, une demande d'autorisation de vente.

• *La Commission d'étude de la toxicité*, composée pour l'essentiel de toxicologues, examine le dossier toxicologique fourni par la firme, demande éventuellement des essais complémentaires et donne un avis qui est prépondérant sur les autres décisions. S'il est négatif, le produit est définitivement rejeté. S'il est positif, des précisions l'accompagnent, qui concernent :

— le classement toxicologique et l'énoncé des « phrases de risque » qui doivent obligatoirement figurer sur les emballages,

— la détermination des délais d'interdiction d'emploi avant récolte et la fixation des limites maximales de résidus (LMR),

— les risques encourus, compte tenu des propriétés physiques, chimiques et toxicologiques du produit, dans le cadre des conditions pratiques d'emploi, et pour chacun des usages revendiqués.

• *La commission des produits antiparasitaires* peut se comparer à une sorte de « parlement ». Elle est composée de représentants de l'ensemble des administrations et professions intéressées par l'homologation. Son rôle est de proposer au Ministère toutes les mesures générales touchant au fonctionnement de l'homologation. Elle élabore des propositions pour l'application des nouvelles réglementations, elle statue sur les problèmes liés à l'emploi des matières actives.

• *Le Comité d'homologation* représente l'exécutif du système. Il est composé de fonctionnaires, représentant les divers organismes administratifs désignés par la loi pour appliquer les règlements de l'homologation. Grâce aux travaux de ses experts, et tenant compte des avis de la Commission d'étude de la toxicité et de celle des produits antiparasitaires, le Comité propose un certain nombre de décisions au Ministère en réponse aux demandes d'homologation déposées par les firmes.

Le Comité statue également sur les demandes de distribution pour expérimentation, sur les extensions d'emploi et sur les renouvellements d'homologation obligatoires pour toute spécialité homologuée depuis 10 ans.

Les informations nécessaires aux décisions du Comité proviennent d'abord de la firme (dossier toxicologique et biologique), puis des organismes ayant participé à l'expérimentation des spécialités soumises à l'homologation (Instituts techniques, Protection des Végétaux, Recherche). Des essais officiels de contrôle sont souvent demandés en complément des renseignements fournis.

Cette structure, succinctement décrite, permet ainsi le contrôle de la vente et des usages des produits phytosanitaires en France. Elle est la garantie de l'innocuité et de l'efficacité des spécialités mises dans le commerce pour l'usage des maraîchers. Elle joue un rôle de plus en plus important dans la protection du consommateur, notamment en fixant les « LMR » compatibles avec l'efficacité contre les parasites et le respect de la santé publique.

Tolérances en résidus de fongicides dans les légumes, autorisées en France, dans les

En caractères normaux sont mentionnées les normes connues dans un ou plusieurs pays de la CEE ou de la
En caractères italiques sont désignées les normes françaises connues.

	Anilazine	Bénalaxyl	Bénomyl, Carbendazime, Thiabendazole	Bitertanol	Bupirimate	Captafol	Captane	Chiniméthionate	Chlorothalonil	Cuivre	Cymoxanile	Dichlofluanide	Diéthofencarbe	Diniconazole	Dinocap
Légumes	0,02-1					*0,05*	*0,1*	*0,3*	0,02-5	20	0,05	5		0,05	*0,1*
Légumes fruits															
Solanacées															
Aubergine									1				1		
Poivron		0,5	0,5										1		
Tomate		0,5	5			5	3		5		2		1		
Cucurbitacées					0,5										
Melon		0,5	0,5		0,5				5						1
Concombre			0,5	0,3-0,5					1-5					0,5	0,03-1
Cornichon			0,5	0,3					5						
Courgette			0,5											0,5	
Courge															
Pastèque															
Haricot			0,2	0,5			2								
Pois							2								
Légumes feuilles					0,02	8-10									
Salades						5					2	*10*			1
Chicorée							2								
Endive			0,3				2								
Laitue		0,1				8	2				0,2	10			
Scarole							2								
Mache															
Epinard							20								
Persil									5						
Poireau				0,5		8	2		5						
Chou															
Chou de Bruxelles			0,5												
Artichaut															1
Légumes tiges															
Asperge															
Bette															1
Cardon															1
Céleri branche			2						5	50					1
Fenouil															1
Légumes à bulbes									0,1-0,5						
Oignon	0,01-0,5		2				0,5								
Ail															
Légumes racines							2	0,1	0,5-5						
Carotte			5				2		0,2-1						1
Céleri rave			0,1						0,3						
Salsifis															

(Données tirées de l'étude réalisée par le Centre Français du Commerce Extérieur : *Les résidus de pesticides dans les fruits et légumes, Pays de la CEE et Suisse*, décem

E et en Suisse (en mg/kg)

eurs différentes sont en vigueur dans ces pays, nous indiquerons les doses extrêmes.

	Fénarimol	Fenpropimorphe	Dérivés Fentine	Flusilazol	Folpel (voir Captane)	Imazalil	Iprodione	Mancozèbe (voir Dithiocarbamates)	Manèbe (voir Dithiocarbamates)	Métalaxyl	Myclobutanil	Nuarimol	Ofurace	Oxadixil	Oxyquinoléate de Cuivre	Penconazole
,05	0,02	0,05-0,1	0,05	0,01-0,05		0,01-0,05				0,05-0,5		0,01		0,01-0,05		0,01-0,2
											1	0,2				
	0,1						0,5									
							5			0,5-1						
							5			0,2-1			0,2	0,5		
	0,2					2										
												0,2			0,2	
	0,1						5									0,2
						2										
															0,2	
							5									
	0,1															
			0,05				10			2						
							10			0,1						
							1									
							0,5									
							10									
										1						
		0,5														2
										0,05						
	0,1										1					
							0,05									
			0,05-1													
			0,1													
							2			0,05-1						
			0,1				1									
			0,1-0,2				2									
			0,05-0,1													

	Phoséthyl Al	Prochloraz	Procymidone	Propiconazol	Pyrazophos	Quintozène	Soufre	Thiabendazole	Thirame (voir Dithiocarbamates)	Tolylfluanide	Triadiméfon	Triadiménol	Tridémorphe	Triforine
égumes	0,2	0,01-0,05	0,01-2	0,05-0,1	0,01-0,2	0,01-0,1	50	0,1	3	0,1-0,2	0,1-0,5	0,1	0,05-0,1	1
égumes fruits	1		1					0,1	5		0,2-0,5			0,5
olanacées														
ubergine														
oivron				0,1-0,2	0,2						0,5-1			
omate	1		2	0,2	0,2	0,1		0,1		1-2	0,5-1			0,1-0,5
ucurbitacés				0,2	0,1						1	1	0,3	0,5
elon			2	0,05						2	1			
oncombre	1,5-3				0,1-0,5					2	0,5-1			0,3-1
ornichon														0,4
ourgette														
ourge														
astèque														
aricot			2		0,1	0,01								
ois	2													
égumes feuilles			1			0,3-3				1				
alades	5		5			0,5				5				
hicorée														
ndive	1		5			0,5		0,05						
aitue	1,5-2					1-3								
carole														
ache														
pinard														
ersil														
oireau														0,1
hou						0,2								
hou de Bruxelles														0,2
rtichaut				0,15-0,2	0,1						0,5			0,5
égumes tiges														
sperge														
ette														
ardon														
éleri branche														
enouil														
égumes à bulbes			0,01			0,5	0,5	0,1						
ignon			0,2					0,1						
il			2					0,1						
égumes racines			0,1			0,5	0,5-50							
arotte					0,2									
éleri rave														
alsifis													0,05	0,05-03

Bibliographie

• Microflore du sol, effet des pratiques culturales, antagonistes

ALEXANDER M., 1977. — *Soil microbiology* (2ᵉ édition). J. Wiley & Sons ed., 467 p.

BAKER K.F., COOK R.J., 1974. — *Biological control of plant pathogens*. Freeman. San Francisco, 433 p.

BRUEHL G.C., 1975. — *Biology and control of soil-borne pathogens*. Am. Phytopathol. Soc. éd. St Paul, Minnesota (ouvrage collectif), 216 p.

DAVET P., ARTIGUES M., MARTIN C., 1981. — Production en conditions non aseptiques d'inoculum de *Trichoderma harzianum* pour des essais de lutté biologique. *Agronomie*, 1, 933-936.

LEWIS J.A., PAPAVIZAS G.C., 1984. — A new approach to stimulate population proliferation of *Trichoderma* species and other potential bicontrol fungi introduced into natural soils. *Phytopathology*, 74, 1240-1244.

LOCKWOOD J.L., 1977. — Fungistasis in soils. *Biol. Rev.*, 52, 1-43.

MESSIAEN C.M., BEYRIES A., 1965. — Estimation du taux d'infestation d'échantillons de terre par des souches virulentes de *Rhizoctonia solani*. Application à l'étude de l'effet d'amendements organiques *Phytiatr. Phytopharm.*, 14, 183-191.

MESSIAEN C.M., MAS P., BEYRIES A., VENDRAN H., 1965. — Recherches sur l'écologie des champignons parasites dans le sol. IV. Lyse mycélienne et formes de conservation dans le sol chez les *Fusarium*. *Ann. Epiphyt.*, 16, 107-128.

PAPAVIZAS G.C., 1963. — Effect of oat straw and supplemental nitrogen on microbial antagonism in bean rhizosphere. *Phytopathology*, 53, 219-225.

PARKER C.A., ROVIRA A.D., MOORE K.J., WONG P.T.W., KOLLMORGEN J.F., 1985. — *Ecology and management of soil-borne pathogens*. Am. Phytopathol. Soc. ed. (ouvrage collectif), 358 p.

• Désinfection du sol par des moyens physiques

COLENO A., RAPILLY F., 1965. — Incidence des variations de la microflore d'un sol désinfecté sur la génèse de certaines maladies des plantes. 1. Variations qualitatives et quantitatives de la microflore d'un sol désinfecté à la vapeur. *Ann. Epiphyt.*, 16, 267-278.

COLENO A., RAPILLY F., 1967. — Incidence des variations de la microflore d'un sol désinfecté sur la génèse de certaines maladies des plantes. 2. Etude du comportement de germes introduits dans un sol désinfecté à la vapeur. *Ann. Epiphyt.*, 18, 495-508.

DAWSON J.R. *et al.*, 1967. — The use of steam-air mixtures for partially sterilizing soils infected by cucumber root pathogens. *Ann. Appl. Biol.*, 60, 215-222.

GISQUET P., 1954. — La stérilisation partielle des terreaux dans la production des plants de tabac. *Rev. Zool. Agric. Appl.*, 10-12, 176-182.

GUILLEMAT J., 1958. — La désinfection des sols. *Journ. franc. inf. fongicides agricoles*, I, 159-172.

KATAN J., 1987. — Soil solarization : In « *Innovative approaches to plant disease control* », ouvrage collectif publié par CHET I, Wiley and Sons, New York, 77-106.

PULLMAN G.S., DE VAY J.E., GARBER R.H., WEINHOLD A.R., 1981. — Soil solarization : effects on *Verticillium* wilt of Cotton and soil borne populations of *Verticillium dahliae, Pythium spp, Rhizoctonia solani* and *Thielaviopsis basicola. Phytopathology*, **71**, 954-959.

STROMME E., 1955. — *Ammonia formation and plant growth in sterilized soils.* XIV. internat. Hortic. Congr. rept. Schweningen, 960-969.

WATSON A.G., VAUGHAN E.K., 1968. — The effect of fumigants on soil recolonization in the glass house by organisms colonizing the spermosphere. *Ann. Appl. Biol.*, **62**, 405-411.

● Maladies des parties aériennes des plantes : influence des pratiques culturales, en conditions de culture normales ou artificielles

BLANCARD D., CARDINET C., MONNET Y., 1988. — Maladies d'actualité dans les cultures de Tomate et de Concombre sous abris : limites de leur contrôle. *PHM. Rev. Hortic.*, 287, 25-34.

CASTELLANI E., 1962. — *Alcuni aspetti della difesa delle colture nell' ambiente della serra.* Att. Conv. Internaz. Difesa, colture e allevamenti delle avversità climatiche Torino. ott. 1961.

COUTEAUDIER Y., LEMANCEAU P., 1989. — Culture hors sol et maladies parasitaires. *PHM Rev. Hortic.*, **301**, 9-17.

FLETCHER J.T., 1984. — *Diseases of greenhouse plants.* Longman - New York, 351 p.

GARIBALDI A., LAMONARCA F., COUCOURDE A., 1976. — Influenza del materiale di copertura su alcune malattie crittogamiche. *Colt. protette*, **5**, (10), 47-52.

MESSIAEN C.M., 1969. — *Influence du mode d'irrigation sur les maladies des cultures maraîchères dans le Sud-Est de la France.* C.R. II Congr. Un. Phytopathol. mediterr., Avignon-Antibes, 1969, 41-45.

ROTEM J., PALTI J., 1969. — *Prediction of effects of overhead irrigation on air-borne plant diseases in rainless seasons.* C.R. II Congr. Un. Phytopathol. mediterr., Avignon-Antibes, 1969, 49-50.

● Usage de fumigants, fongicides, bactéricides et autres pesticides appliqués au sol, aux parties aériennes des plantes ou aux semences

Les notices et la publicité des firmes phytosanitaires renseigneront suffisamment le praticien sur les bienfaits de ces produits. Pour diriger son choix et le renseigner sur les toxicités et les limites d'application nous ne saurions trop recommander au lecteur français l'achat annuel de :

l'*Index Phytosanitaire*, édité chaque année par l'A.C.T.A., 149 rue de Bercy, 75595 Paris Cedex 12 (400 à 500 p.).

Les références qui suivent concernent surtout les pertes d'activité ou les effets imprévus des fongicides, bactéricides et nématicides.

ADASKAVEG J.E., HINE R.B., 1985. — Copper tolerance and zinc sensibility of mexican strains of *Xanthomonas campestris* pv. *vesicatoria*, causal agent of bacterial spot of pepper. *Plant Dis.*, **69**, 993-996.

CONOVER R.A., GENHOLD N.R., 1981. — Mixtures of copper and maneb or mancozeb for control of bacterial spot (*X.c. pv. vesicatoria*) of tomato and their compatibility for control of fungus diseases. *Proc. Florida state hort. Soc.*, **94**, 154-156.

DAVET P., 1979. — Activité antagoniste et sensibilité aux pesticides de quelques champignons associés aux sclérotes de *Sclerotinia minor*. *Ann. Phytopathol.*, **11**, 53-60.

HOUNTONDJI A., PALCY L., MESSIAEN C.M., 1986. — *Recherches sur l'activité éventuelle de quelques nématicides vis-à-vis de champignons phytopathogènes du sol*. IV Congr. protect. santé humaine et cultures en milieu tropical. Marseille, juill. 1986, 301-304.

KABLE P.F., JEFFERY H., 1980. — Selection for tolerance in organisms exposed to sprays of biocide mixtures, a theoretical model. *Phytopathology*, **70**, 8-12.

LEROUX P., 1987. — La résistance des champignons aux fongicides, I. *Phytoma*, **385**, 6-14, II. *Phytoma*, **386**, 31-35.

LEVI Y., LEVI R., COHEN Y., 1983. — Buildup of a pathogen subpopulation resistant to a systemic fungicide under various control strategies : a flexible simulation model. *Phytopathology*, **73**, 1475-1480.

MALATHRAKIS N.E., 1989. — Resistance of *Botrytis cinerea* to dichlofluanid in green house vegetables. *Plant Dis.*, **73** (2), 138-141.

MARTIN C., 1989. — *Étude des variations d'efficacité pratique des imides cycliques sur* Sclerotinia minor. Thèse-USTL Montpellier, avril 1989, 87 p. + annexes.

MARTIN C., DAVET P., 1986. — Biodégradation d'imides cycliques et différences d'activité pratique observées sur *Sclerotinia minor*. *Déf. Vég.*, **242**, 26-29.

RODRIGUEZ-KABANA R., BACKMAN P.A., KING P.S., 1976. — Antifungal activity of the nematocide ethoprop. *Plant Dis. Rep.*, **60**, 255-259.

TRAMIER R., BETTACHINI A., 1974. — Mise en évidence d'une souche de *F. oxy f.* sp. *dianthin* résistante aux fongicides systémiques. *Ann. Phytopathol.*, **6**, 231-236.

STALL R.E., LOSCHKE D.C., JONES J.B., 1986. — Linkage of copper resistance and avirulence loci on a self transmissible plasmid in *Xanthomonas campestris* pv. *vesicatoria*. *Phytopathology*, **76**, 240-243.

SKYLAKAKIS G., 1981. — Effects of alternating and mixing pesticides on the buildup of fungal resistance. *Phytopathology*, **71**, 1119-1121.

WALKER A., 1987. — Further observations on the enhanced degradation of iprodione and vinchlozolin in soil. *Pestic. Sci.*, **17**, 183-193.

● Lutte contre les virus et mycoplasmes

COHEN S., 1981. — Reducing the spread of aphid transmitted viruses in peppers by coarse net cover. *Phytoparasitica*, **9** (1), 69-76.

COHEN S., MARCO S., 1973. — Reducing the spread of aphid transmitted viruses in peppers by trapping the aphids on sticky yellow polyethylene sheets. *Phytopathology*, **63** (9), 1207-1209.

MARROU J., MESSIAEN C.M., 1968. — Essais de protection de cultures de melon et de courgette contre le virus de la Mosaïque du Concombre. Etudes de Virologie. *Ann. Epiphyt.*, H.S., **19**, 147-157.

SIMONS J.N., ZITTER T.A., 1980. — Use of Oils to control aphid-borne viruses. *Plant Dis.*, **64** (6), 542-546.

● Sélection sanitaire

(on se référera aux ouvrages généraux de virologie cités en bibliographie du chapitre 1, et à la référence « DUNEZ » de la rubrique suivante).

● Résistance des plantes aux maladies

DUNEZ J., 1987. — Perspectives in the control of plant viruses. In CHET I. « *Innovative approaches to plant disease control* » (ouvrage collectif), 372 p., John Wiley and Sons, 297-324 (contient aussi des indications sur les méthodes modernes de diagnostic).

NELSON R.R., 1973. — *Breeding plants for disease resistance*. Pensylvania State Univ. Press. ed. (ouvrage collectif), 401 p.

MESSIAEN C.M., 1981. — *Les Variétés résistantes - méthode de lutte contre les maladies et ennemis des plantes*. Ed. INRA, 374 p.

ROBINSON R.A., 1976. — *Plant pathosystems*, Springer-Verlag, 184 p.

RUSSELL G.E., 1978. — *Plant breeding for pest and disease resistance*. Butterworths London-Boston ed., 485 p.

VAN DER PLANK J.E., 1968. — *Disease resistance in plants*. Academic Press, 206 p. (traduction française par BARAT H., 1974 - Agence coop cult. et tech. - CILF ed. 223 p.).

III
MALADIES DE LA TOMATE, DE L'AUBERGINE ET DU POIVRON

Parmi les Solanées maraîchères les plus importantes sont la **Tomate**, *Lycopersicon esculentum*, l'**Aubergine** *Solanum melongena* et le **Poivron**, terme sous lequel on désigne les variétés à fruit doux de *Capsicum annuum* (les piments piquants appartiennent soit à la même espèce *C. annuum*, soit à des espèces voisines dont les plus importantes sont *C. frutescens* et *C. chinense*).

Ce ne sont pas les seules, surtout à l'extérieur de l'Europe : dans le nouveau monde on cultive des *Physalis*, *Cyphomandra betacea* et des *Solanum* à fruits sucrés et acidulés assez éloignés de l'Aubergine (*S. muricatum*, *S. quitoense*, *S. sessiliflorum*). En Afrique on cultive pour leur fruit ou leur feuillage comestible des *S. aethiopicum* et *macrocarpum*, plus proches de l'Aubergine, ainsi qu'une variété améliorée de Morelle noire : *S. nigrum* var. *guineense*.

I. Aspects physiologiques et génétiques

• La **Tomate** est originaire des Andes (*L. esculentum* var. *cerasiforme*, à petits fruits), avec un centre de diversification secondaire au Mexique (*L. esculentum sensu stricto*, à gros fruits). Elle a retenu de son origine montagnarde un optimum de température de l'ordre de 25 °C, et surtout une exigence de **thermopériodisme journalier** : croissance, floraison et fructification favorisées par une différence de température de 10 °C entre jour et nuit. Les grains de pollen sont tués et la fructification compromise si les températures diurnes dépassent 35 °C.

Les autres espèces de *Lycopersicon* ne sont pas consommées, mais certaines d'entre elles jouent un rôle important pour la recherche de gènes de résistance en hybridation interspécifique :

— Section *Eulycopersicon* : l'espèce-sœur *L. pimpinellifolium*, à très petits fruits, avec laquelle l'hybridation ne pose pas de problèmes particuliers.

— Section *Eriopersicon*, à fruits verdâtres : *L. hirsutum, L. glandulosum, L. peruvianum* (par ordre croissant de difficulté d'hybridation) ont joué un rôle important en sélection de la Tomate. On commence à utiliser *L. chessmanii, L. chmielewskii, L. parviflorum, L. minutum.*

— Section *Neolycopersicon* : *L. pennellii* (autrefois *Solanum pennellii*).

Parmi les *Solanum*, seul *S. lycopersicoides* a été hybridé avec succès avec la Tomate.

La **carte chromosomique** de la Tomate commence à être bien connue, à la fois par les méthodes génétiques classiques et par les méthodes récentes de fragmentation et d'hybridation des acides nucléiques (v. fig. 38).

• **L'Aubergine** est d'origine indienne, franchement adaptée à des températures de l'ordre de 30 °C, redoutant les nuits froides et les sols à moins de 20 °C. L'espèce sauvage *S. incanum*, épineuse à petits fruits, se place à ses côtés comme *L. pimpinellifolium* vis-à-vis de la Tomate.

Les *Solanum* africains, *S. aethiopicum* et *S. macrocarpum*, sont déjà plus éloignés, mais hybridables avec l'Aubergine, ainsi que le *S. linneanum* (syn. *S. sodomaeum*) spontané en Afrique du Nord.

L'arbuste vivace *S. torvum*, épineux à petits fruits, mais pourvu d'inestimables résistances aux maladies, a été récemment hybridé avec l'Aubergine (obtention d'un amphidiploïde à l'INRA-Montfavet).

• *Capsicum annuum*, d'origine mexicaine, redoute lui aussi les nuits froides et les sols froids, bien que son optimum de température et de luminosité soit inférieur à celui de l'Aubergine. Les autres espèces sont plus ou moins proches génétiquement de *Capsicum annuum* : par ordre de difficulté croissante d'hybridation : *C. chinense, C. frutescens, C. baccatum, C. pubescens.*

La carte chromosomique de *C. annuum* commence à être explorée, les méthodes évoquées ci-dessus décèlent des portions homologues entre chromosomes de Tomate et de Poivron. *Capsicum annuum* se prête particulièrement bien à l'*haplodiploïdisation* par culture d'anthères.

II. Maladies des semis et des jeunes plants

En climat tempéré les sensibilités des trois plantes aux agents de **fontes des semis** (*Pythium* spp., *Rhizoctonia solani*) vont dans le même sens que leur sensibilité au froid : c'est sur Aubergine que les dégâts de ce type sont les plus fréquents, sur Tomate les plus rares.

Sauf dans le cas du semis direct (pratiqué seulement sur Tomate et pas encore très au point), on se souviendra que les pépinières, surtout si elles fournissent des plants à de nombreux cultivateurs, sont un redoutable moyen de dissémination de nombreuses maladies, qu'elles soient transmises par le sol, par la graine, ou qu'elles persistent sur les résidus de culture (v. paragraphes suivants).

On ne saurait donc trop recommander pour leur établissement l'usage de graines saines ou désinfectées, celui de planches, coffres à semis, ou poteries

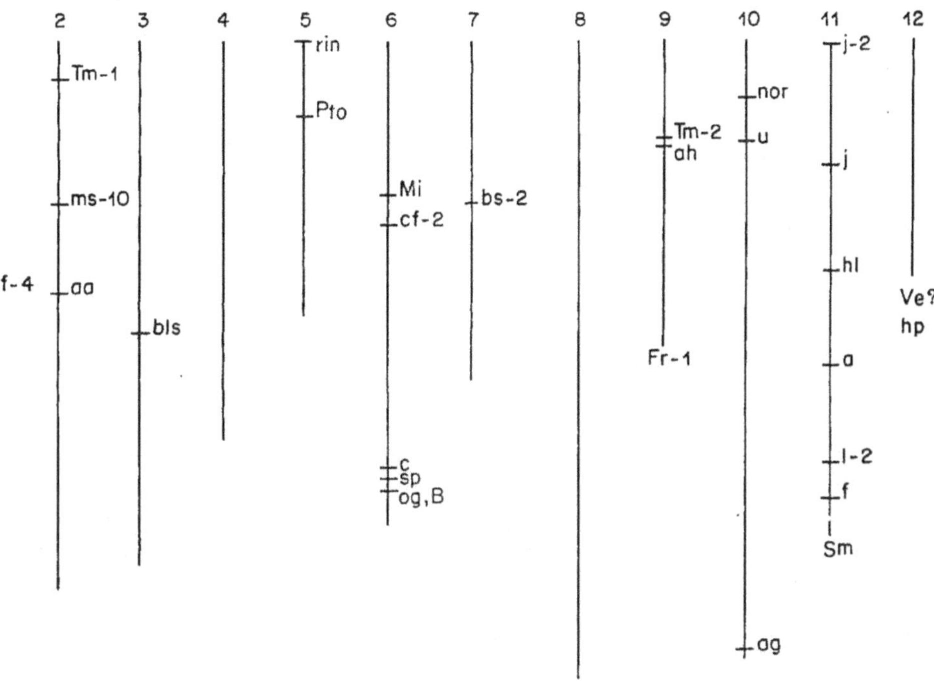

Figure 38. — Carte chromosomique de la tomate. Localisation de quelques gènes intéressant les sélectionneurs (d'après H. Laterrot).
Les gènes dont on connaît l'emplacement sur le chromosome sont indiqués sur celui-ci, ceux dont on sait seulement qu'ils appartiennent à tel ou tel chromosome sont indiqués à une extrémité de celui-ci.

— Gènes de résistance à des parasites :

Cf-4	: Cladosporiose.	Tm-2	: Mosaïque du Tabac (hypersensibilité).
Tm-1	: Mosaïque du Tabac (tolérance).	Fr-1	: Fusariose du collet et des racines.
Pto	: Pseudomonas tomato.	I-2	: Fusariose vasculaire (race 1, ex. 2).
Mi	: Nématodes à galles	I	: Fusariose vasculaire (race 0, ex. 1).
	(*Meloidogyne* spp.).	Sm	: Stemphyliose.
Cf-2	: Cladosporiose.	Ve	: Verticilliose.

— Gènes gouvernant des caractères morphologiques (seulement une faible partie de ceux qui sont connus et localisés, sont mentionnés ici) :

y	: Coloration de la peau du fruit.	bs-2	: Graine brune.
ms-10	: Stérilité mâle (= ms-35).	ah	: Absence d'anthocyane.
aa	: Absence d'anthocyane.	nor	: Retard de maturation.
bls	: Réduction de la taille des plantes.	u	: Absence de collet vert sur le fruit.
rin	: Retard de maturation.	j-2, j	: Absence de joint sur le pédoncule.
c	: Feuilles peu découpées.	hl	: Absence de poils.
sp	: Croissance déterminée.	a	: Absence d'anthocyane.
og	: Coloration du fruit	f	: Fasciation du fruit.
	(chair couleur framboise).	hp	: Haute teneur en caroténoïdes.
B	: Coloration du fruit		
	(couleur orangée du fruit).		

et substrats également désinfectés. Les premières pulvérisations anticryptogamiques devront débuter en pépinière. Le repiquage de plants non étiolés (moins de 300/m² de pépinière) et indemnes de maladies sera un gage de réussite ultérieure.

III. Maladies sévissant après le repiquage, provoquées par des parasites telluriques

(Bien entendu les jeunes plants produits en pépinières contaminées peuvent être porteurs des germes et des premières lésions des parasites décrits dans ce paragraphe).

Nécroses et galles sur les racines (fig. 39)

● La Tomate, l'Aubergine et le Poivron sont sensibles aux **nématodes à galles** (*Meloidogyne* spp.). *Capsicum annuum* est cependant épargné par *M. javanica*.

L'Aubergine paraît, à première vue, moins sensible que la Tomate, car elle ne présente pas de très grosses galles sur les racines principales. Sa végétation peut cependant souffrir sérieusement de l'abondance de petites galles sur les racines secondaires (végétation jaunâtre, petites feuilles).

On se reportera au chapitre II pour les méthodes générales de lutte contre les *Meloidogyne*.

On dispose pour les trois espèces de résistances variétales, utilisables soit directement, soit par l'intermédiaire de porte-greffes.

Tomate : un gène de résistance **Mi**, efficace vis-à-vis des *M. incognita, javanica* et *arenaria* a été extrait d'un *L. peruvianum*, il est disponible aujourd'hui dans de nombreuses variétés cultivées. La résistance est de type hypersensible : les larves enkystées éclosent au passage des racines, pénètrent jusqu'au cylindre central et, au lieu de provoquer l'hypertrophie des cellules qu'elles piquent, déclenchent leur nécrose et meurent privées de nourriture.

La culture de variétés de Tomate pourvues du gène **Mi** est, en rotation maraîchère, un moyen de faire régresser la population de larves de *Meloidogyne* dans le sol. Leur monoculture, au contraire peut dans certains cas susciter l'apparition de races capables de surmonter ce gène, en particulier en Afrique les redoutables *M. incognita* « VSS ».

Comme beaucoup de gènes d'hypersensibilité, **Mi** perd son efficacité à température élevée : 32 °C à l'état homozygote, 27 °C à l'état hétérozygote.

Les porte-greffes actuellement proposés pour la Tomate de serre contiennent le gène **Mi**.

Aubergine : on ne dispose pas actuellement de variétés d'Aubergine résistantes aux *Meloidogyne*, mais on peut éviter leurs dégâts par greffage. On utilisera en climat tempéré les mêmes porte-greffes que pour la Tomate, en climat tropical *Solanum torvum*.

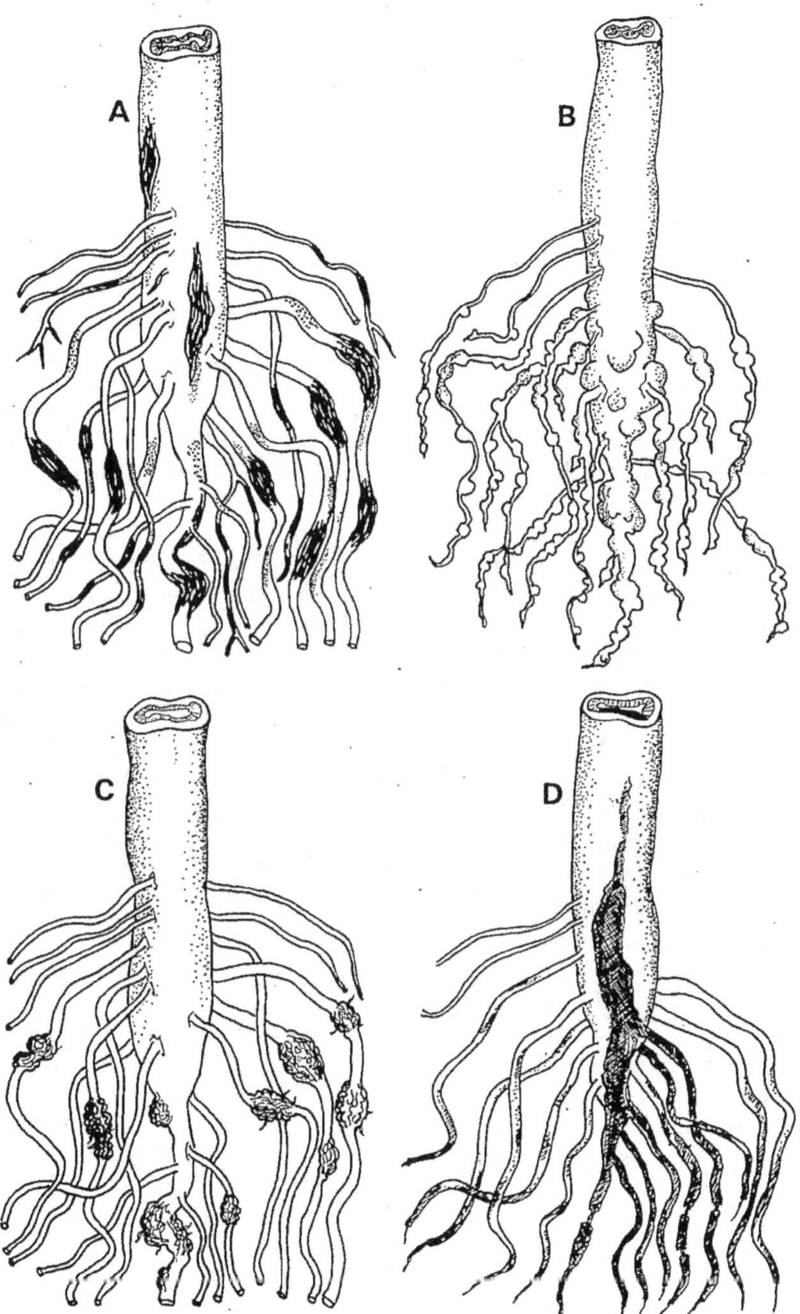

Figure 39. — Maladies racinaires sur Tomate.

A : *Pyrenochaeta lycopersici* et *Colletotrichum coccodes.*
B : *Meloidogyne.*
C : *Spongospora subterranea.*
D : *Fusarium oxysporum* f. sp. *radicis lycopersici.*

Poivron : la situation est assez complexe, car on ne connait pas de gène majeur gouvernant à lui seul la résistance à *M. incognita* et *M. arenaria*.

La réunion de 4 gènes **Me 1, Me 2** (extraits de « PM 217 », **Me 3** et **Me 4** (extraits de PM 687) devrait conférer une résistance à tous les pathotypes de *Meloidogyne* (travaux en cours INRA-Montfavet et Antibes).

○ Beaucoup plus que le Poivron, la Tomate et l'Aubergine sont susceptibles de souffrir de **graves nécroses de racines**. Le complexe parasitaire induisant ces nécroses diffère chez la Tomate et l'Aubergine par la nature du parasite principal. Dans les deux cas, les nécroses de racines sont favorisées par des températures du sol inférieures à l'optimum de croissance de la plante.

Chez la Tomate, le parasite primaire, longtemps ignoré, puis connu seulement à l'état de mycélium stérile gris, a été identifié en 1966 comme *Pyrenochaeta lycopersici*. Ce champignon provoque sur les racines de très nombreuses lésions brunes dont certaines évoluent en épaississements liégeux, d'où le nom de « maladie des racines liégeuses » ou « **corky-root** ».

P. lycopersici, surtout si la température du sol s'élève après l'attaque initiale, est accompagné d'un cortège d'envahisseurs secondaires, soit peu spécifiques (*Rhizoctonia solani, Fusarium* spp.), soit plus spécialement inféodés aux Solanées comme *Colletotrichum atramentarium*, reconnaissable à ses microsclérotes noirs hérissés de *setae* qui ponctuent les racines.

Alors que les galles à *Meloidogyne* sont favorisées par les températures élevées, la maladie des racines liégeuses sera donc surtout évidente, dans la zone méditerranéenne dans les tunnels froids ou sur plantations précoces, dans l'Europe du Nord dans les serres insuffisamment chauffées.

Cependant, une enquête réalisée dans le Midi de la France évalue à 20-30 % les baisses de rendement en tomates industrielles sur des exploitations manifestant une « fatigue du sol » par retour trop fréquent de cette culture.

P. lycopersici est le principal agent de cette « fatigue ».

Non seulement la désinfection du sol (peu praticable en grande culture), mais aussi le sous-solage permettant l'accès des racines à des couches neuves du sol, contribuent à redresser la situation.

Au Liban, Davet a signalé des souches de *Pyrenochaeta* capables de se montrer agressives jusqu'à 25 °C, alors que les souches européennes ont pour optimum de leur pouvoir pathogène 15 °C - 20 °C.

On essaiera de restreindre les attaques de *Pyrenochaeta* par des **rotations** diminuant la fréquence des cultures de Tomate. Cependant d'autres plantes peuvent l'héberger, en particulier les Cucurbitacées (v. chap. suivant) et le Fraisier. Sa destruction est l'un des objectifs majeurs de la désinfection du sol des serres ou abris par la vapeur ou les fumigants.

A défaut de désinfecter tout le volume du sol, on peut retarder les dégâts et protéger la production précoce, en repiquant dans un sol déjà mieux réchauffé, des plants de tomate élevés dans de gros volumes de terre saine ou désinfectée (pots de 14 cm).

On peut aussi lutter par greffage. Avant que la cause de la maladie soit connue, on luttait contre le « *corky root* » en Hollande par usage de porte-greffes hybrides F_1 (*L. esculentum* × *L. hirsutum*). La résistance de *L. hirsutum*, polygénique à tendance dominante, n'a pu être transmise à la Tomate cultivée. Par contre un gène de résistance récessif **pyl** a été obtenu à partir de *L. glandulosum*. Certains hybrides actuels pour culture en serre en sont pourvus.

Chez l'Aubergine, les nécroses de racines, de couleur noire, ne s'accompagnent pas d'épaississements liégeux. Dans les parcelles où la culture de l'Aubergine revient souvent, elles peuvent devenir très préjudiciables. Là aussi un remède a été trouvé avant qu'on ne connaisse la cause du mal... Dès les années 60, Beyries constatait, dans des essais réalisés chez des maraîchers périurbains d'Avignon * que le greffage sur Tomate (même sur une variété dépourvue de toute résistance) permettait d'augmenter considérablement les récoltes. Ce n'est que 10 ans plus tard qu'il identifiait à *Thielaviopsis basicola* le parasite primaire des racines d'Aubergine (v. chap. I — rappelons ici, pour l'organisation des rotations que ce *Thielaviopsis* attaque aussi les légumineuses et le Tabac).

D'autres parasites peuvent attaquer les racines de Tomate, de façon plus épisodique. On peut citer *Spongospora subterranea*, agent de la « gale poudreuse » de la Pomme de terre, qui provoque sur racines de Tomate des galles en chapelet d'aspect liégeux : cet accident risque de se produire, soit en alternance de cultures Tomate/Pomme de terre, soit du fait de l'usage de substrats contenant des déchets de pommes de terre mal compostés. Sur Tomate le *Spongospora* ne fructifie que très peu et ne se perpétue pas. Il est moins préjudiciable que les *Meloidogyne*, car il n'inhibe pas l'émission de radicelles.

En culture sur des substrats artificiels, ou sur films nutritifs, d'importantes pourritures de racines peuvent être provoquées par des *Pythium* (ex. : *P. aphanidermatum*). Elles apparaissent commes des lésions jaunâtres, molles, sans réaction de défense des tissus. Les déplacements des zoospores de ces *Pythium* peuvent être combattus par addition de mouillant aux solutions nutritives.

Dans des serres anglaises, on a récemment décrit une pourriture lente des racines, sans subérification ni renflements, conduisant les plantes à flétrir à la maturité du premier bouquet. Cette pourriture de racines est provoquée par un basidiomycète à chapeau, *Calyptella campanula*.

On voit apparaître ses fructifications sous forme de petits champignons jaune-orangé (5 à 10 mm de diamètre) en juillet-août, au pied des plantes flétries. Ce type d'attaque semble favorisé par l'irrigation au goutte-à-goutte au pied même des plantes, et peut apparaître en sol désinfecté — ce qui laisserait supposer une possibilité de réinfection rapide dont la source reste à préciser. On conseille des arrosages à base de captane.

---

* Dont les parcelles ont aujourd'hui disparu sous des immeubles.

Pourritures du collet, à la suite d'attaques directes, ou succédant à des nécroses de racines

● *Phytophthora*

Épisodiques sur Tomate et Aubergine, les attaques de *Phytophthora* sont au contraire un des handicaps principaux des cultures de Poivrons.

Sur Tomate on peut observer, en général dans la quinzaine qui suit le repiquage au champ en conditions méditerranéennes, des attaques de *Phytophthora nicotianae* var. *parasitica*, qui se produisent à des températures comprises entre 15 °C et 26 °C. Les facteurs qui conduisent à ces mortalités de jeunes plantes sont les suivants :
— irrigation à la rigole dès la plantation
— usage de plants étiolés
— l'année précédente, enfouissement au rotavator de déchets de cultures de tomates (tiges, feuilles, fruits verts).

Les zoospores de *Phytophthora* sont véhiculées par l'eau d'arrosage, qui peut aussi être contaminée par des déchets jetés dans les mares ou les canaux, quand on n'a pas la chance de disposer d'une source ou d'un puits.

La pourriture du collet provoquée par ce *Phytophthora* est d'aspect humide, de progression rapide, les plantes attaquées meurent en général sans rémission.

Des attaques d'évolution plus lente ont été signalées sur plantes adultes sous serre en Hollande, ainsi que sur des cultures hydroponiques.

En conditions tropicales *Pythium aphanidermatum* peut provoquer sur certaines variétés de Tomate des dégâts analogues à ceux de *P.n.* var. *parasitica* (ex. : sur « Vénus » et « Saturn », variétés proposées pour leur résistance au flétrissement bactérien).

Sur Aubergine, dans les mêmes parcelles où sévissaient les nécroses de racines décrites ci-dessus, Beyries isolait dans les années 60, à partir de plantes mortes brusquement en début de fructification un *Phytophthora* voisin du précédent, mais différent par sa spécificité parasitaire, puisqu'il se montrait expérimentalement virulent sur Tabac : il s'agissait donc de *P.n.* var. *nicotianae*.

Des attaques analogues ont été décelées en 1984 en Martinique, où un *Phytophthora* participait avec *Pseudomonas solanacearum* et *Fusarium solani* à de très importantes mortalités sur plantations d'aubergines pour l'exportation.

Sur Poivron c'est le ***Phytophthora capsici*** qui est susceptible, à partir d'attaques sur les racines de provoquer par pourriture du collet la mort très rapide de plantes de tous âges, avec flétrissement brusque sans jaunissement préalable. La cause initiale de la maladie n'a pas été décelée tout de suite, aussi bien aux États-Unis qu'en Europe. Les méthodes classiques d'isolement à partir d'échantillons défraichis ou la mise en chambre humide révèlent *Fusarium solani*. L'incubation dans l'eau stérile de fragments de collets malades ou de racines récemment prélevées fait apparaître rapidement le mycélium et les sporanges du *Phytophthora*, dont les températures cardinales sont 10 °C - **30** °C - 39 °C.

L'épidémiologie de la maladie est caractéristique d'un parasite se propageant par zoospores :

— plus grande fréquence des dégâts dans les parcelles arrosées avec de l'eau de canal que dans celles bénéficiant d'eau de source ou de puits ;

— foyers initiaux ne s'agrandissant que lentement sous irrigation par aspersion bien conduite, infection se généralisant au contraire à des lignes entières en aval des foyers sous irrigation à la rigole ;

— généralisation à de vastes zones correspondant à des inondations passagères, à la suite d'orages d'été.

Les méthodes de lutte comprendront les précautions d'hygiène évoquées pour le *Phytophthora* sur Tomate. La rotation idéale est cependant bien difficile à définir dans une exploitation maraîchère méditerranéenne, puisqu'en sus des racines, collets et fruits de poivron proches du sol, *P. capsici* envahit aussi les fruits (et parfois les tiges) de Tomate, d'Aubergine et de Cucurbitacées (tout spécialement les courgettes).

Dès les années 60, étant donnée la difficulté d'assainir les terrains déjà contaminés, on a dû avoir recours aux fongicides. Dans les parcelles irriguées à la rigole, particulièrement menacées, nos collègues italiens préconisaient l'addition à l'eau d'arrosage de sulfate de cuivre. Nous avons aussi utilisé l'**eau céleste** (oxyde de cuivre précipité puis redissous, à partir du sulfate, par addition d'ammoniaque). Des concentrations de l'ordre de 5 ppm de cuivre-métal tuent les zoospores en moins d'une minute. Mais les sels de cuivre sont très rapidement insolubilisés en terrain calcaire (les plus favorables aux *Phytophthora*) et leur usage ne protège pas des attaques généralisées à la suite des orages d'été.

Le **Nabame** (éthylène-bis-dithiocarbamate de sodium, soluble dans l'eau) à 1/50 000, bien que d'une toxicité moins immédiate pour les zoospores, présente une action de plus longue durée. On peut employer le metham-sodium à la même concentration, mais attention aux sur-dosages !

Ce mode d'application des fongicides est cependant délicat (il faut évaluer le débit de la rigole principale d'amenée d'eau et celui de solution fongicide qu'on y verse).

On préfère aujourd'hui protéger les plants de poivron en pulvérisant à leur base des fongicides moins solubles.

Le premier qui se soit révélé satisfaisant a été le captafol, on emploie volontiers aujourd'hui des mélanges de fongicides à large spectre et d'anti-mildious systémiques. Dès les années 60 Kimble et Grogan recherchaient des **géniteurs de résistance** à *P. capsici* chez des *Capsicum annuum* mexicains à petits fruits piquants (ex. : PI 201234).

A l'INRA-Montfavet, dès 1971, ce type de résistance était transféré par l'équipe Pochard dans un « géniteur intermédiaire » « Phyo 636 » utilisable pour conférer à des variétés ou hybrides commerciaux une résistance partielle, qu'il y a intérêt à épauler par des précautions culturales et éventuellement des applications de fongicides au pied des plantes.

La résistance de « Phyo 636 » est polygénique ; on peut y distinguer plusieurs composantes, décelables par une méthode d'inoculation artificielle sur tiges décapitées : tendance à une progression plus lente du mycélium, puis arrêt de celle-ci par une zone nécrotique. Les niveaux de résistance des variétés commerciales dérivées de ce géniteur peuvent donc être plus ou moins élevés.

Plus récemment l'équipe Pochard a recherché des niveaux de résistance plus élevés, en regroupant des gènes de résistance partielle provenant de géniteurs différents (ex. : « Criollo de Morelos »). Les niveaux de résistance sont estimés par le nombre de zoospores suffisant pour tuer une jeune plante, allant d'une dizaine pour les variétés sensibles jusqu'à des centaines de mille pour les génotypes les plus résistants.

En conditions tropicales humides de moyenne altitude (Mexique, Vénézuela) *P. capsici* peut attaquer les organes aériens de *C. annuum*, en provoquant un mildiou foliaire et des pourritures de fruits même haut placés.

● *Rhizoctonia solani*

Les souches polyphages de type AG4 ne provoquent de pourriture du collet sur Tomate qu'à la suite d'erreurs culturales, comme par exemple de vouloir utiliser des plants très étiolés en enterrant horizontalement la tige. Le Poivron et l'Aubergine seront encore plus sensibles à de telles erreurs. Sur cette dernière on observe même parfois des mortalités de plantes adultes par *R. solani*.

● *Sclerotium rolfsii*

Il peut provoquer de graves dégâts sur les trois plantes en conditions tropicales (se reporter au chapitre I).

● *Fusarium oxysporum* f. sp. *radicis lycopersici*

Souvent désigné par « **FORL** » c'est un parasite d'apparition récente (1975). Décrit tout d'abord aux États-Unis et au Canada, ainsi qu'au Japon, il s'est ensuite manifesté en Europe, où il semble capable de se disséminer dans les cultures sous serres, sous abris froids et, plus récemment dans le Midi de la France, dans quelques cultures de plein champ.

Les *F. oxysporum*, virulents sur les plantes, sont en général des parasites vasculaires et celui-ci, bien que redoutable agent de pourriture du parenchyme cortical des racines, progresse dans les vaisseaux de celles-ci et de la base de la tige un peu en avance sur la pourriture de l'écorce. Au collet des plantes on observe un chancre nécrotique s'allongeant en pointe vers le haut. A l'intérieur de la tige le brunissement vasculaire peut se prolonger jusqu'à 20 cm au dessus du sol (fig. 39 D).

Les plantes atteintes ne montrent au début que des flétrissements transitoires en cours de journée, qui s'aggravent progressivement.

Bien qu'on signale généralement des températures de l'ordre de 18 °C-20 °C comme les plus favorables à l'infection (cultures précoces, abris froids) on a observé aussi des attaques à température élevée (26 °C) et il est difficile de donner des températures cardinales pour l'expression de la maladie.

Ce *Fusarium* est capable aussi d'attaquer l'Aubergine et le Poivron. La Laitue, au contraire, est immune et constituera un meilleur précédent, quoique la conservation des chlamydospores soit, comme chez tous les *F. oxysporum*, de très longue durée.

On conçoit à quel point peuvent être inquiets les producteurs de tomates voyant apparaître chez eux cette nouvelle maladie. En végétation, ils peuvent essayer de faire survivre les plantes atteintes sur des racines adventives, en les buttant ou en les chaussant avec de la tourbe, et de protéger leurs voisines par des arrosages au pied avec du bénomyl ou de l'hymexazol.

Les serres où la maladie s'est manifestée doivent être désinfectées de façon radicale : on propose aux États-Unis une désinfection à la vapeur sous bâche plastique de 6 à 10 heures, suivie d'un arrosage au captafol ($2,8\ g/m^2$) sur le sol encore chaud (à remplacer aujourd'hui par du captane), complétée par une fumigation au formol de l'enceinte.

Heureusement, une solution à ce problème par la résistance variétale est en vue : les *Lycopersicon peruvianum* qui ont servi de source aux gènes **Tm2**, **Tm2nv** et **Tm2²** (voir ci-dessous « Mosaïque du Tabac ») contenaient, à très peu de distance du locus « Tm2 » un gène de résistance efficace vis-à-vis du FORL.

Il suffira donc aux sélectionneurs de retrouver dans leurs tiroirs des graines correspondant à des générations moins avancées de recroisement par *L. esculentum* pour répartir sur des lignées contenant à la fois **Tm2²** et le gène de résistance au FORL (H. Laterrot, comm. pers.).

● *Fusarium solani*

On ne signale pas en général dans les régions tempérées de *F. solani* capable de provoquer des pourritures du collet sur Solanées maraîchères. Au contraire, en conditions tropicales, on observe souvent sur des collets pourris un *F. solani* produisant à la fois sa forme conidienne et sa forme parfaite (périthèces rouges appelés suivant les auteurs *Hypomyces solani* ou *Nectria haematococca*). Ce *Fusarium* est-il un parasite primaire ?

Il succède souvent à des attaques de *Pseudomonas solanacearum* ou de *Phytophthora*. Cependant, en inoculation artificielle il peut tuer des plantes souffrant de conditions semi-asphyxiques. Aux Antilles, c'est l'Aubergine qui est le plus souvent atteinte. Le porte-greffe *Solanum torvum* résiste à ce *Fusarium*.

Des attaques analogues ont été observées en Hollande, sur plants de Poivron cultivés en serre.

● *Didymella lycopersici*

C'est un champignon producteur de périthèces et de pycnides en principe capable d'attaquer **tous les organes de la Tomate** : feuilles (taches analogues à celles de *Phoma destructiva*), fruits (pourriture ponctuée de pycnides débutant

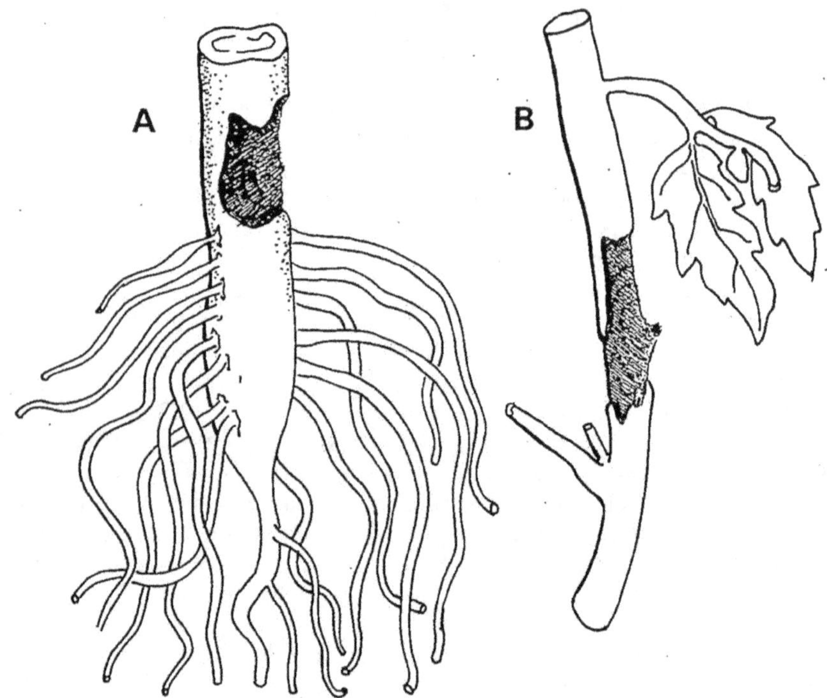

Figure 40. — *Didymella lycopersici* sur Tomate : attaque au collet (A) et sur tige (B).

par le calice), et **tiges**. C'est ce dernier aspect qui domine, sous forme de chancres ponctués de pycnides, secs, de couleur foncée, le plus souvent à proximité du niveau du sol, prenant un aspect « pourriture du collet » (fig. 40).

C'est une maladie européenne, inconnue aux États-Unis. La situation des chancres suggère une pénétration par les cicatrices cotylédonaires.

Les dégâts sont surtout observés en serre, parfois en plein air sur cultures palissées (10 % de plantes mortes, chez les maraîchers périurbains d'Avignon, dans les années 60).

Les pycnospores sont disséminées par les éclaboussures au cours des arrosages, ou par les outils à l'occasion de la taille ou du travail du sol.

Le *Didymella* se conserve dans le sol sur les débris de plantes malades, ou sur les piquets. La transmission par semences est possible à partir de graines issues de fruits malades, mais ne persiste pas plus de 9 mois.

On luttera en appliquant des mesures d'hygiène et éventuellement une désinfection du sol (et des structures de serres) après une attaque importante.

Si des attaques se déclarent sporadiquement au cours d'une culture, on pratiquera des pulvérisations fongicides à la base des plantes voisines des malades ; on peut aussi essayer de sauver celles-ci en badigeonnant les chancres avec des solutions concentrées de fongicides (bénomyl, iprodione, vinchlozoline).

Les porte-greffes hybrides F1 (*L. esculentum* × *L. hirsutum*) sont résistants au *Didymella*.

Maladies vasculaires provoquées par des parasites telluriques

Par ordre d'agressivité et d'optimums thermiques croissants, on rencontre sur Solanées maraîchères la Verticilliose (sur les trois hôtes), des fusarioses vasculaires (surtout sur Tomate) et le flétrissement bactérien dû à *Pseudomonas solanacearum*.

● Verticilliose *

C'est l'**Aubergine** qui s'y montre le plus sensible, elle peut être envahie par des souches provenant d'hôtes très divers. La maladie se manifeste sur les feuilles par l'apparition de plages d'abord mates et molles, puis jaunes et nécrotiques. Les feuilles les plus atteintes se dessèchent complètement, la maladie peut atteindre des branches entières (fig. 41 A).

En conditions tempérées, les parcelles contaminées par *Thielaviopsis* et *Verticillium* à la fois ne produisent guère que le tiers de ce que les plantes devraient donner (moins de 2 kg/plante au lieu de 4). La désinfection du sol à la chloropicrine ou le greffage sur Tomate résistante au *Verticillium* rétablissent ce rendement « normal ».

Contrairement à ce qui peut se passer en conditions tropicales de moyenne altitude (ex. : St Claude en Guadeloupe - alt. 600 m) on n'observe guère dans le Sud de la France de rétablissement de plants d'Aubergine atteints de *Verticillium* à la suite d'élévations de température.

Les variétés de type « méditerranéen » dérivant de « Violette de Barbentane » sont un peu moins sensibles à la Verticilliose que les variétés tardives comme « Florida market », mais aucun espoir d'introduction de résistance de haut niveau n'apparaît dans un proche avenir (ici encore *Solanum torvum* se montre résistant).

Sur **Tomate**, la Verticilliose est un peu moins agressive, et toutes les souches ne se montrent pas également pathogènes. Sa monoculture sélectionne des souches plus spécialement adaptées.

Le symptôme de Verticilliose peut varier sur Tomate en fonction des conditions de milieu. En serre, sous faible éclairement, on peut observer de véritables flétrissements avec ramollissement des feuilles. En plein champ, sous printemps méditerranéen, on observe plutôt des jaunissements et

---

* On se reportera au chapitre I pour les généralités sur *V. dahliae*.

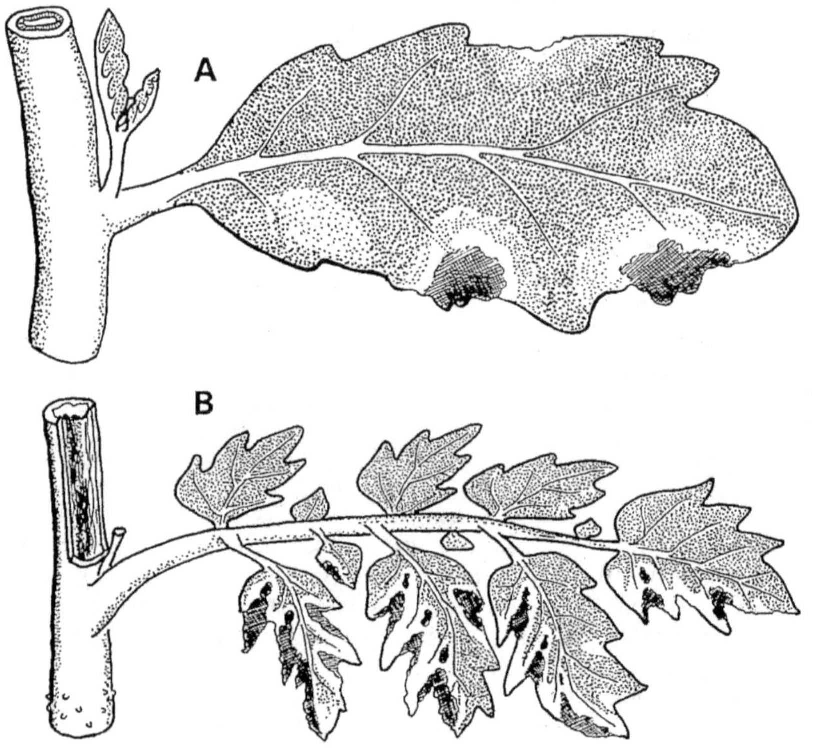

Figure 41. — Trachéomycoses.

A : Verticilliose de l'Aubergine, plages foliaires molles et mates, devenant jaunes puis nécrotiques (les symptômes du flétrissement bactérien à ses débuts sont les mêmes).

B : Fusariose sur Tomate, symptôme le plus fréquent de jaunissement et nécroses internervaines, caractéristiques surtout par leur unilatéralité sur certaines feuilles. Les symptômes de Verticilliose sont analogues, mais sans brunissement vasculaire net.

nécroses internervaires faisant sécher les feuilles progressivement de bas en haut de la plante (fig. 41 B).

Les symptômes sur l'anneau vasculaire, que ce soit en coupe ou en « pelant » les tiges de leur écorce, sont peu convaincants : si l'on dispose d'une plante saine à côté, on voit que le tissu ligneux de la plante malade est un peu plus gris.

Sur Tomate, la Verticilliose peut régresser, par reprise de croissance, quand les températures moyennes dépassent 20 °C. Par ailleurs l'état physiologique des plantes influe sur leur sensibilité, en particulier le rapport feuillage/fruits en voie de croissance. Expérimentalement, un effeuillage partiel augmente les dégâts, l'ablation des bouquets inférieurs rend les plantes tolérantes. On doit aussi signaler une action aggravante de l'invasion des racines par *Pratylenchus penetrans* (nématode endoparasite migrateur).

En l'absence de gènes conférant un niveau de résistance élevé, les variétés les plus précoces, les plus fructifères, seront les plus attaquées.

Un gène de résistance très efficace vis-à-vis des souches « Tomate » communes de *V. dahliae* permet de s'affranchir de cette liaison tolérance/tardivité.

Ce gène **Ve**, extrait par Schaible (1951) d'un *L. pimpinellifolium* est présent aujourd'hui dans de nombreuses variétés commerciales et hybrides F_1 et réduit à peu de chose, par une très haute tolérance (n'excluant pas la présence de quelques filaments dans les vaisseaux) les dégâts de Verticilliose en Europe et en Afrique du Nord.

Dans quelques pays subtropicaux (Floride, Brésil) des souches de *Verticillium* capables de surmonter le gène **Ve** sont apparues, constituant une « race 2 ».

Elles sont en général moins agressives que les souches « Tomate » communes constituant la « race 1 ». Une résistance a été trouvée vis- à-vis de ces souches chez la lignée « IRAT L.3. » (tolérante à *Pseudomonas solanacearum*).

La **Verticilliose du Poivron** s'observe moins fréquemment que celles de la Tomate ou de l'Aubergine. Les souches capables de la provoquer ne sont pas courantes, et ne s'observent que là où *Capsicum annuum* revient souvent sur le même terrain. On observe un nanisme souvent unilatéral des plantes, avec flétrissement lent et chute de feuilles.

Des résistances partielles ont été observées à l'INRA-Montfavet, en particulier dans des géniteurs de résistance à *Ph. capsici* (ex. : PM 217) et chez une variété originaire de Moldavie (« Podarok » = PM 700). Ces facteurs de résistance sont en cours de réassociation avec ceux qui gouvernent la résistance à *Ph. capsici* et aux nématodes, par sélection récurrente (programme « PVN »).

• Fusarioses vasculaires

La plus grave et la plus fréquente est celle que provoque sur Tomate le *Fusarium oxysporum* f.sp. *lycopersici* (subdivisé en 3 races - voir ci-dessous), ou « **FOL** ».

Les symptômes sont voisins de ceux de la Verticilliose, avec cependant un jaunissement plus accusé du feuillage précédant le dessèchement, qui procède de bas en haut. Le tissu ligneux des plantes malades est coloré en brun rougeâtre, en stries longitudinales (fig. 41 B). A l'extérieur des tiges on observe, de façon plus nette que pour la Verticilliose, l'apparition de racines adventives avortées. Plus agressive, de progression plus rapide, la Fusariose est moins « réversible » que la Verticilliose.

Dans le cas général, la Fusariose est favorisée par les températures élevées (optimum 28 °C). Cependant on observe parfois un développement de cette maladie à des températures moyennes de l'ordre de 18 °C - 20 °C, sous lesquelles normalement la Verticilliose devrait prédominer... Des observations et expériences réalisées en Afrique du Nord ont montré que ces manifestations anormales de Fusariose par temps frais sont liées à l'usage d'eaux d'irrigation riches en chlorure de sodium (2 à 4 g/l, au Maroc) ou de magnésium (1 à 2 g/l, en Tunisie). De même, en Floride, la Fusariose (race 2) de la Tomate est favorisée par une nutrition calcique insuffisante des plantes en sol sableux, et son développement ralenti par des apports de chaux.

Dans les années 60, la Fusariose vasculaire de la Tomate était inconnue au Nord de Naples, sauf dans l'île de Guernesey (où les eaux d'irrigation sont salines...).

Depuis, l'extension des cultures sous serre, le commerce international des substrats de culture et des plants ont entraîné l'expansion de la maladie dans toute l'Europe.

Un gène I, dérivé d'un *L. pimpinellifolium* a été incorporé à de nombreuses variétés de Tomate depuis les années 40.

Il conditionne une résistance beaucoup plus sûre que la résistance polygénique de « Rutgers » ou « Marglobe », liée à la vigueur et à la tardivité [*].

Son emploi généralisé a permis d'observer l'apparition d'une deuxième race de FOL (d'abord aux États-Unis, puis au Maroc, en Israël, et maintenant en Europe).

Les souches de cette deuxième race sont en général d'une agressivité plus faible que les souches communes, et plus dépendante de l'état physiologique des plantes (nutrition calcique).

Un retour à *L. pimpinellifolium* a permis d'obtenir un gène I_2 efficace vis-à-vis de ces nouvelles souches.

C'est seulement en 1982 au Queensland (Australie) qu'est apparue de façon sûre une race de FOL surmontant I et I_2.

La nomenclature des races de FOL est peu satisfaisante : on appelle aujourd'hui :

« race O ex 1 » les souches tenues en respect par I

« race 1 ex 2 » les souches surmontant I, tenues en respect par I_2.

Les gènes I et I_2 sont très proches l'un de l'autre sur le chromosome 11 de la Tomate, et l'étude de leurs relations de proximité compliquée par la présence d'un locus « X », où peut se trouver un facteur modifiant la fertilité des grains de pollen. L'obtention par Laterrot de lignées portant isolément I, I_2 ou X a permis de clarifier la situation :

$$I \qquad X \qquad I_2 \quad Sm$$

(**Sm** : gène de résistance aux *Stemphylium* - v. plus loin)

En particulier l'obtention de lignées porteuses de I_2 sans I a permis de constater que les souches « communes » (race « O ex 1 ») sont virulentes sur ces lignées « I_2 sans I ». En toute rigueur ces souches devraient donc constituer la **race 2**, les souches contrôlées par I_2 et non par I la **race 1**, les souches « Queensland » la **race 1-2**.

---

[*] L'infection des racines par des nématodes, en particulier les *Meloidogyne*, est susceptible de réduire à néant cette résistance polygénique. Il n'en est pas de même pour les résistances monogéniques.

Les lignées « İ₂ sans İ » ne sont qu'un outil de laboratoire ; on dispose aujourd'hui de nombreuses variétés et hybrides F₁ combinant İ et İ₂ qui suppriment presque partout le problème de la Fusariose vasculaire de la Tomate.

En Australie, un gène İ₃, qui n'est relié par aucun linkage à İ ou İ₂ a été obtenu récemment à partir de *L. pennellii*. Il contrôle les souches 1-2.

On dispose aussi de porte-greffes combinant la résistance au *Pyrenochaeta* de *L. hirsutum*, et les gènes **Ve, I, I₂** et **Mi**.

Sur **Aubergine,** on a décrit au Japon un *F. oxysporum* f.sp. *melongenae,* avec des symptômes foliaires analogues à ceux de la Verticilliose. Sur **Poivron,** on signale aux États-Unis des attaques de *F. oxy.* f.sp. *vasinfectum* (agent de la Fusariose du Cotonnier et du Tabac). La description des symptômes suggère cependant *Ph. capsici* comme parasite primaire — ou le FORL.

● Flétrissement bactérien des Solanées, ou « FB »

Provoqué par *Pseudomonas solanacearum*, il n'intéresse sérieusement, dans l'Ancien Monde, que les pays tropicaux. Il a été signalé au Maroc, où les maladies vasculaires dominantes sur Tomate restent la Verticilliose (hivernale) et la Fusariose (printanière et estivale, sauf exception). Observons cependant que ce flétrissement, aux États-Unis, intéresse jusqu'à la Caroline du Nord (38 °N), où il gèle beaucoup plus fort l'hiver qu'à Athènes, Palerme ou Grenade, à la même latitude...

Sur Tomate, les symptômes sont d'évolution plus rapide que pour la Verticilliose ou la Fusariose : on observe des flétrissements unilatéraux de feuilles, accompagnés d'épinastie du pétiole et d'apparition sur la tige d'ébauches de racines (v. fig. 42).

Une plante sur laquelle on a observé ces symptômes ne survit pas plus d'une quinzaine de jours.

Sur Aubergine, les premiers symptômes sont les mêmes au début que ceux de la Verticilliose, mais ils évoluent beaucoup plus rapidement vers le flétrissement irréversible et la mort des plantes. Les symptômes sont moins nets sur Poivron : jaunissement et chute de feuilles.

Les vaisseaux des plantes atteintes sont noircis. Arrachées, sectionnées 10-20 cm au-dessus du collet, placées dans un seau d'eau, les plantes exsudent sur la section à l'emplacement des vaisseaux un mucus grisâtre, riche en bactéries.

Un fragment de tissu vasculaire prélevé sur une plante malade, suspendu dans un tube plein d'eau, émet des « fils » de suspension bactérienne qui descendent dans le liquide.

L'optimum de température pour la manifestation de la maladie se situe entre 29 °C et 35 °C.

On distingue 3 races chez *P. solanacearum* :
— **race 1,** virulente sur Solanées, au sein de laquelle la distinction d'une sous-race « Tabac » et d'une sous-race « Tomate-Aubergine-Poivron » (atta-

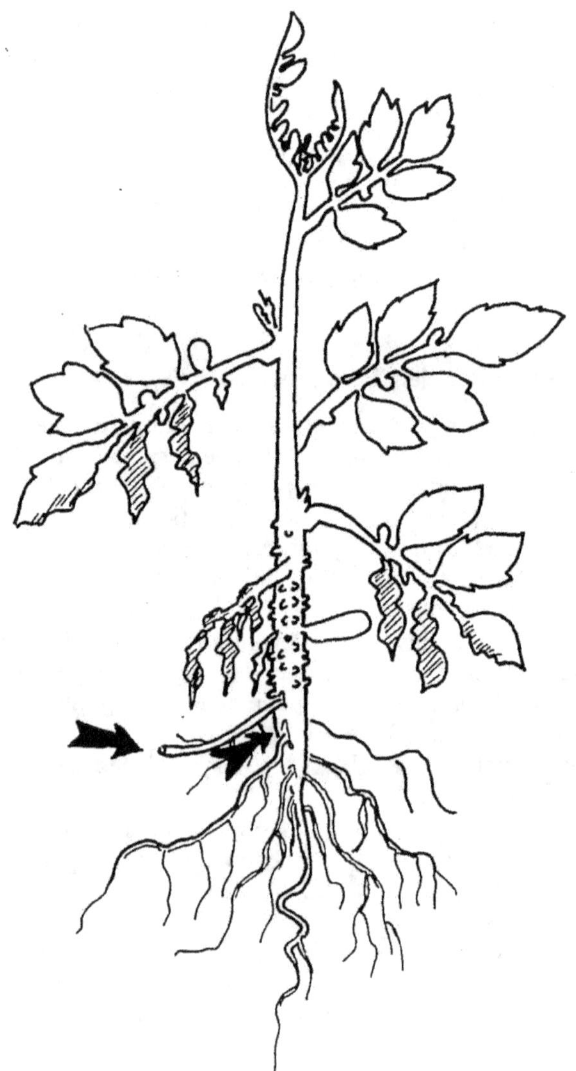

Figure 42. — Jeune plant de tomate attaqué par *Pseudomonas solanacearum* : épinastie, flétrissement unilatéral, ébauches de radicelles à la base de la tige. Les flèches indiquent les 2 voies possibles de pénétration : blessures de racines, points d'émergence des racines latérales.

quant aussi la Pomme de terre en plaine) devient de plus en plus illusoire. Cette race 1 attaque aussi certains bananiers diploïdes.

— **race 2**, virulente sur bananiers triploïdes AAA et AAB.

— **race 3**, virulente sur pomme de terre, moins persistante dans le sol que les deux précédentes, mais transmissible très facilement par les tubercules, adaptée à des températures plus basses.

En moyenne montagne tropicale (800-1 500 m) on peut aussi se poser des questions sur la virulence de la race 3 sur Tomate, dans des parcelles où, comme au Cameroun, les tomates souffrent de flétrissement aussi bien que les Pommes de terre (Girard-IRAT-comm. pers.).

Les sols les plus favorables à l'installation et à la survivance de *P. solanacearum* sont modérément acides (pH compris entre 5 et 7) et de nature alluviale, sableuse ou ferrallitique.

La culture des Solanées sensibles, mais aussi celle de Solanées résistantes ou de Bananiers enrichit le sol en *P. solanacearum* race 1. L'infection ne régresse pas sous culture de dicotylédones maraîchères non-solanées, la situation ne s'améliore que sous graminées (Canne à sucre 4 ans, graminées fourragères 2 ans, sorgho engrais vert coupé plusieurs fois sur place 5 à 6 mois).

Parmi les autres pratiques culturales susceptibles de protéger les plantes, on peut citer l'application de boues de station d'épuration (10 t/ha/an, ou application massive de 100 t), et le « coup de poing ammoniacal » obtenu en appliquant 700 unités d'azote uréïque une semaine avant plantation : l'Aubergine peut rentabiliser cette énorme dose d'azote, elle est excessive sur Tomate.

Certains sols se montrent peu réceptifs à l'installation du flétrissement bactérien (ex. : les « vertisols calcaires » de la zone antillaise). Ils partagent avec les sols résistants aux Fusarioses vasculaires la richesse en argiles de type « **smectites** ».

Leur « résistance » est cependant d'une nature différente, car elle ne disparaît pas après stérilisation du sol à 120 °C, trois jours de suite. Elle est donc de nature physico-chimique, et ne se manifeste en fait que lorsque le sol est soumis à des alternances sécheresse-humidité. Les bactéries ne survivent pas au resserrement des feuillets des « argiles gonflantes » en voie de dessèchement.

« Ces sols devraient donc pouvoir être envahis par *P. solanacearum* si on pratique des cultures répétées de Solanées et un arrosage permanent ». Cette prévision de l'équipe pluridisciplinaire Agronomie-Pathologie de l'INRA-Antilles-Guyane s'est réalisée peu après avoir été formulée, sur les vertisols de Grande Terre de Guadeloupe, en 1988.

L'infection des racines par *Pseudomonas solanacearum* est favorisée par la présence de nématodes, en particulier les *Meloidogyne*.

Si l'on ne dispose pas de variétés résistantes, on peut essayer de lutter contre *P. solanacearum* par **greffage**.

Pour la Tomate, on peut utiliser comme porte-greffes des variétés résistantes de *L. esculentum* var. *cerasiforme*, comme « CRA 66 » ou « CRA-

NITA 2.5.7 » (version de CRA 66 pourvue du gène **Mi**) obtenues à l'INRA-Antilles-Guyane, ou bien un *Solanum aethiopicum* « Iizuka » sélectionné au Japon comme résistant et compatible avec la Tomate.

Pour l'Aubergine, on peut utiliser le même *S. aethiopicum* si l'on désire conserver les plantes moins de 6 mois, en plantation dense. On peut aussi greffer sur l'aubergine résistante « Ceylan SM 163 » (repérée à l'IRAT-Martinique) ou, mieux encore, sur *Solanum torvum*, qui totalise une impressionnante série de résistances (F.B, *Meloidogyne, Fusarium solani, Verticillium*) et assure une survie pouvant aller jusqu'à 2 ans.

Cette lutte par greffage devient désuète avec l'obtention de **variétés hautement tolérantes.**

Chez la Tomate, on peut distinguer deux types de résistance :

— une résistance polygénique [*] (nombre de gènes évalué à 5) utilisée à l'Université de Caroline du Nord, à l'AVRDC et à l'INRA-Antilles-Guyane (qui a utilisé le géniteur « CRA 66 »). Cette résistance n'est pas absolue, même chez les variétés ayant conservé la plus grande partie des gènes de résistance du géniteur de départ (ex. : « Caraïbo », obtention INRA-Antilles-Guyane) et doit être épaulée par de bonnes pratiques culturales. Son renforcement par le gène **Mi** est à souhaiter dans les sols sableux favorables aux nématodes (sélection en cours).

La lignée « Hawaii 7996 » présente une résistance plus nettement dominante et d'hérédité plus simple.

La solution d'avenir pour les pays tropicaux sera sans doute la réunion des deux types de résistance dans des hybrides F_1 comportant aussi le gène **Mi.**

Chez l'Aubergine, la résistance au F.B. se rencontre plus fréquemment chez des types cultivés à fruits de taille (sinon de couleur...) acceptable.

Une partie de la résistance polygénique de « Ceylan SM 163 » a été transférée par l'IRAT-Martinique à la lignée à fruits noirs « Madinina », qui est l'un des parents de l'hybride « Kalenda », moyennement résistant, cultivé aux Antilles françaises. Plus récemment G. Ano a obtenu à l'INRA-Antilles-Guyane des lignées hautement résistantes à partir de croisements Aubergine × *S. aethiopicum* qui permettront sans doute de réaliser des hybrides F_1 combinant des gènes de résistance d'origine différente.

Chez le Poivron, espèce dans son ensemble moins sensible au FB que l'Aubergine ou la Tomate, on peut cependant observer des mortalités lentes, mais importantes chez les types proches de « Yolo wonder » (ex. : « Florida VR2 »). Le niveau de résistance de types méditerranéens (« Bastidon », ou mieux encore « Narval » issu à l'INRA-Antilles-Guyane de « Largo Valenciano ») suffit dans la plupart des cas. Des variétés à petits fruits piquants ou non piquants (ex. : « Antibois », « Chay 3 », « Conic ») sont encore plus résistants. *Capsicum frutescens* et *C. chinense* ne sont pas attaqués.

---

[*] Cette résistance polygénique présente d'intéressants caractères de « polyvalence ». Associée au gène **I** elle protège les plantes de la race « 1 ex 2 » de FOL. Elle entraîne aussi une faible sensibilité à *Corynebacterium michiganense.*

Orobanche de la Tomate (plante parasite)

L'Orobanche de la Tomate, *Phelipea* (syn. : *Orobanche*) *ramosa* est une plante parasite dépourvue de chlorophylle qui vit aux dépens des racines de la plante-hôte.

Elle attaque aussi le Tabac, la Fève et le Chanvre. Les graines d'Orobanche, très petites, restent dormantes dans le sol jusqu'à ce que leur germination soit stimulée par le passage d'une racine de la plante-hôte.

La plantule envoie dans celle-ci un « suçoir » et se transforme en une masse globuleuse qui, lorsqu'elle a atteint une taille suffisante (2 à 3 cm de diamètre) émet des tiges florifères blanchâtres ou violacées, brunissant à maturité des graines, produites en très grand nombre.

Nous avons en France observé des attaques dans la région de Marmande (rotations Tomate-Tabac) et de Perpignan (cultures de Tomate alternant avec celles de salades pendant l'hiver). Une rotation Tomate-Fève ou Tomate-Tabac-Fève, telle qu'elle pourrait se pratiquer dans les pays méditerranéens méridionaux serait encore plus favorable à l'Orobanche.

En cas d'attaque, on s'efforcera de supprimer les hampes florales avant la maturité des graines.

Les sols très gravement infestés peuvent être désinfectés au métham-sodium ou, mieux encore, au bromure de méthyle.

IV. Maladies bactériennes

Ces maladies ont augmenté en importance en Europe depuis une quinzaine d'années. Comment interpréter cette évolution ?

Il est probable que la faible efficacité des bactéricides agricoles dont nous disposons, comparée à celle des fongicides modernes qui ont remplacé le cuivre, l'intensification de la fertilisation azotée et le développement de l'irrigation par aspersion en sont les diverses causes.

Chancre bactérien de la Tomate

L'agent de cette maladie est *Corynebacterium michiganense* [*]. Le nom commun français (ou anglais : bacterial canker) se rapporte à un symptôme de nécrose subpétiolaire suivi d'éclatement de la tige, avec apparition d'ébauches de racines sur les lèvres de la plaie (fig. 43). Sous la forme actuellement la plus répandue de la maladie, ce symptôme est devenu rare.

Comme les trois parasites décrits précédemment, *C. michiganense* provoque sur Tomate une **maladie vasculaire** oc traduisant par des symptômes

---

[*] Synonyme récent : *Clavibacter michiganensis* subsp. *michiganensis*.

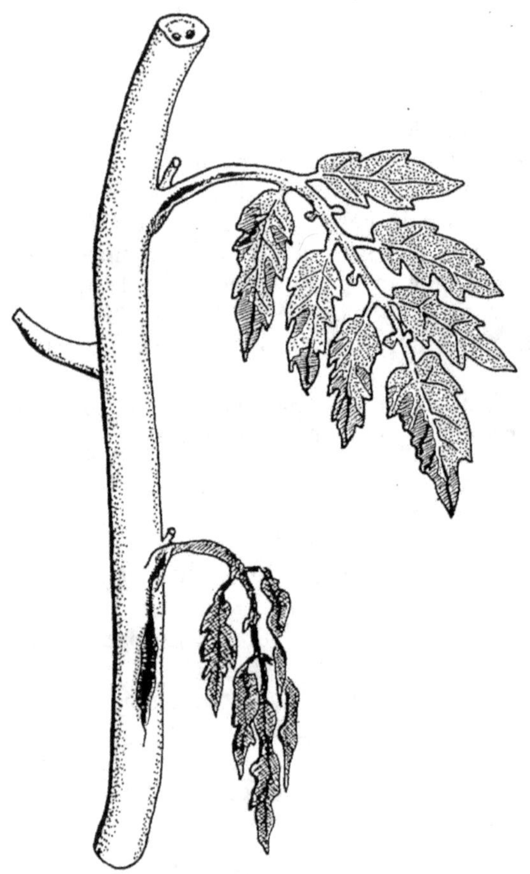

Figure 43. — *Corynebacterium michiganense* : symptômes de type vasculaire. Celui qui a donné à la maladie son nom de chancre bactérien (éclatement de la tige, ébauches de racines aux bords de la plaie) est devenu très rare aujourd'hui. Sur feuille, flétrissement et nécrose apparaissent sans jaunissement préalable.

systémiques : flétrissement sans jaunissement préalable de portions internervaires de folioles, de moitiés de feuilles ou de feuilles entières, suivi d'un dessèchement rapide. La nécrose du pétiole et du secteur de tige situé au-dessous ne s'observe pas de façon régulière. Suivant les cas, ces symptômes peuvent apparaître à des niveaux variables, on n'observe pas comme pour la Fusariose ou la Verticilliose de progression de bas en haut.

A l'intérieur des tiges des plantes atteintes, on observe en début d'attaque un jaunissement des tissus médullaires au contact d'une partie des vaisseaux, cette zone devient ensuite brunâtre et se creuse. C'est seulement au premier stade que le *Corynebacterium* est isolable, il est ensuite supplanté par d'autres bactéries. Très rarement les fruits peuvent être envahis par voie interne et présentent alors des déformations, un brunissement interne et des fentes noirâtres.

C. michiganense peut provoquer aussi des **symptômes d'origine externe**, à partir d'infections localisées correspondant à une pénétration par les stomates ou les poils brisés. Ce sont de petites pustules grises ou noires entourées d'une petite cloque blanche (décollement de l'épiderme) qui peuvent apparaître sur les feuilles, les tiges et, beaucoup plus souvent, sur les fruits (en anglais « *bird's eye spot* », taches en yeux d'oiseau).

L'origine de l'inoculum est le plus souvent la semence. Les graines peuvent être contaminées à l'intérieur de fruits présentant des symptômes plus discrets que ceux décrits ci-dessus (légers jaunissements vasculaires internes), ou à partir des pustules externes au cours de leur extraction. Mais la bactérie est aussi capable de se conserver sur débris de culture dans le sol (même, et surtout, s'il gèle, comme dans le Michigan...), sur les piquets, les structures de serres, la poterie.

A partir des plantes contaminées précocement, constituant les foyers initiaux, l'infection se propage de blessure en blessure. Les plus nocives, à première vue, sont celles infligées par l'ébourgeonnage, l'attachage ou l'effeuillage sur les cultures palissées de serre ou de plein air. Mais des blessures plus minimes sur feuilles ou pétioles peuvent aussi être contaminatrices, à l'occasion de circulation de personnel ou de machines entre les plantes mouillées de pluie, de rosée ou d'eau d'irrigation. On peut ainsi, si les semences sont fortement contaminées au départ, donnant naissance à plus de 1 % de plantes malades, aboutir à des attaques généralisées même sur des pépinières ou sur cultures non palissées.

L'optimum de développement de la maladie est voisin de celui de la Verticilliose (18 °C - 24 °C).

On luttera contre le chancre bactérien par les méthodes suivantes :

• **Usage de graines saines**, testées par immunofluorescence, que proposent certaines firmes, ou à défaut désinfection de celles-ci.

On préconise classiquement l'extraction par fermentation, ou un traitement pectinase + acide acétique, ou mieux encore une thermothérapie à l'eau chaude (56 °C, 30 minutes).

Des données plus récentes conduisent à préconiser, sur graines débarrasées de leur gangue visqueuse (par fermentation ou action de la pectinase) un trempage à l'eau de Javel à 1,2 ° chlorométrique pendant 10 minutes, avec brassage, suivi de rinçage et séchage.

• **Précautions d'hygiène** concernant les outils, les structures de serre, les tuteurs : désinfection par le formol à 1 % ou l'eau de Javel des objets mobiles, fumigation formolée de l'enceinte.

• **Éviter au maximum les blessures**, en particulier sur plantes mouillées, ébourgeonner précocement en tirant sur les bourgeons et non en les coupant avec les ongles ou un instrument coupant.

• **Les traitements en végétation** que nous préconiserons pour les deux autres maladies bactériennes importantes (v. ci-dessous) seront susceptibles de freiner l'épidémie, en particulier la formation de pustules sur les fruits. On les préconise bien sûr aussi en pépinière.

On ne propose pas pour le moment de variétés commerciales résistantes. Des travaux de sélection prometteurs sont en cours dans divers instituts et firmes privées, en particulier à l'INRA-Montfavet. Ils visent à regrouper dans les futures lignées trois origines de gènes de résistance :

— variétés tolérantes à *P. solanacearum*, pourvues d'une « résistance polyvalente » (v. note p. 160) ;

— variété bulgare à petits fruits « Plovdiv 8.12 », résistante au *C. michiganense* au stade adulte ;

— lignée japonaise « Okitsu sozai n° 1 », qui tire sa résistance d'un *L. hirsutum*.

Moucheture bactérienne et gale bactérienne (v. fig 44)

Ces deux maladies sont provoquées respectivement par *Pseudomonas syringae* pv. *tomato* et *Xanthomonas campestris* pv. *vesicatoria*. On voit apparaître sur feuilles, pétioles, tiges, pédoncules de fruits et sépales des pustules noires de 2 à 3 mm de diamètre, plus arrondies pour le *Pseudomonas*, plus anguleuses pour le *Xanthomonas*, entourées ou non suivant les cas d'un halo jaune. Leur multiplication peut aboutir à un jaunissement généralisé puis à un dessèchement des feuilles. Les symptômes sur fruits sont différents :

Pseudomonas	Xanthomonas
pustules noires arrondies ne dépassant pas 2 mm de diamètre, sans halo graisseux, avec souvent un « œil » plus clair au centre.	plages noires craquelées, comparables à celles de Tavelure sur pommes, pouvant atteindre 1 cm de diamètre, avec un halo graisseux.

L'épidémiologie des deux maladies est analogue : transmission par les semences avec phase épiphyte sur les jeunes plantes, propagation secondaire au champ par le rejaillissement des gouttes de pluie ou d'aspersion, avec possibilité de pénétration par les stomates ou les poils brisés (jeunes fruits).

Les deux maladies se différencient par leur optimum thermique : tempéra-

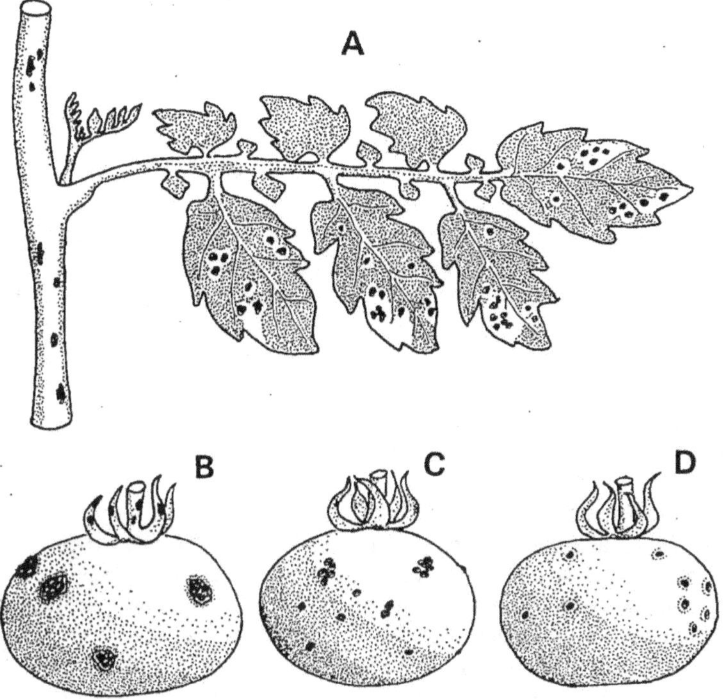

Figure 44. — Attaques bactériennes non vasculaires sur Tomate.
A : *Xanthomonas c.* pv. *vesicatoria*, ou *Pseudomonas s.* pv. *tomato* sur feuille et tige (symptômes indiscernables).
B : *Xanthomonas* (taches liégeuses entourées d'un halo graisseux).
C : *Pseudomonas* (pustules noires).
D : *Corynebacterium* (pustules avec auréole argentée).

ures cardinales de 13 °C - **21** °C - 26 °C pour le *Pseudomonas*, 20 °C - **26** °C - 35 °C pour le *Xanthomonas*.

Le premier sera donc particulièrement redoutable au cours de printemps méditerranéens pluvieux, ou sous abris plastiques trop humides. Le second ne deviendra grave en conditions méditerranéennes que si les pluies d'automne arrivent dès le 15 août, ou sous irrigation par aspersion (on peut trouver les deux en mélange).

Le *Xanthomonas* sera par contre le principal agent de taches bactériennes sur feuilles en climat tropical, et pourra devenir grave aussi sous climats tempérés continentaux d'Europe ou d'Amérique au cours d'étés chauds et orageux (ex. : plaine du Pô).

Le *Ps.s.* pv. *tomato* n'attaque que la Tomate. Par contre *X.c.* pv. *vesicato-ia* se montre également virulent sur Poivron, sur lequel les symptômes foliaires sont plus graves que sur Tomate : taches graisseuses pouvant atteindre 1 cm de diamètre, dont le centre se dessèche à mesure qu'elles s'agrandissent et dont le pourtour brunit, provoquant une très importante défoliation quand elles sont nombreuses. Les attaques sur fruits sont par contre plus rares que sur Tomate.

Certaines souches attaquent préférentiellement Tomate ou Poivron ; on rencontre cependant, en particulier en conditions subtropicales ou tropicales humides, des souches hautement virulentes sur les deux hôtes.

Les conseils donnés pour le chancre bactérien, en ce qui concerne la désinfection des semences, s'appliquent aux bactérioses foliaires.

En végétation la lutte reposera sur les mélanges fongicides cupro-organiques (cf. chap. I, p. 105 pour la résistance éventuelle des *Xanthomonas* au cuivre). Ces pulvérisations seront renouvelées après toute pluie ou irrigation par aspersion dépassant 5 mm.

On dispose d'une **résistance variétale** très efficace vis-à-vis de *P.s.* pv. *tomato* : le gène **Pto** a été rencontré indépendamment chez un *L. pimpinellifolium* (à l'origine de la lignée de tomate « Ontario 7710 »), *L. peruvianum* et *L. hirsutum* var. *glabratum*. On commence à disposer de variétés pourvues de ce gène dans les catalogues européens aussi bien en variétés fixées (ex. : « Rimone », variété industrielle, obtention INRA) qu'en hybrides F_1.

La sélection de variétés pourvues du gène **Pto** est facilitée par un effet pléïotropique de ce gène, induisant une sensibilité particulière par nécrose foliaire à la phytotoxicité du « fenthion » (insecticide organo-phosphoré).

Vis-à-vis de *X.c.* pv. *vesicatoria* il existe des différences de sensibilité variétale. En conditions tropicales, « Caraïbo » (résistante au *P. solanacearum*) est relativement tolérante. La lignée « Hawaii 7998 » présente un haut niveau de résistance du feuillage. Des travaux sont en cours en Floride pour réunir dans des variétés de type commercial cette forme de résistance, une moindre sensibilité du fruit provenant de « PI 270248-Sugar » et une relative tolérance de « Campbell 28 ».

Chez le Poivron, Cook et Stall en Floride ont introduit un gène de résistance qui a très rapidement suscité dans tous les pays où on l'a utilisé l'apparition d'une nouvelle race de *Xanthomonas*. Des résistances de plus haut niveau sont disponibles chez des *C. annuum* à petits fruits piquants provenant d'Extrême-Orient, comme « Conic ». « PM 687 », géniteur intermédiaire obtenu à l'INRA-Montfavet est lui aussi très résistant.

Autres bactérioses de la Tomate

La maladie de la « **moelle noire** » est attribuée à *Pseudomonas corrugata*. Elle apparaît comme une tendance au boursouflement et à l'éclatement des tiges, ainsi qu'à une pourriture noirâtre de la moelle.

Son épidémiologie est encore mal connue. Elle attaque des plantes de croissance très vigoureuse, suralimentées en azote, au cours de périodes de temps gris et d'humidité excessive. Les plantes atteintes, aussi bien en serre qu'au champ, peuvent se rétablir par la suite. On peut observer une très

grande analogie entre cette « bactériose » et la maladie physiologique de la
« tige boursouflée » (*crease stem*) décrite à la fin de ce chapitre.

Dans les conditions très humides de la Floride en été, les *Pseudomonas
viridiflava* et *cichorii* sont considérés comme capables d'induire des « feux
bactériens » (*bacterial blights*) sur feuillage de Tomate.

En conditions très favorables au flétrissement bactérien (*P. solanacearum*),
une invasion de la tige par *Erwinia chrysanthemi* peut « achever » des variétés
partiellement résistantes au *Pseudomonas* (P. Prior - observation personnelle).

V. Mycoses des feuilles, tiges et fruits

Très importantes autrefois en Europe sur les cultures de plein champ, dans
es régions à été pluvieux (en France, par exemple à Marmande - Lot et
Garonne) elles ont aujourd'hui régressé sur Tomate au profit des maladies
bactériennes décrites ci-dessus, à tel point que certaines, comme la « Septo-
iose » ont disparu : effet probable de la haute activité fongicide des mélanges
qu'on pulvérise aujourd'hui, et des avertissements agricoles (Service de la
Protection des Végétaux épaulé par les organisations professionnelles).

En serre et sous abris plastiques, certaines d'entre elles demeurent graves
(Cladosporiose, *Botrytis*). Les mycoses foliaires deviennent rarement graves
chez l'Aubergine et le Poivron.

Mycoses foliaires se manifestant par des taches nécrotiques zonées

Sur Tomate, l'apparition de taches foliaires nécrotiques, de contour arrondi
ou irrégulier, d'une dimension de l'ordre du centimètre, présentant une
zonation plus ou moins régulière, souvent entourées d'un halo jaune (fig. 45)
conduit très généralement le mycologue à énoncer « *Alternaria solani* » [*]. On
se souviendra cependant que deux autres champignons peuvent provoquer des
symptômes analogues : *Phoma destructiva* et *Corynespora cassiicola*.

● *Alternaria solani*, en plus des taches foliaires, peut aussi provoquer de
graves lésions sur tiges, pouvant aller sur plantules et jeunes plants jusqu'à la
mort par chancre du collet. Sur fruits, à partir de lésions sur sépales, il induit
apparition de chancres noirs en creux à l'aisselle du calice, avec noircissement interne du fruit. C'est seulement sur ce type de lésion que l'*Alternaria*
fructifie abondamment [**] — heureusement pour les producteurs de tomates !

Les spores d'*A. solani* sont en effet très robustes, capables de survivre plus
d'un an sur débris de culture ou à la surface du sol. Une seule spore est
capable d'induire l'apparition d'une tache zonée sur feuille ou d'une lésion

---

[*] Ou, s'il préfère la complication : *Alternaria dauci* f. sp. *solani*.

[**] Voir chapitre I p. 31 pour les conditions de sporulation de ce type d'*Alternaria*.

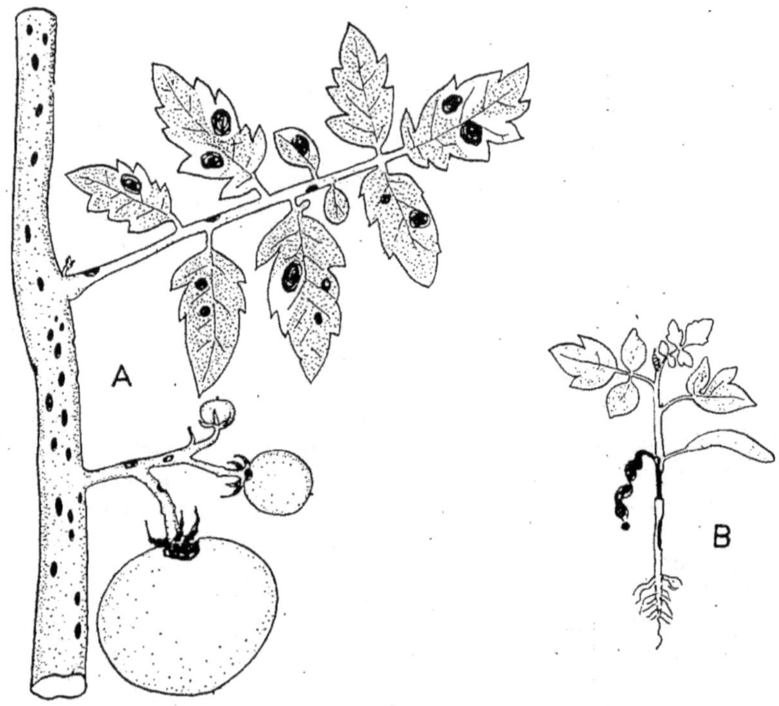

Figure 45. — Dégâts d'*Alternaria solani*.
A : Sur plante adulte. **B** : Sur plantules.

sur tige ou sépale. La germination et la pénétration peuvent avoir lieu sous une très large gamme de températures, entre 3 °C et 35 °C (12 heures à 10 °C, 8 heures à 15 °C, 3 heures entre 20 °C et 30 °C). Une pluie légère suffira donc à déclencher la contamination. Par contre, la faible sporulation sur les taches foliaires (une centaine de conidies par tache) et la faible réceptivité du feuillage jusqu'au stade « grossissement des fruits » rendent la vitesse de progression des épidémies moins foudroyante.

● *Phoma destructiva* provoque lui aussi des lésions sur tiges, plus petites et parfois plus nombreuses que celles d'*Alternaria*. Les dégâts sur fruits, signalés aux États-Unis et en Italie (taches déprimées noires recouvertes de pycnides) sont par contre absents aux Antilles françaises, où le *Phoma*, étudié par Fournet, dépasse en importance l'*Alternaria* par temps humide et frais (pluies de « fronts froids », alternances de température nuit-jour de l'ordre de 19 °C - 28 °C).

La germination des pycnospores de *Phoma* sur feuilles est lente, la pénétration se produit au bout d'une dizaine d'heures, mais une germination

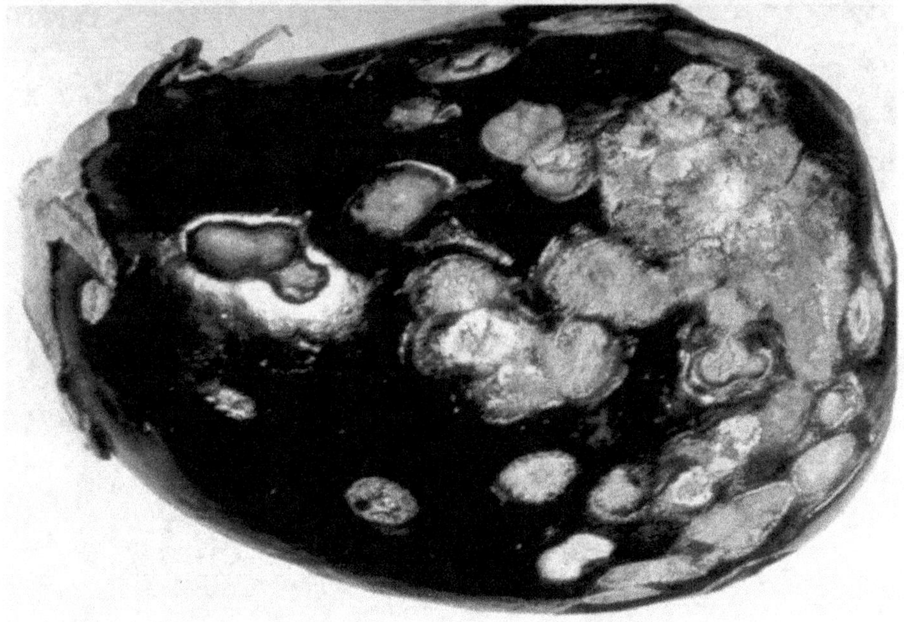

Planche 1 : En haut, test de résistance variétale à *Phytophthora capsici*. (Photo M. Clerjeau, INRA-Montfavet). En bas, *Colletotrichum gloeosporioides* f. sp. *melongenae*. Anthracnose de l'Aubergine. (Photo I. Vegh, INRA-Versailles).

Planche 2 : Cladosporiose de la Tomate. En haut, symptômes classiques. En bas, détail d'une tache parasitée par *Hansfordia ugadensis*. (Photos D. Blancard, INRA-Montfavet).

interrompue par une période sèche peut reprendre à la faveur d'une nouvelle pluie.

● *Corynespora cassiicola* (v. chap. I, p. 33) est un champignon encore plus tropical, favorisé par de fortes pluies sous des alternances de température de l'ordre de 24 °C - 31 °C. Il attaque surtout le feuillage, cependant il a été signalé aux États-Unis sur fruits importés du Mexique, d'abord sous le nom d'*Helminthosporium carposaprum*. On a prouvé ensuite l'identité des deux espèces.

● L'**Aubergine** est beaucoup moins fréquemment attaquée que la Tomate par ce type de mycose. Inoculée expérimentalement par *A. solani*, elle réagit par la formation de petites taches nécrotiques sur les feuilles, dont les dimensions ne dépassent pas 3 mm.

Des taches zonées plus grandes, assez claires, peuvent être observées dans le Sud-Ouest de la France, à la suite de contaminations par *Alternaria crassa*, dont l'hôte naturel est le *Datura stramonium* poussant au voisinage.

En conditions tropicales, *Corynespora cassiicola* attaque les feuilles et le calice des fruits de l'Aubergine. Les taches foliaires, peu zonées, atteignent 1 cm de diamètre.

● **Méthodes de lutte** : la lutte contre les maladies de type « taches zonées » reposera d'abord sur des précautions hygiéniques et culturales : usage de graines saines ou désinfectées avec un fongicide, élimination des tiges et feuilles de Tomate après la dernière récolte, par incinération ou compostage bien conduit, renouvellement ou désinfection des tuteurs.

On évitera, en cas d'arrosage par aspersion, de prolonger la période d'humectation nocturne du feuillage en arrosant trop tôt le matin ou trop tard le soir. En climat pluvieux, on devra avoir recours aux fongicides en pépinière puis en végétation, les pulvérisations étant renouvelées chaque fois qu'on décompte 5 mm de pluie.

Les fongicides de type « benzimidazole » sont sans effet vis-à-vis de l'*Alternaria*, peu efficaces sur le *Phoma*, et le *Corynespora* s'y adapte très vite. On utilisera de préférence des fongicides d'efficacité générale : mancozèbe, propinèbe, chlorothalonil... L'*Alternaria* est tout spécialement sensible à l'iprodione.

Bien que des tentatives de sélection pour la résistance à l'un ou l'autre des trois parasites aient été signalées, nous ne disposons pas actuellement de variétés commerciales présentant un haut niveau de résistance.

Deux autres *Alternaria* ont été signalés aux États-Unis sur Tomate :

A. tomato : conidies de même type que celles d'*A. solani*, mais plus petites, provoquant sur les fruits des lésions en « tête de clou » (*nail head spot*).

A. alternata f. sp. *lycopersici* : espèce à spores en chaines, provoquant sur fruit de nombreuses petites lésions superficielles et des chancres sur tige.

. Ces deux maladies n'attaquaient qu'un petit nombre de variétés, aujourd'hui disparues des catalogues américains.

Stemphylioses

Sur feuillage de Tomate, les taches dues à des *Stemphylium* peuvent être confondues, par leur petite taille, avec celles de moucheture ou de gale bactérienne. Vues à la loupe elles sont plus anguleuses, nécrotiques en creux et non pustuleuses, avec une microzonation.

Contrairement à ce qui se passe pour *A. solani*, les feuilles de tous âges et les plantes aussi bien en voie de croissance que de production peuvent être attaquées. La défoliation peut devenir très grave en conditions chaudes et pluvieuses (optimum 25 °C). La maladie est régulièrement observée sous climats tropicaux ou subtropicaux humides, mais aussi en conditions sud-méditerranéennes, favorisée par l'irrigation par aspersion et l'humidité nocturne des zones côtières.

Plusieurs espèces de *Stemphylium*, différentes par leurs mensurations et la forme plus ou moins élégante des conidies, ont été décrites sur Tomate (v. fig. 46) : *S. solani*, *S. floridanum* = *S. lycopersici*, *S. botryosum* f. sp. *lycopersici*, *S. vesicarium*... Cependant un même gène de résistance **Sm** (dominant) induit vis-à-vis de ces stemphylioses une résistance totale et stable.

Introduit sciemment en Floride dans les variétés sélectionnées à Homestead ou à Bradenton, il l'a été de façon involontaire dans beaucoup d'autres

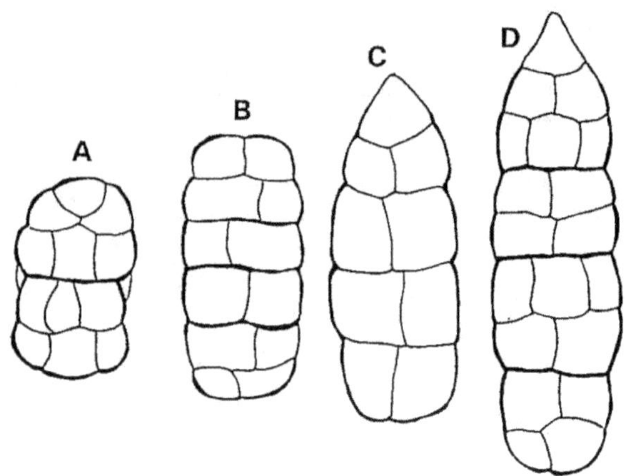

Figure 46. — Divers types de *Stemphylium* pouvant attaquer la Tomate.
A : *S. botryosum* (le plus souvent saprophyte).
B : *S. vesicarium*.
C : *S. solani*.
D : *S. floridanum* (syn. *S. lycopersici*).

variétés récentes, du fait de son linkage avec les gènes **I** et **I₂**, situés près de **Sm** sur le chromosome 11.

Le Poivron est signalé comme sensible à *S. solani* en Floride. Un *S. vesicarium* attaque gravement en Afrique certaines variétés de *Solanum aethiopicum*.

Mildiou de la Tomate (fig. 47)

Le mildiou de la Tomate est provoqué par *Phytophthora infestans*, qui est aussi la cause du mildiou de la Pomme de terre. Les taches foliaires sont semblables chez les deux espèces : nécrotiques, irrégulières, d'extension rapide, entourées d'une marge livide où l'on peut voir à la face inférieure les fructifications du *Phytophthora* (duvet blanc fugace). Sur les tiges on voit de grandes taches brunes irrégulières, pouvant les ceinturer complètement.

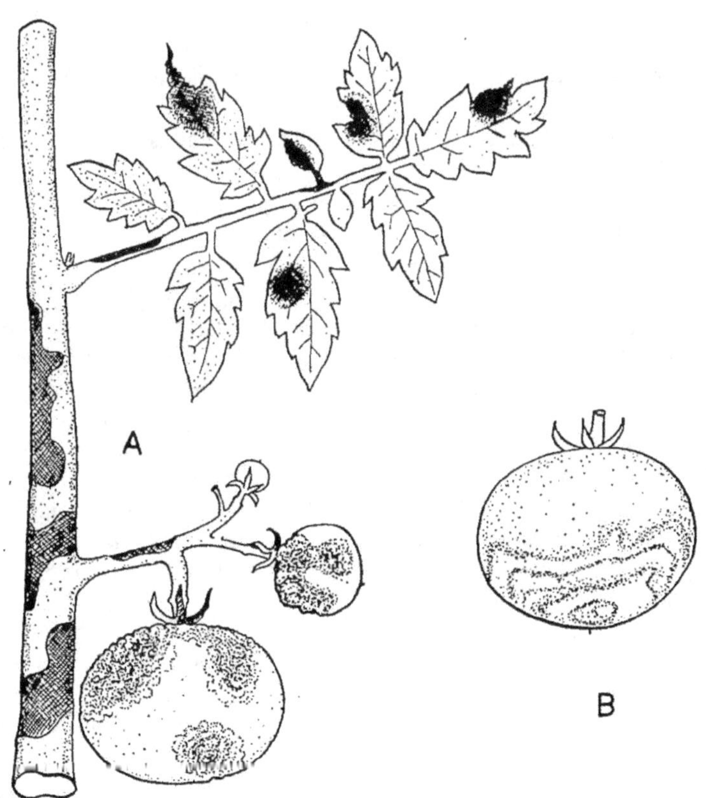

Figure 47. — Dégâts de Mildiou sur Tomate.
A : *Phytophthora infestans* sur plante adulte.
B : Fruit de Tomate atteint par le Mildiou terrestre (*Phytophthora nicotianae* var. *parasitica*).

Sur les fruits, attaqués lorsqu'ils sont encore en voie de croissance, apparaissent des plages marbrées de brun, bosselées, avec souvent une zonation festonnée. Un fruit partiellement attaqué peut arriver à rougir. La partie malade reste alors d'un vert brunâtre, ou d'un jaune marbré de brun.

Les attaques de mildiou ont besoin pour se déclarer de pluie ou de rosées abondantes suivies d'une période de ciel couvert et d'humidité saturée, accompagnées de températures comprises entre 10 °C et 25 °C (optimum pour l'émission des zoospores et la pénétration **13** °C, pour la croissance du mycélium **23** °C).

Les conidies (ou sporanges) de *P. infestans* sont produites en très grand nombre (plusieurs milliers par tache), mais beaucoup plus fragiles que celles d'*Alternaria*. Les attaques de mildiou sont donc plus rares que celles d'Alternariose mais beaucoup plus foudroyantes.

Le mode de perpétuation des souches « Tomate » de *P. infestans* est assez mystérieux dans les pays où l'hiver est gélif. Même chez la Pomme de terre, la conservation du mildiou par le tubercule est un événement rare (en Hollande un foyer primaire pour 30 ha). On ne doit pas exclure que les souches « Tomate » (virulentes aussi sur Pomme de terre) se perpétuent par ce moyen.

Dans les pays méditerranéens méridionaux, les repousses, les semis naturels, les cultures hivernales de Tomates assurent la survie de *P. infestans*, ainsi que des Solanées spontanées. Par contre les mois secs à maxima supérieurs à 30 °C constituent pour lui une période difficile.

Dans les climats des rives Nord de la Méditerranée (Provence, Roussillon, Toscane) le mildiou de la Tomate traverse chaque année deux périodes défavorables : hiver, été, et les épidémies ne s'observent pas tous les ans.

Le système d'avertissement mis au point par Guntz et Divoux pour la Pomme de terre dans le Nord de la France part d'un décompte des périodes favorables à l'infection et des durées d'incubation en fonction des températures, permettant de reconstituer des **cycles de développement** (de la contamination à la sporulation). Étant donné la considérable régression hivernale de l'inoculum, le mildiou ne devient épidémique qu'après deux cycles (non chevauchants) en Bretagne, trois en conditions plus continentales.

Ce système est applicable en Provence où l'on totalise parfois (tous les dix ans...) trois cycles printaniers, conduisant à une épidémie en juin. Dans le cas contraire, la prévision des épidémies de septembre doit tenir compte de la régression estivale de l'inoculum : on revient d'un cycle en arrière si l'on totalise 30 jours à maxima égaux ou supérieurs à 30 °C.

Cette règle semble aussi s'appliquer à la régression estivale du mildiou dans les pays sud-méditerranéens.

Le mildiou de la Tomate apparaît dès les premières pluies automnales à Casablanca, où les maxima ne dépassent jamais 30 °C et seulement après que l'on ait compté deux ou trois cycles de développement à Tunis, où l'on totalise en été 60 à 100 jours à maxima supérieurs à 30 °C.

Dans les climats atlantiques doux (Bayonne) le mildiou est présent en général dès le mois de juin.

Dans les régions intérieures du Sud-Ouest de la France (ex. : Marmande), la situation est intermédiaire : les années sans mildiou sont plus rares qu'en Provence.

Bien entendu ces données épidémiologiques s'appliquent à une situation où sont présentes de vastes surfaces de cultures de tomates peu ou mal traitées : c'était celle des années 50-60. L'adoption des avertissements agricoles et la généralisation des traitements font aujourd'hui que le mildiou n'apparaît même plus à la date prévue par le système.

En conditions tropicales *Phytophthora infestans* peut être présent toute l'année à des altitudes supérieures à 800 m.

En plaine il ne se manifeste qu'à l'occasion de pluies hivernales liées aux « fronts froids » et quand les minima sont inférieurs à 18 °C (côtes Nord de Cuba, Haïti, République dominicaine et Réunion).

Phytophthora infestans est efficacement combattu par les produits cupriques, les éthylène bis dithiocarbamates et les mélanges organo-cupriques. Sur Pomme de terre, l'usage du métalaxyl a suscité l'apparition de souches résistantes.

C'est au Mexique que *P. infestans* est le plus diversifié génétiquement et présente le maximum de virulence sur Tomate et Pomme de terre. C'est là seulement qu'il produit des oospores, grâce à la présence de deux groupes de compatibilité A_1 et A_2, alors que dans le reste du monde seul A_1 s'est répandu. C'est à partir de lignées mexicaines de *L. esculentum* qu'on a pu obtenir des résistances variétales.

On doit distinguer vis-à-vis de la Tomate trois « races » possibles de *P. infestans* :

T.00, n'attaquant que la Pomme de terre

T.0, attaquant les variétés de Tomate dépourvues de gènes de résistance

T.1, attaquant les lignées de Tomate pourvues du gène **Ph 1**, qui s'est très vite révélé peu efficace.

(Ces spécificités ne se manifestent que vis-à-vis du feuillage et des tiges, les fruits verts de Tomate peuvent être envahis par toutes les souches de *P. infestans*).

Un gène **Ph 2**, extrait par Gallegly de la variété de Tomate mexicaine « Wva 700 » est aujourd'hui disponible dans de nombreuses variétés et hybrides F_1 (suffixe « line » dans les obtentions INRA). Son efficacité reste stable, bien que non totale (retard de deux cycles dans l'épidémie foliaire). On utilisera ces cultivars en parcelles homogènes, car **Ph 2** ne protège pas les fruits : à l'abri d'un feuillage intact, ils peuvent être gravement attaqués au voisinage de parcelles de variétés sensibles fournissant l'inoculum (de la même façon que dans un champ de tomates de variétés courantes au voisinage d'un champ de pommes de terre ravagé par la race T.00).

En conditions de jours courts et faible luminosité (hiver des pays méditerranéens méridionaux) l'efficacité du gène Ph 2 peut se révéler insuffisante.

L'Aubergine est signalée comme sensible à *P. infestans* sur jeunes plantes en Israël, elle est immune à l'âge adulte. De même les jeunes plants de Poivron sont sensibles à certaines souches de *Peronospora tabacina* (mildiou du Tabac).

Oïdiums

○ **Leveillula taurica** (v. chap. I, p. 28) est le plus fréquent. Cet « oïdium interne » attaque la Tomate, l'Aubergine et le Poivron.

Sur Tomate on observe sur la face supérieure des feuilles des plages jaunes qui finissent par se nécroser au centre, avec un discret feutrage blanc à la face inférieure.

Sur Aubergine le *Leveillula* est plus rare, *S. melongena* est moins sensible que certains *S. aethiopicum* cultivés en Afrique.

Sur Poivron l'évolution de la maladie est rapide, l'apparition du feutrage blanc à la face inférieure des feuilles coïncide avec une nécrose en « point de tapisserie » aboutissant à leur dessèchement et à leur chute.

Cette maladie se développe par temps chaud (optimum 26 °C) en l'absence de pluies. Elle est cependant favorisée par une humidité assez élevée (70-80 %) surtout la nuit.

Elle se rencontre plus fréquemment sur la Côte d'Azur qu'en Provence intérieure. Elle est également redoutée en Palestine, en Tunisie et pendant la saison sèche des climats sahéliens (zone du Cap Vert au Sénégal).

Des différences de sensibilité variétale s'observent chez les 3 hôtes. Chez la Tomate certaines variétés hawaïennes (ex. : « Anahu ») sont particulièrement sensibles. Chez l'Aubergine des variétés résistantes ont été signalées aux Indes. Chez *Capsicum annuum* une première source de résistance est constituée par PM 687, mais cette résistance est associée à une tendance à la chute des premières fleurs. La résistance de « PM 807 » (d'origine éthiopienne) est plus intéressante (travaux de l'INRA-Montfavet). En Bulgarie, on s'intéresse à une résistance dérivée de *C. chinense*.

○ Un **Oïdium** de type *Erysiphe cichoracearum* se manifeste plus rarement sur Solanées.

L'alerte la plus sérieuse est récente : elle concerne la Tomate. L'oïdium est apparu d'abord en Hollande (1986), il a ensuite envahi les serres anglaises (1987) et françaises (1988). Des développements analogues d'oïdium sur Tomate avaient été déjà observés au Japon (1978) et en Australie (1980). Peut-être les serristes devront-ils s'habituer à vivre avec cet Oïdium, de la même façon qu'avec ceux des Cucurbitacées. L'*E. cichoracearum* de la Tomate semble incapable d'attaquer les Cucurbitacées, il infecte par contre l'Aubergine *in vitro*.

Cladosporioses et Cercosporioses

On continue à appeler « Cladosporiose de la Tomate » la maladie provoquée par *Fulvia fulva* (autrefois *Cladosporium fulvum*). Les attaques se manifestent par des taches jaunes à la face supérieure des feuilles, angulaires mais à contours estompés, correspondant à la face inférieure à un velouté brun-violacé (il existe aussi des souches grises, aussi bien en culture que sur les plantes).

Dans le cas de très fortes attaques, le velouté peut gagner la face supérieure.

La sénescence des feuilles atteintes est accélérée, elles finissent par jaunir entièrement et se dessécher.

Les températures cardinales pour le développement de *F. fulva* sont 5 °C-25 °C-34 °C. Les conidies, véhiculées par de faibles courants d'air, germent en l'absence d'eau liquide, à des humidités relatives comprises entre 85 et 100 %. Les vents violents, les fortes pluies contrarient le développement de la Cladosporiose.

En climat méditerranéen on ne la rencontre que très rarement en plein air : nous ne l'avons observée en Provence que dans des parcelles entourées de 4 haies épaisses.

Par contre les saisons sèches des climats tropicaux, le printemps de Floride, lui sont très favorables, et plus encore les conditions de culture sous serre vitrée ou sous abris plastiques, de l'Angleterre au sud de l'Italie ou de l'Espagne.

La lutte contre *Fulvia fulva* reposera :

— sur des pratiques culturales, en particulier, en serre, combinaison de l'aération et du chauffage pour arriver au-dessous des humidités relatives favorables à la maladie signalées ci-dessus (85 % le jour, 100 % la nuit) ;

— sur la lutte fongicide, possible aussi bien avec une très bonne couverture de produits classiques (manèbe, mancozèbe, chlorothalonil) qu'avec des systémiques : benzimidazoles (pas de résistance signalée), triforine, fénarimol ;

— et, mieux encore, sur la résistance variétale : de très nombreux gènes « **Cf** » ont été décrits chez divers *Lycopersicon* et transférés à des variétés commerciales de Tomate. Mais l'évolution du parasite vis-à-vis de ces résistances s'est montrée bien différente en plein air (zones tropicales et subtropicales) et en serre.

Dans le premier cas le gène **Cf** 2 (provenant d'un *L. pimpinellifolium*), présent dans de nombreuses variétés sélectionnées en Floride (ex. : « Manalucie », « Floradel ») reste efficace de nos jours. Il présente cependant deux inconvénients : situé sur un *locus* très proche de **Mi**, on ne pouvait réunir les deux résistances qu'à l'état d'hybride F_1. Un recombinant **Mi-Cf** 2 a été récemment obtenu. Par ailleurs, là aussi par linkage étroit avec un gène récessif **ne**, il provoque dans beaucoup de génotypes de Tomate une tendance à des nécroses foliaires non parasitaires, auxquelles échappent bien sûr les hybrides F_1 hétérozygotes, et les variétés « Manalucie », « Floradel » citées ci-dessus.

Par contre, dans les serres et abris des pays tempérés *Fulvia fulva* a successivement surmonté les gènes les plus « forts » qui lui ont été proposés, en particulier **Cf** 2 et **Cf** 4 (issu de *L. hirsutum*), dont la combinaison est cependant restée efficace pendant une dizaine d'années.

Cf 5 (issu de *L. hirsutum*) est lui aussi surmonté aujourd'hui.

La situation est rendue confuse par la nomenclature utilisée par certains

catalogues de semences, qui désignent les races de *Fulvia* par des lettres, et
non par les numéros des gènes surmontés :

> A = race   2   surmontant Cf 2
> B = race   4   surmontant Cf 4
> C = race   2-4   surmontant Cf 2 et Cf 4
> D = race   5   surmontant Cf 5
> E = race 2-4-5 surmontant Cf 2, Cf 4 et Cf 5

Une variété sera présentée soit comme « résistante à A, B, C, D » (donc
sensible à E = 2-4-5), ou comme « C^4 » (résistante aux 4 premières races).

Les sélectionneurs s'intéressent aujourd'hui à des gènes d'origine très
diverse, s'échelonnant (en 1989) de Cf 6 et Cf 23, et à un certain nombre de
géniteurs supplémentaires dont la résistance n'a pas encore été caractérisée
génétiquement. Ils se sont en principe entendus entre eux pour ne pas sortir
d'hybrides F_1 ne résistant que par un seul gène aux races les plus virulentes
actuellement connues (ex. : 2-5-9), afin d'éviter à *F. fulva* une évolution « pas
à pas » qui lui serait trop facile.

Dans les pays tropicaux très humides et peu ventilés *Cercospora fuliginea*
provoque une « Cladosporiose noire ». Cette maladie est fréquemment observée en Côte d'Ivoire.

Sur Aubergine, on observe parfois *Cercospora deightonii* sous l'aspect d'un
velouté fauve à la face inférieure des feuilles — beaucoup moins souvent
cependant que sur la plante sauvage *Solanum torvum*.

Sur Poivron, *Cercospora unamunoi* * (syn. : *Cladosporium capsici*) apparaît
sous les feuilles comme un velouté olivâtre ; on l'observe souvent sous serre
en Italie, en plein air dans les pays tropicaux. Son épidémiologie est analogue
à celle de *Fulvia fulva*.

Les *Fulvia* et *Cercospora* des Solanées maraîchères peuvent être envahis
par des *hyperparasites*, apparaissant comme une moisissure blanche qui envahit le velouté plus foncé des *Fulvia* ou *Cercospora*.

Le plus fréquemment décrit dans le monde, aussi bien en plein air dans les
pays tropicaux que dans les serres tempérées est *Hansfordia ugadensis* (syn. :
H. pulvinata, *Botrytis yuae*) que l'on peut cultiver en milieu artificiel et que
l'on a proposé comme moyen de lutte biologique.

Plus récemment Blancard a observé en France *Acremonium sclerotigenum*.

Botrytis cinerea

Quand elles se développent dans des conditions de forte luminosité et de
températures optimales, les Solanées maraîchères ne souffrent guère des
attaques de ce parasite de faiblesse (v. chap. I, p. 38 pour sa description
générale, chap. II, p. 110 pour sa sensibilité aux fongicides).

---

* *Cercospora capsici*, observé plus rarement, appartient au contraire à la catégorie des
Cercospora à taches nécrotiques.

Par contre, sous éclairement insuffisant, soumises à des températures souvent comprises entre 15 °C et 20 °C, les plantes étiolées pourront souffrir de graves attaques sur tous les organes, soit à partir de « bases nutritives » constituées par des feuilles sénescentes, fleurs non fécondées, moignons de bourgeons ou de pétioles (à la suite de tailles ou d'effeuillages), soit même à la suite d'invasions directes de feuilles.

Ces attaques ne se produiront en plein air, sur cultures de saison, que dans des régions particulièrement humides (ex. en France : Bordeaux, Bayonne), ou sur les plantations tardives au cours d'automnes méditerranéens pluvieux.

Les plants élevés sous chassis froids, à trop forte densité pourront souffrir d'attaques sur tiges à partir des cotylédons fanés, entraînant leur mort en pépinière, ou se manifestant après plantation.

Les attaques directes sur feuilles seront surtout observées sous serre, en particulier sur Tomate, chez laquelle elles apparaissent comme de grandes taches largement zonées, se prolongeant le long des nervures, avec une bordure livide.

Toujours sous serre, à partir des « bases nutritives » signalées ci-dessus ou de blessures, les attaques sur tiges pourront aller de petits chancres latéraux à une nécrose les ceinturant complètement.

Les fruits pourront être atteints à partir des sépales, ou de blessures diverses — en particulier, sur Aubergine, chez les variétés épineuses. Les pourritures de fruits sont humides et molles.

Sur tous ces organes, en conditions humides, se développera la moisissure grise caractéristique du *Botrytis*.

L'amélioration des pratiques culturales sera importante pour réduire ces attaques :

— éviter les semis trop denses en conditions étiolantes ;

— sous serre, allier chauffage et aération afin de réduire la durée des périodes combinant humidité saturée, condensation et températures de l'ordre de 15 °C-17 °C, tout en respectant cependant sur Tomate le thermopériodisme journalier ;

— pratiquer pour les tailles et effeuillages des sections nettes au ras des tiges.

Des périodes climatiques défavorables (ciel couvert), des impératifs d'économie d'énergie peuvent cependant rendre ces mesures insuffisantes ou impraticables et imposer une lutte fongicide.

Elle sera pratiquée par pulvérisation, ou éventuellement, sous serre, par fumigation (tétrachloronitrobenzène, autorisé en Hollande, ou chlorothalonil).

On se souviendra que dans toutes les régions horticoles, viticoles, ou productrices de petits pois ou de tournesol, les souches de *Botrytis* résistantes aux benzimidazoles sont aujourd'hui bien installées et celles qui tolèrent les dicarboximides fréquentes.

On n'utilisera donc, en culture abritée, l'iprodione, la vinchlozoline ou la procymidione qu'en alternance ou mélange avec des fongicides à large spectre, plus particulièrement avec ceux qui possèdent une activité anti *Botrytis* : thirame, dichlofluanide, chlorothalonil.

Sur cicatrices ou chancres débutants sur tiges, on pourra appliquer des pâtes à base de thirame + iprodione + huile de pétrole, ou de triadimefon.

Les attaques de *Botrytis* sur Solanées n'ont pas toujours une évolution aussi désastreuse que celle décrite ci-dessus. Sur plants de tomate poussant dans de bonnes conditions, mais à proximité d'importantes sources d'inoculum de *Botrytis* (ex. : fraises), on peut observer sur fruits des « taches fantômes » (anglais : *ghost spots*) qui correspondent à des attaques avortées. Autour d'un minime point nécrotique central, on observe un mince anneau décoloré de 5 à 10 mm de diamètre, apparaissant en blanc sur le fruit vert, puis en jaune sur le fruit mûr, ne nuisant en rien à la qualité de celui-ci.

Sclerotinia sclerotiorum

On observe le plus souvent sur Solanées maraîchères la forme à gros sclérotes. Même en début de végétation, les plants de tomate succédant dans le Roussillon à des salades très attaquées ne souffrent pas de dégâts de *S. minor*.

Les attaques en serre sont assez rares, mais peuvent devenir très graves. En plein champ, en saison pluvieuse (Sud-Ouest de la France, mais aussi Tunisie) les dernières récoltes de Tomate, plus souvent encore d'Aubergines ou de Poivrons peuvent souffrir de graves attaques sur les tiges et les fruits.

En prévision de ce risque, on pourra appliquer en fin de culture des traitements à base de benzimidazoles ou de dicarboximides.

Phomopsis vexans sur Aubergine (fig. 48)

Ce champignon se développe sur Aubergine en conditions chaudes et pluvieuses. Décrit en Italie (1881) il est surtout redoutable dans le Sud-Est des États-Unis et en climat tropical. Il est au contraire absent en zone méditerranéenne.

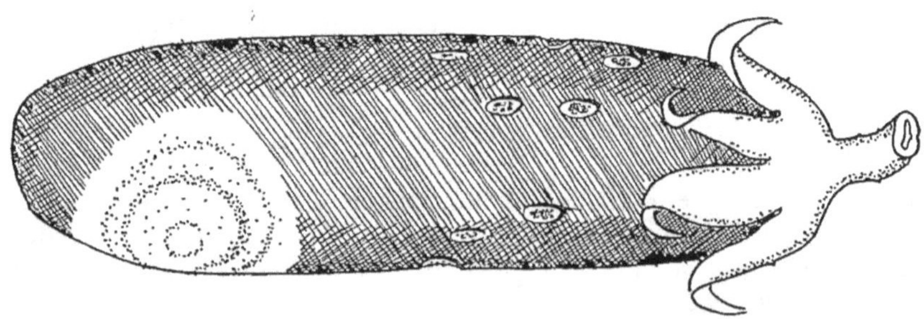

Figure 48. — *Phomopsis vexans* et *Colletotrichum gloeosporioïdes* f. sp. *melongenae* sur fruit d'Aubergine.

Les symptômes classiques consistent en mortalités de plantules (à la suite du semis de graines contaminées), suivies d'attaques foliaires en général peu importantes, et surtout de lésions sur la tige principale et les branches, entraînant la mort de plantes entières ou de ramifications, avec apparition de pycnides sur la partie morte.

Les fruits sont attaqués en cours de maturation (donc après le stade normal de récolte). Ils présentent de grandes taches beiges zonées, avec des pycnides en cercles concentriques. C'est de tels fruits qu'on extrait les graines contaminées.

Vis-à-vis de ces symptômes « classiques » de nombreuses variétés tardives adaptées aux climats subtropicaux et tropicaux sont résistantes (alors que les « Violettes de Barbentane » sont très sensibles). On peut citer « Florida market » (américaine), « Zebrina » (espagnole), ainsi que « Ceylan SM 163 » et « Aranguez ». L'hybride F_1 « Kalenda » cultivé depuis les années 70 aux Antilles ne comptait que des géniteurs résistants.

On a vu cependant apparaître ces dernières années de « nouveaux symptômes » de *Phomopsis* sur « Kalenda » et ses géniteurs : lésions sur jeunes feuilles, entraînant leur déformation et leur criblure, l'apex des branches prenant un aspect crispé. Les fruits peuvent être attaqués dès le stade « récolte », les lésions apparaissant une dizaine de jours plus tard à leur arrivée en Europe.

Les souches qui provoquent ces « nouveaux symptômes » se révèlent résistantes au Bénomyl, contrairement aux souches classiques.

On peut protéger les plantations de ce nouveau type d'attaques de *Phomopsis* par des pulvérisations de mancozèbe, ou mieux encore chlorothalonil, renouvelées à intervalles de 10-15 jours (résultats communiqués par G. Jacqua - INRA Antilles-Guyane).

Septoriose de la Tomate

Septoria lycopersici est un parasite du feuillage, dont les lésions sont de taille intermédiaire entre celles de *Stemphylium* et celles d'*Alternaria solani*, non zonées, à centre clair ponctué de pycnides avec une marge brune. On observe aussi des lésions nécrotiques de petite taille sur tiges et pétioles. Il n'attaque pas les fruits.

Très redouté en Europe de l'Est, il semble avoir disparu d'Europe occidentale.

Rouilles

C'est sur Aubergine que des Rouilles ont été le plus souvent signalées, en particulier en conditions tropicales. On observe sur les feuilles des cloques orangées portant les écidies de *Puccinia* attaquant les Graminées (*P. papsalicola*, *P. penniseti*). Aux Antilles françaises ces taches sont en fait beaucoup plus fréquentes sur feuilles de *Solanum torvum* que sur celles d'Aubergine. Elles peuvent devenir importantes en Côte d'Ivoire.

A Madagascar, Bouriquet a décrit dans les années 30 un *Puccinia angyvii*, autoïque, présentant tous ses stades de développement sur l'Aubergine, attaquant aussi bien les tiges que le feuillage.

Anthracnoses sur fruits

On peut trouver sur fruits de Solanées maraîchères des *Colletotrichum* appartenant aux groupes 1, 3 et 4 décrits dans notre premier chapitre (v. p. 29), suivant les climats ou les hôtes l'un ou l'autre prédominera. Le plus souvent on n'observe de dégâts que sur les fruits mûrs, sous forme de taches déprimées pouvant atteindre 1 cm de diamètre, plus ou moins marquées de noir au centre par le développement du mycélium, se recouvrant en fin d'évolution de pustules rose orangées ou noirâtres (acervules plus ou moins sporifères ou riches en *setae*).

L'infection des fruits peut cependant avoir lieu alors qu'ils sont encore immatures, mais l'*appressorium* produit par la conidie germée reste en général latent jusqu'à la maturation du fruit.

Sur Tomate, le *Colletotrichum coccodes*, le plus souvent décrit, apparaît au groupe 3 (il est en fait synonyme du *C. atramentarium* des racines). Mais, dans les climats subtropicaux on rencontre aussi bien sur Tomate des *C. gloeosporioides* ou *acutatum* * (groupe 1) ou *capsici* (groupe 4), en Floride, par exemple.

La lutte contre l'Anthracnose des fruits de Tomate sera un des principaux soucis en production destinée à la conserverie : les échanges internationaux de concentré de Tomate sont soumis à un test microscopique d'observation des filaments mycéliens présents dans la pâte, où ceux de *C. coccodes* marquent tout particulièrement. On tiendra compte de la possibilité d'infections latentes pour réaliser les traitements fongicides appropriés sans attendre le rougissement des fruits (à l'aide, par exemple, de dithiocarbamates).

Les sélectionneurs américains de tomates destinées à l'industrie (ex. : Heinz, Campbell, Peto) se soucient de l'Anthracnose des fruits dans leurs programmes de sélection. Ils cherchent à regrouper par sélection récurrente des facteurs de résistance partielle : moindre réussite de la pénétration à travers la peau du fruit, croissance plus lente du mycélium dans la chair.

Sur Poivron, le *Colletotrichum* le plus fréquemment décrit est *C. capsici* (groupe 4, conidies en forme de croissants). Sur piments piquants cette Anthracnose peut poursuivre son développement au cours du séchage des fruits rouges.

Ce n'est que dans quelques régions du monde que des *Colletotrichum* se révèlent capables d'attaquer des fruits immatures de Solanées maraîchères :

---

* Pour certains auteurs, *C. acutatum* se distingue de *C. gloeosporioides* par la forme des conidies, quelque peu pointues à l'une des extrémités.

en Corée un *C. gloeosporioides* attaque les fruits verts des *Capsicum annuum* piquants.

Sur Aubergine, dans la zone antillaise et au Brésil une Anthracnose attaque gravement les fruits dès avant le stade de récolte. Elle est provoquée par le *C. gloeosporioides* f. sp. *melongenae* * (décrit par Fournet - INRA Antilles-Guyane). Le réservoir naturel de ce *Colletotrichum* est constitué par les fruits très gravement attaqués de l'arbuste sauvage *Solanum torvum*.

Cette Anthracnose a constitué un grave handicap au démarrage des exportations vers l'Europe d'aubergines produites aux Antilles. « Florida market » et « Ceylan SM 163 », géniteurs du premier hybride F_1 cultivé aux Antilles étaient sensibles à l'Anthracnose, ce qui a motivé de la part de Fournet des études sur les traitements fongicides au champ et sur les trempages à l'eau chaude additionnée de thiabendazole ou de bénomyl avant expédition.

De nombreuses variétés d'Aubergine sont cependant résistantes à l'Anthracnose des fruits, en particulier « Zebrina », et « Aranguez » (variété indienne reprise par F. Kaan à Trinidad). Ces deux variétés sont pourvues du même gène dominant de résistance.

Avec l'adoption de l'hybride F_1 INRA-IRAT « Kalenda » (qui tire sa résistance de « Aranguez ») les difficultés dues à cette maladie ont pris fin aux Antilles françaises.

Bien entendu le *C.g.* f. sp. *melongenae* est capable de provoquer des lésions sur Tomates et Poivrons mûrs.

Pourritures diverses de fruits

Outre l'*Alternaria solani*, le mildiou, le *Botrytis* et les Anthracnoses, les fruits de Solanées maraîchères peuvent être attaqués, de façon plus ou moins spécifique, par un certain nombre de champignons, parmi lesquels il faut distinguer ceux qui, en vrais parasites, sont susceptibles d'attaquer les fruits immatures, des envahisseurs de fruits mûrs, pénétrant le plus souvent à partir de fentes ou blessures.

• **Sur fruits verts de Tomate**, on peut observer, au contact ou à proximité du sol (par rejaillissement de gouttes d'eau chargées de terre) des dégâts de **Phytophthora** telluriques, provoquant des pourritures envahissant le fruit en 3-4 jours, et non boursouflées, à l'inverse de celles que provoque *P. infestans*. Les espèces les plus fréquentes sont *P. nicotianae* var. *parasitica*, dont les lésions sont largement zonées (fig. 47 B) et *P. capsici* qui produit une pourriture sans zonation.

Rhizoctonia solani produit lui aussi des lésions zonées, mais d'extension plus lente (v. fig. 53 B). On observe au centre de la tache, légèrement creuse et d'un diamètre de 3-4 cm, le mycélium fauve du *Rhizoctonia*. Parfois aussi le mycélium reste superficiel, provoquant des décolorations brunes plus ou moins arborescentes sur la face du fruit qui touche le sol. On se reportera au

---

* Du fait de la forme des conidies, on pourrait le classer parmi les « *acutatum* ».

début de ce chapitre et au chapitre I, p. 42, pour les méthodes générales de lutte contre ces champignons.

• **Sur fruits mûrs de Tomate,** de nombreux champignons quasi-saprophytes peuvent pénétrer par des blessures mécaniques ou les « fentes de croissance » (voir à la fin de ce chapitre). Les plus fréquents sont des *Alternaria* de type *alternata* ou *tenuis* à spores en chaîne, des *Rhizopus* et un champignon à développement blanc crémeux, associé à des bactéries lactiques, *Geotrichum candidum* (syn. : *Oospora lactis*).

Ces altérations de fruits mûrs sont particulièrement à redouter sur les tomates industrielles, pour les lots qui ont été récoltés avec un certain pourcentage de fruits déjà trop mûrs et qui attendent un certain temps en caisses dans la cour de l'usine : attention aux filaments et spores d'*Alternaria* dans le concentré !

On a récemment proposé en France, une dizaine de jours avant récolte, des pulvérisations d'eau de Javel diluée à 0,002 ° chlorométriques, suivies d'un traitement mancozèbe ou cuivre + mancozèbe.

On préconise aussi l'addition d'eau de Javel dans le premier bain de lavage à l'usine (2 mg/l de chlore actif) pour éliminer de la surface des fruits les spores thermorésistantes d'une bactérie anaérobie susceptible de provoquer par la suite le bombage des boîtes.

• **Les Aubergines** sont elles aussi susceptibles de présenter des pourritures, bien que récoltées immatures : nous retrouvons ici les *Phytophthora*, capables de pénétrer sans blessures préalables, provoquant de grandes lésions plus ou moins zonées. De graves dégâts sont observés sous climats tropicaux humides (Antilles, Côte d'Ivoire), en particulier quand les fruits de 2ᵉ choix sont laissés à terre sur le rang en cours de récolte. Au contact du sol ils sont envahis par *P.n.* var. *parasitica* qui fructifie abondamment et contamine les fruits en voie de grossissement, par rejaillissement de gouttes de pluie.

A partir de bases nutritives (fragments de corolle attachés au calice, style desséché au bout du fruit) on peut observer, toujours en conditions tropicales, des pourritures dues au *Choanephora cucurbitacearum*.

A partir de blessures, en particulier chez les variétés épineuses, peuvent pénétrer, suivant les conditions thermiques des *Rhizopus* (températures élevées) ou *Botrytis cinerea* (v. ci-dessus).

• **Les fruits de Poivron** peuvent être envahis encore verts par *Phytophthora capsici*, et par *Botrytis cinerea* à partir de blessures. En mûrissant ils deviennent sensibles à la même série de champignons quasi-saprophytes que les Tomates. Il est donc toujours hasardeux de choisir de récolter les Poivrons rouges ou jaunes plutôt que verts, bien qu'ils soient plus savoureux et plus digestes. Les variétés modernes à chair épaisse et ferme, à extrémité bien close, ont fait cependant de gros progrès pour la tolérance à ce genre d'accidents.

VI. Maladies à virus

Les trois Solanées maraîchères peuvent souffrir d'attaques de virus : par ordre de sensibilité générale croissante Aubergine, Tomate, Poivron. Suivant les climats ou les continents, suivant aussi les conditions de culture, c'est tel ou tel virus qui prédominera dans le complexe local. Les cultures palissées, *a fortiori* les cultures sous abri, seront les plus sujettes aux virus facilement transmis par voie mécanique. Les cultures de plein champ, surtout en plantations tardives seront les plus sensibles aux virus transmis par insectes.

Virus facilement transmis par voie mécanique

• Le plus important est celui de la **Mosaïque du Tabac** (*Tobacco mosaic virus* ou **TMV**, type des « *tobamovirus* »).

Malgré son nom, il peut prendre beaucoup plus d'extension sur cultures de Tomates ou Poivrons que dans les champs de Tabac, moins fréquemment parcourus et manipulés.

Ce virus se caractérise par sa stabilité : point d'inactivation thermique (90 °C) supérieur à celui de la plupart des virus connus et sa transmissibilité très facile par voie mécanique (infimes lésions de l'épiderme ou poils brisés) à de très hautes dilutions (10^{-6}).

De nombreuses souches en ont été décrites, qui peuvent différer :

— par l'**intensité des symptômes**, qui vont de faibles mosaïques vert-clair/ vert foncé à des « mosaïques aucuba » combinant le jaune, le vert clair et le vert sombre ;

— par leur **gamme d'hôtes**. Une première distinction sépare les « souches Tabac », virulentes sur les *Nicotiana tabacum* pourvus du gène N' (ex. : « White Burley », « Paraguay » *) des « souches Tomate » qui ne provoquent sur ces Tabacs que des lésions locales. En dehors de leur réaction caractéristique sur tabacs « N' », les souches « Tomate » sont plus compétitives sur les variétés courantes de Tomate que les souches « Tabac ».

Au contraire, chez les variétés courantes de Poivron, les souches « Tabac » provoquent des symptômes moins nécrotiques en inoculation artificielle que les souches « Tomate », et se montrent plus épidémiques en conditions naturelles.

Chez les variétés de tomate ou de poivron pourvues de gènes de résistance aujourd'hui surmontés (ex. : **Tm**, **Tm 2** chez la Tomate, **L₁** chez le Poivron) c'ost à partir des groupes de souches « Tomate » et « Tabac » respectivement que se sont différenciées les souches virulentes.

● Symptômes sur les hôtes sensibles et dommages aux récoltes

Sur Tomate, seules les souches « Aucuba » sont susceptibles de provoquer une mosaïque sur les fruits. Nous avons décrit (chap. I, p. 53) le processus de « crise suivie de reprise de croissance » qui caractérise l'infection par le TMV.

On retrouve l'influence de la crise sur les récoltes, 50 à 60 jours plus tard, les fleurs épanouies pendant la crise ayant eu leur nouaison compromise par l'arrêt de croissance et la moins bonne germination du pollen.

Avec les souches communes la baisse de rendement peut atteindre 25 % pour les infections suivant de peu le repiquage au champ, 10 % pour celles se produisant un mois plus tard. Les dégâts sont nuls si l'infection se produit sur des plantes arrêtées au 4e bouquet.

Ces indications sont valables pour des cultures palissées de plein champ se développant dans de bonnes conditions de température et d'ensoleillement.

En culture sous abri, les symptômes peuvent s'aggraver en devenant légèrement filiformes (plantes souffrant d'un manque de lumière) ou en se compliquant de striures nécrotiques (plantes souffrant du froid).

Toujours sous serre, les infections touchant les plantes arrêtées dans leur croissance peuvent se traduire sur les fruits par des symptômes de nécrose de la paroi interne (*internal browning*) ou un mûrissement par plages irrégulières (*blotchy ripening*) *.

Sur Aubergine, les dégâts de Mosaïque du Tabac sont faibles ou nuls. Suivant les variétés, quand on contamine les plantules, il y a soit infection latente sans symptômes, soit apparition de lésions locales. Les plantes adultes ne sont pas réceptives.

Sur Poivron, suivant les souches et les conditions de milieu (température, éclairement) il y a seulement mosaïque du feuillage et apparition de plages mal colorées sur les fruits, ou réactions nécrotiques sur feuilles et tiges.

● Origine de l'inoculum

Le virus peut se conserver dans certains lots de cigarettes ou de tabac. Cependant, tout au moins sur Tomate, la faible compétitivité des souches « Tabac » rend cette source peu importante.

Le virus peut se conserver sur les vêtements de travail, les outils. Les deux principales voies de perpétuation sont cependant le sol et les semences.

La dégradation du TMV dans le sol semble biologique : un traitement au metham-sodium d'un sol contenant des débris de plantes malades prolonge considérablement sa conservation. Dans les couches superficielles du sol, à 20 °C, le virus est éliminé des débris en 3 mois. Il peut persister au contraire beaucoup plus longtemps sur des morceaux de vieilles racines entre 50 cm et 1 m de profondeur. La contamination par voie racinaire de la culture suivante n'est pas un événement fréquent, mais peut être à l'origine des premiers foyers.

---

* Ces symptômes peuvent avoir aussi des causes purement physiologiques.

Les graines peuvent véhiculer le virus de deux façons : en quantité importante si la gangue visqueuse des graines n'est pas éliminée par fermentation ou extraction acide, en quantité et proportion beaucoup plus faible dans l'épaisseur des téguments et dans l'albumen.

L'événement qui peut conduire à la contamination des plantules est une germination au cours de laquelle le tégument est entraîné au-dessus du sol par les cotylédons et touché ainsi que la plantule au repiquage en mottes ou en godets. Là aussi c'est un événement relativement rare, mais pouvant conduire à l'apparition des premiers foyers.

● Méthodes de lutte

L'élimination des premiers foyers reposera sur la désinfection du matériel : lavage à ébullition des vêtements de travail, passage à la vapeur des piquets si on les réutilise, etc. La désinfection du sol des serres à la vapeur (à 100 °C, non « aérée »), si l'on cultive Tomate sur Tomate ou Poivron sur Poivron, devra être longue et profonde.

L'élimination de la gangue visqueuse des graines ne sera pas susceptible de désinfecter les graines profondément contaminées. Un passage à la chaleur sèche (80 °C, 24 h) permettra d'éliminer ce type de contamination.

En cours de culture, tout au moins pour les cultures palissées précoces de plein air, ce sont avant tout les opérations d'**ébourgeonnage et d'attachage** qui propagent le virus. Nous préconisions dans les années 60 de donner aux opérateurs les ficelles destinées à l'attachage dans un pot contenant du bromure ou du chlorure de lauryldiméthyl benzyl ammonium [*] en solution à 0,5 %.

En serre cette méthode est d'application plus difficile car au lieu d'être attachées à des piquets les plantes sont enroulées autour de fils verticaux. Par ailleurs les contacts directs entre plantes contribuent dans une grande mesure à propager l'infection.

De plus, si on retarde celle-ci jusqu'au moment où on arrête les plantes, on augmente les risques d'apparition de symptômes sur fruits (internal browning, blotchy ripening).

C'est ce qui a conduit, dans les années 70, à préconiser une **prémunition** avec une souche faible de virus inoculée au stade plantule, n'entraînant dans ces conditions qu'une baisse de rendement inférieure à 5 % et mettant à l'abri des symptômes sur fruits. Cette souche avait été obtenue en Hollande par Rast, et reclonée à l'INRA-Montfavet. Des millions de doses de ce « vaccin » ont été produites et utilisées.

Toutes ces méthodes de lutte sont aujourd'hui désuètes sur Tomates de serre, puisque les hybrides cultivés aujourd'hui sont résistants à la Mosaïque du Tabac [**].

---

[*] Ces détergents cationiques sont les meilleurs inhibiteurs de transmission de virus disponibles dans le commerce. Ils sont aussi bactéricides et freineront la propagation de *Corynebacterium michiganense*.

[**] Nous les avons cependant mentionnées, à la fois pour les producteurs de tomates palissées de plein air (de plus en plus rares) et en cas d'apparition de nouvelles souches de TMV surmontant le gène **Tm 2^2**.

Deux *loci* peuvent être occupés chez la Tomate par des **gènes de résistance au TMV** :

— le gène **Tm** (chromosome 5), extrait de *L. hirsutum* a été très rapidement surmonté par des souches de « pathotype 1 » de TMV. Ces souches apparaissent en fin de culture dès la première plantation de tomates homo- ou hétérozygotes pour le gène **Tm**. Ces souches sont cependant moins agressives que les souches communes et **Tm** peut alors être considéré comme induisant une « tolérance ». A l'état homozygote, il aggrave la tendance de certains génotypes à produire des « secteurs argentés » (v. fin de ce chapitre) ;

— le gène **Tm 2** (chromosome 9) a été obtenu successivement en trois versions différentes, à partir de divers *L. peruvianum* :

« **Tm 2-nv** », lié à un gène semi-léthal **nv** qui induit chez les homozygotes une « nécrose en réseau » (*netted virescence*), mais peut être utilisé en hybride F_1 ;

« **Tm 2** » obtenu à l'INRA-Montfavet, sans effet nocif à l'état homozygote.

Ces deux allèles sont surmontés par les « pathotypes 2 » de TMV, qui apparaissent cependant plus lentement que les pathotypes 1 (il existe aussi des pathotypes 1-2).

Tm 2^2 obtenu par Alexander, qui n'a jusqu'ici été surmonté par aucune souche de TMV en conditions normales de croissance des plantes. Les hybrides aujourd'hui cultivés en serre sont hétérozygotes pour **Tm 2^2** (qui, à l'état homozygote réduit la fertilité des plantes [*]).

Comme beaucoup de gènes d'hypersensibilité, **Tm 2^2** se trouve mis en défaut à température élevée. En présence d'un inoculum important (culture côte à côte d'hybrides sensibles et hypersensibles), dans des serres où les températures varient entre 18 °C - 20 °C la nuit et 35 °C le jour, des nécroses importantes peuvent apparaître sur des plantes hétérozygotes **Tm 2^2** par généralisation de l'hypersensibilité.

Sur Poivron, en particulier pour les cultures sous serre, on est moins proche d'une solution définitive.

Un *locus* **L** peut être porteur d'allèles majeurs de résistance. L'allèle **L$_1$** (autrefois désigné par **L$_i$**) gouverne une nécrose-abscission de la feuille infectée artificiellement et se montre très efficace au champ. Il caractérise « Yolo Wonder », qui a servi de géniteur à la plupart des variétés et hybrides actuels.

En serre, par contre, on a vu apparaître dès les années 60 des souches capables d'envahir les poivrons **L$_1$**. Très spécialisées, elles ne sont pas capables d'envahir la Tomate (les 2 épidémies sont donc indépendantes) et ne provoquent sur Tabac que des symptômes très faibles. Deux nouveaux allèles **L$_2$** et **L$_3$** ont été extraits de *Capsicum chinense*, l'usage d'hybrides **L$_2$-L$_3$** a permis de protéger un certain temps les poivrons en serre en Hollande,

---

[*] Le conseil donné par Pelham, et repris par Laterrot, de ne diffuser que des hybrides hétérozygotes à la fois pour **Tm** et Tm 2^2 n'est pas suivi par toutes les firmes semencières.

jusqu'à l'apparition de pathotypes 1-2-3, d'abord en Hollande, puis en France en 1982.

De nouveaux gènes de résistance sont recherchés chez *C. chinense* (tous les facteurs de résistance des génotypes ayant fourni L_2 et L_3 n'ont pas été transmis à *C. annuum*) et chez *C. chacoense*.

Des gènes modificateurs permettant une meilleure efficacité de L_1, L_2, L_3 à température élevée ont été mis en évidence chez « Criollo de morelos » (résultats INRA-Montfavet).

Pour le moment les méthodes d'hygiène évoquées ci-dessus pour la lutte contre le TMV restent donc utiles pour les cultures de Poivrons sous serre.

• Autres virus transmis par voie mécanique

Le **virus X** de la Pomme de Terre (type des *potexvirus* *) peut envahir la Tomate. En complexe avec la Mosaïque du Tabac (même avec des souches à symptômes faibles) il provoque une striure nécrotique très grave (*double virus streak*). Depuis la disparition des variétés de Pomme de terre infectées à 100 % par le virus X, qui constituaient un formidable réservoir, ce symptôme est devenu très rare.

Au Mexique a été récemment décrit un **viroïde** voisin du « *spindle tuber viroid* » de la Pomme de terre. Il se propage par contact entre plantes et manipulations. Les symptômes sur Tomate sont graves : nanisme, épinastie, jaunissement et stérilité des plantes — d'où le nom de « *planta macho* » attribué à la maladie.

Le « Tomato bunchy top », décrit depuis les années 30 comme « virus » sur Tomate en Afrique du Sud, est lui aussi un viroïde.

Virus transmis par pucerons selon le mode non persistant

Nous trouverons dans cette catégorie la Mosaïque du Concombre et un certain nombre de potyvirus plus ou moins apparentés au virus Y de la Pomme de terre.

• Virus de la Mosaïque du Concombre (CMV)

Il peut attaquer les trois hôtes, mais devient rarement systémique sur l'Aubergine, sur laquelle toutefois on peut observer de grands ring-spots nécrotiques sur certaines feuilles, signe d'infections locales n'ayant pas progressé.

Sur Tomate, on peut observer suivant les souches deux symptômes bien différents.

Les **souches communes** provoquent la « **maladie filiforme** ». Les feuilles produites juste après l'infection sont réduites à leurs nervures, les suivantes

---

* Particules légèrement flexueuses 500 × 13 nm, RNA simple brin +, très facilement transmis par voie mécanique.

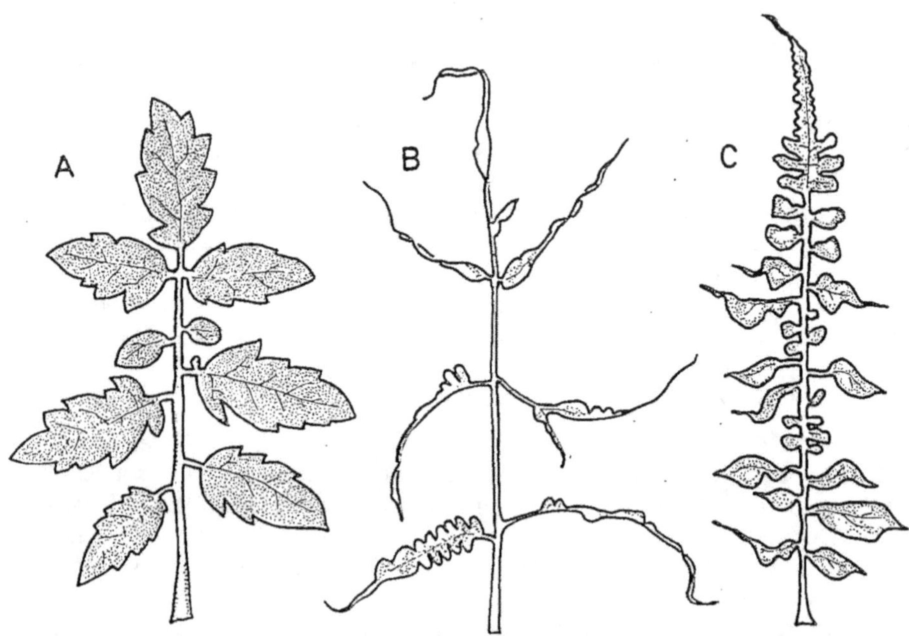

Figure 49. — Symptômes du virus de la Mosaïque du Concombre (CMV), souches communes. A : Feuille normale. B : Symptôme filiforme. C : Symptôme « Feuille de fougère » (*Fern leaf*).

exagérément découpées en « feuilles de fougères » (v. fig. 49). La croissance est ralentie, les plantes atteintes de ce symptôme fructifient très peu.

A mesure qu'ils avancent en âge, les plants de Tomate deviennent de moins en moins réceptifs à l'infection par ce type de souches : 10 *Aphis gossypii* infectieux par plante suffisent à infecter 9 plants de tomate sur 10, s'ils sont âgés de 20 jours.

Il en faut 50 pour obtenir le même résultat sur des plants âgés de 40 jours.

Cette « maladie filiforme », en conditions méditerranéennes sera donc surtout fréquente sur les plantations tardives (celles de juin-juillet dans le Midi de la France). On pourra l'observer aussi sur les cultures hivernales en serre réalisées avec des plants élevés à l'air libre, les années où les pluies d'automne sont tardives et où les pucerons ailés circulent encore en septembre-octobre. Les symptômes sont alors parfois moins nets : mosaïque des feuilles terminales et chlorose de l'ensemble du feuillage.

Dans tous les cas évoqués ci-dessus la méthode de lutte est évidente : élever les plants à l'abri des insectes (ex. : chassis grillagés).

Les **souches nécrotiques** (pourvues d'un satellite « ARN 5 » à tendance nécrotique) provoquent de graves nécroses de feuilles (débutant à la base des folioles), de pétioles et de tiges, ces dernières se développant longitudinalement dans le prolongement de la nécrose pétiolaire.

Les fruits en voie de maturation présentent des symptômes de « ring spot » en anneaux creux, restant jaunes à maturité. Le plus souvent les plantes meurent et les récoltes suivantes sont perdues.

Alors que la « maladie filiforme » atteint les plantes au hasard dans le champ, la « nécrose de la Tomate » se comporte comme une maladie à foyers. On peut, dans une certaine mesure, restreindre l'extension de ceux-ci par des traitements aphicides.

Cette maladie est pour le moment d'apparition irrégulière, imprévisible, suivant les régions et les années.

Une résistance partielle au CMV chez la Tomate est en cours d'étude à l'INRA-Montfavet, à partir d'un *L. peruvianum* lui-même obtenu à partir de croisements multiples à l'intérieur de l'espèce sauvage. Les croisements avec *L. esculentum* ont été réalisés et des recroisements sont en cours entre les premières lignées obtenues.

A plus long terme est envisagée une manipulation génétique conduisant à la production par la plante de la protéine-capside du virus.

Sur Poivron le CMV provoque * des symptômes de ring-spots nécrotiques sur les feuilles adultes au moment de l'infection, puis une mosaïque chlorotique et déformante du feuillage ultérieur. Les fruits déjà formés au moment de l'infection présentent des dessins en creux en forme d'anneaux et de lignes sinueuses qui les déprécient et les rendent sensibles aux coups de soleil (fig. 50). La fructification ultérieure est annulée.

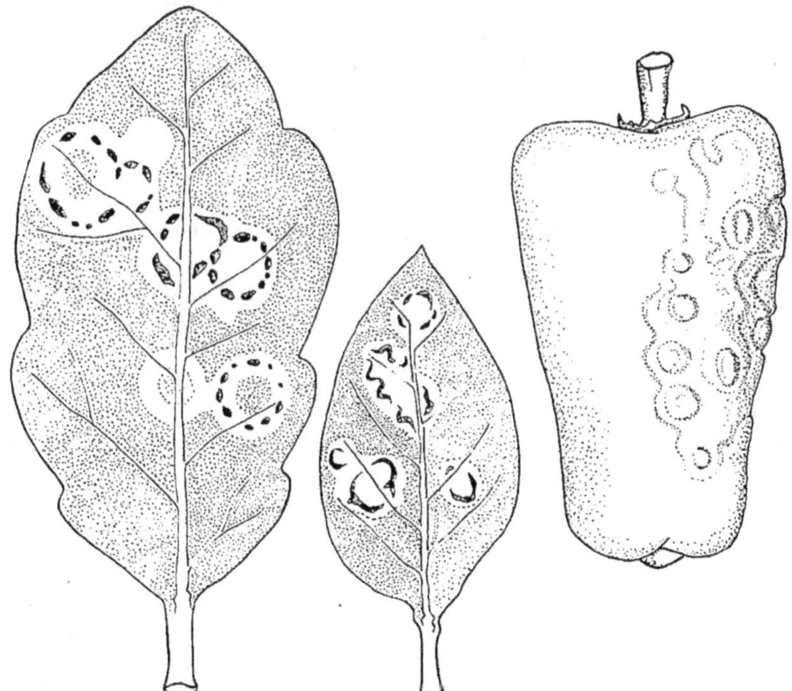

Figure 50. — Mosaïque du Concombre (CMV) : symptômes primaires sur feuilles d'Aubergine et de Poivron ; symptôme sur fruit de Poivron.

---

* Les souches « communes » ou « nécrotiques » sur Tomate ne se distinguent pas par leurs symptômes sur Poivron.

La réceptivité à l'infection des variétés courantes de Poivron est plus élevée que celle de la Tomate, et diminue moins avec l'âge. Il est courant de voir des parcelles de Poivrons très durement affectées à côté de plants de Tomate peu atteints.

On se reportera au chapitre II, p. 117, pour les méthodes générales de lutte. Les cultures de Poivrons répondent assez bien aux pulvérisations de « stylet oil ».

Dès les années 60 nous observions à l'INRA-Montfavet une moindre réceptivité au CMV chez des *C. annuum* à petits fruits piquants (ex. : « Sucette ») ou doux (ex. : « Antibois »).

Depuis, l'équipe Pochard a trouvé des résistances de plus haut niveau, bien que partielles, chez le *C. annuum* indien à fruits piquants « Perennial » et chez le *C. baccatum* « 3-4 ». Trois filières de sélection ont été établies, visant à augmenter le niveau d'une des composantes de la résistance, tout en progressant pour la beauté des fruits :

— tendance à un faible pourcentage de réussite d'infections par de faibles doses de virus, analogues à celles qu'inoculent les pucerons ;

— tendance à une « séquestration » précoce du virus par des phénomènes nécrotiques ;

— faible multiplication du virus dans la plante et tolérance.

On a procédé en 1985-86 à l'intercroisement des lignées à gros fruits provenant des 3 filières, les premiers résultats de ce travail sont disponibles en 1989 (v. ci-dessous « choix variétal »).

○ Potyvirus

Ici encore ce sont la Tomate et, beaucoup plus gravement, le Poivron qui seront concernés.

Les Potyvirus que l'on peut rencontrer sur les Solanées maraîchères seront différents suivant les climats et les continents, la situation pouvant d'ailleurs se révéler évolutive en certains lieux.

Sur Poivron ont été signalés :

le **virus Y de la Pomme de terre (PVY)**, présent dans les régions tempérées, méditerranéennes et subtropicales de l'Ancien et du Nouveau Mondes,

le **Tobacco etch virus (TEV)**, plus spécialement Nord-américain,

le **Pepper mottle virus (PMV)**, localisé au Sud des États-Unis,

le **Pepper veinal mottle virus (PVMV)**, africain et asiatique,

le **Chilli veinal mottle virus (CVMV)**, qui sévit plus particulièrement dans le Sud-Est asiatique.

(Nous avons rangé ces virus dans un ordre croissant de difficulté pour trouver des géniteurs de résistance chez les *Capsicum*).

Tous ces virus provoquent des symptômes de mosaïque sur le feuillage et une marbrure non annulaire sur les fruits. La mosaïque foliaire a plus ou moins tendance à respecter une zone vert foncé le long des nervures (*vein-banding*), les PVMV et CVMV étant les plus caractéristiques à ce point de vue.

On se reportera au chapitre II p. 117 pour les méthodes générales de lutte contre ces virus. Leurs réservoirs sauvages peuvent être différents suivant les zones géographiques, la présence de Solanées sauvages hivernantes est un facteur très favorable à leur perpétuation : *Solanum nigrum*, *Datura* spp., autres *Solanum* américains et *Physalis* spp. dans le Nouveau Monde. On a signalé aussi des plantes d'autres familles : *Cirsium* spp. (chardons), chénopodes, pourpiers. La Pomme de terre, bien entendu, peut constituer une source de virus Y, mais il est en principe absent des semences certifiées et les souches inféodées à la Pomme de terre ne sont pas les plus agressives sur Solanées maraîchères. Dans les régions tropicales, les vieilles plantes de *C. chinense* et *C. frutescens* peuvent constituer des réservoirs de virus.

La résistance variétale est le moyen de lutte le plus efficace, son usage est compliqué par la présence de plusieurs virus pouvant de plus présenter des pathotypes.

Vis-à-vis du PVY on connaît plusieurs gènes de résistance récessifs situés sur un locus vy, dont le premier a été décelé par Cook en Floride chez une plante mutante de « Yolo Wonder » (lignée diffusée sous le nom de « Yolo Y »). Il est cependant surmonté par certaines souches de ce virus.

Un gène allèle du précédent, transféré à des variétés à gros fruits (ex. : « Florida VR 2 ») à partir d'un *C. annuum* à petits fruits, contrôle la plupart des souches de PVY ainsi que le « Tobacco etch ».

L'usage de « Florida VR 2 » a mis en évidence au Sud des États-Unis et en Amérique du Sud l'importance du « Pepper mottle virus » (PMV) auquel résistent (ainsi qu'au PVY et au TEV) des variétés obtenues plus récemment, comme « Avelar » (obtenu par Nagaï au Brésil) ou « Delray Bell » (Floride), toujours par un gène récessif de la série VY.

L'équipe Pochard (INRA Montfavet) a repéré des géniteurs portant d'autres facteurs de résistance, non allèles de vy, comme « Perennial » (déjà cité pour le CMV) et « Serrano Vera Cruz ».

En collaboration avec l'ORSTOM - Côte d'Ivoire, des lignées résistantes au PVMV ont pu être trouvées dans des descendances (obtenues par haplodiploïdisation) du croisement Perennial × Florida VR 2 (action de deux gènes récessifs complémentaires). Soh *et al.* signalent un type « Chilli-7-4 » comme résistant au PVMV en Thaïlande. Les géniteurs de résistance au CVMV restent à trouver...

Sur Tomate la plupart des souches de PVY envahissent la plante sans provoquer de symptômes graves sur le feuillage et ne compromettent pas la récolte : c'est tout au moins la situation classique dans le Sud de l'Europe.

Il n'en est pas partout de même : en Argentine et en Australie subtropicale, le PVY est considéré comme le virus le plus important sur Tomate. La résistance de la variété argentine « Angela » ne s'est pas vérifiée en Australie, où l'on progresse dans l'obtention de variétés commerciales pourvues d'un gène de résistance issu du *L. hirsutum* 274807.

Des souches de PVY nécrogènes sur Tomate * sont récemment apparues

---

* Il n'y a aucune corrélation entre les vertus nécrogènes des souches de PVY vis-à-vis de la Pomme de terre et de la Tomate.

dans le Midi de la France (exemple de situation évolutive !). Elles sont capables de se perpétuer sur *Solanum nigrum, S. dulcamara*, Pourpier et Séneçon.

Elles provoquent l'apparition de nombreuses taches nécrotiques internervaires, d'aspect argenté, à la face inférieure des folioles, compromettant la croissance et le rendement.

● Autres virus transmis par pucerons selon le mode non-persistant

Le virus du **flétrissement de la Fève** * (*broad bean wilt virus*, **BBWV**) a été signalé sur Poivron en Italie du Sud et au Maroc. Il provoque sur feuilles des taches annulaires jaune vif, puis une mosaïque et des déformations du fruit. Le chevauchement des cultures hivernales de Fèves et de celles de Poivrons est un facteur favorable à la dissémination de cette maladie, qui peut aussi hiverner sur *Sinapis arvensis* (crucifère sauvage).

La **Mosaïque de la Luzerne** ** (*Alfalfa mosaic virus* - **AMV**) provoque sur Aubergine et Poivron une mosaïque aucuba, sur Tomate des symptômes de nécrose à la base des folioles, de noircissement des pétioles et des tiges et des nécroses annulaires sur fruits. Il est rare que le pourcentage de plantes attaquées soit élevé.

● Virus transmis par pucerons selon le mode persistant

On ne signale pas de **lutéovirus** dans l'Ancien Monde. Par contre, aux États-Unis (Washington, Floride, Californie), au Brésil, en Australie et en Nouvelle-Zélande un virus « jumeau » de l'Enroulement de la Pomme de terre, non discernable sérologiquement, provoque une « jaunisse apicale de la Tomate » (*Tomato yellow top virus* **TYTV** ***).

Une source de résistance a été trouvée : le *L. peruvianum* PI 128655, déjà hybridé avec la Tomate.

● Virus transmis par Aleurodes

On signale des **géminivirus** dans les pays sud-méditerranéens, subtropicaux et tropicaux des deux côtés de l'Atlantique. Mais il peut s'agir de virus différents, assez éloignés les uns des autres.

Sur Tomate on redoute au Vénézuela une mosaïque dorée (*Tomato golden mosaic*) alors que dans l'Ancien Monde c'est un symptôme « leaf-curl » (crispation-enroulement) qui prédomine (fig. 51). Il est assz illusoire de distinguer un « Tomato leaf-curl » purement vert et un « Tomato yellow leaf-curl »

---

* Ce virus n'est pour le moment rattaché à aucun groupe.

** Ce virus constitue un groupe à lui tout seul : particules bacilliformes de trois tailles 58, 48 et 36 × 18 nm, plus des particules globuleuses 18 nm. Génome divisé en 4 ARN simple brin +. L'ARN 4 (monocistronique-particules globuleuses) ne code que pour la capside.

*** Dans les années 70, le « yellow top » était considéré en Floride comme une « maladie non parasitaire ».

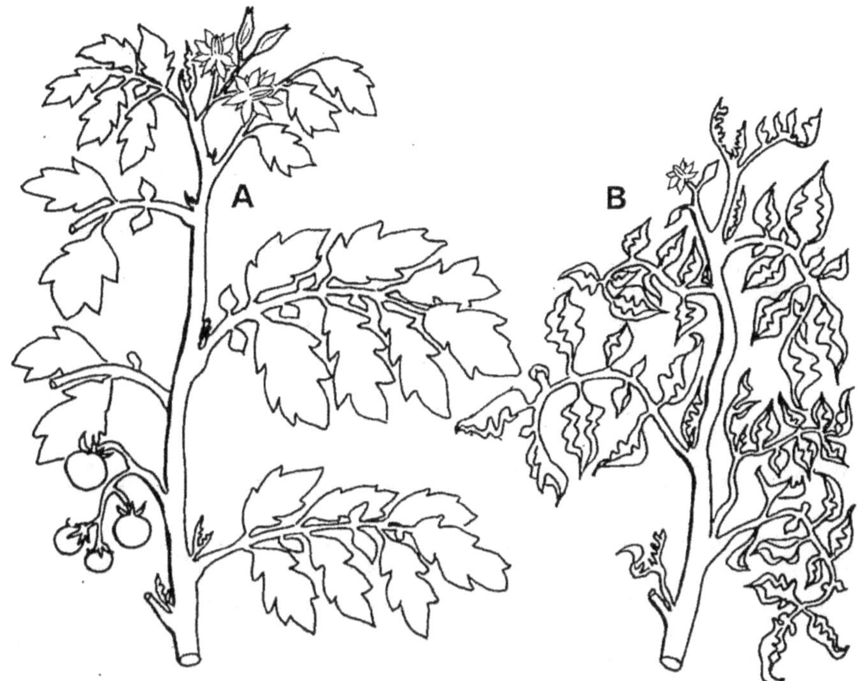

Figure 51. — Symptômes de « *Leaf Curl* » sur Tomate (B). En A, extrémité de plante saine du même âge.

combinant crispation et jaunissement, les symptômes peuvent varier avec les conditions climatiques et les souches de virus (fig. 51).

A l'époque où Cohen et Nitzany décrivaient le « *Tomato yellow leaf-curl virus* » (**TYLCV**) en Israël (1966) nous supposions l'existence d'un virus analogue en Tunisie, et un « leaf-curl » avait été décrit au Soudan sur Tomate et distingué du leaf-curl du Tabac.

Ce virus, transmis par *Bemisia tabaci* est aujourd'hui connu dans de nombreux pays d'Afrique, au Moyen-Orient et en Asie du Sud-Est. Son implantation la plus nordique est actuellement la côte méditerranéenne de Turquie (Laterrot, 1988).

On se reportera aux chapitres I et II p. 64 et 117 pour l'épidémiologie de ce genre de virus transmis par *Bemisia* et les méthodes générales de lutte.

Les *B. tabaci* vecteurs du **TYLCV** ont pour hôtes naturels des Malvacées sauvages ou cultivées (Coton, Gombo), mais se multiplient aussi sur Solanées (ex. : *Datura*, qui est aussi un hôte naturel du virus) Dans les zones sud-méditerranéennes, les populations de *Bemisia* sont à leur maximum en septembre, époque à laquelle on prépare les plants pour les cultures hivernales sous abri. C'est donc avant tout sur ces pépinières qu'il faudra appliquer une lutte directe par traitements insecticides, ou indirecte par répulsion de l'insecte, ou mieux encore par production des plants sous enceinte grillagée.

Le bénéfice tiré de ces mesures est cependant décevant par rapport aux efforts déployés... Une tolérance même partielle permettrait de mieux les rentabiliser.

Elle est actuellement disponible dans des lignées extraites de la population « TYLC » constituée à l'INRA-Montfavet en collaboration avec des chercheurs de pays contaminés (Liban, Afrique). A l'origine cette tolérance a été extraite du *L. pimpinellifolium* « LA 121 ».

A plus long terme, une tolérance de plus haut niveau pourra être obtenue à partir de croisements avec des *L. peruvianum* ayant eux-mêmes été soumis à une sélection récurrente pour la résistance.

Sur *Capsicum* un virus de type « leaf curl » est redouté aux Indes. Là encore nous retrouvons la résistance de « Perennial ».

● Virus appartenant à des groupes divers

— Le **Tomato spotted-wilt virus** [*] (TSPWV) provoque la « maladie bronzée de la Tomate ». Il est redouté dans de nombreux pays : Australie, Polynésie, Amérique du Nord et du Sud. Il provoque sur feuilles de Tomate l'apparition de nombreuses petites taches orangées qui s'assombrissent en devenant nécrotiques. Les plantes restent naines, prennent un aspect général bronzé puis flétrissent. Sur fruits déjà noués au moment de l'infection on observe des dessins annulaires concentriques.

Le spotted-wilt est transmis par quelques espèces de *Thrips* (*T. tabaci*, *Frankliniella* spp.) selon un mode semi-persistant : acquisition en 15 minutes au stade larvaire, pouvoir infectieux apparaissant au stade adulte et persistant au moins 15 jours.

De nombreuses plantes cultivées, ornementales et spontanées sont hôtes de ce virus (Solanées, Composées, Légumineuses, Ananas). Le *Galinsoga* a été signalé comme réservoir aux États-Unis.

Un certain nombre de variétés ont été sélectionnées à Hawaii dans les années 50 pour la résistance au spotted-wilt (ex. : « Pearl Harbour », et toute une série de variétés portant les noms des diverses îles de l'archipel). Leur résistance n'est cependant pas efficace vis-à-vis de toutes les souches de virus.

Une sélection a redémarré à Hawaii récemment, avec comme géniteur un *L. hirsutum* vérifié comme résistant à toutes les souches.

L'Europe semblait indemne de ce virus sur Solanées maraîchères [**]. Il a cependant été décelé en 1988, dans le Roussillon, sur Tomate.

Le Poivron et l'Aubergine ont été signalés comme sensibles à ce virus.

— Des **Rhabdovirus** ont été observés sur Aubergine et sur Tomate en Italie, au Maroc et, plus récemment, dans le Roussillon (cultures sous abris, attaques pouvant atteindre 50 %) et dans le Vaucluse (cultures de plein champ, pourcentages faibles).

---

[*] Virus unique en son genre, à particules sphériques pourvues d'une enveloppe lipoprotéïque, 85 nm.

[**] Les chrysanthèmes cultivés en Europe sont par contre souvent contaminés et ont pu éventuellement jouer le rôle de sources.

Le symptôme majeur sur Aubergine et Tomate est un jaunissement intense des nervures, s'accompagnant chez l'Aubergine de nanisme et rabougrissement, avec un feuillage cloqué. Sur Tomate, les fruits sont rabougris avec des taches jaunes.

Ces symptômes sont attribués à des souches de l'*Eggplant mottled dwarf virus* (**EMDV**) décrit par Martelli en Italie, toutes sérologiquement apparentées, mais pouvant différer par leurs réactions sur différents hôtes. L'insecte vecteur est encore inconnu, les essais de transmission par pucerons ont échoué.

Un rhabdovirus différent de l'EMDV a été décrit sur Tomate en Australie.

— Parmi les nombreux autres virus décrits çà et là sur Solanées maraîchères, mais devenant rarement épidémiques, on peut citer des virus transmis par le sol : *Tomato bushy stunt* (« nanisme buissonneux », vecteur inconnu), *Tomato black ring*, *Tomato ring spot* (*nepovirus* transmis par nématodes, beaucoup plus importants sur des hôtes ligneux que sur Solanées).

VII. Maladies dues à des mycoplasmes

Bien que citées aux États-Unis comme hôtes des « *Aster yellows* » les Solanées maraîchères y subissent des dégâts moins importants que la Carotte ou le Céléri.

Au contraire, dans l'Ancien Monde, les dégâts de mycoplasmes peuvent devenir importants.

On peut distinguer deux types de symptômes, correspondant à des agents infectieux différents :

— arrêt de croissance avec épaississement des tiges et importantes anomalies florales : le « *Stolbur* » (fig. 52) ;

— ramification exagérée, croissance ralentie mais non stoppée, conduisant à la production de nombreuses tiges grêles à petites feuilles : symptôme « *little leaf* ».

Ces symptômes typiques s'observent sur les plantes pleinement sensibles. Dans les cas où il y a hypersensibilité avec dégénérescence ou nécrose du phloème, on observe des jaunisses avec arrêt de croissance, ou même des mortalités assez rapides.

Le **Stolbur** produit de très graves dégâts en Bulgarie du Nord et en Roumanie : des pourcentages d'attaque supérieurs à 50 % sont fréquents.

Son vecteur est *Hyalesthes obsoletus*, cicadelle se perpétuant sur Liseron des champs, qui est aussi le réservoir du mycoplasme, et manifeste des symptômes de chlorose, nanisme et ramification anormale.

Dans les pays méditerranéens situés plus à l'Ouest, les attaques sont plus irrégulières et ne dépassent 10 % que dans des cas isolés *.

---

* On a observé cependant jusqu'à 50 % sur Tomate dans le Sud-Ouest de la France en 1986-87.

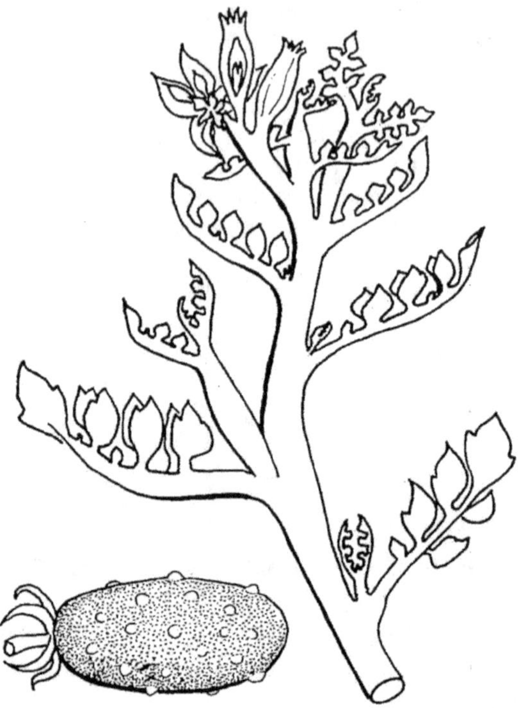

Figure 52. — Stolbur sur Tomate : symptômes sur extrémité de tige (comparer avec A et B. figure 51), et symptôme en cloques blanches sur fruit en voie de développement au moment de la contamination.

Les liserons malades sont présents, ainsi que le *Hyalesthes*, mais dans le Midi de la France, celui-ci se perpétue plutôt sur Labiées aromatiques (Thym, Lavande, Lavandin) que sur Liseron.

Sur Tomate, à partir de début août dans le Midi de la France, on observe des symptômes de « virescence hypertrophique » (fig. 52). Suivant les isolats du mycoplasme, il y a épaississement de l'extrémité des tiges avec arrêt précoce de croissance, ou bien ramification anormale avant arrêt de croissance. Les tiges et feuilles atteintes deviennent violacées. Sur les variétés de type « Roma » on observe des cloques blanches sur les fruits déjà noués au moment de l'infection.

Sur l'Aubergine, la réaction au Stolbur diffère suivant les variétés. Certaines, comme « Cerna Krazavitza » (d'origine tchèque *) manifestent comme la Tomate des hypertrophies florales, avec survie de longue durée.

---

* Mais en Tchèque ce nom ne signifie pas autre chose que « Black beauty », qui est celui d'une variété américaine classique.

Par contre, la plupart des variétés méditerranéennes (ex. : Violette de Barbentane) réagissent, dans les 30 jours suivant l'infection, par une jaunisse et une crispation du feuillage précédant de peu la mort des plantes.

Chez le Poivron, le symptôme est une jaunisse avec arrêt de croissance, mais les plantes atteintes peuvent survivre assez longtemps.

Le symptôme « *Little leaf* » est très redouté sur Aubergine aux Indes. Il est plus rare en Europe que le Stolbur, mais se rencontre parfois, constituant plus une curiosité qu'un problème sérieux. Il apparaît plus tard en saison que le Stolbur, il peut attaquer Tomate, Aubergine et Poivron.

En Bulgarie, pour lutter contre le Stolbur (qui attaque aussi la Pomme de terre avec un symptôme de jaunisse) on prescrit des pulvérisations insecticides débutant fin juin (compte tenu de l'incubation de 30-40 jours), l'élimination des liserons et l'implantation d'écrans constitués de graminées.

L'apparition de la maladie dans les autres pays méditerranéens est trop imprévisible pour qu'on puisse systématiser de telles mesures. L'obtention récente d'un **anticorps monoclonal** * détectant le mycoplasme dans ses hôtes végétaux et dans les cicadelles permettra de progresser dans la connaissance de son épidémiologie.

VIII. Dégâts d'animaux pouvant être confondus avec des maladies

Les trois types d'**acarioses** signalés au chapitre I, p. 70, peuvent être observés sur Solanées maraîchères.

Le diagnostic sera facile dans le cas des **Tétranyques**, dont les dégâts s'observent surtout sur Aubergine, en conditions méditerranéennes (en Afrique cependant *Tetranychus evansi* se montre agressif sur Tomate). Attention au dicofol sur Aubergine : sur cette plante, il est phytotoxique.

• L'**Acariose déformante** provoquée par *Polyphagotarsonemus latus* sera tout particulièrement redoutable en conditions tropicales, mais peut aussi se rencontrer sous serre dans les pays tempérés.

Sur Poivron, elle entraîne une laciniation puis un jaunissement du feuillage à l'apex des plantes, et pourra être confondue avec des dégâts de virus (rechercher au binoculaire les acariens sous les jeunes feuilles).

Sur Aubergine, les plus importants dégâts sont observés sur fruits, sous forme de croûtes liégeuses se développant à partir de leur extrémité. Au moment où ils sont évidents, les acariens ont depuis longtemps migré vers des organes plus jeunes. Les dégâts sont plus rares sur Tomate, ils pourront prêter à confusion avec ceux de *leaf curl* ou de *stolbur*. Le quinométhionate est très efficace vis-à-vis de cet acarien.

• L'**Acariose bronzée** sévit surtout sur Tomate. La prolifération d'*Aculops* (syn. *Vasates*) *lycopersici* est favorisée par le temps sec et les maxima

---

* Laboratoire du Professeur Bové (INRA - Université de Bordeaux).

supérieurs à 30 °C. On l'observera aussi bien en climat méditerranéen sur cultures d'été que pendant les saisons sèches tropicales. Les symptômes correspondent à des nécroses des poils glandulaires et des cellules épidermiques. Ils se traduisent par un aspect terne et bronzé des tiges, et une nécrose des folioles par la base, progressant à partir des pétioles. C'est une affection dont il faudra tenir compte pour l'élaboration des programmes de traitements. On luttera avec du soufre ou du dicofol.

• Les dégâts de **Punaises** apparaissent sur fruits mûrs de Tomate ou de Poivron comme des taches arborescentes jaunes, légèrement déprimées, n'intéressant que la paroi du fruit (en anglais « cloudy spot ») : c'est le symptôme provoqué par la punaise verte *Nezara viridula*. Certaines punaises tropicales provoquent des dégâts plus graves, avec noircissement interne et mauvais goût du fruit.

• *Thrips palmi*, récemment arrivé dans la zone antillaise, et au Japon sous serres, à partir du Sud-Est asiatique, est particulièrement redoutable sur Aubergine, sur laquelle il induit une coloration jaune-bronzé du feuillage et des dégâts sur fruits : courbure anormale et stries longitudinales vertes. La prolifération de cet insecte est induite par l'abus des pesticides.

IX. Maladies non parasitaires

Elles sont nombreuses sur Tomate et peuvent concerner les racines et le collet, la tige, le feuillage, aussi bien que les fruits. Certaines d'entre elles peuvent atteindre aussi le Poivron.

Asphyxie racinaire

Quand des irrigations trop abondantes ou des pluies excessives amènent le plan d'eau à la surface du sol, on peut observer sur Tomate, Aubergine ou Poivron des dégâts d'asphyxie sur racines et collet.

Dans le cas le plus grave, la plante flétrit, les racines asphyxiées étant incapables d'alimenter la plante.

Au collet, une ligne noirâtre sépare le bois vivant du bois asphyxié, au-dessous de laquelle les racines se décomposent, avec une odeur de fermentation alcoolique.

Des asphyxies partielles temporaires, mais répétées, peuvent provoquer sur Tomate, et surtout sur Poivron un symptôme de nécrose du collet et du départ des grosses racines, avec épaississement liégeux et hypertrophie lenticellaire. Les parties aériennes ont un développement réduit et un aspect jaunâtre.

Altérations de la tige

La maladie de la « **tige boursouflée** » (*crease stem*) atteint de jeunes plantes poussant sous alimentation azotée excessive. La partie supérieure de la tige s'épaissit de façon irrégulière, avec boursouflure, fasciation et nécrose interne. Il peut y avoir cassure et départ d'une nouvelle tige sur un bourgeon axillaire — si on a la chance d'en avoir conservé un ...

Certaines variétés sont plus sensibles à cet accident : en conditions tropicales ou subtropicales, « Manalucie » est plus affectée que « Floradel ».

Les symptômes de cette maladie « non parasitaire » sont proches de ceux de la « moëlle noire » attribuée à *Pseudomonas corrugata*.

Altérations du feuillage

● **L'enroulement physiologique** du feuillage de Tomate se manifeste lorsque des plantes très vigoureuses sont tenues très strictement ébourgeonnées et arrêtées à leur sommet. L'aspect des plantes atteintes est très laid, bien que leur production puisse être normale. L'action du soleil sur la face des feuilles qui normalement devrait être inférieure produit des nécroses argentées.

On peut atténuer ce phénomène en conservant une ou deux feuilles aux bourgeons axillaires au lieu de les éliminer complètement et en laissant la plante se ramifier librement au-dessus du 4ᵉ ou 5ᵉ bouquet.

● **Les intumescenses**, sur feuilles et parfois sur tiges de Tomate, sont la conséquence de l'hypertrophie des cellules sous-épidermiques principalement à la face inférieure des feuilles. Elles apparaissent comme des verrues blanches intéressant quelques mm^2, les cellules hypertrophiées font éclater l'épiderme en prenant un aspect cristallin. Elles sont très fragiles et sont détruites par le moindre frottement, ou dès que l'atmosphère devient chaude et sèche. Elles font place à des nécroses localisées et peuvent servir de point de départ au *Botrytis*.

L'apparition des intumescences est liée à une évacuation insuffisante de l'eau apportée par la sève brute, que les stomates n'arrivent pas à vaporiser totalement. Les nuits froides, l'atmosphère confinée et saturée favorisent le phénomène, qui concerne surtout les cultures sous abri : utilisation trop intensive du « cooling system », écrans thermiques.

● **Les secteurs argentés** apparaissent de façon aléatoire, par taches foliaires ou secteurs. Cette « argenture » (*silvering*) correspond à un mauvais développement de l'assise palissadique, conduisant à un décollement de l'épiderme de la face supérieure des feuilles, ou des tiges.

L'argenture est plus fréquente sur certains génotypes de Tomate, en particulier sur ceux pourvus du gène **Tm**.

Elle est favorisée par les températures diurnes anormalement basses (< 18 °C) pendant la croissance des plants destinés aux cultures sous abri.

Si l'apex d'une plante se révèle totalement ou partiellement argenté, on aura intérêt à la faire repartir sur un axillaire normal : les bouquets différenciés sur un secteur argenté fructifient mal.

Altérations des fruits (fig. 53)

● **Les coups de soleil** (*sunscald*) apparaissent sur fruits de Tomate et de Poivron comme une lésion déprimée beige-clair latérale, le plus souvent proche du calice. Ils atteignent les fruits qui, en fin de croissance se trouvent brusquement exposés au soleil après s'être développés à l'ombre du feuillage.

Une défoliation excessive (effeuillage inconsidéré, grillage par une maladie cryptogamique), ou le retournement des plantes non palissées à la récolte, favoriseront cet accident.

Les variétés à fruit de « couleur uniforme » (gène récessif **u**) seront plus sensibles aux coups de soleil que les variétés produisant des fruits à « collet vert » ou celles pourvues d'allèles intermédiaires de la série **u**.

● **Les fentes de croissance** (*growth cracks*) peuvent être concentriques, ou radiales, ou les deux à la fois.

Elles apparaissent sur la moitié du fruit de Tomate proche du calice, en fin de grossissement.

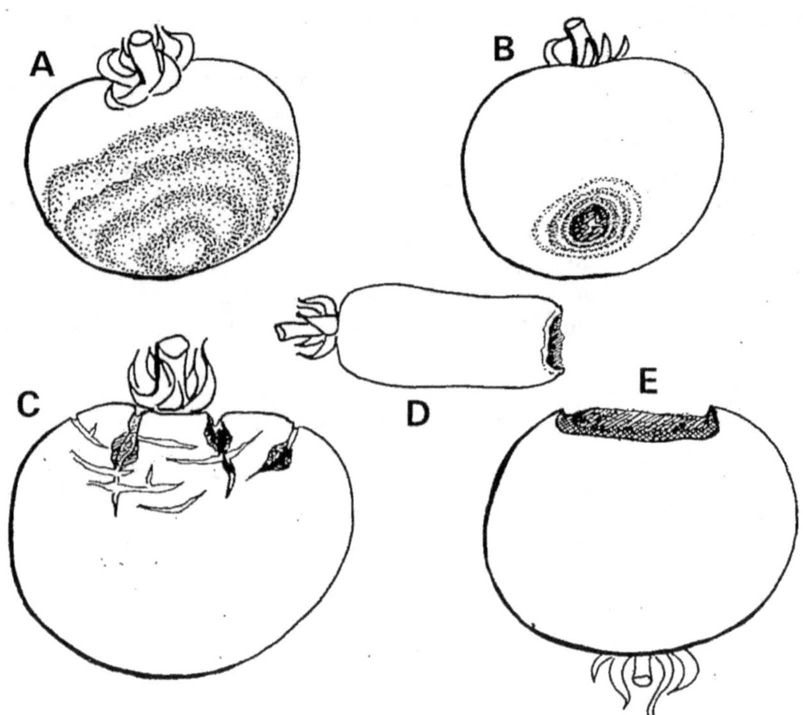

Figure 53. — Altérations diverses des fruits de Tomate.
A : *Phytophthora parasitica*.
B : *Rhizoctonia solani*.
C : Fentes de croissance, avec colonisation par des *Alternaria* saprophytes.
D-E : Nécrose apicale.

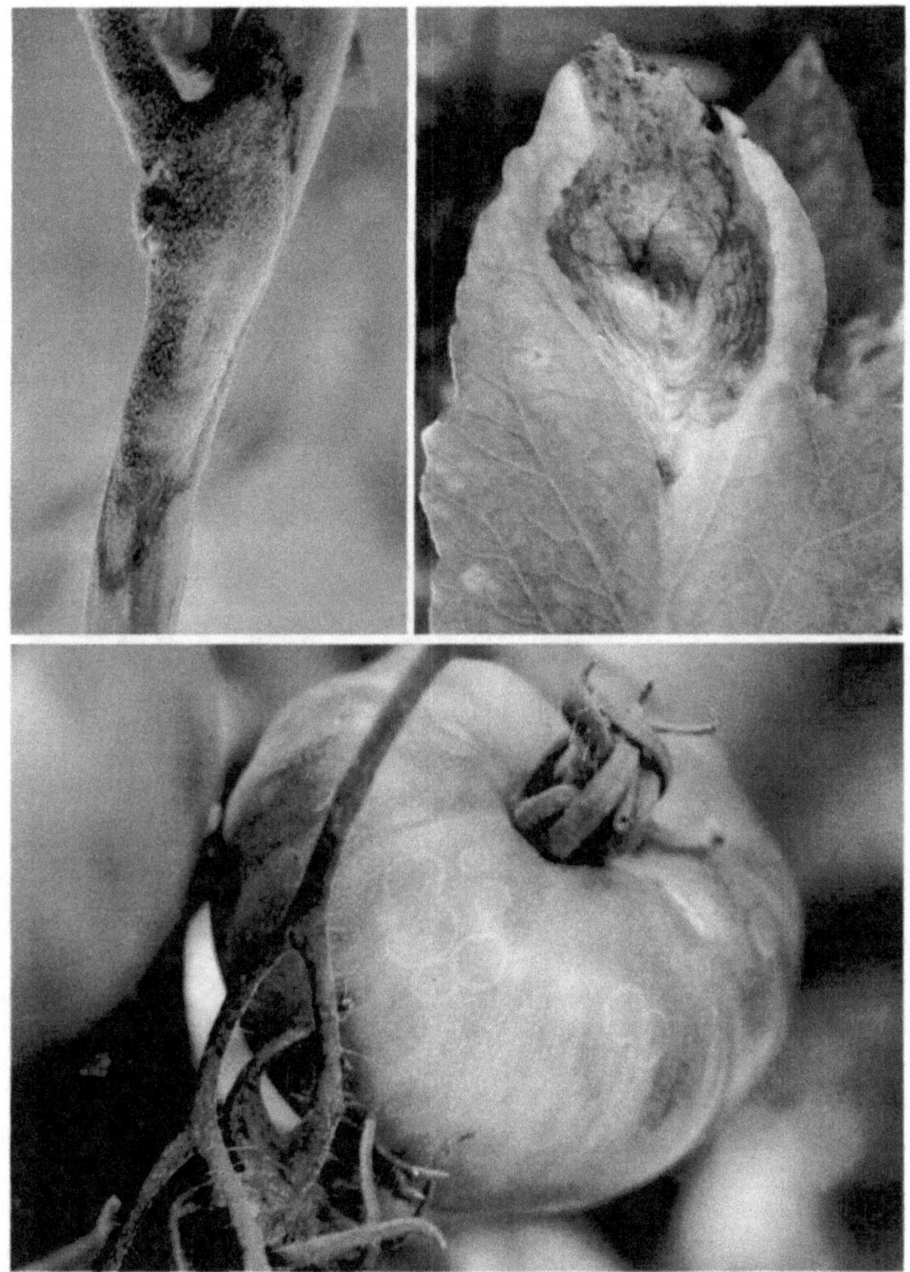

Planche 3 : Dégâts de *Botrytis cinerea*, sur tige, feuille et fruit de Tomate (dans ce dernier cas, il ne s'agit que de « taches fantômes », simple réaction d'hypersensibilité). (Photos D. Blancard, INRA-Montfavet).

Planche 4 : Virus nécrogènes sur Tomate. En haut, souche de Mosaïque du Concombre pourvue d'un ARN5 à tendance nécrotique. En bas, virus Y nécrogène. (Photos G. Marchoux, INRA-Montfavet).

Planche 5 : Quelques **maladies graves ou nouvelles sur Concombre.** En haut, à gauche, dégâts de *Phythium* sp. ; à droite, attaque au collet de *Didymella bryoniae.* En bas, chancre sur tige couvert d'un velouté bleu vert : *Penicillium oxalicum.* (Photos D. Blancard, INRA-Montfavet).

Planche 6 : Maladies foliaires sur Cucurbitacées. En haut, *Xanthomonas cucurbitae* sur feuille de Courge. En bas, Mildiou *(Pseudoperonospora cubensis)* sur Melon. (Photo D. Blancard, INRA-Montfavet).

Certaines variétés, surtout anciennes, sont particulièrement sensibles à cet accident. La « résistance » à l'apparition de fentes est un des principaux soucis des sélectionneurs.

Sur les variétés sensibles, l'apparition des fentes de croissance est liée à une évacuation insuffisante de l'eau apportée par la sève brute, par un feuillage trop réduit (ou peu actif du fait d'un temps couvert) après de fortes pluies ou des arrosages excessifs.

Protéger le feuillage des maladies susceptibles de le griller, conserver une ou deux feuilles aux bourgeons axillaires au lieu de les éliminer complètement, laisser la partie supérieure des plantes se ramifier librement, arroser souvent mais peu à la fois : toutes ces mesures réduiront la gravité des « fentes de croissance » qui sont la principale porte d'entrée des *Alternaria*, *Rhizopus*, *Geotrichum* susceptibles d'envahir les fruits mûrs.

Sur certaines variétés d'Aubergine à gros fruits globuleux (ex. : « Zebrina ») une alimentation en eau irrégulière peut provoquer des fentes sur les fruits, allant jusqu'à exposer la zone portant les graines.

• **La Nécrose apicale** (*blossom-end rot*) atteint la Tomate et le Poivron. Sur Tomate, elle se manifeste à la partie inférieure du fruit par de nombreuses petites nécroses brun-clair, d'aspect bosselé, qui confluent très rapidement pour donner une plage nécrotique beige en creux.

Cette lésion se recouvre de moisissures saprophytes (*Cladosporium herbarum*, *Alternaria* spp., parfois *Fusarium* spp.).

Chez le Poivron, bien que débutant dans la zone stylaire comme chez la Tomate, la nécrose apicale n'intéresse en général qu'un secteur de l'extrémité du fruit.

La nécrose apicale correspond à un *collapsus* des lamelles moyennes constituant le « ciment pectique » des cellules de la chair du fruit, lorsque celui-ci est insuffisamment alimenté en **calcium**.

On se rapportera au chapitre I, p. 15, pour l'étiologie générale de ce type de maladies. Sur Tomate et Poivron, les facteurs favorisants seront la véritable carence en Calcium (primitive, ou induite par la carence en Bore), ou la migration insuffisante de celui-ci sous l'influence d'une alimentation hydrique irrégulière : ici encore on doit conseiller les arrosages fréquents et modérés. Un bon enracinement est essentiel : l'abaissement, par suite de sécheresse, d'un plan d'eau proche de la surface en début de végétation entraîne de graves dégâts.

Il existe d'importantes différences de sensibilité variétale. D'une façon générale les variétés de Tomate à fruit allongé, que leur extrémité soit arrondie (type « Roma ») ou pointue (type « Chico ») sont très sensibles à la nécrose apicale. Mais il existe aussi des types sensibles à fruits ronds ou plats, comme les énormes « Tomates russes » cultivées par les amateurs. Les variétés modernes de Poivron à fruits carrés et chair épaisse, dérivées de « Yolo Wonder » sont peu atteintes.

Des pulvérisations sur les plantes de chlorure ou nitrate de Calcium (à 0,5 %) ne sont susceptibles d'améliorer la situation que si une véritable carence est à l'origine du mal. Des arrosages par aspersion en gouttes fines, pratiqués en milieu de journée, ont pu réduire en Italie l'incidence de la nécrose apicale sur « San Marzano » (encore plus sensible que « Roma »).

● **Nécrose interne et maturation par plages.** L'intervention de la Mosaïque du Tabac (v. ci-dessus) n'est pas indispensable à l'apparition de ces phénomènes, qui constituent les deux aspects du même désordre physiologique. La cause précise de ces symptômes est en fin de compte assez mystérieuse. Ils apparaissent surtout en culture abritée, et sont favorisés par les éclairements insuffisants, les températures trop basses, l'humidité excessive du sol, et une alimentation azotée en excès par rapport à la nutrition potassique.

X. Conseils généraux
pour la protection des cultures

Le maintien d'un bon état sanitaire des cultures de Solanées maraîchères suppose une extraction rationnelle des semences et des soins aux pépinières aboutissant à la production de plants sains, puis, éventuellement, des traitements antiparasitaires en végétation adaptés aux conditions climatiques locales et au mode de culture. Mais il sera très important aussi d'avoir fait au préalable le choix d'une variété adaptée et pourvue d'un certain nombre de résistances.

Choix variétal

Au cours des paragraphes précédents nous avons énuméré un nombre considérable de maladies, mais aussi signalé bon nombre de possibilités de résistance. Le cultivateur dispose aujourd'hui pour les trois espèces de variétés plurirésistantes. Le choix s'effectuera en fonction des risques encourus.

● **Chez la Tomate**, la plupart des variétés modernes sont « VF » (résistantes aux souches communes de *Verticillium* et de FOL. En sol léger et dans les cas de rotations favorables aux *Meloidogyne*, on choisira des variétés ou hybrides « VFN », pourvus en plus du gène **Mi**. Dans un avenir proche, la plupart des variétés proposées contiendront aussi I_2 et seront protégées contre les deux races de FOL.

Pour les cultures sous abri en sol naturel, l'usage de porte-greffes hybrides *L. esculentum* × *L. hirsutum* combinant les résistances V, F_{1-2}, N, *Didymella* et *Pyrenochaeta* sera un facteur de sécurité. Si le greffon est résistant à la Mosaïque du Tabac (gène **Tm2²**), on veillera à choisir un porte-greffe contenant lui aussi **Tm2²** *.

Les hybrides pour serre contenant V, F_{1-2}, N et **Pyl** commencent à apparaître, la plupart d'entre eux sont résistants à la Mosaïque du Tabac.

---

* Dans le cas contraire, la contamination du porte-greffe par TMV risque d'induire une nécrose généralisée du greffon.

Les gènes de résistance à *Fulvia fulva* chez les hybrides pour culture en
erre seront intéressants s'ils sont encore efficaces vis-à-vis des races de *Fulvia*
[ui sévissent dans la région.

Pour les cultures de plein air, le climat et les conditions de culture
létermineront les résistances à rechercher. La résistance au mildiou sera
ntéressante pour les cultures en climat tempéré océanique ou continental à
:té pluvieux. La résistance aux *Stemphylium* sera utile dans les climats sud-
néditerranéens ou tropicaux.

En conditions tropicales le gène Cf_2 de résistance au *Fulvia* reste toujours
itile, mais la résistance au flétrissement bactérien sera, dans les sols réceptifs,
ine condition indispensable à la réussite d'une culture.

Sous irrigation par aspersion le gène **Pto** (résistance à *Ps. s.* pv. *tomato*),
lont sont pourvues quelques nouvelles variétés (ex. : « Rimone », obtention
NRA) sera un facteur de réussite en climat tempéré.

Chez l'Aubergine, seuls les cultivateurs des régions tropicales disposent de
'ariétés ou d'hybrides plurirésistants, comme « Kalenda » (obtention INRA-
RAT) dans la zone antillaise : tolérance au flétrissement bactérien, aux
ymptômes « classiques » de *Phomopsis* et à l'anthracnose des fruits (cette
lernière résistance n'est nécessaire que dans le Nouveau Monde).

Les planteurs des zones méditerranéennes disposent du porte-greffe consti-
ué par n'importe quelle lignée pure de Tomate $VF_{1-2}N$ *.

Chez le Poivron, les efforts d'introduction de résistances aux États-Unis, au
3résil, et en France à l'INRA-Montfavet, et de recombinaison de celles-ci
:ommencent à porter leurs fruits. On dispose depuis les années 70 de variétés
)u hybrides tolérants à *Phytophthora capsici*, ou à plusieurs potyvirus. Les
innées 80 ont vu apparaître les premières variétés plurirésistantes, comme la
ignée « Milord » (obtention INRA) : plantes précoces, résistantes à la plu-
)art des souches de virus Y, tolérantes au CMV et à *Phytophthora capsici*.

On ne dispose pas actuellement de porte-greffe plurirésistant pour le
'oivron. Seule la variété « Doux des Landes » est compatible avec les
_ycopersicum, son intérêt est limité, les tentatives de transfert de cette
:ompatibilité (d'hérédité complexe) à des variétés à gros fruits n'ont pas
bouti. Un système comportant un porte-greffe *Lycopersicon*, un intermé-
liaire « Doux des Landes » et un greffon à gros fruits représente plus un tour
le force qu'une méthode utilisable dans la pratique.

Extraction et traitement des semences

Bien qu'elle ne suffise pas à éliminer la totalité des germes pathogènes,
ious persisterons à préconiser l'**extraction des semences par fermentation** de la
nasse gélatineuse contenant les graines. L'opération durera 48 h à des tempé-

---

* Le recours aux porte-greffes hybrides F_1 *L. esculentum* × *L. hirsutum* n'est pas spéciale-
nent intéressant, car on perd en résistance au *Verticillium* (**Ve** moins efficace si hétérozyote). Le
)orte-greffe idéal serait une lignée de Tomate V-F_{1-2}-N-**pyl.**

ratures de l'ordre de 20 °C, 24 h aux environs de 30 °C. La microflore qui se développe comprend des bactéries lactiques, des levures, et *Geotrichum candidum*. Le déclenchement de la fermentation peut être irrégulier la première fois qu'on la pratique en saison. Ensuite, à condition de ne pas laver les récipients de façon trop poussée, on pourra observer les durées indiquées ci-dessus.

L'addition d'un « pied de cuve » constitué par une culture pure de *Geotrichum* serait très recommandée au début d'une série d'extractions.

Bien entendu, un tri soigneux des fruits destinés à l'extraction des graines sera indispensable, précédé d'une inspection de la parcelle porte-graine pour vérifier l'absence de *Corynebacterium michiganense*.

Un rinçage soigneux sur tamis des graines sortant de fermentation, suivi d'un séchage rapide permettra d'obtenir des graines de couleur claire, totalement débarrassées de leur gangue.

On pourra appliquer ensuite, suivant le principal parasite redouté, un traitement par la chaleur sèche (v. à « Mosaïque du Tabac »), un trempage à l'eau de Javel (avant le séchage... v. « maladies bactériennes »), ou un poudrage fongicide à sec dirigé contre l'*Alternaria*.

L'extraction par fermentation, par souci de rapidité, peut être remplacée par l'extraction acide (10 à 12 h), avec de l'acide chlorhydrique 1 %, ou de l'acide acétique 0,6 %, plus actif vis-à-vis des bactéries, additionné d'une préparation commerciale d'enzymes pectiques.

On éliminera par un rinçage soigneux toute trace d'acide acétique, inhibiteur de germination.

● Aubergine, Poivron

En climat humide, les cultures porte-graines d'Aubergine seront tout spécialement protégées du *Phomopsis* par des traitements fongicides réguliers, on éliminera tout fruit atteint des lots destinés à l'extraction des semences. Il en sera de même, pour les poivrons, des fruits atteints d'anthracnose ou de *Xanthomonas*.

Chez ces deux espèces, l'extraction des semences par voie sèche est possible manuellement, mais lorsqu'elle est pratiquée de façon grossière elle donne un mélange de graines et de pulpe de fruits, on aura là aussi avantage à pratiquer une fermentation.

Hygiène des pépinières

L'état sanitaire des plantations dépend pour une bonne part de l'usage de plants sains, produits à partir de graines exemptes d'agents pathogènes, et sur des couches ou des mottes préparées à partir de terre ou de substrats sains ou désinfectés.

Une bonne luminosité et un bon espacement des plants (moins de 300 au m^2 pour la Tomate, moins de 150 pour l'Aubergine ou le Poivron) seront aussi importants que les pulvérisations pesticides, que l'on pratiquera à intervalles de 10-15 jours. On ne dépassera pas, dans les mélanges cuivre-fongicides organiques 1 g de cuivre-métal/litre sur les jeunes plants.

Les plants préparés pour plantations d'automne en climat méditerranéen seront de préférence produits dans des châssis ou enceintes à l'épreuve des insectes.

Lutte antiparasitaire après plantation

● Sur Tomate

Des traitements anticryptogamiques réguliers ne sont pas nécessaires dans tous les climats. En conditions nord-méditerranéennes, pour les plantations de plein air de fin avril-début mai, arrosées à la rigole ou au goutte-à-goutte, faites avec des plants sains, on pourra attendre pour traiter que tombe l'avertissement « mildiou », tout en guettant par observation minutieuse de la culture les premiers signes de *Leveillula* ou d'acariose bronzée, pour redresser la situation si nécessaire (légers soufrages, ou anti-oïdium et acaricide spécifique).

Au contraire des traitements anticryptogamiques réguliers seront nécessaires :

— en **climat pluvieux**, soit tempéré (ex. : Sud-Ouest de la France, avec comme soucis majeurs *Alternaria* et mildiou) — soit tropical humide, avec risque de développement de *Phoma*, *Corynespora* et *Alternaria*, mais aussi d'acariose bronzée, dès qu'on reste 10 jours sans pluie ;

— sous **irrigation par aspersion**, avec le risque de développement de maladies bactériennes (*Pseudomonas* puis *Xanthomonas* dès le début de saison avec les variétés courantes, *Xanthomonas* seulement dès que les températures moyennes dépassent 20 °C si la variété est pourvue du gène **Pto**) ;

— **sous serre**, dès que l'on cherche à économiser l'énergie en réduisant à la fois aération et chauffage, on risquera la Cladosporiose, si une race virulente sur l'hybride choisi se manifeste, et, de toutes façons, des dégâts de *Botrytis*. Sous **abris plastiques**, les risques sont encore plus grands, on peut même voir apparaître le mildiou.

Les **cultures hivernales** des climats méditerranéens méridionaux (ex. : Maroc), soumises à de fortes pluies seront sujettes à des attaques d'Alternariose, de Stemphyliose (si la variété est sensible) et de mildiou, particulièrement graves sur des plantes étiolées par des conditions de jours courts et gris.

Le choix du mélange fongicide-bactéricide utilisé sera fonction des risques mentionnés ci-dessus en tenant compte aussi bien des effets secondaires que des effets principaux des produits utilisés. Un mélange cuivre-manèbe-zinèbe, par exemple, sera intéressant sur des cultures arrosées par aspersion à cause :

— de l'effet bactéricide du cuivre renforcé par l'action des dithiocarbamates, et du zinc du zinèbe ;

— de l'effet des dithiocarbamates sur l'acariose bronzée.

○ Sur Aubergine

En culture « de saison » sous climat méditerranéen l'Aubergine (sujette à de graves maladies d'origine tellurique) ne souffre au contraire que très peu de maladies foliaires.

Tout au plus devra-t-on surveiller l'apparition des Tetranyques.

En culture sous serre, ou sous automne pluvieux, les plants d'Aubergine devront être protégés du *Botrytis* au même titre que les Tomates.

En climat tropical humide, on se souciera avant tout du *Phomopsis* (v. p. 178) et de l'acariose déformante des fruits — en supposant bien sûr que l'anthracnose est absente (Afrique) ou la variété résistante (zone antillaise).

○ Sur Poivrons

Les deux maladies foliaires les plus à craindre seront le *Xanthomonas* (conditions pluvieuses et chaudes, ou irrigations par aspersion) et le *Leveillula* (surtout en situation côtière méditerranéenne).

C'est sur Poivron que les pulvérisations de « stylet oil » se sont montrées les plus efficaces (Floride, Israël) pour combattre la propagation des virus transmis par pucerons.

Bibliographie

● Généralités

— *Botanique et génétique*

DAUNAY M.C., LESTER R.N., LATERROT H., 1989. — *The use of wild species for the genetic improvement of Eggplant* (Solanum melongena) *and Tomato* (Lycopersicon esculentum). 3rd internat. Congr. Solanaceae, Bogota, juill. 1988.

ESBAUGH W.H., 1977. — *The taxonomy of the genus* Capsicum (Solanaceae) « Capsicum 77 », CR 3e Congr. Eucarpia, Génétique-Sélection Piment.

LATERROT H., 1989. — Les espèces sauvages de Tomate. Intérêt et utilisation pour la création variétale. *PHM-Rev. hortic.*, **295**, 13-17.

RICK C.M., 1978. — La Tomate. *Pour la Science* (édit. française de « Scientific american »), 76-86.

— *Maladies de la Tomate*

BLANCARD D., 1988. — *Maladies de la Tomate : observer, identifier, lutter.* INRA - PHM Revue horticole ed., 211 p., 306 photos couleur.

BARKSDALE T.H., GOOD J.M., DANIELSON L.L., 1972. — *Tomato diseases and their control.* USDA Agricultural handbook n° 203.

Mc KEEN C.D., 1973. — *Tomato diseases.* Canada Dept. Agric. Public., 1479.

WATTERSON J.C., 1985. — *Tomato diseases, a practical guide for seedsmen, growers and agricultural advisors.* Petoseed Co.

— *Sélection pour la résistance*

COOK A.A., 1977. — *Breeding for disease resistance in Pepper in Florida.* « Capsicum 77 ». Congrès Eucarpia Montfavet, juill. 77, 105-108.

GREENLEAF W.H., 1986. — Pepper breeding. In *Breeding vegetable crops.* AVI Publish. co., 67-133 (disease resistance 97-109).

KAAN F., LATERROT H., ANAÏS G., 1975. — Étude de 100 variétés de Tomate en fonction de l'adaptation climatique et de la résistance à sept maladies sévissant aux Antilles. *Nouv. Agron. Antilles-Guyane*, **1** (2), 123-138.

LATERROT H., 1968. — *Contribution à l'amélioration de la Tomate pour la résistance aux maladies, et notamment à celle causée par la Mosaïque du Tabac.* Thèse ingénieur DPE. CNAM., 117 p.

— *Greffage*

BEYRIES A., MARCHOUX G. et MESSIAEN C.M., 1969. — *Expériences et hypothèses concernant les compatibilités de greffe entre Solanées.* IIe Congrès Un. Phytopathol. Mediterr. Avignon-Antibes, sept. 1969, 445-455.

BEYRIES A., 1974. — Le greffage des Solanacées maraîchères. *PHM-Rev. hortic.*, **152**, 27-32.

BEYRIES A., 1979. — *Le greffage, moyen de lutte contre les parasites telluriques des Solanées cultivées pour leurs fruits.* Thèse. Université des Sciences et Techniques du Languedoc.

BRAVENBOER L., PET G., 1962. — *Control of soilborne disease in tomatoes by grafting on resistant rootstocks.* C.R. XVI Congr. Int. Hortic. Bruxelles, 317-324.

• Nécroses et galles sur racines

CLERJEAU M., 1973. — Étude du comportement de la tomate au « corky-root » en fonction du volume des pots de repiquage. *PHM-Rev. hortic.*, **138**, 35-42.

DAVET P., 1969. — *Quelques agents de nécrose de racines de Tomate au Liban.* C.R. IIe Congrès Phytopathol. mediterr., Antibes-Avignon, 127-132.

HENDY H., POCHARD E., DALMASSO A., 1985. — Transmission héréditaire de la résistance aux nématodes *Meloidogyne* portée par 2 lignées de *Capsicum annuum*. Étude de descendances homozygotes issues d'androgénèse. *Agronomie*, **5** (2), 93-100.

HOGENBOOM N.G., 1970. — Inheritance of resistance to corky root in Tomato. *Euphytica*, **19**, 413-425.

LATERROT H., PECAUT P., 1965. — *Effect of high temperature on the resistance of the tomato variety* Anahu *to* Meloidogyne incognita. Rept. tomato genetic coop., 15, 38.

LATERROT H., 1983. — La lutte génétique contre la maladie des racines liégeuses de la Tomate. *PHM-Rev. hortic.*, **192**, 33-44.

LEMAIRE J.M., GLANDARD A., LATERROT H., CONUS M., BLANCARD D., 1984. — Mise en évidence d'une toxine chez *Pyrenochaeta lycopersici*, agent des racines liégeuses ou corky-root chez la Tomate et le Melon. *Rev. Cytol. Biol. vég. Bot.*, **7**, 195-204.

SCHNEIDER R., GERLACH W., 1966. — *Pyrenochaeta lycopersici* nov. sp. der erreger der Korkwurzel krankheit der Tomato. *Phytopathol. Z.*, **56**, 117-122.

• *Phytophthora*

BEYRIES A., LEROUX J.P., MESSIAEN C.M., 1965. — Essais de lutte contre *Phytophthora capsici* par addition de fongicides solubles dans l'eau d'arrosage. *Phytopathol. mediterr.*, **IV**, 173-175.

KIMBLE K.A., GROGAN R.G., 1960. — Resistance to *Phytophthora* root rot in pepper. *Plant Dis. Rep.*, **44**, 872-873.

MATTA A., 1968. — Ricerca di mezzi chimici di lotta contra la cancrena pedale (*Phytophthora capsici*) del peperone. *Agric. ital.*, **1**, 12 p.

OBRERO F., ARAKAGI M., 1965. — Some factors influencing infection and disease development of *Phytophthora parasitica* on Tomato. *Plant Dis. Rep.*, **49**, 327-331.

PALLOIX A., DAUBEZE A.M., POCHARD E., 1985. — Resistance to *Phytophthora capsici* in *Capsicum annuum* : nature and intensity of the protection induced by preinoculation of the host. *Phytophthora Newsl.*, **13**, 22-23.

PALLOIX A., POCHARD E., DAUBEZE A.M., MOLOT P.M., MAS P., 1985. — Effect of *Capsicum annuum* roots on zoosporangial formation in *Phytophthora capsici*. *Capsicum Newsl.*, **4**, 59-60.

PALLOIX A., DAUBEZE A.M., PHALY E., POCHARD E., 1986. — *Constitution of transgressive lines of pepper for resistance to* Phytophthora capsici *and* Verticillium *in a recurrent selection system.* 6th Eucarpia meeting on genetics and breeding of *Capsicum* and Eggplant. Zaragoza, oct. 86, 163-167.

PALLOIX A., DAUBEZE A.M., POCHARD E., 1988.

— *Phytophthora* root rot of Pepper : influence of host genotype and pathogen strain on the inoculum density - disease severity relationships. *J. Phytopathol.*, **123**, 12-24.

— Time sequences of root infection and resistance expression in an artificial inoculation method of Pepper with *Phytophthora capsici*. *J. Phytopathol.*, **123**, 25-33.

• Pourritures du collet, Orobanche

ELKIND Y., KEDAR N., KATAN Y., COUTEAUDIER Y., LATERROT H., 1988. — *Linkage between* Tm 2 *and* F.O.R.L *resistance*. Report of tomato genetics cooperative, n° 38.

JARVIS W.R., SCHOEMAKER R.A., 1978. — Taxonomic status of *F. oxysporum* causing foot rot of Tomato. *Phytopathology*, **68**, 1679-1680.

VERHOEFF K., 1964. — Control of foot rot and stem rot of tomatoes caused by *Didymella lycopersici. Neth. J. Plant Pathol.*, **70**, 149-153.

WILHELM S., 1962. — *The control of broomrapes* (O. ramosa *and* O. ludoviciana) *by preplant injection of methyl bromide solutions*. C.R. XVI Congr. Hortic. Bruxelles II., 392-399.

• Trachéomycoses

ARNOUX M., MESSIAEN C.M., 1960. — Essais de désinfection du sol contre la verticilliose de l'Aubergine. *Phytiatr. Phytopharm.*, **9**, 115-121.

DAVET P., MESSIAEN C.M., RIEUF P., 1966. — *Interprétation des manifestations hivernales de la fusariose de la Tomate en Afrique du Nord, favorisées par la présence de sels dans les eaux d'irrigation*. Actes 1ᵉʳ Congrès U. Phytopathol. mediterr., Bari-Naples, sept. 1966, 407-416.

JONES J.P., WOLZ S.S., 1970. — *Fusarium* wilt in Tomato : interaction of soil liming and micronutrients amendments on disease development. *Phytopathology*, **60**, 812-813.

LATERROT H., ROUXEL F., DAVET P., PINEAU R., RIEUF P., NOURRISSEAU J.G., JOUAN B., 1978. — La Fusariose de la Tomate en France. *PHM*, **187**, 35-40.

LATERROT H., 1984. — *Specific resistance to* Verticillium dahliae *race 2 in tomato*. Rept. tomato genetic coop., 34 (10-11).

LATERROT H., PHILOUZE J., 1984. — *Recombination between resistance to pathotype 1 and susceptibility to pathotype 0 of* F. oxysporum f. sp. lycopersici *in tomato*. Eucarpia tomato working group Synopsis. IXᵗʰ meeting, May 1984, Wageningen, 70-74.

LATERROT H., MAISONNEUVE B., 1985. — Relations entre la fertilité pollinique et les gènes de résistance au *F. oxy. f. sp. lycopersici* chez la Tomate. Conséquences pour la sélection de variétés résistantes. *Agronomie*, **4** (10), 993-997.

LATERROT H., BLANCARD D., COUTEAUDIER Y., 1988. — Les fusarioses de la Tomate. *PHM-Rev. Hortic.*, **288**, 29-32.

MAS P., BEYRIES A., MESSIAEN C.M., 1965. — Mise en évidence d'une interaction entre précocité et sensibilité au *Verticillium* chez la Tomate. *Phytopathol. mediterr.*, **4**, 25-30.

SCHAIBLE L., CANNON O.S., WADDOUPS V., 1951. — Inheritance of resistance to *Verticillium* wilt in a tomato cross. *Phytopathology*, **41**, 986-990.

STALL R.E., WALTER J.M., 1965. — Selection and inheritance of resistance in tomato to isolates of races 1 and 2 of the *Fusarium* wilt organism. *Phytopathology*, **56**, 1001-1004.

• Maladies bactériennes

— *Flétrissement bactérien* (Pseudomonas solanacearum)

ANO G., PRIOR P., MANYRI J., VINCENT C., 1989. — *Stratégies d'amélioration de l'Aubergine pour la résistance au flétrissement bactérien causé par* Pseudomonas solanacearum. 25ᵉ Congrès de la Caribbean Food Crops Society. Guadeloupe, juill. 1989.

KAAN F., LATERROT H., 1977. — Mise en évidence de la relation entre des résistances de la Tomate à 2 maladies vasculaires : le flétrissement bactérien *(Pseudomonas solanacearum)* et la fusariose pathotype 2 (*F. oxy.* f. sp. *lycopersici. Ann. Amélior. Plant.*, **27** (1), 25-34.

KERMARREC A., PRIOR P., ANAÏS G. & DEGRANGES M.H., 1989. — *Interaction de* Pseudomonas solanacearum *sur le parasitisme de* Meloidogyne incognita *sur la tomate aux Antilles.* Actes du Symposium International de Phytopharmacie et de Phytiatrie. Université de Gand, Coupure Links, Belgique, 9 mai 1989.

MESSIAEN C.M., LATERROT H., KAAN F., 1978. — Cumulate resistance to *Pseudomonas solanacearum* and to *Meloidogyne incognita* with determinate growth in Tomato. *Vegetables for the hot and humid tropics* (3) 48-51.

PRIOR P., BERAMIS M., CHILLET M., SCHMIT J., 1989. — *Integrated control for bacterial wilt caused by* Pseudomonas solanacearum *in the French West Indies.* 25ᵉ Congrès de la Caribbean food crop society — Guadeloupe, juill. 89.

PRIOR P., 1990. — (Thèse sur le Flétrissement bactérien des Solanées aux Antilles — Université d'Orsay, avril 1990).

SCHMIT J., PRIOR P., QUIQUAMPOIX H. & ROBERT M., 1989. — *Studies on the survival and localization of* Pseudomonas solanacearum *in clays extracted from vertisols.* Proceedings of the 7ᵗʰ ICPPB held in Budapest, Hongrie.

— *Autres bactérioses*

LATERROT H., 1985. — Susceptibility of the **Pto** plants to lebaycid : a tool for breeders. *Rep. Tomato genet. coop.*, **35**, 6.

LATERROT H., RAT B., 1987. — *Stability of the resistance to* Corynebacterium michiganense *of the Tomato line « Okitsu Sozaï n° 1 ».* 10ᵉ Congr. Eucarpia Tomate. Salerno, sept. 1987.

SCOTT J.W., CAMERON SOMODI G., JONES J.B., 1989. — Resistance to bacterial spot fruit infection in Tomato. *Hortscience*, **24** (5), 825-827.

SCOTT J.W., JONES J.B., 1986. — Sources of resistance to bacterial spot in Tomato. *Hortscience*, **21**, 304-306.

SCOTT J.W., JONES J.B., 1989. — Inheritance of resistance to bacterial leaf spot of Tomato incited by *X. camp.* pv. *vesicatoria. J. Am. Soc. Hortic. Sci.*, **114**, 111-114.

THYR B.D., 1969. — Additional sources of resistance to bacterial canker of Tomato (*C. michiganense*). *Plant. Dis. Rep.*, **53** (3), 234-237.

TRIGALLET A., RAT B. (La méthode de détection de *Corynebacterium michiganense* dans les graines de Tomate par immunofluorescence, mise au point par ces auteurs, est mise en pratique au GRISP - INRA - Angers).

• Mycoses des feuilles, tiges et fruits

— *Taches zonées,* Alternaria, Stemphylium

BARKSDALE T.H., STONER A.K., 1977. — A study of inheritance of tomato early blight resistance. *Plant. Dis. Rep.*, **61**, 63-65.

BLANCARD D., LATERROT H., 1986. — Les *Stemphylia* rencontrés sur Tomate. *Phytopathol. mediterr.*, **25**, 140-144.

FOURNET J., BERAMIS M., 1970. — *Field trials on fungicidal control of* Phoma destructiva, *a leaf pathogen of Tomato.* 8ᵉ Congr. Caribbean Food Crop Society. Santo Domingo, 1970.

FOURNET J., 1971. — Étude sur les conditions d'infection des feuilles de Tomate par *Phoma destructiva*. *Ann. Phytopathol.*, **3**, 215-231.

LATERROT H., BLANCARD D., 1983. — Criblage d'une série de lignées et d'hybrides F₁ de Tomate pour la résistance à la Stemphyliose. *Phytopathol. mediterr.*, **22**, 188-193.

— *Mildiou* (Phytophthora infestans)

DIVOUX R., 1963. — La détermination des dates des traitements dirigés contre le mildiou de la Pomme de terre *Phytophthora infestans. BTI*, 180.

FRINKING H.D., DAVIDSE L.C., LIMBURG H., 1987. — Oospore formation by *Phytophthora infestans* after inoculation with isolates of opposite mating type found in Netherlands. *Neth. Journ. Plant Pathol.*, **93**, 147-149.

GALLEGLY M.E., 1964. — *West Virginia 63, a new home-garden tomato resistant to late blight.* Sci. Agric. Exp. Sta. West Va. Univ. Bull., 490-493.

LATERROT H., 1975. — Sélection pour la résistance au mildiou, *Phytophthora infestans*, chez la Tomate, *Ann. Amél. Pl.*, **25** (2), 129-149.

MESSIAEN C.M., PROUT M., 1964. — *Prévision du mildiou de la Tomate dans le Sud-Est de la France.* C.R. Journées fruitières et maraîchères, Avignon, 1964, 109-114.

— *Cladosporiose* (Fulvia fulva)

KERR E.A., PATRICK Z.A., BAILEY D.L., 1971. — Resistance in Tomato species to new races of leaf mold *Cladosporium fulvum. Hortic. Res.*, **11**, 84-82.

KERR E.A., POTTER J.W., PATRICK Z.A., 1976. — *Linkage relations of* Cf 2 *and* Mi. Report of Tomato genetics cooperative, **26**, 9-10.

LATERROT H., CLERJEAU M., 1979. — Détermination des pathotypes de *Fulvia fulva* présents sur Tomate dans les serres françaises. *Ann. Amelior. Plant.*, **29** (4), 447-462.

LATERROT H., 1981. — La lutte génétique contre la cladosporiose de la Tomate. *PHM*, **214**, 27-32.

MATTA A., 1962. — Segnalazione della *Cercospora unamunoi* e di un suo parassita su peperone in serra. *Ann. Fac. Sci. Agr. Univ. Studi. Torino*, **1**, 307-312.

PERESSE M., Le PICARD D., 1980. — Hansfordia pulvinata, *mycoparasite destructeur du* Cladosporium fulvum. *Mycopathologia*, **71**, 23-20.

TIRILLY Y., 1985. — *Foséthyl-Al and* Hansfordia pulvinata *as integrated control agents of* Fulvia fulva *on tomato leaves.* Bordeaux mixture Centenary meeting.

— *Autres mycoses*

BARKSDALE T.H., 1972. — Resistance in Tomato to six anthracnose fungi. *Phytopathology*, **62**, 660-663.

BLANCARD D., LECOCQ A., LETERROT H., PLE Y., 1986. — Altérations des fruits de la Tomate de conserve, *PHM-Rev. hortic.*, 17-30.

VERHOEFF K., 1967. — Studies on *Botrytis cinerea* on tomatoes. Influence of methods of deleafing on the occurence of stem lesions. *Neth. J. Plant. Pathol.*, **73**, 117-120.

FOURNET J., 1973. — L'Anthracnose de l'Aubergine aux Antilles. Caractérisation et spécificité du parasite. *Ann. Phytopathol.*, **5**, 1-14.

DAUBEZE A.M., POCHARD E., PALLOIX A., 1989. — *Inheritance of resistance to Leveillula taurica and relation to other phenotypic characters in the haplodiploid progeny issued from an african pepper line*. 7th Eucarpia meet. Genetics and breeding of *Capsicum* and Eggplant. Kragujevac (Yougoslavie), juin 1989.

• Virus

— Articles d'intérêt général

MARCHOUX G., GEBRE-SELASSIE K., POCHARD E., 1986. — Les maladies à virus des piments et poivrons. *Phytoma*, juin, 33-36.

MARCHOUX G., GEBRE-SELASSIE K., 1988. — *Evolution des problèmes de virus sur Tomate dans le Sud de la France*. II Conf. int. maladies des plantes. ANPP. Bordeaux, nov. 1988, 571-578.

MARCHOUX G., GEBRE-SELASSIE K., 1989. — Variabilité des virus sur les Solanées maraîchères : conséquences pour la recherche de méthodes de lutte. *Phytoma*, **404**, 49-52.

SINGH J., THAKUR M.R., 1977. — *Genetics of resistance to Tobacco mosaic, CMV, and leaf-curl viruses in hot pepper* (Capsicum annuum). « *Capsicum 77* » Congrès Eucarpia génétique. sélection Piment, 119-120.

— Mosaïque du Tabac

ALEXANDER L.J., 1963. — Transfer of a dominant type of resistance to the 4 Ohio strains of TMV from *L. peruvianum* to *L. esculentum*. *Phytopathology*, **53**, 869.

BOYLE J.S., WHARTON D.C., 1957. — The experimental reproduction of Tomato internal browning by inoculation with strains of TMV. *Phytopathology*, **47**, 199-207.

BROADBENT L. The epidemiology of Tomato Mosaic (suite de 12 articles parus dans *Annals of Applied biology* de 1962 à 1966).

GEBRE-SELASSIE K., DUMAS DE VAULX, MARCHOUX G., POCHARD E., 1981. — Le virus de la Mosaïque du Tabac chez le Piment. Apparition en France du pathotype P. 1-2. *Agronomie*, **1** (10) 853-858.

HOLMES F.O., 1954. — Inheritance of resistance to Tobacco mosaic in Tomato. *Phytopathology*, **44**, 640-642.

HOWLES R., 1961. — Inactivation of Tomato Mosaic in tomato seeds. *Plant Pathol.*, **10**, 160-161.

LATERROT H., PECAUT P., 1967. — Thermothérapie de la Mosaïque du Tabac des semences de Tomate. *PHM*, **79**, 4307-4310.

LATERROT H., 1976. — Résistance de la Tomate à la mosaïque du Tabac. État actuel de la sélection. *PHM*, **175**, 13-20.

MIGLIORI A., MARROU J., 1970. — Le Virus de la Mosaïque du Tabac dans le sol : influence sur la dissémination de ce virus dans les cultures de tomates. *Ann. Phytopathol.*, **2** (4), 669-680.

MIGLIORI A., 1973. — *Étude d'une méthode de lutte biologique : la prémunition des Tomates contre le virus de la Mosaïque du Tabac*. Thèse. USTL Montpellier, nov. 1973, 102 p.

MESSIAEN C.M., MIGLIORI A., MAISON P., 1968. — Effets de la Mosaïque du Tabac (TMV) sur la croissance et la fructification des cultures de Tomate de plein champ dans le Sud-Est de la France. Études de Virologie. *Ann. Epiphyt.*, **19**, 93-102.

PELHAM J., 1966. — Resistance in Tomato to TMV. *Euphytica*, **15**, 258-267.

— *Virus transmis par pucerons*

Cook A.A., 1966. — *Yolo Y, a bell pepper with resistance to* potato virus Y *and* tobacco mosaic virus. Circ. Florida Univ. Exp. Sta., 175.

Cook A.A., 1968. — Virus resistance in some *Capsicum* species from South America. *Plant Dis. Rep.*, **52**, 381-383.

Gebre-Selassie K., Marchoux G., Delecolle B., Pochard E., 1985. — Variabilité naturelle des souches de virus Y dans les cultures de piment du Sud-Est de la France : caractérisation et classification en pathotypes. *Agronomie*, **5** (7), 621-630.

Gebre-Selassie K., Pochard E., Marchoux G., Thouvenel C., 1986. — *New sources of resistance to* Pepper veinal mottle virus *in pepper breeding lines*. 6th Eucarpia meeting on genetics and breeding of *Capsicum* and Eggplant. Zaragoza, oct. 86, 189-192.

Gebre-Selassie K., Marchoux G., Laterrot H., Blancard D., 1987. — Graves attaques de la Tomate par des souches necrogènes du virus Y de la Pomme de terre. *PHM-Rev. hortic.*, **281**, 43-46.

Gebre-Selassie K., Laterrot H., Marchoux G., 1987. — *Breeding tomatoes against necrotic strain of virus Y*. Résumés Eucarpia tomato working group. 10e meeting, sept. 87, Pontecagnano, Italy, 25.

Hassan S., Thomas P.E., 1988. — *Extreme resistance to Tomato yellow top virus and Potato leaf roll virus* in Lycopersicon peruvianum *and some of its tomato hybrids*. *Phytopathology*, **78**, 1164-1167.

Jacquemond M., Lot H., 1981. — L'ARN satellite du virus de la Mosaïque du Concombre. Comparaison de l'aptitude à induire la nécrose d'ARN satellites isolés de plusieurs souches de virus. *Agronomie*, **1**, 927-932.

Kaper J.M., Watterworth H.E., 1977. — Cucumber mosaic associated RNA-5 : causal agent for tomato necrosis. *Science*, **196**, 429-431.

Pochard E., Daubeze A.M., 1989. — *Progressive construction of a polygenic resistance to* Cucumber mosaic *virus in Pepper*. 7th Eucarpia meet. Genetics and breeding of *Capsicum* and eggplant.

Thomas J.E., 1985. — Recent studies of virus diseases of Tomato in Queensland, Australia. *Phytoparasitica*, **13**, 276.

— *Autres virus transmis par insectes*

Cohen S., Nitzany F.E., 1966. — Transmission and host range of the *Tomato yellow leaf curl* virus. *Phytopathology*, **56**, 1127-1131.

Gebre-Selassie K., Marchoux G., Michel M.J., 1988. — Une nouvelle affection de la Tomate : la maladie de la jaunisse nervaire due à un rhabdovirus. *PHM-Rev. hortic.*, **290**, 53-58.

Gebre-Selassie K., Chabriere C., Marchoux G., 1989. — Un virus qui se réveille : le *Tomato spotted wilt* sur cultures légumières et florales. *Phytoma*, **410**, 30-35.

Hassan A.A., Laterrot H., Mayzad H.M., Nakhla M.K., 1987. — Use of *Lycopersicon peruvianum* as a source of resistance to *Tomato yellow leaf curl* virus. *Egypt. J. Hortic.*, **14** (?), 173-176.

Ioannou N., 1985. — Yield losses and resistance of Tomato to strains of *Tomato yellow leaf curl* and *TMV*. Tech. bull. n° 66, Agric. Res. Inst. Nicosia, Cyprus.

Makkouk K., Laterrot H., 1983. — Epidemiology and control of *Tomato yellow leaf curl* virus. In « *Plant virus epidemiology* », ed. Plumb and Tresh, Blackwell, Oxford.

MARTELLI G.P., CIRULLI M., 1969. — Mottled dwarf of Eggplant (*S. melongena*), a virus disease. *Ann. Phytopathol.*, N° hors série (Congrès U.P.M. Avignon Antibes, sept. 1969) 393-397.

PILOWSKY M., COHEN S., 1974. — Inheritance of resistance to *TYLCV* in tomatoes. *Phytopathology*, **64**, 632-635.

YASIN A.M., NOUR M.A., 1965. — Tomato leaf-curl diseases in the Sudan and their relation to Tobacco leaf-curl. *Ann. Appl. Biol.*, **56**, 207-218.

○ Mycoplasmes

GARNIER M., MARTIN G., ISKRA M.L., ZREIK L., GANDAR J., FOS A., BOVÉ J.M., 1990. — *Monoclonal antibodies against the* MLOs *associated with Tomato stolbur and clover phyllody*. Zentral blatt fur Bakteriologie (sous presse).

MARCHOUX G., MESSIAEN C.M., 1967. — Note sur le virus du « Stolbur » chez le Piment (*Capsicum annuum*). Études de virologie. *Ann. Epiphyt.*, **18**, HS., 179-182.

MARCHOUX G., LECLANT F., GIANOTTI J., 1970. — Transmission et symptomatologie de la jaunisse du liseron, en relation avec le *Stolbur* de la Tomate. *Ann. Phytopathol.*, **2** (2), 429-441.

MARCHOUX G., ROUGIER J., 1987. — Une nouvelle affection des Solanées maraîchères : la maladie des proliférations et petites feuilles. *Phytoma*, nov., 52-54.

MESSIAEN C.M., MARROU J., 1967. — Comparaison de la virulence sur diverses Solanées de trois souches du Stolbur et d'un virus attaquant la Tomate. Études de Virologie. *Ann. Epiphyt.*, **18**, H.S., 173-178.

○ Maladies non parasitaires

CRILL J.B., BURGIS D.S., STROBEL J.W., 1971. — Development of multiple disease resistant fresh market tomato varieties for machine harvest. *Phytopathology*, **61**, 888.

GREENLEAF W.H., ADAMS F., 1969. — Genetic control of blossom end rot of Tomato through calcium metabolism. *J. Am. Soc. Hortic. Sci.*, **94**, 248-250.

RENZONI G., 1969. — *Irrorazione a pioggia e marciume apicale del pomodoro*. C.R. IIe congrès Un. Phytopathol. mediterr. Avignon-Antibes, sept. 1969, 61-66.

IV
MALADIES DES CUCURBITACÉES

De nombreuses Cucurbitacées sont cultivées dans le monde. Nous nous attacherons plus spécialement ici aux espèces économiquement importantes dans les pays tempérés et méditerranéens, qui sont aussi celles qui paient le plus lourd tribut aux maladies :

— *Cucumis sativus* : le **Concombre**, et sa variante : le **Cornichon**.

— *Cucumis melo* : le **Melon** sous ses diverses formes : Cantaloups (charentais, ou plus ou moins brodés), melons d'hiver, etc...

— *Cucurbita pepo*, et plus spécialement ses variétés non coureuses productrices de **Courgettes**.

Cela ne nous empêchera pas de faire çà et là allusion à d'autres espèces : les **Courges** et **Potirons** (*Cucurbita moschata* et *maxima*), la **Pastèque** ou Melon d'eau (*Citrullus lanatus*), la **Cristophine** ou Chayote (*Sechium edule*).

Toutes ces espèces sont originaires de régions subtropicales de l'Ancien Monde (*Cucumis, Citrullus*), ou du Nouveau (*Cucurbita, Sechium*) et montrent une croissance optimale à des températures élevées (25 °C - 30 °C). Il y a cependant des nuances pour la tolérance au froid : faible pour le Concombre (zéro de végétation vers 15 °C), variable pour le Melon suivant les génotypes, elle sera la meilleure pour la Courgette qui pourra être plantée en plein champ près d'un mois plus tôt que les deux autres espèces, et se contenter d'abris froids là où le Concombre ou le Melon demandent des serres chauffées.

I. Maladies provoquées par des microorganismes du sol

Fontes de semis, pourritures de racines et de tiges dues aux *Pythium*

On peut classer les espèces pour la sensibilité aux *Pythium* dans le même ordre que pour leur sensibilité au froid : Concombre-Melon-Courgette.

Chez le Concombre, les *Pythium* sphérosporangiés de type *ultimum* (qui, chez les autres plantes, ne provoquent que des manques à la levée ou des nécroses de racines en sol froid) sont susceptibles, en plus de ces symptômes classiques, de provoquer la pourriture de l'hypocotyle des plantules, ou même de la base des tiges de plantes plus âgées, dès que les températures s'abaissent à 15 °C ou au-dessous.

Un simple traitement des semences avec un produit comme le Thirame, qui suffira le plus souvent à protéger les Melons et Courgettes des attaques de *Pythium*, se révèlera insuffisant sur Concombre.

Dans les situations « à risques » (abris insuffisamment chauffés, sols argileux non désinfectés) on pourra envisager l'élevage des plants dans des terreaux additionnés de fongicides anti-mildious (etridiazole, conseillé en Angleterre, métalaxyl ou furalaxyl à des doses de l'ordre de 10 mg/dm^3), ou, plus tard, des pulvérisations à la base des plantes.

On remarquera cependant que les hybrides actuellement cultivés (sauf peut-être les gynoïques, plus fragiles) sont plus résistants que des variétés anciennes, comme le concombre « Le Généreux », utilisé par D. Bouhot pour l'estimation du potentiel infectieux du sol en *Pythium*.

Des fontes de semis peuvent aussi être provoquées par *Rhizoctonia solani*, et, aux États-Unis, par un *Acremonium*.

En conditions tropicales, les Concombres, Melons et Courgettes sont sensibles aux mortalités de jeunes plantes causées par des *Pythium* de type *aphanidermatum*.

Des *Pythium* appartenant à cette catégorie ont été trouvés en France, sur pourritures de racines de concombre, en culture hydroponique.

Nécroses racinaires

Elles ont été longtemps méconnues, en particulier sur Concombre, où de nombreuses descriptions de « Fusarioses » correspondaient sans doute à des dégâts initiaux de nécrose racinaire.

● *Phomopsis sclerotioides* est le plus redoutable ennemi tellurique des concombres de serre. Il peut ausi attaquer le Melon (et son porte-greffe *Benincasa cerifera*).

Sur les parties aériennes de la plante, les attaques se traduisent par un flétrissement en cours de journée, débutant à la nouaison des premiers fruits, et devenant de plus en plus grave et permanent.

Ces symptômes correspondent à l'extension des zones mortes du système racinaire, les lésions sont au début brun-clair, puis les racines attaquées se dessèchent, en se recouvrant de lignes noires délimitant des plages allongées où se différencient des « pseudosclérotes » (petits points noirs ponctuant les racines mortes - fig. 54).

Le champignon produit rarement sa forme pycnide dans la nature (elle a surtout été observée *in vitro*). Il se conserve dans le sol par ses pseudosclérotes, et par le mycélium foncé constituant les lignes noires.

Les seules solutions pour continuer à cultiver concombres ou melons dans des serres dont le sol est fortement contaminé sont les suivantes :

— **désinfection du sol** par la vapeur ou le bromure de méthyle jusqu'à 45 cm de profondeur,

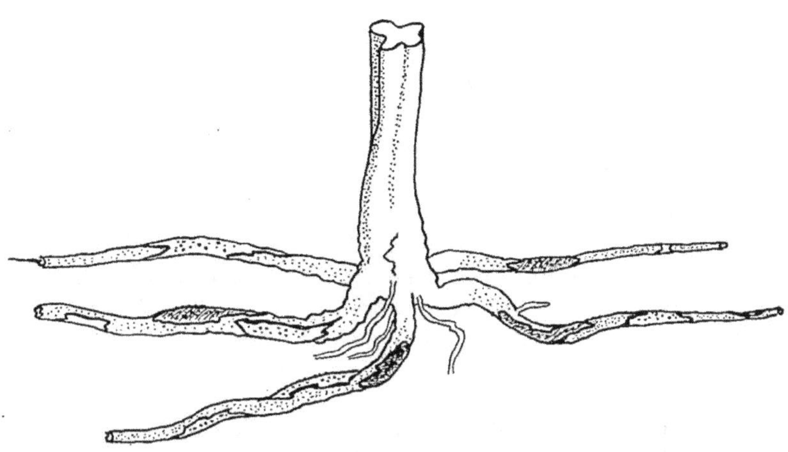

Figure 54. — *Phomopsis sclerotioïdes* sur Concombre : pourriture beige-clair des racines, présence de lignes noires délimitant des zones soit foncées, soit claires et ponctuées.

— **greffage** (par approche, suivi de sevrage) du Concombre sur *Cucurbita ficifolia*, du Melon sur des porte-greffes hybrides F$_1$ *C. maxima* × *C. moschata*,

— le recours à la **culture hydroponique** ou, pour le Concombre, sur **bottes de paille** compostées.

Le greffage du Concombre sur *Cucurbita ficifolia* a été pratiqué en Hollande (pour lutter contre une hypothétique « Fusariose ») bien avant que le *Phomopsis* ait été identifié comme cause principale de mortalité des concombres de serre.

Les plants greffés sont également moins sensibles aux pourritures à *Pythium* des bases de tiges.

● *Pyrenochaeta lycopersici*, l'agent de la maladie des « racines liégeuses » de la Tomate, peut attaquer les racines de Melon, avec des symptômes analogues.

La sensibilité au *Pyrenochaeta* est plus élevée chez les « melons d'hiver » jaunes ou verts, et chez les géniteurs de résistance aux virus, ou à la Fusariose, d'origine orientale, que chez le « Cantaloup charentais » : les essais de culture en serre de melons de type « Canari » devront tenir compte de ce facteur. Les sélectionneurs incorporant des résistances aux maladies à des types « Charentais » devront vérifier que la sensibilité au *Pyrenochaeta* a été éliminée dans les rétrocroisements.

Nématodes

Les racines des Cucurbitacées cultivées sont très sensibles aux nématodes à galles (*Meloidogyne* spp.), aussi bien en culture sous serre qu'en conditions méditerranéennes ou tropicales de plein champ. La perte de vigueur et de rendement liée au développement des galles peut se compliquer d'un flétrissement des parties aériennes, en cas d'envahissement secondaire des galles par des parasites de faiblesse.

Un *Cucumis* cultivé africain, le « Métulon » (*C. metuliferus*), dont on commence à voir les fruits en Europe, est résistant aux *Meloidogyne*, mais son hybridation avec *C. melo* ou *C. sativus* n'a pas encore été réussie.

Fusarioses vasculaires des Cucurbitacées

• On peut arriver à se demander si la **Fusariose vasculaire du Concombre**, provoquée par *F. oxysporum* f. sp. *cucumerinum* a jamais existé en France. Des bases de tiges dépérissantes par suite d'attaques de *Pythium* ou de maladies racinaires, des chancres sur tiges dus au *Didymella* peuvent être envahis par divers *Fusarium* — et la détermination de ceux-ci n'est devenue facile qu'à la fin des années 50. Des cas authentiques ayant laissé trace sous forme de souches de collection utilisées par Bouhot semblent avoir existé en Hollande. La maladie a été retrouvée en Chine continentale en 1989 par Pitrat, Laterrot et Blancard (comm. pers.).

On en trouve une description dans le manuel de Fletcher (*Diseases of greenhouse plants*, 1984). Le greffage sur *Cucurbita ficifolia* est conseillé comme méthode de lutte.

• Fusariose vasculaire de la Pastèque

Elle est provoquée par *F. oxysporum* f. sp. *niveum*. Elle est au contraire redoutable aux États-Unis, en Afrique du Nord, en Italie du Sud, en Israël et, plus récemment, dans le Roussillon. Elle se manifeste par un flétrissement débutant par les feuilles de base, pouvant s'exprimer de façon unilatérale, ou seulement sur certaines tiges de la plante. On observe sur les tiges un écoulement gommeux et une accumulation de gomme à l'intérieur. Des variétés résistantes aux races communes du parasite (race 0) ont été sélectionnées dès le début du siècle. Une race 1 attaque ces variétés classiques des catalogues américains (ex. : « Charleston gray »). Des variétés plus récentes lui résistent (ex. : « Crimson sweet », « Royal Jubilee »), grâce à un gène dominant largement utilisé pour créer des hybrides F_1. Une race 2, signalée aussi en Israël, n'épargne aucune variété. Les Japonais greffent la pastèque sur *Lagenaria siceraria*.

• Fusariose vasculaire du Melon

C'est la maladie la plus grave de cette culture. On distingue actuellement 4 races de *F. oxysporum* f. sp. *melonis*, d'après le tableau ci-contre :

Variétés différentielles	Cantaloup charentais « VAC »	Doublon	LJ 17187
Race 0	S	R	R
Race 1	S	S	R
Race 2	S	R	S
Race 1-2	S	S	S

Les symptômes « classiques » de Fusariose sur Melon sont de type « jaunisse » (*yellows*). On observe au début un éclaircissement de nervures, sur des feuilles (ou moitiés de feuilles) suivant une disposition phyllotaxique. Les feuilles atteintes jaunissent en prenant une consistance cassante et exhalent une odeur typique de « chèvrefeuille » [*].

Ces symptômes s'accompagnent d'une nécrose latérale de la tige, exsudant des gouttes de gomme brune (fig. 55).

En fin d'évolution, sur les plantes quasi-mortes, le *Fusarium* fructifie sur la nécrose, sous forme d'un feutrage rosé.

Certaines souches de la race 1-2 provoquent un symptôme tout différent, de type « wilt » : flétrissement brusque sans jaunissement préalable, ni nécrose de la tige. Les vaisseaux, bourrés de mycélium, n'ont même pas le temps de brunir.

La Fusariose du Melon a été l'objet d'études approfondies en France dans les laboratoires de Pathologie végétale et d'Amélioration des Plantes de l'INRA, depuis les années 60 :

— à la station d'étude de la microflore pathogène des sols, à **Dijon**, mise en évidence de la résistance au gaz carbonique des *F. oxysporum*, pouvant servir de point de départ à une méthode de détection du parasite dans les sols (isolement sous CO_2, test individuel des colonies isolées sur plantules de melons) ;

— mise au point d'une méthode de greffage du melon sur *Benincasa cerifera* (Cucurbitacée extrême-orientale compatible avec le Melon) ;

— mise en évidence et étude approfondie du phénomène « sols résistants », à partir de parcelles de la région de Chateaurenard (Bouches du Rhône) où la monoculture de variétés sensibles restait possible, contrairement à la situation générale dans le Sud-Est de la France ;

— à la station de Pathologie végétale de **Montfavet**, collaborant avec la station d'Amélioration des Plantes : après avoir proposé une autre méthode de détection dans le sol (reposant sur l'effet sélectif de l'alcool) les recherches se sont orientées vers la définition des races et la résistance variétale.

---

[*] Il est classique que les plantes atteintes de Fusariose vasculaire dégagent de l'éthylène. La substance émise par les feuilles de Melon, sûrement plus complexe, n'a pas encore été identifiée.

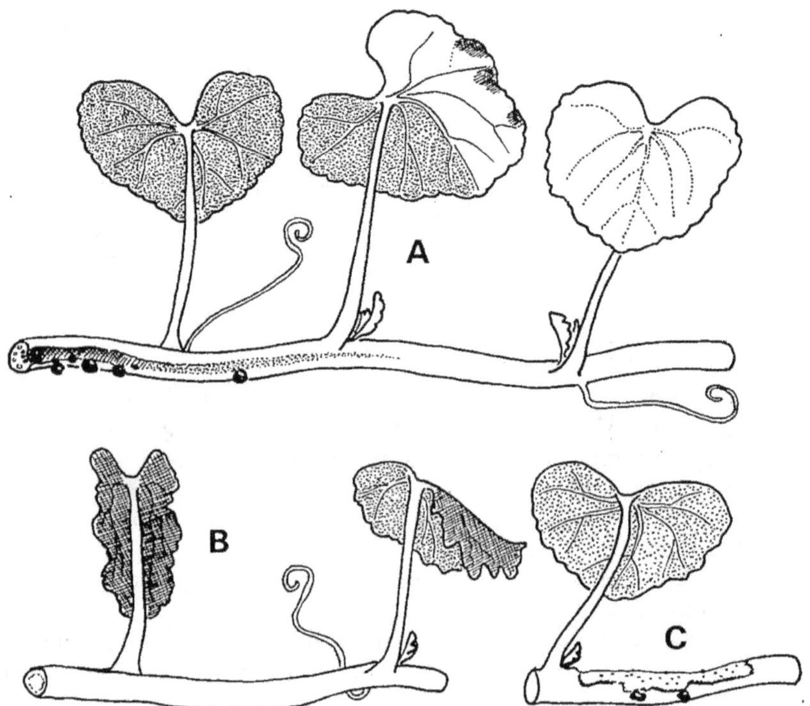

Figure 55. — Maladies vasculaires et gommoses de la tige du Melon.
A : Fusariose, races 0, 1 et 1-2 y (nécrose longitudinale de la tige, jaunissement uniforme ou unilatéral des feuilles).
B : Flétrissement sans nécrose de la tige ni jaunissement préalable (Fusariose race 1-2 w, ou Verticilliose).
C : Nécrose et gommose localisées de la tige, provoquées par *Didymella bryoniae*.

Après avoir repéré et sélectionné en lignées des plantes résistantes à la race 0 dans les lots commerciaux de « Cantaloup charentais » (origine des variétés « Doublon » et « Orlinabel »), la race 1 ne tarda pas à se manifester dans de nombreuses régions françaises.

De nouvelles lignées réunissant les gènes de résistance **Fom 1** (de « Doublon ») et **Fom 2** (de la variété orientale « LJ 1787 ») furent bientôt sélectionnées, mais permirent à la fin des années 60 la mise en évidence des races 1-2 (type « *wilt* » à Berre dans les Bouches du Rhône, type « *yellows* » dans l'Ouest de la France).

D'autres géniteurs orientaux, comme « Ogon n° 9 » (pourvu de Fom 2) ou « Kogane ashi maguwa » (dépourvu de gènes majeurs de résistance) ont permis de mettre en évidence une tolérance générale à toutes les races, de nature polygénique à tendance récessive. On en dispose maintenant dans des variétés de type « Charentais » (lignée INRA « Piboule », hybrides F_1 « Jador », « Soldor »...).

La race 2, au contraire, semble très rare en Europe (signalée une fois en Hollande). C'est celle qui prédomine aux États-Unis.

La Fusariose du Melon se singularise par la différence d'optimum thermique entre la croissance du champignon en culture (28 °C - 30 °C) et son agressivité sur l'hôte (18 °C - 20 °C). Elle est une maladie de sol frais, de printemps tardifs. La régression de la maladie par temps chaud (qui n'aboutit cependant pas à la guérison des plantes déjà atteintes) est beaucoup plus marquée pour les races 1 et 1-2 que pour la race 0.

Par conséquent la résistance induite par Fom 1 (variétés de type « Doublon ») sera le plus souvent suffisante pour les cultures « de saison » en plein champ. Une longue rotation, de plus de 8 ans sera une précaution supplémentaire (ce qui incite souvent les planteurs de melons à louer des terrains neufs).

Au contraire, en culture de serre, où les sols souvent trop froids et la luminosité insuffisante augmentent l'agressivité des races virulentes, il sera indispensable de cultiver des variétés pourvues de Fom 2, qui perdra cependant son efficacité si des races 1-2 apparaissent.

Dans ce dernier cas, le greffage sur *Benincasa* protègera les plantes contre toutes les races, il ne sera cependant pleinement satisfaisant que si le sol est indemne des autres parasites telluriques graves des Cucurbitacées (*Phomopsis, Verticillium*). L'usage de porte-greffes hybrides F_1 *C. moschata* × *C. maxima* permettrait de poursuivre la culture du melon dans les conditions les plus défavorables.

A l'extrême inverse se situent les cultivateurs qui ont la chance de posséder des sols résistants...

Le transfert de cette résistance à des sols réceptifs (par stérilisation et addition de 10 % de sol résistant) n'est pas entré dans la pratique courante.

Il n'y a pas encore non plus d'application pratique des phénomènes de **prémunition** entre formes spécialisées et races, mis en évidence à la station de Pathologie de Montfavet : sur une variété pourvue de Fom 1, l'addition d'inoculum de race 0 au terreau où sont cultivés les plants protège mieux ceux-ci de l'infection ultérieure par la race 1 qu'une infection préalable par *F. oxy.* f. sp. *niveum*, ou *a fortiori* par des f. sp. n'attaquant pas les Cucurbitacées, ou des *F. oxysporum* saprophytes.

La lutte par arrosage au pied des plantes avec des fongicides systémiques (ex. : bénomyl) est, semble-t-il, elle aussi impraticable, du fait du trop faible intervalle entre les doses efficaces et les doses phytotoxiques, ainsi que de sa faible efficacité et de son coût élevé.

● Verticilliose sur Cucurbitacées

Verticillium dahliae ne semble pas être considéré comme un parasite redoutable par les producteurs de Concombre de l'Europe du Nord. Dans le Midi de la France, on peut observer des attaques sur Melon : flétrissement nécrotique du feuillage, plus ou moins brusque, progressant de bas en haut, sans symptômes de gommose externe ou interne dans la tige.

On observe chez les variétés de Melon les mêmes différences que pour *Pyrenochaeta lycopersici* : là encore le « Cantaloup charentais » se comporte comme peu sensible. Par contre de fortes attaques en plein champ sur des « melons d'hiver » (types « Olive » ou « Canari ») ne sont pas rares.

Si les symptômes de Verticilliose ne sont pas trop avancés, ils peuvent être réversibles et s'atténuer avec le retour d'un temps chaud et ensoleillé.

● Flétrissement bactérien des Cucurbitacées

Nous placerons ici cette maladie à cause de son caractère « vasculaire », bien que son épidémiologie soit toute différente de celle de la Fusariose ou de la Verticilliose.

Ce flétrissement bactérien est pour le moment pratiquement inconnu en Europe, il est, au contraire très redouté aux États-Unis. Il est provoqué par *Erwinia tracheiphila*, qui n'est pas un microorganisme du sol et fait partie des « *Erwinia* non pectinolytiques ». Cette bactérie est hautement spécialisée à certaines Cucurbitacées : le Melon et le Concombre sont les plus sensibles, les *Cucurbita* nettement moins et la Pastèque pratiquement immune.

La maladie est transmise par les coléoptères *Acalymma vittata* et *Diabrotica undecimpunctata*, inféodés aux Cucurbitacées. La bactérie hiverne dans le tube digestif des insectes, dont les mandibules sont au départ indemnes de bactéries. Celles-ci pénètrent dans les feuilles quand un insecte broute une portion de feuille préalablement souillée par ses excréments infectieux. Par la suite, un insecte peut polluer ses mandibules en broutant sur une plante malade, puis contaminer une plante saine.

La progression de la maladie vasculaire se fait de façon descendante : feuille → pétiole → tige. Le flétrissement est rapide, après une phase préliminaire où le limbe prend un aspect gris-mat (comme la feuille d'Aubergine atteinte de Verticilliose ou de flétrissement bactérien).

La lutte contre cette maladie repose sur l'élimination précoce des coléoptères brouteurs de feuilles de Cucurbitacées. Leur absence en Europe entraîne sans doute l'absence de la maladie...

Certaines variétés de Concombre ont été signalées comme résistantes, en particulier « Tokio long green ».

Pourritures du collet et des fruits proches du sol

Les pourritures du collet peuvent avoir des causes très variées sur Cucurbitacées : attaques de *Pythium* (v. ci-dessus), *Phytophthora, Rhizoctonia solani, Fusarium* spp., et peuvent même parfois être considérées comme « non parasitaires » : colonisation par des bactéries pectinolytiques ou *Fusarium roseum* var. *gibbosum* de blessures accidentelles, fentes de croissance, dégâts d'insectes du sol. Il n'est pas rare de voir des plants de concombre survivre deux ou trois semaines et mener à bien leur production, alors qu'à la base de la tige l'écorce a complètement disparu et les faisceaux vasculaires sont séparés les uns des autres.

La plupart des champignons capables de produire des pourritures du collet
ont susceptibles aussi de provoquer des pourritures sur des fruits reposant
ur le sol ou proches de celui-ci.

▸ *Phytophthora*

Au moins quatre *Phytophthora* (*P. megasperma, P. cryptogea, P. dres-*
hleri, P. capsici) ont été signalés comme susceptibles d'attaquer le collet de
olants de Concombres, Melons ou Courgettes. Dans le Midi de la France, le
olus à redouter sera *Phytophthora capsici*, agent d'une redoutable pourriture
les fruits de courgette, même si ceux-ci ne touchent pas le sol (par rejaillisse-
nent de gouttes d'eau chargées de terre). On observe aussi des attaques au
collet entraînant la mort des plantes. Ce type d'attaque sera bien sûr favorisé
oar le mauvais drainage, l'irrigation par aspersion. Une culture de Poivrons
attaquée par *P. capsici* sera considérée comme un mauvais précédent pour la
Courgette. Dans la région niçoise des tiges de *C. moschata* courant sur
olusieurs planches sont attaquées à la traversée des rigoles d'irrigation.

▸ *Rhizoctonia solani*

Les plants de Melon cultivés à plat sous chassis ou en plein champ
souffrent souvent de dégâts de *R. solani*, à la suite du contact des tiges ou
les fruits avec le sol humide. Les tiges présentent des chancres rougeâtres,
es fruits des taches livides correspondant à la croissance épiphyte du mycé-
ium, ou, plus gravement, des pourritures superficielles à contour festonné où
'on peut déceler à l'œil nu le mycélium fauve et les sclérotes bruns de
R. solani (souches « AG4 », fig. 56).
Toute mesure tendant à réduire le temps d'humectation superficielle du sol
liminuera la gravité de ces attaques.
R. solani a été utilisé par G. Risser comme « champignon-test » pour
svaluer la sensibilité générale de génotypes de Melon aux nécroses des
acines et du collet.

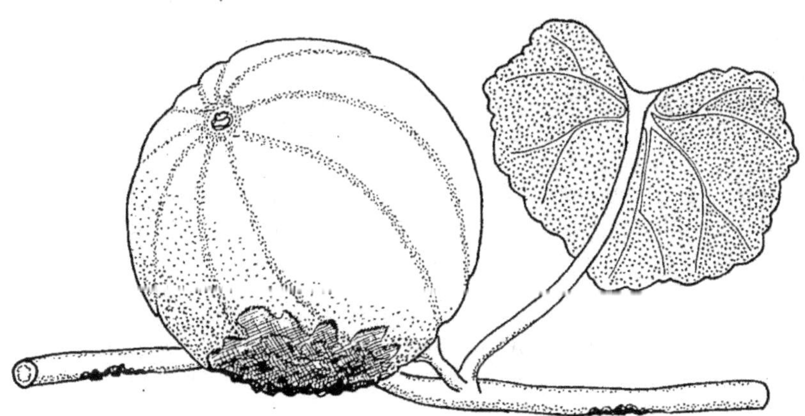

Figure 56. — Dégâts de *Rhizoctonia solani* au contact du sol humide sur fruit et tige de Melon.

● *Sclerotium rolfsii*

Dans les climats où il sévit, ce champignon provoque des dégâts analogues à ceux décrits ci-dessus pour *R. solani*. Les attaques sur fruits sont encore plus spectaculaires, les palmettes blanches de mycélium de *S. rolfsii* recouvrent tout l'hémisphère inférieur du fruit (fig. 57), envahissement auquel succède une énorme production de sclérotes.

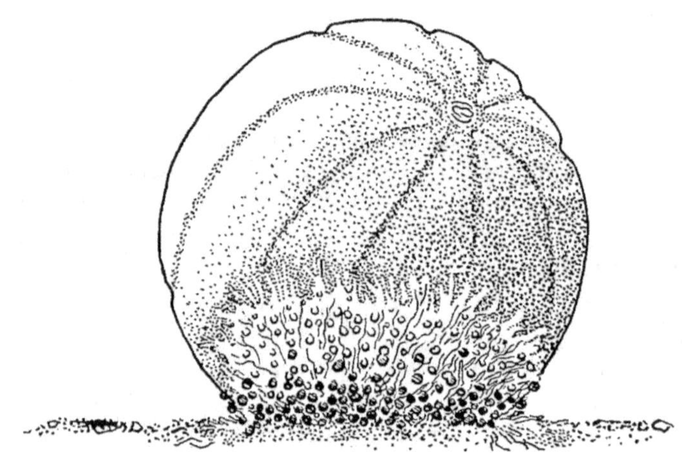

Figure 57. — Attaque de *Sclerotium rolfsii* sur un Melon au contact du sol.

● *Fusarium solani* f. sp. *cucurbitae*

Ce champignon, non vasculaire, n'est pas aussi spécialisé que les f. sp. de *F. oxysporum*. Il attaque le plus souvent les *Cucurbita* (y compris les *C. ficifolia* utilisés comme porte-greffes du Concombre), mais parfois aussi Melons et Concombres.

La durée de vie de ses chlamydospores dans le sol est moins longue que chez *F. solani* f. sp. *phaseoli*, et ne dépasse pas 3 ans. Les attaques se manifestent par une lésion brune voisine du niveau du sol, pouvant devenir aérienne par temps très humide. La pourriture s'étend aussi bien à l'écorce qu'au cylindre central, provoquant la mort de la plante qui reste attachée au sol par les fibres ligneuses restées intactes.

Les fruits au contact du sol peuvent être touchés, d'abord par des lésions circulaires brunes atteignant 1 à 2 cm de diamètre, qui peuvent confluer. Le mycélium peut atteindre l'intérieur du fruit et contaminer les graines. *F. solani* f. sp. *cucurbitae* compense ainsi sa faible persistance dans le sol par une dissémination par les semences.

Des attaques sporadiques ont été observées dans le Midi de la France et en Italie, sans doute à la suite d'importation de semences américaines. C'est en effet aux États-Unis que ce *Fusarium* est le plus redouté.

La description ci-dessus concerne la « race 1 » de *F. solani* f. sp. *cucurbitae*. Une « race 2 », décrite elle aussi aux États-Unis, n'attaque que les fruits.

La lutte contre cette maladie repose sur l'usage de semences saines (on ne dispose pas de données récentes sur l'efficacité de traitements de semences avec des fongicides systémiques) et sur des rotations d'au moins 3 ans.

• *Monascus eutypoides*

Cet ascomycète inférieur thermophile, a été récemment signalé en Israël comme agent de flétrissement brusque de plantes adultes de pastèques et de melons, sur des cultures installées sous tunnel avec, de plus, paillage plastique du sol. Les conditions qui favorisent cette attaque sont des hausses anormales de température et une humidité insuffisante du sol.

Rhizomanie du Concombre de serre

Nous terminerons cette revue des maladies des Cucurbitacées provoquées par des microorganismes telluriques en mentionnant ce symptôme très curieux, récemment décrit en Angleterre. Les plantes atteintes ont une croissance réduite au-dessus du sol. Par contre leurs racines prolifèrent considérablement, au point de ressortir du sol jusqu'à 1 cm de hauteur tout autour de la plante. Ce symptôme est provoqué par *Agrobacterium rhizogenes*.

II. Champignons attaquant plus particulièrement les tiges

Aussi bien le *Sclerotinia* et le *Botrytis* que le *Didymella* peuvent attaquer non seulement les tiges — mais aussi les fruits et, dans certains cas, le feuillage. C'est cependant sur tiges, en particulier en serre, que leurs dégâts sont les plus redoutés.

Didymella bryoniae

Les mycologues ont souvent modifié le nom de ce champignon (voir chap. XVI) ; il apparaissait dans l'édition précédente de cet ouvrage comme *Mycosphaerella citrullina*.

Peu répandu en plein champ dans les climats méditerranéens, il caractérise les climats tropicaux et subtropicaux humides, et peut aussi se développer durant l'été des pays tempérés chauds et pluvieux. De plus il provoque des dégâts dans les serres à concombre, plante exigeante à la fois en chaleur et en humidité.

Il peut provoquer des lésions sur tiges, de couleur claire, à marge éventuellement irrégulière mais bien délimitée au début. Sur ces lésions, le parasite fructifie en produisant à la fois des pycnides (dissémination des pycniospores par la pluie) et des périthèces (projection d'ascospores).

Des exsudations de gomme peuvent se produire à la lisière de ces lésions sur tiges, d'où le nom de « chancre gommeux » (gummy stem blight) souvent donné à la maladie (fig. 55 C).

On observe aussi des taches foliaires, d'abord d'aspect vert huileux plus foncé avec une marge jaune, qui s'étendent en se desséchant au centre, ainsi que des attaques sur fruits, d'aspect variable suivant les hôtes.

Sur **Concombre de serre**, l'attaque sur tige est redoutée des producteurs. Elle débute souvent sur les moignons de pétioles ou pédoncules laissés lors d'effeuillages ou de récoltes, ou sur vrilles sénescentes. Ces organes se recouvrent rapidement de fructifications, et l'infection peut atteindre la tige principale où se forme un chancre allongé longitudinalement.

Dans les serres très attaquées on peut observer aussi des taches foliaires, résultant des projections d'ascospores et des dégâts sur fruits qui se déclarent soit dans la serre même (pourriture noirâtre et molle de l'extrémité du fruit, avec gommose à la proximité des parties saines), soit au cours du transport (légère constriction de l'extrémité du fruit, avec contamination interne se développant en pourriture après récolte).

Sur **Melon**, les dégâts en serre sont plus rares, car celles-ci sont tenues beaucoup moins humides pour le Melon que pour le Concombre.

Au champ, les dégâts peuvent devenir très graves en conditions à la fois chaudes et humides (la projection des ascospores a son optimum entre 18 et 26 °C). Nous avons observé de graves attaques dans la zone antillaise, où l'envahissement secondaire des lésions par des *Fusarium roseum* var. *gibbosum* ou *arthrosporioides* peut faire croire à une fusariose. On observe aussi quelques lésions foliaires, mais sur Melon c'est le symptôme sur tige qui prédomine.

La **Pastèque** est très attaquée au Sud des États-Unis, avec prédominance de lésions sur cotylédons (pouvant s'étendre à la base de la tige sur plantes plus âgées), sur feuillage et sur fruits, sur lesquels apparaissent des taches brunes à pourtour huileux, qui peuvent s'étendre en donnant naissance à des craquelures et à une pourriture interne.

Sur **Cucurbita**, des lésions peuvent apparaître sur fruits murissants (Courges, potirons) et prennent une allure zonée particulièrement nette sur *Cucurbita moschata*.

Le *Didymella* n'épargne pas la Cristophine (*Sechium edule*), sur laquelle il provoque de petites taches angulaires sur feuilles et des lésions sur fruits pouvant entraîner une pourriture sèche.

La lutte contre le *Didymella* repose sur l'usage de **semences saines** (les fruits dont on extrait les graines devront être vérifiés pour l'absence de lésions) et l'élimination des déchets de plantes malades. La lutte fongicide en végétation peut être pratiquée avec succès avec, par exemple, le bénomyl que l'on peut soit pulvériser, soit incorporer au terreau dans lequel on élève les eunes plants. En serre, les lésions débutantes sur tiges peuvent être badieonnées avec des bouillies fongicides épaisses. Le risque d'adaptation du hampignon aux benzimidazoles incite à recommander l'alternance avec imaalil, iprodione, triforine ou chlorthalonil.

Des différences de sensibilité ont été signalées aux États-Unis entre ariétés de Pastèque.

C'est sur Melon que la résistance variétale a fait le plus de progrès : Jorton a découvert un gène de résistance, qu'il a incorporé à des variétés ujourd'hui présentes dans les catalogues américains (ex. : « Chilton »). ʾINRA Antilles-Guyane propose des formules hybrides F_1 de type « Charenais brodé » résistantes au *Didymella*.

Sclerotinia et *Botrytis*

La forme à gros sclérotes de *S. sclerotiorum*, propagée par ascospores, et *Botrytis cinerea* attaquent facilement les tiges, le feuillage et les fruits des Cucurbitacées en conditions humides, aux alentours de 20 °C.

Le *Sclerotinia* peut être observé sur Concombres de serres. La production le sclérotes peut être abondante sur tiges, aussi bien à l'extérieur que dans la moelle, et considérable sur les fruits atteints qu'on laisse se décomposer sur le ol.

Le *Botrytis* est une des maladies majeures du Concombre de serre. Il peut provoquer des taches foliaires d'extension rapide, devenant grises et sèches, ur lesquelles les conidiophores sont visibles. Il envahit facilement les moignons de pétioles ou pédoncules de fruits et la tige à partir de ces « bases nutritives ». Les lésions sur tiges s'agrandissent et s'approfondissent rapidenent, conduisant à la mort des plantes. Le *Botrytis* y fructifie abondamment.

Les fruits peuvent être envahis à partir de la corolle flétrie jouant le rôle le « base nutritive ». La pourriture grise de l'extrémité du fruit s'accompagne l'exsudation de gouttelettes transparentes.

La lutte en serre reposera sur les mesures culturales (combiner pendant une partie de la journée chauffage et aération) et sur l'usage de fongicides, oit en pulvérisation générale, soit en application localisée en badigeonnage ur les chancres débutants.

La généralisation des souches de *Botrytis* résistantes aux benzimidazoles résistance persistante) ou aux imides cycliques (résistance non persistante) ncitera à l'alternance entre fongicides spécifiques et produits d'action fongiide plus large (thirame, chlorthalonil, dichlofluanide).

Pourriture glauque des tiges de Concombre de serre

C'est le dernier « scoop » phytopathologique concernant cette spéculation, ui n'en avait vraiment pas besoin...

Provoquée par des souches de *Penicillium oxalicum* cette maladie a été signalée au Canada (Ontario), puis en Angleterre, en Hollande et en France.

Son étiologie et ses symptômes sont analogues à ceux de la pourriture grise (*Botrytis cinerea*), mais les lésions présentent une pourriture plus molle, et le velouté mycélien est décrit comme d'un « gris vert bleuâtre » (*bluish-greenish grey*), que nous traduirons par « glauque ».

On conseille des pulvérisations de bénomyl, iprodione, ou des applications de triadimefon – pâte – mais attention aux capacités d'adaptation des *Penicillium* aux fongicides...

On veillera surtout à éviter aux plantes des alternances de température trop fortes entre nuit et jour, on pratiquera l'aération.

On évitera également les fertilisations azotées excessives et les rapports K/N inférieurs à 2.

On peut s'interroger sur les raisons profondes de ce nouvel avatar pathologique des concombres de serre : apparition d'une souche mutante de *P. oxalicum* produisant une toxine, ou résistante aux cucurbitacines ?

III. Maladies cryptogamiques du feuillage et des fruits

Elles sont nombreuses. Certaines d'entre elles (ex. : Anthracnose) sont en régression, sans doute du fait de l'usage généralisé des fongicides. D'autres sont liées à des conditions climatiques particulières (ex. : Cladosporiose, *Corynespora*). D'autres enfin sont quasiment observées dans le monde entier, soit depuis longtemps (Oïdium), soit à la suite d'une généralisation récente (Mildiou en Europe depuis le début des années 80).

Bactérioses des Cucurbitacées

● *Pseudomonas syringae* pv. *lachrymans* provoque sur les feuilles de Cucurbitacées l'apparition de taches huileuses délimitées par les nervures (« taches angulaires »), sur lesquelles on peut observer de petites gouttelettes d'exsudat bactérien (d'ou l'épithète « *lachrymans* »). Le compartiment internervaire atteint sèche par la suite en prenant une coloration grise, et peut se déchirer, donnant lieu à une criblure (fig. 58).

Les dégâts sur fruits, surtout fréquents sur Concombre et Courgette, se manifestent aussi par de petites taches graisseuses, pouvant exsuder des « larmes » plus grosses que celles des feuilles, évoluant en une nécrose noire en creux, point de départ de pourritures secondaires par des bactéries pectinolytiques.

La maladie est favorisée par le temps humide rendant les feuilles plus sensibles par « congestion hydrique », la rosée abondante. La dissémination la plus rapide est assurée par les pluies accompagnées de vent ou par l'irrigation

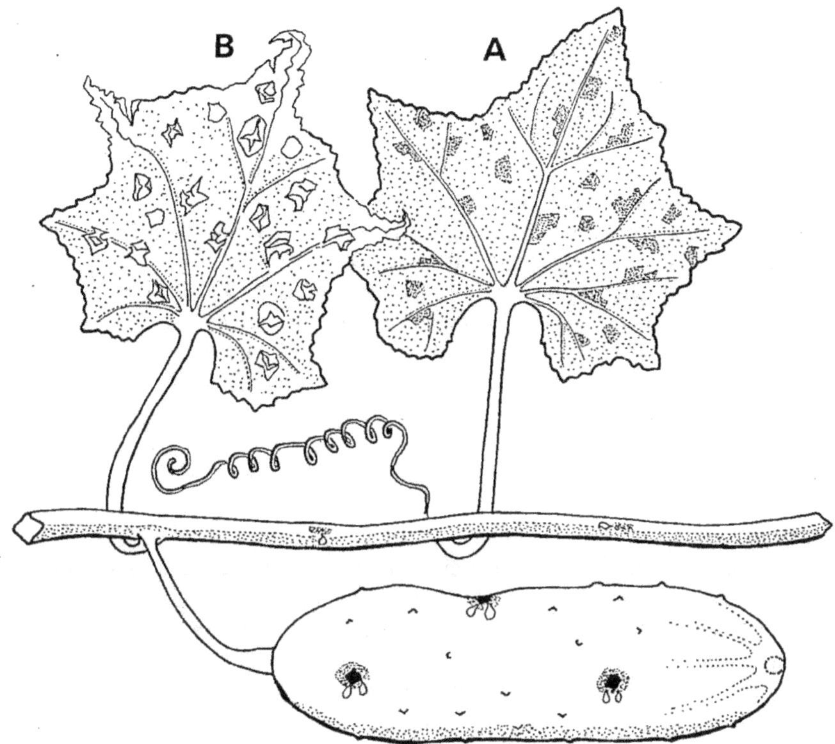

Figure 58. — *Pseudomonas syringae* pv. *lachrymans* sur Concombre, débutant sur feuilles par les taches angulaires graisseuses (A) évoluant en criblure (B). Sur tiges et fruits, lésions noircissant en leur centre, avec production de « larmes » de gomme très liquide (C).

par aspersion. L'infection est optimum entre 24 °C et 28 °C, mais elle n'est pas stoppée par des maxima atteignant 38 °C. Une humidité relative de 95 % favorise l'extension des lésions après contamination, les bactéries ayant pénétré dans les stomates.

Pseudomonas syringae pv. *lachrymans* peut attaquer gravement Concombres, Melons et Courgettes. Sur ces dernières, les taches foliaires sont entourées d'un halo jaune.

La perpétuation de la bactérie est assurée par les débris de culture (mais pas plus de 2 ans en conditions tempérées, moins encore dans les climats tropicaux), et par les semences infectées au cours de l'extraction des graines par broyage de fruits entiers porteurs de lésions. Les graines peuvent être désinfectées par thermothérapie, ou trempage dans le bichlorure de mercure à 1 g/litre pendant 5 mn, suivi d'un rinçage soigneux.

En végétation, l'usage de pulvérisations à base de cuivre est restreint par la phytotoxicité de ce métal vis-à-vis des Cucurbitacées. C'est une des maladies sur lesquelles la streptomycine a été expérimentée avec succès en pulvérisation.

Nous avons observé de fortes attaques de cette maladie sur Concombre et Melon dans la zone antillaise, dans les années 70. Sa gravité a diminué depuis, conséquence probable :

— de l'usage de graines de Melon produites en conditions méditerranéennes, peu favorables à leur contamination,

— du choix variétal pour le Concombre, les variétés conseillées en conditions tropicales étant souvent signalées comme tolérantes (ex. : variété « Poinsett », hybride « Sweet slice »).

● *Xanthomonas campestris* pv. *cucurbitae*, signalé aux États-Unis, en Australie, et depuis peu en France, attaque gravement les *Cucurbita* (en particulier, en Provence et dans le Sud-Ouest, les fruits de *C. moschata*). Les autres Cucurbitacées cultivées (Melon, Pastèque, Concombre) ont été signalées comme sensibles.

Les taches foliaires graisseuses puis brunâtres restent petites (1 à 2 mm). Elles sont souvent plus nombreuses à la marge des feuilles. On peut aussi observer des lésions sur tiges. Mais c'est sur les courges destinées à la conservation hivernale que les dégâts deviennent les plus graves. Des taches brunes, graisseuses, déprimées pouvant atteindre 2 cm de diamètre apparaissent en surface, avec au centre une croûte jaunâtre formée par l'exsudat bactérien. La pourriture s'étend dans la chair du fruit et peut atteindre la cavité renfermant les graines — point de départ de contaminations des semences expliquant la dissémination mondiale de la maladie. Ce symptôme progresse lentement en conservation.

Mildiou des Cucurbitacées

Le mildiou des Cucurbitacées est provoqué par *Pseudoperonospora cubensis* (le genre *Pseudoperonospora* se distingue des *Peronospora* par la germination des conidies par émission de zoospores et non par un filament).

Dans tous les pays où il a été signalé, il attaque le Concombre et le Melon. Sa virulence est variable vis-à-vis des autres Cucurbitacées cultivées. Les souches japonaises attaquent *Benincasa cerifera*, alors que cette plante résiste au mildiou aux Antilles. On trouve également au Japon des souches attaquant les *Cucurbita*, épargnées dans les autres pays. La Pastèque est épargnée presque partout, sauf au Sud des États-Unis. Les souches rencontrées jusqu'ici en Europe sont du type le plus commun, principalement virulentes sur Concombre et Melon.

Le Mildiou attaque presque exclusivement les feuilles (des attaques sur fruits de Concombre ont cependant été décrites en Italie). Les taches apparaissent vert plus clair ou jaunâtres à la face supérieure des feuilles, graisseuses à leur début à la face inférieure, sur laquelle le *Pseudoperonospora* fructifie, apparaissant comme un duvet violacé, à condition toutefois de l'observer avant 9 h du matin.

La dissémination des spores est en effet maximum vers 8 h ; par la suite, il ne reste plus que des conidiophores desséchés, visibles avec une forte loupe.

Les taches sont en général angulaires, délimitées par les nervures, chez le Concombre, plus arrondies et de plus grande taille chez le Melon. Les taches en vieillissant se dessèchent. Quand sur une feuille la surface atteinte égale la surface saine, la feuille meurt en se recroquevillant vers le haut, tout en restant cependant attachée à la tige. En cas de forte épidémie la mortalité du feuillage peut atteindre toute la plante.

Les feuilles deviennent sensibles quand elles se sont dépliées, atteignant la moitié de leur taille définitive. Les cotylédons sont sensibles dès leur épanouissement, il y a corrélation entre leur sensibilité et celle du feuillage adulte.

On peut donner comme températures cardinales pour le mildiou des Cucurbitacées 5 °C-**23** °C-30 °C, bien que l'optimum pour la sporulation (15 °C) soit inférieur à celui de la phase émission de zoospores - pénétration.

Cette phase, en conditions optimum, peut être très courte : deux heures d'humectation suffisent si l'apport de conidies est important.

L'influence des températures élevées sur la survie des conidies dépend beaucoup de l'intensité lumineuse et de l'humidité de l'air : elles peuvent succomber à une journée méditerranéenne sèche et ensoleillée, alors qu'elles survivent facilement à 32 °C en conditions tropicales ou océaniques de temps partiellement couvert et humide.

Le *Pseudoperonospora* est bien entendu propagé par les pluies, mais, disséminant activement ses conidies, il peut aussi progresser à la faveur de la rosée, si celle-ci se prolonge suffisamment le matin (à l'ombre d'un arbre ou d'une haie), ou si les conidies d'un matin survivent jusqu'au soir suivant (conditions de « carême » tropical, ou de mois de mai méditerranéen).

L'irrigation par aspersion favorisera l'épidémie, surtout si elle est pratiquée en début de matinée, prolongeant jusqu'à 10-11 h l'humectation du feuillage qui est alors contaminé par les conidies fraichement produites.

La perpétuation du *Pseudoperonospora* d'une année sur l'autre, si elle ne pose aucun problème en conditions tropicales humides (grâce à la rosée et à l'humidité saturée pendant les nuits longues de la saison sèche) reste plus mystérieuse en conditions tempérées. Les **oospores** n'ont été observées que sur le continent asiatique et en URSS. Les hôtes spontanés signalés dans la littérature sont de nature tropicale (*Cucumis* africains, *Momordica, Melothria, Lagenaria, Luffa...*) et ne comprennent pas *Bryonia dioica* ou *Ecballium elaterium*.

Aux Sud des États-Unis, les « années à mildiou » sont celles où un mois d'avril pluvieux (> 50 mm) succède à un hiver non gélif.

Les deux possibilités les plus probables en conditions méditerranéennes nordiques, ou tempérées, restent :

— la coexistence, dans une région, de cultures de serre et de cultures de plein champ,

— l'arrivée de l'inoculum véhiculé par le vent du sud humide, à partir de régions à hiver doux.

● Lutte par les fongicides

Elle est difficile avec les produits non systémiques ou translaminaires sur les cultures non palissées, du fait de la difficulté d'atteindre la face inférieure des feuilles. La pulvérisation pneumatique est alors recommandable. On préconise classiquement manèbe, mancozèbe ou chlorothalonil.

L'apparition des anti-mildious systémiques ou translaminaires a rendu beaucoup plus facile la lutte contre le *Pseudoperonospora*. Des traitements au métalaxyl, espacés de 15 jours, suffisaient, jusqu'à une époque récente, à contrôler la maladie. Des souches résistantes au métalaxyl n'ont cependant pas tardé à faire leur apparition sur le pourtour du Bassin méditerranéen (Grèce, Israël). Un désaccord complet règne entre les phytopathologistes concernant le caractère « croisé » de cette résistance. On considère en Grèce que les souches résistantes au métalaxyl restent sensibles au cymoxanil et au phosethyl-Al, ainsi bien sûr qu'aux éthylène-bis- dithiocarbamates, alors qu'en Israël elles sont signalées comme résistantes à tous les produits anti-mildious récents, et même au mancozèbe !

● Résistance variétale

Elle a été recherchée depuis de très nombreuses années chez le Melon et chez le Concombre, aussi bien à Puerto Rico et dans le Sud des États-Unis qu'au Japon, avec échange de géniteurs entre ces deux pays.

Chez le **Concombre**, des géniteurs d'origine pour la plupart extrême orientale ont permis aux sélectionneurs américains de proposer des variétés de « concombres épineux » (variétés pour cultures de plein champ), et de cornichons, résistantes au mildiou depuis les années 40. L'une d'entre elles, « Palmetto » a vu sa résistance s'effondrer, sans doute par apparition d'une nouvelle race de mildiou, dès 1950 en Caroline du Nord. Par contre la résistance de « Poinsett », de très haut niveau, est restée stable dans le monde entier (Amérique, Israël, Afrique tropicale). Elle semble liée à un gène récessif. D'autres géniteurs ont une résistance d'hérédité plus complexe, trirécessive, ou d'hérédité intermédiaire.

Les hybrides américains de type « Concombre épineux » (ex. : « Gemini 7 », « Sweet Slice ») ou « Cornichon » (ex. : « Pixie ») sont aujourd'hui presque tous présentés comme « résistants » ou « tolérants » au mildiou.

Leur résistance n'est cependant pas toujours aussi élevée que celle de « Poinsett ». En conditions antillaises un traitement hebdomadaire au mancozèbe est nécessaire si l'on veut prolonger la récolte plus d'une dizaine de jours sur « Gemini 7 ».

On commence à voir apparaître dans les catalogues des hybrides F_1 de Concombres de serre présentant une tolérance au mildiou (ex. : « Carmen » — voir cependant ci-dessous au paragraphe « oïdium » pour leur utilisation).

Chez le **Melon**, c'est au Texas que les premières études sur la résistance ont été réalisées, dans les années 40, à partir de géniteurs du « Centre de diversification secondaire » antillais, dont le plus résistant était « Smith's perfect ». A partir d'intercroisements où intervenaient « Smith's perfect » et

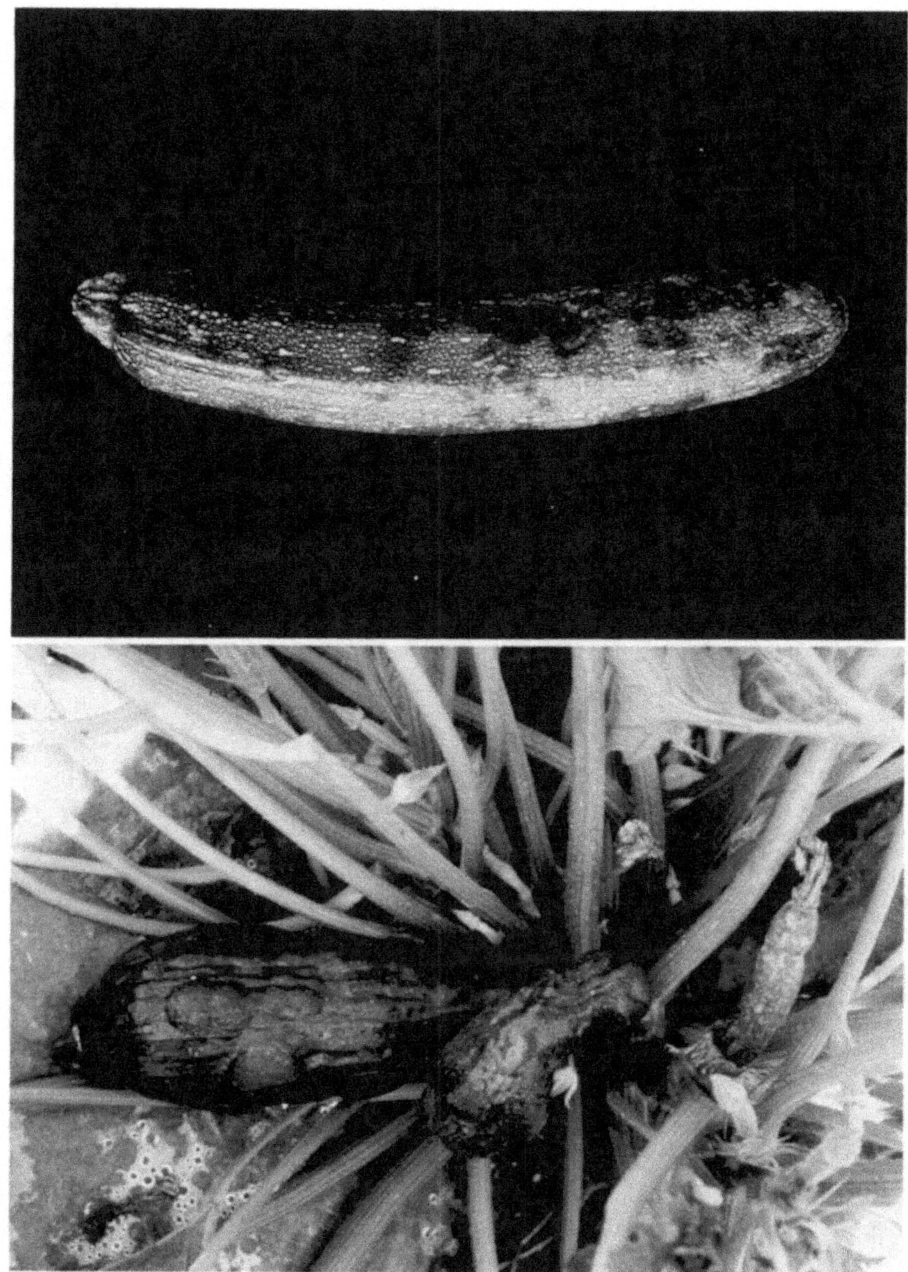

Planche 7 : Maladies de la Courgette. En haut, Cladosporiose sur fruit de Courgette. (Photo I. Vegh, INRA-Versailles). En bas, déformations dues au ZYMV sur Courgette. (Photo D. Blancard, INRA-Montfavet).

Planche 8 : **Dégâts de virus sur Melon.** En haut, ZYMV. En bas, complexe ZYMV + CMV. (Photos H. Lecoq, INRA-Montfavet).

la population « PI 124112 » a été obtenu « Georgia 47 », qui est intervenu dans la généalogie de « Edisto 47 », variété commerciale « tolérante au mildiou » de cantaloup brodé qui a connu un grand succès dans le monde entier. Des gènes majeurs interviennent dans ce type de résistance, mais aussi un cortège de gènes modificateurs. De ce fait, « Edisto 47 », par exemple, n'atteint pas le niveau de résistance de son ancêtre « Georgia » (v. tabl. 10).

Tableau 10

Sporulation des *Pseudoperonospora cubensis* sur les cotylédons de 14 variétés de Melon

Variétés	Milliers de conidies	Seuil 1 %
Védrantais	179	A
Doublon	136	AB
72063	97	BC
Margot	90	CDE
Perlita	70	DE
Edisto 47	8,6	DE
VA 435	7,3	DE
PI 182950	3,2	E
PI 414723	2,3	E
PI 164323	1,0	E
Georgia 47	0,8	E
Smith's Perfect	0,6	E
MR1	0,0	E

Revenant aux sources, Thomas *et al.*, aux États-Unis, sont repartis en lignées sur PI 124111 et en ont tiré le géniteur « MR 1 », qui représente le plus haut niveau de résistance connu au mildiou, avec une hérédité assez simple : deux gènes complémentaires semi-dominants **Pc 1** et **Pc 2**, dont l'un restreindrait l'extension des lésions et l'autre la sporulation. La quasi-immunité de ce géniteur a été vérifiée en France, où l'incorporation de sa résistance à un type « charentais » est en cours à l'INRA-Montfavet.

Chez la **Pastèque**, deux introductions, PI 179660 et PI 179875, se sont montrées hautement résistantes aux États-Unis.

Oïdiums des Cucurbitacées (le « Blanquet »)

En conditions méditerranéennes, le Concombre peut être attaqué par *Levoillula taurica*, avec apparition de taches jaunes à la face supérieure des feuilles, correspondant à un discret feutrage de type *Oïdiopsis* à la face inférieure.

Mais le plus souvent c'est un mycélium épiphyte fructifiant abondamment en chaînes de conidies qu'on voit apparaître sur Concombre, Melon ou

Courgette, beaucoup plus rarement sur Pastèque. Cette forme conidienne « *Oïdium erysiphoides* » peut en réalité appartenir à deux formes parfaites différentes : *Erysiphe cichoracearum* et *Sphaerotheca fuliginea*, évoluant indépendamment suivant les conditions climatiques ou microclimatiques, chacune composée de souches dont la spécialisation parasitaire est variable.

La connaissance de la répartition de ces deux espèces et de leurs souches a fait de très grands progrès en France récemment grâce aux chercheurs de la station de Pathologie végétale de l'INRA-Montfavet (et notamment F. Bertrand), qui ont :

— repris les méthodes d'examen des conidies permettant de différencier les deux espèces sous leur stade imparfait,

— et mis au point des méthodes de « confinement » des isolats d'oïdium, d'abord sur plantes entières dans les compartiments d'un « oïdiotron » (subdivisé en cases où les plantes-hôtes poussent sur substrat désinfecté, alimentées en air filtré), puis *in vitro* : feuilles entières désinfectées en survie dans un bocal, ou cotylédons aseptiques en survie sur milieu gelosé nutritif, en boîtes de Pétri.

Le tableau 11 résume les caractéristiques mycologiques et les conditions de développement des deux espèces.

Tableau 11

Principales caractéristiques des deux espèces d'Oïdium pouvant se développer sur cucurbitacées

	Erysiphe cichoracearum	*Sphaerotheca fuliginea*
Caractéristiques morphologiques des conidies	Conidies cylindrico-ovoïdes Tube germinatif en position terminale, avec un *appressorium* en massue Grains de **fibrosine** absents	Conidies ovoïdes Tube germinatif en position latérale, sans *appressorium* Grains de **fibrosine** présents, révélés par observation dans la potasse à 3 %
Conditions optimum de développement	15 °C à 26 °C, humidité relative élevée non nécessaire	15 °C à 21 °C, humidité relative élevée

A l'œil nu, au contraire, les symptômes ne permettent pas de distinguer les deux espèces : les colonies d'oïdium, d'abord séparées les unes des autres à la face supérieure des feuilles, peuvent par la suite confluer pour recouvrir la feuille entière. A la face inférieure, la distinction entre colonies est moins nette et, là aussi, la surface totale peut être recouverte (fig. 59).

Les tiges peuvent être atteintes, ainsi que les pétioles et les vrilles. Sur Melon, on peut observer des attaques sur jeunes fruits, laissant par la suite une cicatrice liégeuse sur un melon déformé.

Aussi bien en Europe du Nord que dans le Midi de la France les deux espèces coexistent. La répartition « classique », où l'on rencontre plutôt

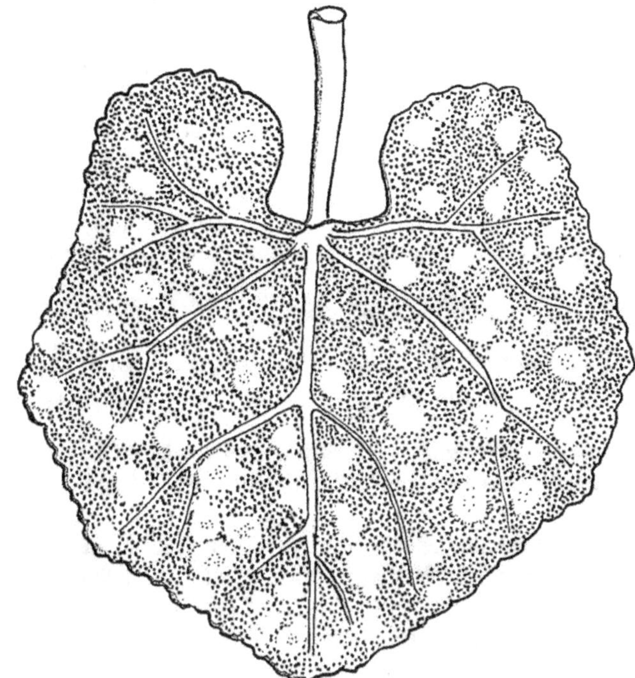

Figure 59. — Oïdium sur feuille de Melon.

S. fuliginea en culture sous abri (atmophère plus humide) et *E. cichoracearum* en plein air, connait de très nombreuses exceptions...

● Spécialisation parasitaire

Elle a été mise en évidence pour les deux espèces, aussi bien au niveau spécifique qu'au niveau variétal chez le Melon. Nous ferons état ici des résultats obtenus à l'INRA-Montfavet, pour des souches isolées en France (inoculations sur cotylédons).

Le Concombre (variété sensible « Marketer ») est attaqué par toutes les souches des deux espèces.

Il existe par contre des souches qui n'attaquent pas le Melon ou la Courgette. Une seule souche sur 57 examinées s'est révélée virulente sur Pastèque.

On peut donc délimiter, parmi les souches étudiées, les « profils pathogènes » suivants (Cc = Concombre, Me = Melon, Cg = Courgette, Pa = Pasteque) :

Erysiphe cichoracearum : Cc

Cc-Me
Cc-Cg
Cc-Cg-Pa

Sphaerotheca fuliginea : Cc

                 Cc-Me-Cg

(Nous détaillerons plus loin la spécialisation vis-à-vis des variétés de Melon).

C'est dans les régions où l'on cultive beaucoup de concombres de serre, et peu de melons et courgettes en serre ou en plein air que prédominent les types « Cc » des deux espèces. Au contraire en Provence, les types polyphages sont fréquents. Cependant, en fin de végétation, la Courgette peut héberger un développement faible de souches classées « Cc » sur cotylédons.

● Aptitude à la production de périthèces

Les périthèces d'*Erysiphe* ou de *Sphaerotheca* apparaîssent parfois dans la nature, le plus souvent en fin de saison, mais de façon irrégulière et imprévisible.

Des confrontations entre souches réalisées à l'INRA-Montfavet sur cotylédons de Concombre *in vitro* ont permis d'obtenir des périthèces de façon régulière, pour certaines combinaisons de souches, à la frontière entre les deux colonies. Dans chaque espèce ont ainsi été définis des « testeurs » + et − permettant de caractériser deux groupes d'hétérothallisme. Un certain nombre de souches de chaque espèce restent cependant « neutres », ne réagissant avec aucun des deux testeurs.

● Possibilités de lutte physique ou chimique

Les oïdiums des Cucurbitacées régressent à des températures supérieures à 35 °C. On peut utiliser cette sensibilité aux fortes chaleurs pour éliminer l'oïdium de serres à melons, les plants de melon supportant assez bien des températures de 37 °C - 38 °C quelques heures par jour — mais on favorise ainsi la prolifération des Tétranyques.

La lutte fongicide a longtemps reposé sur l'usage du **soufre**. D'abondants poudrages au soufre sublimé, atteignant la face inférieure des feuilles et la surface du sol, restent une méthode de lutte parfaitement valable sur melons de plein champ. La phytotoxicité du soufre risque cependant de se manifester à des températures de l'ordre de 35 °C *.

On utilise aujourd'hui un très grand nombre de fongicides vis-à-vis des Oïdiums des Cucurbitacées. Le choix du produit est compliqué par les possibilités d'apparition de souches résistantes. Elles se sont manifestées très rapidement dès les années 60 vis-à-vis du bénomyl et des produits voisins, ainsi que vis-à-vis du « dimethirimol », produit systémique que l'on appliquait aux racines. On commence à voir apparaître des souches résistantes, mais dans un rapport moins élevé (1 à 10 au lieu de 1 à 500 pour le bénomyl) aux fongicides de type « inhibiteur de la synthèse des stérols » (bupurimate,

---

* Le souci de pouvoir utiliser le soufre sans danger de phytotoxicité avait conduit dans les années 30 à sélectionner aux États-Unis des lignées de melons « *sulphur résistant* ». La résistance au soufre des « Cantaloups charentais » n'est pas mauvaise non plus.

triadimefon, fenarimol) parmi lesquels le bitertanol reste le plus stable. Par contre le dinocap et le quinomethionate (non systémiques) restent des « valeurs sûres ». Attention cependant à la phytotoxicité du premier à plus de 35 °C, à celle du second sur jeunes fruits. La « résistance » ne semble pas encore toucher, parmi les systémiques, l'imazalil, le pyrazophos et la triforine.

● Résistance variétale

Chez le **Concombre**, la sélection pour la résistance à l'oïdium a débuté dans les années 40, à partir du même *pool* de géniteurs que pour le mildiou.

L'étude la plus approfondie sur la résistance à l'oïdium chez le Concombre a été réalisée par Shanmugasunduram en 1971. Un gène récessif **s** conditionne une résistance partielle s'exprimant mieux sur tiges que sur feuilles. Un gène dominant **R** conditionne une résistance totale, mais seulement s'il est accompagné de **ss** et de la forme récessive **ii** d'un « inhibiteur de résistance » I. « RRiiss » et « Rriiss » seront donc hautement résistants, « rriiss » partiellement et toutes les autres combinaisons sensibles.

Un des gènes récessifs intervenant dans la résistance à l'Oïdium conditionnerait aussi la résistance au Mildiou.

Il n'est donc pas étonnant que les variétés « classiques » de concombres épineux ou de cornichons américains (« Ashley », « Cherokee », « Poinsett ») aussi bien que des hybrides récents (« Gemini 7 », « Sweet Slice », « Pixie ») combinent divers degrés de résistance à l'Oïdium et au Mildiou. Pour les Concombres de serre, les premiers hybrides résistants à l'Oïdium commencent à apparaître. Ils sont aussi tolérants au mildiou (comme « Carmen » cité ci-dessus).

En jours courts peu lumineux ils montrent cependant une tendance nécrotique liée à cette double résistance.

Il ne semble pas pour le moment qu'il y ait de façon nette de « races » de l'un ou l'autre oïdium vis-à-vis du Concombre.

Des développements d'Oïdium ont cependant parfois été signalés en France sur variétés résistantes.

Chez le Melon, la situation est plus compliquée car de nouvelles souches d'Oïdium sont apparues dès 1938 après la diffusion de la lignée de melon « résistante » PMR 45 en Californie.

Si l'on essaye de regrouper les données françaises et américaines, on arrive au tableau 10, en admettant que les races « américaines » correspondent à *Sphaerotheca fuliginea*.

On peut remarquer que (provisoirement, peut-être) WR 29 constitue en France un hôte différentiel pour *Sphaerotheca/Erysiphe*. Réciproquement les melons de type « Canari », non mentionnés dans le tableau, sont résistants à l'*Erysiphe*, sensibles au *Sphaerotheca*.

En Europe, pour le moment, en l'absence de « race 3 », la résistance de type « PMR 5 », liée à 2 gènes **Pm 1** et **Pm 2**, reste valable vis-à-vis de tous les types d'oïdium. Elle n'est cependant pas utilisable à l'état homozygote, car liée dans ce cas à une sensibilité au « crown blight » (réaction nécrotique

Tableau 12

Races « Melon » d'Oïdium des Cucurbitacées

Espèces et races d'*Oïdium*	Variétés différentielles					
	MR1	PI 414723	PMR 45	PMR 5	WMR 29	Edisto 47
S. fuliginea race 1	R	R	R	R	R	R
race 2 U.S.	—	S	S	R	—	S
race 2 F	R	R	S	R	R	R
race 3 U.S.	—	—	S	S	—	R
E. cichoracearum F.	R	R	S	R	S	S

précoce à la sénescence foliaire et à tout facteur de « stress »). Elle peut par contre être utilisée en hybride F_1, la sensibilité au « crown blight » étant récessive.

On dispose donc déjà dans les catalogues européens de nombreux hybrides de Melon résistants à l'oïdium, à fruits souvent légèrement brodés (conséquence de l'hérédité américaine). Certains d'entre eux ne contiennent que **Pm 1** (ex. : « Ido », « Romeo »), d'autres **Pm 1** et **Pm 2** (ex. : « Presto »). Le bon comportement de « MR 1 » vis-à-vis de l'oïdium incitera sans doute les sélectionneurs à conserver dans leurs croisements les deux résistances de ce géniteur (on lui attribue les gènes **Pm 3** et **Pm 6**).

Chez la Courgette, c'est à partir de deux espèces sauvages voisines, *C. lundelliana* et *C. okeechobeensis* (syn. *C. martinesii*) qu'une résistance à l'Oïdium a été transmise à l'espèce cultivée. Les géniteurs INRA-Montfavet de résistance ont été remis à la sélection privée, qui proposera sans doute des hybrides résistants dans les années 90.

Nuiles des Cucurbitacées

On désigne sous ce nom des maladies entraînant sur les fruits l'apparition de taches arrondies, en creux, recouvertes de fructifications fongiques (fig. 60).

On distingue :

○ **La Nuile rouge** (ou « Picotte » dans le Sud-Ouest de la France), provoquée par *Colletotrichum lagenarium*, agent de l'Anthracnose des Cucurbitacées.

Ce parasite attaque aussi le feuillage (taches huileuses puis nécrotiques débutant par les nervures) et les tiges (fig. 60 B).

Les lésions sur tiges et fruits se recouvrent des fructifications roses du champignon (les acervules).

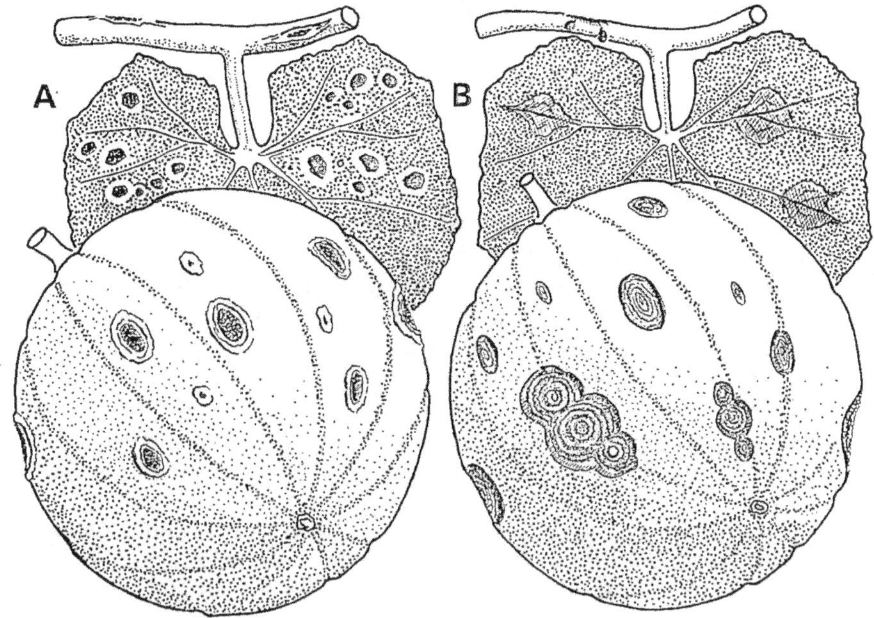

Figure 60. — Les « Nuiles » sur Melon.
A : Cladosporiose ou « nuile grise ».
B : Anthracnose (« nuile rouge » ou « picotte »).

Autrefois très grave sur toutes espèces de Cucurbitacées, ce champignon (favorisé par les conditions pluvieuses) a presque disparu de France. Il faut explorer de petites exploitations familiales au fin fond de la Vendée pour le retrouver. Très sensible aussi bien aux dithiocarbamates qu'aux fongicides plus modernes, il a sans doute été éliminé par l'abondance de fongicides déversés sur les cultures de Cucurbitacées.

• **La Nuile grise** est provoquée par *Cladosporium cucumerinum*. Cette maladie a disparu sur cultures de Concombre, tout au moins en Europe, du fait de l'incorporation à toutes les variétés pour cultures en serre du gène *Ccu*, utilisé depuis les années 30, et qui n'a jamais été mis en défaut.

La Cladosporiose, au contraire, peut provoquer des dégâts sérieux sur Melons et Courgettes. Les taches foliaires sont d'abord vitreuses, puis nécrotiques, de quelques mm de diamètre, à bordure jaune. La sporulation sur les feuilles est très faible (fig. 60 A).

Au contraire, les chancres sur tiges et les lésions creuses, ovales, de 1 à 1,5 cm de diamètre sur les fruits montrent la fructification du champignon sous forme d'un velouté gris. Contrairement aux taches de nuile rouge, qui ne cicatrisent pas, celles de nuile grise sur fruits de melon suscitent la formation d'un liège cicatriciel qui isole les tissus malades, qui ont tendance à s'exfolier.

Le melon peut ainsi rester comestible, mais se trouve commercialement déprécié.

Par contre les fruits de courgette ne cicatrisent pas, il y a exsudation de gouttelettes de gomme claire à la lisière des lésions et pourriture ultérieure.

Comme *Fulvia fulva* (Cladosporiose de la Tomate) *C. cucumerinum* est capable d'infecter les tissus de ses hôtes à la faveur d'une humidité saturée (une période nocturne de 6 h, ou 2 ou 3 périodes de 3 h pendant des nuits successives). La température optimum est voisine de 17 °C (ou nuits à 15 °C, journées à 25 °C) pour la germination et la pénétration des conidies. Les températures inférieures à 20 °C sont les plus favorables à la propagation de la maladie, car les lésions s'étendent alors sans cicatriser.

La Cladosporiose peut ainsi ravager les serres insuffisamment chauffées, à la faveur de l'humidité nocturne, et les cultures de plein champ de Courgettes précoces, ou de Melon dans des climats océaniques où le passage des perturbations s'accompagne d'abaissement de la température moyenne au-dessous de 20 °C.

Si les conditions favorables à la maladie ont déjà concerné une culture et risquent de se reproduire, on appliquera des traitements préventifs contre la Nuile grise, avec des produits dont le choix est assez étendu : fongicides non systémiques à large spectre (manèbe-mancozèbe, chlorothalonil, dichlofluanide), éventuellement en mélange avec un produit de la famille du bénomyl (vis-à-vis desquels on n'a jusqu'à maintenant pas signalé de résistance), ou fongicides plus récents : fénarimol, triforine.

Les graves épidémies de Nuile grise observées en 1987 dans le Sud-Ouest de la France ont incité l'INRA-Montfavet à entamer une recherche de géniteurs de résistance à cette maladie chez le Melon : tri par inoculation au stade « 2 cotylédons » sur plus de 200 génotypes, étude des corrélations de résistances entre divers organes (cotylédons — apex de jeunes plantes — fruits en voie de croissance).

Parmi les variétés les moins attaquées, on retrouve des géniteurs déjà utilisés pour leur résistance à d'autres maladies (ex. : PI 414723), ainsi que des variétés déjà commerciales à gros fruits (ex. : « Hale's best Jumbo » et, dans une moindre mesure, « Perlita »).

La faible sensibilité à la Cladosporiose sera donc sans doute un objectif de plus pour la sélection.

Autres maladies foliaires

Les principales sont dues à des *Alternaria* et *Ulocladium* (genres très voisins), *Cercospora* et *Corynespora*.

● *Alternaria* et *Ulocladium*

Deux champignons de type *Alternaria* peuvent attaquer le feuillage des Cucurbitacées : un *Alternaria* de la catégorie « *non-catenatae* », à grandes spores solitaires pourvues d'un prolongement filiforme, *A. cucumerina* (syn.

A. nigrescens) qui induit l'apparition de taches nécrotiques zonées à marge jaune, et *Ulocladium atrum*, signalé sur Concombre de serre (dans l'édition précédente de cet ouvrage nous donnions par erreur pour *A. cucumerina* la description de l'*Ulocladium*...).

On trouve mention dans certains catalogues américains de variétés de Concombre résistantes à l'Alternariose.

• *Cercospora citrullina*

C'est la principale maladie foliaire de la Pastèque en conditions chaudes et humides (climats subtropicaux et tropicaux). On observe sur le feuillage des taches circulaires à bordure nécrotique de 5 mm de diamètre, des lésions nécrotiques allongées sur tiges. Aux États-Unis et aux Indes, on a signalé des attaques sur Melon.

• *Corynespora cassiicola*

Appelé autrefois *Corynespora* (ou parfois *Cercospora*) *melonis*, ce champignon peut se développer sur Concombres de serre, en conditions de forte humidité, à des températures de l'ordre de 25 °C - 30 °C (supérieures à celles qui favorisent le *Cladosporium*). C'est également un parasite adapté aux conditions de saison des pluies tropicale ou subtropicale.

Les Concombres de serre actuels sont pourvus d'un gène **Cca** (issu de « Butcher's resister » en 1903, en Angleterre), qui assure une résistance totale et stable. Il n'en est pas de même de beaucoup de Concombres épineux américains, aussi « multirésistants » qu'ils puissent être. De graves attaques ont été observées à Puerto Rico et en Floride, par exemple sur « Ashley ».

On emploie aujourd'hui aux États-Unis le Concombre « Royal Sluis 72502 » comme géniteur de résistance.

Pourritures de fruits

Nous avons signalé ci-dessus les pourritures de fruits provoquées par des champignons du sol (*Phytophthora*, *Rhizoctonia*, *Sclerotium rolfsii*, *Sclerotinia sclerotiorum*), par le *Didymella* ou les Nuiles.

En conditions tropicales, *Choanephora cucurbitacearum* attaque les fruits à partir des corolles flétries, tout particulièrement ceux de Courgettes sur lesquelles cette Mucorinée devient un facteur limitant majeur en conditions pluvieuses (fig. 61).

Au Sud des États-Unis, *Physalospora rhodina* (syn. : *Diplodia natalensis*, forme conidienne voisine de *Botryodiplodia theobromae*) provoque au contraire des pourritures se développant à partir du pédoncule et se poursuivant en conservation (optimum 30 °C).

On observe des attaques sur Melons, Pastèques et Courges.

On conseille de pratiquer des coupes bien nettes du pédoncule et d'enduire la section d'une pâte fongicide.

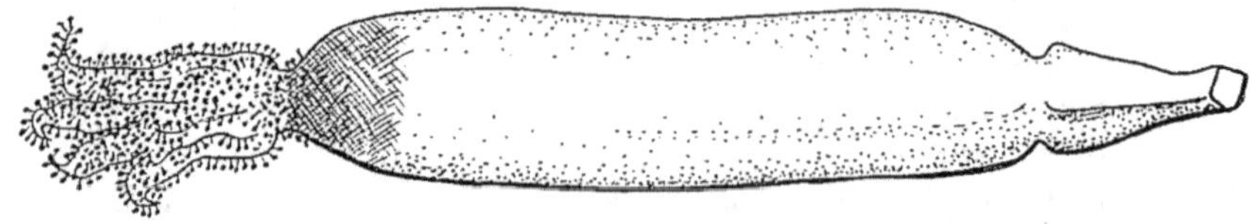

Figure 61. — Pourriture provoquée par *Choanephora cucurbitacearum* sur Courgette, débutant par la corolle.

De façon plus générale, aussi bien en Israël qu'aux États-Unis, les Melons de longue conservation, les Courges d'hiver et les Pastèques sont souvent expédiés après application externe d'une cire additionnée de fongicides.

Sur Melon en France, on observe souvent des attaques de *Fusarium* (souvent accompagné de *Trichothecium roseum*) à la cicatrice stylaire. Il s'agit le plus souvent de *F. roseum* des variétés *gibbosum* ou *arthrosporioides* (considérées, en général comme peu pathogènes...).

Certains producteurs de serre très soigneux appliquaient autrefois à l'extrémité du fruit un coup de pinceau d'une bouillie fongicide épaisse.

Cette pratique semble aujourd'hui inconciliable avec le souci d'éviter des résidus pesticides. Les variétés à cicatrice stylaire petite et bien close semblent moins attaquées.

IV. Virus des Cucurbitacées

La liste en est très longue... Nous les classifierons ci-dessous suivant leur mode de transmission, qui conditionne les mesures prophylactiques.

Mosaïque du Concombre et Potyvirus

Il y a une vingtaine d'années la répartition géographique des virus transmis par pucerons sur Cucurbitacées * semblait assez nette : prédominance de la Mosaïque du Concombre (CMV) sous climat tempéré et Nord-méditerranéen, de la Mosaïque de la Pastèque souche 2 (WMV 2) sur la rive Sud de la Méditerranée, et au sud des États-Unis, de la Mosaïque de la Pastèque souche 1 (WMV 1) en conditions tropicales ou subtropicales (Antilles, Floride).

La situation se révèle plus complexe aujourd'hui : du fait du perfectionnement des méthodes virologiques, il apparaît que ce que nous appelions en

---

* Précision utile : que ces virus portent le nom de « Cucurbita », « Watermelon » ou « Zucchini » mosaic, ils ne sont pas spécifiques du Concombre, de la Pastèque ou de la Courgette, mais attaquent la plupart des Cucurbitacées cultivées (la Pastèque est cependant peu sensible au CMV).

Provence dans les années 60 « Mosaïque du Concombre » est très souvent un complexe CMV + WMV 2, et que le WMV 1 est parfois présent dans le Midi de la France. De plus le ZYMV (Zucchini yellow mosaic virus) est devenu un redoutable complément des trois virus ci-dessus.

Nous avons examiné au chapitre I (p. 60) les caractéristiques épidémiologiques comparées de la Mosaïque du Concombre et des potyvirus (WMV 1 et 2, ZYMV), et donné au chapitre II (p. 117) quelques indications sur le peu de méthodes de lutte dont on peut disposer.

● Symptomatologie et gammes d'hôtes (fig. 62)

La **Mosaïque du Concombre** (CMV) attaque gravement les variétés classiques de Concombre, Melon et Courgette, en provoquant une mosaïque en principe non déformante * sur feuillage et sur fruits. Des « symptômes de choc » peuvent se manifester sur les feuilles déjà déployées au moment de l'infection : enroulement d'une ou deux feuilles sur Courgette, avec arrêt de croissance, nécrose rougeâtre appelée « fras rouge » par les cultivateurs provençaux, sur feuilles de Melon.

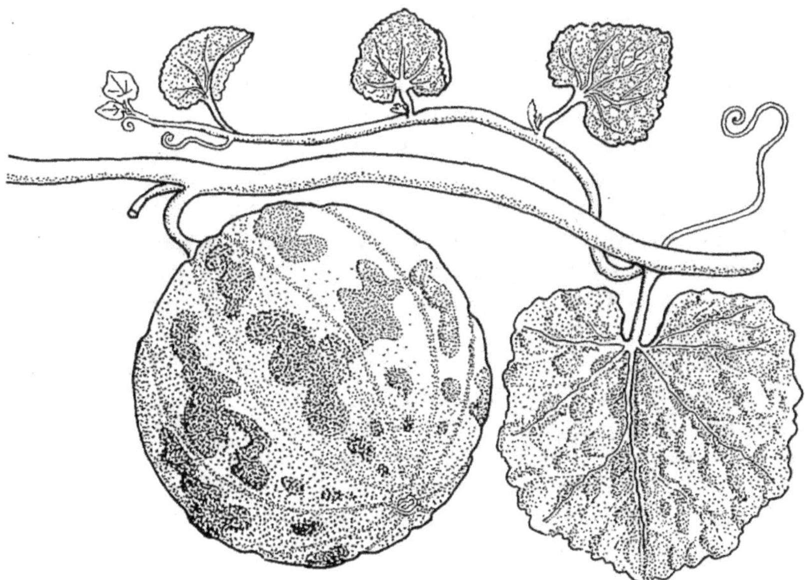

Figure 62. — Symptômes de virus sur Melon : attaque de type « CMV » (les symptômes des « WMV » se rapprochent plus du « vein banding », ceux de ZYMV sont très jaunes et très déformants).

---

* Une laciniation du feuillage et des déformations importantes des fruits, en présence de CMV, peuvent faire soupçonner une surinfection par WMV 2.

Sur Concombre, en conditions de culture sous serre avec éclairement insuffisant et nuits fraîches, on peut observer un flétrissement du feuillage masquant les symptômes de mosaïque, qui n'ont pas le temps de s'installer. La présence de *Phomopsis sclerotioides* aggrave ce symptôme.

Le CMV attaque aussi d'autres familles de plantes maraîchères et peut se perpétuer sur de nombreux hôtes spontanés (v. chap. I, p. 70).

La Mosaïque de la Pastèque souche 2 (*WMV 2*) a une gamme d'hôtes plus restreinte : Cucurbitacées, quelques Légumineuses, Epinard, Mâche et, parmi les plantes sauvages, Séneçon, Capselle, Mauve. Il n'est donc pas étonnant qu'il puisse se perpétuer même en conditions méditerranéennes et se superposer à la Mosaïque du Concombre, avec une épidémie un peu plus tardive.

A lui seul, et encore plus en complexe avec CMV, le WMV 2 provoque une mosaïque déformante sur feuillage et fruits de Melon. Sur Courgettes à fruits vert foncé ou « gris » les symptômes de WMV 2 seul sont assez bénins. C'est le virus dominant sur Cucurbitacées en Californie, au Nord de la Floride, il épargne pour le moment l'Europe du Nord et la Zone caraïbe.

La Mosaïque de la Pastèque souche 1 (*WMV 1*) a été récemment rebaptisée « PRSV souche W » à cause de ses affinités avec un virus du Papayer (*Papaya ring-spot*). Cette nouvelle dénomination nous semble malheureuse, car l'ex-WMV 1 n'attaque pas du tout le Papayer et ni ses symptômes, ni sa qualité de potyvirus ne méritent l'appellation « ring-spot ».

Assez strictement inféodé aux Cucurbitacées, il se perpétue dans les zones subtropicales et tropicales grâce au chevauchement des cultures, et sur des plantes sauvages de cette famille (*Momordica, Melothria*). On ne connaît pas la source des attaques observées sporadiquement chez les maraîchers de la Côte d'Azur et des Bouches du Rhône (perpétuation sur les Cucurbitacées cultivées en serre, jardins botaniques, arrivée de vecteurs méridionaux ?).

Les symptômes sur Melon sont analogues à ceux que provoque le WMV 2, les symptômes sur Courgette plus accusés.

La Mosaïque jaune de la Courgette ou « ZYMV », détectée en 1973 sur Courgette en Italie, en 1979 dans le Sud-Ouest de la France sur Melon, aujourd'hui endémique dans le Sud-Est de la France, est le dernier potyvirus de la série, mais non le moins grave !

Les mosaïques qu'il provoque sont à la fois jaunes et déformantes, pouvant, sur courgette, aller jusqu'à la laciniature. Sur certaines variétés de Melon (ex. : sur « Doublon », mais non sur « Védrantais ») il existe des souches « F » de ZYMV qui provoquent, au lieu du symptôme de mosaïque jaune, nanifiante, un flétrissement nécrotique rapide.

L'implantation, semble-t-il définitive, de ce virus dans les pays nord-méditerranéens suppose l'existence d'hôtes spontanés. On soupçonne, par exemple, les Renoncules et les Lamiers. Ils doivent cependant être moins communs que ceux du CMV, étant donné le développement épidémique plus tardif — mais parfois foudroyant — du ZYMV.

Quelques autres *potyvirus* ont été décrits sur Cucurbitacées : la **Moucheture jaune de la Courgette** (*Zucchini yellow fleck*, ZYFV) a été décrite dans le Sud de l'Italie et retrouvée en Crète. Les plantes atteintes ont une croissance réduite et leurs feuilles finement piquetées de taches jaunes qui peuvent devenir nécrotiques. Observé sur Courgette, ce virus attaque expérimentalement les autres Cucurbitacées. Les *Ecballium* en sont « porteurs sains » dans les pays concernés.

C'est également en Italie, mais aussi aux États-Unis qu'ont été isolés, en combinaison avec le CMV sur Courges et Courgettes, des potyvirus appartenant au complexe de souches de la Mosaïque jaune du Haricot.

Aucun des *Potyvirus* des Cucurbitacées n'a été signalé comme transmis par la semence en proportions appréciables, même à partir des graines de taille réduite produites par les fruits de Melon infectés par ZYMV.

● Résistance variétale

Chez le Melon, trois voies principales ont été explorées pour atténuer par la résistance variétale l'impact des virus transmis par pucerons :

1°) Une résistance à la multiplication du vecteur principal *Aphis gossypii*, accompagnée par une inefficacité générale de la transmission par ce vecteur (aussi bien CMV que les potyvirus). Cette propriété est liée à un gène dominant **Vat** présent dans de nombreuses origines de Melons (Extrême Orient, Espagne). Ce gène est actuellement disponible dans la lignée de type Cantaloup charentais « Margot » (obtention INRA-Montfavet).

Dans des conditions particulièrement sévères de contamination primaire par pucerons ailés (plaines du Sud-Est de la France) l'élimination des transmissions par *Aphis gossypii* ne retarde cependant que de 5 jours environ les contaminations, ce qui montre bien l'importance des autres pucerons dans l'épidémie. En 1988, sont apparues des colonies d'*Aphis gossypii* capables de se développer sur les plantes *Vat*, et de résister au pyrimicarbe. Les plantes sont cependant peu déformées par la prolifération des pucerons, et la non-transmissibilité des virus n'est pas remise en cause.

2°) La deuxième voie est la recherche de **résistances spécifiques** vis-à-vis de tel ou tel virus, qui dans certains cas a entraîné la mise en évidence de souches de ceux-ci.

Vis-à-vis de CMV, des résistances ont été mises en évidence dans un certain nombre de melons d'origine orientale. Le géniteur choisi à l'INRA-Montfavet est PI 161375 (par ailleurs porteur du gène **Vat**). L'hérédité de la résistance est polygénique à tendance récessive.

Un géniteur intermédiaire « Virgos », issu de 5 recroisements d'un type « charentais » sur PI 161375 a été obtenu à l'INRA-Montfavet.

Ce type de résistance est partiellement surmonté par des souches dites « Song » *, avec des symptômes relativement faibles et d'évolution lente. Ces souches préexistaient, semble-t-il dans la population « thermo-résistante » de CMV du Midi de la France. Dans la pratique les plantes porteuses de ce type de résistance sont contaminées beaucoup plus tard et avec des symptômes plus faibles que les plantes sensibles.

---

* De « Songwham charmi », autre nom de PI 161375.

Vis-à-vis de WMV 2, aucune résistance de haut niveau n'a été trouvée chez le Melon. Cependant PI 161375 est, dans la pratique, attaqué plus tardivement, avec des symptômes plus faibles (il y a quelque chose de plus que le simple effet du gène **Vat**). Les lignées issues de PI 161375 sous pression de sélection pour la résistance à CMV conservent ce caractère. Beaucoup de Cantaloup brodés américains (ex. : « Edisto 47 ») montrent avec WMV 2 des symptômes assez faibles.

Vis-à-vis de WMV 1, une résistance monogénique dominante a été mise en évidence aux États-Unis à partir d'introductions indiennes (PI 180280 et 180283).

Elle a été transmise aux États-Unis à des melons de type « Cantaloup brodé » (ex. : « B 66.5 » et « WMR 29 »), à l'INRA-Guadeloupe à un type charentais (lignée « 72025 »), utilisables en hybrides F_1.

Le gène de résistance existe sous 2 formes alléliques **Prv 1** et **Prv 2**, qui conditionnent tous les deux une bonne résistance aux souches antillaises du virus. Par contre, les souches isolées en France induisent une nécrose généralisée sur les lignées porteuses de **Prv 2** (ex. : « 72025 »).

C'est pour cette raison que le géniteur utilisé à l'INRA-Montfavet est « WMR 29 », de meilleure qualité gustative que « B 66.5 ».

Vis-à-vis de ZYMV nous avons déjà signalé plus haut la réaction de « Doublon » par flétrissement généralisé, liée à un gène **Fn**. Beaucoup plus intéressant, un gène **Zym** issu de PI 414723 induit une résistance totale aux souches communes de ZYMV, quel que soit l'état allélique du gène **Fn**. Disposant comme hôtes différentiels de « Védrantais », « Doublon », PI 414723 et d'une lignée issue de PI 414273 × Doublon, réunissant **Zym** et **Fn**, les virologues ont pu définir 6 types de souches de ZYMV : ONF (non flétrissantes), OF (flétrissantes), contrôlées par le gène **Zym** — 1 NF et 1 F, surmontant partiellement le gène **Zym** par des lésions chloro-nécrotiques pouvant devenir systémiques, et 2 NF et 2 F, surmontant le gène **Zym**, avec mosaïque jaune sauf dans le cas où « 2 F » est confronté avec des plantes **Zym-Fn**, induisant alors un flétrissement. Les isolats naturels se répartissent en France de façon variable suivant les années entre « 0 » et « 1 ». Le type 2 n'est qu'une curiosité de laboratoire, obtenu après inoculations répétées sur hétérozygotes **Zym**.

3°) La troisième voie consiste à rechercher par **sélection récurrente**, à partir de croisements complexes, une **tolérance générale** aux virus les plus importants dans une zone (par exemple vis-à-vis de CMV et WMV 2 pour l'opération de ce type entreprise à l'INRA-Montfavet par G. Risser).

Chez le Concombre, c'est le CMV qui provoque les dégâts les plus graves : dans les zones où prédominent WMV 1 ou WMV 2 les cultures de concombres de plein champ sont moins attaquées que celles de melons ou de courgettes. Le ZYMV, artificiellement inoculable au Concombre ne s'observe que très rarement sur cet hôte dans la nature.

La résistance au CMV chez le Concombre est étudiée depuis les années 40. Elle a eu pour origine les variétés orientales « Tokyo long green » et « Chinese long ».

Bien que la nature de son hérédité soit controversée (monogénique ou oligogénique ?) elle a été incorporée à la plupart des variétés modernes de Concombre épineux pour culture en plein air, et de Cornichons.

La plupart des variétés et hybrides de concombres de serre restent sensibles au CMV.

Pour la Courgette, on ne connaît pas de source de résistance aux virus chez *Cucurbita pepo*. Par contre les *Cucurbita* sauvages présentent de nombreuses résistances.

Celle de *C. okeechobeensis* au CMV a été introduite chez *C. pepo* (les lignées résistantes obtenues par l'INRA-Montfavet ont été mises à la disposition de la sélection privée). La quadruple résistance de *C. ecuadorensis* (CMV, WMV 1 et 2, ZYMV) sera plus difficile à introduire, étant données les difficultés rencontrées pour les croisements interspécifiques et les recroisements.

La résistance de certains *C. moschata* à WMV 1 et ZYMV sera plus facile à introduire chez *C. pepo*, et déjà très intéressante, car le WMV 2 ne provoque, à lui seul, que des symptômes assez faibles sur Courgette.

A plus court terme, un moyen plus rapide d'obtenir des plants de courgette « résistants » aux attaques naturelles de ZYMV réside dans la **prémunition**.

Une souche « ZYMV-wk » obtenue à la station de Pathologie végétale de l'INRA-Montfavet a la double propriété de ne pas être transmissible par pucerons, et de ne provoquer sur Courgette que des symptômes extrêmement faibles, compatibles avec une croissance et une production normale. Ces plantes, même soumises à une très forte épidémie naturelle de ZYMV, continueront donc à donner une récolte tout à fait satisfaisante, inférieure de moins de 10 % à celle de plantes sans virus.

Autres virus transmis par insectes

Comme le flétrissement bactérien des Cucurbitacées, la **Mosaïque de la Courge** (*Squash mosaic*, SMV) n'est susceptible de devenir épidémique que dans les pays où les Cucurbitacées cultivées sont fréquentées par des coléoptères brouteurs de feuilles (*Epilachna, Diabrotica, Acalymma* spp.). C'est un *comovirus*, qui provoque des symptômes de mosaïque cloquée. Certaines souches (groupe 1) ont une large gamme d'hôtes (*Cucurbita* spp., Melon, Pastèque), d'autres (groupe 2) n'infectent que les *Cucurbita*. Le SMV est redouté au Sud des États-Unis, au Japon, il a été signalé en Afrique du Nord. Il est transmis par les semences en forte proportion. Quelques cas ont été observés en France sur des plantes issues de lots de graines contaminées *.

Une détection du virus dans les lots de semences est possible suivant la méthode de sérologie « ELISA ».

---

* Dans les conditions de culture en serre, cette situation peut être inquiétante, car le SMV peut alors être transmis de plante à plante par voie mécanique.

Un certain nombre de **virus transmis par Aleurodes** ont été observés sur Cucurbitacées dans diverses parties du monde.

Trialeurodes vaporarium (la « mouche blanche des serres ») transmet des virus dont les particules flexueuses très allongées rappellent les « *closterovirus* » : le *Beet pseudo yellows virus* (BPYV), qui attaque à la fois le Concombre et la Laitue sous serre (v. chap. Laitue, p. 479) et le *Muskmelon yellows virus* en France. Les attaques ne deviennent graves qu'en cas de prolifération considérable de Mouches blanches.

Bemisia tabaci transmet à la fois des virus à longues particules flexueuses (*Cucumber yellow vein* en Israël, *Lettuce infections yellows* en Californie, lui aussi capable d'infecter Laitue et Melon) et des *geminivirus*, comme le *Squash leaf curl* qui attaque la Courgette en Californie [*].

Là aussi d'importantes proliférations des vecteurs ont été à l'origine d'épidémies graves. Rappelons ici que l'acharnement phytosanitaire n'est pas toujours le meilleur moyen d'éviter la prolifération des Aleurodes ou des *Thrips*.

Un *rhabdovirus*, dont le vecteur est encore inconnu provoque sur Concombre de serre dans le Midi de la France la « **Maladie de la peau de crapaud** » (*Cucumber toadskin virus*). Les feuilles sont très fortement cloquées et crispées, les nervures hypertrophiées et déformées, les entrenœuds ramifiés et en zig-zag. La production des plantes atteintes est nulle. Le pourcentage des plantes atteintes reste heureusement faible.

Aux États-Unis, dans les zones envahies par le *Beet curly top*, les Cucurbitacées cultivées souffrent de graves dégâts.

Des symptômes de **mycoplasmose** sur Courgette ont été décrits en Italie, avec réduction de taille et jaunisse des feuilles, prolifération des bourgeons axillaires.

Sur fruits on observe soit un éclatement précoce avec apparition d'ovaires transformés en structures foliacées, soit un arrêt de développement avec rétrécissement apical.

Virus transmis par contact

Nous trouvons dans cette catégorie le virus de la **Marbrure du Concombre** (*Cucumber green mottle*, autrefois *Cucumber virus 2* alors que le CMV était le *Cucumber virus 1*).

C'est un *Tobamovirus*, dont les particules sont exactement semblables à celles de la Mosaïque du Tabac, ainsi que son épidémiologie. Il est surtout redouté dans les serres de l'Europe du Nord et seulement épisodique en France.

Il provoque une mosaïque vert clair-vert foncé légèrement cloquée et des réductions de rendement de l'ordre de 30 %. Il est facilement transmis par les semences, en forte concentration sur le tégument, plus rarement dans

---

* Ce paragraphe « Virus transmis par Aleurodes » a été rédigé grâce aux indications de H. Lecoq (INRA-Montfavet).

'embryon. L'usage de graines âgées de plus d'un an, ou leur passage 72 h à 70 °C, et des mesures d'hygiène en cours de culture (v. « Mosaïque du Tabac », chap. III) sont préconisés comme moyens de lutte.

La « **Maladie du fruit pâle** » est également redoutée sur Concombre dans l'Europe du Nord. Les symptômes sont peu nets sur le feuillage (croissance réduite, apparence vert-bleuâtre). Les fleurs sont petites, avec une corolle de consistance cassante. Les fruits sont vert pâle, de taille réduite, en forme de poire. La cause en est un **viroïde** transmis par contact au cours des opérations culturales. D'abord nommé « *Cucumber pale fruit viroid* », il a été identifié au « *Hop stunt viroid* » décrit sur Houblon au Japon, où il attaque aussi le *Benincasa*. Des chardons (*Cirsium*) et le Séneçon sont les hôtes naturels présumés (infection sans symptômes).

Virus transmis par le sol

Des *nepovirus* transmis par *Xiphinema* spp. (*Arabis mosaic*, *Tobacco ring-spot*) ont été signalés sur Cucurbitacées, mais les attaques les plus fréquentes concernent des virus transmis par *Olpidium cucurbitacearum* (v. chap. I, p. 20).

Le plus anciennement connu en France est celui de la **Criblure du Melon** (*Muskmelon necrotic spot*, MNSV) qui se traduit, sur l'ensemble du feuillage, par l'apparition de lésions d'abord chlorotiques, puis nécrotiques de couleur rouille de 1 à 2 mm de diamètre (fig. 63). On observe aussi un streak sur tige, et des symptômes nécrotiques sur fruits (lésions initiales ponctuelles pouvant confluer en taches liègeuses). On observe aussi une marbrure de la chair du fruit.

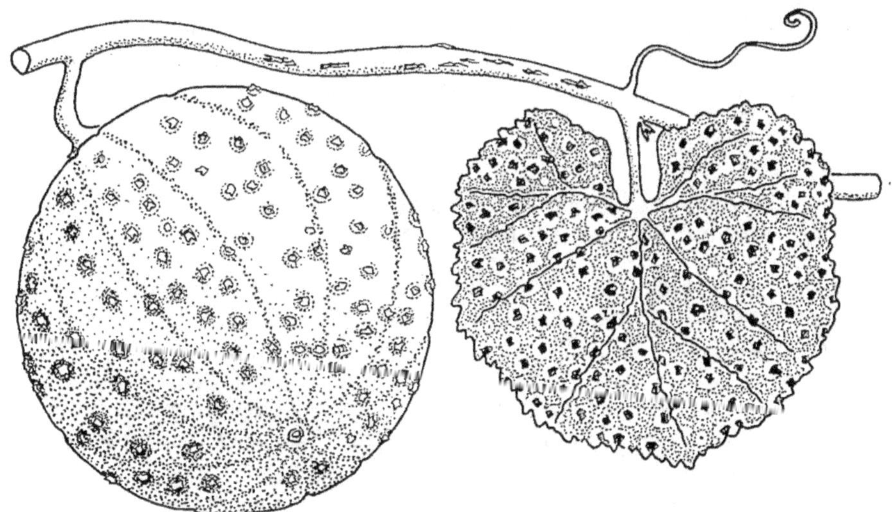

Figure 63. — Symptômes de « Criblure » sur Melon (*Muskmelon necrotic spot virus*).

La maladie sévit surtout en serre, au cours de printemps peu lumineux et sous chauffage du sol insuffisant. Le Melon est le seul hôte connu, le Concombre ne réagit que par lésions locales, sans généralisation *.

On considère comme synonymes de la Criblure un virus décrit au Japon, toujours en serre, et une souche californienne pour laquelle des possibilités de transmission par semences et par coléoptères ont été signalées.

Un gène récessif de résistance à la Criblure, **nsv** a été trouvé chez les géniteurs « VA 435 » et « Gulfstream ». Son transfert à des lignées intéressantes pour la production française est en cours à l'INRA-Montfavet. Sur les deux cotylédons prélevés sur une seule plante, on peut tester la résistance à la criblure sur l'un d'entre eux (pas de lésions) et la résistance à WMV 1 sur l'autre (lésions locales).

En l'absence de résistance variétale on préconise la désinfection du sol, le drainage, l'élimination d'urgence des premières plantes malades (il y a possibilité de transmission par contact).

Une souche du virus de la **Nécrose du Tabac** (TNV) provoque une criblure sur Concombre dans les serres de l'Europe du Nord. Ce virus se distingue de la Criblure du Melon par sa transmissibilité au Tabac et au Haricot.

V. Dégâts pouvant prêter à confusion avec les maladies, symptômes non parasitaires

Attaques d'acariens sur plantules

Des acariens appartenant au genre *Tyrophagus*, habituellement saprophage, introduits dans les serres avec la paille ou le fumier, peuvent attaquer les cotylédons de Concombre ou de Melon dans les couches ou terrines à semis, ainsi que la première feuille et l'apex. Les lésions ponctuelles sur les jeunes organes entraînent au cours de la croissance des déformations et déchirures.

Dégâts de froid en conditions de faible luminosité sur jeunes plants de Melon

Ces dégâts concernent, dans le Sud-Est de la France, les plantations précoces sous tunnels non chauffés ou sous chenilles plastiques. Ils se traduisent par un jaunissement du feuillage, éventuellement suivi de dessèchement. Ce phénomène a été étudié par G. Risser à l'INRA-Montfavet, qui signale « Freeman's cucumber » comme géniteur pour le bon comportement en sol froid, et « Sucrin de Tours » pour la tolérance aux faibles éclairements. Le

---

* Mais il existe aussi, en Europe du Nord, des souches « Concombre » de MNSV, épidémiques sur cet hôte et moins adaptées au Melon.

comportement des « Charentais » se situe entre celui de ces deux géniteurs, et celui du témoin de sensibilité « Persian small type ».

« Grillage » des feuilles de Melon

Ce symptôme de nécrose internervaire généralisée apparaît lorsqu'une période pluvieuse froide succède à un début de saison ensoleillé, au stade où les fruits commencent à grossir. Fréquent dans le Sud-Ouest de la France, il peut apparaître dans le Sud-Est à la suite de périodes exceptionnellement pluvieuses et froides fin juin.

Des essais réalisés dans le Lot-et-Garonne indiquent un effet protecteur de pulvérisations mixtes nitrate de chaux + sulfate de magnésie (1,5 kg de chaque/100 l) en début de grossissement des fruits. Les variétés à maturité groupée (monoïques) sont les plus sensibles.

Déséquilibres nutritifs divers du Concombre

Les hybrides modernes de Concombre ont des possibilités de croissance extrêmement rapide et de rendement très élevé, lorsque la température et l'humidité de la serre sont optimales. Dans ces conditions, le moindre à-coup d'alimentation en N, P, K, la moindre insuffisance en magnésium ou en manganèse, ou le déséquilibre de ces éléments par rapport à la potasse, provoquent des chloroses, jaunissements ou nécroses internervaires, ou des dessèchements marginaux sur les feuilles. Une concentration saline excessive de la solution du sol provoque une nécrose marginale débutant au niveau des hydatodes.

Carence en molybdène

Les symptômes de cette carence sont très graves sur Melon : défaut presque total de croissance des plantes poussant en terrain carencé, coloration blanchâtre des feuilles et nécrose marginale. Cette carence est fréquente dans les sols ayant subi une évolution latéritique, qu'elle soit récente (sols ferrallitiques tropicaux) ou qu'elle date de l'époque tertiaire (sols rouges méditerranéens).

Une pulvérisation de molybdate d'ammoniaque à la dose infime de 2 g/100 l suffit à faire repartir une végétation sans symptômes. Un apport de 500 g à 1 kg/ha à titre préventif est encore préférable.

Chlorose marginale des feuilles de Melon

L'apparition d'une bordure jaune de 1 à 2 cm de large autour des feuilles sur Melon a pu être reliée dans le Sud-Est de la France à la phytotoxicité du cuivre, en particulier à l'usage de poudres sulfocupriques (poudre « antiblanquet »). Cette observation conduira à éviter les surdosages lorsqu'on utilise des mélanges organocupriques (cuivre-mancozèbe, ou cuivre-manèbe-cymoxanil) pour lutter contre le mildiou.

Éclatement des tiges de Courgette

Nous avons observé ce symptôme aux Antilles françaises, sur variétés européennes de courgettes non coureuses, au cours de mois d'hivernage, à pluviosité dépassant 400 mm.

A l'envahissement des fleurs par *Choanephora cucurbitacearum* s'ajoute un éclatement physiologique des tiges, avec fendillement longitudinal, conduisant à leur cassure. Les variétés naines étant dépourvues de bourgeons axillaires, la production est définitivement compromise.

Une variété locale coureuse (d'origine libanaise), à tiges minces, échappe à cet accident, ainsi que ses hybrides F_1 avec les variétés de type européen.

Vitrescence des fruits de Melon

Elle concerne la chair du fruit, dont certaines zones, situées le plus souvent en face des vaisseaux alimentant les placentas, prennent un aspect gorgé d'eau, puis entrent en déliquescence avec une odeur de fermentation alcoolique. L'extérieur du fruit reste normal, sans signe de surmaturité, et le prélèvement réfractométrique peut donner des indices corrects, supérieurs à 12 %. Aucune méthode non destructrice ne permet de déceler la vitrescence (sauf peut-être la « résonnance magnétique nucléaire » !).

Le phénomène est favorisé par une charge excessive des plantes en fruits, une température du sol ou du substrat basse par rapport à celle de l'air, et une alimentation en calcium insuffisante par rapport à l'alimentation potassique. Les hybrides modernes monoïques de type « charentais » semblent plus sensibles que des lignées plus anciennes, comme « Védrantais ».

Coups de soleil et éclatement des fruits

Les fruits de Melon, comme ceux de Tomate peuvent souffrir de coups de soleil lorsque, précédemment à l'ombre du feuillage, ils s'y trouvent brusquement exposés. La lésion est pâle, déprimée et plissée. Les derniers fruits d'une culture dont le feuillage a été grillé par le Mildiou ou l'Oïdium peuvent être ainsi perdus.

Une forte pluie ou un arrosage excessif succédant à une période sèche provoque sur fruits en voie de maturation un éclatement apical par deux ou plusieurs fentes pouvant s'ouvrir jusqu'à la cavité centrale. Les fruits sont dépréciés et, visités par les drosophiles, entrent rapidement en pourriture, envahis par des mucorinées ou par *Oospora lactis*.

Le type « Cantaloup charentais » est particulièrement sensible à ces accidents, mais des différences variétales existent à l'intérieur du groupe. Un feuillage vigoureux et abondant (protection vis-à-vis du soleil, évacuation de l'eau par transpiration) sera un facteur défavorable aux deux symptômes.

VI. Organisation de la protection phytosanitaire

La liste des maladies des Cucurbitacées que nous venons de passer en revue est impressionnante. Aucune région, aucun système de production ne les verra cependant sévir toutes à la fois, et encore moins si l'on a pris la précaution de choisir une variété ou un hybride présentant un certain nombre de résistances.

Certains projets de production pourront cependant se révéler impossibles : dans la Vallée du Rhône et en Provence, par exemple, tant que l'on ne disposera pas de cultivars de Melons ou de Courgette résistant à la fois à CMV, WMV 2 et ZYMV, toute plantation de plaine réalisée après le 20 avril verra sa production réduite à néant, ou incommercialisable du fait des virus transmis par pucerons : cela laisse au moins se perpétuer les productions de « **melons de coteaux** », réalisées à des altitudes supérieures à 100 m, dans des exploitations qui ajoutent cette production à celle de céréales, de lavande, et à la viticulture, dans un environnement où les pucerons arrivent plus tard et où les réservoirs spontanés de virus sont moins abondants.

Certains systèmes de production, possibles certes, seront cependant plus fragiles que d'autres. Aux Antilles françaises, la production de melons de contre-saison, réalisée par des spéculateurs issus du Lot-et-Garonne, utilise les mêmes variétés que dans le Sud-Ouest de la France : hybrides monoïques de type « charentais » sensibles au Mildiou, à l'Oïdium, et au Chancre gommeux. Elle nécessite deux traitements fongicides par semaine — et les fruits, fragiles, doivent être expédiés par avion. Au contraire, des hybrides proposés par l'INRA-Antilles-Guyane, tolérants aux trois maladies et aux fruits légèrement brodés, pourraient n'être traités que tous les 10 ou 15 jours, et leurs fruits pourraient être envoyés par bateau... Nous passerons en revue quelques exemples de productions, en soulignant les précautions phytosanitaires indispensables.

● Concombres de serre

La réussite passe tout d'abord par la production de **plants sains**, non seulement du point de vue cryptogamique (graines traitées au thirame, semis sur substrat désinfecté), mais aussi exempts de virus : toute production de plants démarrant en septembre (ou même octobre en conditions méditerranéennes) devra être réalisée à l'abri des insectes (chassis grillagés, compartiment de serre « insect-proof »). Cette précaution est fondamentale, non seulement pour le producteur lui-même, mais aussi pour ses voisins et l'ensemble de la région, pour éviter la perpétuation de virus tels que WMV 1 et ZYMV, moins solidement implantés dans la nature que la Mosaïque du Concombre.

Du fait de la difficulté de la lutte chimique contre la Mouche blanche des serres et les Tétranyques, de plus en plus de producteurs de Concombres de serre utilisent aujourd'hui des méthodes de lutte biologique, restreignant le choix et la cadence des produits de traitement.

Ils attendront donc l'apparition du Mildiou dans la région, des autres parasites dans leur propre serre, grâce à des inspections fréquentes, pour commencer des traitements. Les indications ci-dessous peuvent être données pour les cadences de traitement, les maladies étant rangées par ordre décroissant de gravité :

Maladies	Cadences de traitement
Mildiou	5 à 7 jours
Chancre gommeux	7 jours
Botrytis	7 jours
Oïdiums	10-15 jours

(Les attaques de *Sclerotinia* ou de *Penicillium* sont épisodiques.)

● Melons en conditions méditerranéennes

Grâce, le plus souvent, à des artifices culturaux (autrefois chassis vitrés posés dans le sens de leur longueur sur un « vaseau » en creux, aujourd'hui chenilles plastiques ou semis sous paillage plastique), les semis devront être réalisés au moins 75 jours avant les grands vols de pucerons ailés de la fin du printemps (ex. : 15 juin dans le Vaucluse, avec une avance ou un retard de 15 jours suivant que l'hiver aura été très doux et sec, ou au contraire très gélif).

Pour le choix du terrain on observera une rotation d'au moins 8 ans si la variété n'est résistante qu'à la race O de *F. oxysporum* f.sp. *melonis*, de 3 ans si elle présente le maximum de résistance à la Fusariose (races 0, 1, 2, et tolérance polygénique à toutes les races). L'Oïdium sera la maladie foliaire la plus fréquente, il sera combattu par soufrage ou emploi de produits plus modernes tous les 10-15 jours. Le Mildiou n'apparaîtra pas toutes les années, mais pourra devenir foudroyant si les pluies de juin sont abondantes et l'inoculum présent au voisinage dans des serres mal protégées. Les cadences de traitement seront les mêmes que celles indiquées ci-dessus pour le Concombre.

La lutte contre *Aphis gossypii*, utile aussi bien sur le plan local qu'à l'échelle régionale, devient de plus en plus difficile... (résistance au pyrimicarbe). Le *Sclerotinia* apparaît épisodiquement sous les « chenilles », qui doivent être surveillées à ce point de vue pour pouvoir juguler le parasite (bénomyl, iprodione) dès l'apparition des premiers foyers.

● Melons en conditions océaniques (ex. : Sud-Ouest de la France)

Les vols printaniers de pucerons seront, à altitude égale, moins précoces et moins intenses qu'en climat méditerranéen. La distinction entre « melons de

)laine » et « melons de coteau » (plantés plus tard, avec moins d'artifices)
s'estompe, ce qui ne met pas les cultures à l'abri d'épidémies exceptionnelles,
comme celle de ZYMV en 1987. Comme maladies foliaires redoutables, on
verra la Cladosporiose s'ajouter à l'Oïdium et au Mildiou, les programmes de
traitement devront tenir compte des trois maladies, avec des cadences de 8 à
12 jours.

▸ Cultures de Courgettes

Les mêmes précautions concernant le délai à respecter entre semis et vols
de pucerons vecteurs devront être adoptées pour les Courgettes, mais plus
faciles à suivre étant donnée la meilleure résistance au froid de cette espèce.

Les maladies les plus redoutables seront l'Oïdium et la Cladosporiose —
cette dernière même dans le Sud-Est de la France au cours de printemps
pluvieux. Les cadences de traitements fongicides seront là aussi de 8 à
12 jours.

▸ Cucurbitacées en conditions tropicales humides

A condition, bien entendu, de se trouver dans une région épargnée par le
redoutable *Dacus cucurbitae* (mouche des fruits de Cucurbitacées) ces cultures
seront relativement aisées à condition d'utiliser des variétés plurirésistantes :
hybrides ou lignées de Concombres épineux résistants à l'Oïdium et au
Mildiou, Melons résistants à l'Oïdium, au Mildiou et au Chancre gommeux
(éventuellement à WMV 1).

Bien entendu la culture d'espèces plus rustiques : *Benincasa cerifera* en
plaine, *Sechium edule* à des altitudes comprises entre 500 et 2 000 mètres sera
beaucoup plus facile que celle du Concombre ou du Melon.

Bibliographie

• Généralités

BOUHOT D. et LEFEBVRE J.M., 1972. — *Maladies et accidents culturaux des Cucurbitacées* (textes et diapositives). Éditions PHM - Revue Horticole.

JOUAN D., 1974. — (avec la collaboration de ALABOUVETTE C., DELLA GIUSTINA W.

MARROU J., ROUXEL F. *et al.* — La protection sanitaire du Concombre de serre - In « *Spécial Concombre* » n° spécial 174 de « *PHM* », 75-116.

WHITAKER T.W. et DAVIS, 1962. — *Cucurbits.* World crops books. Leonard Hill London-Intersci. publishers, New York, 249 p.

CTIFL, 1985. — *Le Melon.* Monographie, 269 p. (lutte contre les maladies cryptogamiques, 204-220).

• Maladies racinaires

LEMAIRE J.M., GLANDARD A., LATERROT H., CONUS M. et BLANCARD D., 1984. — Mise en évidence d'une toxine chez *Pyronochaeta lycopersici*, agent du corky-root de la Tomate et du Melon. *Rev. Cytol. Biol. veg.*, **7**, 195-204.

RISSER G. et LAUGIÉ M., 1968. — Mise en évidence de la sensibilité de divers cultivars de Melon à *Pyrenochaeta* sp., agent de la maladie des racines liégeuses de la Tomate. *Ann. Amelior. Plant.*, **18**, 75-80.

VAN KESTEREN H.A., 1967. — Black root rot in *Cucurbitaceae* caused by *Phomopsis sclerotioides nov. spec. Neth. J. Plant Pathol.*, **73**, 112-116.

• Maladies vasculaires

BARNES G.L., 1972. — Differential pathogenicity of *F. oxy.* f.sp. *niveum* to certain wilt-resistant Watermelon cultivars. *Plant Dis. Rep.*, **56**, 1022-1026.

BOUHOT D., 1981. — Some aspects of pathogenic potential in ff.spp. and races of *Fusarium oxysporum* on *Cucurbitaceae*. In : *Fusarium, diseases, biology and taxonomy*. Nelson, Toussoun et Cook ed. State Univ. Press, 318-328.

LEACH J.G., 1964. — Observations on cucumber beetles as vectors of Cucurbit wilt. *Phytopathology*, **54**, 606-607.

LOUVET J. et PEYRIÈRE J., 1962. — *Intérêt du greffage du Melon sur* Benincasa cerifera. C.R. XVI Congr. int. Hortic. Bruxelles, II, 167-171.

LOUVET J., ROUXEL F. et ALABOUVETTE C., 1976. — Recherches sur la résistance des sols aux maladies. I. Mise en évidence de la nature microbiologique de la résistance d'un sol au développement de la Fusariose vasculaire du Melon. *Ann. Phytopathol.*, **8**, 425-436.

MAS P., 1967. — Protection du Melon contre la Fusariose par infection préalable de la plantule par d'autres souches de *Fusarium. C.R. Acad. Agric. Fr.*, **53**, 1034-1040.

MAS P., MOLOT P.M. et RISSER G., 1981. — *Fusarium* wilt of Muskmelon. In « Fusarium, *diseases, biology and taxonomy* » Nelson, Toussoun et Cook ed., Pa. Univ. Press, 169-175.

MESSIAEN C.M., RISSER G. et PÉCAUT P., 1962. — Études de plantes résistantes à *F. oxy.* f.sp. *melonis* dans les populations de Cantaloup charentais. *Ann. Amélior. Plant.*, **12**, 157-174.

MOLOT P.M. et MAS P., 1975. — Influence de la température sur le pouvoir pathogène et la croissance mycélienne de 4 races de *F. oxy.* f.sp. *melonis*. *Ann. Phytopathol.*, **7**, 175-188.

NETZER D. et WINTALL C., 1980. — Inheritance of resistance in watermelon to race 1 of *F. oxy.* f.sp. *niveum*. *Plant Dis.*, **64**, 853-854.

RISSER G. et RODE, 1973. — *Breeding for resistance to* F. oxy. *f.sp.* melonis. C.R. Symposium Melon - EUCARPIA, Avignon, juin 1973.

RISSER G., BANISAHEMI Z. et DAVIS D.W., 1976. — A proposed nomenclature of *F. oxy.* f.sp. *melonis* races and resistance genes in *Cucumis melo*. *Phytopathology*, **66**, 1105-1106.

• Pourritures du collet et des fruits touchant le sol

KERLING L.C.P. et BRAVENBOER, 1967. — Foot rot of *Cucurbita ficifolia*, the rootstock of cucumber, caused by *Nectria haematococca* var. *cucurbitae*. *Neth. J. Plant Pathol.*, **73**, 15-24.

KRIKUN J., 1985. — Observations on the distribution of the pathogen *Monosporascus eutypoides* as related to soil, temperature and fertigation. *Phytoparasitica*, **13**, 225-228.

TOUSSOUN T.A. et SNYDER W.C., 1961. — The pathogenicity, distribution and control of 2 races of *F. (Hypomyces) solani* f.sp. *cucurbitae*. *Phytopathology*, **51**, 17-22.

• Rhizomanie du concombre

YARHAM D.J. et PERKINS S.W., 1988. — Cucumber's mystery root mat disorder still spreading. *Grower*, **90**, 18-22.

• Champignons attaquant les tiges

JARVIS B., 1989. — Spotting the *Botrytis* look-alike. *Grower*, April 89, 16-18.

OLSEN M.W. et STANGHELLINI M.E., 1981. — *Mycosphaerella citrullina* on green house cucumber. *Plant Dis.*, **65**, 157-159.

PRASAD K. et NORTON J.D., 1967. — Inheritance of resistance to *Mycosphaerella citrullina* in muskmelon. *Proc. Am. Soc. Hortic. Sci.*, **91**, 396-400.

SOWELL G. Jr., 1981. — Additional sources of resistance to gummy stem blight in muskmelon. *Plant Dis.*, **65**, 253-254.

• Maladies du feuillage et des fruits

— *Mildiou*

COHEN Y. et SAMOUGHA Y., 1984. — Cross resistance to 4 systemic fungicides in metalaxyl resistant strains of *Phytophthora infestans* and *Pseudoperonospora cubensis*. *Plant Dis.*, **68**, 137-139.

GEORGEOPOULOS S.G. et GRIGORIU A.C., 1980. — Metalaxyl resistant strains of *Pseudoperonospora cubensis* in cucumber greenhouses of Southern Greece. *Plant Dis.*, **65**, 129-131.

IVANOFF S.C., 1944. — Resistance of cantaloupes to downy mildew and the melon aphid. *J. Hered.*, **35**, 35-39.

PALTI J. et COHEN Y., 1980. — Downy mildew of cucurbits (*Ps. cubensis*). The fungus and its hosts distribution, epidemiology and control. *Phytoparasitica*, **8** (2), 109-147.

PAPPAS A.C., 1982. — Metalaxyl resistance and control of cucumber downy mildew with oomycete fungicides. *Ann. Inst. Phytopathol. Benaki*, **13** (2), 194-212.

PITRAT M. et BLANCARD D., 1988. — *Some aspects of resistance in muskmelon to downy mildew*. Proc. Eucarpia meet. Cucurbit. genetics and breed. Avignon-Montfavet, mai-juin 1988, 35-42.

ROUXEL F., 1972. — Le mildiou des Cucurbitacées dû à *Pseudoperonospora cubensis* signalé en France. *Ann. Phytopathol.*, **4**, 199-203.

SAMOUCHA Y. et COHEN Y., 1984. — Differential sensitivity to mancozeb of metalaxyl sensitive and metalaxyl resistant strains of *Pseudoperonospora cubensis*. *Phytopathology*, **74**, 1437-1439.

THOMAS C.E., COHEN Y., MCCREIGHT J.D., JOURDAIN E.L. et COHEN S., 1988. — Inheritance of resistance to downy mildew in *Cucumis melo*. *Plant Dis.*, **72**, 33-35.

— Oïdium

BERTRAND F., 1988. — *Culture and cloning methods for Cucurbit powdery mildews*. Cucurbitaceae 1988 - Proc. Eucarpia Meet. on Cucurbit gen. and breed. Avignon-Montfavet, mai-juin 88, 75-76.

BOHN G.W. et WHITAKER T.W., 1964. — Genetics of resistance to powdery mildew race 2 in muskmelon. *Phytopathology*, **54**, 587-591.

CAILLOL A., 1988. — *Étude du comportement d'isolats d'oïdium des Cucurbitacées*. Mémoire ENITA-Bordeaux - INRA-Montfavet 1988, 65 p.

RHODES A.M., 1964. — Inheritance of powdery mildew resistance in the genus *Cucurbita*. *Plant Dis. Rep.*, **53**, 271-275.

SCHEPERS H.T.A.M., 1985. — Changes during a 3 years period in the sensitivity to ergosterol brosynthesis inhibitors of *Sphenotheca fuliginea* in the Netherlands. *Neth. J. Plant Pathol.*, **91**, 65-76.

SHANMUGASUNDURAM S., WILLIAMS P.H. et PETERSON C.E., 1971. — Inheritance of resistance to powdery mildew in cucumber. *Phytopathology*, **61**, 1218-1221.

— Autres maladies foliaires

ABDUL-HAYJA Z., WILLIAMS P.H. et PETERSON C.E., 1978. — Inheritance of resistance to anthracnose and target leafspot in Cucumber. *Plant Dis. Rep.*, **62**, 43-45.

BLANCARD D., PITRAT M. et CARDINET C., 1988. — *Research of scab resistance in Cucumis melo*. Proc. Eucarpia meet. Cucurbit gen. and breeding. Avignon-Montfavet, mai-juin 1988 .

CHAND J.N. et WALKER J.C., 1964. — Inheritance of resistance to angular leafspot of Cucumber. *Phytopathology*, **54**, 51-53.

LEBEN C., 1983. — Chemicals plus heat as seed treatments for control of angular leafspot of cucumber seedlings. *Plant Dis.*, **67**, 991-993.

WALKER J.C., CHAND J.N. et WADE E.K., 1963. — Relation of seed and soil borne inoculum to epidemiology of angular leafspot of Cucumber in Wisconsin. *Plant Dis. Rep.*, **47**, 15.

• Virus

— Généralités

LECOQ H. et PITRAT M., 1986. — *Épidémiologie des viroses des Cucurbitacées en France - Intérêt pour la sélection de variétés résistantes*, 28ᵉ colloque Soc. Fr. Pathol. Veg., Versailles, mai 85, p. 314.

LOVISOLO O. et LISA V., 1983. — Virosi e micoplasmosi delle cucurbitacee. *Italia agricola*, **1**, 58-72.

— *Virus transmis par pucerons*

BOHN G.W., KISHABA A.N. et MC CREIGHT J.D., 1980. — WMR 29 muskmelon breeding line. *Hortic. Sci.*, **15**, 539-540.

KIRCHI Z., COHEN S. et GOVERS A., 1975. — Inheritance of resistance to CMV in muskmelons. *Phytopathology*, **65**, 479-481.

LISA V., BOCCARDO G., D'AGOSTINO G., DELAVALLE G. et D'AQUILIO N., 1981. — Characterization of a potyvirus that causes *Zucchini yellow mosaic*. *Phytopatology*, **71**, 667-672 *.

PITRAT M. et LECOQ H., 1980. — Inheritance of resistance to *CMV* transmission by *Aphis gossypii* in *Cucumis melo*. *Phytopathology*, **70**, 958-961.

PITRAT M. et LECOQ H., 1983. — Two alleles for *WMV 1* resistance in melon. *Cucurbit gen. coop.*, **6**, 52.

RISSER G., PITRAT M. et RODE J.C., 1977. — Étude de la résistance du Melon à la Mosaïque du Concombre. *Ann. Amélior. Plant.*, **27**, 509-522.

VOVLLAS C., HERBERT E. et RUSSO M., 1981. — Zucchini yellow fleck a new potyvirus of zucchini squash. *Phytopathol. mediterr.*, **20**, 123-128.

WEBB R.E. et SCOTT H.A., 1965. — Isolation and identification of watermelon mosaic viruses 1 et 2. *Phytopathology*, **55**, 895-900.

— *Virus transmis par divers insectes*

COHEN S., NITZANY F.E., 1960. — A whitefly transmitted virus of cucurbits in Israel. *Phytopathol. mediterr.*, **1**, 44-46.

DUFFUS J.E., 1965. — Beet Pseudo-Yellows Virus transmitted by the greenhouse whitefly (*Trialeurodes vaporariorum*). *Phytopathology*, **55**, 450-453.

DUFFUS J.E., 1973. — A new type of whitefly transmitted disease : a link to the aphid transmitted viruses. In « *Tropical diseases of Legumes* », J. Bird and K. Maramorosch Ed., Acad. Press, 79-88.

DUFFUS J.E., FLOCK R.A., 1982. — Whitefly transmitted disease complex of the desert southwest. *Calif. Agric.*, **36**, (11-12), 4-6.

DUFFUS J.E., LARSEN R.C., LIU H.Y., 1986. — Lettuce Infectious Yellows Virus a new type of whitefly transmitted virus. *Phytopathology*, **76**, 97-100.

LECOQ H., PIQUEMAL J.P., MICHEL M.J. et BLANCARD D., 1988. — Virus de la Mosaïque de la Courge : une nouvelle menace pour les cultures de Melon en France ? *PHM-Rev. Hortic.*, **289**, 25-30.

LECOQ H., 1982. — La maladie de la peau de crapaud - une nouvelle maladie du Concombre causée par un rhabdovirus. *PHM-Rev. Hortic.*, **223**, 15-17.

LOT H., ONILLON J.C., LECOQ H., 1980. — Une nouvelle maladie de la Laitue de serre : la Jaunisse transmise par la mouche blanche. *PHM-Rev. Hortic.*, **209**, 31-34.

LOT H., DELECOLLE B., LECOQ H., 1983. — A whitefly transmitted virus causing muskmelon yellows in France. *Acta Hortic.*, **127**, 175-182.

VAN DORST H.J.M., HUIJBERTS N., BOS L., 1980. — A whitefly transmitted disease of glasshouse vegetables, a novelty for Europe. *Neth. J. Plant Pathol.*, **86**, 311-313.

---

* Voir aussi la fiche CMI « *Zucchini yellow mosaic virus* » par Lisa V. et Lecoq H. (1984, n° 282).

VAN DORST H.J.M., HUIJBERTS N., BOS L., 1983. — Yellows of glasshouses vegetables, transmitted by *Trialeurodes vaporariorum*. *Neth. J. Plant Pathol.*, **89**, 171-184.

— *Virus transmis par* Olpidium

BOS L., VAN DORST H.J.M., HUTTINGA H. et MAAT D.Z., 1984. — Further characterization of melon necrotic spot causing severe diseases in glasshouse cucumbers in Netherlands and its control. *Neth. J. Plant Pathol.*, **90**, 55-69.

MARROU J. et RISSER G., 1967. — La Criblure du Melon, étude préliminaire d'une nouvelle maladie du Melon en culture sous serre. Études de Virologie. *Ann. Epiphyt.*, **18**, 193-203.

• Symptômes non parasitaires

HUGUET C., RICHARD M., BONNAFOUS M., 1968. — *Sensibilité des Melons au Cuivre en relation avec la composition minérale des plantes.* Résumés XVIIe Congrès int. hortic., I. 468.

MUSARD M., 1989. — La vitrescence du Charentais. *Fruits et légumes*, **63**, 38-40.

• Variétés plurirésistantes

ANAÏS G. et KAAN F., 1978. — La sélection de variétés de Melon (*Cucumis melo* L.) pour la résistance aux maladies et l'aptitude au transport. *Agron. Trop.*, **23**, 323-331.

« *Cucurbit diseases* » - *a practical guide for seedsmen, growers and practical advisers*, 1988. — Petoseed Co. ed., 47 p.

V

MALADIES DU HARICOT
(*Phaseolus vulgaris*) et d'autres Phaséolinées

Le Haricot est cultivé dans le monde entier, et peut se récolter de diverses açons. Le prélèvement de gousses immatures (filets fins, mange-tout) retarde a sénescence du feuillage, qu'accélère au contraire le grossissement des grains lans les cultures pour gousses à écosser ou grains secs, en déclin dans les 'ays développés, mais très importantes dans les pays de moyenne montagne l'Amérique latine et d'Afrique.

Le mode de récolte peut ainsi influer sur l'évolution des maladies, de nême que le type de végétation des plantes : variétés naines, indéterminées à ntrenœuds courts (peu cultivées dans les pays développés), ou volubiles, urtout cultivées dans les jardins familiaux.

Plante tropicale de moyenne montagne, le Haricot ne supporte pas le gel, es températures cardinales sont de l'ordre de 12 °C - **22 °C** - 30 °C. Son cycle elativement bref, surtout en récolte de haricots verts, permet, par exemple lans le Midi de la France, d'échelonner les semis de la St Joseph (19 mars) à a fin d'août, ce qui influera aussi beaucoup sur la répartition des maladies.

D'autres Phaséolinées, ignorées actuellement en France, sont cultivées dans l'autres pays : nous ferons souvent allusion au Haricot d'Espagne (*Phaseolus occineus*), espèce de haute montagne tropicale, plus tolérante au froid que *P. vulgaris*, ainsi qu'à de nombreuses maladies ; le transfert de résistances à 'artir de *P. coccineus* chez le Haricot est un objectif poursuivi par de 'ombreux sélectionneurs.

On cultive *P. coccineus* en Angleterre pour production de mange-tout, 'arfois en France pour récolter de gros grains blancs. *Phaseolus lunatus* *, lont les exigences thermiques sont plus étroites que celles de *P. vulgaris* 15 °C-30 °C), est très apprécié pour ses grains frais ou secs aux États-Unis. Les deux autres espèces cultivées de *Phaseolus* (*P. polyanthus*, voisin de '. coccineus, et *P. acutifolius* adapté à des conditions désertiques) sont moins mportantes.

Les **Vigna** sont surtout cultivés en Extrême-Orient et en Afrique. *V. raliata* produit les petits grains verts destinés à la fabrication des « germes de

---

* En anglais « **Lima Bean** », aux Antilles francophones « Pois-savon » ou « Pois de souche ».

Soja ». *Vigna unguiculata* produit des grains secs (ex. : les « Pois-yeux noirs »).

On l'appelle « Niébé » en Afrique. Sa variété *sesquipedalis*, aux très longues gousses, est consommée en mange-tout en Extrême-Orient. Ces *Vigna* sont plus adaptés aux températures élevées que les *Phaseolus*.

I. Maladies provoquées par des champignons du sol (fig. 64)

Manques à la levée en sol froid et humide

Quand on sème des haricots dans un sol moyennement humide dont la température est voisine de 20 °C, la levée est très rapide (7 jours) et s'effectue sans incidents. Les semis précoces en sol froid, vers 10 °C-12 °C, ou en sol très humide aux environs de 15 °C, germent beaucoup plus lentement (15 à 20 jours). On observe souvent dans ces conditions d'importants manques à la levée, provoqués par des *Pythium* sphérosporangiés (ex. : *P. ultimum*). La radicule, puis les cotylédons sont envahis par le *Pythium*. Des bactéries interviennent ensuite, entraînant la pourriture complète du grain.

Le traitement des semences au thirame ou au manèbe, en poudrage humide (1 g de m.a./kg) permet d'améliorer la situation. On peut avoir recours à des produits plus modernes (ex. : antimildious systémiques, comme le furalaxyl).

Au contraire le traitement des semences avec des produits inefficaces vis à vis des *Pythium* (ex. : quintozène, bénomyl) peut aggraver les manques à la levée, s'ils sont employés seuls.

Il existe des différences variétales dans la sensibilité aux *Pythium* en début de germination. Les « flageolets verts » sont très sensibles, le haricot à grain noir « PI 226895 » très résistant. D'après un travail réalisé en France par J.P. Ginoux (comm. pers.) quatre facteurs peuvent concourir à la résistance aux *Pythium* en sol froid chez le Haricot :

- une **faible exsudation** de composés solubles (sucres, acides aminés) par le grain en début de germination ;
- la **coloration des grains** : aucun descendant à grain blanc du croisement (PI 226895 × flageolet vert) n'atteint la résistance de PI 226895. Mais la couleur noire n'est pas indispensable, des descendants à grains jaunes ou beiges de ce croisement peuvent égaler PI 226895 ;
- **la coloration de l'hypocotyle** et des **cotylédons** : parmi les descendants à grains jaunes ou beiges, ceux dont l'hypocotyle et les cotylédons sont anthocyanés se montrent plus résistants que ceux dont les plantules sont vertes [*] ;

---

[*] Parmi les composés phénoliques présents dans le tégument du grain ou la plantule, ce sont les **leucoanthocyanes** qui sont les plus fongistatiques.

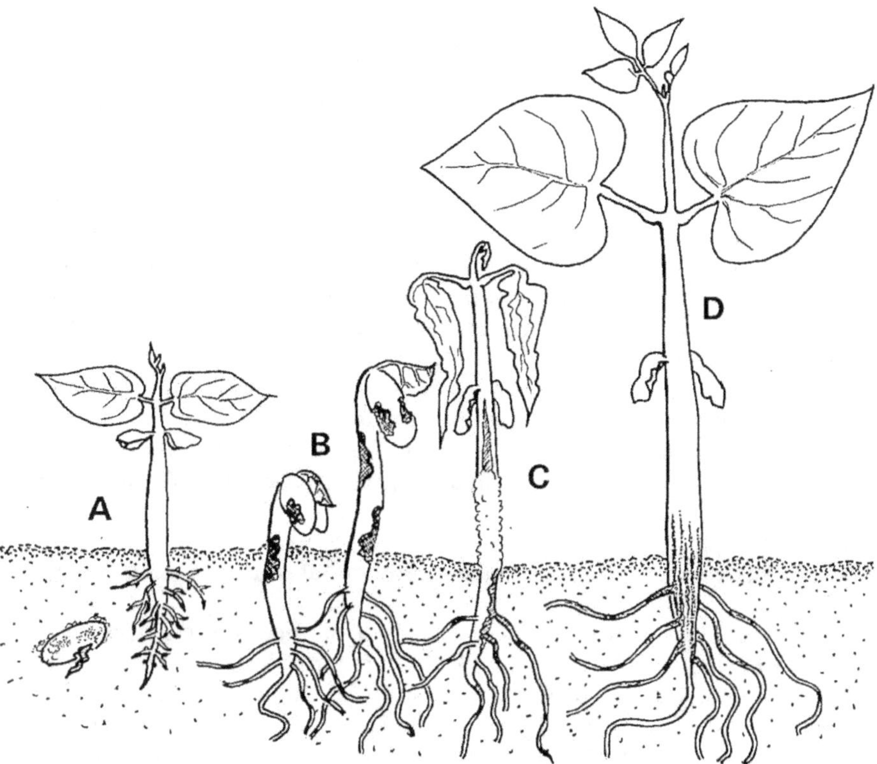

Figure 64. — Attaques de champignons du sol sur plantules de Haricot.
A : *Pythium ultimum* (manques à la levée, nécroses de pointes de racines).
B : *Rhizoctonia solani* (chancres rougeâtres).
C : *Pythium aphanidermatum* (mortalité en post-émergence).
D : Nécrose racinaire et striation du collet : *Thielaviopsis basicola* (lésions noires) ou *Fusarium solani* f. sp. *phaseoli* (lésions rougeâtres).

• **l'aptitude à germer à basse température** intervient elle aussi. On peut chercher à l'introduire chez *P. vulgaris* à partir de croisements avec *P. coccineus*. Chez *P. vulgaris*, la variété « Vernandon » (mieux encore que « Comtesse de Chambord », également signalée) possède cette propriété.

Pour une même variété, l'état physiologique des semences (de préférence récentes, récoltées dans de bonnes conditions, à maturité complète) influe aussi sur la sensibilité aux *Pythium*.

Les manques à la levée peuvent être aggravés par les attaques de la **Mouche des semis** (*Phorbia platura*, syn. *Hylemia cilicrura*), qui pond sur le sillon fraîchement refermé, ce qui peut motiver d'ajouter du diéthion pour le traitement de semences, ou de pulvériser du diazinon sur le sillon juste refermé.

Attaques sur l'hypocotyle

Contrairement aux *Pythium* de type *ultimum* le **Rhizoctone brun** (souches Ag 4, principalement) attaque le Haricot lorsque la température est supérieure à 15 °C. On l'observe très souvent en conditions méditerranéennes, lorsque le sol reste humide en surface pendant la quinzaine qui suit le semis (pluies printanières ou du 15 août, arrosage par aspersion). On observe des chancres rougeâtres sur l'hypocotyle. Suivant les cas, la jeune plante flétrit et meurt, ou bien les chancres arrivent à cicatriser et la plante survit, amoindrie dans son développement. Agés de plus de 20 jours, les hypocotyles deviennent résistants à *R. solani*.

On évitera d'arroser par aspersion après semis ; on essaiera au contraire par arrosage préalable et travail du sol avant plantation, de semer les haricots dans un sol juste ressuyé, à teneur en eau optimum pour la germination.

Pour être efficaces contre ce symptôme, les traitements de semences doivent être systémiques et actifs sur les Basidiomycètes. Le chloronèbe réalisait cet objectif.

On peut employer la carboxine, en combinaison avec un fongicide à large spectre.

En conditions chaudes et humides, des *Pythium* **nématosporangiés** (ex. : *P. aphanidermatum*) peuvent provoquer des pourritures de l'hypocotyle (pourriture longitudinale, recouverte éventuellement d'un mycélium blanc fragile). Cet accident, fréquent en climat tropical humide, pourrait aussi être combattu par un traitement de semences avec un produit systémique (chloronèbe, ou aujourd'hui anti-mildious systémiques).

Les variétés à hypocotyle coloré en violet ou en rouge sont moins attaquées par ce type de *Pythium* ou par le Rhizoctone brun (ex. : « PI 109859 »). On ne trouve pas cependant de niveaux de résistance très élevés.

Les pourritures d'hypocotyles par *Sclerotium rolfsii* sont encore plus difficiles à combattre : on peut les retarder par traitement des semences à la carboxine, mais on retrouve le *Sclerotium* à la floraison, attaquant des poquets entiers...

Nécroses des racines puis du collet

En sol humide et froid les dégâts de *Pythium ultimum* peuvent se poursuivre sur les plantes rescapées, par des attaques à la pointe des racines leur donnant un aspect « coralloïde ».

Aux États-Unis, on a décrit récemment une f. sp. *phaseoli* d'*Aphanomyces euteiches* (v. chap. suivant).

Les deux champignons les plus répandus dans le monde comme agents de nécroses de racines sur Haricot, pouvant s'étendre à l'hypocotyle, sont *Thielaviopsis basicola* (nécroses noires, stries noires sur l'hypocotyle) et *Fusarium solani* f. sp. *phaseoli* (nécroses rougeâtres, s'étendant à la base de l'hypocotyle). Leur optimum thermique est différent : 15 °C-18 °C pour le *Thielaviopsis*, 20 °C-25 °C pour le *Fusarium*. On pourra donc les voir se succéder en saison, ou coexister aux températures intermédiaires.

On évitera les précédents « légumineuses » en général (il n'y a pas de limite nette entre les *F. solani* f. sp. *phaseoli* et *pisi*) ainsi que, pour le *Thielaviopsis*, l'Aubergine et le Tabac. Le buttage des plantes atteintes peut leur permettre d'émettre de nouvelles racines au niveau de la zone saine de l'hypocotyle.

Aux États-Unis, il a été démontré que la **compaction** du sol aggrave les dégâts de ce *Fusarium*. Il est au contraire défavorisé par l'apport au sol de paille hachée ou les précédents céréales.

Les racines porteuses de nodosités (*Rhizobium*) sont moins sensibles à *F. solani* f. sp. *phaseoli* : raison de plus pour penser que l'excès d'azote, qui inhibe la nodulation, favorise la Fusariose basale du Haricot.

En production de haricots verts, les nécroses de racines provoquent une baisse de vigueur et de production, avec sénescence prématurée des feuilles de base. En récolte mécanique, les plantes sont arrachées par la machine, il y a mélange de fragments de tiges avec les gousses, cause de dépréciation des lots. En culture pour grains secs, les plantes se dessèchent prématurément, les grains sont échaudés.

Les attaques de *Thielaviopsis* peuvent tuer en pleine production des plants de haricots volubiles cultivés en serre.

Aux États-Unis, un effort important a été consacré à la sélection de types grain « RRR » (*root rot resistant*) avec comme géniteurs « N 203 » (syn. PI 203958) et *P. coccineus*. 4 gènes de résistance à effet additif sont présumés pour la résistance au *Fusarium*, 3 pour le *Thielaviopsis*.

Observés en France en Provence dans les années 60, les deux champignons ont été récemment mis en évidence en Bretagne, où ils produisent des dégâts importants.

Les fongicides de type « benzimidazole » sont actifs sur *Thielaviopsis* et *Fusarium*, le traitement de semences avec ces produits peut retarder légèrement l'infection.

Un *F. solani* producteur de périthèces rouges (*Nectria haematococca*) peut se rencontrer sur bases de tiges de Haricot en conditions tropicales. Il envahit aussi les poteaux de clôtures réalisées avec des troncs de *Gliricidia sepium* (arbuste- légumineuse).

En conditions de chaleur excessive et d'arrosage insuffisant, *Macrophomina phaseoli* envahit les bases de tiges de haricot : chancre longitudinal d'abord rougeâtre, puis gris-cendré, ponctué de microsclérotes *(ashy stem blight)*.

Maladies vasculaires

Un *Fusarium oxysporum* f. sp. *phaseoli* a été signalé aux États-Unis, au Brésil et, récemment, en Italie. Les feuilles fanent et se dessèchent, la tige se nécrose de façon unilatérale.

Le *F. oxysporum* qui attaque *P. coccineus* en Angleterre devrait être considéré comme une f. sp. différente, puisqu'il n'attaque pas *P. vulgaris*.

Des études de résistance variétale ont été réalisées au Brésil, avec mise en évidence de gènes dominants de résistance, et, sinon de races, du moins de différences d'agressivité entre souches.

Corynebacterium flaccumfaciens (syn. *Curtobacterium*) provoque le flétrissement des feuilles et des lésions graisseuses le long de la suture des gousses. Il est propagé par les semences et par les blessures provoquées sur les plantes par les binages et buttages. Son optimum de température est élevé (30 °C).

Redouté au États-Unis et dans les pays de l'Est, il est pour le moment inconnu en Europe, théoriquement protégée par des mesures de quarantaine.

II. Nématodes

Le cycle végétatif du Haricot est trop bref pour que de grosses galles de *Meloidogyne* aient le temps de se différencier.

On ne doit pas confondre, par optimisme exagéré, les petites galles de *Meloidogyne* (dissymétriques, largement attachées à la radicelle) avec les nodosités de *Rhizobium* (sphériques, sessiles, rouges à l'intérieur). En conditions tropicales les attaques peuvent devenir graves.

A Madagascar, Denarié a montré que les racines de Haricot traversant une parcelle de fumier (placée sous le poquet au semis) deviennent résistantes aux *Meloidogyne*. Une résistance birécessive a été sélectionnée à Hawaii, et introduite dans le mange-tout volubile « Manoa Wonder » (gousse plate à fil). Elle a été transférée à l'INRA Antilles-Guyane à divers types variétaux (mange-tout volubiles et nains, types grain). Elle ne concerne que *M. incognita* (espèce dominante sous les tropiques). Cette résistance peut être intéressante pour organiser des rotations.

III. Maladies transmises par les semences, attaquant les plantules, les feuilles et les gousses

Ces maladies, transmises par les semences puis propagées par les pluies ou l'irrigation par aspersion sur le feuillage et les gousses, sont les plus graves que l'on observe sur Haricot.

Il s'agit de l'**Anthracnose** provoquée par *Colletotrichum lindemuthianum*, et des **graisses** bactériennes, *Pseudomonas syringae* p.v. *phaseolicola* et *Xanthomonas campestris* p.v. *phaseoli* (en anglais « *halo blight* » et « *common blight* »). Le tableau 13 et les figures 65-66 résument les symptômes provoqués par ces trois parasites au cours de la vie de la plante.

Tableau 13

Symptômes provoqués sur Haricot par l'Anthracnose et les graisses bactériennes

Anthracnose	Xanthomonas	Pseudomonas
Aspect des grains contaminés		
Taches brunes visibles sur les variétés à grains blancs ou clairs.	Symptômes peu nets.	Symptômes peu nets (taches visibles en lumière de WOOD).
Plantules issues de grains contaminés		
Chancres noirâtres sur cotylédons et hypocotyle.	Nécrose et distorsion de l'hypocotyle, mosaïque graisseuse sur les premières feuilles.	Chancres rougeâtres sur l'hypocotyle, taches graisseuses sur les cotylédons, mosaïque éclaircissant les nervures sur les premières feuilles.
Taches foliaires (infections secondaires)		
Nécroses noirâtres des nervures, entourées d'une tache nécrotique allongée, lésions noirâtres allongées sur tiges et pétioles.	Taches nécrotiques de taille et de forme variables, le plus souvent marginales avec un grand halo jaune vif *.	Taches nécrotiques de 2 à 3 mm de diamètre, entourées d'un halo circulaire vert clair. Parfois symptômes de « mosaïque » comme ci-dessus.
Symptômes sur gousses		
Taches rondes ou ovales, noires, en creux, se recouvrant de pustules roses en conditions humides.	Taches d'aspect graisseux, débutant le plus souvent sur les sutures de la gousse.	Taches d'aspect graisseux ovales, souvent confluentes, dispersées sur toute la longueur de la gousse, se nécrosant tardivement au centre.

Ne pas confondre avec les dégats de Cicadelles : jaunissements eux aussi le plus souvent marginaux, mais délimités ar les nervures avec tendance à l'enroulement vers le bas (*Empoasca* spp.).

▸ **Épidémiologie**

L'épidémiologie des trois parasites est analogue, les premiers foyers se :onstituant autour des plantules issues de graines infectées.

Le *Colletotrichum* est avant tout disséminé par la pluie, avec progression de 'ordre du mètre quand celle-ci tombe verticalement, généralisation à toute la)arcelle quand elle est accompagnée de vent violent. Ses températures cardiiales sont 14 °C-**20** °C-27 °C, c'est une maladie de pays tempérés pluvieux ou le montagne tropicale. On peut observer des épidémies occasionnelles sous)rintemps méditerranéen, ou au cours de « carêmes » tropicaux exceptionnelement arrosés en plaine, après introduction de lots de semences fortement :ontaminés, mais la maladie ne s'y perpétue pas.

Le *Pseudomonas* a un optimum thermique légèrement inférieur à celui de 'Anthracnose (environ 18 °C). On l'observe en climat océanique pluvieux : :n Europe, du Sud-Ouest de la France à la Hollande. Mais il peut aussi être)ropagé par irrigation par aspersion et se rencontre fréquemment en condiions méditerranéennes, à la fois à cause de ce mode d'irrigation, de l'effet

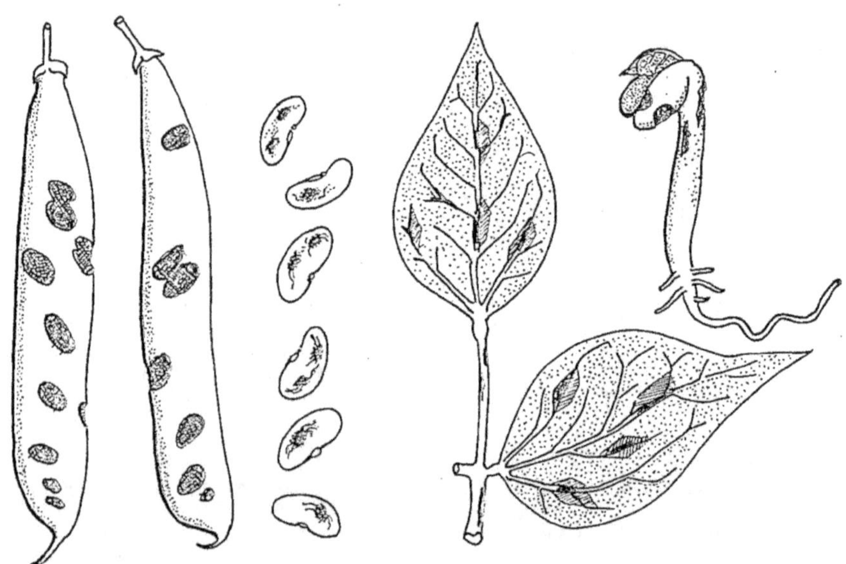

Figure 65. — Anthracnose du Haricot (*Colletotrichum lindemuthianum*) : attaques sur gousses, grains blancs, feuille et plantule.

favorable des violentes pluies printanières et de la tradition de culture de variétés pour grains à écosser à gousse striée de rouge, très sensibles à la maladie.

Le *Pseudomonas* produit une « **phaséolotoxine** », responsable des symptômes systémiques de type mosaïque et du halo autour des taches foliaires d'infection secondaire. La toxine n'est produite qu'au-dessous de 22 °C (optimum 18 °C), les infections évoluant à des températures supérieures produisent des taches sans halo.

En conditions tropicales, on n'observe le *Pseudomonas* qu'au-dessus de 1 000-1 200 m d'altitude.

Aux États-Unis, un autre « pathovar » de *P. syringae*, *P.s.* p.v. *syringae* attaque le Haricot. Les taches sur feuilles et sur gousses deviennent très vite nécrotiques sans passer par un stade « graisseux » ni présenter de halo. On ne sait pas encore si c'est à une bactérie analogue qu'on doit attribuer des nécroses ponctiformes observées sur gousses en Bretagne.

Le *Xanthomonas* a un optimum thermique beaucoup plus élevé (16 °C-30 °C-36 °C). Il est plus rare en Europe que le *Pseudomonas*. On peut le rencontrer surtout dans les climats océaniques méridionaux (nous l'avons trouvé à Bayonne en 1952) et les climats continentaux à étés orageux de la Grèce du Nord et de la Roumanie. Aux États-Unis, sa distribution chevauche avec celle du *Pseudomonas*. C'est la maladie bactérienne dominante du Haricot en climat tropical humide. Des épidémies accidentelles peuvent

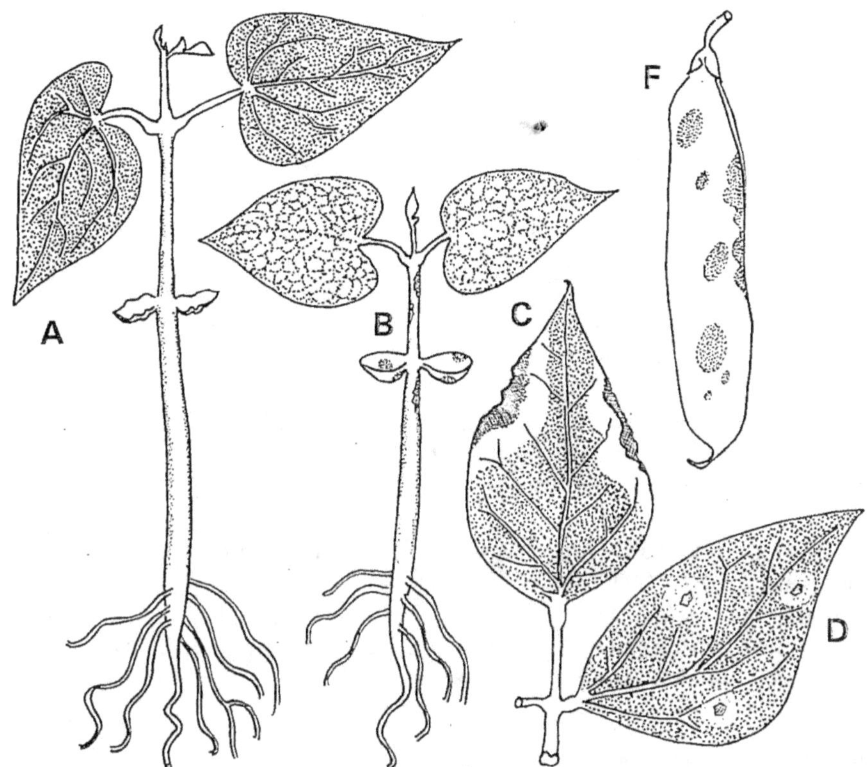

Figure 66. — Les graisses du Haricot.
A : Plantule saine.
B : Plantule issue d'un grain contaminé par *Pseudomonas sy.* pv *phaseolicola* (chlorose systémique).
C : Symptômes foliaires de *Xanthomonas camp.* pv. *phaseoli* (nécrose marginale, halo jaune).
D : Symptômes foliaires de *P.sy.* pv *phaseolicola* (petites taches, halos vert clair).
E : Symptômes sur gousse.

s'observer sous irrigation par aspersion en climat méditerranéen, à la suite d'introduction de semences contaminées.

• Méthodes de lutte

Nous évoquerons, par ordre de « rentabilité » croissante, les traitements en végétation, la désinfection des semences ou l'usage de semences saines et la résistance variétale. Certaines pratiques culturales peuvent aussi influencer la gravité de ces maladies :
— le choix de la **méthode d'irrigation**, vis-à-vis des graisses bactériennes ;
— la culture de **variétés volubiles**, chez lesquelles la propagation par rejaillissement des gouttes épargne le feuillage situé à plus de 50 cm du sol ;

— la **fumure azotée** : nous avons observé en Haïti qu'une fertilisation supérieure à 30 unités N révèle, vers 800 m d'altitude, la présence du *Xanthomonas*, sans gravité sur les cultures traditionnelles. Ce mécanisme, s'il existait aussi pour le *Pseudomonas* aurait de toutes façons peu de chances de jouer dans les pays développés, où l'alimentation azotée du Haricot (du fait des précédents culturaux, de l'usage d'engrais composés ou de lisier) est toujours excessive.

— Traitements en végétation

Le *Colletotrichum* est sensible à un grand nombre de fongicides (dithiocarbamates, phtalimides, benzimidazoles). Dans les années 50 nous préconisions, avec Thirame ou Manèbe :

— une première pulvérisation à dose triple de la normale, restreinte à 20 cm de large sur la ligne, au stade « 2 feuilles déployées », pour éliminer les « foyers » ;

— deux autres pulvérisations, à dose normale, aux stades « boutons floraux » et « pleine floraison », un quatrième traitement sur gousses en voie de croissance dans le cas de culture pour grains secs.

Un programme analogue pourra être adopté pour les graisses, en choisissant un produit mixte cuivre + dithiocarbamate (le Haricot supporte sous cette forme des bouillies à 1 g/l de cuivre-métal).

— Désinfection des semences

Les grains de Haricot se prêtent mal aux traitements par trempage, que ce soit dans l'eau froide additionnée de produits ou dans l'eau chaude : le semis mécanique devient impossible, la germination est défectueuse.

La guérison des grains atteints d'Anthracnose est devenue possible avec l'apparition des fongicides de type « benzimidazole », utilisés en poudrage humide à des doses de l'ordre de 1 g de m.a./kg. A la germination, les lésions d'anthracnose sur les cotylédons sont grises et stériles, au lieu d'apparaître noires et sporulantes.

Ce traitement des semences peut donc remplacer le premier traitement fongicide à triple dose préconisé ci-dessus.

La situation est beaucoup moins encourageante pour les graisses : le trempage à la streptomycine ou à la kasugamycine, imparfaitement efficace, ne peut être préconisé que sur des lots restreints, à l'origine d'une production de semences, le traitement par la chaleur sèche récemment préconisé en Italie (70 °C, 2 heures) n'est pas non plus parfaitement efficace [*].

---

[*] L'irrégularité des résultats peut être expliquée par les deux modes possibles de contamination des grains : infection interne, difficile à éliminer, ou pollution de la surface du grain par de la poussière de gousses malades au battage.

— Usage de semences saines

Son intérêt nous était apparu de façon évidente dans les années 50 chez les producteurs traditionnels de haricots-grains blancs, en culture associée avec le Maïs, dans les Landes et les Pyrénées-Atlantiques. Ceux d'entre eux qui éliminaient de leurs lots de semences (obtenus à la ferme) les grains tachés de brun ou de noir étaient épargnés par l'Anthracnose.

Un tel triage manuel — ou photoélectrique automatisé dans le cadre des firmes semencières — n'est possible que sur les variétés à grains blancs ou clairs.

Pour les graisses, la situation est encore moins favorable. Un examen en lumière de Wood permet de trier des grains présentant des zones sombres, parmi lesquels se trouvent ceux qui sont contaminés par le *Pseudomonas*, mais il n'y a pas coïncidence absolue.

La production à grande échelle de semences de Haricot exemptes d'Anthracnose et de graisses repose donc sur des mesures prophylactiques, au niveau des parcelles porte-graines, et sur un contrôle des lots par des méthodes élaborées.

Pour l'Anthracnose, on évitera les climats exagérément humides, on adoptera le programme à 4 traitements (v. ci-dessus). Le contrôle de l'état sanitaire coïncidera avec celui du % de germination.

Pour les graisses, on sera plus rigoureux dans le choix du climat et de la méthode d'irrigation.

Aux États-Unis, les semences de variétés sensibles sont produites dans des états particulièrement arides (Idaho, Colorado) avec irrigation à la rigole.

Nous avons vérifié dans les années 60 la possibilité de produire dans le Vaucluse des semences saines de la variété très sensible « Mistral », en semis de mai, irrigation à la rigole, et 4 traitements au « Cuprosan » (Cuivre + Zinèbe).

Le contrôle peut s'appuyer sur diverses méthodes, avec comme point de départ le trempage de **groupes** de grains dans l'eau pendant 24 h. Par ordre de raffinement croissant on peut :

— semer en chambre climatisée (à 20 °C pour le *Pseudomonas*, 27 °C pour le *Xanthomonas*) un échantillon de 10 grains de chaque groupe et observer les symptômes ;

— centrifuger l'eau de trempage, et utiliser le culot de centrifugation, soit pour inoculer des plantules saines de « Mistral » poussant en chambre climatisée, soit pour une détection par immunofluorescence.

Avec des variétés très sensibles *, dans des climats très favorables à la maladie (ex. : Bretagne pour le *Pseudomonas*) des taux limites de l'ordre de 1/20 000 peuvent être nécessaires pour pouvoir se passer de traitements sur les cultures de production. Un tel état sanitaire ne peut être atteint qu'après plusieurs générations de culture en conditions de climat sec. On peut faciliter le contrôle en pratiquant la détection bactériologique sur les grains suspects préalablement triés sous ultra-violets.

---

* Comme certaines variétés américaines de mange-tout à grains blancs (ex. : « Sprite »).

— Résistance variétale

Les travaux les plus avancés sur la résistance variétale concernent l'Anthracnose et le *Pseudomonas*.

— **Vis-à-vis de l'Anthracnose**, une étude exhaustive de souches du parasite et de variétés européennes et nord-américaines de Haricot a conduit, des années 30 à 50 à distinguer des races d'Anthracnose désignées par des lettres grecques (équipes de Hubbeling en Hollande et de Bannerot en France - voir fig. 67).

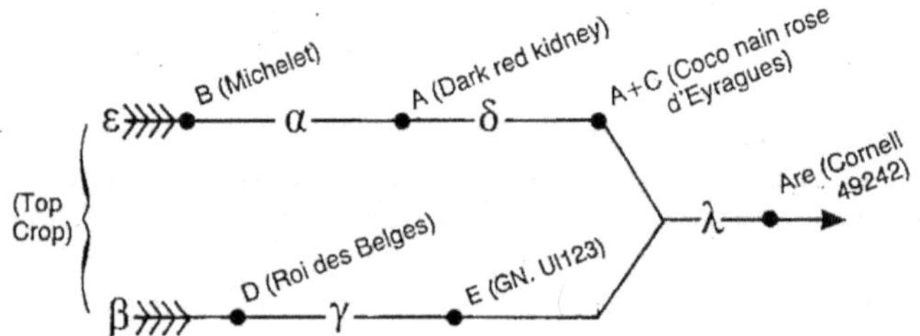

Figure 67. — Les races de *Colletotrichum lindemuthianum*.
Les lettres grecques désignent les races du parasite, les majuscules les gènes de résistance, efficaces sur toutes les races situées à leur gauche.

A la réunion dans une même variété des gènes désignés par les lettres A,B,C,D,E, qui n'aurait cependant pas mis à l'abri des races « lambda » (en général peu agressives), les sélectionneurs européens ont préféré l'introduction par rétrocroisement dans tous les types variétaux (y compris dans les nouveaux « filets sans fil ») du gène **Are**, issu de « Cornell 49-242 », d'origine vénézuélienne, efficace contre toutes les races connues (y compris « lambda », utilisée comme outil de sélection).

A partir de 1975, sont apparues, au voisinage des instituts de sélection, des races de *Colletotrichum* surmontant le gène **Are** et se comportant par ailleurs comme δ (souche « kappa » de Schnock en Allemagne), comme γ (souche « iota » de Hubbeling), ou comme λ (souche « lambda mutante » de Hubbeling, très peu agressive). Grâce aux précautions sanitaires prises par les firmes semencières, ces nouvelles races ne se sont pas répandues en Europe, où l'anthracnose du Haricot n'est plus qu'un souvenir.

De façon très judicieuse dès 1971, Bannerot et Fouilloux (INRA-Versailles) avaient recherché dans des haricots mexicains de nouveaux gènes de résistance. On dispose ainsi de deux gènes « **Mx 12** » et « **Mx 13** » efficaces contre les races κ, ι, et λ-mutante, actuellement tenus en réserve.

La situation est donc très sûre pour l'Europe. Elle est beaucoup moins encourageante dans la zone Amérique centrale - Colombie - Grandes Antilles, où le *Colletotrichum*, voisin comme le Haricot de son centre d'origine, est très diversifié. Bannerot a identifié en Haïti, où les haricots noirs présentant une résistance de type « Cornell » ne sont pas rares, une race-λ mutante très agressive. Le CIAT * dispose aujourd'hui d'observations analogues en Colombie et à Costa-Rica, et a entrepris une étude générale des races et sources de résistance en Amérique latine.

— **Vis-à-vis du *Pseudomonas***, un gène de résistance dominant issu de « Red Mexican » (incorporé par exemple à « Opal », version « résistante » de « Mistral »), probablement « faible », a rapidement succombé à une **race 2** du *Pseudomonas syringae* p.v. *phaseolicola*. Patel et Walker ont ensuite signalé la résistance de « PI 150414 », attribuée à un gène récessif **ppt**.

D'après Fouilloux (1975), la réalité est plus compliquée. Dans des descendances de croisements complexes issues de **Silvert** (très sensible), **Maxidor** (tolérant au champ), PI 150414 et OSU 10183 (géniteurs de résistance), il a obtenu des lignées plus résistantes que PI 150414, et propose un schéma oligogénique comprenant six *loci* : G et H pour la résistance à la multiplication de la bactérie, **A, B, C, D** pour la résistance à la toxine (la plupart des allèles contribuant à la résistance sont récessifs).

La réunion des six gènes conduisant au plus haut niveau de résistance en inoculation artificielle n'est pas nécessaire pour obtenir une bonne tolérance au champ : nous avons cité celle du haricot-beurre « Maxidor » (obtention INRA). Le mange-tout vert « Vaillant » (obtention INRA plus récente) présente une tolérance encore plus élevée.

— **Vis-à-vis du *Xanthomonas***, les études génétiques sur la résistance sont moins avancées. Le CIAT propose des lignées « XAN » dont la résistance dérive de *P. acutifolius*. L'efficacité de cette résistance a été vérifiée récemment au Burundi, où le *Xanthomonas* fait de graves dégâts. Le haricot rouge « CNR 28 » (INRA Antilles-Guyane) a également fait preuve d'une tolérance intéressante, alors que la tolérance de « Maluquinho » et « Miss Kelly » autrefois signalée en Guadeloupe, ne s'est pas vérifiée. Freytag, à Puerto Rico, a introduit chez *P. vulgaris* des gènes de résistance issus de *P. coccineus*.

IV. Autres maladies spécifiques du feuillage et des gousses

Ces maladies ne sont pas transmises par les semences, ou de façon moins régulière que l'Anthracnose ou les graisses. L'inoculum se conserve sur les débris de culture. Elles sont épisodiques en Europe, beaucoup plus graves dans les régions non gélives (montagnes tropicales) où elles se perpétuent grâce au chevauchement des cultures.

Certaines d'entre-elles ont envahi le monde entier, d'autres sont encore restreintes au Nouveau monde, ou seulement à la zone Mexique-Amérique centrale-Grandes Antilles.

---

* Centro Internacional de Agronomia Tropical — Cali, Colombie.

Rouilles

La Rouille commune du Haricot, *Uromyces appendiculatus* (syn. *U. phaseoli*) est connue dans le monde entier. Autoïque, elle apparait surtout sous ses formes uredo- et téleutospores. Les écidies, rarement observées, devraient cependant constituer un « passage obligé » entre deux années successives, tout au moins dans les pays où il gèle.

Les pustules à urédospores apparaissent à la floraison, brunes au centre d'une zone vert foncé pouvant s'entourer ensuite d'un halo jaune, et parfois d'une couronne de pustules secondaires. Les téleutospores se mêlent aux urédospores en fin de saison. Les gousses sont parfois attaquées. L'optimum thermique de la Rouille est légèrement supérieur à celui de l'Anthracnose (aux environs de 21 °C).

De nombreux travaux ont été consacrés aux États-Unis aux relations races de Rouille — gènes de résistance. Plus de 35 races ont été décrites. Dans les « rust nurseries » organisées dans de nombreux pays par le CIAT, il est rare que des résistances de très haut niveau ne soient pas mises en défaut çà ou là, en particulier chez les haricots-grains noirs. On peut observer chez certaines variétés une tolérance générale peut-être plus stable (ex. : « Salagnac 86 », isolé en Haïti).

Dans la zone antillaise, on peut observer une autre rouille, s'attaquant à de nombreuses légumineuses en sus du Haricot (*Ph. lunatus, Lablab niger, Vigna* spp.). Ses pustules sont plus petites, recouvertes par l'épiderme transparent, s'ouvrant par un pore : *Phakospora vignae*.

Oïdiums

L'Oïdium américain du Haricot, provoqué par une souche d'*Erysiphe polygoni* ne semble pas avoir pénétré dans l'Ancien Monde.

On l'observe au Sud des États-Unis, dans les Grandes et Petites Antilles, en Amérique centrale, Colombie et Brésil.

Son optimum thermique se situe vers 22 °C. Important en agriculture traditionnelle, en Haïti par exemple, il semble avoir disparu des États-Unis depuis les années 60, vu l'absence de nouvelles publications à son sujet. Nous avons constaté en Guadeloupe qu'il semble incapable de s'adapter au bénomyl, ce qui explique peut-être sa disparition aux États-Unis.

Les variétés de type « Red Kidney » à gros grains rouges unis, les « Manzel Joute » haïtiens à grain rouge panaché, sont très sensibles à l'oïdium. Une prospection en Haïti a permis de repérer des lignées dont la résistance est due au cumul d'un gène de résistance dominant, et d'une résistance polygénique à tendance récessive *. Les récents travaux de P. Pauvert ont mis en évidence deux races d'Oïdium :

---

* Par contre, « Contender », donné par les catalogues américains comme « résistant à plusieurs races d'Oïdium » se comporte comme très sensible aux Antilles.

race 1 : agressive, mise en échec par le gène dominant, régressant à haute température,

race 2 : de développement plus lent, surmontant le gène dominant, mieux adaptée aux températures élevées.

Les populations naturelles d'Oïdium sont un mélange des deux races. La résistance polygénique, seule conservée dans « Salagnac 90 » semble la plus intéressante, car cette variété se comporte dans la pratique aussi bien que « Salagnac 86 » qui cumule les deux types de résistances.

L'Oïdium que l'on observe souvent en Europe, sous serre, sur Haricot (mais jamais en plein air) est tout différent de l'Oïdium américain : c'est une souche de type *Erysiphe cichoracearum*.

• *Cercospora* et champignons voisins

Le champignon le plus important de ce groupe est *Phaeoisariopsis* (syn. *Isariopsis*) *griseola*. C'est en fait un *Cercospora* du type « nécrotique », mais dont les conidiophores, à partir du pseudo-sclérote sous-stomatique, sont soudés entre eux pour former une colonnette pouvant atteindre 1 mm de long, couronnée par une houppe grise de conidies (fig. 68 B).

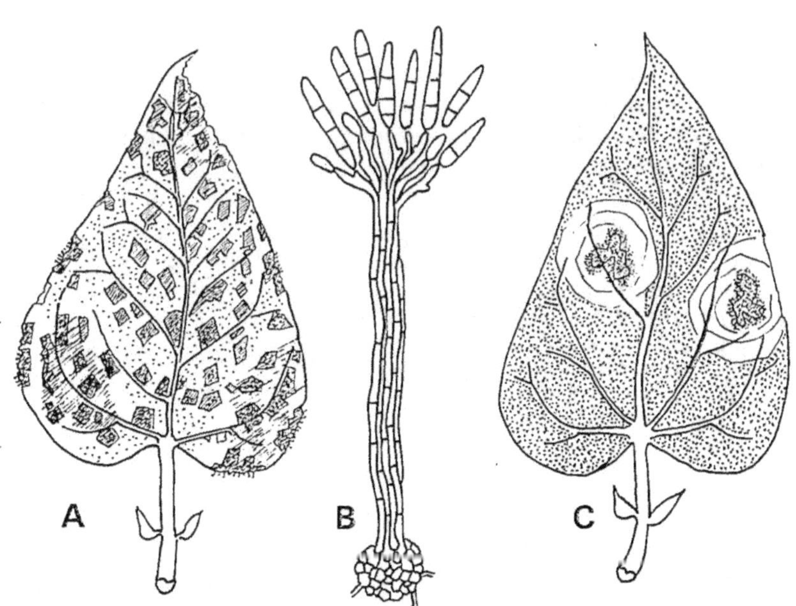

Figure 68.
A : Taches d'*Isariopsis griseola* sur feuille de Haricot.
B : Conidiophore d'*Isariopsis* (longueur 1 mm environ).
C : Taches foliaires de *Botrytis cinerea* se développant à partir de pétales flétris.

Son optimum thermique est assez bas, il devient de plus en plus agressif sous les tropiques à mesure qu'on s'élève (optimum 1 000-1 500 m). On le rencontre parfois en Europe. Les taches foliaires qu'il provoque sont angulaires, délimitées par les petites nervures (fig. 68 A). Il peut attaquer les gousses, où il provoque des lésions analogues à celles de l'Anthracnose, reconnaissables aux colonnettes sporifères qui les recouvrent. Dans les cultures traditionnelles de haricots-grains blancs des Landes et des Pyrénées atlantiques (évoquées ci-dessus) nous avons pu observer sa transmission par semences, sous forme de microsclérotes inclus dans le tégument du grain.

On a signalé aussi des *Cercospora, sensu stricto*, sur Haricot, en particulier, dans les montagnes d'Amérique centrale et des Grandes Antilles, *Cercospora castellani* (velouté gris-clair), en conditions plus chaudes *Cercospora cruenta* (velouté gris).

Ramularia phaseolina (taches farineuses blanchâtres sous les feuilles) est lui aussi un parasite inféodé aux montagnes tropicales (Amérique, Afrique).

● Champignons à pycnides

Un certain nombre de champignons à pycnospores uni- et bi-, parfois tricellulaires, en mélange, ont donné lieu à une systématique assez confuse. D'après les ouvrages récents on peut distinguer :

Ascochyta bolsthaueseri, à spores plus grandes, signalé en Europe du Nord, provoquant des dégâts analogues à ceux de l'Anthracnose, cependant moins agressif.

Ascochyta phaseolorum, à spores plus petites, serait une souche de *Phoma exigua* (champignon attaquant les tubercules de Pomme de terre). Dans les montagnes tropicales il provoque de graves dégâts aux altitudes supérieures à 2 000 m (Colombie, Rwanda). Les seuls espoirs de résistance reposent sur des lignées dérivées de croisements avec *Ph. coccineus*.

Le même champignon (?) sous le nom de *Phoma exigua* var. *diversispora* a été signalé comme faisant des ravages en Allemagne.

Chaetoseptoria wellmanii, bien différent des précédents, provoque sur les feuilles des taches nécrotiques grises entourées d'une bordure brune, ponctuées de pycnides, de 0,5 à 1 cm de diamètre. Ce champignon ne s'est pas encore échappé de la zone Amérique centrale-Grandes Antilles (altitudes 800-1 200 m). *Phyllosticta phaseolina* a été signalé en Amérique latine, Canada et Belgique.

● Charbon foliaire

C'est aussi dans la zone Amérique centrale-Grandes Antilles que l'on rencontre le charbon *Entyloma petuniae* : taches d'abord livides, puis blanchâtres, desséchées, affectant les compartiments internervaires.

---

* Ce qui le fait passer, parmi les « Adelomycètes », des Dématiacées aux Stilbacées...

● Méthodes de lutte

De façon très générale, on adoptera contre ces parasites foliaires un programme de deux traitements fongicides (boutons floraux, floraison). En Haïti, dans une situation où les rendements en grains secs stagnaient à 0,5 t/ha, même avec des fertilisations de l'ordre de 0-30-30, à cause d'un complexe Oïdium-Rouille-*Isariopsis-Chaetoseptoria*, deux traitements manèbe + thiophanate ont permis de doubler les récoltes.

Bien entendu, il vaudrait mieux cultiver des lignées tolérantes au complexe local de maladies foliaires : nous citerons à nouveau, pour les maladies citées ci-dessus « Salagnac 86 » et « Salagnac 90 » (en utilisant des lots de semences indemnes d'Anthracnose, ou traités au bénomyl *).

Dans les pays développés, l'application systématique de fongicides à la plupart des cultures de haricots, ainsi que la coupure hivernale, rendent toutes ces maladies beaucoup plus rares.

V. Envahisseurs non spécifiques du feuillage et des gousses : *Sclerotinia, Botrytis, Choanephora* et Rhizoctone foliaire

Dans les pays tempérés, les cultures de haricots semées très serré et fortement fertilisées ont une densité foliaire telle que, dans les climats humides ou sujets à des orages d'été, on observe des attaques de *Botrytis cinerea* (fréquentes, de gravité moyenne) et de *Sclerotinia sclerotiorum* (forme à gros sclérotes, attaques plus irrégulières, mais très graves). Dans les deux cas le stade critique est le début de grossissement des jeunes gousses : les **pétales flétris** restent attachés à l'extrémité des gousses, ou tombent sur le feuillage et les tiges. Ils peuvent alors servir de **base nutritive** aux conidies de *Botrytis* ou aux ascospores de *Sclerotinia*.

Sur feuilles, le *Botrytis* produit de grandes taches zonées, au centre desquelles on voit souvent encore le pétale flétri.

Il attaque aussi les filets, en général par la pointe, en fructifiant abondamment. Le *Sclerotinia* attaque tiges, pétioles et gousses.

C'est donc en début de floraison qu'il faut placer les traitements fongicides destinés à prévenir ces accidents (1 traitement si la floraison est très groupée, 2 traitements si elle s'étale sur une semaine, suivant les variétés). En ce qui concerne le *Sclerotinia* (pour lequel les phénomènes d'accoutumance aux fongicides ne sont qu'indirects, et n'interviennent que dans le sol —

---

* Ce traitement protège pendant 20 jours les plantules de l'Anthracnose et probablement des *Cercospora*.

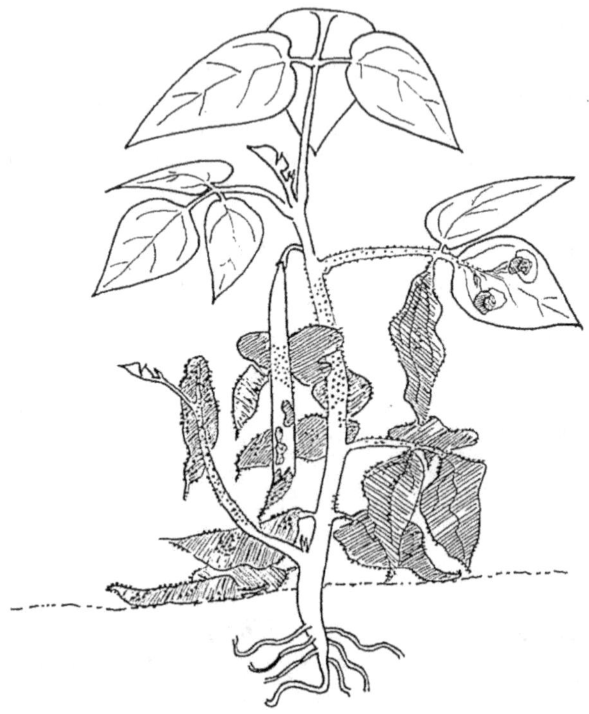

Figure 69. — Dégâts de Rhizoctone foliaire sur Haricot (*R. solani* groupe « AG 1 *microsclerotia* »).

v. chap. II) on pourra employer des fongicides de type « benzimidazole » ou « carboximide ». Vis-à-vis du *Botrytis*, souvent résistant à ces fongicides dans les régions d'agriculture intensive, on renforcera leur action par celle du Thirame, de la dichlofluamide ou du chlorothalonil.

Sous **climat tropical humide**, une situation analogue peut être liée à deux champignons bien différents du *Botrytis* et du *Sclerotinia* :

Choanephora cucurbitacearum se conduit comme le *Botrytis* et envahit des marges de feuilles, des portions de tiges, ou des gousses, à partir des corolles flétries.

Le **Rhizoctone foliaire** * peut provoquer la destruction totale du feuillage en conditions de pluies abondantes (mois à plus de 400 mm). Il s'agit de *R. solani* du groupe Ag 1, soit microsclérotiques (type *R. microsclerotia*), soit mycéliens (type *sasakii*).

. Nous ignorons encore si les microsclérotes, dans le premier cas, jouent un rôle dans l'épidémie, ou si l'infection part toujours du sol. On peut voir très

---

* En anglais « web blight », en espagnol « mustia hilachosa ».

nettement les filaments du *Rhizoctonia* monter le long des tiges et des pétioles, et envahir les feuilles, bien en avance sur les zones nécrotiques, qui se manifestent au début de façon polygonale puis irrégulièrement zonées. En cas d'attaque grave, ce stade est très transitoire et les feuilles se nécrosent en « nids » brunâtres, collées ensemble par le mycélium (fig. 69).

Un des meilleurs moyens de s'affranchir de cet inconvénient, pendant les mois pluvieux, est de cultiver des variétés volubiles, dont seules les feuilles inférieures seront atteintes.

Le CIAT a longtemps cherché des géniteurs de résistance à cette maladie, et propose la lignée H 77-16. Parmi les lignées naines (mange-tout ou grains rouges à écosser) sélectionnées à l'INRA Antilles-Guyane, certaines semblent présenter une certaine tolérance.

La lutte chimique est envisageable, sauf si des pluies abondantes et très prolongées rendent les traitements impossibles. Le bénomyl, d'après les rapports du CIAT, présente une certaine efficacité. Des résultats récents obtenus à l'INRA Antilles-Guyane le confirment, mais indiquent une efficacité bien supérieure du pencyuron, du mépronil et de l'iprodione.

VI. Pourritures de Haricots verts après récolte

Surtout sur des mange-tout récoltés après de fortes pluies, éventuellement souillés de terre, on peut observer en cours d'expédition, ou en attente dans la cour de l'usine, un certain nombre d'agents infectieux signalés dans les paragraphes précédents :

— lésions d'Anthracnose ou de graisses qui étaient en cours d'incubation au moment de la récolte ;

— lésions de Rhizoctone de type AG_1 et AG 4.

De plus, *Pythium aphanidermatum* en conditions tropicales, *Sclerotinia sclerotiorum* et *Botrytis cinerea* en climat tempéré peuvent se développer en « nids » de pourriture intéressant un coin de cagette ou la plus grande partie d'un sac plastique.

On ne peut pas envisager sur Haricots verts de trempage fongicide après récolte. On essaiera de vendre le plus rapidement possible ce qu'on aura sauvé de parcelles attaquées par les parasites en question. On évitera d'empiler les gousses trop serrées dans les cagettes, on veillera à utiliser des sacs plastiques abondamment perforés.

VII. Maladies à virus

Elles sont nombreuses et difficiles à maîtriser. La résistance variétale permet heureusement dans de nombreux cas de les éviter.

Potyvirus

On en connait deux, très importants, aux propriétés épidémiologiques très différentes.

● La Mosaïque commune du Haricot (BCMV)

Elle n'attaque que *Phaseolus vulgaris* et peut être transmise par la semence en proportion très élevée : on a signalé jusqu'à 83 %, les taux habituels sont de 5 à 20 %. Elle est transmise par de très nombreux pucerons, on signale en général *Acyrtosiphon pisum* (puceron vert du pois), *Myzus persicae* et *Aphis fabae* beaucoup moins efficace, mais très abondant sur Haricot.

La propagation de ce virus est plus ou moins rapide suivant les conditions climatiques : foudroyante en conditions de printemps méditerranéen ou d'été tempéré, à cause de l'abondance des pucerons ailés, elle est beaucoup moins rapide en conditions tropicales. Des lots reçus de France très contaminés redeviennent acceptables après trois ou quatre multiplications aux Antilles. Dans les mélanges hétérogènes cultivés par les paysans haïtiens, on isole une majorité de lignées non cultivables dans le Midi de la France, du fait de leur extrême sensibilité.

Les symptômes sur plantes sensibles (plus ou moins intenses suivant les variétés) apparaissent comme une Mosaïque fortement cloquée. Les plantes sont affaiblies, leur floraison réduite et plus échelonnée, la récolte plus faible et plus étalée (fig. 70). Le faible taux de multiplication du Haricot, le volume

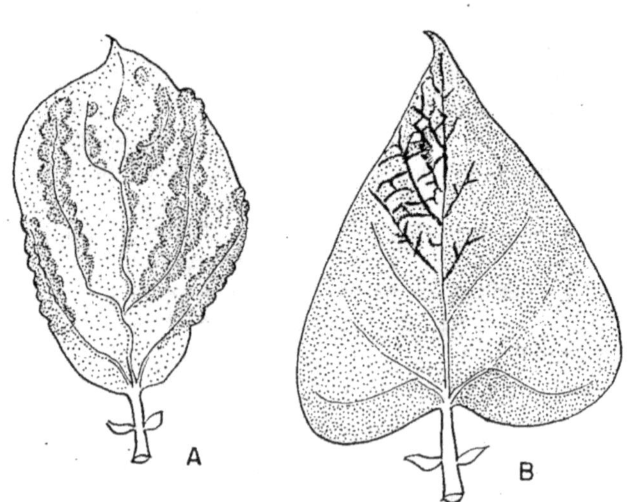

Figure 70. — Mosaïque commune du Haricot.
A : Sur une variété sensible.
B : Début de Black-root sur une variété hypersensible.

de semences à manipuler empêchent la réalisation de programmes de sélection sanitaire.

On connait deux types de résistance à la Mosaïque commune :

— des résistances **récessives**, particulièrement bien étudiées par Drijfhout en Hollande, avec trois *loci* : un gène s doit se trouver à l'état récessif pour que les gènes de résistance du locus **a** puissent s'exprimer. On connait 4 allèles de **a**, chacun surmonté par une race de virus. Des races 1.2.3 et 1.2.4 ont été isolées. Un gène **f** (lignée IVT 7214) n'a pas encore été mis en défaut ;

— un **gène dominant** d'**hypersensibilité** I, présent dans de nombreuses variétés ou populations traditionnelles dans le monde, qui n'a encore été surmonté par aucune souche de BCMV.

Cette hypersensibilité implique les risques habituels de ce type de résistance : possibilité de généralisation à haute température et de nécrose généralisée quand celle-ci baisse à nouveau. Des alternances 20 °C-30 °C sont très favorables à cet accident, appelé chez le Haricot « *black root* ». La nécrose se manifeste dans tous les organes : nervures des feuilles, pétioles, tiges, gousses, qui prennent en séchant une consistance de cuir.

Le black root n'est cependant à craindre que si l'on cultive en mélange ou à proximité variétés sensibles et hypersensibles. En effet, les variétés hypersensibles ne transmettent pas par la semence, même si l'on arrive à faire germer les grains échaudés contenus dans des gousses nécrosées. On a vérifié par ailleurs que les pucerons sont incapables d'acquérir le virus à partir de plantes nécrotiques [*].

Les variétés hypersensibles varient dans leur sensibilité au black-root (les gènes décrits par Drijfhout interviennent là aussi), ainsi que les souches de virus dans leur aptitude à l'induire. Le symptôme « black root » est rare dans les pays tropicaux — on trouve un mélange de types sensibles et hypersensibles dans les populations traditionnellement cultivées par les paysans.

On dispose aujourd'hui en Europe de variétés résistantes par hypersensibilité (traditionnelles ou nouvelles) dans tous les types variétaux.

● Mosaïque jaune du Haricot (BYMV)

Elle est au contraire non transmissible par les semences, mais peut infecter un grand nombre de légumineuses, maraîchères, fourragères ou spontanées (ex. : Haricot, Pois, Fève, Pois chiche, Lupin, Mélilot, Trèfle violet, Luzerne lupuline) et d'Iridacées : Glaïeul, *Freesia, Tritonia*. En Hollande, 92 % des bulbes de glaïeul produits sont infectés par BYMV !

Ce sont cependant les légumineuses qui sont les principaux réservoirs du virus : très facilement véhiculé par *Acyrtosiphon pisum* (puceron vert du Pois) il passe des légumineuses fourragères vivaces au Pois puis au Haricot, au cours de la saison.

---

[*] Le black root reste cependant un grave problème pour le sélectionneur !

Les symptômes apparaissent comme une mosaïque plus finement cloquée, et mieux répartie en plages foncées et vert jaunâtre que la Mosaïque commune. Les filets peuvent être fortement déformés. L'effet sur le rendement est moindre que ce que les symptômes pourraient faire craindre.

Beaucoup plus redoutables, certaines souches de BYMV provoquent (sur Pois aussi bien que sur Haricot) des symptômes de nécrose apicale, qui peuvent détruire des plantations de variétés sensibles (ex. : haricots-rames sélectionnés en conditions tropicales, alors que « Phénomène à rames » et « Borlotto rampicante » ne sont que peu atteints).

Un gène récessif de résistance a été trouvé dans des variétés américaines de type « great Northern » (GN UI 23, GN UI 31, GN UI 59). Il a été introduit dans des lignées européennes de type « mange-tout » par Fouilloux. Certaines souches de BYMV surmontent ce gène, mais la nature des sources de virus (légumineuses fourragères) permet d'espérer qu'elles mettent longtemps à devenir prédominantes.

La mosaïque de la Pastèque-2 (WMV2), très voisine du BYMV, peut occasionnellement envahir le Haricot.

— *Cucumovirus*

Les souches communes de CMV n'attaquent pas le Haricot, qui peut par contre être attaqué aux États-Unis par le *Peanut stunt* (PSV), virus du même groupe inféodé aux légumineuses, mais pouvant être transmis au Tabac.

Dans le Midi de la France, des symptômes analogues à ceux de la Mosaïque commune, et donnant lieu à transmission par semences, ont été observés par Marrou sur « Coco nain rose d'Eyragues » (hypersensible au BCMV). Il s'agissait d'un *Cucumovirus*, déterminé comme une souche particulière de CMV.

— *Lutéovirus*

La **jaunisse apicale du pois** (*Pea leaf roll virus*, PLRV) a été signalée sur Haricot, mais ne semble pas prendre une grande extension sur cet hôte.

— *Géminivirus*

Ils ne concernent pas l'Europe pour le moment, ni l'Amérique tempérée. Ils sont au contraire importants en Amérique latine. A côté de virus de légumineuses sauvages, attaquant occasionnellement le Haricot (ex. : le « virus du *Rynchosia* » de Puerto Rico et des Petites Antilles) on doit surtout mentionner la **Mosaïque dorée du Haricot**, spécialisée aux *Phaseolus* (*Ph. lunatus*, du fait de son caractère quasi-vivace en conditions tropicales, sert de réservoir). Très redoutable en Amérique latine et dans les Grandes Antilles, elle interdit la culture du Haricot à certaines périodes de l'année, en particulier lorsque les températures maximum supérieures à 28 °C favorisent le vecteur (v. fig. 71).

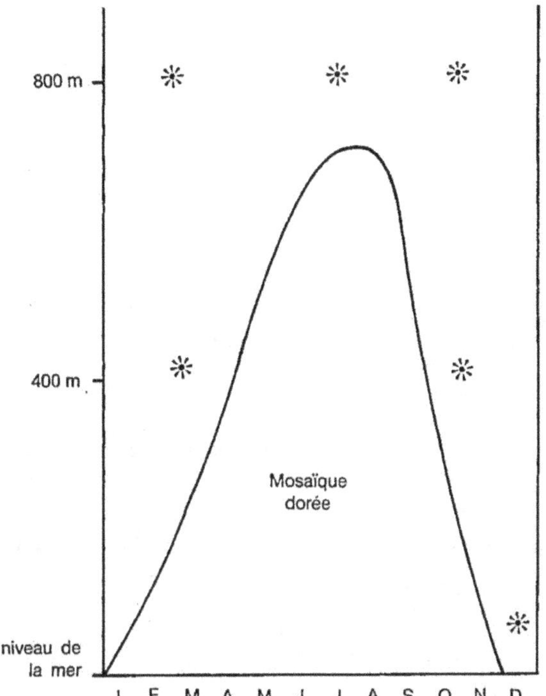

Figure 71. — * Dates de semis possibles pour le Haricot en Haïti en fonction des saisons et
de l'altitude, du fait de la mosaïque dorée (BGMV).

La recherche de variétés résistantes à la Mosaïque dorée (BGMV) est un
des objectifs majeurs du CIAT, qui propose déjà des variétés tolérantes à
grains noirs, comme « Tamazulapa », tirant leur résistance de *P. acutifolius*,
malheureusement très sensibles à l'Oïdium.

Le Haricot est sensible aussi au **Curly-top** (géminivirus transmis non par
Bemisia, comme les précédents, mais par cicadelles). Des variétés résistantes
ont été sélectionnées aux États-Unis pour les zones où sévit cette maladie.

— *Virus transmis par coléoptères*

Ils sont nombreux dans le Nouveau Monde : la *Southern bean mosaic* aux
États-Unis, les « *Bean yellow stipple* », « *Bean pod mottle* », « *Desmodium
yellow mottle* » en Amérique latine.

Quelques alertes ont ému les virologues européens, concernant le *Southern
bean mosaic virus*, transmis par semences et éventuellement par contact dans
les cultures sous serre. Ce virus ne s'est pas répandu cependant dans les
champs, faute sans doute de son vecteur le plus efficace *Cerotoma trifurcata*.

— *Autres virus*

Le *Tobacco streak virus*, ilarvirus[*] transmis par thrips, provoque aux États-Unis une maladie nécrotique, le « *red node* » (lésions nécrotiques rouges à l'emplacement des nœuds).

Sans incidence pratique pour les cultures de plein air, le virus de la Nécrose du Tabac (TNV) peut se manifester sur les parties aériennes des haricots cultivés en serre en conditions de jours courts, en provoquant le *bean stipple streak* (nécroses des tiges, des feuilles et des filets).

VIII. Accidents et symptômes non parasitaires

La levée de **Haricots « borgnes »** (manquant d'un ou deux cotylédons, dépourvus du bourgeon terminal, ou des 2 premières feuilles...) peut être due à des causes diverses : présence de Bruches dans le grain, attaques de *Phorbia platura*, ou dégâts mécaniques provoqués par le battage à l'intérieur du grain.

Le « **bec de canard** » (cotylédons se développant trop en longueur au cours de la maturation du grain, et faisant éclater le tégument) est lié à une maturation en conditions trop humides. Il affecte gravement certaines lignées, en général éliminées en cours de sélection.

Des taches grises nécrotiques au centre de la face interne des cotylédons sont traditionnellement attribuées à la carence en manganèse.

La **toxicité de l'Alumine et du Manganèse** est un des principaux facteurs limitants de la culture du Haricot dans les sols tropicaux ayant subi une évolution ferrallitique. Elle se traduit par une mauvaise croissance des plantes avec jaunissement et nécrose marginale des feuilles. L'application dans la raie du semis de calcaire broyé, ou mieux de scories Thomas ou de phosphate tricalcique broyé (à raison de 3 g de P_2O_5/m de ligne) permet d'améliorer la situation.

IX. Maladies sur d'autres Phaseolinées

Haricot de Lima ou « Pois-savon » (*Phaseolus lunatus*)

Ph. lunatus est beaucoup plus éloigné génétiquement de *Ph. vulgaris* que les *Ph. coccineus* et *acutifolius*, ses maladies sont assez différentes.

La germination des grains de *P. lunatus* est assez délicate, surtout pour les variétés à grain blanc ou vert pâle (homologues des « flageolets verts »), en particulier vis-à-vis de *R. solani*.

---

[*] Groupe de virus à génome tripartite, 4 sortes de particules 26-35 nm RNA simple brin +, surtout importants sur arbres fruitiers.

La plus grande longueur du cycle végétatif, surtout pour les variétés volubiles, rend les racines particulièrement sensibles aux *Meloidogyne*, on peut y observer de très grosses galles. On trouve une résistance, d'hérédité analogue à celle que nous avons décrite sur le Haricot, chez la variété américaine « Nemagreen » (naine). Elle a été transmise à des types volubiles à l'INRA Antilles-Guyane.

Sur le feuillage, on retrouve *Phaeoisariopsis griseola*, sur le feuillage et les gousses une gale provoquée par *Elsinoe phaseoli* ainsi que des attaques sur gousses de *Diaporthe phaseolorum* ; tous ces parasites ne motivent cependant pas de traitements fongicides réguliers, tout au moins dans les conditions des Antilles françaises. Le parasite foliaire le plus redoutable de *Ph. lunatus* est *Phytophthora phaseoli*, tout à fait comparable pour sa morphologie, son mode de développement et son optimum de température à *Phytophthora infestans*. Très redouté aux États-Unis, ce « *Lima bean blight* » a motivé des travaux de sélection. L'incorporation de gènes de résistance aux variétés américaines a suscité l'apparition de nouvelles races de ce « Mildiou ». *Phytophthora phaseoli* a été observé en Italie dès les premières tentatives d'introduction de la culture : Matta et Garibaldi (1969) décrivent sur feuilles des taches de 5 mm de diamètre entourées d'une marge rouge, sur gousses des lésions de forme irrégulière sur lesquelles fructifie le *Phytophthora*.

Des attaques sur gousses de *Ph. vulgaris* ont récemment été signalées en France.

Ph. lunatus est un hôte de la Mosaïque dorée du Haricot, pour laquelle il joue le rôle de réservoir.

Il est très sensible à la plupart des souches de Mosaïque du Concombre, ce qui interdit sa culture dans le Sud-Est de la France.

Vigna radiata (syn. *Phaseolus aureus*)

Cette espèce commence à être connue en France sous le nom impropre de « Soja vert ». On en consomme surtout les germes étiolés. La préparation de ceux-ci nécessite des semences de haute qualité et indemnes de moisissures superficielles. En cas de doute on pourra désinfecter les grains par trempage dans l'eau de javel diluée, suivie de rinçage.

Au champ, cultivée en France, cette espèce apparaît surtout comme très sensible aux attaques de *Rhizoctonia solani* sur hypocotyles et de *Thielaviopsis* sur racines et pivot. Cette extrême sensibilité permet de l'utiliser comme « plante piège » pour détecter ces deux parasites dans des échantillons de sol.

En Extrême-Orient, la pathologie de cette espèce est plus complexe. On redoute aux Indes un *Xanthomonas campestris* p.v. *vignae-radiatae*, transmissible par semences, qui a fait en France des apparitions épisodiques.

L'AVRDC * inclut dans ses programmes d'amélioration de *Vigna radiata* les résistances aux maladies suivantes :

---

* Asian Vegetable Research and Development Center — Shanhua — Taïwan.

— un oïdium (race d'*E. polygoni*) et *Cercospora canescens* sur le feuillage ;

— des mosaïques sur le feuillage provoquées par des **potyvirus** transmis par semences, plus ou moins apparentés à la Mosaïque commune du Haricot ou au *Cowpea aphid borne mosaic virus*, ou par des souches « Légumineuses » du CMV, transmises elles aussi par semences, dans une plus faible proportion. Aux Indes, on redoute un geminivirus (*Mung bean yellow mosaic*).

Vigna unguiculata et sa variété *sesquipedalis*

En Afrique et sur le continent américain, les insectes représentent sur ce *Vigna* une menace beaucoup plus importante que les maladies.

Signalons cependant un *Xanthomonas campestris* p.v. *vignicola*, homologue du p.v. *phaseoli*, et, en Afrique les f. s.p. *vignae* de l'Anthracnose et de la Rouille du Haricot. Sur feuilles adultes et sénescentes les attaques les plus fréquentes sont dues à *Cercospora cruenta* (taches angulaires à bords flous, velouté grisâtre sous les feuilles) et à *Corynespora cassiicola* (taches rondes zonées à bord rouge).

L'oïdium américain du Haricot peut attaquer *V. unguiculata*, les *sesquipedalis* montrent une très grande sensibilité.

Les attaques de *Meloidogyne* peuvent être importantes sur racines, on propose aux États-Unis des variétés résistantes de type « Pois-yeux noirs ». On redoute aussi aux États-Unis le *Fusarium oxysporum* f. s.p. *tracheiphilum* (variétés résistantes, races, dont une attaque aussi le Soja).

Plusieurs virus attaquent *V. unguiculata*, la plupart transmis par semences, dont :

— un potyvirus homologue de la Mosaïque commune du Haricot, la « *Cowpea aphid-borne Mosaic virus* » ;

— plusieurs virus transmis par Coléoptères, dont le type des Comovirus, la « *Cowpea Mosaic virus* » ;

— et des souches « légumineuses » de CMV.

Bibliographie

▸ Généralités

BELLIARD-ALONZO L.M., 1971. — *Contribución al estudio de las enfermedades de la habichuela* (Ph. vulgaris) *en la República dominicana.* Tesis — Universidad autónoma de Santo Domingo.

HUBBELING N., 1956. — *Maladies et dégâts du Haricot* (traduction française de « *Ziekten en besschadingen van bohnen* »). Fatis éd., 82 p.

SCHWARTZ H.F., GALVEZ G.E., 1978. — *Problemas de campo en los cultivos de frijol en América latina.* CIAT éd., 136 p.

ZAUMEYER W.J., THOMAS H.R., 1957. — *A monographic study of bean diseases and their control.* USDA tech. bull. 868, 255 p.

ZAUMEYER W.J., MEINERS J.P., 1975. — Disease resistance in beans. *Annu. Rev. Plant Pathol.*, **13**, 313-334.

▸ Manques à la levée — *Pythium*

ADEGBOLA M.O.K., HAGEDORN D.J., 1970. — Host resistance and pathogen virulence in *Pythium* blight of Bean. *Phytopathology*, **60**, 1477-1479.

BANNEROT H., 1979. — Cold tolerance in beans. *Annu. rep. Bean genetic improv. coop.*, **22**, 81-84.

GINOUX J.P., 1981. — *Étude des relations hôte-parasite dans le couple* Phaseolus vulgaris — Pythium ultimum — *définition d'une résistance.* Thèse USTL Montpellier, mai 1981, 199 p.

IECZARKA D.J., ABAWI G.S., 1978. — Influence of soil water potential and temperature on severity of *Pythium* root rot of snap beans. *Phytopathology*, **68**, 766-772.

SCHROTH M.N., COOK R.J., 1964. — Seed exsudation and its influence on pre-emergence damping off of beans. *Phytopathology*, **54**, 670-673.

SCHWESTER D., RIVES M., 1957. — Résultats d'essais de traitements de semences de Haricot contre la Mouche des semis *Hylemia cilicrura. Phytiatr.-Phytopharm.*, **6**, 35-41.

YORK D.W., DICKSON M.H., ABAWI G.S., 1977. — Inheritance of resistance to seed decay and preemergence damping off in snap beans caused by *Pythium ultimum. Plant Dis. Rep.*, **61**, 285-289.

▸ *Rhizoctonia solani*

CHRISTOU Th., 1962. — Penetration and host-parasite relationships of *Rhizoctonia solani* in the bean plant. *Phytopathology*, **52**, 381-386.

Mc LEAN D.M., HOFFMAN J.C., BROWN G.B., 1968. — Grenhouse studies on resistance of snap bean to *Rhizoctonia solani. Plant Dis. Rep.*, **52**, 486-488.

PAPAVIZAS G.C., 1963. — Effect of oat straw and supplemental nitrogen on microbial antagonism in bean rhizosphere. *Phytopathology*, **53**, 885.

PRASAD K., WEIGLE J.L., 1976. — Association of seed-coat factors with resistance to *Rhizoctonia solani* in *Phaseolus vulgaris. Phytopathology*, **66**, 342-345.

▸ Parasites des racines et du collet

BOOMSTRA A.G., BLISS F.A., 1977. — Inheritance of resistance to *F. solani* f. sp. *phaseoli* in beans and strategy to transfer resistance. *J. Am. soc. hortic. Sci.*, **102**, 186-188.

BURKE D.W., HOLMES L.D., BARKER A.W., 1972. — Distribution of *F. solani* f. s.p. *phaseoli* and bean roots in relation to tillage and soil compaction. *Phytopathology*, **62**, 550-554.

CHRISTOU Th., 1962. — Penetration and host relationships of *Thielaviopsis basicola* in the bean plant. *Phytopathology*, **52**, 194-198.

CHRISTOU Th., SNYDER W.C., 1962. — Penetration and host relationships of *F. solani* f. s.p. *phaseoli* in the bean plant. *Phytopathology*, **52**, 219-225.

DICKSON M.H., BOETTGER M.A., 1979. — Release of 12 root rot tolerant snap bean lines. *Annu. rep. Bean improv. coop.*, **22**, 102.

HASSAN A.A., WALLACE C.H., WILKINSON R.E., 1971. — (3 articles successifs sur la résistance du Haricot à *F. solani* f. sp. *phaseoli* et *Thielaviopsis basicola*). *J. Am. Soc. hortic. Sci.*, **96**, 623-632.

MAIER C.R., 1968. — Influence of nitrogen nutrition on *Fusarium* root rot of Pinto bean and on its suppression by barley straw. *Phytopathology*, **58**, 620-625.

LÉCHAPPÉ J., ROUXEL F., SANSON M.T., 1988. — Le complexe parasitaire du « pied » du Haricot. I. Mise en évidence des principaux champignons responsables de la maladie : *Fusarium solani* f. sp. *phaseoli* et *Thielaviopsis basicola*. *Agronomie*, **8**, 451-457.

● Fusariose vasculaire

ALOJ B., MARZIANO F., ZOINA A., NOVIELLO C., 1983. — La tracheofusariosi del fagiolo in Italia. *Info fitopatol.*, **33**, 11-63.

ECHANDI E., 1967. — Yellows of beans *(Ph. vulgaris)* provoked by *F. oxysporum* f. sp. *phaseoli*. *Turrialba*, **17**, 409-410.

● Anthracnose

BANNEROT H., DERIEUX M., FOUILLOUX G., 1971. — Mise en évidence d'un second gène de résistance totale à l'Anthracnose du Haricot. *Ann. Amelior. Plant.*, **21**, 83-85.

CHARRIER A., BANNEROT H., 1970. — Contribution à l'étude des races physiologiques de l'Anthracnose du Haricot. *Ann. Phytopathol*, **2**, 489-506.

FOUILLOUX G., 1976. — L'Anthracnose du Haricot — nouvelles sources de résistance et nouvelles races physiologiques. *Ann. Amélior. Plant*, **26**, 443-453.

GINOUX J.P., 1973. — Efficacité curative et préventive d'un traitement de semences de haricot au bénomyl vis-à-vis de l'Anthracnose transmise par les grains. *Nouvelles maraîchères et vivrières de l'INRA aux Antilles*, **5**, 25-28.

MESSIAEN C.M., 1960. — Moyens de lutte contre l'Anthracnose du Haricot. *Phytiat.-Phytopharm.*, 1960. 191-195.

● Maladies bactériennes

BELLETTI P., TAMIETTI G., 1982. — L'impiego di calore secco nel risaniamento dei semi di fagiolo infetti di *Pseudomonas phaseolicola*. *Inf. fitopatol.*, **32**, 59-61.

COXNE D.P., SCHUSTER M.L., AL YASIRI S., 1963. — Reaction studies of bean species and varieties to common blight and bacterial wilt. *Plant Dis. Rep.*, **47**, 534-537.

COYNE D.P., SCHUSTER M.L., 1976. — « Great northern Star », dry bean resistant to bacterial diseases. *Hortic. Sci.*, **11**, 621.

COLENO A., 1968. — Utilisation de la technique d'immunofluorescence pour le dépistage de *Pseudomonas phaseolicola* dans les lots de semence de haricot contaminés. *CR. Acad. Agric. Fr.*, 1968, 1016-1020.

FOUILLOUX G., 1975. — *Étude de l'hérédité de la résistance à la Graisse du Haricot, sélection pour ce caractère.* C.R. Réunion Eucarpia Haricot. Versailles, sept. 1975, 115-124.

GROGAN R.G., KIMBLE K.A., 1967. — The role of seed contamination in the transmission *of Pseudomonas phaseolicola* in *Phaseolus vulgaris. Phytopathology,* **57**, 28-34.

MENZIES J.D., 1954. — Effect of sprinkler irrigation in an arid climate on the spread of bacterial diseases of beans. *Phytopathology,* **44**, 553-556.

MESSIAEN C.M., BEYRIES A., LEROUX J.P., 1969. — *Influence du mode d'irrigation sur les maladies des plantes maraîchères dans le Sud-Est de la France.* C.R. 2ᵉ Congrès Union Phytopathol. mediterr. Avignon-Antibes, sept. 1969, 41-46.

MARAITE H., 1989. — *Résistance génétique aux bactérioses des cultures vivrières en Afrique centrale* (en particulier Haricot-*Xanthomonas*). C.R. Projets TSD 1983-86. CTA. Convention ACP-CEE Lomé. 81-86.

ZAPATA M., FREYTAG G.F., WILKINSON R.E., 1985. — Evaluation for Bacterial blight resistance in beans. *Phytopathology,* **75**, 1032-1039.

● Autres maladies foliaires *

MESSIAEN C.M., PAUVERT P., JACQUA G., LARAQUE A., 1989. — L'oïdium américain du Haricot (*Erysiphe polygoni*) dans la zone antillaise : recherche de géniteurs de résistance. *Agronomie,* **9**, 259-263.

PAUVERT P., 1989. — Contribution à l'étude des races d'Oïdium du Haricot (*E. polygoni*) en Guadeloupe. *Agronomie,* **9**, 265-270.

● Virus

ALI M.A., 1950. — Genetics of resistance to common bean mosaic (*Bean virus* 1) in the Bean (*Phaseolus vulgaris*). *Phytopathology,* **40**, 69-79.

BAWDEN F.C., Van der WANT J.P.H., 1949. — Bean stipple streak caused by *Tobacco necrosis virus. Tijdschr. Plantenziekten,* **55**, 142-150.

DRIJFHOUT E., 1975. — *Classification of strains of bean common mosaic and genetic interaction between these strains and* Phaseolus vulgaris. C.R. Réunion Eucarpia Haricot, Versailles, sept. 1975, 93-110.

GAMEZ R., 1971. — Los virus del frijol en Centro-América. Transmisión por moscas blancas (*Bemisia tabaci*) y plantas hospedantes del virus del mosaico dorado. *Turrialba,* **21**, 22-27.

GAMEZ R., 1971. — Los virus del frijol en Centro-América. Algunas propiedades y transmisión por crisomelidas del mosaico rugoso del frijol. *Turrialba,* **22**, 249-257.

MARCHOUX G., QUIOT J.B., DEVERGNE J.C., 1977. — Caractérisation d'un isolat de la Mosaïque du Concombre transmis par les graines de Haricot. *Ann. Phytopathol.,* **9**, 421-434.

PROVVIDENTI R., SCHROEDER W.T., 1973. — Resistance in *Ph. vulgaris* to the severe strain of bean yellow mosaic virus. *Phytopathology,* **63**, 196-197.

(et également nombreuses informations tirées des rapports annuels du CIAT, pour *Ph. vulgaris*, de l'IITA pour *V. unguiculata* et de l'AVRDC pour *V. radiata*).

---

* (Voir aussi à « Généralités », ci-dessus).

VI
MALADIES DU POIS
ET DE LA FÈVE

Ces deux plantes appartiennent à la tribu des **Viciées**. Aussi bien pour le ois (*Pisum sativum*) que pour la Fève (*Vicia faba*) leur culture dans des xploitations de type maraîcher représente aujourd'hui en Europe peu de 1ose à côté des productions en grande culture, que ce soit pour la mise en oîte ou la surgélation de petits pois récoltés à la machine, ou pour la roduction de grains secs, « protéagineux » pour la nourriture des animaux)ois, féveroles). Dans les régions méditerranéennes cependant, la tolérance es deux espèces à de très basses températures et même à des gels légers leur ermet d'être semées à l'automne ou au tout début de l'année. Les « pois lange-tout », que l'on n'a pas encore eu l'idée de mettre en boîte ou de irgeler, et les gousses immatures de fèves à grosse graine apparaissent sur ·s marchés parmi les premiers légumes du printemps. La chaleur de l'été, à . fois par son effet direct et par les maladies qu'elle favorise (oïdium du ois, virus) les fait ensuite disparaître des jardins. La littérature concernant ·urs maladies est importante, mais doit être interprétée avec une optique maraîchère », car elle concerne surtout les régions nordiques de l'Europe et ·s États-Unis et les cultures industrielles.

I. Maladies provoquées par des parasites telluriques

Manques à la levée dus aux *Pythium*

Germant beaucoup plus vigoureusement que le Haricot aux températures)isines de 10 °C les **Pois** devraient en principe être plus avantagés dans la)urse de vitesse *Pythium* — plantule qui décide de l'issue de leur confronta-ɔn.

Les graines ne sont sensibles aux *Pythium* que pendant 48 à 72 h après ur début de germination.

Mais les variétés les plus appréciées (petits pois à grains ridés) compensent ·s avantages par une exsudation importante de sucres : ce sont les homolo-ies des haricots « flageolets verts ». Il sera utile de traiter leurs semences ·ec un fongicide classique (ex. : thirame), ou avec un mélange de produits plus modernes, comportant un anti-mildiou spécifique (v. ci-dessous le paragraphe « Mildiou du Pois »).

Les variétés à grains ronds sont moins atteintes, encore moins les variétés à grains tachetés de violet [*], que l'on ne rencontre que parmi les « pois mange tout ».

Les **Fèves**, dont les téguments sont riches en substances fongistatiques, sont peu concernées par les attaques de *Pythium* en cours de germination.

Nécroses des racines et du collet

● *Rhizoctonia solani* (souches méditerranéennes de type Ag 4) est aussi agressif sur Pois ou Fève que sur Haricot, mais, que ce soit au Nord de l'Europe, où ce type de souches est rare, ou au Sud, où les semis sont réalisés à des températures inférieures à 15 °C, les conditions favorisant ce type de dégât sur jeunes plantes sont rarement réalisées.

● **Les nécroses de racines et du collet** tout au long de la végétation, conduisant à l'affaiblissement des plantes et à la diminution du nombre et du remplissage des gousses, à des dessèchements prématurés dans les cas les plus graves, peuvent être provoqués par un assez grand nombre de champignons.

Les *Pythium* de type *ultimum* poursuivent leur activité sur racines après l'émergence. Dans des échantillons de terre prélevés à l'INRA - Versailles, il apparaissait dans les années 70 que le précédent « Pois » se montrait beaucoup plus favorable à l'accumulation dans le sol de *Pythium ultimum* que les précédents « céréales ». *Thielaviopsis basicola* a été signalé sur Pois aux États-Unis comme sur Haricot.

Le parasite le plus fréquemment cité, en Europe comme aux États-Unis, est *Fusarium solani*, dont on a décrit des f. sp. *pisi* et *fabae*. Suivant les auteurs, les frontières séparant les f. sp. *phaseoli, pisi* et *fabae* sont considérées comme strictes, ou plus ou moins floues [**].

Des expériences de monoculture de Haricots et de Pois dans des parcelles voisines aux États-Unis, suivies de plantation de Haricots dans la parcelle « Pois » et réciproquement, sont en faveur de la spécificité. Certains chercheurs cependant (et nous-mêmes dans le midi de la France) ont trouvé des souches de *F. Solani* attaquant haricots et pois. Le graphique ci-dessous tente de résumer les relations supposées entre les 3 f. sp. :

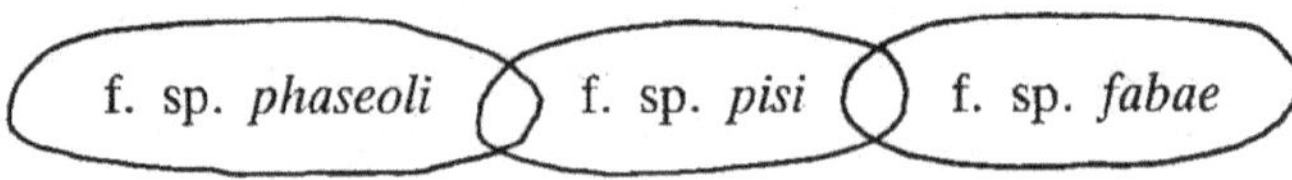

---

[*] Ces variétés, dont les fleurs sont violettes, sont aussi les plus résistantes au gel.

[**] La spécialisation des f. sp. de *F. solani* parasites des légumineuses ne repose pas sur une relation hôte-parasite « gène-pour-gène », comme chez les *F. oxysporum*, mais sur une aptitude à dégrader les **phytoalexines** (fongistatiques) produites par l'hôte en réponse à l'infection. Les structures chimiques de la **Pisatine** (phytoalexine du Pois) et de la **Phaseolline** (phytoalexine du haricot) sont très voisines...

Il y a synergie entre *Pythium* et *F. Solani* f. sp. *pisi* pour aggraver les pourritures de racines et du collet.

D'autres *Fusarium*, en particulier des *F. roseum* peuvent intervenir dans les pourritures du collet sur Pois et Fève, au point de faire décrire, au Japon, un *F. [roseum] avenaceum* f. sp. *fabae*. Si l'on compare en inoculation artificielle plantules de Maïs et de Pois, on observe que celles-ci sont encore plus sensibles aux *F. roseum* que celles de Maïs, et à de plus nombreuses variétés de *F. roseum* (*sambucinum, avenaceum, graminearum, culmorum*).

On n'a signalé que de façon sporadique en Europe (Scandinavie, Russie, Angleterre), la présence d'*Aphanomyces euteiches* (Saprolégniale), considéré aux États-Unis comme l'agent le plus agressif de nécroses de racines, pourritures du collet et mortalité précoce du Pois... (mais les spécialistes des Oomycètes sont peu nombreux en Europe, et tout particulièrement en France). Son optimum d'agressivité se situe entre 22 °C et 28 °C (le passage du gel à la chaleur est beaucoup plus rapide sous climat continental américain qu'en Europe), il est favorisé par les sols à pH acide ou neutre, argileux, gorgés d'eau. En 1984, Hagedorn constatait que ni l'usage de fongicides, ni les recherches sur la résistance variétale n'avaient donné de résultats bien encourageants... Les amendements calciques (9 tonnes/h de calcaire broyé), le précédent ou les engrais verts « Crucifères » (à cause des thioglycosides : ne pas choisir un colza 00) et l'analyse préalable du « potentiel infectieux du sol » avant signature d'un contrat de pois de conserve restent aux États-Unis les mesures les plus efficaces.

Fusarioses vasculaires

On distingue actuellement 4 races « sérieuses » de *F. oxysporum* f. sp. *pisi* : 1,2,5 et 6, qui, comme celles de Fusariose du Melon se distinguent par la gamme de variétés attaquées, l'optimum de température pour l'agressivité, et le symptôme (bien que ces deux aspects soient étroitement liés).

Le tableau 14 et ses annexes résument cette situation.

Lorsqu'ils interviennent seuls, les *F. oxysporum* f. sp. *pisi* ne provoquent pas de nécrose des racines ou du collet visible de l'extérieur. Au champ, l'attaque vasculaire est le plus souvent suivie d'attaque corticale par des envahisseurs secondaires (*Pythium, Fusarium* spp. - v. paragraphe précédent).

En Europe, la Fusariose vasculaire du Pois est surtout redoutée en Angleterre et en Hollande, où les races 1 et 2 sont présentes. En France la maladie n'a été observée que dans la région de Lille, seule la race 1 a été décelée.

La résistance chez *Pisum sativum* aux races 1, 2, 5 et 6 est liée à quatre gènes dominants non allèles. De nombreuses variétés commerciales possèdent la résistance aux races 1 et 2, la sélection de types commerciaux résistants aux races 5 et 6 est en cours. Pour le moment c'est surtout l'Ouest océanique américain (état de Washington, Colombie britannique) qui est concerné par ces nouvelles races.

Un *F. oxysporum* f. sp. *fabae* a été décrit au Japon.

Tableau 14

Races de *Fusarium oxysporum* f. sp. *pisi*

Hôtes différentiels standards	Races de *F. oxysporum f.* sp. *pisi*			
	1	2	5	6
Little marvel	S	S	S	S
Darkskin perfection	R	S	S	S
New Era	R	R	S	S
* WSU 23	R	R	R	S
* WSU 28	R	S	R	R
* WSU 31	R	R	R	R
Symptômes	wilt **	near-wilt **	wilt	wilt

* Lignées expérimentales de la **Washingston state University.**

** **Wilt** : enroulement vers le bas des stipules et des feuilles, la plante s'arrête de croître et devient cassante, les feuilles jaunissent rapidement de bas en haut. La nécrose vasculaire concerne la base de la tige, optimum 20°.

Near wilt : maladie se développant plus lentement, avec symptômes unilatéraux aussi bien sur le feuillage que pour la nécrose interne de la tige, qui peut monter très haut, optimum plus élevé : 25°.

Nématode à kystes du Pois et de la Fève

Heterodera gottingiana semble être le nématode le plus important du Pois et de la Fève. Il est signalé en Europe du Nord et dans la plaine du Pô. Il exerce un effet nocif direct sur les racines (nanisme, ramification excessive), et les sensibilise aux agents de nécrose décrits plus haut. En Hollande, le *F. oxysporum* f. sp. *pisi* race 3 (race non considérée comme sérieuse aux États-Unis) n'envahit le Pois qu'à la faveur d'attaques d'*Heterodera*. *Meloidogyne hapla* et *Pratylenchus penetrans* ont été signalés sur Pois aux États-Unis.

II. Maladies perpétuées par les semences ou les débris de culture, attaquant plantules, tiges, feuilles et gousses

Chez le Pois, elles sont encore plus nombreuses que chez le Haricot : à la graisse bactérienne et aux trois ascochytoses (parfois faussement appelées « Anthracnose ») s'ajoute le Mildiou. Chez la Fève, c'est l'Ascochytose qui est la plus importante.

Mildiou du Pois (*Peronospora pisi*)

Le *Peronospora pisi* présente un optimum thermique très bas pour sa fructification conidienne, la germination des conidies et l'infection (1 °C-6 °C-18 °C). Son développement s'arrête au-dessus de 20 °C, mais les températures comprises entre 15 °C et 20 °C induisent une abondante production d'**oospores**, organes de perpétuation du mildiou, que ce soit à la surface des pois secs à la suite d'infections des gousses, ou dans le sol sur débris de tiges ou feuilles (survivance 8 ans).

Les symptômes sont variables suivant le stade auquel les plantes sont infectées et l'évolution des températures après l'infection. Les infections sur jeunes plantules (à partir de la graine ou du sol) se manifestent de façon systémique : plantes naines et déformées, recouvertes sur tous leurs organes des fructifications gris-bleuâtre du Mildiou. Les infections plus tardives (jusqu'au 3e ou 4e nœud suivant les variétés) peuvent aussi se développer de façon systémique, sur une plus ou moins grande hauteur suivant l'évolution des températures. Plus tardivement, les infections se localisent à l'aisselle des stipules ou en taches localisées sur les folioles. Les gousses peuvent être gravement attaquées, avec sporulation abondante, ou production d'oospores à l'intérieur suivant l'évolution de la température. Les oospores peuvent être très abondantes aussi à l'intérieur des tiges.

Le Mildiou du pois peut devenir très grave en conditions océaniques : la pluviosité et la longueur de la période où la température reste comprise entre 1 °C et 18 °C sont les facteurs favorisant l'épidémie.

On est longtemps resté assez désarmé pour lutter contre le Mildiou du Pois : la suppression des premiers foyers (plantules contaminées de façon systémique) constitue l'objectif primordial. Il peut être atteint de nos jours par des traitements de semences avec des anti-mildious systémiques : la combinaison « oxadydil + cymoxanyl + Manèbe » (6,25 g/kg de semences d'un produit à 8-3,2-56 %) était signalée comme la plus efficace en 1988. On luttera du même coup contre les *Pythium*.

On observe des variations de sensibilité vis-à-vis du mildiou du Pois, qui peut, tout au moins en Allemagne, se subdiviser en races. Les variétés cultivées en France ont été classées par Cousin (INRA-Versailles) en 4 catégories pour leur plus ou moins grande sensibilité. « Starcovert », « Starnain », et quelques autres variétés cultivées pour la conserve sont hautement résistantes, leur bon comportement a été vérifié en Allemagne vis-à-vis de 7 races sur 8.

Le Mildiou de la Fève, provoqué par *Peronospora viciae* est beaucoup plus rare. On l'a observé en Sardaigne, sans gravité, et, plus sérieusement, en Égypte, au cours d'hivers exceptionnellement pluvieux.

Graisse bactérienne du Pois

Provoquée par *Pseudomonas syringae* pv. *pisi*, elle est connue aux États-Unis depuis 1915. Apparue en Hollande en 1960, son développement a suivi en Europe celui des cultures industrielles de pois « protéagineux ».

Les lésions de graisse sur Pois peuvent concerner tous les organes : tiges, pétioles, stipules, folioles, vrilles et gousses. D'aspect d'abord graisseux, translucide, sur stipules et folioles, elles se nécrosent ensuite, restant claires avec une marge brune sur les organes foliaires ou les tiges, devenant noirâtres sur gousses.

L'épidémiologie de la graisse du Pois se caractérise par l'importance de la **phase épiphyte**, aussi bien au début qu'à la fin de la vie de la plante : des lots de semences contaminés peuvent être obtenus sur des plantes ne montrant plus de symptômes au moment de la récolte : la contamination externe des grains est probablement plus importante que la contamination interne sur graines provenant de gousses présentant des lésions.

Les attaques graves de *P. syringae* pv. *pisi* sont liées à son caractère **glaciogène**. Bien que son optimum soit en culture de 28 °C, la bactérie peut se développer dès + 3 °C, et profiter des lésions produites dans les cellules en fin de nuit par les cristaux de glace, dont elle induit la formation, pour pénétrer dans la feuille au cours d'un radoucissement diurne : les épidémies peuvent ainsi paraître foudroyantes. Cette aptitude épiphyte et glaciogène n'empêche pas *P. syringae* pv. *pisi* de se comporter en parasite hautement spécialisé, ayant établi avec son hôte des relations **gène-pour-gène**. On distinguait en 1988 six races de graisse du Pois (tabl. 15).

Tableau 15

Races de *Pseudomonas syringae* pv. *pisi*

Hôtes différentiels	Races de *Pseudomonas syringae* pv. *pisi*					
	1	2	3	4	5	6
Merveille de Kelvédon	S	S	S	S	S	S
Early Onward	S	R	S	S	R	S
Belinda	R	S	R	S	S	S
Partridge	R	S	R	R	R	S
Abador	R	R	S	R	R	S
Progreta	R	R	R	S	R	S
Lincoln	R	R	R	R	R	R

(d'après RAT *et al.*, 1988)

La race la plus répandue dans le monde est la n° 2. En France, en 1988, les races les plus répandues étaient 2, et 6 qui, pour le moment, attaque toutes les variétés commerciales. Les cultures de pois protéagineux, semées à l'automne ou au premier printemps constituent ainsi un formidable tremplin à la multiplication et à l'évolution de cette bactérie, encore rare dans les cultures de type « maraîcher ».

Les méthodes de diagnostic modernes (immunofluorescence, ELISA) constitueront un outil efficace pour l'étude de l'évolution épiphyte de la bactérie sous divers climats, et pour sa détection dans les lots de semence (Rat *et al.* pratiquent le test sur groupes de 1 000 grains).

Hagedorn conseille le trempage des pois de semences dans l'hypochlorite de sodium à 1 ‰ (eau de Javel 12° du commerce diluée à 1/40), méthode tout à fait applicable à l'échelle du maraîcher.

Comme sur Haricot, on observe aux États-Unis une autre bactériose moins grave, à symptômes nécrotiques sur feuillage et sur tiges : les taches passent en 3 jours de l'aspect « graisseux » à l'aspect nécrotique. Elle est causée là aussi par le *Pseudomonas syringae* pv. *syringae*.

Sur Fève, on observe souvent des pustules noires, de 2 mm de diamètre, en léger relief sur les gousses. Leur origine reste mystérieuse, mais elles pourraient aussi résulter d'une infection bactérienne vite cicatrisée.

Champignons à pycnides sur Pois et Fève

Sur Pois ont été décrits trois « **Ascochyta** », dont l'un, qui ne produit que très rarement des spores bicellulaires est aujourd'hui devenu « Phoma ». Le tableau 16 résume leurs caractéristiques.

Tableau 16

Ascochyta et *Phoma* sur Pois

Forme pycnide	*Ascochyta pisi*	*Phoma medicaginis* var. *pinodella*	*Ascochyta pinodes*
Forme périthèce	inconnue	inconnue	Mycosphaerella pinodes
Taches sur feuilles et sur tiges	nécrotiques, beiges, à bordures foncées, nombreuses pycnides	dépassent rarement le stade « petits points noirs »	nécrotiques : petits points noirs pouvant s'agrandir en taches zonées foncées
Attaques à la base des tiges (nécrose noirâtre)	rares	prédominantes	fréquentes
Mode de perpétuation prédominant	semences infectées	semences infectées, chlamydospores dans les débris de culture	semences infectées, perithèces sur les débris, projections d'ascospores

(L'aspect des lésions d'*Ascochyta pisi* fait souvent donner à la maladie qu'il provoque le nom, impropre, d'Anthracnose du Pois — fig. 72).

A partir des foyers primaires issus de plantules provenant de graines infectées (surtout par *A. pisi*) ou ayant subi des contaminations à partir de débris ou d'ascospores (*M. pinodes*), *Ascochyta pisi* et *Mycosphaerella pinodes* sont propagés par les pluies (températures cardinales voisines de 10 °C-22 °C-32 °C pour les deux parasites). Le *Phoma* se borne le plus souvent à produire des lésions à la base des tiges.

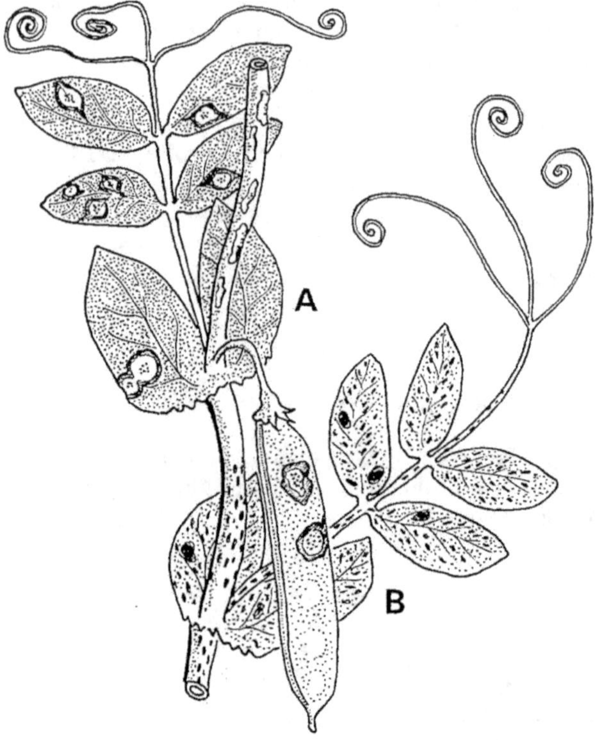

Figure 72. — Les Ascochytoses du Pois.
A : *Ascochyta pisi* (stipule et feuille du nœud supérieur, et gousse). Lésions marginées à centre plus clair, pycnides au centre des taches.
B : *Mycosphaerella pinodes* (stipules, feuille du nœud inférieur). Très nombreuses lésions punctiformes pouvant évoluer en taches sombres zonées.

La lutte contre ces trois parasites repose sur le traitement fongicide des semences (désinfection et protection des plantules) et, éventuellement sur les traitements fongicides en végétation.

Produisant aujourd'hui leurs semences dans les zones arides, les américains sont assez optimistes sur les produits efficaces en traitement de semences (thirame-captane).

En conditions européennes, il semble que, peut-être à cause de la plus grande fréquence des infections internes, un traitement plus pénétrant soit nécessaire. Le produit favori des auteurs anglais est actuellement le thiabendazole.

En végétation, deux traitements (floraison, puis 20 jours après) sont recommandés. On conseille en général un mélange d'un fongicide à large spectre (manèbe, folpel, chlorthalonil) plus un systémique (carbendazime ou, plus récemment, prochloraze).

Quatre races d'*Ascochyta pisi* ont été décrites en Hollande, leur nombre a été porté à sept par Cousin *et al.* (INRA-Versailles). « Gullivert » résiste à toutes les races, « Rondo » à six sur sept.

● **La Fève** est attaquée par *Ascochyta fabae*, homologue d'*A. pisi* pour son cycle de développement et les symptômes qu'il provoque. On peut conseiller les mêmes méthodes de lutte.

On ne connait pas de variétés résistantes parmi les fèves maraîchères à grosses graines. Par contre chez la Féverole, une lignée hautement résistante « 29 H » a été obtenue à l'INRA-Rennes.

● **La Septoriose du Pois** (*Septoria pisi*) est connue aux États-Unis et en Nouvelle Zélande. Elle produit des taches jaunes mal définies, ponctuées de pycnides, sur le feuillage adulte ou sénescent. Elle peut se perpétuer sur les semences ou les débris de culture. Son développement est optimum par temps pluvieux entre 20 °C et 27 °C. Son importance est mineure.

III. Maladies diverses du feuillage

Oïdium du Pois

Provoqué par *Erysiphe polygoni* f. sp. *pisi*, c'est la maladie foliaire la plus importante du Pois en climat méditerranéen. Il peut provoquer le dessèchement prématuré du feuillage, un échaudage des pois secs, ou la perte des dernières récoltes de pois grimpants : il attaque tous les organes, tiges, stipules, feuilles et gousses.

Les températures cardinales pour son développement sont : 16 °C-23 °C-28 °C. De façon assez exceptionnelle pour un oïdium, il est signalé comme transmissible par la semence.

Deux gènes récessifs de résistance sont disponibles : **er** qui protège tous les organes, et **er 2** qui protège les feuilles et les stipules, mais non les tiges. Des souches d'oïdium surmontant **er** ont été signalées, mais ne semblent pas se généraliser. Parmi les variétés cultivées en France on peut citer « Erygel », « Surgevil » et « Trianon » (obtention INRA) comme résistantes.

Autres maladies foliaires du Pois

Elles sont nombreuses, mais d'importance mineure.

● **L'Anthracnose** proprement dite, provoquée par *Colletotrichum pisi* n'apparaît que sporadiquement (États-Unis et Canada, Japon, parfois en Europe). Suivant les cas elle est considérée comme un parasite primaire (taches grises 2-8 mm à marge brune sur les feuilles, lésions creuses rougeâtres sur les gousses, allongées et rougeâtres sur les tiges, abondante sporulation), ou comme un envahisseur secondaire agrandissant les taches d'*Ascochyta*.

● **La Cladosporiose** (*Cladosporium pisicolum*) ou « scab » semble stricte-ment américaine. Les lésions peuvent apparaître sur tous les organes, recou-vertes d'un velouté gris verdâtre, leur marge devient noire en fin d'évolution, leur centre se nécrose.

● **La Tavelure** du Pois (nous lui donnons ce nom, car elle est provoquée par un *Fusicladium*), américaine elle aussi, n'attaque que les feuilles. Les lésions sont allongées et délimitées par les nervures, et se recouvrent d'un velouté conidien marron.

● Deux **Cercospora** ont été décrits aux États-Unis sur Pois : *Cercospora lathyrina* et *C. pisi-sativae*.

● Un certain nombre de **Rouilles** ont été signalées sur Pois, les unes hétéroïques, comme *Uromyces pisi* et *Uromyces viciae-craccae*, dont le stade écidien se développe sur Euphorbes, les autres autoïques, comme *U. viciae fabae*, la Rouille de la Fève, qui peut aussi attaquer le pois.

Les attaques de Rouilles sur Pois sont rares et de peu d'importance, observées seulement en fin de végétation.

Maladies foliaires de la Fève (fig. 73)

La principale — avec l'*Ascochyta* signalée ci-dessus — est provoquée par un *Botrytis* spécialisé à la Fève *. Alors que les spores de *B. cinerea* germant

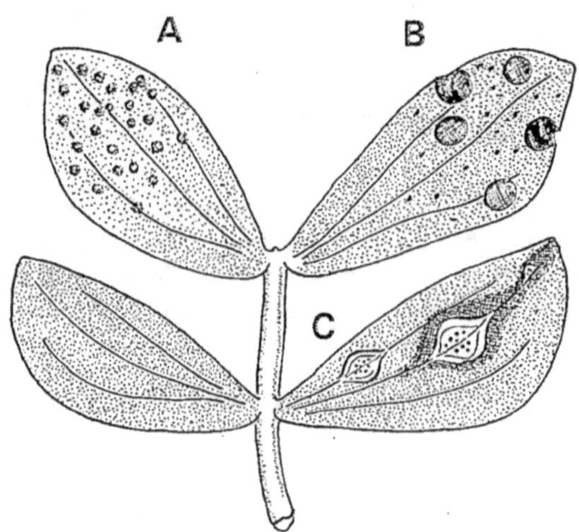

Figure 73. — Maladies foliaires de la Fève.
A : La Rouille (pustules fauves).
B : *Botrytis fabae* : lésions punctiformes dont certaines s'élargissent en « taches chocolat ».
C : *Ascochyta fabae* (évolution de certaines taches en « coulure »).

---

* Moins sensible que *B. cinerea* à la **wyerone**, phytoalexine de la Fève.

à la surface des feuilles de Fève ne provoquent que des lésions noires punctiformes, les lésions de *Botrytis fabae*, après un stade initial analogue peuvent s'élargir et devenir des « taches chocolat » de 3 à 5 mm de diamètre, de coloration uniforme, avec une marge très bien délimitée. Favorisées par des températures de l'ordre de 8 °C à 18 °C, les attaques de *B. fabae* peuvent se montrer destructrices aussi bien sous climat méditerranéen que tempéré.

En l'absence de géniteurs de résistance de haut niveau aussi bien pour l'*Ascochyta* que pour le *Botrytis*, des chercheurs européens et égyptiens pratiquent en collaboration une sélection récurrente, à partir de croisements complexes, pour élever le niveau de tolérance à l'*Ascochyta* et au *Botrytis* chez la Fève à petits grains (une des bases de l'alimentation en Égypte). Nous avons cité ci-dessus la lignée « 29 H » pour sa résistance à l'*Ascochyta*, une lignée « 938 » hautement résistante à *Botrytis fabae* a été obtenue en Égypte.

Cercospora fabae provoque sur folioles de grandes taches zonées. Les attaques de *Rouille* peuvent devenir importantes en fin de végétation.

IV. Attaques de *Sclerotinia* et de *Botrytis* sur Pois

L'importante masse végétale, éventuellement aplatie par des pluies violentes, que constituent les cultures de pois non palissées à usage industriel est une proie toute indiquée pour les attaques de *S. sclerotiorum* et *B. cinerea*. On se reportera aux indications données pour le Haricot. Les programmes de traitements proposés pour les Pois industriels visent à être efficaces en particulier à l'égard du *Botrytis* : choix du chlorthalonil comme fongicide à large spectre, addition de vinchlozoline ou de procymidione.

V. Maladies à virus de la Fève et du Pois

Un certain nombre de virus — les plus graves — sont communs aux deux plantes, d'autres spécifiques de l'une ou de l'autre. Les légumineuses fourragères ou prairiales jouent souvent le rôle de réservoirs.

Les virus transmis par pucerons ont pour vecteur privilégié *Acyrtosiphon pisum*, le puceron vert du Pois (et de la Fève), qui hiverne sur légumineuses fourragères et spontanées. Adapté comme ses hôtes à se développer à des températures à peine supérieures à 10 °C, il circule sous forme ailée plus tôt en saison que *Myzus persicae* ou *Aphis gossypii*, ce qui rend les épidémies des virus qu'il transmet d'autant plus redoutables.

Potyvirus

De la même façon que sur le Haricot on observe sur Pois deux potyvirus d'épidémiologie très différente :

○ **La Mosaïque transmise par la semence** ou « *Pea seed borne mosaic* » n'a fait son apparition que très récemment. Spécifique des *Pisum*, elle n'attaque pas d'autre légumineuse *. Introduite (on ne sait d'où : peut être des Indes) aux États-Unis avec des variétés exotiques destinées à élargir le « germoplasme » des sélectionneurs, elle a maintenant envahi l'Europe. Elle provoque sur les plantes une mosaïque peu nette, accompagnée d'une diminution de largeur des folioles avec tendance filiforme. La taille et la ramification des plantes sont réduites : c'est le symptôme « *pea fizzle top* ». La transmission par la semence peut aller jusqu'à 30 % pour les plantes infectées précocement. Les plantes infectées après floraison ne transmettent pas.

Les gousses des plantes infectées sont mal remplies, les pois sont de taille irrégulière, souvent leurs téguments éclatent.

Les grains les plus petits et ceux dont les téguments sont éclatés transmettent en plus forte proportion, mais on ne peut pas compter sur un tri basé sur ces critères pour purifier les lots de semences.

Le contrôle de ceux-ci peut être réalisé en appliquant la méthode ELISA à des groupes de 50 à 60 embryons extraits des grains à tester.

Un certain nombre de gènes récessifs de résistance (avec des interactions gènes — souches de virus) ont été extraits de variétés indiennes : série sbm_1 à sbm_4.

○ **La « Mosaïque du Pois »** n'est qu'une souche de la **Mosaïque jaune du Haricot**, avec la même variété d'hôtes légumineuses fourragères et sauvages. Le BYMV attaque également la Fève, sur laquelle il provoque des symptômes de mosaïque faible.

Sur Pois, suivant les souches de virus, on observe une mosaïque jaune plane, ou une nécrose apicale.

Un gène récessif **mo** de résistance est connu depuis les années 60 chez le Pois. Incorporé à toutes les variétés américaines commerciales, il a fait disparaître le problème aux États-Unis. Il existe encore, au contraire, de nombreuses variétés sensibles en Europe. Le même gène **mo** induit chez le Pois la résistance à la Mosaïque de la Pastèque-2 (WMV2) dont il est un des hôtes légumineuses.

En inoculation artificielle il protège aussi le Pois de la « sharka » des *Prunus*.

Autres virus transmis par pucerons
selon le mode non persistant

Deux **carlavirus** ** attaquent le Pois aux États-Unis, le *Pea streak virus*, provoquant une **striure nécrotique**, dont le réservoir est la Luzerne, et le *Red*

---

* Il semble qu'il existe des souches « Fève » et des souches « Lentille » de ce virus.

** Groupe de virus dont le type est le Virus latent de l'Œillet (**Carnation latent virus**). Nous retrouverons des carlavirus latents chez les *Allium*. Particules sinueuses 650 nm (un peu plus courtes que celles des potyvirus) — RNA unique simple brin⁺. Absence des inclusions de type « pinwtell » caractéristiques des potyvirus.

clover vein mosaic virus, agent du « **Nanisme du pois** » (*pea stunt*), se manifestant soit par la mort des jeunes plantes, soit par leur survie sous forme de rosette aux entrenœuds raccourcis (réservoir : Trèfle violet).

Un autre « streak » du pois peut être provoqué par la **Mosaïque de la Luzerne** (voir chapitre « Solanées »).

Un « *broad bean wilt* », encore mal connu, transmis par *Myzus persicae* (expérimentalement) provoque une nécrose apicale chez la Fève.

Souvent signalée sur Pois la Mosaïque du Concombre y est en réalité peu importante.

Virus transmis par pucerons selon le mode persistant

Ce sont les virus les plus graves du Pois et de la Fève, présents dans le monde entier. Contrairement aux précédents, on peut espérer freiner leur propagation par traitements insecticides (v. « Lutte contre les virus et mycoplasmes », chapitre II). On conseille 2 traitements avec un systémique avant floraison.

• **La Jaunisse apicale du Pois** (*Pea leaf roll virus*) est un **Luteovirus** qui attaque le Pois et la Fève : l'extrémité de la plante s'arrête de croître et prend une teinte jaune, la chlorose progresse de haut en bas et la nouaison ou le grossissement des gousses sont arrêtés.

Sous alimentées du fait du mauvais fonctionnement du phloème, les racines et la base de la tige deviennent plus sensibles aux *Fusarium solani* et *roseum*.

Le réservoir naturel de ce virus est la Luzerne. C'est le virus le plus fréquent sur Pois dans le Midi de la France.

La résistance à la jaunisse apicale du Pois est liée à un gène récessif **lr**.

• **La Mosaïque - énation du Pois** * attaque elle aussi le Pois et la Fève. Ses symptômes sont très particuliers. Le PEMV (*pea enation mosaic virus*) provoque tout d'abord un éclaircissement des nervures, puis une distorsion des organes en voie de croissance, accompagnée de l'apparition de taches translucides le long des nervures, et d'excroissances en forme de lames (les « énations ») sous les stipules et folioles. Ce virus est lui aussi lié au phloème. Les symptômes sont analogues, mais moins accusés, chez la Fève.

Les réservoirs de virus sont le Trèfle des prés, le Trèfle hybride (sans symptômes), le Trèfle incarnat qui présente des symptômes, la Luzerne, le Mélilot. Le Pois de senteur est très sensible à ce virus, qui domine dans le Nord de la France. Un gène dominant de résistance **En** est disponible chez le Pois (tolérance avec symptômes faibles).

---

* Ce virus forme un groupe à lui tout seul : « Penamovirus » : particules 28 nm, génome bipartite, RNA$^+$.

Virus transmis par coléoptères

Ils sont importants chez la Fève (transmis par *Apion vorax* et *Sitona* spp.). On a décrit deux **comovirus** : le « *Broad bean stain* » qui, en plus d'une mosaïque sur le feuillage provoque sur les graines des dessins sinueux brun clair-brun foncé, et la « *Broad bean true mosaic* », dont les symptômes sont seulement foliaires. Ces deux virus sont transmis par les semences.

Virus transmis par le sol

Une souche du *Tobacco rattle virus*, transmise par nématodes (*Trichodorus* spp.) provoque en Hollande le symptôme « *pea early browning* » (brunissement précoce du pois).

VI. Symptômes non parasitaires

Les **dégâts de gel** sur Pois sont d'autant plus graves que les plantes sont plus âgées, et moins endurcies préalablement par des gels légers. Ils peuvent entraîner, sur jeunes plantes, la mort du bourgeon terminal, suivi du départ d'axillaires à la base de la plante, donnant des tiges à floraison et récolte plus tardives. Les gels tardifs provoquent des nécroses internervaires et des lésions blanchâtres sur les gousses.

Une **nécrose marginale des feuilles**, succédant à l'apparition de zones gorgées d'eau (anglais : *water congestion*) semble de même nature que la nécrose marginale de la laitue. La chaleur et l'humidité (air et sol) prédisposent les plantes à l'apparition de ce symptôme.

Le Pois est sensible à diverses carences minérales et aux dégâts d'ozone et d'oxyde d'azote (« *smog* »), réagissant à ces facteurs, ainsi qu'au gaz sulfureux, par des nécroses blanchâtres.

La Fève réagit par noircissement localisé ou généralisé à de nombreux facteurs défavorables, la cause de ces noircissements est souvent difficile à élucider.

Les taches nécrotiques internes sur cotylédon (anglais « *marsh spot* »), attribuées à la carence en manganèse sur les plantes-mères se retrouvent chez le Pois comme chez le Haricot.

Signalons enfin que, dans les pays méditerranéens, les Fèves peuvent subir de très importants dégâts dus à l'Orobanche (plante parasite — v. chapitre Tomate p. 161) la lignée « Giza 402 » obtenue en Égypte se montre très peu attaquée.

Bibliographie

La plupart des informations contenues dans ce chapitre dérivent de la monographie suivante :

HAGEDORN D.J., 1984. — *Compendium of pea diseases.* Int. phytopathol. society. St Paul Minnesota. 57 p. grand format illustr.

à laquelle nous rajouterons quelques références francophones :

ALLARD C., 1970. — Recherches sur la biologie du Mildiou du Pois. *Ann. Phytopathol.*, **2**, 87-115.

ALLARD C., BILL L., ROBIN Ph., 1988. — Le Mildiou du Pois (*Peronospora pisi*). Infections et symptômes. *Annales ANPP* — 2ᵉ Conférence internat. Malad. Plantes. Bordeaux, nov. 1988, 999-1004.

CORS F., MEEUS P., LEPOIVRE P., REILAND G., 1988. — La protection fongicide du pois protéagineux en Belgique. *Ann. ANPP.* 2ᵉ Conf. internat. Malad. Plantes. Bordeaux, nov. 1988, 967-974.

COUSIN R., 1977. — Pour choisir parmi 200 variétés de pois. *Semences Prog.*, **14**, juill.-sept. 77.

ESCHENBRENNER P., 1986. — Les Maladies du Pois. *Phytoma — Défense des cultures*, **374**, 21-23.

MAUFRAS J.Y., ESCHENBRENNER P., GRONDEAU C., 1988. — Lutte contre le mildiou (*Peronospora pisi*) du pois protéagineux par traitement de semences. *Ann. ANPP.* 2ᵉ Conf. internat. Malad. Plantes. Bordeaux, nov. 1988, 959-966.

MAURIN N., 1989. — *Biologie* d'Ascochyta fabae *et étude des relations hôte-parasite en vue de l'appréciation de la résistance de la féverole à l'anthracnose.* Thèse-Univ. Rennes 1.

MAURY Y. *et al.*, 1987. — Factors influencing ELISA evaluation of transmission of pea seed borne mosaic virus in infected pea seeds. *Agronomie*, 7, 225-230.

SAMSON R., MAUFRAS Y., POUTIER F., RAT B., GAIGNARD J.L., 1988. — Nouvelles données épidémiologiques sur la graisse bactérienne du Pois protéagineux. *Ann. ANPP.* 2ᵉ Conf. internat. Malad. Plantes. Bordeaux, nov. 1988, 943-949.

RAT B., SCHMIT J., SAMSON R., CHAUVEAU J.F., 1988. — La graisse bactérienne du Pois protéagineux. Situation actuelle et perspectives. *Ann. ANPP.* 2ᵉ Conférence internat. Malad. Plantes. Bordeaux, nov. 1988, 935-942.

VII

MALADIES DU CÉLERI ET DU PERSIL

Trois types principaux de Céleri peuvent être cultivés : le « Céleri à couper », plante peu évoluée, à pétioles minces et creux, qui peut se révéler intéressant en conditions de culture difficiles (ex. : climats tropicaux humides), le « Céleri à côtes » (*Apium graveoleus* var. *dulce*) et le « Céleri-rave » (*A. graveoleus* var. *rapaceum*). C'est sur le céleri à côtes que les références sont les plus nombreuses, le céleri-rave étant peu connu dans les pays anglo-saxons.

Le Céleri est, après le Ginseng, un des végétaux les plus riches en oligo-éléments. On ne doit donc pas s'étonner que cette culture ait besoin de sols équilibrés, bien pourvus en éléments minéraux et en matière organique.

Le Persil (*Petroselinum sativum*, mais Linné l'appelait *Apium petroselinum*) est une plante très proche du Céleri, avec lequel il est hybridable ; ses maladies sont surtout foliaires et souvent analogues à celles du Céleri.

I. Maladies provoquées par des parasites telluriques

Les graines de Persil, et plus encore celles, très petites, de Céleri mettent très longtemps à germer. Les dégâts de **fontes de semis** ne sont pas cependant aussi fréquents que l'on pourrait s'y attendre. Les dégâts peuvent être graves dans certains milieux, en particulier en Floride (sols décalcifiés, semis en conditions chaudes et humides). Plutôt que la fumigation, les producteurs de Floride pratiquent surtout une inondation de leurs futures planches à semis sous 10 à 15 cm d'eau avant leur préparation, pendant 60 jours. Cette pratique, jumelée avec un chaulage élevant le pH jusqu'à 7,5 diminue les dégâts de *Rhizoctonia* et de *Fusarium*.

Nécroses de racines

Les causes de nécroses rougeâtres ou « Rouille » des racines de céleri peuvent être multiples : aux États-Unis, on incrimine surtout des nématodes, les uns « endoparasites migrateurs » (*Pratylenchus hamatus*, *P. penetrans*), les autres ectoparasites (*Belonolaimus gracilis, Dolichodorus heterocephalus*), avec des « seuils de nocivité » compris entre 1 000 et 10 000 individus par dm^3 de sol.

En France, la « Rouille des racines » a été une des premières occasions de mise en pratique des méthodes d'étude de la « **fatigue des sols** » préconisées par Bouhot. A partir de sols de Bourgogne où se manifestaient des nécroses de racines, accompagnées de jaunissement et dépérissement des jeunes plantes, a été mise en évidence une interaction « abondance dans le sol de *Fusarium oxysporum* — insuffisance en matière organique ». Les symptômes sont relativement spécifiques du Céleri, puisque les sols en question ne manifestent pas de « fatigue » particulière pour le Chou-fleur, la Scarole ou même le Persil. Bouhot ne semble cependant pas juger nécessaire de créer une « f. sp. *radicis apii* » de *F. oxysporum*.

Dans la pratique agricole, les traitements du sol au bromure de méthyle améliorent la situation, mais pas autant que des apports de l'ordre de 20 t/ha de matière organique demi-sèche bien décomposée (terreau horticole ou humus industriel).

Un symptôme analogue apparu en Lorraine dans des sols bien pourvus en matière organique a révélé, avec le même type d'analyse, une interaction *F. oxysporum* — nutrition minérale.

Fusariose vasculaire du Céleri

Elle est provoquée par *Fusarium oxysporum* f. sp. *apii*, dont l'optimum de virulence se situe vers 28 °C-30 °C, mais qui peut encore se montrer nuisible à 20 °C, avec des durées d'incubation deux fois plus longues (un mois, au lieu de 15 jours, de la contamination à l'apparition des symptômes). Les sols de pH inférieurs à 7 sont plus favorables à l'expression de la maladie. Les symptômes décrits aux États-Unis, où la maladie est connue depuis 1906, sont variables suivant les souches et les régions : « jaunisse » souvent unilatérale débutant par les feuilles les plus âgées, ou au contraire jaunisse accompagnée d'épinastie débutant par les jeunes feuilles, ou enfin flétrissement sans jaunisse préalable.

La maladie, en France, ne s'est d'abord manifestée que sur la Côte d'Azur où l'on observait dans les années 60 quelques cas isolés. En 1976, la maladie s'est déclarée dans le Val de Loire, à la suite d'un été exceptionnellement chaud avec des symptômes de jaunisse débutant par les nervures, et de brunissement vasculaire (fig. 74).

Les méthodes de lutte conseillées aux États-Unis sont :

— la rotation des cultures (4 ans) — méthode en contradiction avec la notion de « sols à céleri », favorables à cette culture par leur richesse en oligo-éléments et en matière organique ;

— l'inondation des sols pendant au moins 2 mois et l'élévation de leur pH à 7,5 (mais attention aux carences induites !) ;

— la désinfection des sols au bromure de méthyle.

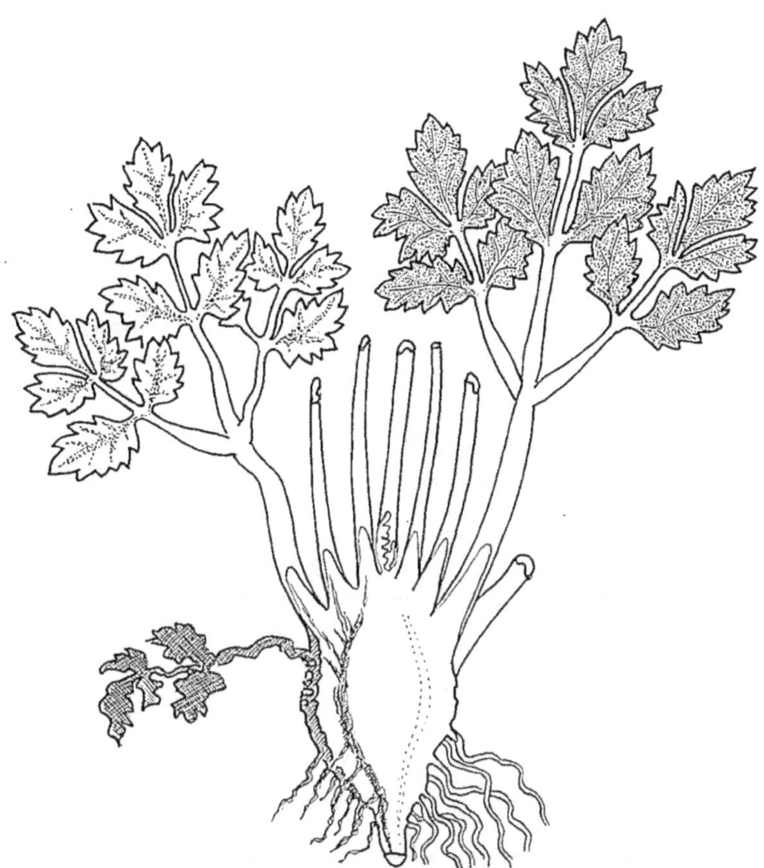

Figure 74. — Fusariose vasculaire du Céleri : vue en coupe d'une plante atteinte de façon unilatérale (schématique d'après photos et description de Sherf et Mac Nab).

La fusariose du Céleri frappe avant tout les variétés « dorées » (en anglais « *self blanching* »). Dans les zones contaminées des États-Unis, l'usage de variétés vertes dérivées de « Tall Utah 52-70 » a fait disparaître le problème jusqu'en 1978 en Californie, et plus récemment dans le Michigan, où une « race 2 » de *F. oxy* f. sp. *apii* attaquant les céleris verts a fait son apparition.

La sélection a repris, débutant par la recherche de géniteurs de résistance, dont la plupart se rencontrent chez des céléris-raves de type « Prague » ou « Alabaster ». L'hérédité de la résistance a été étudiée : un gène dominant, plus un (ou plusieurs ?) gène(s) modificateur(s) à hérédité intermédiaire. L'Université de Michigan propose en 1988 « Pilgrim » (hautement résistant) et « MSU 7470 » (très hautement résistant).

Les souches isolées en France appartiennent à la race 1. Bouhot et Olivier signalent la résistance d'impuretés variétales de type « vert » au milieu de plantes « dorées » atteintes par la maladie.

Autres dégâts dus à des champignons du sol

Rhizoctonia solani provoque sur Céleri-côte des lésions rougeâtres d'abord de petite taille, circulaires, puis allongées et déprimées (« *crater-rot* »), sur les pétioles extérieurs, au point de contact avec le sol. Elles peuvent atteindre 3 cm de long à partir de la lésion initiale.

On conseille la culture en planches surélevées (pour éviter que la surface du sol reste humide trop longtemps après pluie ou arrosages).

Sclerotinia sclerotiorum (forme à gros sclérotes) est tout particulièrement redoutable sur le Céleri, qu'il peut attaquer à tous les stades, provoquant des mortalités de jeunes plantes, des pourritures de pétioles, puis de pieds entiers sur céleris proches de la récolte, et des pourritures de céleris-raves débutant par le collet.

On préconise aux États-Unis, où le *Sclerotinia* était la principale cause de perte de céleris dans les années 20, des rotations avec des plantes peu sensibles (graminées, *Allium*, épinard), l'enlèvement ou le brûlage des déchets des cultures précédentes, le labour profond, l'inondation pendant 30 à 60 jours. La cyanamide calcique à 400 kg/ha serait partiellement efficace.

Les attaques sont trop irrégulières pour que l'on préconise des traitements préventifs systématiques, comme vis-à-vis du *S. minor* sur laitues, mais on peut imaginer des « traitements d'arrêt » avec des fongicides appartenant aux benzimidazoles ou aux dicarboximides, dès l'observation des premières attaques.

Nématodes à galles

Le Céleri et le Persil sont des hôtes très favorables au développement des *Meloidogyne*, qu'il s'agisse des *M. incognita, arenaria, javanica* adaptés aux conditions chaudes, ou de *M. hapla*, plus tolérant au froid. On peut observer, non seulement une baisse de vigueur des plantes, mais aussi, à la suite de la pourriture des galles, des flétrissements définitifs.

C'est la principale cause de mortalité du Persil en conditions tropicales, où cette plante est potentiellement vivace du fait qu'elle n'y monte pas à graine.

II. Maladies bactériennes

Deux **maladies foliaires** d'origine bactérienne ont été décrites sur Céleri aux États-Unis, l'une avec un optimum de virulence à 20 °C, *Pseudomonas syringae* pv. *apii*, surtout important dans le Nord, l'autre sévissant à plus haute température (29 °C) et surtout redoutée en Floride, *Pseudomonas cichorii*.

Les symptômes des deux maladies sont similaires : taches d'abord jaune vif, puis nécrotiques en leur centre avec un halo jaune, pouvant atteindre 5 mm de diamètre.

On préconise, surtout en Floride, des traitements bactéricides réguliers (cuivre + fongicides organiques), avec une cadence pouvant aller jusqu'à deux fois par semaine en conditions favorables à la maladie. La streptomycine, qui avait d'abord permis d'espacer ces traitements, s'est rapidement révélée inefficace, du fait de la résistance acquise de *P. cichorii* à cet antibiotique.

Des **pourritures bactériennes** dues à des *Erwinia carotovora* [*] sont redoutées dans le monde entier sur Céleri et Céleri-rave. Elles peuvent avoir pour point de départ des dégâts de *Rhizoctonia solani*, des nécroses d'origine physiologique, ou des morsures d'insectes. La pourriture a pour point de départ les pétioles, et se propage rapidement jusqu'aux feuilles du cœur des céleris-côtes ou au tubercule du céleri-rave. La température optimum de développement de ces pourritures est de l'ordre de 30 °C. Il est essentiel de réduire les possibilités d'invasion par cette bactérie en visant ses « portes d'entrée » : éviter les attaques de Rhizoctone, lutter contre les insectes, et en particulier contre la Mouche du Céleri.

III. Maladies cryptogamiques du feuillage, pouvant également concerner le collet des plantes

Certaines d'entre elles provoquent des dégâts avant tout foliaires (*Septoria, Cercospora*). D'autres, qui ne sont sur feuillage que d'importance négligeable peuvent, au même titre que *Phoma betae* sur Betterave ou *Phoma lingam* sur chou, provoquer de graves pourritures du collet.

Septoriose et Cercosporiose

Ce sont les deux maladies foliaires majeures du Céleri et du Persil, provoquées respectivement sur chaque hôte par :
— *Septoria apiicola* et *Cercospora apii* sur **Céleri**,
— *Septoria petroselini* et *Cercospora petroselini* sur **Persil**.
Les taches de *Cercospora* sont gris clair, avec des marges bien délimitées.
Chez le Céleri, elles peuvent atteindre plus de 1 cm de diamètre. Celles de *Septoria* sont d'un brun plus foncé, on peut y distinguer des pycnides le plus souvent présentes, non seulement au centre de la tache, mais aussi sur le tissu vert qui l'entoure. On observe aussi des pycnides sur les pétioles. Plus rarement les taches sont nécrotiques, gris clair, avec une marge brune, et des

---

[*] Ainsi qu'à *Pseudomonas marginalis* pv. *marginalis*, en Italie.

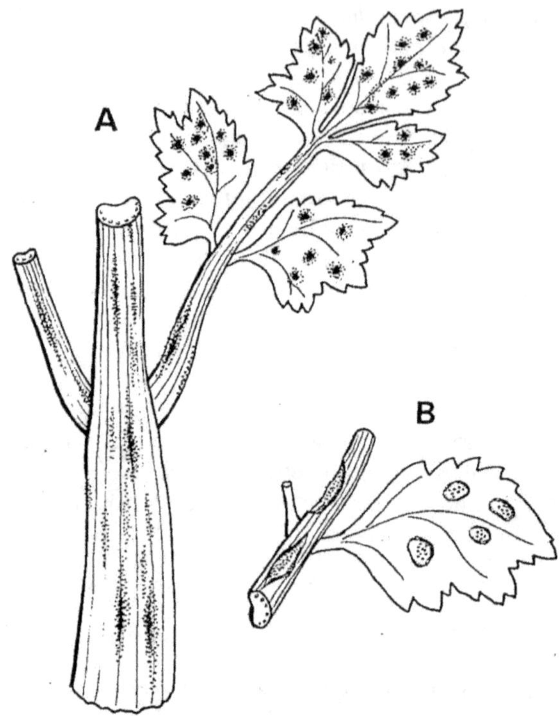

Figure 75. — Septoriose du Céleri (*Septoria apiicola*).
A : Aspect le plus fréquent, pycnides sur le tissu encore vert (type « *S. apii graveolentis* »).
B : Symptôme de type « *S.apii* », pycnides apparaissant sur le tissu nécrosé.

pycnides en leur centre (fig. 75). C'est ce symptôme qui est le plus fréquent sur Persil.

Cercospora apii est adapté à des températures comprises entre 25 °C et 30 °C. La sporulation a lieu la nuit quand l'humidité de l'air est à 100 %. Ces conditions sont rarement réalisées en Europe. Cette Cercosporiose est surtout redoutée au Sud-Est des États-Unis et en conditions tropicales humides.

Les températures cardinales de *Septoria apiicola* sont 10 °C-**20 °C**-29 °C. C'est la maladie foliaire prédominante du Céleri en Europe, ainsi que *S. petroselini* sur Persil.

Les conditions de dissémination des *Cercospora* et *Septoria* sur Céleri et Persil sont bien différentes :

— les conidies de *Cercospora* sont disséminées par les courants d'air et germent à la surface des feuilles à la faveur de la rosée ou de légères pluies, la pénétration est stomatique ;

— celles de *Septoria*, ou « pycnospores », produites en masses visqueuses, enrobées de « gelée sporifère » sont disséminées par la pluie rejaillissante, ou par le cultivateur circulant parmi les plantes mouillées de pluie ou de rosée.

La germination et la pénétration exigent plus de 90 % d'humidité pendant 2 jours, ou l'humectation des feuilles pendant 24 h.

Les deux champignons peuvent être transmis par les semences : *Cercospora* sous forme mycélienne, *Septoria* sous forme de pycnides à la surface des graines. Ils peuvent aussi se conserver sur les résidus de culture, et sur les repousses de Céleri ou de Persil dans les zones non gélives *.

L'infection des plantules, que ce soit par l'inoculum porté par les semences, ou à partir des débris, est discrète au début et passerait, pour le *Septoria*, par une phase racinaire.

Même quand la contamination initiale est précoce, les dégâts peuvent ne débuter qu'après le repiquage.

• Méthodes de lutte

Nous insisterons surtout sur celles qui concernent les *Septoria*, plus importants en Europe, durant la belle saison en climat océanique, en automne ou au cours des printemps pluvieux sous climat méditerranéen.

On évitera au maximum la perpétuation par les débris de culture, en pratiquant l'élimination des résidus de Céleri ou de Persil et une rotation de 2 ans des parcelles de culture.

L'usage de graines désinfectées ou, mieux encore saines, est également essentiel. Les lots de semences suspects peuvent être facilement repérés par examen des graines à la loupe binoculaire **. La seule présence de pycnides ne veut pas dire que celles-ci soient viables... Les lots de graines âgés de plus de 2 ans (utilisables à condition que leur faculté germinative persiste) ne portent plus que des pycnides mortes.

Si l'on ne dispose pas de graines indemnes, on peut éliminer l'infection par trempage pendant 24 h à 30 °C dans une suspension de thirame à 0,2 %, ou débuter dès la pépinière les traitements fongicides conseillés ci-dessous.

La lutte contre la Septoriose du Céleri par traitements en végétation était difficile quand on ne disposait que de fongicides non systémiques (produits cupriques, dithiocarbamates, phtalimides). La cadence de traitements conseillée était quasi-hebdomadaire.

Le thiabendazole, le bénomyl et les produits voisins ont rendu la lutte beaucoup plus facile, avec des cadences de traitement de 14 jours, et la possibilité de juguler des épidémies débutantes.

Septoria apiicola, comme pouvait le laisser prévoir son appartenance probable aux Dothidéacées (ex-Mycosphaerellacées) est devenu malheureusement résistant aux benzimidazoles.

---

* Les « cadences infernales » de traitement pratiquées sur Céleri en Floride sont rendues nécessaires par la présence de Céleris tout au long de l'année ; le *Septoria* domine pendant l'hiver, le *Cercospora* l'été.

** Nous avons pratiqué cet examen pendant les années 60 sur les lots commerciaux proposés aux producteurs de persil de Chateaurenard. Les firmes commerciales ont été par la suite capables de leur proposer des graines de persil exemptes de pycnides.

Des expériences récentes ont montré l'intérêt, en traitements réalisés jusqu'à 3 ou 4 jours après contamination des matières actives suivantes : chlorothalonil, propiconazole, fenpropimorphe. Les mélanges commerciaux « propiconazole + carbendazime + chlorothalonil », et « fenpropimorphe + chlorothalonil » se sont révélés particulièrement intéressants.

Les graphiques de la figure 76 indiquent de quelle façon un maraîcher de pointe ou un groupement de producteurs peuvent organiser rationnellement la lutte contre la Septoriose du Céleri.

Aux États-Unis, la résistance au bénomyl a été signalée aussi pour *Cercospora apii*.

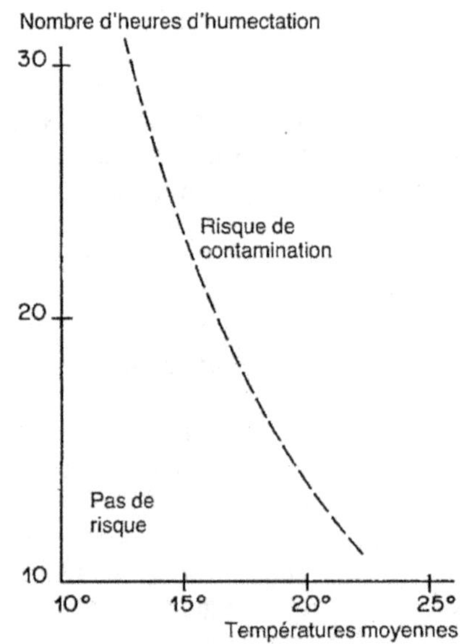

Figure 76. — Prévision des attaques et décisions de traitement contre la Septoriose du Céleri (d'après Grill, 1988).

A partir d'une période à « risque de contamination » on compte :
    0,5 unité par jour à t° moyenne inférieure à 10 °C,
    1   unité par jour à t° moyenne entre 10 °C et 20 °C,
    2   unités par jour à t° moyenne entre 20 °C et 23 °C,
    1   unité par jour à t° moyenne supérieure à 23 °C.
Les taches apparaissent quand on a totalisé 20 unités.
On peut pratiquer des traitements :
— préventifs,
— curatifs (jusqu'à 3 à 4 jours après contamination),
— antisporulants (quand on a totalisé 17 à 19 unités).

● Sensibilités variétales

Il n'existe pas actuellement de variétés commerciales de Céleri ou de Persil totalement résistantes à la Septoriose ou à la Cercosporiose.

On signale aux États-Unis « Emerson Pascal » comme tolérant aux deux maladies.

Autres maladies des feuilles et des pétioles

Le Mildiou (*Plasmopara crustosa*) a été signalé sur Céleri, mais beaucoup moins souvent que sur Carotte. L'Oïdium des Ombellifères (*Erysiphe heraclei*) peut attaquer le Persil.

Une souche « Persil » de *Cercosporidium punctum* (parasite du Fenouil — v. p. 341) a été signalée en Italie.

On observe parfois des Rouilles sur Céleri et Persil (*Puccinia apii, Puccinia petroselini*), produisant sur ces hôtes urédospores et téleutospores.

Un champignon ressemblant à un *F. oxysporum* par ses microconidies et ses chlamydospores, mais ne produisant pas de macroconidies a été signalé sur Céleri aux États-Unis et en Angleterre. Il est appelé *Cephalosporium apii* ou *Acremonium apii*. Il produit des lésions beiges superficielles sur les côtes de céleri, qui parfois fusionnent sur toute la longueur du pétiole. La température optimum pour sa virulence est 24 °C, mais des attaques peuvent se produire dès 13 °C. L'inoculum initial provient sans doute du sol (chlamydospores). Toutes les conditions de sol ou de milieu qui affaiblissent la plante (carences, acidité, humidité excessive du sol) favorisent ce champignon considéré comme parasite de faiblesse.

Parasites du feuillage sénescent, pouvant provoquer des pourritures du collet

Phoma apiicola, Mycocentrospora acerina et *Stemphylium radicinum* sont tous trois capables de provoquer des taches sur les feuilles sénescentes de céleri et, à partir de là, d'envahir la base des pétioles puis le collet des plantes.

Nous avons déjà décrit **S. radicinum** comme parasite de la Carotte, il est tout particulièrement à craindre chez le Céleri-rave, sur lequel il peut provoquer, comme chez la Carotte, des fontes de semis (à partir de semences contaminées) et des pourritures du tubercule débutant par le collet, d'aspect noirâtre, relativement superficielles, mais affectant la croissance des plantes et empêchant une croissance normale du tubercule.

Phoma apiicola attaque aussi bien les Céleris-côtes que les Céleris-raves. Il est lui aussi transmis par la semence, et justiciable du même traitement eau chaude + thirame que le *Septoria*.

Les lésions au collet sont beige clair, puis brun foncé, et apparaissent finalement noires et craquelées. Elles provoquent le flétrissement des céleris-côtes, ou leur développement dissymétrique, et des pourritures noires des céleris-raves débutant par leur partie supérieure.

L'optimum thermique de *Phoma apiicola* se situe à 17 °C. Même à cette température, la germination des pycnospores est lente (une cinquantaine d'heures).

Dans la pratique, la lutte contre *Phoma apiicola* se confondra avec celle que l'on applique à la Septoriose, en particulier avec le Cholothalonil, tout spécialement recommandé sur Céleri-rave.

C'est du sol que provient l'inoculum de *Mycocentrospora acerina*, dont les lésions sur pétioles de céleri-côte ou sur céleris-raves apparaissent surtout après 50 à 60 jours de conservation au froid. Les lésions sont d'abord beiges, puis tournent au noir-verdâtre, par suite de l'accumulation des chlamydospores. Sur pétioles de céleri les taches sont de forme allongée, suivant les espaces internervaires.

L'optimum de développement de *M. acerina* se situe vers 11 °C-16 °C, il sera particulièrement redoutable dans l'Europe du Nord. En chambre froide, il se développe encore activement à 3 °C. On appliquera donc à la conservation de longue durée des Céleris-raves les mêmes principes que pour la Carotte : séjour de cicatrisation d'une semaine en atmosphère humide aux environs de 20 °C *, conservation ultérieure à une température proche de 0 °C, qui ralentira au maximum la progression des divers parasites signalés ci-dessus.

IV. Virus et mycoplasmes

Les attaques les plus importantes seront liées aux virus transmis par pucerons et aux mycoplasmes. Çà et là, cependant, des virus transmis par nématodes pourront prendre une certaine importance.

Virus transmis par pucerons

Les deux plus importants seront la **Mosaïque du Concombre** (CMV), dont nous avons signalé au chapitre I l'impressionnante gamme d'hôtes, et un virus spécifique des Ombellifères, la **Mosaïque du Céleri** (CeMV), *potyvirus* non transmis par les semences, mais qui peut se conserver dans la nature sur la Ciguë et la Grande Berse.

La prédominance de l'un ou l'autre de ces virus sera fonction de la fréquence des cultures de céleri dans la rotation : des cultures occasionnelles seront surtout attaquées par CMV, au contraire le retour fréquent du Céleri, et la présence d'Ombellifères sauvages - réservoirs favoriseront CeMV.

Les deux virus provoquent l'épinastie des pétioles, ce qui donne aux plantes un aspect prostré, ainsi que le jaunissement des nervures, avec mosaïque vert clair-vert foncé des espaces internervaires. Les signes distinctifs seront, pour le CeMV une tendance à la laciniature du feuillage développé après l'infection, et des symptômes nécrotiques (taches, stries, dessins sinueux) sur les feuilles plus âgées.

---

* Attention cependant, dans ces conditions, au développement éventuel de pourritures à *Erwinia* et *Sclerotinia*.

Avec le CMV, les pétioles peuvent montrer des taches d'abord translucides puis nécrotiques, irrégulièrement réparties en marge des nervures.

Les plantes atteintes par les deux virus à la fois voient leur croissance encore plus compromise. Leur proportion peut aller jusqu'à 20 % sur céleris-côtes cultivés en conditions méditerranéennes à la fin du printemps.

La **Mosaïque de la luzerne** (AMV) provoque une mosaïque vert-jaune vif très spectaculaire, mais n'affecte en général qu'une faible proportion de plantes.

Nous renverrons le lecteur au chapitre II (p. 117) pour les moyens de lutte dont on peut disposer contre ce type d'épidémies.

Du point de vue variétal, certaines populations méditerranéennes de céleris-côtes (« Vert de Perpignan », « Elne ») sont un peu moins attaquées. Au contraire, les variétés à feuillage doré (plus attractives pour les pucerons ?) sont particulièrement touchées, de même que les céleris-raves, pratiquement incultivables pour cette raison en conditions méditerranéennes.

Le **virus des taches jaunes du céleri** (*Celery yellow spot*-CeYSV), signalé aux États-Unis et en Angleterre est un *luteo-virus* transmis par un puceron spécifique des Ombellifères, *Hydaspis foeniculi*. Les plantes atteintes développent des taches circulaires jaune clair. La Ciguë joue le rôle de réservoir.

Autres virus

Le **virus latent du Céleri** (*Celery latent virus*, CeLV) a été signalé en Belgique et en Hollande, surtout sur Céleri-rave, atteignant un grand nombre de plantes, sans symptômes évidents, et transmissible par les semences en très forte proportion (34 % dans certains lots). Des particules virales d'environ 900 nm ont été observées, ce virus n'a pour le moment été classé dans aucun groupe.

Transmis par nématodes, on a signalé sur Céleri l'*Arabis mosaic virus* et le *Strawberry latent ringspot*, véhiculés par des *Xiphinema* (distorsion des feuilles du cœur), et une souche du *Tomato black ring virus*, le « *Celery yellow vein* », transmis par *Longidorus*, se manifestant par une jaunisse des nervures.

Mycoplasmes

C'est en Californie que la souche « occidentale » (*western strain*) du mycoplasme des « *Aster yellows* » produit le plus de dégâts sur Céleri. Pouvant aller jusqu'à 50 % de plantes atteintes dans les années 50, les épidémies ont par la suite diminué d'importance.

Les plantes atteintes présentent des symptômes de jaunissement débutant par les nervures, d'élongation exagérée des pétioles, d'abord verticaux, mais prenant par la suite un port sinueux ou horizontal.

En France, Marchoux observait dans le Gard en 1968, 5 % de plantes atteintes de mycoplasmes (jaunisse, nanisme, distorsion des pétioles), avec, dans les mêmes parcelles 80 % d'attaques de CMV, 10 % de CeMV et 5 % d'AMV.

V. Maladies non parasitaires

Elles sont importantes chez le Céleri et souvent en interaction avec celles que nous avons décrites ci-dessus.

Une alimentation équilibrée des plantes peut, en particulier chez le Céleri-rave réduire les pertes en conservation, comme le montre le tableau suivant, emprunté à Lefebvre, Gerst et Stengel.

Tableau 17

Rendements et conservation chez le Céleri-rave

Fertilisation *		Rendement t/ha	(après 24 semaines de conservation)		
azotée	potassique		1ᵉʳ choix	2ᵉ choix	pourris
60	200	40,2	47,5	47,5	5
130	**200**	**39,5**	**70,0**	**27,5**	**2,5**
200	200	44,7	61,0	31,7	7,3
60	400	39,4	52,5	37,5	10,0
130	400	41,2	46,3	41,5	12,2
200	400	46,8	52,5	37,5	17,0

* Fertilisation phosphorique : 150 pour tous les éléments. La formule 130-150-200 apparaît comme la meilleure.

De façon plus dramatique, ce sont les troubles de nutrition en bore et en calcium qui entraînent chez le céleri les « maladies non parasitaires » les plus graves.

Gerçure des pétioles

Elle se manifeste par des craquelures transversales sur les nervures des pétioles, accompagnées de brunissement (fig. 77), les pétioles atteints de nombreuses lésions se déforment et deviennent fragiles. La gerçure déprécie considérablement les céleris-côtes et peut s'accompagner, chez le céleri-rave, d'une marbrure des feuilles et d'un ramollissement du cœur.

Cette maladie est provoquée par la carence en bore, ou par un déséquilibre de l'alimentation en bore par rapport à un excès de potasse ou d'azote ammoniacal.

Cœur noir

C'est une maladie physiologique qui affecte particulièrement le Céleri-rave, mais aussi le Céleri à côtes. Il se manifeste au cours de l'été par un développement réduit des plantes malades, avec nécrose et recroquevillement des feuilles du centre et, chez le Céleri-rave, un brunissement du cœur du tubercule.

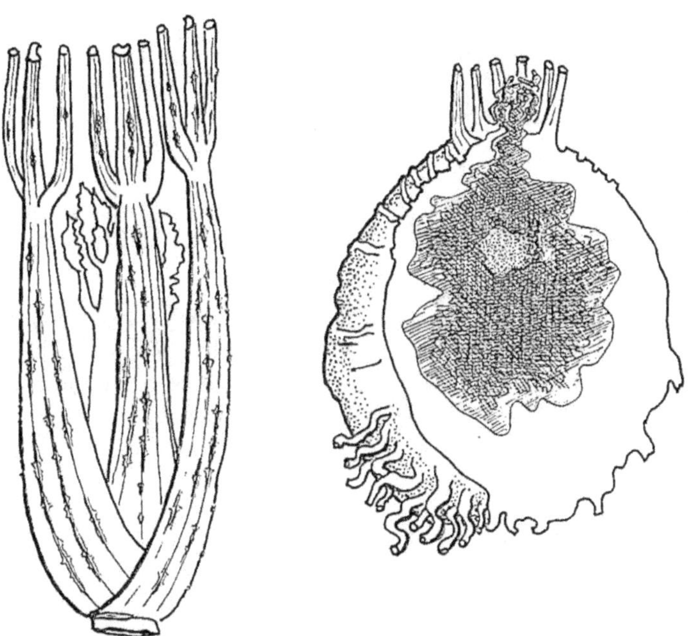

Figure 77. — Maladies non parasitaires du Céleri : à gauche « gerçure des pétioles » (carence en Bore), à droite « Cœur noir » sur Céleri rave (alimentation en Calcium perturbée).

Les plantes atteintes sont sujettes à des pourritures secondaires (fig. 77).

Une alimentation insuffisante en calcium à l'apex de la plante et des à-coups de l'alimentation hydrique sont la cause initiale du « cœur noir ». Les facteurs qui le favorisent sont des apports azotés ou potassiques excessifs par rapport aux disponibilités en calcium, et une trop forte salinité de la solution du sol.

On l'évitera, dans la mesure du possible, par des apports de calcium au sol, des fumures équilibrées (v. ci dessous) et une alimentation régulière.

Des pulvérisations de nitrate de calcium à 1 %, ou de chlorure de calcium à 0,5 %, tous les 15 jours à titre préventif, une fois par semaine si l'on attend l'apparition des premières plantes malades, peuvent réduire considérablement l'incidence du cœur noir.

Bibliographie

○ Maladies provoquées par des organismes telluriques

AWUAH R.T., 1986. — Occurence of Fusarium yellows in celery caused by *F. oxy.* f. sp. *apii* race 2 in New York and its control. *Plant Dis.*, 70.

BOUHOT D., OLIVIER J.M., 1977. — Une nouvelle maladie du céleri-côte en France : la Fusariose vasculaire. *PHM-Rev. Hortic.*, **181**, 49-52.

BOUHOT D., WILLERVAL A., 1979. — La Fatigue des sols — Étude de la maladie des nécroses des racines de Céleri. *PHM-Rev. Hortic.*, **198**, 35-39 et **199**, 27-32.

ELMER W.H., LACY M.L., HONMA S., 1986. — Evaluation of celery germplasm for resistance to *f. oxy.* f. sp. *apii* race 2 in Michigan. *Plant Dis.*, **70** (5), 416-419.

HART L.P., ENDO R.M., 1978. — The reappearance of Fusarium yellows of Celery in California. *Plant Dis. Rep.*, **62**, 138-142.

MOORE W.D., 1949. — Flooding as a means for destroying the sclerotia of *Sclerotinia sclerotiorum. Phytopathology*, **39**, 920-927.

ORTON T.J., DURGAN M.E., HULBERT S.D., 1984. — Studies on inheritance of resistance to *F. oxy.* f. sp. *apii* in celery. *Plant Dis.*, **68** (7), 574-578.

PIECKZARKA D.J., 1981. — Shallow planting and fungicide application to control *Rhizoctonia* stalk rot of Celery. *Plant Dis.*, **65**, 879-880.

○ Maladies bactériennes

CAPPELLINI R.A., CEPONIS M.J., LIGHTNER C.W., 1987. — Disorders in celery and carrot shipments to the New York market, 1972-1985. *Plant Dis.*, **71** (11), 1054-1057.

THAYER P.L., WEHLBURG C., 1965. — *Pseudomonas cichorii*, the cause of bacterial blight of celery in the Everglades. *Phytopathology*, **55**, 554-557.

THAYER P.L., 1965. — Temperature effect on growth and pathogenicity to Celery of *Pseudomonas apii* and *Pseudomonas cichorii. Phytopathology*, **55**, 1365.

SURICO C., IACOBELLIS N.S., 1978. — Un marciume batterico del Sedano causato da *Pseudomonas marginalis* pv. *marginalis. Phytopathol. mediterr.*, **17**, 69-71.

○ Maladies cryptogamiques du feuillage et des collets

BERGER R.D., 1973. — Early blight of celery — analysis of disease spread in Florida. *Phytopathology*, **63**, 1161-1165.

BERGER R.D., 1973. — Disease progress of *Cercospora apii* resistant to benomyl. *Plant Dis. Rep.*, **57**, 837-844.

DAY J.R., LEWIS B.G., MARTIN S., 1972. — Infection of stored celery plants by *Centrospora acerina. Ann. Appl. Biol.*, **71**, 201-210.

GABRIELSON R.L., GROGAN R.G., 1964. — The celery late blight organism *Septoria apiicola. Phytopathology*, **54**, 1251-1257.

GINDRAT D., 1979. — *Alternaria radicina*, un parasite important des Ombellifères maraîchères. *Rev. Suisse Vitic. Arboric. Hortic.*, **11**, 257-267.

GRILL D., 1988. — La Septoriose du céleri — étude des sites d'action des fongicides. *PHM-Rev. hortic.*, **291**, 29-33.

MAUDE R.B., 1970. — The control of *Septoria* on celery seed. *Ann. Appl. Biol.*, **65**, 249-254.

MAUDE R.B., SCHURING C.G., 1970. — The persistance of *Septoria apiicola* on diseased celery debris in soil. *Plant pathol.*, **19**, 177-179.

SHERIDAN G.E., 1964. — Brown spot of celery in England. *Plant pathol.*, **13**, 161-163. (*Cephalosporium*).

SMITH M.A., RAMSEY G.B., 1951. — Brown spot of celery. *Bot. Gaz.*, **112**, 393-400. (*Cephalosporium*).

WILLIAMS P.H., WADE E.K., 1967. — Scab of celeriac. *Plant Dis. Rep.*, **51**, 427-429. (*Phoma*).

‣ Virus et mycoplasmes

BOS L., DIAZ-RUIZ J.R., MAAT D.Z., 1978. — Further characterization of celery latent virus. *Neth. J. Plant Pathol.*, **90**, 55-69.

CHIYOWSKI L.N., 1977. — Transmission of a celery-infecting strain of aster yellows by the leaf-hopper *Aphrodes bicinctus*. *Phytopathology*, **67**, 522-524.

FREITAG J.H., ALDRICH T.M., DRAKE R.M., 1959. — Aster yellows virus in Celery. *Calif. Agric.*, **13** (4), 5-14.

MARCHOUX G., NAVATEL J.C., ROUGIER J., DUTEIL M., 1969. — Identification dans le Sud-Est de la France du virus de la Mosaïque du céleri, comparable au western celery mosaic virus. *Ann. Phytopathol.*, **1** (2), 227-235.

MARCHOUX G., LECLANT F., GIANOTTI J., CADILHAC B., 1972. — Identification des maladies à virus et à mycoplasmes infestant les Ombellifères dans le Sud-Est de la France. Actes III congrès Un. *Phytopathol. mediterr.* Oeiras, Portugal, nov. 1972, 43-52.

VIII
MALADIES DE LA CAROTTE ET DU FENOUIL DE FLORENCE

La **Carotte** couvre d'importantes surfaces en France et dans les pays de
'Europe du Nord (20 000 hectares en France). On peut distinguer divers
ypes de culture : carottes de primeur dans le Val de Loire, carottes de garde
lans l'Ouest et le Sud-Ouest de la France, carottes destinées à la conserva-
ion en Picardie, etc.

Les problèmes pathologiques diffèrent avec ces types de production :
ultures à contre-saison, sous tunnel, pour la carotte de primeur, conservation
normalement longue dans le sol favorisant les attaques tardives dans le sol
our les carottes de garde, forte mécanisation de la culture et dégradation des
ols propices au développement des maladies d'origine tellurique.

Globalement, aujourd'hui, les producteurs arrivent à une assez bonne
naîtrise des maladies du feuillage. Les pourritures et nécroses de racines,
l'origine diverse, sont par contre loin d'être maîtrisées.

Le **Fenouil de Florence**, qui couvre en Italie plus de surface que la
Carotte, est une production méditerranéenne hivernale, assez rustique, mais
ouvant souffrir de maladies favorisées par les températures fraîches et les
luies abondantes de cette période.

I. Fontes de semis sur Carotte
et symptômes sur jeunes plantes

Les **fontes de semis** sont principalement provoquées par *Alternaria dauci* et
temphylium radicinum (v. plus loin Maladies des racines et du feuillage).
)es *Pythium* spp., *Rhizoctonia solani* et *Fusarium* spp. provoquent également
e type d'attaque précoce, surtout lorsque les conditions climatiques ou la
réparation du lit de semences s'opposent à une levée rapide.

Pour éviter ces attaques, on utilisera des semences saines — ou désinfec-
ées : la protection des porte-graines comme celle des semences peut être
ssurée par des traitements à base de dithiocarbamates, ou mieux d'iprodione
is-à-vis de l'*Alternaria* et du *Stemphylium*. Mais ce fongicide est sans effet
is-à-vis des *Pythium* et *Fusarium*, contre lesquels on peut conseiller respecti-
ement le métalaxyl et le thiabendazole. En pratique, des précautions cultu-

rales (bonne préparation du sol, choix judicieux des périodes de semis) suffisent généralement à éviter les accidents d'origine tellurique à ce stade de la culture.

Des **accidents sur jeunes plantes** peuvent avoir des répercussions jusqu'au stade récolte : il ne faut pas oublier que la partie comestible de la carotte dérive de la radicule — ce qui exclut en particulier le repiquage, qui aboutit à des racines tronquées, en zig-zag, ou fourchues.

C'est le cas des « **racines rouille** » (*rusty root* ou *browning* des anglo-saxons) parfois observées dans l'Ouest de la France dès les premières semaines de culture. On observe un flétrissement diurne du feuillage, un rétablissement pendant la nuit. Après plusieurs jours de cette alternance, des pétioles peuvent noircir et se dessécher (*die back*) mais la plante survit dans la plupart des cas. A la récolte, les racines sont courtes, cordelées, souvent fourchues.

Ces accidents, surtout observés en sols acides riches en humus, ont une origine mal connue. Ils sont souvent associés à la présence de *Pythium* spp., d'où un certain amalgame dans la littérature avec le « *cavity-spot* » (v. ci-dessous). Plusieurs autres hypothèses sont également avancées : intervention du virus de la Nécrose du Tabac (TNV), transmis par *Olpidium bassicae*, ou origine nutritionnelle (carence en calcium notamment dans l'Ouest de la France).

Tant que le diagnostic ne sera pas mieux établi, les possibilités de limiter ce problème seront restreintes. Tout au plus peut-on éviter les sols trop humides et, selon certains auteurs, faire alterner la carotte avec des *Allium*.

II. Les maladies des racines de carotte

C'est sur racines que les maladies cryptogamiques ont pris le plus d'importance depuis une vingtaine d'années, sans doute à la suite de l'intensification des cultures et de l'évolution des pratiques culturales.

Ces maladies sont d'origine diverse, certaines transmises par les semences (*Stemphylium radicinum*), mais les plus préjudiciables provenant du sol (*Pythium violae*, *Phytophthora megasperma*, Rhizoctone violet, *Sclerotinia*).

Elles se manifestent à tous les stades de la production, depuis les premières semaines de culture jusqu'à la phase de conservation en terre, au silo, ou au froid.

Maladie de la tache, ou « *cavity-spot* »

Cette maladie, décrite aux États-Unis depuis 30 ans, a été observée en France vers 1970, d'abord sur carotte primeur en région nantaise, puis sur la plupart des types de production (carottes de garde, conserve). Elle se manifeste dans la plupart des pays producteurs, elle est pour la France un des problèmes majeurs en culture. Si son incidence sur les rendements est supportable, elle déprécie par contre la qualité.

Les premières manifestations sont caractérisées par l'apparition sur le pivot de petites taches elliptiques translucides aux contours nettement délimités. Ces taches évoluent rapidement en dépressions marron-clair, correspondant à un affaissement et un brunissement des assises de cellules superficielles. Ce symptôme primaire, limité aux tissus externes, a un aspect cicatrisé (fig. 78 A).

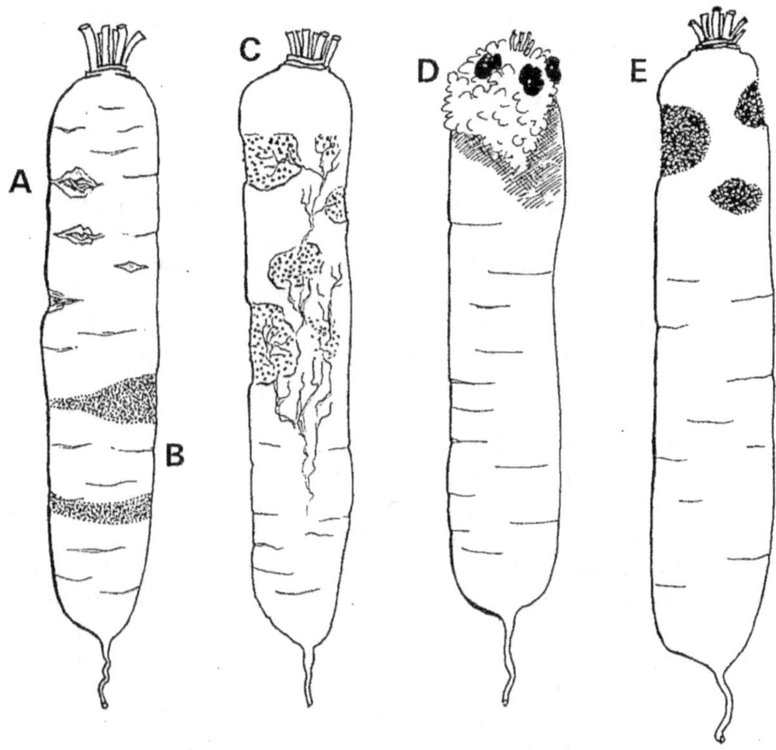

Figure 78. — Altérations de racines de Carotte.
A : Maladie de la tache *(Pythium violae)*.
B : Maladie de la bague *(Phytophthora megasperma)*.
C : Rhizoctone violet.
D : *Sclerotinia*.
E : Stemphyliose.

On peut observer sur carottes de primeur des lésions primaires sur racines très jeunes de moins de 5 mm de diamètre (fin février). Mais c'est en mars-avril qu'apparaît le plus grand nombre de nécroses, sous forme de lésions cicatrisées. Le symptôme s'accompagne souvent de fendillements, puis d'éclatements longitudinaux lors du grossissement des racines. Il peut aussi y avoir desquamation des assises lésées.

Une nouvelle apparition de symptômes peut avoir lieu à l'approche de la récolte : à cette époque la surface des lésions est plus importante et les taches translucides évoluent parfois en pourritures humides bactériennes, favorisées par l'élévation de la température.

L'agent responsable essentiel de cette maladie est **Pythium violae**. D'autres espèces (*P. sulcatum, P. intermedium, P. rostratum*) peuvent être impliquées, mais dans de moindres proportions.

L'isolement au laboratoire du *P. violae* à partir des lésions est difficile. De croissance lente, il est rapidement supplanté par une microflore secondaire (*Fusarium solani, Cylindrocarpon* spp.).

C'est ce qui explique que l'origine parasitaire du « cavity-spot » n'ait été découverte que depuis peu (1985).

P. violae se conserve dans le sol pendant de nombreuses années sous forme d'oospores. Il a été décrit pour la première fois sur Pensée (*Viola tricolor*), on connaît mal ses possibilités de perpétuation sur d'autres hôtes, et donc le rôle des rotations. Ses températures cardinales sont 5 °C-**15 °C**-25 °C [*].

C'est l'humidité du sol qui permet au *Pythium* l'accès aux racines. Les terrains lourds à mauvais ressuyage sont particulièrement favorables à la maladie et, dans les parcelles, les zones où l'eau stagne. On a constaté en Angleterre que les sols à pH élevé (environ 8) sont moins affectés, en France l'effet aggravant des fortes fertilisations azotées. Le retour fréquent des carottes sur le même terrain aggrave l'état sanitaire des cultures.

On soupçonne des différences variétales de sensibilité, mais on ne dispose pas actuellement de types commerciaux résistants.

Par contre, la lutte chimique peut être efficace : cinq années d'expérimentation dans l'Ouest de la France ont permis de comparer différents fongicides et modes d'application. Si les traitements de semences se révèlent à eux seuls insuffisants (métalaxyl 600 mg/kg de semences), on peut leur ajouter des traitements du sol, notamment sur les cultures à cycle court comme les carottes de primeur : désinfection du sol au métam-sodium (45 g/m^2) ou au dazomet (60 g/m^2) complétée par une application de métalaxyl par pulvérisation (200 g/ha), ou d'oxadixyl, à la découverture.

Pour les cultures à cycle long (carottes de garde) trois pulvérisations des mêmes fongicides à 4 semaines d'intervalle pendant la période la plus favorable au parasite (températures moyennes voisines de 15 °C) s'avèrent souvent nécessaires.

Ces possibilités de lutte chimique ne doivent cependant pas faire oublier l'intérêt de méthodes culturales : drainage ou culture sur planches surélevées, sablage, chaulage, rotations et fertilisation azotée raisonnées.

---

[*] Pour le pouvoir pathogène. *In vitro* l'optimum de *P. violae* est à 25 °C.

Maladie de la bague (*Phytophthora megasperma*)

Cette maladie a été décrite en Tasmanie en 1934, puis dans de nombreux pays. Observée dans le Midi de la France dès 1970, elle a été retrouvée dans l'Ouest les années suivantes.

Les dégâts de *P. megasperma* sont importants sur les productions hivernales conservées en terre et récoltées au fur et à mesure de la commercialisation. On leur attribue souvent le nom de « Pourritures hivernales de la carotte ».

Le symptôme primaire, tache vitreuse localisée, peut apparaître en un point quelconque de la racine. Peu à peu cette tache s'étend transversalement pour former un anneau autour de la racine, d'où le nom de « bague » (fig. 78 B). Les tissus atteints brunissent, noircissent, puis se ramollissent plus ou moins rapidement en fonction des conditions climatiques.

La zone malade s'élargit, son envahissement secondaire bactérien ou fongique aboutit à la liquéfaction des tissus et parfois à la disparition totale de la racine.

Phytophthora megasperma, comme les *Pythium*, peut se conserver dans le sol sous forme d'oospores, pendant plusieurs années. L'optimum pour la pénétration dans les racines se situe vers 21 °C, les contaminations primaires ont lieu le plus souvent à l'automne, l'extension des lésions se poursuit durant l'hiver, le pourcentage de carottes attaquées pouvant atteindre 50 % en décembre-janvier. Les carottes atteintes sont réparties au hasard, on constate parfois des attaques sur des rangs entiers. C'est le département de la Manche qui est le plus atteint, mais d'autres régions productrices (Bretagne, Vaucluse) sont également touchées.

● Facteurs favorisant la maladie de la bague

Ils seront les suivants :

— répétition des cultures de carotte sur la même parcelle, tous les deux ou trois ans, et enfouissement des déchets à la fraise ou au rotavator (comme pour *P. nicotianae* var. *parasitica* sur Tomate) ;

— conditions climatiques d'hivers doux et humides ;

— sols limoneux de plus en plus compactés (et donc moins perméables) à la suite de la baisse du taux de matière organique et de l'utilisation d'engins lourds ;

— et peut être l'utilisation de variétés et hybrides de haute qualité, éventuellement plus sensibles que les variétés - populations traditionnelles.

● Méthodes de lutte

De même que pour diminuer les dégâts de « cavity-spot » il ne faudra pas négliger les possibilités de lutte culturale : amendements organiques, mesures limitant la compaction des sols et l'apparition de semelles de labour, éviter l'abus des engins rotatifs, drainage ou sous-solage, culture sur planches surélevées, rotations plus raisonnables ne faisant revenir les carottes que tous les 4 ans...

En ce qui concerne la lutte chimique, la difficulté réside principalement dans la durée du cycle cultural de la « carotte de garde » (parfois de juin à avril en Normandie). Dans les conditions actuelles, la désinfection du sol (bromure de méthyle, métham-sodium) ne peut être envisagée du fait de son prix de revient et de la difficulté de maintenir une protection durable.

Nous avons cependant montré expérimentalement que les fongicides anti-mildious (métalaxyl, furalaxyl, oxadixyl) peuvent assurer un bon niveau de protection, moyennant une application au sol avant semis (1 kg/ha) et deux pulvérisations (200 g/ha) à l'automne, ou bien trois pulvérisations à l'automne espacées de 4 semaines.

Aussi bien pour *P. megasperma* que pour *P. violae*, il serait judicieux de faire alterner des fongicides appartenant à des familles chimiques différentes, pour atténuer les risques de voir apparaître des souches résistantes (risques cependant moins grands que pour les *Pythiacées* à évolution aérienne).

Certaines variétés rustiques (ex : « Aubagne ») présentent un meilleur comportement vis-à-vis des pourritures, ce qui indique une possibilité d'orienter vers plus de résistance les lignées parentales de nouveaux hybrides.

Chez les cultivateurs ayant repéré des « parcelles à risques » il sera recommandé de pratiquer régulièrement des sondages permettant de décider de la récolte avant que les dégâts ne deviennent trop importants.

Le développement de la conservation par le froid pourra réduire l'incidence de la maladie au cours des prochaines années.

Phytophthora porri (v. chapitre *Allium*) a été observé sur Carottes au Canada, provoquant des pourritures en conservation.

Rhizoctone violet ou « bleu » de la Carotte

Cette maladie est peu fréquente dans les cultures de carotte, mais dans les régions où elle sévit, les dégâts peuvent être considérables : dans la Manche, certaines années, on observe des parcelles totalement détruites.

Aucun symptôme n'apparaît sur les feuilles avant la mort de la plante malade, stade final rarement atteint. Le champignon évolue uniquement sur racines. L'infection débute 30 à 45 jours après la levée. Le mycélium pénètre dans les tissus corticaux jusqu'au cambium et les zones envahies se recouvrent d'une fine trame ponctuée de « corps miliaires » visibles à l'œil nu (fig. 78 C). A un stade plus tardif, le champignon forme un réseau puis un feutrage velouté de couleur pourpre ou bleuâtre caractéristique. A la récolte, ces symptômes rendent les racines invendables. Des pourritures secondaires peuvent intervenir.

La persistance du *R. violacea* dans le sol est très longue (jusqu'à 20 ans). Sa polyphagie explique sa pérennance dans les sols contaminés : il peut attaquer de nombreuses plantes cultivées (Asperge, Betterave, Luzerne, Pomme de terre) ou spontanées (Chénopodes, Liseron, Mercuriale, Plantain,

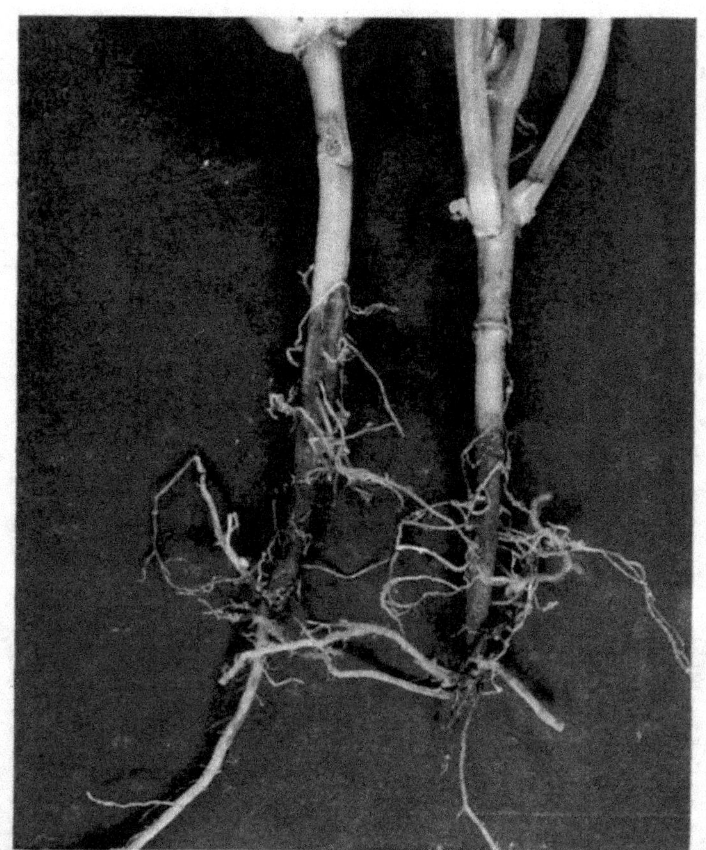

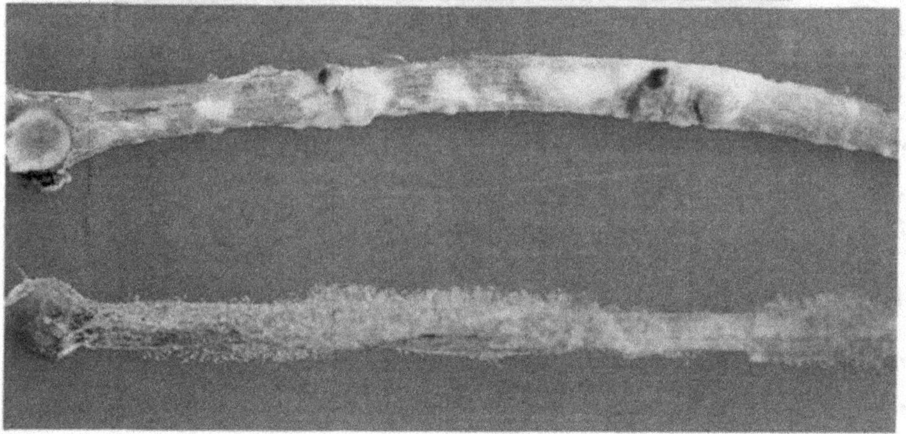

Planche 9 : Maladies sur racines et tiges de Haricot. De haut en bas, *Fusarium solani* f. sp. *phaseoli*, *Sclerotinia sclerotiorum* et *Botrytis cinerea* (Photos F. Rouxel, INRA-Rennes).

Planche 10 : En haut, *Sclerotinia sclerotiorum* sur gousse de Haricot. (Photo I. Vegh, INRA-Versailles). En bas, graisse bactérienne du Pois (*Pseudomonas syringae* pv. *pisi.* (Photo J. Schmit, INRA-Versailles).

Renouée, Oseilles). Le mycélium et les corps miliaires conservent leur vitalité très longtemps (5 ans minimum).

• Méthodes de lutte

La lutte contre le Rhizoctone violet est difficile, mieux vaut chercher à éviter l'installation du parasite car son élimination est une entreprise très aléatoire.

Il est conseillé de détruire les plantes malades et les déchets de culture. Lorsque le sol est infesté, il faut éviter le retour des plantes sensibles citées ci-dessus pendant au moins 5 ans. Certaines cultures résistantes ou défavorables sont intéressantes à introduire dans l'assolement :

— les céréales (blé, orge, avoine) qui présentent une certaine tolérance au parasite ;

— le Lotier corniculé, qui suscite la germination des corps miliaires et réduit la survie du rhizoctone ;

— les *Allium*, qui stimuleraient le pouvoir antagoniste du sol vis-à-vis du parasite.

Parmi les fongicides, c'est le quintozène qui reste le plus efficace en conditions expérimentales, mais son application au sol sur 20 à 30 cm d'épaisseur nécessiterait des doses énormes.

Pourriture blanche (*Sclerotinia sclerotiorum*)

Cette maladie ne doit pas être sous-estimée. Elle peut provoquer des pertes importantes en cours de culture, notamment là ou la protection contre les risques de gel est assurée par paillage (paille de céréales déposée sur les rangs). Le microclimat ainsi constitué au niveau du collet est très favorable au *Sclerotinia* qui se manifeste en cours d'hiver. Des dégâts importants sont également observés en présence d'une végétation excessive liée à une trop forte densité de semis ou à un excès de fumure azotée (apport de lisier).

Les symptômes, très typiques, apparaissent sous la forme d'un feutrage blanc se développant à la surface de la pourriture racinaire. De très gros sclérotes noirs (jusqu'à 5 mm de diamètre) sont généralement présents sur le feutrage mycélien (fig. 78 D). La maladie peut aussi se manifester en cours de stockage, notamment en silo, en conditions de forte humidité, aux environs de 15 °C, ou en cours de transport, lorsque les mêmes conditions sont réunies (la quasi-généralisation de la préréfrigération, suivie de transport frigorifique, a fortement réduit ces risques).

La polyphagie de *S. sclerotiorum* rend illusoire une lutte basée sur les rotations (sauf avec les graminées...).

On ne connaît pas actuellement de différences de comportement variétal. Les techniques de désinfection du sol par les fumigants sont efficaces, mais leur coût incompatible avec la rentabilité d'une culture de carottes de garde.

Des expérimentations sont en cours pour améliorer la lutte dans les cultures paillées pendant l'hiver : un effeuillage des carottes puis une pulvérisation d'un fongicide de type « dicarboximide » juste avant paillage semble la méthode la plus efficace.

Pourriture noire (*Stemphylium radicinum*) *

Les dégâts principaux s'observent sur les racines (fig. 78 E). Ce sont des lésions de taille variable, atteignant plusieurs cm^2, situées généralement à la partie supérieure.

Elles sont déprimées et recouvertes d'un tapis de fructifications conidiennes noir velouté. Cet envahissement superficiel peut servir de point de départ à des pourritures secondaires.

S. radicinum peut attaquer occasionnellement les organes aériens de la Carotte, et surtout s'installer sur les porte-graines et contaminer la semence, comme nous avons pu le constater ces dernières années en Beauce. A partir de là, il peut provoquer des fontes de semis ou transmettre la maladie aux racines. Après la récolte, les dégâts peuvent continuer en cours de stockage. Il peut aussi se conserver sur les débris de récolte dans le sol, jusqu'à 8 ans.

Les températures cardinales pour l'infection sont 0 °C-**28 °C**-34 °C.

● Méthodes de lutte

On veillera à améliorer les rotations et l'élimination des résidus de culture. La protection des semences sera assurée par un traitement à base d'iprodione, mais il est primordial de maintenir un bon état sanitaire des porte-graines par des pulvérisations à base du même fongicide, ou de dithiocarbamates.

La protection contre les pourritures de racines pourra être assurée par des pulvérisations des mêmes fongicides en fin de végétation.

Des résistances variétales ont été signalées en URSS, leur usage ne semble pas envisagé en Europe de l'Ouest dans les programmes de sélection.

Autres problèmes racinaires en cours de culture

En dehors des principaux champignons du sol décrits ci-dessus, et de *Sclerotium rolfsii* qui peut intervenir en conditions chaudes, d'autres parasites peuvent être, dans certains contextes, à l'origine d'importants préjudices.

C'est le cas du **Rhizoctonia solani** dont nous avons observé des attaques graves dans l'Orléanais sous la forme de chancres au collet. Les attaques semblent favorisées par des conditions de sol bien aéré et des températures élevées. Selon des références américaines, la carotte peut être attaquée par des souches « AG 1 », « AG 2-2 » et « AG 4 ». Au niveau de la lutte, les désinfections superficielles du sol ou des applications de fongicides (quintozène, carboxine) peuvent donner des résultats intéressants.

La gale commune signalée sur carotte en Hollande par temps sec en 1986, est aujourd'hui assez fréquemment rencontrée dans l'Ouest de la France. Les

---

* La mode actuelle est d'appeler ce champignon *Alternaria radicina* : nous ne la suivrons pas. Produisant en cyme et non en chaines des spores dépourvues de bec, il semble absurde de le nommer *Alternaria...* (v. fig. 14 G).

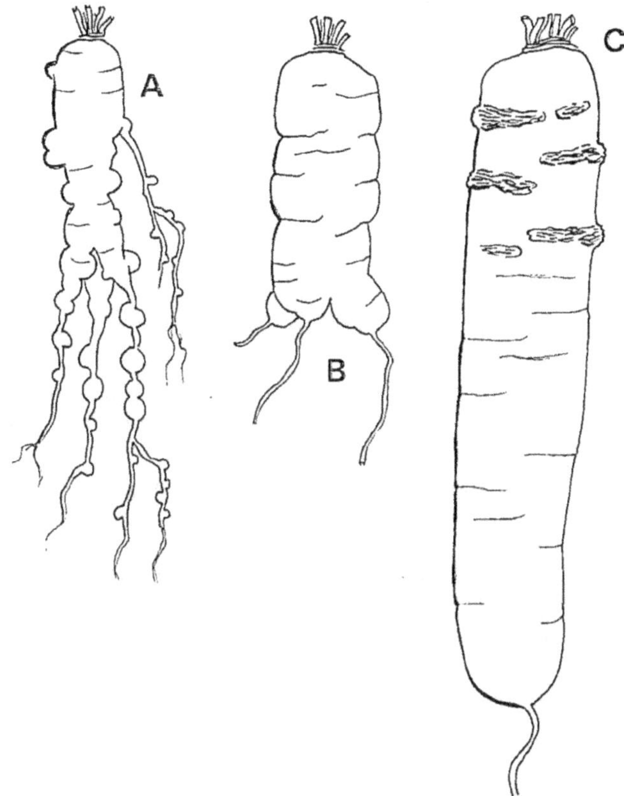

Figure 79. — Déformations de racines de Carotte.
A : *Meloidogyne*.
B : Conséquences tardives d'attaques d'*Heterodera*.
C : Gale à *Streptomyces* sp.

symptômes sont comparables à ceux observés sur Pomme de terre, avec des formations horizontales liégeuses en relief sur les racines (fig. 79 C).

Classiquement attribuée à *Streptomyces scabies*, il est aujourd'hui admis que plusieurs espèces de cet Actinomycète puissent être impliquées. Les attaques se manifestent surtout en sol sec, de pH neutre ou alcalin. La lutte chimique (quintozène) est très aléatoire. Les sols acides, l'espacement dans le temps des cultures de racines ou tubercules, l'arrosage par aspersion réduisent les risques d'attaque.

On peut également citer la « **Tavelure** », accident fréquent sur les cultures pratiquées dans les sols de polders du Mont St Michel (alluvionnaires, pH de l'ordre de 8).

Les symptômes sont des brunissements superficiels de l'épiderme, parfois accompagnés de fendillements longitudinaux donnant un aspect « tavelé ».

L'origine de cet accident n'est pas bien connue. Après avoir éliminé différentes hypothèses physico-chimiques (excès de salinité, carences) on semble s'orienter vers une cause biologique : la désinfection expérimentale du sol réduit les attaques. On isole fréquemment des *Pythium* spp. ainsi que des actinomycètes, le rôle de ces microorganismes n'est pas encore démontré.

On peut enfin citer l'existence en sol sableux de pourritures racinaires à partir desquelles sont régulièrement isolés des *Fusarium* (*solani* et *roseum*), mais sans qu'on puisse affirmer qu'ils soient la cause de ces dégâts.

Dégâts de nématodes

En conditions chaudes, les ***Meloidogyne*** peuvent provoquer de très importants dégâts sur racines de carottes, les transformant en chapelets de galles, ou induisant leur monstruosité ou leur bifurcation. Les sols légers les plus favorables à la culture sont aussi ceux où les *Meloidogyne* se développent le mieux (fig. 79 A). On se reportera au chapitre II, p. 86, pour les indications générales concernant la lutte contre les nématodes à galles, qui ont par exemple ruiné le développement de la production de carottes à St Vincent (Petites Antilles).

En climat tempéré, le nématode le plus redouté est *Heterodera carotae*, dont les symptômes peuvent concerner de très jeunes plantes, dont le feuillage est peu abondant, rougeâtre, les racines minces et parfois bifurquées, avec un chevelu anormal de radicelles brunies, porteuses de femelles d'*Heterodera* (têtes d'épingle blanches). Même si les plantes se rétablissent, on risque de récolter des carottes tronquées ou bifurquées (fig. 79 B).

Les kystes d'*Heterodera carotae* peuvent survivre dans le sol jusqu'à 8 ans. Ce nématode, spécifique, ne peut pas en principe se perpétuer sur d'autres cultures. La fumigation du sol au dichloropropène réduit les attaques et stimule la végétation des plantes.

III. Pourritures de racines en cours de conservation et de transport

Les carottes récoltées et stockées en silo ou dans des caves peuvent être envahies par de nombreuses pourritures. Les champignons responsables sont d'abord ceux dont les attaques ont débuté au champ : *Phytophthora megasperma, Sclerotinia, Stemphylium*. On peut aussi observer des pourritures sèches dues à *Phoma exigua* (qui attaque aussi les pommes de terre et les racines d'endives). D'autres champignons intervenant après récolte n'ont qu'un parasitisme faible : *Aspergillus niger, Rhizopus nigricans* (en conditions chaudes), *Botrytis cinerea, Cylindrocarpon radicicola, Penicillium* spp., *Geotrichum candidum*.

Le stockage en sachets de polyéthylène peut, s'il est mal conduit, favoriser des pourritures bactériennes (*Erwinia* pectinolytiques) consécutives à des meurtrissures, et quelques champignons, comme *Chalaropsis thielavioides* (champignon voisin de *Thielaviopsis basicola*, mais ne produisant pas de chlamydospores). Tous ces dégâts sont consécutifs à de mauvaises conditions de conservation : sachets insuffisamment perforés, température trop élevée, mais aussi à la qualité défectueuse des racines récoltées.

Enfin, certaines espèces fongiques parasites du feuillage peuvent provoquer des nécroses ou des pourritures sur les racines : *Acrothecium carotae* et *Mycocentrospora acerina*, ce dernier surtout important en Grande-Bretagne, provoquant des taches sèches analogues à celles de *Stemphylium*, mais recouvertes d'un abondant duvet plus foncé (mycélium de repos du champignon, dont les températures cardinales sont 0 °C-11 °C-24 °C).

La première précaution sera donc de ne réserver à la conservation que des racines de première qualité, saines, sans blessures, récoltées rapidement sans exposition au soleil.

Les silos seront lavés avec une solution de sulfate de cuivre 1 %, les caisses trempées dans une solution de formol à 1 % et séchées. L'humidité sera maintenue à 95 %, et la température proche de 0 °C.

En dehors de ce type de stockage fermier ou familial, les problèmes sanitaires en cours de conservation et de transport sur carottes destinées au marché de frais sont fonction du type de produit.

Sur **Carottes de primeur**, normalement consommées dans la semaine qui suit la récolte, la qualité des racines peut être dépréciée par les nécroses de type « *cavity-spot* », mais les pourritures sont peu abondantes. Des précautions insuffisantes à la récolte et pendant le conditionnement (blessures, pollution due à un renouvellement insuffisant de l'eau de lavage) associées à des conditions de transport défectueuses (températures élevées) peuvent cependant aboutir à des développements catastrophiques de *Sclerotinia* ou de *Chalaropsis*, sources de litiges à l'exportation. Des études récentes du CTIFL en région nantaise ont montré que des précautions simples à l'arrachage (maintien d'un bon degré hygrométrique des racines) et au conditionnement (réduction des délais, moins de blessures), et l'amélioration des conditions de transport (préréfrigération, camion-frigo) permettent d'accroître la bonne tenue sanitaire et physiologique du produit. Ces améliorations se généralisent dans la pratique.

Dans l'Ouest de la France, jusqu'ici, la majorité des **carottes de garde** sont conservées dans le sol pendant l'hiver, jusqu'à leur commercialisation. Les pourritures (*Phytophthora*, Rhizoctone violet, *Sclerotinia*), souvent importantes à l'arrachage, et évolutives en cours de transport, sont essentiellement consécutives au mauvais état sanitaire de la culture.

Le raccourcissement de la durée de conservation et un tri sévère à la récolte permettront de réduire les pertes.

L'importance de ces pourritures devrait être réduite avec la tendance à développer le **stockage au froid humide** dans les principales régions productrices d'Europe (Nord de la France, Grande Bretagne, Norvège, Danemark). Cependant, au cours de conservations pendant 4 à 5 mois à 2 °C-3 °C, 92 à

96 % d'humidité relative, certains parasites trouvent un environnement tout à fait favorable à leur développement [*].

On risque donc d'assister à un déplacement des problèmes parasitaires. Parmi les parasites se développant à ces températures, on retrouve *Mycocentrospora acerina*, redouté en Norvège et en Angleterre (jusqu'à 40 % de pertes). Le *Sclerotinia*, *Botrytis cinerea* et surtout *Rhizoctonia carotae* peuvent provoquer aussi des dégâts graves. Ce dernier champignon, dont les températures cardinales sont − 2 °C-20 °C-25 °C se distingue de *R. solani* par son aptitude à croître près de 0 °C et la présence d'anses d'anastomose sur son mycélium.

Il provoque des lésions en creux (*crater rot*) après 2 à 3 mois de stockage. Ces chancres se recouvrent d'un duvet blanc cotonneux et de petits aggrégats mycéliens. Décrit aux États-Unis en 1948, il est aujourd'hui redouté dans ce pays et au Danemark.

Un **séjour de cicatrisation** (*curing*) de 2 jours à 25 °C, 98 % d'humidité avant stockage au froid, réduit en Angleterre les dégâts de *Mycocentrospora*. D'autre part, la pulvérisation du collet des carottes juste avant la récolte, ou leur trempage dans des bains à base de bénomyl, vinchlozoline ou iprodione (attention aux résidus !) limite le développement ultérieur des *Mycocentrospora*, *Sclerotinia* et *Botrytis*. Cette pratique est par contre sans effet vis-à-vis de *Rhizoctonia carotae*.

La meilleure solution, si l'on peut compter sur une régulation parfaite, est de pratiquer un stockage entre 0 °C et 1 °C, à 98 % d'humidité, qui peut durer jusqu'à 5 mois [**].

IV. Maladies foliaires de la Carotte

Bactériose américaine de la Carotte

Le « bacterial blight » de la Carotte, provoqué par *Xanthomonas campestris* pv. *carotae* n'a pas encore été décelé en Europe. Il se développe à température élevée (17 °C-27 °C-35 °C) en conditions de pluies abondantes ou d'irrigation par aspersion. Un stade initial avec de petites taches graisseuses puis nécrotiques entourées d'un halo jaune évolue rapidement en une nécrose du feuillage et des pétioles analogue à celle qu'entraîne l'*Alternaria*.

Cette bactérie a été signalée aussi sur racines, induisant des nécroses lenticellaires, mais cela ne semble plus admis aujourd'hui.

On conseille le traitement des semences à l'eau chaude (53 °C, 25 minutes) et des pulvérisations cupriques en végétation.

---

[*] En conditions tropicales, les carottes importées d'Europe en sachets plastiques ne tardent pas à se détériorer dans le bac à légumes du réfrigérateur, révélant une microflore très variée. Au contraire, les carottes produites sur place se conservent 4 mois en sacs plastiques dans le même bac : les moisissures capables de se développer à moins de 10 °C sont absentes dans les pays tropicaux.

[**] Le risque de gel sur Carotte se situe à − 1,5 °C.

Mildiou

Il est provoqué par *Plasmopara crustosa* (syn. *P. nivea*). Des taches jaunâtres apparaissent sur les feuilles, dont la face inférieure est recouverte d'un feutrage blanc, dense, constitué par les conidies du parasite. L'aboutissement de la maladie est le dessèchement des feuilles. La dissémination du parasite peut être très rapide si des conditions de température douce et de forte hygrométrie sont réunies. C'est surtout en été dans le Nord de la France que ce mildiou prend de l'importance.

Des pulvérisations de manèbe, mancozèbe, ou éventuellement avec des anti-mildious systémiques, sont conseillées.

Oïdiums

Erysiphe heraclei (syn. *E. umbelliferarum*), l'oïdium le plus fréquent sur Carotte, est de type *polygoni*. Il apparaît à la surface des feuilles comme une poudre blanc sale constituée par les conidies. Il est favorisé par des températures relativement élevées (13 °C à 31 °C), par l'humidité nocturne, mais non par la pluie. L'arrosage par aspersion peut freiner son développement.

E. heraclei peut se conserver sur Ombellifères sauvages et éventuellement sur les semences sous forme de périthèces.

La lutte chimique sera combinée avec celle que l'on pratique vis-à-vis de l'*Alternaria* : traitements mixtes dithiocarbamates + chinomethionate par exemple. On peut aussi employer le bénomyl, l'usage du fénarimol, du triadimefon ou de la triforine permet d'espacer les pulvérisations de 20 jours.

Plusieurs sources de résistance ont été signalées, en particulier, à l'INRA-Montfavet, celle de la carotte sauvage *Daucus carota* var. *dentatus*, hybridable avec la carotte cultivée.

En conditions méditerranéennes, la Carotte peut aussi être attaquée par *Leveillula taurica* (feutrage blanc à la face inférieure des feuilles).

Alternariose ou brûlure des feuilles

Provoquée par *Alternaria dauci*, c'est la maladie la plus redoutable du feuillage de la carotte dans les environnements les plus divers : été et fin d'automne dans le Nord de la France, printemps et automnes méditerranéens, ou tout au long de l'année en conditions tropicales humides.

Les symptômes se présentent d'abord comme de petites taches brunâtres, auréolées de jaune, disséminées sur le bord des feuilles. Les taches augmentent en nombre et l'espace qui les sépare meurt, les folioles se dessèchent complètement. Elles se recroquevillent en noircissant (fig. 80 B). Sur les pétioles les lésions sont plus claires et de forme allongée. Une attaque pédonculaire peut faire se dessécher une feuille entière.

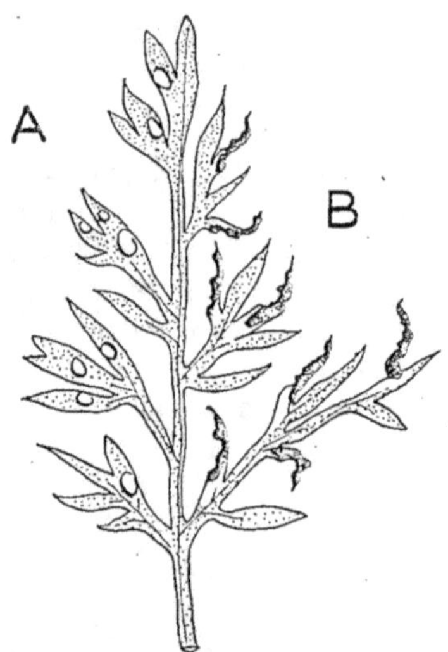

Figure 80. — Taches foliaires sur Carotte (schématique).
A : Cercosporiose. B : Alternariose.

A. dauci peut se perpétuer sur les débris de culture, et surtout sur les semences. Il peut provoquer des fontes de semis et parfois des chancres au collet des racines, mais moins gravement que *Stemphylium radicinum*.

Sherf et Mc Nab donnent comme températures cardinales 14 °C-**28 °C**-35 °C, ce qui est sans doute vrai pour des souches subtropicales ou tropicales. Les souches observées en France ont un optimum à 24 °C.

Les observations réalisées par Pauvert à l'INRA-Antilles-Guyane, sur semis échelonnés réalisés en saison des pluies, montrent que la Carotte (comme la tomate vis-à-vis d'*A. solani* ou les *Allium* avec *A. porri*) passe par une période de moindre sensibilité qui se termine au moment ou le grossissement de la racine devient rapide. Les infections latentes se révèlent alors sur les feuilles adultes, avec une gravité subite.

La lutte contre cette maladie doit en premier lieu faire appel à des précautions d'ordre cultural : détruire les résidus de culture, drainer le sol, pratiquer l'arrosage par aspersion de préférence en milieu de journée.

Les traitements de semences à base de dithiocarbamates, ou mieux encore d'iprodione (5 g de m.a./kg de semences) sont maintenant systématiques. Sur des lots fortement contaminés ils n'élimineront cependant pas le parasite aussi bien que la thermothérapie, ou le trempage pendant 24 h à 30 °C dans une suspension d'iprodione.

Le meilleur moyen de lutte est la pulvérisation de fongicides sur le feuillage : dithiocarbamates, ou mieux encore captafol (aujourd'hui interdit en France) ou iprodione.

Aucun de ces fongicides n'est systémique : on se souviendra des infections latentes. Les pulvérisations doivent débuter tôt, si les conditions climatiques sont favorables à l'*Alternaria* (temps pluvieux, températures moyennes supérieures à 18 °C).

On a vu apparaître depuis quelques années la mention « résistantes à l'*Alternaria* » pour des hybrides de carottes de firmes opérant en conditions subtropicales humides (ex. : « New Kuroda »). Cette « résistance » ne se vérifie pas toujours dans la pratique, ou tout au moins n'est-elle pas absolue — ni supérieure à celle des types « Colmar » observée par Pauvert aux Antilles.

Cercosporiose

Contrairement à l'*Alternaria* qui se manifeste tard en saison et sur les feuilles adultes, la Cercosporiose apparaît tôt et sur les jeunes feuilles. *Cercospora carotae* provoque des taches circulaires ou semi-circulaires, souvent situées à la marge des folioles, claires au centre et bordées de brun (fig. 80 A). A l'humidité les taches deviennent noires, puis grisâtres quand le champignon fructifie. Les pétioles, les tiges et les ombelles peuvent être attaqués. L'optimum se situe à 28 °C.

La maladie se transmet par les semences et les déchets de culture (petits stromas se formant dans les feuilles mortes, susceptibles de germination conidienne).

Les moyens de lutte sont identiques à ceux conseillés pour la Brûlure des feuilles. L'usage des fongicides systémiques est ici possible.

Un gène dominant de résistance au *Cercospora* a été mis en évidence aux États-Unis chez des lignées de carotte, sans doute utilisées pour créer les hybrides résistants « Narman » et « Nantucket ».

Septoriose

Les pycnides de *Septoria carotae* apparaissent disséminées sur le feuillage encore vert, avant de provoquer son jaunissement puis son dessèchement. Les ombelles peuvent être envahies, et le *Septoria* transmis par les semences.

On préconise l'usage de semences saines, l'élimination des déchets de culture et des pulvérisations de mancozèbe ou de bénomyl.

Autres maladies du feuillage

On signale une **rouille**, provoquée par *Uromyces scirpi*, dont les pustules écidiennes provoquent des déformations des pétioles, tiges et pédoncules floraux. En Italie, Matta signale sur Carotte la rouille écidienne du fenouil (*Uromyces graminis* — téleutospores sur *Melica* spp.).

Acrothecium carotae, dont les symptômes foliaires peuvent se confondre avec ceux de *Cercospora* ou d'*Alternaria*, a été signalé au Danemark où il provoque aussi des pourritures de racines.

Phomopsis dauci et, plus récemment, *Acremonium strictum* sont signalés sur porte-graines, pouvant provoquer l'avortement des ombelles.

V. Virus et Mycoplasmes sur Carotte

Quelques virus communs des Ombellifères, tels que la Mosaïque du Céleri ou la Mosaïque du Concombre peuvent être inoculés expérimentalement sur Carotte, mais ils prennent rarement une extension sérieuse dans les cultures.

Le symptôme viral le plus grave et le plus répandu est le **Nanisme bigarré** (*Motley dwarf*). Il se manifeste par une mosaïque jaune intense des jeunes feuilles, accompagnée de rougissement et enroulement des feuilles extérieures.

La croissance des racines est très compromise, les rendements peuvent être réduits au tiers de la normale.

Le « Motley dwarf » est redouté en Angleterre, sur la côte ouest américaine (Californie, Oregon, Canada), en Australie et en Nouvelle Zélande. On l'observe dans le Midi de la France.

Deux virus sont présents dans les feuillages de carottes atteintes de nanisme bigarré :

— un *lutéovirus* transmis de façon spécifique par *Cavariella aegopodii*, puceron inféodé aux Ombellifères et aux saules (dont la proximité peut être un facteur épidémique important), le « *Carrot red leaf virus* » (CRLV) ;

— un autre virus à particules de 52 mm de diamètre, qui n'est pour le moment rattaché à aucun groupe : le *Carrot mottle virus*. Expérimentalement transmissible par voie mécanique à d'autres Ombellifères et à *Nicotiana clevelandii,* il provoque des lésions locales sur *Nicotiana xanthi* et sur Haricot. Mais par contre, dans la nature, il ne peut être transmis par *Cavariella aegopodii* qu'associé au lutéovirus, dont il aggrave les symptômes sur Carotte.

Dans les zones où sévit ce complexe de virus, les semis réalisés juste avant l'époque de la plus grande prolifération de *Cavariella* ailés seront les plus atteints. Comme il s'agit de virus transmis selon le mode persistant, les traitements insecticides dirigés contre le vecteur réduiront la propagation de l'épidémie.

Des *potyvirus* ont été décrits sur Carotte : *Carrot mosaïc virus* en Angleterre, *Carrot thin leaf virus* dans les zones désertiques irriguées du Nord-Ouest des États-Unis, sans que leur gravité atteigne celle du « motley dwarf ».

Des dégâts de **mycoplasmes** ont été décrits sur Carotte dans de nombreux pays. L'entité qui les provoque n'est sans doute pas unique, car il peut y avoir des différences concernant :

— les **symptômes** : on observe soit une **jaunisse** avec arrêt de croissance des parties aériennes et de la racine, soit un symptôme **de prolifération** en « balai de sorcière » de nombreuses petites pousses au centre des grandes feuilles présentes au moment de l'infection, qui s'enroulent et rougissent. Les racines de ces plantes présentent un chevelu anormalement développé de racines latérales, leur diamètre est réduit et elles sont anormalement ligneuses ;

— les **agents vecteurs** : *Macrosteles fascifrons* est le vecteur prédominant aux États-Unis. Dans le Midi de la France, un **Psylle**, *Trioza nigricornis* a été mis en évidence comme vecteur d'une association mycoplasmes-rickettsies provoquant une jaunisse sur Carotte.

Aux États-Unis les variétés d'origine française « Royal Chantenay » et « Scarlet Nantes » sont considérées comme tolérantes.

VI. Désordres physiologiques ou d'origine encore inconnue

De nombreux accidents appartenant à cette catégorie ont été décrits. Leur nombre tend à diminuer au fur et à mesure qu'on attribue à certains d'entre eux une cause parasitaire : c'est le cas du « cavity spot » décrit ci-dessus. En sera-t-il de même de la « tavelure » déjà citée, se manifestant dans les sols à pH élevé ?

L'effet de la salinité du sol ayant été éliminé, on s'oriente vers une cause biologique : *Pythium*, actinomycètes ?

L'apparition dans les lots récoltés de **carottes cordelées** ou **fourchues** les déprécie de façon importante et oblige à des triages coûteux. En inoculation artificielle, certains *Pythium* peuvent induire l'aspect « cordelé ». Mais des carences en calcium et en bore sont aussi soupçonnées.

Les carottes fourchues peuvent résulter d'attaques de nématodes (ex. : *Heterodera carotae*), mais aussi d'une mauvaise structure du sol ou de la présence de cailloux.

Les **carottes éclatées**, difficiles à éplucher, sont-elles aussi dépréciées. Cet accident peut résulter d'irrégularités de l'alimentation en eau (reprise de croissance après une période sèche), ou être consécutif à des attaques précoces de *Pythium violae*.

Certains génotypes de carotte y sont particulièrement sensibles. Aucune carotte éclatée ne doit être conservée comme porte-graine lors de la sélection massale. Les sélectionneurs éliminent, bien entendu, les lignées sensibles à cet accident.

La **brunissure superficielle** des carottes (« carottes grises », « five o'clock shadow » des anglo-saxons) se manifeste surtout après cuisson. Elle est attribuée à une carence en bore.

VII. Organisation générale de la protection phytosanitaire sur Carotte

Elle doit commencer par les **soins aux porte-graines**. En sélection massale, les racines choisies pour porte-graines sont souvent sectionnées pour ne conserver que celles qui ont le moins de « cœur ». On aidera leur cicatrisation par un trempage à base de captane, avant de les stocker dans les meilleures conditions de conservation et de les trier à nouveau avant replantation.

De plus en plus, les dernières générations aboutissant aux graines commerciales sont pratiquées en semis direct, les plantes restant en terre pendant l'hiver, avec risque de dégâts de gel. De graves invasions de *Stemphylium* peuvent se produire sur les collets endommagés et se poursuivre jusqu'aux hampes florales. Une protection fongicide des porte-graines, toujours recommandée, est encore plus nécessaire dans ce cas. Étant donné le nombre de parasites pouvant être transmis par les semences (*Stemphylium, Alternaria, Cercospora, Acrothecium, Septoria, Phomopsis*, etc.), on ajoutera de préférence un fongicide à large spectre à l'iprodione efficace vis-à-vis de l'*Alternaria* et du *Stemphylium*.

Pour la production de racines, le choix d'un terrain bien drainé, n'ayant pas porté de carottes depuis au moins 4 ans, sera une précaution indispensable.

La présence de nématodes (*Meloidogyne, Heterodera*) suivant les climats pourra conduire à une désinfection du sol par le dichloropropène.

L'usage de semences saines sera éventuellement complété par un traitement fongicide de celles-ci (iprodione + fongicide à large spectre).

En végétation, la formule fongicide employée, de préférence mixte, sera déterminée par le risque majeur de maladies suivant le climat considéré.

La lutte contre les pucerons devra s'y ajouter dans les régions où le *motley dwarf* est épidémique.

La spéculation « carottes de garde » devra conduire à un choix encore plus judicieux du terrain (rotations, drainage).

VIII. Maladies du Fenouil de Florence

Cette espèce assez rustique reste souvent indemne de parasites, même en l'absence de tout traitement. Sa culture intensive en Italie a cependant amené les phytopathologistes de ce pays à décrire un certain nombre de maladies.

Maladies ayant le sol pour origine

Le pivot et les bulbes peuvent être attaqués au niveau du sol par *Sclerotinia minor*, *S. sclerotiorum* peut lui aussi intervenir. Les terrains enrichis en inoculum par des cultures successives de laitues devront être évités.

Les dégâts les plus fréquents sont dus à la pénétration de **bactéries** de type *Erwinia carotovora*, dont l'inoculum initial se trouve dans le sol, dans les pétioles charnus formant les écailles extérieures du bulbe. Elle peut avoir lieu au champ à partir de fentes de croissance, ou à la récolte sur des blessures. La pourriture est d'aspect brunâtre, molle devenant visqueuse, de progression rapide à plus de 15 °C.

On évitera donc les terrains ayant reçu récemment des apports de matière végétale verte (déchets de culture enfouis, engrais verts) et les eaux d'irrigation ayant contenu des végétaux en décomposition.

On veillera à assurer aux bulbes une croissance harmonieuse et sans fentes de croissance, en évitant les excès de fertilisation azotée et les irrégularités d'irrigation. Au cours des travaux d'entretien, tout buttage des bulbes doit être proscrit, même si leur contact avec la terre ne provoque pas de pourriture à *Erwinia*, il peut leur faire perdre leur bel aspect nacré.

On a décrit en Suisse des attaques bactériennes sur le feuillage, au niveau des ramifications. On y retrouve des *Erwinia carotovora*, mais aussi des *Pseudomonas*, dont la virulence en inoculation artificielle est plus faible.

Maladies du feuillage

En conditions d'automne ou de printemps méditerranéen, en l'absence de pluies, la maladie la plus commune sera l'oïdium, *Erysiphe umbelliferarum* (syn. *E. heraclei*). En conditions plus humides et plus fraîches au cours de l'hiver, peut se développer un **mildiou** à optimum thermique bas (10 °C), se manifestant par des lésions noires sur les ramifications de tous ordres des feuilles, *Phytophtora syringae*. Matta et Garibaldi, en 1969, considéraient les pulvérisations cupriques plus efficaces que celles de Captane ou de Zinèbe.

On désigne aujourd'hui sous le nom de *Cercosporidium punctum* un champignon qui a beaucoup varié dans ses dénominations (*Cercospora foeniculi, Ramularia foeniculi, Fusicladium depressum*). Il provoque des lésions allongées, brunes, sur les grosses ramifications du feuillage, punctiformes sur les plus fines.

Il est transmis par les graines, ce qui suggère l'idée d'une protection fongicide des porte-graines *, ou, à défaut, d'une désinfection des semences.

Uromyces graminis, qui produit ses urédo et téleutospores sur *Melica* spp. peut se rencontrer sur le fenouil sous sa forme écidienne, *Aecidium foeniculi*, qui provoque sur les ramifications de divers ordres des pustules hypertrophiantes entraînant la déformation du feuillage.

Virus

Le Fenouil est souvent cité comme hôte expérimental des virus des Ombellifères (Céleri, Carotte), mais il ne semble pas que de graves épidémies soient observées en conditions méditerranéennes.

---

* De même que sur Carotte, un *Phomopsis (P. foeniculi)* a été signalé sur hampes florales et ombelles de fenouil aromatique, mais pas jusqu'ici sur Fenouil de Florence.

Bibliographie

○ Généralités

CRETE R., 1975. — *Diseases of carrots in Canada*, 21 p. Min. Agric. Canada, éd. — Ottawa.

JOUAN B., GRILL D., PELLETIER J., 1977. — Principales maladies de la carotte. In « *La Carotte* », CTIFL — Paris éd., 7-21.

○ Fontes de semis sur Carotte et symptômes sur jeunes plantes

KEMP W.G., BARR D.J.S., 1978. — Natural occurence of Tobacco necrosis virus in a rusty-root disease complex of *Daucus carota* in Ontario. *Phytopathol. Z.*, **91**, 203-217.

LIDDELL C.M., DAVIS R.M., NUÑEZ J.J., GUERAND J.P., 1989. — Association of *Pythium* spp. with carrot root diseases in the San Joaquin Valley of California. *Plant Dis.*, **73**, 3, 246-248.

MILDENHALL J.P., PRATT R.G., WILLIAMS P.H., MITCHELL J.E., 1971. — Pythium brown root and forking of muck-grown carrots. *Plant Dis.*, **55**, 536-540.

ROUXEL F., MONFORT F., BERTON D., LEFEVRE F., CARRETTE B., 1987. — Réflexion sur quelques maladies et accidents culturaux de la carotte. *Bull. FNAMS - Semences*, **98**, 37-40.

○ Maladies d'origine tellurique

BRETON D., ROUXEL F., 1988. — La lutte chimique contre la maladie de la bague due à *Phytophthora megasperma*. 2e *Conf. int. Maladies des Plantes*, Bordeaux 1988, I. 509-515.

BOSSIS M., CAVELIER A., MUGNIERY D., 1989. — *Heterodera carotae* — 4. Intérêt et limites de la lutte chimique. *Rev. Nematol.*, **12** (4), 343-350.

GRISHAM M.P., ANDERSON N.A., 1983. — Pathogenicity and host specificity of *Rhizoctonia solani* isolated from carrots. *Phytopathology*, **73** (11), 1564-1569.

GROOM M.R., PERRY D.A., 1985. — Induction of cavity-spot like lesions in roots of *Daucus carota* by *Pythium violae*. *Trans. Br. mycol. soc..*, **84**, 755-758.

GURKIN R.B., JENKINS S.F., 1985. — Influence of cultural practices, fungicides and inoculum placement on southern blight and *Rhizoctonia* crown rot of carrot. *Plant Dis.*, **69** (6), 477-481.

HO H.H., 1983. — *Phytophthora porri* from stored carrots in Alberta. *Mycologia*, **75**, 4, 747-751.

HUNGER R.M., HAMM P.B., HORNER C.E., HANSEN E.M., 1982. — Tolerance of *Phytophthora megasperma* isolates to metalaxyl. *Plant Dis.*, **66**, 645-649.

JANSE J.D., 1988. — A *Streptomyces* sp. identified as the cause of carrot scab. *Neth. J. Plant Pathol.*, **94**, 303-306.

LYSHOL A.J., SEMB L., TAKSDAL G., 1984. — Reduction of cavity spot and root dreback in carrots by fungicide applications. *Plant Pathol.*, **33**, 193-198.

MOLOT P.M., SIMONE J., LEROUX J.P., 1975. — Influence de la microflore du sol sur le développement du *Rhizoctonia violacea*. *Ann. Phytopathol.*, **7** (1), 27-36.

MONFORT F., ROUXEL F., 1988. — La maladie de la tache de la carotte due à *Pythium violae* : données symptomatologiques et étiologiques. *Agronomie*, **8**, 701-706.

ROUXEL F., MONTFORT F., LEFEVRE F., LE BOHEC J., 1989. — Connaissances actuelles sur la maladie de la tache de la carotte primeur. In « *Qualité de la carotte primeur* », CTIFL éd. Paris VIII, 1-6.

TAMIETTI G., MATTA A., 1980. — Alterazioni dei fittoni di carota durante il periodo invernale di conservazione in campo. *Riv. Patol. veg.*, S. IV, **17**, 45-52.

WHITE J.G., 1988. — Studies on the biology and control of cavity-spot on carrots. *Ann. Appl. Biol.*, **113**, 259-268.

● Pourritures de racines en cours de conservation et de transport

BOEREMA G.H., 1959. — *Chalaropsis thielavioides* of vortelen gepakt in geferforeer de polyethyleen zakjes. *Plantenziektenkd. Dienst Wageningen*, **134**, 158-161.

DAVIES W.P., 1977. — Infection of carrot in cool storage by *Centrospora acerina*. *Ann. Appl. Biol.*, **85**, 163-164.

DAVIES W.P., LEWIS B.G., DAY J.R., 1981. — Observations on infection of stored carrot roots by *Mycocentrospora acerina*. *Trans. Br. mycol. Soc.*, **77** (1), 139-151.

GEESON J.D., BROWNE K.M., EVERSON H.P., 1988. — Storage diseases of carrots in East-Anglia in 1978-82 and the effects of some pre and post harvest factors. *Ann. Appl. Biol.*, **112**, 503-514.

LE BOHEC J., 1989. — Technologie post-récolte. In « *Qualité de la Carotte primeur* », CTIFL éd. Paris. IX, 1-10.

LOCKART C.L., DELBRIDGE R.W., 1974. — Control of storage diseases of carrots with post-harvest fungicide treatments. *Can. Plant Dis. Survey*, **54** (2), 52-54.

PUNJA Z.K., 1987. — Mycelial growth and pathogenesis by *Rhizoctonia carotae* on carrot. *Can. J. Plant Pathol.*, **9**, 24-31.

RADER W.E., 1948. — *Rhizoctonia carotae* n. sp. and *Gliocladium aureum* n. sp., two new root pathogens of carrot in cold storage. *Phytopathology*, **30**, 440-452.

TAHVONEN R., 1985. — The prevention of *Botrytis cinerea* and *Sclerotinia sclerotiorum* on carrots during storage by spraying the tops with fungicides before harvesting. *Ann. Agric. Fenn.*, **24** (2), 89-95.

● Maladies cryptogamiques du feuillage de carotte

ANGELL F.A., 1966. — Inheritance of resistance in Carrot, *Daucus carota* var. *sativa* to the leaf spot fungus *Cercospora carotae*. *Diss. Abstr.*, **26**, 4949 — In R.A.M. 46-102.

ARSVOLL K., 1965. — *Acrothecium carotae*, a new pathogen of *Daucus carota*. *Acta Agric. Scand.*, **15**, 101-114.

BONNET A., 1983. — *Daucus carota* L. subsp. *dentatus* géniteur de résistance à l'Oïdium pour l'amélioration de la carotte cultivée. *Agronomie*, **3** (1), 33-38.

FERRI F., 1969. — *Erysiphe heraclei* su seme di Carota. *Phytopathol. mediterr.*, **8**, 56-58.

GINDRAT D., 1979. — *Alternaria radicina*, un parasite important des ombellifères maraîchères. *Rev. suisse Vitic. Arboric. Hortic.*, **11**, 6, 257-267.

JENKINS S.F., ANDREAS J., SANDERS D.C., GURKIN R.S., 1986. — Powdery mildew caused by *Erisyphe heraclei* on carrot in North Carolina. *Plant Dis.*, 70-892.

LEBEDA A., COUFAL J., KVASNICKA P., 1988. — Evaluation of field resistance of *Daucus carota* cultivars to *Cercospora carotae* (carrot leaf spot). *Euphytica*, **39**, 285-288.

MARRAS R., 1961. — Intorno ad *Erysiphe umbelliferarum*, parassita della Carota, del Finocchio e del Prezzemolo in Sardegna. *Studi Sassar.* S. III, **9**, 482-492.

MAUDE R.B., 1964. — Leaf blight (*Alternaria dauci*) and blackrot (*Stemphylium radicinum*) of carrots. *14th. ann. rept. Nat. Veg. Sta.* Wellesbourne-Warwick, 68-69.

MAUDE R.B., SPENCER A., BROCKLEHURST P.A., GOTT R.A., BAMBRIDGE J.M., 1985. — The biology and control of *Alternaria dauci* (leaf blight) on carrot seeds. *35th ann. rept. Nat. Veg. Res. Sta.* Wellesbourne-Warwick. p. 81.

PFLEGER F.L., HARMAN G.E., MARX G.A., 1974. — Bacterial blight of carrots, interaction of light, temperature and inoculation procedures on disease development of various carrot cultivars. *Phytopathology*, **64**, 746-749.

STRANDBERG J.O., 1984. — Efficacity of fongicides against persistance of *Alternaria dauci* on carrot seed. *Plant Dis.*, **68**, 1, 39-42.

STRANDBERG J.O., 1988. — Establishment of *Alternaria* leaf blight on carrots in controlled environments. *Plant Dis.*, **72** (6), 522-526.

o Virus et mycoplasmes sur Carotte

DUNN J.A., 1965. — Studies on the aphid *Cavariella aegopodii* on Willow and Carrot. *Ann. Appl. Biol.*, **60**, 33-42.

KRASS C.J., SCHLEGON D.E., 1974. — Motley dwarf, virus disease complex in California carrots. *Phytopathology*, **64** (1), 151-152.

Fiches descriptives « CMI-AAB descriptions of plant viruses » :
Carrot red leaf virus (n° 249 — 1982)
Carrot mottle virus (n° 137 — 1974)
Carrot thin leaf virus (n° 218 — 1980)

GIANOTTI J., LOUIS C., LECLANT F., MARCHOUX G., VAGO C., 1974. — Infections à mycoplasmes et à microorganismes d'allure rickettsienne chez une plante atteinte de prolifération et chez le psylle vecteur de la maladie. *C.R. Acad. Sci. Paris.* **278** (4), 469-470.

LECLANT F., MARCHOUX G., GIANOTTI J., 1974. — Mise en évidence du rôle vecteur du Psylle *Trioza nigricornis* dans la transmission d'une maladie à prolifération de *Daucus carota. C.R. Acad. Sci. Paris*, **278** (1), 57-59.

MATTA A., GARIBALDI A., 1966. — Gravità dei danni causati su Carota da un virus di tipo « witche's broom ». Atti primo *Congr. Unione Phytopathol. Mediterr.*, Bari, sept. 1966, 204-206.

WATSON M.A., 1960. — Carrot motley dwarf virus. *Plant Pathol.*, **9**, 133-134.

WATSON M.A. et SERJEANT E.P., 1964. — The effect of motley dwarf on yields of carrot and its transmission in the fields by *Cavariella aegopodii. Ann. Appl. Biol.*, **53**, 77-93.

o Maladies du Fenouil de Florence

DU MANOIR J., VEGH I., 1981. — *Phomopsis foeniculi* nov. sp. sur Fenouil. *Phytopathol. Z.*, **100**, 319-330.

MARRAS F., 1963. — Mal dello Sclerozio da *Sclerotinia minor* del finocchio dulce et del cavol capuccino in Sardegna. *Note fitopatol. Sardegna*, **6**, 7 p.

MAZUCCHI U., DALLIA A., 1974. — Bacterial rot of Fennel. *Phytopathol. mediterr.*, **13**, 113-116.

NOVIELLO C., MARZANO F., ALOJ B., GARIBALDI A., 1976. — Osservazioni triennali sulle malattie del finocchio in Campania. *Ann. Fac. Sci. agrar Univ. Stud. Napoli Portici*, 1975-1976, 9/10, 259-271.

NOVIELLO C., SNYDER W.C., 1962. — A *Phytophthora* disease of Fennel. *Phytopathol. Z.*, **46**, 139-163.

SISTO D., 1983. — *Cercosporidium punctum* su finocchio in Italia meridionale. *Inf. fitopatol.*, **33**, 55-58.

TULLIO V., TALAME M., 1975. — *Prove di lotta contra i marciumi del finocchio.* *Giornale fitopatol.*, Torino, Nov. 1975, 631-635.

VOGELSANGER J., GRIMM R., BOLAY A., GINDRAT D., 1981. — Dégâts d'origine bactérienne sur porte-graines de fenouil. *Rev. suisse Vitic. Arboric. Hortic.*, **13**, 197-200.

IX
MALADIES DES ALLIUM

I. Rappel de notions botaniques et physiologiques

Le tableau 15 rappellera la place des quatre cultures auxquelles nous consacrerons principalement ce chapitre dans le genre *Allium*, ainsi que celles des autres espèces cultivées du genre : *A. fistulosum* (ciboules d'Extrême-Orient, reproduites par graines, cives tropicales, multipliées par division de touffes), *A. schoenoprasum* (Ciboulette) et *A. tuberosum* (ciboulette chinoise).

On s'étonnera peut-être de la place consacrée dans ce chapitre à l'Ail, à l'Échalote, au Poireau, par rapport à l'Oignon, préoccupation prédominante des manuels anglo-saxons : l'Ail est une culture économiquement importante dans les pays de civilisation latine, une consommation d'échalotes et de poireaux en forte quantité caractérise plus particulièrement la France.

La reproduction végétative chez l'Ail et l'Échalote donne un caractère particulier à la pathologie de ces plantes : absence de maladies spécifiques des plantules, gros dangers de transmission de nématodes, champignons ou virus avec les bulbes ou caïeux de semence, justifiant des schémas de **sélection sanitaire**.

Chez les *Allium* producteurs de bulbes, l'initiation et le grossissement de ceux-ci sont déterminés par la combinaison jours longs — températures élevées (succédant chez l'Ail à un « besoin de froid » des caïeux en conservation ou des jeunes plantes). Les variétés pour « hautes » ou « basses latitudes » diffèrent par le nombre d'heures de jour minimum pour inciter la « bulbification ».

Les bulbes récoltés sont en état de « dormance », celle-ci disparaît d'autant plus vite que les températures de conservation sont proches de 7 °C pour l'Ail, de 10 °C-12 °C pour l'Oignon et l'Échalote. Les variétés diffèrent entre elles pour l'intensité de la dormance.

La plupart des *Allium* cultivés contiennent dans leurs cellules des précurseurs de substances antibiotiques, libérées en faible quantité par les cellules intactes, produites en quantités importantes à la moindre blessure ou agression.

Tableau 15

Les espèces cultivées du genre *Allium* *

○ **Sous-genre RHIZIRIDEUM (3 sections)**

Section **Rhizirideum** : *Allium tuberosum* : Ciboulette chinoise (feuilles plates sans nervure médiane, pas de bulbes, courts rhizomes).

Section **Schœnoprasum** : *Allium schœnoprasum* : Ciboulette (feuilles cylindriques minces, pas de bulbes).

Section **Cepa** : *Allium cepa* (feuilles cylindriques, bulbes bien différenciés)

A. *cepa sensu stricto* : **Oignon**

A. *cepa* var. *aggregatum* : Oignon multipliant

A. *cepa* var. *viviparum* : Oignon vivipare.

Les **Echalotes** dites de « **Jersey** » font elles aussi partie d'*Allium cepa*, ainsi que les échalotes tropicales. La position systématique de l'*Echalote grise* n'est pas définitivement éclaircie, sa tunique coriace et ses racines épaisses la plaçant à part des autres échalotes. Ses fleurs sont rarissimes, de type « *cepa* ».

A. *fistulosum* : Ciboules et cives.

○ **Sous-genre ALLIUM : 3 sections**, parmi lesquelles :

la section **Allium** (les espèces cultivées de cette section sont à feuilles plates, avec nervure médiane bien marquée).

Allium sativum (diploïde) : **Ail**.

Allium ampeloprasum (au sens large) :

comprenant : *Allium porrum* : **Poireau**.

A.p. var. *kurrat* : Poireau égyptien.

A. *polyanthum* : Poireau des vignes.

... tous tétraploïdes. Les A. *ampeloprasum* hexaploïdes, par tous leurs caractères, apparaissent comme des amphidiploïdes A. *sativum* × *polyanthum*.

○ **Autres sous-genres** ne comprenant pas d'espèces cultivées à des fins alimentaires : MOLIUM (3 sections) et MELANOCROMYUM (6 sections).

* D'après le Professeur Dietrich, Université de Strasbourg.

On peut citer l'**allicine** de l'Ail, à la fois bactéricide, fongicide et nématicide, et le **principe lacrymatoire** de l'Oignon de formule voisine, mais plus instable (fig. 81). Le Poireau contient, en plus faible quantité, le dérivé propyl de l'allicine.

Protégés par ces substances, les *Allium* expriment beaucoup plus faiblement que les autres plantes les réactions classiques de nécrose ou d'hypersen-

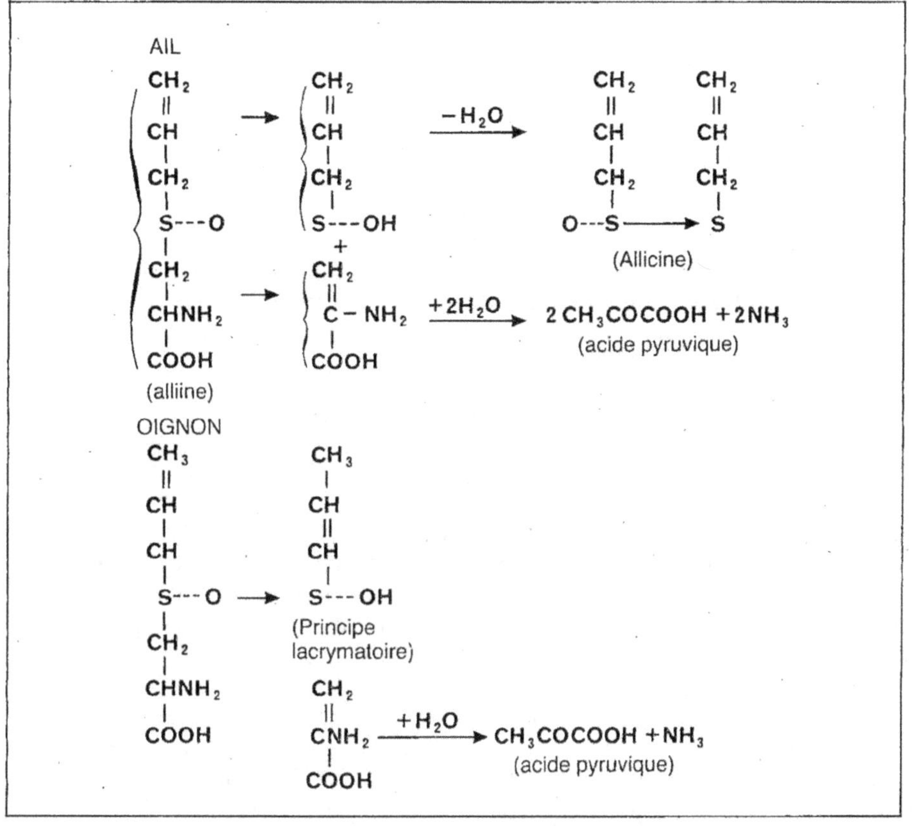

Figure 81. — Génèse des principes antibiotiques chez l'Ail et l'Oignon.

sibilité classiques vis-à-vis des parasites. Leurs pathogènes spécifiques se caractérisent en général par leur tolérance à ces principes antibiotiques, qui, pour certains d'entre eux sont même devenus des *stimulus* pour la germination des organes de conservation (sclérotes de *Sclerotium cepivorum*) ou, pour les insectes, des attractifs (teigne du Poireau, mouche de l'Oignon).

Les *Allium* multipliés par voie végétative peuvent constituer soit des populations hétérogènes, soit des **clones** issus d'un seul bulbe ou d'une seule touffe. L'Oignon, le Poireau, reproduits par graines se présentent traditionnellement comme des **variétés-populations** entretenues par sélection massale permanente.

L'autofécondation entraîne chez ces espèces une importante baisse de vigueur. Les variétés modernes d'Oignon sont des **hybrides F₁** obtenus par stérilité-mâle cytoplasmique. On commence à proposer pour le Poireau des **variétés synthétiques** en attendant les hybrides F₁ à l'horizon 2000. Les variétés récentes d'Ail ou d'Échalote sont des **clones**.

II. Parasites attaquant les plantules

On peut observer sur Oignon et Poireau des **fontes de semis**, souvent provoquées par les *Botrytis* que nous décrirons ci-dessous (en particulier *B. allii*), soit transmis par les semences, soit présents à la surface du sol sous forme de sclérotes germant par voie conidienne.

Nous verrons que les graines d'Oignon supportent en traitement de semences des doses très élevées de fongicides (ex. : Thirame) qui peuvent supprimer ce problème. Un arrosage des couches à semis avec 10 l/m^2 d'une suspension de thirame à 0,8 g/l peut être pratiqué en « sauvetage ».

Charbon, *Urocystis cepulae* [*]

Les plantules d'Oignon, plus rarement de Poireau, peuvent être envahies par l'agent du Charbon au stade compris entre le début de la germination et le déploiement complet de la première feuille.

Les chlamydospores, ou « probasides » d'*Urocystis* se conservent dans le sol jusqu'à 10 ans. Elles germent au contact des plantules d'*Allium* en produisant un *promycélium* portant une couronne de sporidies allongées, qui fusionnent 2 à 2 pour produire le filament infectieux.

On peut donner 10 °C-16 °C-23 °C comme températures cardinales pour la réussite de l'infection. Le mycélium devient ensuite systémique dans les gaines foliaires et les feuilles, et, après une incubation d'une durée très variable, se rassemble sous l'épiderme pour donner des tumeurs allongées, noires à l'intérieur, argentées en surface du fait de la présence de l'épiderme qui finit par se déchirer pour libérer les chlamydospores (fig. 82).

Suivant les cas, le charbon peut tuer les jeunes plantules au stade 2-3 feuilles, ou ne se manifester que sur des plantes ayant atteint 8 mm de diamètre, ou même en début de bulbification : probablement en fonction des températures plus ou moins favorables à la croissance du mycélium, inhibée au-dessus de 25 °C.

Le Charbon de l'Oignon se manifeste dans des régions de vieille tradition de cette culture, relativement froides (Europe du Nord, région parisienne, Bretagne, Côte d'Or en France).

La lutte contre ce charbon repose sur le traitement des semences. Après avoir préconisé des doses énormes de thirame (poids égal de produit et de graines), on sait aujourd'hui que 56 g/kg de semences suffisent à protéger les plantules (on pratique un encollage à la méthyl-cellulose pour faire adhérer le produit).

La carboxine a été signalée comme efficace, mais son emploi ne s'impose pas.

---

[*] Syn. : *Tuburcinia cepulae*. On trouve aussi dans les publications récentes : *U. colchici, U. magica.*

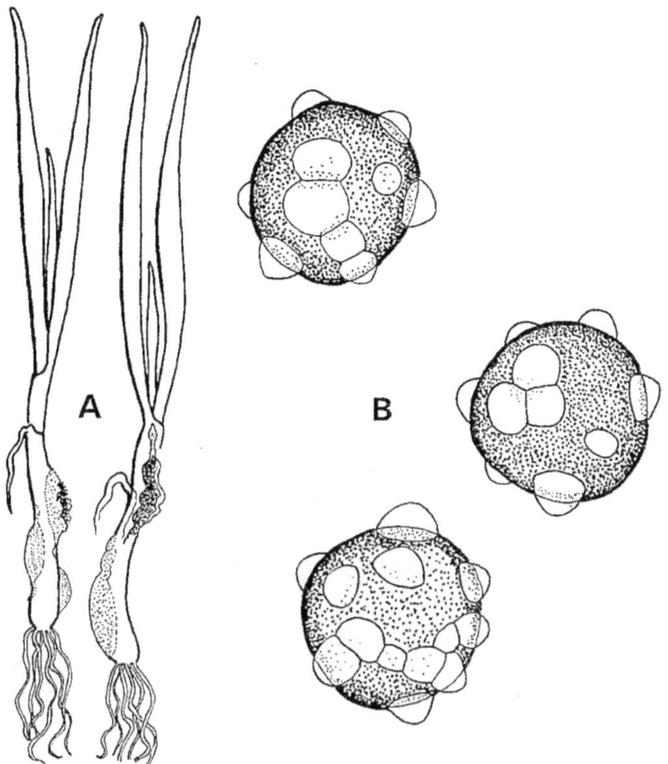

Figure 82. — Charbon de l'Oignon.
A : Plantules porteuses de tumeurs.
B : Chlamydospores de *Tuburcinia*.

Les manifestations de charbon sur Ail ou Échalote, signalées par de nombreux ouvrages, relèvent probablement de la légende.

Des plantules d'oignon saines ayant dépassé le stade 2 feuilles peuvent être repiquées sans risque en sol charbonné.

III. Parasites telluriques attaquant les plantes en végétation et les bulbes dans le sol

Pourriture blanche (*Sclerotium cepivorum*)

● Le parasite

Sclerotium cepivorum, bien qu'on ne lui connaisse pas de forme parfaite, se rattache de façon évidente aux *Sclerotinia* proprement dits (sans forme conidienne *Botrytis*) par la structure de ses petits sclérotes (0,5 mm de diamètre), l'aspect macro et microscopique du mycélium et sa forme microconidienne.

C'est le champignon du sol le plus redoutable sur les *Allium*, il est capable de détruire les racines, les « plateaux », la base des gaines foliaires, les bulbes en voie de grossissement.

Les sclérotes se conservent dans le sol jusqu'à 5 ans, parfois sans doute beaucoup plus. Un à cinq sclérotes par kg de terre suffisent à provoquer des dégâts graves.

La germination des sclérotes dormants dans le sol est stimulée par le passage des racines d'*Allium*, du fait des substances volatiles qu'elles émettent, jusqu'à 1 cm de distance.

Les températures cardinales pour l'infection des racines sont 10 °C-**18 °C**-24 °C. On observera donc des attaques estivales dans l'Europe du Nord, automnales et printanières en climat nord-méditerranéen ou en Aquitaine, hivernales plus au sud (Égypte). En conditions tropicales, on peut rencontrer *S. cepivorum* au-dessus de 1 500 m. Les conditions les plus favorables à la croissance des racines : sol humide, mais non gorgé d'eau seront aussi les plus favorables au développement de la pourriture blanche.

• Description des dégâts

Les symptômes sur racines sont les mêmes pour tous les *Allium* : pourriture translucide avec éventuellement production de sclérotes (fig. 83). Par la suite les symptômes varient suivant les espèces.

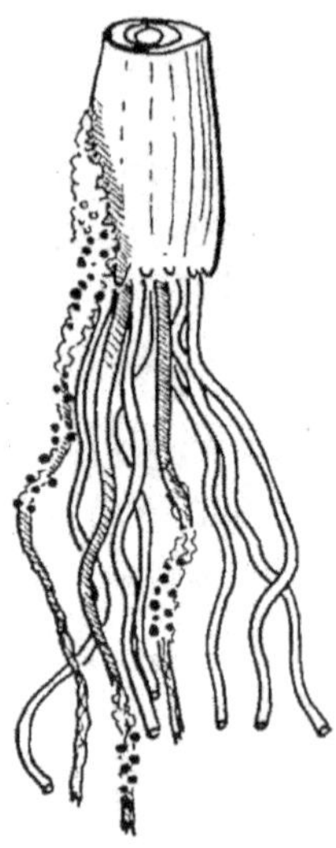

Figure 83. — Vue grossie d'un très jeune plant d'Oignon attaqué par *Sclerotium cepivorum*.

— Oignon et Poireau

Les dégâts se manifestent surtout sur les jeunes plantes, soit en pépinière, par plages, soit sur des portions de lignes au champ. Les feuilles extérieures jaunissent les premières, la croissance s'arrête, la plante meurt. Si on arrache les plantes malades, on constate la destruction totale du système racinaire, la pourriture de la base des gaines foliaires, avec production d'un mycélium blanc et de quelques sclérotes.

Il est rare (tout au moins en France) d'observer sur Oignon ou Poireau des dégâts à des stades plus tardifs : pourriture blanche basale sur Oignons en voie de renflement, ou sur gros poireaux.

— Échalotes

Les échalotes de type « Jersey » sont rarement atteintes par la pourriture blanche. Par contre l'**Échalote grise** (beaucoup plus riche en composés aromatiques) s'y montre extrêmement sensible. Plantée à l'automne dans le Midi de la France elle peut être atteinte dès la plantation, avec pourriture complète de la base de la plante, ou au printemps en cours de grossissement des bulbes, avec jaunissement du feuillage, pourriture de la base des bulbes qui se désolidarisent, et abondance de mycélium et de sclérotes.

Les dégâts peuvent se poursuivre en conservation.

— Ail

C'est, avec l'Échalote grise, la culture la plus sensible.

Les dégâts apparaissent à trois stades, en particulier sur les variétés à gros bulbes plantées à l'automne dans les régions de production du Midi de la France (Drôme, Ardèche, Vaucluse, Bouches du Rhône, Tarn et Garonne) (v. fig. 84 B).

— *Aussitôt après la plantation* : les premières feuilles jaunissent et deviennent molles. On observe à l'arrachage une pourriture du caïeu planté, les tuniques de protection restées sèches présentent quelques sclérotes. A ce stade, les plantes attaquées sont le plus souvent réparties au hasard.

— *Entre le début de la bulbification et la récolte* : les plantes atteintes jaunissent, souvent de façon unilatérale, en commençant par les feuilles de base. Elles deviennent flasques et sèchent prématurément. Les gaines foliaires sont recouvertes à leur base d'une croûte de sclérotes se prolongeant par un mycélium cotonneux. A l'intérieur du bulbe, on observe la progression de palmettes de mycélium blanc-gris. Comme dans le cas des lésions de *Sclerotinia* sur dicotylédones, les tissus des gaines foliaires et des caïeux sont pourris et translucides à distance par rapport au mycélium, du fait de la pectinolyse. Ce type de dégâts apparaît en général dans les parcelles sous forme de ronds ou zones de quelques dizaines de m^2. Il est prédominant sur Ail planté au printemps.

— *En conservation* : des bulbes qui n'avaient que quelques racines atteintes peuvent être stockés avec les bulbes sains. Les tuniques extérieures

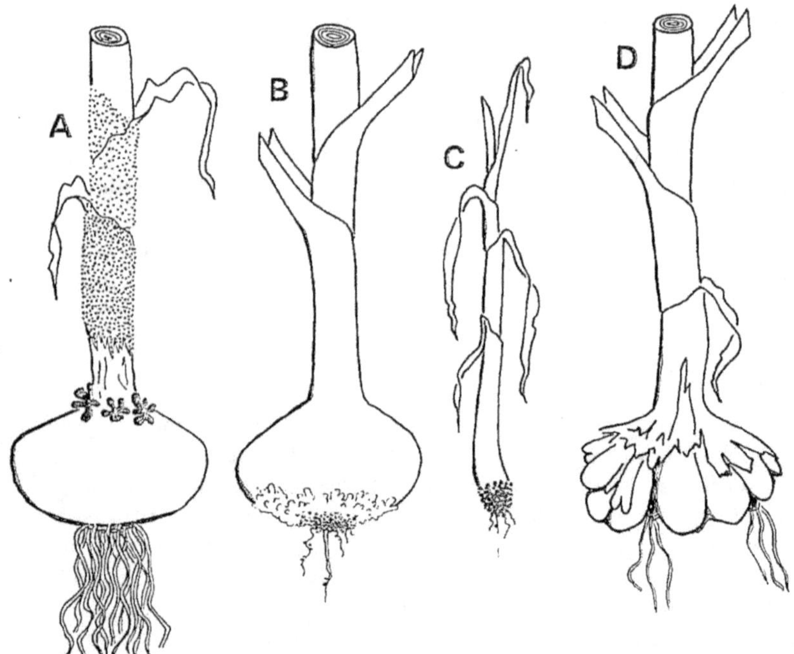

Figure 84. — Pourritures de bulbes d'Ail au champ.
A : *Botrytis porri* (attaque débutant au collet, gros sclérotes contournés, le *Botrytis* fructifie les gaines foliaires).
B : Pourriture blanche (*Sclerotium cepivorum*, souches courantes ; mycélium blanc puis sclérotes à la base du bulbe).
C : Pourriture noire printanière (souches à gros sclérotes de *S. cepivorum*).
D : Maladie vermiculaire (*Ditylenchus dipsaci*, éclatement du bulbe par le bas).

restent intactes, le mycélium progresse lentement à l'intérieur du bulbe, en attaquant les caïeux par la base avec production de sclérotes.

○ Origine de l'inoculum

Les sclérotes présents dans le sol peuvent avoir pour origine les racines de plantes malades des cultures précédentes ou leurs déchets, mais aussi être amenés par les eaux de ruissellement ou les pratiques culturales (fumiers ou composts n'ayant pas suffisamment chauffé). Chez l'Ail et l'Échalote, des contaminations discrètes des semences peuvent être à l'origine des dégâts automnaux, et entraîner la contamination de parcelles jusque-là indemnes.

Certains faits restent inexpliqués : pourquoi, par exemple voit-on apparaître des contaminations par *S. cepivorum* à l'emplacement de vieux arbres éliminés lors des remembrements ? (Observation due à Roux, Top semences).

○ Méthodes de lutte

On adoptera des mesures préventives, on pratiquera éventuellement des traitements fongicides.

— *Rotations*

Bien que la survie des sclérotes puisse être plus longue, une rotation de 5 ans excluant tout *Allium* est en général préconisée. On n'observe pas d'effet particulier des autres précédents culturaux, sinon dans le cas du **glaïeul**. Dans les régions, comme en France le Vaucluse, où les producteurs d'Ail peuvent aussi souscrire des contrats de multiplication de bulbes de glaïeuls, on constate que cette culture fait efficacement régresser la contamination des terrains par *S. cepivorum*. Les racines de glaïeul induisent la germination des sclérotes, mais sont réfractaires à l'infection, le mycélium ne survit pas dans le sol.

— *Usage de semences saines* (Ail, Échalote)

L'usage de semences certifiées, ou l'acquisition à l'amiable de la récolte d'une parcelle indemne est indispensable pour les exploitations où la maladie ne s'est pas encore manifestée. Chez l'Oignon et le Poireau, la transmission par graines n'est pas à redouter, il en serait de même chez l'Ail pour des variétés dont les bulbilles d'inflorescence auraient une taille suffisante pour être utilisés comme semences.

— *Lutte chimique*

Elle peut s'envisager par enrobage fongicide des graines, dans le cas du Poireau et de l'Oignon, des bulbes ou caïeux de semence pour l'Échalote ou l'Ail.

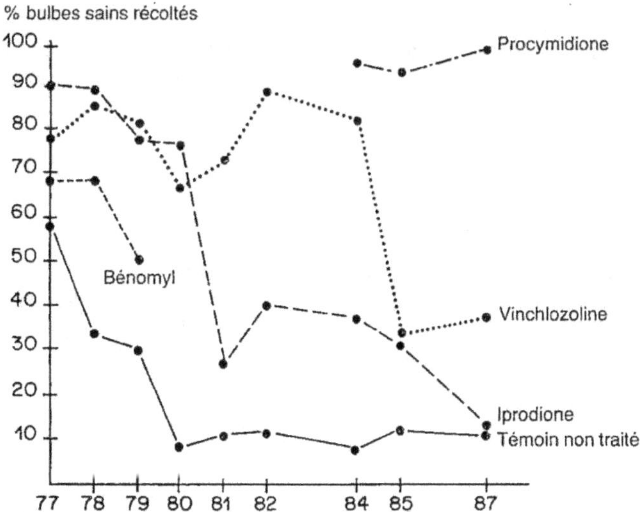

Figure 85. — Evolution des dégâts de *Sclerotium cepivorum* dans une parcelle conduite en nonoculture d'Ail ; efficacité des traitements de semences (le bénomyl a été abandonné après 1979, la procymidione introduite en 1984) (résultats INRA, Bordeaux).

Dans ce dernier cas, les fongicides seront employés en enrobage humide, dans des appareils opérant un brassage sans brutalité (tonneau excentré, bétonneuse).

On ajoutera, après un premier brassage à sec, autant de ml d'eau que de grammes de poudre.

Les produits seront utilisés à des doses de 500 g/100 kg de semences pour la quintozène, 150 g pour les produits plus récents (en matière active). Après ce traitement des bulbes ou caïeux, on les fera sécher en couche mince, on plantera le lendemain ou le surlendemain.

Si l'on veut conserver plus longtemps des bulbes ou caïeux traités, on peut remplacer, dans le mode opératoire décrit ci-dessus, l'eau par du plastifiant pour papiers peints.

L'usage des produits pour ces traitements de semences a suivi la même évolution que dans le cas du *Sclerotinia minor* sur salades (v. chapitre XII p. 465) :

— dans les années 60, quintozène, puis dicloran ;

— bénomyl à partir de 1970, avec des résultats tout d'abord remarquables, en particulier en durée d'activité jusqu'au printemps, puis échecs de plus en plus fréquents ;

— dicarboximides dans les années 80, avec de très bons résultats de l'iprodione et de la vinchlozoline, suivis de baisse d'activité. Le produit actuellement le plus actif est la procymidione. Le graphique de la figure 85 résume cette évolution sur une parcelle suivie en monoculture d'Ail par l'INRA-Bordeaux.

S. cepivorum n'est pas le seul parasite tellurique à combattre sur Ail et Échalote. Nous préférerions à l'usage de la seule procymidione celui d'un mélange où elle serait additionnée d'un fongicide à large spectre.

Les graines d'Oignon et de Poireau peuvent elles aussi être enrobées de fongicides pour prévenir les attaques de *S. cepivorum*. On a utilisé en Angleterre le calomel (Hg_2Cl_2) aujourd'hui abandonné. On ajoutera 1 à 2 g par kg de semences d'un produit de type « dicarboximide » à la forte dose de thirame préconisée pour le charbon.

— *Possibilités de lutte biologique*

S. cepivorum est sensible aux mêmes agents spécifiques (*Coniothyrium, Sporidesmium*), ou généraux (*Trichoderma, Gliocladium*) de destruction des sclérotes que nous avons signalés au chapitre I pour les *Sclerotinia*.

— *Résistance variétale*

Nous avons noté plus haut les différences de sensibilité au champ entre échalotes de Jersey et échalotes grises.

Aucune variété d'Ail ne semble résistante : des clones issus de plantes rescapées dans des taches de pourriture blanche (ex. : « Rose de Lautrec B.T. ») n'ont pas confirmé leur résistance en inoculation artificielle.

Certaines variétés d'Oignon ont été signalées comme résistantes (ex. : « Ailsa Craig »). Des méthodes d'inoculation standardisées sont en cours de mise au point en Angleterre et aux États-Unis pour redéfinir les sensibilités des diverses espèces d'*Allium* et rechercher les géniteurs de résistance. L'un d'entre nous avait démontré la résistance d'*Allium paniculatum* (sous genre *Allium*, section *Codonoprasum* : aucun espoir de croisement avec les *Allium* cultivés).

Autres champignons à sclérotes

Beaucoup plus rarement que la Pourriture blanche, on observe parfois sur Ail une **Pourriture noire**, provoquée par une souche particulière de *S. cepivorum*, pourvue de sclérotes plus gros que les souches communes (1 mm) et ne produisant pas de mycélium aérien blanc, aussi bien sur les plantes que sur gélose.

La pourriture noire intervient plus tôt au printemps que la pourriture blanche, elle transforme en un résidu noirâtre la base des plants d'Ail en début de renflement (fig. 84 C).

Cette souche de *S. cepivorum* semble liée aux terrains infestés d'*Allium* sauvages (ex. : *Allium sphaerocephalum*, *A. vineale*).

On ne doit pas confondre avec *S. cepivorum* un inoffensif *Sclerotinia* du sol à sclérotes plats, qui se borne à envahir les tuniques externes des bulbes d'Ail, symptôme analogue à celui du « fly-speck » des pommes.

Macrophomina phaseoli peut se comporter de façon analogue, provoquant une fine ponctuation grise.

Sclerotium rolfsii est rarement signalé sur *Allium*. On conseille même en Israël la culture de l'Oignon pour faire régresser l'infection des sols. Nous l'avons cependant observé sur Échalote en Guadeloupe, favorisé par un traitement fongicide des bulbes de semences (captafol + carbendazime). La situation peut être rétablie par addition de carboxine à ce traitement — ou par plantation de bulbes non traités (s'ils sont indemnes d'*Aspergillus*).

Maladie des racines roses

Elle est provoquée par *Pyrenochaeta terrestris*, champignon à pycnides qui n'attaque que les racines. Il les colonise d'abord sans les tuer, les colorant en rose, passant ensuite au rouge vineux à mesure qu'elles se dessèchent.

La production n'est pas anéantie, pour les espèces productrices de bulbes, mais la récolte est réduite et le dessèchement plus précoce.

P. terrestris peut se perpétuer sur les racines de nombreuses plantes, en particulier chez le Maïs, sur lequel il provoque la même coloration racinaire.

Les températures cardinales pour l'infection sont 16 °C-26 °C-35 °C. Il sera donc peu à craindre dans les pays océaniques de l'Europe du Nord. Dans le Midi de la France, il n'interviendra qu'en fin de maturation des bulbes, les dégâts les plus graves sont observés sur cultures estivales de Poireau.

Par contre il prendra de l'importance, soit aux « basses latitudes » (pays méditerranéens méridionaux, zones tropicales de plaine), soit en climat continental à étés très chauds (ex. : Wisconsin aux États-Unis). La sécheresse aggravera les dégâts, ainsi que toute crise contribuant à compromettre la nutrition des racines [*].

Les conditions méditerranéennes de fort ensoleillement, favorables à la maladie, permettent aussi d'en débarrasser le sol par solarisation.

On constate des différences spécifiques et variétales de sensibilité : *Allium fistulosum* est pratiquement résistant à *P. terrestris* alors qu'*A. cepa*, *A. sativum* et *A. porrum* sont sensibles : une bonne raison dans les pays chauds pour remplacer le Poireau par les ciboules japonaises, ou l'amphidiploïde (*cepa* × *fistulosum*) « Beltsville bunching onion ».

Chez l'Oignon la résistance à *P. terrestris* occupe une grande place dans les programmes de sélection aux États-Unis (Wisconsin, Texas), en Israël et au Brésil.

Les tests sont réalisés soit dans des bacs à température constante, sous inoculation artificielle (Wisconsin), soit au champ. Les souches de *Pyrenochaeta* diffèrent par leur agressivité, mais non par leur virulence (classement variétal constant). La résistance est récessive (2 gènes, plus des modificateurs). Des tests basés sur l'usage d'une toxine du parasite sont en cours de mise au point.

Fusarioses

Aucun *Fusarium solani* ne semble avoir évolué en f. sp. virulente sur *Allium*. On observe des cas de fusarioses à *F. roseum* et *F. oxysporum*.

c Fusariose basale du Poireau

Elle se manifeste par une pourriture fortement pigmentée d'un rouge plus franc que celui de *P. terrestris*, localisée à la partie des racines qui touche le plateau et à la base des gaines foliaires. On l'observe en France dans les exploitations où le Poireau occupe une surface importante.

Les souches de *F. roseum* var. *culmorum* qui provoquent cette maladie sont morphologiquement semblables à celles que l'on isole de céréales. Mais nous avons observé qu'elles tolèrent *in vitro* des doses d'extrait d'ail frais qui inhibent totalement les souches issues de céréales (4 % - *S. cepivorum* tolère 7 %). Ces souches peuvent attaquer l'Ail en inoculation artificielle, mais on n'observe pas la maladie sur Ail au champ.

Il est difficile de conseiller autre chose que des rotations faisant une plus grande place aux Dicotylédones.

---

[*] Dans un essai de réinoculation de variétés d'Ail par l'OYDV, nous avons constaté que la crise virale conduisait à des symptômes de « racines roses » beaucoup plus graves que sur plantes saines, ou sur plantes infectées de façon chronique.

• Fusariose du plateau sur Oignon et Échalote

Elle est provoquée par *F. oxysporum* f. sp. *cepae*. Après un stade où les dégâts sont de type « vasculaire » : jaunissement progressif des feuilles commençant par le sommet, brunissement des tissus du « plateau » (représentant la très courte tige de la plante), on observe un brunissement des racines et une pourriture basale du bulbe, pouvant se poursuivre en conservation avec apparition d'un mycélium blanc-rosé. Les températures cardinales pour l'infection sont 15 °C-**27** °C-32 °C.

Du fait de sa spécificité (alors que le *Pyrenochaeta* se perpétue sur de nombreuses plantes) la Fusariose de l'Oignon est moins répandue que la maladie des racines roses, mais les parcelles contaminées à la suite de cultures d'oignons répétées peuvent subir de graves dégâts, qui peuvent d'ailleurs se combiner avec ceux de *Pyrenochaeta*.

La Fusariose de l'Oignon caractérise les climats où les plantes en début de grossissement du bulbe subissent des températures très élevées.

En Europe, elle est très redoutée en Italie dans la région Émilie-Romagne, sur la variété « Cipolla dorata di Parma ». Des essais en contamination artificielle ou sur parcelles infectées ont montré la très grande sensibilité de cette variété en comparaison avec la plupart des types européens ou américains.

La résistance à *F. oxy.* f. sp. *cepae* est de nature polygénique à tendance dominante, les sélectionneurs américains s'y intéressent depuis de nombreuses années. Les sélectionneurs italiens, sans introgression à partir de variétés étrangères, ont pu améliorer considérablement la résistance du type « Dorata di Parma » par cinq cycles de sélection récurrente, en conservant le type de bulbes et l'aptitude au stockage de cette belle variété.

En France, cette Fusariose commence à inquiéter les producteurs d'échalotes de type « Jersey ». L'ensemble des mesures (thermothérapie des semences, séchage de la récolte à air chaud) qui ont considérablement amélioré l'état sanitaire de ces échalotes (nématodes, *Botrytis* spp.) ont en fait révélé la présence de cette maladie. Les chlamydospores de *F. oxysporum* résistent à la chaleur et à la plupart des fongicides. On essaye d'ajouter du prochloraze (le plus actif vis-à-vis des *Fusarium* des fongicides modernes et un des moins phytotoxiques) au bain thermothérapique.

Anthracnose des Oignons blancs

Elle est provoquée par *Colletotrichum circinans*, parfois signalé comme capable d'attaquer le feuillage en conditions chaudes et humides (Italie, Puerto Rico). C'est avant tout un champignon du sol, de type *C. dematium* (conidies en forme de croissant, production de sclérotes)

Le dégât principal est l'envahissement des écailles externes des oignons blancs en cours de maturation, avec formation de stromas noirâtres plats, souvent disposés en cercles concentriques. La qualité de la chair de l'Oignon n'est pas altérée, mais la présentation en souffre (fig. 86 B).

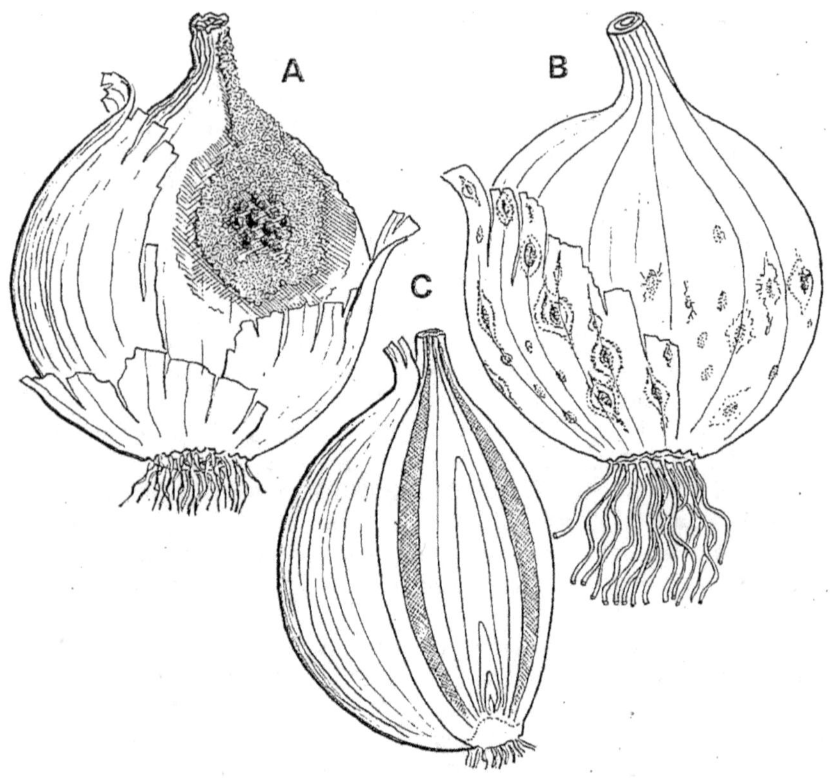

Figure 86. — Altérations des bulbes d'Oignon.
A : Pourriture provoquée par *Botrytis allii*.
B : Anthracnose des Oignons blancs (purement superficielle).
C : Pourriture bactérienne limitée à une écaille charnue à l'intérieur du bulbe (symptôme
« Slippery skin »).

Les températures cardinales du *Colletotrichum* sont 10 °C-26 °C-30 °C, les dégâts se produisent si la maturation a lieu en sol tiède et humide.

Les oignons colorés (jaunes, rouges) ne sont jamais attaqués, grâce aux composés phénoliques inhibiteurs (acide protocatéchuique, catéchol) dont se chargent les écailles en voie de dessèchement.

Aux États-Unis, le Poireau et l'Échalote sont signalés comme sensibles (les échalotes américaines sont blanches).

Il n'existe pratiquement pas de méthode de lutte. On réservera aux oignons blancs les parcelles les plus « neuves » de l'exploitation, les expositions ensoleillées. En conditions méditerranéennes, on se méfiera des arrosages tardifs.

Planche 11 : En haut, maladie « Café au lait » de l'Ail sur gaines foliaires. (Photo R. Samson, INRA-Angers). En bas, « Café au lait » sur bulbes. (Photo R. Samson, INRA-Angers).

Planche 12 : Virus des *Allium*. En haut, à droite, OYDV sur Blanc de la Drôme (témoin sain à gauche). En bas, symptôme « Pattes d'araignées » dû à l'OYDV sur Echalote de Jersey. (Photos J.-P. Leroux, INRA-Montfavet).

Suie des bulbes d'Ail

Helminthosporium allii, qui la provoque, doit plutôt être considéré comme un commensal que comme un parasite.

Il est très souvent présent sur les bulbes d'Ail (surtout les variétés à gros bulbes, comme « Blanc de la Drôme » ou « Violet de Cadours ») dont il noircit les tuniques extérieures à partir de la base. Ce noircissement devient important et difficile à éliminer si l'on tarde trop à récolter des bulbes mûrissant en sol humide (orages proches de la récolte).

Un arrachage alors que le tiers de la longueur totale des feuilles a jauni, suivi d'un séchage rapide, permettra d'éviter cet inconvénient. Si l'on cherche à sécher à l'air chaud, on évitera la température de 25 °C, optimum thermique du champignon.

H. allii peut bien entendu être transmis par les semences, lorsque le mycélium a pénétré jusque dans les intervalles entre les caïeux, ou lorsque des fragments de tuniques extérieures noircies y restent collées.

Les traitements fongicides de caïeux améliorent la situation — c'est une autre raison d'y ajouter un fongicide à large spectre.

Maladie vermiculaire

Bien que certaines souches de *Meloidogyne incognita* (Afrique-Antilles) puissent attaquer les racines d'*Allium* en conditions chaudes, c'est le **Nématode des tiges et des bulbes** *Ditylenchus dipsaci* qui constitue la plus grande menace.

D. dipsaci attaque plus de 400 espèces végétales : dicotylédones, graminées, Liliacées. L'espèce est subdivisée en races attaquant des gammes d'hôtes plus restreintes. Celle qui attaque les *Allium* peut se perpétuer sur : Avoine, Betterave, Haricot, Pois, Fève, Épinard.

Les adultes peuvent atteindre 1 mm de long (fig. 29). *D. dipsaci* est un **endoparasite** se déplaçant activement dans les tissus végétaux : tiges, gaines foliaires.

Chez les *Allium*, il pénètre la base des gaines foliaires, aux points d'émergence des racines et peut envahir les gaines de bas en haut et le plateau.

Les jeunes plants d'Oignon (plus rarement de Poireau) envahis prennent un aspect rabougri, tordu, gonflé, avec une base épaissie. Ils donnent naissance à des bulbes présentant des écailles externes d'aspect farineux, entrant facilement en pourriture nauséabonde. Chez l'Échalote, c'est cet aspect d'altération des tuniques externes qui prédomine.

Chez l'Ail, l'attaque, qui se manifeste surtout en début de grossissement des bulbes, touche surtout la base des gaines foliaires externes, et le plateau. Cela provoque un éclatement des bulbes par la base, accompagné d'une pourriture rougeâtre (fig. 84 D). Le feuillage des plantes d'Ail attaquées prend une coloration rouge-violacé (et non jaune comme pour la Pourriture blanche).

Les températures cardinales pour l'infection et le développement des dégâts sont 10 °C-**22 °C**-30 °C. Dans le sol, les *Ditylenchus* ne survivent pas longtemps à 35 °C.

L'inoculum peut se perpétuer de deux façons :

— nématodes quittant les tissus de l'hôte pour se conserver dans le sol sous forme de larves au 4ᵉ stade, jusqu'à plus de 5 ans et, éventuellement, se multiplier sur d'autres cultures sensibles ou sur des mauvaises herbes. Les sols argileux sont les plus favorables à leur conservation ;

— larves au même stade se conservant en état d'**anhydrobiose**, enroulées sur elles-mêmes, avec les semences d'Oignon ou les bulbes et caïeux d'Échalote ou d'Ail ayant subi des attaques discrètes passées inaperçues à la récolte.

Dans le premier cas, les attaques apparaissent par plages ovales pouvant aller jusqu'à plusieurs dizaines de m², dans le second cas par foyers plus nombreux, de taille restreinte.

Chez les *Allium* reproduits par voie végétative, l'infection peut rester latente pendant plusieurs années dans les lots de semences, puis se révéler de façon explosive en année favorable (printemps précoces et pluvieux, températures longtemps comprises entre 15 °C et 28 °C).

• Moyens de lutte

L'élimination de *D. dipsaci* suppose un ensemble de mesures concernant le terrain et les semences :

— Rotations

Nous avons signalé ci-dessus les précédents suspects. Par contre, les précédents Blé, Orge, graminées fourragères, Pomme de terre, Tournesol, Luzerne, Laitue, Chou, Poivron peuvent être conseillés. L'élimination des mauvaises herbes est elle aussi indispensable.

— Désinfection du sol

Au moyen de dichloropropène ou de métam-sodium elle permet d'augmenter fortement les récoltes en sol contaminé. Elle n'élimine cependant pas complètement la population de *Ditylenchus*, le terrain peut se trouver recontaminé en fin de culture. On évitera les nématicides contenant du brome, phytotoxique sur *Allium*.

Certains traitements insecticides du sillon dirigés contre la Mouche (*Hylemia antiqua*) en culture d'Oignon peuvent avoir un effet sur les *Ditylenchus* : carbofuran, trichloronate, terbufos. Leur sensibilité aux températures supérieures à 35 °C permet de conseiller la **solarisation** en conditions méditerranéennes.

— Mesures concernant les semences

Les firmes semencières sérieuses ne devraient pas aujourd'hui vendre de graines d'Oignon contaminées.

Pour les espèces à multiplication végétative, l'achat de **semences certifiées** (dans les pays où se pratique une sélection sanitaire) est indispensable. Les lots de semences sont, en France, suivis en analyse nématologique (tolérance : 0) de génération en génération, et les champs de production vérifiés indemnes.

Dans le doute, on pourra appliquer la **thermothérapie** à l'eau chaude — cette méthode délicate trouve bien entendu sa vraie place dans les premières générations de semences certifiées, soit systématique, soit occasionnelle pour des lots légèrement douteux.

Les *Ditylenchus* mobiles sont tués en 2 heures à 43 °C, une heure à 44,5 °C. Ce sont les températures que l'on choisira pour le traitement des **échalotes**, qui devra être pratiqué entre la récolte et la sortie de dormance (août à février pour le Nord de la France). On ajoute à l'eau de trempage 1 % de solution de formol du commerce, souvent remplacé aujourd'hui par un fongicide moins irritant pour le personnel (bénomyl, prochloraze), à une dose double de celle indiquée pour les bouillies à pulvériser. Après l'opération, qui se pratique couramment dans des bacs de plusieurs m^3, avec circulation d'eau et thermostat, on fait sécher les bulbes en couche mince.

La sélection sanitaire de l'Échalote ayant débuté en France plus tard que celle de l'Ail, certains producteurs dans les années 70-80, traitaient systématiquement toutes leurs semences avant plantation.

Chez l'**Ail**, la plupart des nématodes sont en état d'anhydrobiose. L'époque idéale pour le traitement, de peur de phytotoxicité si la dormance est sur sa fin, se situe un mois après la récolte (fin juillet-août), on trempe des bulbes entiers.

Nous préconisions dans les années 60 de tremper les bulbes (une partie de bulbes pour 2 parties d'eau, ex. : 50 kg dans 100 l) dans de l'eau à 55 °C, et de laisser refroidir une heure jusqu'à 44 °C. Caubel préconise aujourd'hui un prétrempage de 10 h à l'eau froide (pour réveiller les larves de leur anhydrobiose) suivi d'une thermothérapie d'une heure à 48,5 °C.

D'autres méthodes de traitement de bulbes peuvent être envisagées : fumigation au bromure de méthyle (40 g/m^3 pendant 20 h, ou 80 pendant

Résultats d'essais sur Ail rose, terrain fortement infesté

Traitement des semences	Dose 100 kg	% de plantes atteintes	Récolte t/ha *	Nématodes par plante (mai)
Thiabendazole	300 g	28	8,55 a	6
	600 g	32	8,40 ab	13
Bénomyl	300 g	48	8,60 a	50
	600 g	37	8,05 bc	??
Iprodione	300 g	70	4,85 bc	353
	600 g	77	3,60 c	211

* Extrapolée à partir des parcelles expérimentales.

10 h), applicable seulement par des établissements agréés. Le trempage à froid dans des solutions nématicides est en cours d'expérimentation, avec des produits non encore agréés pour cet usage et facilement phytotoxiques (ex. : phoxime).

On ne doit pas sous-estimer l'effet secondaire d'autres produits utilisés pour traiter les semences, en particulier vis-à-vis de la pourriture blanche : le thiabendazole, et dans une moindre mesure le bénomyl (cf. résultats ci-dessous, empruntés à Caubel-INRA Rennes, 1988).

— Possibilités de lutte biologique

Le champignon nématophage *Arthrobotrys irregularis* est celui qui présente le pouvoir capteur le plus important vis-à-vis de *D. dipsaci*. Appliqué expérimentalement au sol, il a réduit les populations en cas de terrain fortement contaminé, et empêché totalement l'attaque en cas d'infestation légère.

IV. Bactérioses

De nombreuses bactéries ont été signalées sur les *Allium*. La plupart d'entre elles sont d'un parasitisme peu net, ou pas encore tout à fait éclairci, excepté toutefois le ***Pseudomonas syringae*** pv. ***porri***, étudié en France par R. Sanson. Il provoque sur Poireau des lésions translucides puis jaunâtres de forme allongée sur les feuilles. Celles-ci prennent une forme arquée. On l'observe aussi sur hampes florales : lésions ovales nécrotiques en leur centre. Le Poireau étant très sensible à la phytotoxicité du cuivre, la lutte est difficile. Les excès de fertilisation azotée favorisent cette maladie.

Pseudomonas cepacia provoque la pourriture des écailles extérieures chez l'Oignon, à partir de contaminations du col du bulbe par temps humide. Les dégâts se manifestent en conservation. Les mesures destinées à combattre *Botrytis allii* (v. ci-dessous) combattront aussi cette bactérie, dont le parasitisme est suffisamment douteux pour qu'on ait essayé de l'utiliser comme agent de lutte biologique contre le *Botrytis*.

Pseudomonas gladioli* var. *alliicola a été décrit comme agent de pourriture brunâtre d'une ou deux écailles internes des bulbes d'oignon, accident très importun pour le consommateur (en anglais « *slippery skin* »). L'infection est supposée avoir là aussi pour origine le col du bulbe (fig. 86 C).

Il semble cependant, tout au moins dans les régions chaudes, que des bactéries très diverses (*Pseudomonas, Erwinia, Aerobacter* spp.) puissent être isolées de tels dégâts.

Présentes à un effectif infime dans des tissus sains, elles peuvent se développer à l'intérieur de bulbes ayant subi des températures très élevées en cours de maturation (sols noirs chauffant à plus de 40 °C en surface).

Pseudomonas fluorescens, bien que considéré comme saprophyte et non agressif pour la plupart des plantes, a été reconnu comme capable de provoquer sur l'**Ail** la « **maladie café au lait** » : pourriture des gaines extérieures de la fausse-tige, de consistance visqueuse et de couleur beige, apparaissant au printemps par temps humide, sur cultures denses et forcées en azote.

S'étendant vers le bas cette pourriture peut colorer en marron les tuniques extérieures et les cloisons internes du bulbe, dépréciant la récolte.

P. fluorescens peut attaquer les bulbes à lui seul, mais encore plus gravement en association avec *Ditylenchus dipsaci* colonisant les gaines extérieures.

Cette virulence de *P. fluorescens* peut paraître anormale. Elle a été démontrée par R. Sanson. On peut penser que l'Ail, protégé par son puissant antibiotique, avec un pH cellulaire proche de la neutralité, peut se trouver à la merci de bactéries présentant une tolérance à l'allicine.

La thermothérapie en bain additionné de formol sera toute indiquée sur les lots de semences ayant présenté des attaques légères — bien que la transmission du « café au lait » par les semences soit assez irrégulière.

On se souviendra enfin que la **Mouche de l'Oignon** (*Hylemia antiqua*) vit en étroite association avec des *Erwinia carotovora*, les lésions provoquées par ses asticots entrent en déliquescence, et ceux-ci se nourrissent de la bouillie ainsi obtenue.

Les échalotes sont facilement attaquées par cette mouche (accompagnée de la « Mouche des bulbes » *Eumerus strigatus*) au moment où les bulbes s'écartent en grossissant. Ils pourrissent à partir de la base.

V. Maladies cryptogamiques des feuilles et des gaines, pouvant éventuellement contaminer les bulbes

Mildious

On rencontre sur *Allium* deux mildious différents, l'un attaquant principalement l'Oignon et l'Échalote : *Peronospora destructor*, l'autre surtout le Poireau : *Phytophthora porri*.

Ce dernier peut occasionnellement attaquer l'Oignon, avec les mêmes symptômes que sur Poireau.

● Le mildiou de l'Oignon

Il apparaît comme un velouté mauve sur les feuilles cylindriques ou sur les hampes florales creuses d'oignon ou d'échalote.

A des températures voisines de son optimum (températures cardinales 3 °C-**11** °C-25 °C) il peut envahir des feuilles entières sans que se manifeste de nécrose.

A des températures plus élevées (ex. : 11 °C la nuit, 20 °C le jour) sa croissance devient moins rapide, les taches apparaissent ovales avec une

Figure 87. — Mildiou de l'Oignon *(Peronospora destructor)* : lésion sur feuille, développée à des températures alternant entre 11 °C et 20 °C, avec comme conséquence une zonation. Un *Stemphylium* saprophyte colonise le centre de la tache.

discrète zonation, leur centre se dessèche avec une coloration beige clair (fig. 87), tandis qu'elles continuent à s'accroître à leur périphérie. La sporulation et l'infection ont lieu en général la nuit, à la faveur des gouttes de rosée, l'incubation dure au minimum 10 jours.

Quelques heures de temps sec et chaud pendant la journée (> 25 °C) suffisent à tuer les spores et à arrêter une épidémie.

Les lésions desséchées se recouvrent des fructifications noir-verdâtre de *Stemphylium vesicarium*, envahisseur secondaire très régulièrement présent.

Le *Peronospora* se conserve d'une saison à l'autre de deux façons : par des oospores, formées dans les tissus foliaires en fin d'épidémie (elles peuvent se conserver 4 à 5 ans dans le sol) — ou sous forme de mycélium dans les bulbes : oignons porte-graines, petits oignons dits « de Mulhouse », utilisés pour en produire des gros, échalotes. Dans ce dernier cas, la thermothérapie préconisée ci-dessus pour tuer les nématodes pourra éliminer le mycélium interne.

On luttera contre le Mildiou de l'Oignon :

— en cherchant à réduire le nombre des foyers primaires : rotation de 5 ans, séparation des cultures porte-graines et des cultures pour production de bulbes, thermothérapie (v. ci-dessus) ;

— et éventuellement par des traitements chimiques en végétation, répartis sur la période où les températures moyennes sont comprises entre 10 °C et 15 °C (mars-avril dans le Midi de la France, mai-juin en Bretagne). La qualité de la pulvérisation est une condition essentielle de réussite : la **pulvérisation pneumatique** bien employée permettra une meilleure adhérence des produits sur les feuilles.

Avec des produits non systémiques (ex. : manèbe, mancozèbe, classiquement conseillés) les traitements seront espacés de 8 à 10 jours sur cultures pour production de bulbes. Les anti-mildious systémiques (ex. : association cymoxanil + oxadyxyl + manèbe) conseillés en Provence dans les années 80 rendront l'efficacité plus sûre en cas de pluies répétées.

Les cultures porte-graines sont encore plus difficiles à protéger. Si elles sont réalisées à partir de bulbes-mères, ceux-ci doivent provenir de cultures indemnes.

Sur les hampes florales, une seule lésion entraîne cassure et perte de l'ombelle. Leur élongation rapide maintient à leur base une zone non traitée.

Avec les produits non systémiques, il faudra si possible traiter une fois par semaine.

Les plantations denses, l'excès d'azote et le mauvais drainage (par germination des oospores en bordure des flaques) favorisent le mildiou.

L'Échalote grise aussi bien que les « Jersey » sont sensibles au mildiou. Parmi les variétés d'Oignon, on signale aux États-Unis « Calred » comme résistante.

Plus récemment en Allemagne, Kofoet et Zinkernagel n'ont trouvé aucun *Allium cepa* résistant sur 250 cultivars testés et proposent d'utiliser à long terme une résistance provenant d'*Allium roylei* en se servant d'*A. fistulosum* comme « espèce-pont ».

● Mildiou du Poireau (fig. 88 B)

Il est provoqué par *Phytophthora porri*, que l'on signale aussi sur Oignon en Hollande. Sa désignation anglaise : « *White tip of leek* » n'est pas tout à fait exacte, car les lésions foliaires, d'abord livides, puis blanches et sèches,

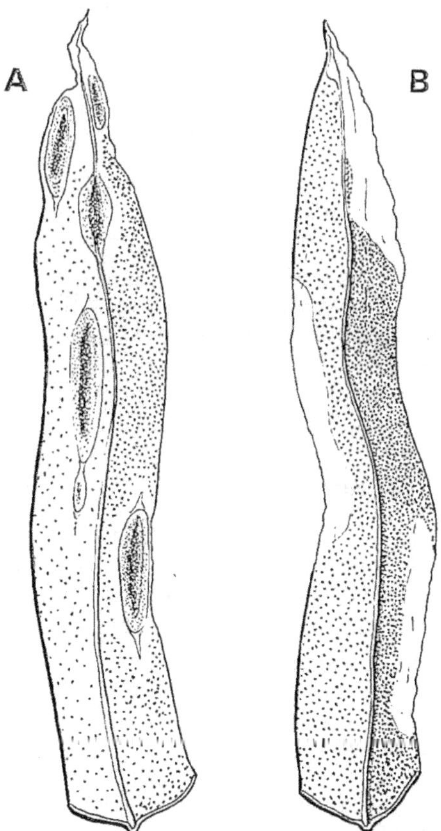

Figure 88. — Dégâts foliaires sur Poireau.
A : Alternariose. B : Mildiou.

peuvent apparaître aussi bien à la marge des feuilles qu'à leur extrémité. Elles sont dans les deux cas de forme allongée (5 à 6 × 1 à 2 cm). Les conidies sont d'apparition fugace et peu visibles à l'œil nu. De très nombreuses oospores se forment dans les tissus contaminés. Les températures cardinales peuvent être estimées à 1 °C-17 °C-25 °C.

Dans le Midi de la France, les dégâts débutent en octobre et se poursuivent tout l'hiver si celui-ci est doux et pluvieux. En Bretagne, c'est aussi sur « poireaux d'hiver » qu'on observe les dégâts. Les plantes contaminées précocement peuvent rester naines, le feuillage attaqué donne à la récolte une mauvaise présentation et se fane vite. Là aussi on observe un *Stemphylium* comme envahisseur secondaire.

C'est en réalisant à l'INRA-Montfavet des essais fongicides contre ce mildiou que nous avons observé l'extrême sensibilité au cuivre du Poireau (nombreuses taches nécrotiques blanches). Dans les années 60, le manèbe et le folpel se révélaient efficaces, avec des fréquences de traitement de 15 à 20 jours.

Le métalaxyl et le furalaxyl ont été reconnus comme efficaces *in vitro* (résultat GRISP-Bretagne), mais pas encore expérimentés ni autorisés au champ.

Botrytis

Les *Allium* peuvent être attaqués par divers *Botrytis*. *B. cinerea* (un peu comme sur la Fève) peut provoquer de petites taches blanches (1 mm de diamètre) qui ne prennent pas d'extension.

Quatre espèces de *Botrytis* spécialisés aux *Allium* ont été décrites, dont trois peuvent provoquer des dégâts importants, soit en végétation, soit au cours du stockage des bulbes : *B. squamosa* et *B. allii* sur Oignon et Échalote, *B. porri* sur Poireau et Ail *.

Suivant les espèces, c'est l'attaque sur feuilles et gaines, ou les dégâts ultérieurs en conservation qui prédomineront.

○ *Botrytis squamosa* (anglais : *Onion blast*)

Ce *Botrytis*, dont la forme parfaite *Botryotinia squamosa* a été décrite par Viennot-Bourgin, est un sérieux parasite foliaire de l'Oignon, capable de se développer dans le mésophylle à partir de lésions initiales analogues à celles de *B. cinerea*, évoluant en taches blanches pouvant atteindre 4 mm de diamètre, plus nombreuses à l'extrémité de la feuille, qui finit par se dessécher (fig. 89).

Les fructifications de *B. squamosa* sont fugaces, blanchâtres, visibles par temps humide à l'extrémité des feuilles nécrosées.

---

* La quatrième espèce, *B. byssoidea*, mycélienne et sclérotique, a été décrite aux États-Unis, (Wisconsin, Illinois), provoquant des dégâts sur bulbes analogues à ceux de *B. allii*. L'*European hand book of plant diseases* la donne comme synonyme de *B. porri* (?).

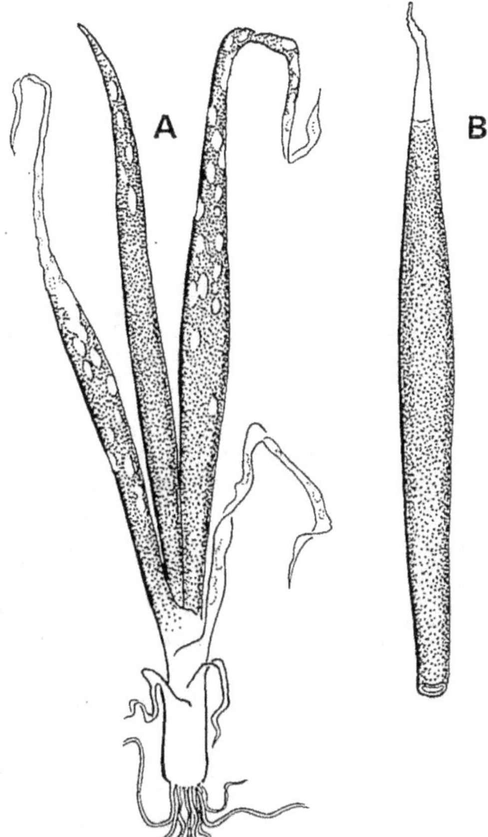

Figure 89. — Dégâts de *Botrytis squamosa* sur Oignon (A). En B, dessèchement non parasitaire
des pointes de feuilles.

L'infection est favorisée par les périodes humides (pluies, rosées) et les
températures moyennes de l'ordre de 18 °C. L'optimum pour la germination
des conidies se situe à 14 °C, celui de la croissance mycélienne à 24 °C.

Les cultures d'Oignon les plus attaquées seront celles qui sont plantées à
l'automne à partir de plants produits en semis d'août ou septembre (Sud-
Ouest de la France).

Les dégâts peuvent être graves en pépinière, et se poursuivre au champ
jusqu'aux gels (qui arrêtent la progression de la maladie), puis reprendre au
printemps suivant. *B. squamosa* peut par la suite participer avec *B. allii* au
symptôme « pourriture du col » (v. paragraphe suivant).

Il se perpétue par ses sclérotes qui se forment sur les plantules mortes et
sur les écailles extérieures des bulbes infectés. Ils germent le plus souvent par
voie conidienne, parfois en produisant des apothécies.

B. squamosa (contrairement à *B. cinerea*) peut être combattu par une large gamme de fongicides : éthylènebisdithiocarbamates, thirame, cuivre (attention à la phytotoxicité), ainsi que par les benzimidazoles et dicarboximides.

La protection des pépinières est essentielle pour les oignons repiqués.

B. squamosa est un des champignons pouvant attaquer le feuillage des échalotes, sur lesquelles les programmes de traitement tiendront compte de ce *Botrytis* tout autant que du mildiou.

○ *Botrytis allii*

On ne connaît pas sa forme parfaite. Ce n'est pas un parasite agressif des plantes en végétation, sur lesquelles il se contente d'envahir les feuilles sénescentes à partir de lésions initiales analogues à celles de *B. cinerea*.

Il peut provoquer des fontes de semis sur plantules (v. ci-dessus) et envahir les bulbes d'Oignon et d'Échalote en fin de végétation, à la suite de la contamination du col du bulbe au moment où il se ramollit en cours de maturation. Au champ, ou dans les locaux de conservation, ses spores peuvent aussi germer sur la section du col au moment de la mise en cagette ou en sac.

La pourriture débute au sommet des bulbes et envahit les tuniques extérieures. Le velouté de *B. allii* est plus compact, plus court, plus clair que celui de *B. cinerea* (fig. 86 A).

A la suite du développement conidien se forment des sclérotes en forme de croûte, bombés, de 2 à 3 mm. Les sclérotes assurent la conservation du champignon (cagettes, sacs mal nettoyés, locaux mal balayés...). Il peut aussi être véhiculé par les graines. Aux États-Unis, où on accorde à ce mode de perpétuation une grande importance, on cherche à produire les semences dans des zones arides. Elles seront, pour plus de précaution, traitées au bénomyl ou à l'iprodione.

Chez l'Échalote, les traitements des bulbes de semence par thermothérapie (échalotes de Jersey), ou les enrobages fongicides avant plantation (échalotes grises, mêmes produits que pour *S. cepivorum*) contribueront à la lutte contre *B. allii*.

Les traitements fongicides au champ dirigés contre d'autres parasites foliaires (mildiou, *B. squamosa*) réduiront eux aussi l'inoculum.

Mais l'amélioration principale dans la lutte contre *Botrytis allii*, dans les pays où la récolte a lieu en conditions humides (Hollande pour l'Oignon, Bretagne pour l'Échalote) a été l'adoption du **séchage à l'air chaud**, en silos ventilés, dès la récolte, avec contrôle de la température et de l'humidité de l'air insufflé (en début de séchage, 30 °C, 60 % d'humidité, débit de 150 m^3/heure/m^3 de bulbes).

Il y a d'importantes différences de sensibilité variétale au *Botrytis* entre cultivars d'Oignon ou d'Échalote.

Chez l'Oignon, les variétés à saveur douce, pauvres en matière sèche (qu'elles soient blanches, jaunes ou rouges) sont particulièrement sensibles (ex. : la « Cèbe de St Martial » consommée à Nîmes au petit déjeuner). Une sélection récurrente pour la bonne conservation serait sans doute efficace, mais leur ferait peut-être perdre leurs qualités organoleptiques.

La meilleure homogénéité des hybrides F_1 assure une maturité groupée, permettant une récolte à la date optimum. Un port érigé des plantes est aussi un facteur favorable.

Les échalotes grises sont extrêmement sensibles aux *Botrytis*, ce qui explique sans doute qu'on ne les cultive qu'en climat méditerranéen.

● *Botrytis porri*

Ce *Botrytis* possède une forme parfaite *Botryotinia porri*. Il attaque les gaines foliaires de l'Ail et du Poireau (velouté gris analogue à celui de *B. allii*). Sur l'Ail il provoque de plus des pourritures de bulbes débutant par le haut (à l'inverse de *S. cepivorum*), avec formation au niveau du sol de gros sclérotes de forme contournée, de consistance d'abord gélatineuse puis carbonacée (fig. 84 A).

B. porii peut être transmis par les semences d'Ail et attaquer les jeunes plantes après plantation.

Alternaria porri

L'Alternariose des *Allium* attaque aussi bien les espèces à feuilles cylindriques que celles à feuilles plates (*A. fistulosum* est cependant beaucoup moins sensible qu'*A. cepa*).

Les taches sur feuilles ou sur hampes florales sont ovales, plus ou moins zonées, et se recouvrent d'un feutrage brun de spores d'*Alternaria* (fig. 88 A). La lésion est souvent colorée de pourpre (pigment produit par certaines souches du champignon), d'où le nom anglais de « *purple blotch* ».

On se reportera au chapitre I pour les caractères généraux et l'épidémiologie des *Alternaria*.

A. porri a pour températures cardinales 15 °C-26 °C-34 °C : elles sont beaucoup plus élevées que celles du mildiou ou des *Botrytis*. On ne l'observe guère en France que sur cultures estivales de poireaux dans le Sud-Ouest, parfois sur hampes florales de cette même espèce.

Au contraire, en conditions tropicales humides, *A. porri* devient le principal parasite foliaire des *Allium*.

A l'action favorable du climat sur le parasite s'ajoute, en sol ferralitique acide et décalcifié, une action sensibilisatrice sur la plante. On améliore au moins autant la situation en ajoutant 100 g de calcaire broyé au m de sillon de plantation, ou 5 % en volume dans les planches ou terrines de semis, qu'avec les traitements fongicides. La résistance de l'Oignon à l'*Alternaria* est un des objectifs des sélectionneurs brésiliens. La gravité de la maladie sur Poireau en conditions tropicales est une autre raison pour le remplacer par les Ciboules japonaises ou le « Beltsville bunching Onion ».

Rouilles des *Allium*

Les *Allium* peuvent héberger un certain nombre de Rouilles : par exemple, *Puccinia asparagi* (Rouille de l'Asperge) et des formes écidiennes *Caeoma* correspondant à des *Melampsora* des Saules et des Peupliers (écidies sans collerettes).

Les plus importantes sont des rouilles autoïques inféodées aux *Allium* : *Puccinia* à téleutospores bicellulaires (*P. allii*, *P. porri*), *Uromyces* à téleutospores unicellulaires (*U. ambiguus*).

Il existe aussi des formes intermédiaires (*P. mixta* sur Ciboulette).

Les *Allium* cultivés ne sont pas forcément les plus sensibles aux rouilles : *A. polyanthum*, le « Poireau des vignes » est beaucoup plus sensible que le Poireau cultivé ou l'Ail, et peut servir d'avertisseur pour l'évolution de l'épidémie : cette situation lui est peut-être utile. Cultivé au milieu d'une collection de variétés d'Ail, protégé de la Rouille, *A. polyanthum* produit des caïeux de très gros calibre, mais qui donnent l'année suivante des plantes très virosées : peut-être dans la nature la Rouille grille ses feuilles assez tôt pour le protéger des virus... ?

Alors qu'aux États-Unis et au Japon *Puccinia porri* est souvent signalé, capable en principe d'attaquer tous les *Allium* cultivés (y compris *A. fistulosum*), en France et en Angleterre les Rouilles sont rares sur Oignon, et *P. allii* prédomine sur Poireau et Ail [*].

Les deux espèces peuvent en principe se distinguer par leurs urédospores (plus grandes chez *P. porri*) et la structure des téleutosores, cloisonnés en logettes par des « paraphyses » chez *P. allii*.

Les urédosores de *P. allii* apparaissent nombreux sur les feuilles, orangés, faisant éclater l'épiderme. Les téleutosores sont abondants en fin de végétation sur l'Ail (fig. 90), rares sur Poireau.

La forme écidienne est rarissime. La perpétuation de *P. allii* est attribuée à la survie du stade II sur les cultures chevauchantes de Poireau et sur les *Allium* sauvages.

Les attaques de Rouille sur Poireau semblent plus graves dans l'Europe du Nord (Belgique, Angleterre) qu'en France.

La Rouille de l'Ail sévit pendant les printemps méditerranéens, en général au cours des 2 mois qui précèdent la récolte. Les pertes de rendement peuvent être évaluées à 20 % pour une attaque caractérisée.

L'optimum de développement de *P. allii* se situe aux environs de 18 °C, avec une incubation de 20 jours. En conditions méditerranéennes, on peut supposer que deux cycles de contamination se succèdent sur Ail. Le premier, qui se réalise à des températures souvent inférieures à 18 °C, a probablement une incubation plus longue, ce qui placerait le point de départ de l'épidémie en mars dans le Midi de la France.

---

[*] Le *P. porri* signalé par Sherf et Mc Nab sur Ail en Californie n'attaque cependant pas l'Oignon.

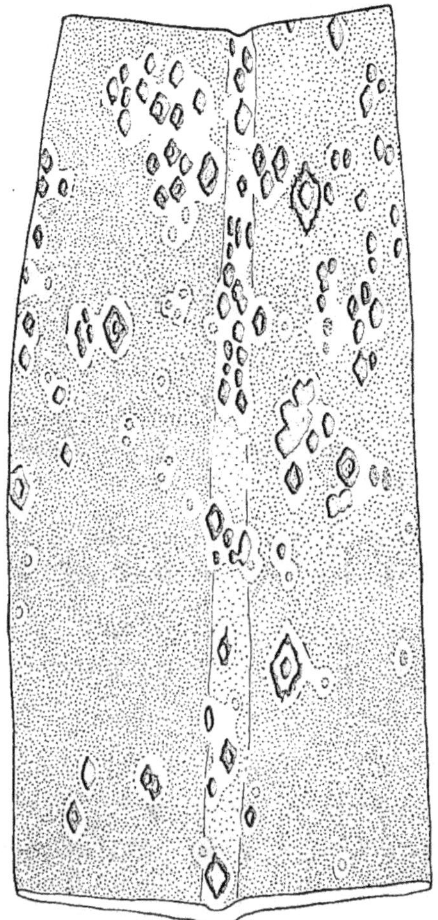

Figure 90. — Rouille de l'Ail due à *Puccinia allii.*

On conseille donc des pulvérisations, avec manèbe ou mancozèbe, débutant le 15 mars, renouvelées tous les 15 jours, soit 4 à 5 au total. Ce programme peut cependant faire faillite au cours de printemps exceptionnellement pluvieux. Certains agriculteurs sont arrivés à redresser la situation en utilisant des fongicides plus modernes (ex. : propiconazole).

On observe des différences de sensibilité chez l'Ail : en collection dans le Midi de la France, certaines variétés extrême-orientales se montrent plus attaquées que les nôtres (mais chez elles, c'est à *P. porri* qu'elles sont confrontées).

Chez le Poireau, les sélectionneurs anglais commencent à se soucier de résistance. Du fait de l'hétérogénéité des variétés-populations de cette espèce allogame, ils trouvent plus de variabilité intra-variétale qu'intervariétale...

Sans nul doute, une sélection récurrente aboutissant à des populations homogénéisées puis à des variétés synthétiques réussira à améliorer le niveau de résistance à la Rouille chez le Poireau.

Stemphylium vesicarium se comporte en envahisseur secondaire des taches de rouille et peut les élargir par une zone blanche desséchée.

Parasites foliaires divers

Nous avons cité à deux reprises *Stemphylium vesicarium* comme envahisseur secondaire. Est-il capable d'induire des taches foliaires à lui seul ? Il est difficile de répondre à cette question, d'autant plus que les souches d'*Alternaria porri* à conidies dépourvues de bec filiforme ont pu être confondues avec le *Stemphylium*.

Heterosporium allii, dont les spores sont analogues à celles des *Helminthosporium*, mais hérissées de petits piquants, a été signalé comme agent de taches foliaires sur tous les *Allium* cultivés (taches grises, petites, elliptiques, feutrage olivâtre). Une recrudescence de ce parasite a été constatée récemment dans l'Ouest de la France.

Cercospora duddiae envahit les gaines foliaires d'*Allium* en conditions tropicales.

Leptotrochila porri, décrit en Hollande, provoque sur feuilles de Poireau des taches blanches, allongées, porteuses d'apothécies.

VI. Conservation des bulbes : physiologie, champignons, acariens

Outre les bactéries et les *Botrytis* décrits ci-dessus, les bulbes d'Oignon, d'Échalote ou d'Ail peuvent être envahis par des souches de moisissures banales tolérantes aux principes antibiotiques des *Allium*. Les plus souvent rencontrées sont *Aspergillus niger* et des *Penicillium* (souches tolérantes à l'allicine de *P. corymbiferum* et *P. cyclopium*).

L'optimum thermique de l'*Aspergillus* est élevé (30 °C), il est particulièrement agressif sur Oignon et échalotes tropicales dans les pays chauds.

Celui des *Penicillium* se situe plus bas (20 °-25 °C), on les rencontre surtout sur Ail, en conservation, à partir de températures supérieures à 5 °C.

L'inoculum de ces moisissures est d'origine très variée : sol, poussières atmosphériques, cagettes, paroi des locaux. Chez les espèces à multiplication végétative, elles peuvent être transmises par les semences. Les traitements fongicides par enrobage des bulbes ou caïeux avant plantation peuvent exercer une influence sur la contamination de la récolte : nous avons ainsi « blanchi » des lots d'échalotes tropicales très attaqués d'*Aspergillus* avec un mélange commercial Captafol + Carbendazime. C'est en pensant aux *Penicillium* que nous avons toujours conseillé d'ajouter un fongicide à large spectre au traitement des semences d'Ail. Là aussi, l'usage répété d'un seul produit peut conduire à des accidents : on trouvait sur Ail dans le Tarn-et-Garonne, dans les années 70, des souches de *Penicillium* résistantes, non seulement à l'allicine, mais aussi au bénomyl.

Une forte infestation d'un lot de semences d'Ail par les *Penicillium* peut se traduire par une « **pourriture verte** » de la chair du caïeu planté, entraînant des symptômes de jaunissement du feuillage des jeunes plantes, et éventuellement leur mort. Ce type d'attaque est favorisé par de fortes pluies de décembre succédant à une plantation en sol sec.

La sensibilité des bulbes à ces moisissures est fonction de leur état nutritionnel et physiologique.

● Nutrition

Au début de l'installation de nouvelles cultures d'Ail pour la semence dans l'Ardèche, certains lots de « Blanc de la Drôme » se sont montrés très sensibles à des pourritures dues à des *Penicillium* et à des souches saprophytes de *Fusarium oxysporum*, dès le troisième mois après la récolte. Ils provenaient de plantes ayant végété normalement, mais cultivées sur des terrains présentant des **carences** en bore ou molybdène révélées par leurs symptômes sur d'autres plantes (betterave, melon), sur les mêmes parcelles.

La correction de ces carences a permis d'obtenir les années suivantes des bulbes se conservant normalement. (Observations dues à H. Vendran - Chambre d'Agriculture de l'Ardèche).

● Physiologie

La sortie de dormance des bulbes entraîne des pertes non seulement du fait de l'apparition de germes, préjudiciable du point de vue commercial, mais aussi, dès leur début de croissance à l'intérieur des bulbes ou caïeux, de l'augmentation de la sensibilité de ceux-ci aux pourritures — du fait sans doute de la migration de substances de réserve vers le germe, et de la modification des parois cellulaires.

La rapidité de la sortie de dormance dépend de l'environnement et de la variété.

Chez l'Oignon et l'Échalote de Jersey, la dormance s'installe mieux après la récolte à la suite d'une exposition à des températures supérieures à 30 °C — d'où l'intérêt d'un séchage à l'air chaud dans les régions nordiques (Hollande, Bretagne), où l'environnement naturel ne les comporte pas.

Ensuite, elle s'évacue le plus rapidement aux environs de 10 °C-12 °C.

Chez l'Ail, la dormance s'évacue le plus rapidement aux environs de 7,5 °C.

Ce sera donc entre 5 °C et 12 °C que les bulbes d'*Allium* se conserveront le plus mal. La sortie de dormance coïncidera avec un risque d'envahissement par les moisissures, éventuellement avec une reprise d'activité des *Botrytis*.

Des conservations de longue durée pourront donc être obtenues soit au-dessus de 20 °C *, soit au voisinage de 0 °C. Les deux solutions sont coûteuses. On a tenté d'améliorer la conservation en utilisant des moyens artificiels pour prolonger la dormance :

— pulvérisations d'**hydrazide maléïque** sur les plantes 15 jours avant récolte. Ce produit cancérigène a longtemps été interdit en France. Son utilisation largement répandue en Hollande sur Oignon, et sur Ail (bien que peu efficace) en Espagne a fini par entraîner son autorisation en France (tolérance en résidus 10 mg/kg) ;

— **irradiation gamma** des bulbes (ou « ionisation », pour moins traumatiser le public), d'autant plus efficace qu'elle est pratiquée plus près de la récolte, à 50-70 greys pour l'Oignon, 12,5 à 25 greys pour l'Ail. Les résultats résumés figure 91 (expérimentation INRA-CEA, 1962) montrent bien l'intérêt de cette méthode, en réalité beaucoup moins inquiétante que l'usage de l'hydrazide maléïque, et les interactions dormance-température-*Penicillium* sur Ail.

Une autre façon d'améliorer la conservation chez l'Ail est de jouer sur le choix variétal : on peut déplorer en France la prédominance en culture de variétés à gros bulbes (ex. : « Blanc de la Drôme », « Violet de Cadours ») très productives, mais peu dormantes. Un équilibre entre ces variétés et des types à plus forte dormance (ex. : « Rose de Lautrec », « Printanor ») permettrait une meilleure disponibilité en bulbes tout au long de l'année.

Les indications que nous venons de donner sur la conservation de l'Ail, en particulier à des températures supérieures à 10 °C, ne sont valables que si les bulbes récoltés sont **indemnes** d'**Acariose**.

L'acarien de l'Ail, *Aceria tulipae* (fig. 92) est un Eriophyidé qui se multiplie abondamment à la surface de la chair du caïeu, sous la tunique coriace de celui-ci.

Le caïeu devient terne en surface et rétrécit en se détachant de sa tunique, dans laquelle il flotte légèrement.

A température élevée les bulbes se dessèchent rapidement. A la loupe binoculaire on décèle une énorme prolifération d'acariens vermiformes, blanc-jaunâtre, assez mobiles.

Les *Aceria* peuvent être tués dans les bulbes récoltés par fumigation au bromure de méthyle, aux mêmes doses signalées ci-dessus pour les nématodes.

On peut freiner leur prolifération par poudrage au soufre des bulbes en conservation. Avant plantation, on peut désinfecter des lots de semences attaqués par addition de dicofol (25 à 50 g de m.a./100 kg de caïeux) à l'enrobage fongicide des bulbes. Nous avons peut-être eu tort de ne pas expérimenter ou préconiser les éthylènebisdithiocarbamates (« eriphyostatiques ») comme fongicides à large spectre pour traitements de semences.

En début de végétation, les plantes issues de caïeux envahis par *A. tulipae*

---

* Comme le montre l'excellente conservation des bulbes d'Oignon (5 mois) ou d'Ail à gros bulbes (1 an) en conditions tropicales humides, s'ils sont importés en bon état juste après récolte : températures entre 20 °C et 30 °C, humidité relative 80-90 %.

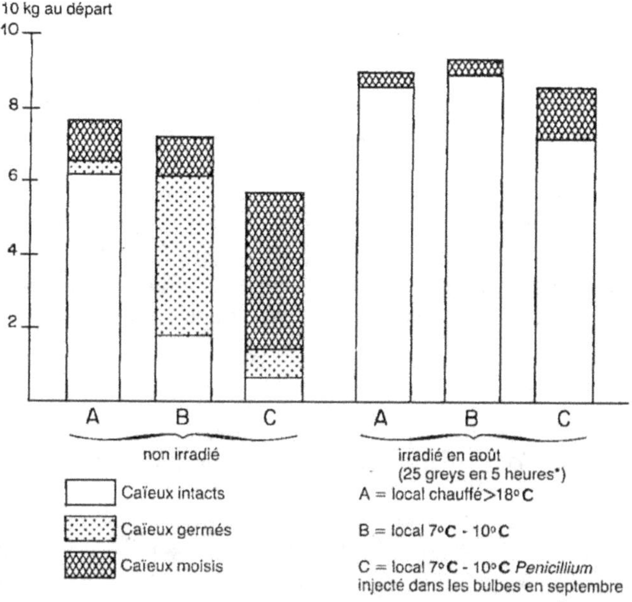

Figure 91. — Influence de la température de conservation et de l'irradiation sur la conservation de l'Ail (résultats INRA, Montfavet/CEA Cadarache, 1962).

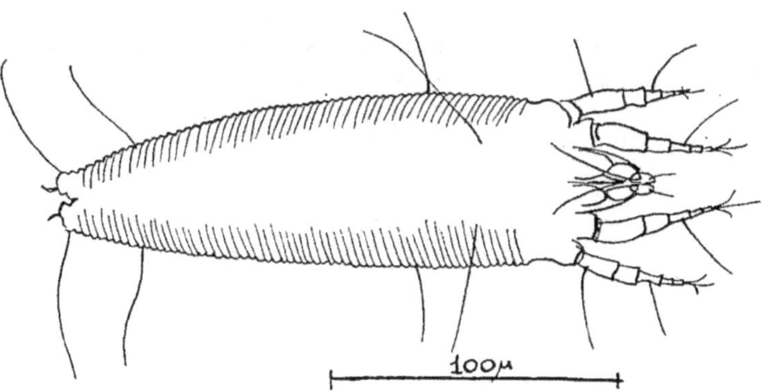

Figure 92. — *Aceria tulipae.*

peuvent présenter sur feuillage des déformations et lésions jaunâtres. Mais on ignore comment se poursuit ensuite le développement des acariens et la pénétration dans les caïeux.

VII. Virus et mycoplasmes sur *Allium*

La situation virologique est assez simple chez les *Allium* reproduits par graine : Oignon, Poireau, attaqués chacun par un *potyvirus*. Elle sera plus compliquée chez les espèces à reproduction végétative, chez lesquelles le potyvirus peut être escorté par un cortège de virus latents.

On n'observe pas de pullulations de pucerons sur *Allium* en cours de culture. Cela n'empêche pas leur invasion épidémique par des virus transmis selon le mode non-persistant, ce qui montre bien l'importance des « piqûres d'essais », par des pucerons ailés de passage, dans la propagation de ces virus.

Bigarrure de l'Oignon
(*Onion yellow dwarf virus*, OYDV)

Ce *Potyvirus* se traduit sur feuilles et hampes florales d'Oignon par une striation irrégulière vert foncé-vert clair-jaune. Les feuilles atteintes gravement présentent des « cloques en creux » et se déforment en s'inclinant vers le sol (symptôme « patte d'araignée »).

La bigarrure de l'Oignon a provoqué autrefois des dégâts sérieux, en particulier en Alsace où elle a été étudiée par Vuittenez dans les années 50. Cette situation était liée à deux facteurs défavorables :

— juxtaposition de porte-graines et de parcelles de production, assurant la perpétuation de ce virus (non transmis par graines) ;

— culture de variétés-populations extrêmement sensibles (ex. : « Jaune de Sélestat », « Jaune de Mulhouse », « Rouge de Niort »).

La plupart des hybrides et variétés cultivés aujourd'hui sont beaucoup moins réceptifs, l'isolement des porte-graines dans des zones particulières de production a lui aussi contribué à la quasi-disparition de ce problème sur Oignon. Nous retrouverons l'OYDV sur Échalotes de Jersey et Ail.

Striure du Poireau
(*Leek yellow stripe virus*, LYSV)

Le Poireau ne manifeste pas de symptômes avec l'OYDV, même inoculé artificiellement. La réciproque est vraie pour la Striure du Poireau, spécifique de cet hôte.

Le LYSV (lui aussi un *potyvirus*) conserve aujourd'hui toute son importance, du fait du chevauchement des cultures de Poireau durant toute l'année et de l'obstination des jardiniers familiaux à conserver leurs porte-graines.

Il provoque des symptômes analogues à ceux de l'OYDV, mais sans déformations foliaires.

Les poireaux à feuillage vert clair (type « Saulx ») sont les plus sensibles et les plus dépréciés par le symptôme. Les variétés à feuillage glauque-pourpré, riche en anthocyanes, sont moins atteintes et expriment des symptômes plus faibles. Une résistance de très haut niveau a été trouvée chez le « kurrat » (petit poireau égyptien).

Situation virologique des Échalotes

L'OYDV est très préjudiciable aux échalotes de type « Jersey » demi-longues et longues (un type « ronde bretonne » particulièrement sensible a pratiquement disparu).

De plus, l'examen au microscope électronique révèle chez toutes les échalotes cultivées en Europe la présence d'un virus latent, le « *Shallot latent virus* » ou SLV. Il appartient aux *carlavirus* *, ne provoque aucun symptôme visible, et probablement pas de baisse de rendement.

Au contraire l'OYDV, avec des symptômes dont la gravité peut varier d'une génération végétative à l'autre (simple striure, ou symptôme « pattes d'araignées ») induit des pertes de rendement de l'ordre de 50 %.

On a tout d'abord en France cherché à isoler des clones tolérants à l'OYDV (ex. : « Jersud » pour la Jersey longue, « DLGK 3 », « Limador » pour les demi-longues). Le travail était compliqué par l'alternance des symptômes entre générations, entraînant souvent sur les parcelles de production de semences des épurations allant jusqu'à 50 %. Les rendements de ces clones culminaient à 20 t/ha.

Les années 80 ont vu apparaître des clones sans OYDV issus de méristèmes, comme « Jermor », issu de Jersud et « Mikor », issu de DLGK 3 (obtentions INRA). Ces deux clones ont conservé le SLV. Un clone de l'INRA-Clermont-Ferrand a été débarrassé de tout virus.

Ces clones sont multipliés sous sélection sanitaire, suivant les mêmes principes que pour l'Ail (voir ci-dessous). Leur usage permet de dépasser 30 t/ha.

L'**Échalote grise** semble très peu réceptive à l'OYDV. Le clone « Griselle » (obtention INRA), multiplié sous sélection sanitaire en France depuis les années 60, a pour principaux problèmes la pourriture blanche et les *Botrytis*. Il est porteur du SLV. En sélection sanitaire, on élimine de temps en temps des familles plus chétives et faiblement striées. La cause virologique de ce symptôme n'a pas encore été déterminée.

Situation virologique de l'Ail

Elle est étudiée en France depuis 1960, plus récemment ou de façon plus épisodique dans d'autres pays. Sa compréhension sera rendue plus facile par un bref historique.

---

* Particules plus courtes que celles des potyvirus, absence de « *pin-wheels* » - voir au chapitre « Pois-Fève ».

— **Années 60** : observation, à l'INRA-Montfavet, de deux types de plantes dans la population « Blanc de la Drôme », les unes à feuillage vert uni, les autres à feuilles fortement striées de vert et de jaune, plus chétives.

Cette striure semble plus épidémique dans le Vaucluse et les Bouches du Rhône que dans la Drôme, où les producteurs de Cavaillon ou de Chateaurenard vont se fournir en semences. Les cultivateurs drômois ne conservent que les plus gros caïeux quand ils préparent leurs semences * ;

— établissement d'une population « feuillage vert uni » par sélection massale, démonstration de la transmissibilité de la striure par inoculation mécanique. Mise en train d'une sélection sanitaire et clonale sur « Blanc de la Drôme », aboutissant à la multiplication sous contrôle des clones « BD 6 » et « BD 10 » (rebaptisés plus tard « Thermidrome » et « Messidrome »). La sélection sanitaire garantit moins de 1 % de plantes virosées, l'absence de pourriture blanche et de *D. dipsaci* dans la parcelle de production. Des zones favorables sont délimitées dans l'Ardèche, la Drôme et le Tarn-et-Garonne ;

— observations sur les variétés cultivées dans d'autres régions de France, mettant en évidence une situation bien différente : variétés présentant une striure plus faible, mais atteignant 100 % des plantes (ex. : « Blanc de Lomagne », « Violet de Cadours » dans le Tarn-et-Garonne). Ces variétés sont postulées « tolérantes » : le clone « Violet de Cadours 6 », isolé à partir de la population du même nom, a des rendements presque égaux à ceux de « Messidrome » et « Thermidrome », bien qu'il contienne une souche de « Mosaïque de l'Ail » très agressive sur ces deux clones.

— **Années 70** : des virologues de haut niveau abordent l'étude de la situation virologique de l'Ail : J. Marrou démontre la transmission de la « Mosaïque de l'Ail » par pucerons (avec difficulté : *Myzus persicae* ne pique pas l'ail volontiers !). Afin de vérifier l'idée de « tolérance » des variétés à symptômes faibles, la culture de méristème est pratiquée. Deux méthodes sont successivement mises au point : prélèvement d'ébauches de bulbilles à l'intérieur de la spathe chez les variétés pourvues de hampes florales, puis (plus difficile), de méristèmes prélevés au fond du caïeu. On dispose ainsi de la version « sans virus » de « Violet de Cadours 6 », diffusée aujourd'hui sous le nom de « Germidour ». Le tableau ci-contre précise le niveau de sa « tolérance » ;

— le succès de « Germidour » incite à pratiquer aussi la culture de méristème sur « Fructidor », clone d'ail de très bonne conservation sélectionné par l'INRA-Clermont-Ferrand, opération qui donnera naissance à « Printanor » dans les années 80 ;

— par contre les observations au microscope électronique sèment le doute : aussi bien les versions « saines » que les versions « virosées » de Thermidrome, Messidrome ou Germidour contiennent deux sortes de particules : *potyvirus* et *carlavirus*... Quelle est donc la vraie nature de la Mosaïque de l'Ail ?

---

* Mesure efficace, car chez l'Ail « Blanc de la Drôme », les moyennes des poids de caïeux des plantes saines et virosées sont séparées par plus d'un écart-type.

Clones	Etat virologique	Rendements moyens tonnes/hectare	Chlorophylle (mg/g de feuille)
Thermidrome	« sain »	12,7	0,83
	infection chronique	5,4	0,28
	réinfecté en mars	6,4	0,25
Germidour	« sain »	16,6	1,19
	infection chronique	12,4	0,80
	réinfecté en mars	13,1	0,64

La sélection sanitaire se poursuit cependant sur sa lancée, on pratique un contrôle des lots par préculture avec levée de dormance par le froid et observation des plantes en serre : on n'arrive cependant pas à obtenir les résultats avant commercialisation pour plantation en novembre.

— **Années 80** : les méthodes virologiques se perfectionnent encore, entre les mains de B. Delécole, H. Lot et J.P. Leroux à l'INRA-Montfavet.

L'usage d'un sérum spécifique de l'OYDV, et de l'**immunoélectromicroscopie** permet de démontrer que les clones « sains » contiennent deux virus latents : un *carlavirus* (différent de celui de l'échalote) et un *potyvirus* (non apparenté à l'OYDV), et que les clones « virosés » contiennent en plus des particules réagissant au sérum OYDV, responsables des symptômes ;

— de nouveaux types d'Ail sont soumis à la culture de méristème en particulier des types à hampes florales originaires du Tarn * et d'Espagne, et des types précoces subtropicaux et tropicaux. La sélection privée entre elle aussi dans la compétition ;

— un test ELISA mis au point pour détecter l'OYDV sur extraits de caïeux permet un contrôle préalable.

D'autres pays (États-Unis, Japon, Canada, Italie) suivent actuellement les mêmes voies : culture de méristèmes, multiplication accélérée *in vitro*, mais seule la France dispose de tous les échelons conduisant à la production de semences certifiées. Signalons en passant que la multiplication accélérée *in vitro*, mise au point à l'INRA-Versailles provoque des anomalies morphogénétiques importantes chez certains clones sur les plantes sorties de tubes — on ne sait pas encore si elles sont de nature physiologique ou « somaclonale ».

D'autres difficultés subsistent :

— on observe sur les clones de « Blanc de la Drôme » en sélection sanitaire des « symptômes faibles » qui compliquent le travail d'épuration au

---

* Les « Roses de Lautrec » régénérés dans les années 70 avaient été malheureusement perdus.

champ. S'agit-il de l'expression d'un des virus latents en conditions de stress ou d'excès d'azote — ou de souches intermédiaires entre le potyvirus latent et l'OYDV ?

— au contraire, les variétés régénérées à partir de clones sélectionnés, à l'état virosé, pour la faiblesse de leurs symptômes, sont difficiles à épurer du fait de l'aspect peu caractéristique des plantes recontaminées... ;

— la culture de méristème donne des plantules « saines » qui sont soit encore pourvues de leurs deux virus latents, soit indemnes de tout virus (ex. : « Printanor » à ses débuts).

Doit-on s'efforcer de conserver les clones régénérés absolument indemnes, au prix d'efforts coûteux (pas d'épuration visuelle possible au champ, nécessité de tester sérologiquement famille par famille sur plusieurs générations), ou se résigner à la recontamination par les virus latents, dont aucune expérience n'a pu prouver qu'ils étaient nocifs ? Cela peut présenter des inconvénients si l'on exporte des semences « certifiées sans virus » dans des pays pourvus de microscopes électroniques — à moins de tout raconter sur l'étiquette ;

— une collection de variétés d'Ail provenant de très nombreux pays contient des souches virales ne cadrant pas avec la définition des trois virus définis ci-dessus — bien que tous soient atteints d'OYDV. Le « cortège » de celui-ci peut être différent dans divers pays du monde.

Autres virus des *Allium*, mycoplasmes

On a signalé çà et là des virus n'appartenant pas aux groupes signalés ci-dessus (poty, carlavirus). Une souche de *Tomato black ring* (népovirus transmis par *Longidorus elongatus*) a été signalée sur Poireau en Hollande.

Un symptôme de « **Nanisme de l'Ail** » se manifeste sur une certaine proportion de plantes (jusqu'à 5 %) dans le sud de la Drôme et de l'Ardèche. Les gaines foliaires des plantes atteintes s'allongent peu, les feuilles deviennent violacées, à la récolte on obtient des bulbes soit totalement stériles, ne contenant que des tuniques concentriques festonnées, soit pourvus d'un ou deux caïeux chétifs.

Dans les cultures de super-élite pour semences, plantées en familles issues d'un seul bulbe, la maladie se manifeste le plus souvent par familles entières, suggérant une contamination de la plante-mère de l'année précédente (observation due à H. Vendran - Chambre d'Agriculture de l'Ardèche). Un examen en coupe ultra-fine au microscope électronique, réalisé au laboratoire INRA-CNRS de St Christol-lès-Alès a montré la présence d'un *réovirus* *. Dans la même zone on rencontre sur Maïs un virus du même groupe, le « *Maize rough dwarf* », dont le réservoir est constitué par des graminées sauvages abritant les cicadelles vectrices (*Laodelphax*).

---

* Groupe de virus comprenant le « virus des tumeurs de blessure » du Trèfle et des virus de graminées : « Maize rough dwarf », « maladie de Fidji » de la Canne à sucre, transmis par des cicadelles Delphacides.

Nous ne savons pas encore si le virus de l'Ail est identique au *Maize rough dwarf*, ou si les deux virus ont une évolution parallèle, mais indépendante.

Aux États-Unis, le mycoplasme des *Aster yellows* a été signalé sur Oignon, avec des symptômes peu caractéristiques de jaunisse et striure la première année, beaucoup plus nets sur porte-graines, avec allongement du pédicelle des fleurs et anomalies florales.

On observe parfois en Europe un symptôme analogue sur un très faible pourcentage de porte-graines.

VIII. Maladies non parasitaires

La plus importante est le **dessèchement des pointes de feuilles**, très fréquent chez tous les *Allium* cultivés, à ne pas confondre avec les dégâts de *Botrytis squamosa* (lésions multiples) ou de *Phytophthora porri* (lésions marginales aussi bien que terminales). Cet accident est sans gravité quand le dessèchement ne dépasse pas 1 cm de long (fig. 89 B).

Il est favorisé par la salinité excessive du sol, les alternances sécheresse-humidité et en relation avec l'alimentation azotée. Sur l'Ail, on peut le faire disparaître en poussant jusqu'à 300 unités d'azote, au détriment de la conservation ultérieure des bulbes, et en favorisant la « maladie café au lait ».

Aux États-Unis, on considère que la cause principale du dessèchement des pointes de feuilles est l'**ozone** atmosphérique, dont l'origine peut être aussi bien naturelle (passage de fronts orageux, voisinage de forêts) qu'industrielle. Les dithiocarbamates utilisés pour combattre mildious, *Botrytis* et rouilles sont antagonistes de l'ozone.

On connaît chez l'Oignon une « résistance » aux dégâts d'ozone (monogénique). Il s'agit en fait d'une sensibilité des cellules-gardes des stomates, qui entraîne la fermeture de ceux-ci dès que la concentration en ozone s'élève.

L'apparition de **feuilles axillaires chez l'Ail** au printemps, en particulier chez les variétés à gros bulbes plantées à l'automne, n'est pas un symptôme parasitaire. Si le « besoin de froid » pour la différenciation des bourgeons axillaires est déjà satisfait alors qu'il ne fait pas encore assez chaud pour qu'ils se renflent en caïeux, ils ont le temps d'émettre une ou deux feuilles qui apparaissent, pliées en zig-zag, à l'aisselle des feuilles principales (fig. 93). Cet accident entraîne un éclatement du bulbe par le haut, sans pourriture (à ne pas confondre avec les dégâts de *Ditylenchus*).

Il caractérise les printemps tardifs et trop frais. Il est aggravé par l'exposition des bulbes-mères à des températures comprises entre 5 °C et 10 °C en septembre-octobre avant plantation.

Les mêmes causes entraînent le **surgoussage** des variétés d'Ail de type « Printanor », en particulier quand on les plante à l'automne et non en mars, et la **montée à graine** intempestive des oignons plantés à l'automne.

Des pulvérisations d'étéphon (produit à activité physiologique, générateur d'éthylène) peuvent incliner l'équilibre floraison/bulbification vers le renflement des bulbes, mais ne sont pas couramment pratiquées.

Le **bleuissement des bulbes d'Ail** apparaît du côté exposé au soleil sur des bulbes récoltés insuffisamment secs, et laissés quelques heures sur le champ. On évitera cet accident soit en les rentrant aussitôt après récolte, soit en les disposant en « double chaine » pour le séchage sur le sol, le feuillage d'une plante recouvrant le bulbe de l'autre.

Figure 93. — Feuilles axillaires chez l'Ail, symptôme non parasitaire aboutissant à un éclatement du bulbe par le haut.

Bibliographie

● Généralités

DIETRICH J., 1986. — The genus Allium. *2ⁿᵈ international Allium Conference*, Strasbourg, juill. 86, 29-32.

GABELMAN W.H., 1988. — Breeding for disease and pest resistance in onions. *4ᵗʰ. EUCARPIA Allium Symposium*, Wellesbourne, 11-90.

JONES A.H., MANN L.K., 1962. — *Onions and their alliees : botany cultivation and utilization*. World crop books - Interscience publishers Inc., New York, 286 p.

LAFON R., 1964. — L'Ail, caractères botaniques, culture et ennemis. *BTI*, **193**, 759-772.

LEFÈVRE R., 1988. — *Les maladies de l'Échalote*. Journées internationales bulbes - Clermont-Ferrand, juin 1988, 4 p.

MOREAU M., LEFÈVRE R., 1984. — Échalotes : améliorer l'état sanitaire des semences. *Aujourd'hui et Demain*, **4**, 1-5.

VIRTANEN A.J., 1962. — Some organic sulfur compounds in vegetable and fodder plants and their significance in human nutrition. *Angew. Chem.*, 1, 6, 299-306.

● Charbon (*Urocystis cepulae*)

CRETE R., TARTIER L., 1973. — Three years of chemical control against onion smut, *Urocystis magica* (*U. cepulae*). *Phytoprotection*, **54**, 31-10.

CROXALL H.E., KICKMAN C.J., 1953. — The control of onion smut. *Urocystis cepulae* by seed treatment. *Ann. Appl. Biol.*, 176-183.

MIMAUD J., RONZEL G., 1961. — La lutte contre le charbon de l'Oignon par enrobage des semences. *Phytoma*, **125**, 19-22.

MULDER J.L., HOLLIDAY P., 1971. — *Urocystis cepulae*. CMI descritions of path. fungi and bact. n° 298.

STIENSTRA W.C., LACY M.L., 1972. — Effect of inoculum density, planting depth and soil temperature on *Urocystis colchici* infection of Onion. *Phytopathology*, **62**, 282-286.

● Pourriture blanche (*Sclerotium cepivorum*)

ABD EL MOVTY, STAHLAM N., 1981. — Biological control of white rot disease of Onion by *Trichoderma*. *Phytopathol. Z.*, **100**, 29-35.

BUGARET Y. et MARIN , 1988. — *La Pourriture blanche de l'Ail. Comment la combattre ?* Journées internationales bulbes - Clermont-Ferrand, juin 1988, 7 p.

ENTWISTLE A.R., SPENCE N.J., 1988. — Progress in the development of a standard method for measuring the resistance in *Allium* to white rot (*Sclerotium cepivorum*) *4ᵗʰ*. *EUCARPIA Allium Symposium*, Wellesbourne, 29-37.

GAUDINEAU M., LAFON R., 1958. — Traitement de la Pourriture blanche de l'Ail. *C.R. Acad. Agric. Fr.*, 178-183.

KING D.J., COLEY-SMITH J.E., 1968. — Effects of volatile products of *Allium* species and their extracts on germination of sclerotia of *Sclerotium cepivorum*. *Ann. Appl. Biol.*, **60**, 109-115.

LOCKE S.B., 1967. — The role of temperature in the epiphytology of onion white rot. *Phytopathology*, **57**, 99-100.

SNYDER W.C., HANSEN H.N., 1957. — A *Sclerotinia* sp. (imp. *Sclerotium*) with limited antifungal activity. *Phytopathology*, **47**, 33.

TICHELAAR C.M., 1961. — De invloed van gladiolus op de kieming van sclerotien van *Sclerotium cepivorum. Tijdschr. Plantenziekten*, **67**, 290-295.

UTKHEDE R.S., RAHE J.E., 1983. — Chemical and biological control of onion white rot in muck and mineral soils. *Plant Dis.*, **67**, 153-155.

UTKHEDE R.S., RAHE J.E., 1984. — Resistance to white rot infections in bulb onion seedlots. *Sci. Hortic.*, **22** (4), 315-320.

○ **Maladie des racines roses** (*Pyrenochaeta terrestris*)

GORENZ A.M. *et al.*, 1948. — Morphology and taxonomy of Onion pink root fungus. *Phytopathology*, **38**, 831-840.

GORENZ A.M., LARSON R.H., WALKER J.C., 1949. — Factors affecting pathogenicity of pink root fungus of onions. *J. Agric. Res.*, **78**, 1-18.

HORTON J.C., KEEN T., 1967. — Sugar repression of endopolygalacturonase and cellulase synthesis by *Py. terrestris* as a resistance mechanism in onion. *Phytopathology*, **57**, 908-916.

NICHOLS C.G., LARSON R.H., GABELMAN W.H., 1960. — Relative pink root resistance of commercial onion hybrids and varieties. *J. Am. Soc. Hortic. Sci.*, **76**, 468-469.

○ **Fusarioses** (*F. roseum* var. *culmorum, F. oxysporum* f. sp. *cepae*)

ABAWI G.S., LORBEER J.W., 1971. — Reaction of selected onion varieties to infection by *F. oxy.* f. sp. *cepae. Plant Dis. Rep.*, **55**, 1000-1004.

ABAWI G.S., LORBEER J.W., 1972. — Several aspects of the ecology and pathology of *F. oxysporum* f. sp. *cepae. Phytopathology*, **61**, 1042-1048.

FANTINO M.G., MARTINI M., BELTRAMI T., 1976. — La fusariosi della cipolla : comportamento varietale. *Inf. fitopathol.*, **26**, 17-20.

MESSIAEN C.M., CASSINI R., 1968. — La systématique des Fusarium. *Ann. Epiphyt.*, **19**, 387-454.

SCHIAVI M., MASERA R., TESTI V., LORENZONI C., SORESSI G.P., 1983. — *Progress in onion breeding for tolerance to* F. oxy f. sp. cepae *and marketing characteristics by applying different selection procedures* 1. Allium Konferenz Freizing, Juli 1983, 144-157.

SCHIAVI M., FANTINO M.G., 1986. — Onion breeding for tolerance to *F. oxysporum* in Italy. 2nd *Int. Allium Conference*, Strasbourg, juill. 1986, 75.

○ **Anthracnose des oignons blancs** (*Colletotrichum circinans*), **Suie des bulbes d'Ail** (*Helminthosporium allii*)

CAMPANILE G., 1924. — Ricerche sopra le condizioni di attaco e di sviluppo di *Helminthosporium allii* su aglio. Le *stazioni Sper. Agric. Italia*, **57**, 413-429.

LINK K.P., ANGELL H.R., WALKER J.C., 1929. — The isolation of protocatechic acid from pigmented onion scales and its signification in relation to resistance. *J. Biol. Chem.*, **81**, 369-375.

LINK K.P., ANGELL H.R., WALKER J.C., 1933. — The isolation of catechol from pigmented onion scales and its signification in relation to disease resistance. *J. Biol. Chem.*, **100**, 379-383.

WALKER J.C., 1921. — Onion Smudge. *J. Agric. Res.*, **20**, 685-721.

• Maladie vermiculaire (*Ditylenchus dipsaci*)

CAUBEL G., 1973. — Données nouvelles sur la lutte contre le nématode des bulbes en culture d'Oignon et d'Échalote. *PHM*, **140**, 1-4.

CAUBEL G., 1988. — *Les nématodes des tiges*, Ditylenchus dipsaci *dans les cultures d*'Allium. Journées internationales des bulbes, Clermont-Ferrand, juin 1988, 20 p.

• Bactérioses

CAUBEL G., SAMSON R., 1984. — Influence du nématode des tiges *D. dipsaci*, dans le développement de la bactériose « Café au lait » de l'Ail occasionnée par un biovar de *Pseudomonas fluorescens*. *Agronomie*, **4**, 311-313.

BURKHOLDER W.H., 1950. — Sour-skin, a bacterial rot of onion bulbs. *Phytopathology*, **40**, 115-117.

KAWAMOTO S.O., LORBEER J.W., 1974. — Infection of onion leaves by *Pseudomonas cepacia*. *Phytopathology*, **64**, 1440-1445.

KAWAMOTO S.O., LORBEER J.W., 1976. — Protection of onion seedlings against *F. oxy* f. sp. *cepae* by seed and soil infestation with *Pseudomonas cepacia*. *Plant Dis. Rep.*, **60**, 189-191.

SAMSON R., POUTIER F., RAT B., 1981. — Une nouvelle maladie du Poireau : la graisse bactérienne due à *Pseudomonas syringae*. *PHM - Rev. hortic.*, **219**, 20-23.

• Mildiou de l'Oignon (*Peronospora destructor*)

HILDEBRAND P.D., SUTTON J.C., 1984. — Interactive effects of the dark period temperature and light on sporulation of *Peronospora destructor*. *Phytopathology*, **74**, 1444-1449.

KOFOET A., ZINKERNAGEL V., 1988. — Resistance of *Allium cepa* and other Allium species against *Peronospora destructor*. 4th. *EUCARPIA Allium Symposium*, Wellesbourne, 47-49.

SUTTON J.C., HILDEBRAND P.D., 1985. — Environmental water in relation to *Peronospora destructor* and related pathogens. *Can. J. Plant Pathol.*, **7**, 323-330.

VERGNIAUD et MONTEGANO, 1988. — A propos du mildiou de l'Oignon. *Journées internationales des bulbes*, Clermont-Ferrand, juin 1988, 12 p.

• Mildiou du Poireau (*Phytophthora porri*)

VAN HOOF H.A., 1959. — Oorzaak en bestridjing van de papier vlekkenziekte bij prei. *Tijdschr. Plantenziekten*, **65**, 37-43.

TAYLOR J.C., 1965. — White tip of leeks. *Plant Pathol.*, **14**, 189.

TICHELAAR C.M., VAN KESTEREN A.A., 1967. — Attack of Onion by *Phytophthora porri*. *Neth. J. Plant Pathol.*, **73**, 103-104.

• Botrytis

HARROW K.M., HARRIS S., 1969. — Artificial curing of onions for control of neck-rot (*Botrytis allii*). *N. Z. J. Agric. Res.*, **12**, 592-604.

HENNEBERT G.L., 1963. Les *Botrytis* des *Allium*. *Meded. Landbouwhoogesch. Gent*, **28**, 851-876.

LACY M.L., PONTIUS G.A., 1983. — Prediction of weather-mediated release of conidia of *Botrytis squamosa* from onion leaves in the field. *Phytopathology*, **73**, 670-676.

LAFON R., 1961. — Le *Botrytis* des semis d'Oignon. *BTI*, **162**, 725-732.

MAUDE R.B., PRESLY A.H., 1977. — Neck-rot (*Botrytis allii*) of bulb onions. I. Seed borne infection and its relationship to the disease in onion crops. *Ann. Appl. Biol.*, **86**, 163-180. II. Seedborne infection and its relation to the disease in storage and the effect of seed treatment. *Ann. Appl. Biol.*, **86**, 181-188.

SEGALL R.H., NEWHALL, 1960. — Onion blast or leaf spotting caused by species of *Botrytis*. *Phytopathology*, **50**, 76-82.

TICHELAAR C.M., 1966. — A leaf spot disease of *Allium* spp. caused by *Sclerotinia squamosa*. *Neth. J. Plant Pathol.*, **72**, 31-39.

VIENNOT-BOURGIN G., 1953. — Un parasite nouveau de l'Oignon en France : *Botrytis squamosa* et sa forme parfaite *Botryotinia squamosa* sp. nov. *Ann. Epiphyt.*, I, 23-43.

WALKER J.C., 1925. — Control of mycelial neck rot of onions by artificial curing. *J. Agric. Res.*, **30**, 365-373.

⊙ Maladies diverses du feuillage (*Alternaria, Heterosporium, Leptotrochila*)

BOLLEMA B.H., EHLERS J.L., 1967. — Alternaria blotch of onions. *Farming S. Afr.*, **43**, 15.

DA SILVEIRA A.P. *et al.*, 1971. — Resistencia de variedades de cebola a queima das folhas *Alternaria porri*. *Biologico Brasil*, **37**, 141-144.

MILLER M.E., TABER R.A., AMADOR J.M., 1978. — *Stemphylium* leaf blight of onion in south Texas. *Plant Dis. Rep.*, **62**, 851-853.

MOORE W.C., 1946. — New and interesting plant diseases. *Trans. Br. Mycol. Soc.*, **29**, 90-94.

SKILES R.L., 1953. — Purple and brown blotch of onions. *Phytopathology*, **43**, 409-412.

VON ARX J.A., BOEREMA G.H., 1963. — Uber eine bisher unbekante pilz krankheit auf *Allium porrum*. *Phytopathol. Z.*, **57**, 341-342.

⊙ Rouilles (*Puccinia* spp.)

GARDNER M.W., 1940. — Garlic rust in California. *Plant Dis. Rep.*, **24**, 298-299.

JENNINGS D.M., FORD LLOYD B.V., BUTLER G.M., 1988. — Rust resistance in leeks and other *Allium* species. *4th*. *EUCARPIA Allium symposium*, Wellesbourne, 39-46.

VIENNOT-BOURGIN G., 1956. — *Mildious, Oïdiums, Caries, Charbons, Rouilles des plantes de France*. P. Lechevallier, ed. Paris.

⊙ Conservation des bulbes

JUSTIN, 1988. — Conservation de l'Oignon. *Journées internationales bulbes*, Clermont-Ferrand, juin 1988, 4 p.

LANGE W.H., MANN L.K., 1960. — Fumigation controls microscopic mite attacking garlic. *Calif. Agric.*, **14**, 9-11.

MANN L.K., LEWIS D.A., 1956. — Rest and dormancy in garlic. *Hilgardia*, **26** (3), 161-189.

MESSIAEN C.M., PÉREAU-LEROY P., LEROUX J.P., 1969. — Amélioration de la conservation des bulbes d'Ail par les rayons gamma. *C.R. Acad. Agric.*, 485-490.

SMALLEY E.B., HANSEN H.N., 1962. — *Penicillium* decay of garlic. *Phytopathology*, **52**, 666-678.

• **Virus des** *Allium*

Bos L., 1982. — Viruses and virus diseases of *Allium* species. *Acta hortic.*, **127**, 11-29.

DELÉCOLE B., LOT H., 1981. — Viroses de l'Ail. Mise en évidence et essai de caractérisation par immunoélectromicroscopie d'un complexe de trois virus chez différentes populations d'Ail atteintes de Mosaïque. *Agronomie*, **1**, 763-770.

MARANI F., PIZZI L., OTTOLINI P., CHIUSA B., 1988. — Observations on field performance of virus-free micropropagated garlic plants. *4th EUCARPIA Allium symposium*, Wellesbourne, 184-189.

MESSIAEN C.M., YOUCEF BENKADA M., BEYRIES A., 1981. — Rendement potentiel et tolérance aux virus chez l'Ail. *Agronomie*, **1**, 759-762.

MOHAMED N.A., YOUNG B.R., 1981. — Garlic yellow streak virus, a potyvirus infecting garlic in New Zealand. *Ann. Appl. Biol.*, **97**, 65-74.

QUIOT J.B., MESSIAEN C.M., MARROU J., LEROUX J.P., 1972. — Régénération par culture de méristèmes de clones d'Ail infectés de façon chronique par le virus de la mosaïque de l'Ail. *Proceedings 3rd Congress of the Mediterr. Phytopathol. Union.* (Portugal), 429-433.

VUITTENEZ A., 1957. — Méthodes de lutte contre la bigarrure de l'Oignon. *Journées fruitières et maraîchères d'Avignon*, 57-68.

LOUIE R., LORBEER J.W., 1966. — Epidemiology of Onion yellow dwarf. *Phytopathology*, **56**, 887.

• **Dessèchement des pointes de feuilles** (*non parasitaire*)

WUKASH R.T., HOFSTRA, 1977. — Ozone and *Botrytis* interactions in Onion dieback : open top chamber studies. *Phytopathology*, **67**, 1080-1084.

X
MALADIES DE L'ASPERGE

L'Asperge (*Asparagus officinalis*) appartient, comme les *Allium*, aux Liliacées. Elle pose au phytopathologiste des problèmes difficiles, en particulier pour tout ce qui se passe dans le sol. Vivace, ne produisant que trois ou quatre années après plantation, elle suppose des expérimentations de longue haleine. Le choix de la parcelle, la qualité du matériel végétal planté, le subtil équilibre à observer entre prélèvement des turions et maintien d'un nombre suffisant de tiges vigoureuses pour assurer la photosynthèse, sont sans doute aussi importants dans le maintien du bon état sanitaire d'une plantation que d'éventuelles interventions pesticides.

Le passage — en particulier en France grâce à l'INRA — d'un matériel végétal hétérogène, du fait de la nature dioïque de la plante, à des hybrides de plus en plus homogènes (hybrides de clones, hybrides de lignées, hybrides 100 % mâles) est susceptible d'améliorer l'état sanitaire grâce au soin avec lequel les sélectionneurs choisissent les parents — mais pourra peut-être dans l'avenir augmenter la « vulnérabilité génétique » des nouveaux cultivars.

I. Maladies provoquées par des champignons du sol

Des fontes de semis et des mortalités de jeunes plantes peuvent se produire ; parmi leurs agents, on trouve déjà les *Fusarium* que nous retrouverons ci-dessous. Divers *Penicillium* peuvent attaquer les jeunes griffes, soit en conservation, soit après plantation, en particulier en cas de gel sur plantations peu profondes. On incrimine alors *Penicillium martensii* (moisissure gris-rougeâtre sur rhizomes et bases de tiges). Par la suite, les deux maladies principales sont le Rhizoctone violet et les Fusarioses.

Rhizoctone violet (fig. 94 A)

Quand des taches dues à *Rhizoctonia violacea* * apparaissent dans une aspergeraie, on observe des mortalités de tiges au milieu de l'été. Au

---

* Voir chapitre I p. 42 pour les généralités sur ce champignon.

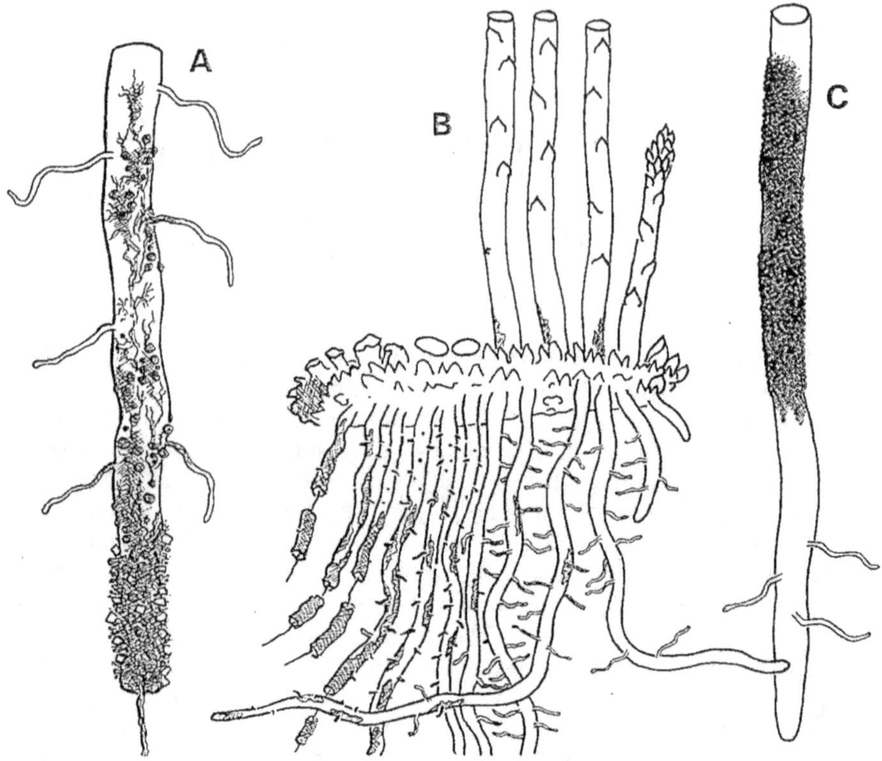

Figure 94. — Maladies racinaires de l'Asperge.
A : Rhizoctone violet.
B : A plus petite échelle, progression de la Fusariose des racines *(F. oxysporum)*.
C : *Zopfia rhizophila*.

printemps suivant, une grande partie des rhizomes ne repoussent pas, ou n'émettent que des turions courts, prématurément brunis et durcis. En arrachant la souche, on observe sur les parties encore vivantes des racines charnues le lacis de filaments violets et les « corps miliaires » de *Rhizoctonia violacea*. Des parties mortes, il ne reste qu'une gaine parcheminée flottant autour d'un « fil », reste du tissu vasculaire.

L'infection et l'incubation procèdent très lentement, le Rhizoctone peut rester épiphyte plusieurs années avant que la maladie ne se déclare. La progression du mycélium est la plus rapide durant le mois de juillet.

L'apparition des foyers peut avoir deux origines :

◦ L'usage de griffes infectées, produites sur un terrain contaminé. On peut lutter contre ce mode de transmission par le procédé mis au point par Molot : trempage des griffes dans de l'eau de Javel à 12° chlorométriques, pendant 15 minutes, suivi d'un rinçage soigneux.

• Le choix d'une parcelle contaminée, ayant supporté des précédents sensibles hébergeant le parasite (ex. : Carotte, Betterave, Luzerne). Les graminées et les *Allium* (culture et enfouissement de déchets de Poireaux) exerceraient au contraire une action défavorable sur le Rhizoctone.

Une désinfection du sol au bromure de méthyle (v. chapitre II, p. 96) est susceptible de venir à bout de ce type de contamination, mais à condition d'atteindre au moins 40 cm de profondeur. On emploie ce produit surtout sur pépinières.

Le développement ultérieur des foyers sera fonction des pratiques culturales et en particulier de la fertilisation. Les apports de matière organique mal décomposée et riche en azote sont réputés favoriser le Rhizoctone violet : autre raison d'éviter la plantation sur défriche de luzerne. On évitera d'apporter des fumiers mal décomposés ou des tourteaux juste avant la plantation. Au contraire, l'apport d'amendements organiques bien décomposés l'été qui précède la plantation sera un facteur de réussite.

En cas d'attaque déclarée, par taches, on peut essayer d'entraver la progression du front infectieux :

— en entourant le foyer d'un fossé de 50 cm de profondeur, pratiqué en rejetant la terre au milieu ;

— en appliquant du sel marin à l'emplacement de la tache, à raison de 2 kg/m².

La profondeur à laquelle se situent les attaques rend difficile l'application de fongicides, qu'il s'agisse de PCNB, d'antibasidiomycètes plus modernes, ou de bénomyl (très efficace *in vitro* sur *R. violacea*).

Fusarioses de l'Asperge (fig. 94 B)

Trois espèces de *Fusarium* sont capables de provoquer des dégâts sur les parties souterraines de l'Asperge : *F. oxysporum*, *F. moniliforme* et *F. roseum* var. *culmorum*.

Les attaques de *F. oxysporum* sont **racinaires** : le premier symptôme est une nécrose de radicelles entraînant leur disparition, et l'apparition de lésions à l'endroit de leur insertion sur la racine charnue.

Ces lésions rougeâtres s'agrandissent en devenant elliptiques, puis entraînent une pourriture progressant de bas en haut.

Le plus souvent, la maladie reste racinaire et entraîne un dépérissement progressif de la plantation, avec jaunissement et dessèchement prématuré des tiges avant l'automne. Un symptôme typiquement « vasculaire » (avec brunissement du cylindre central des racines en avance sur les lésions externes, se prolongeant dans le rhizome et la base des tiges, flétrissement brusque de celles-ci) n'est que beaucoup plus rarement observé — surtout aux États-Unis. Probablement seules les souches provoquant ce symptôme mériteraient le nom de *F. oxysporum* f. sp. *asparagi*. Les souches provoquant seulement des nécroses racinaires pourraient être comparées au *F. oxysporum* f. sp. *radicis-lycopersici*. Leur agressivité est très variable et leur position exacte par rapport aux *F. oxysporum* saprophytes du sol encore mal précisée.

Fusarium moniliforme et sa variété *subglutinans* se rencontrent également sur les lésions de racines, mais on leur attribue surtout des **pourritures de rhizomes**, d'après les résultats d'isolements et d'inoculations artificielles.

Fusarium roseum var. *culmorum* est avant tout un parasite des turions, puis de la base des tiges, sur lesquelles il provoque des lésions rougeâtres en creux.

Du point de vue géographique, les attaques de *F. oxysporum* s'observent dans la plupart des pays où l'on cultive l'Asperge. *F. moniliforme* l'accompagne ou le supplante en conditions méditerranéennes (Midi de la France, Californie), *F.r.* var. *culmorum* devient au contraire agressif dans des climats froids (Belgique, Hollande, Suisse), où l'Asperge a aussi plus de chances de succéder à des rotations céréalières ou des graminées fourragères, hôtes de ce champignon.

En début de plantation, les Fusarioses peuvent provoquer, non seulement des dépérissements progressifs, mais aussi des mortalités de jeunes plantes.

C'est dans ces conditions que, d'après les travaux de Molot et Lombard, la désinfection des griffes à l'eau de Javel avant plantation a pour effet de sensibiliser les jeunes plantes aux dégâts de Fusariose. Elle doit être suivie, pour éviter cet inconvénient, d'un trempage dans une bouillie fongicide contenant un produit de la famille des benzimidazoles, plus un fongicide à large spectre (ex. : captafol, avant son interdiction).

Résultat encore plus surprenant : les griffes produites en pépinière désinfectée au bromure de méthyle, ou en pots de terreau stérilisé, peuvent subir des dégâts de Fusariose précoce (et de Rhizoctone violet) encore plus graves que celles obtenues en sol naturel...

L'explication de cette situation aberrante doit sans doute être recherchée dans l'interaction entre les **mycorhizes endotrophes** (v. chapitre I, p. 25), normalement abondantes sur radicelles d'Asperge, et les champignons parasites.

Les plants produits en sol stérilisé sont plus vigoureux, leurs racines plus chevelues, mais dépourvues de mycorhizes.

Loin de faire abandonner l'idée d'une production de griffes d'Asperge sous contrôle non seulement variétal, mais aussi sanitaire, cette situation devrait conduire à la mise au point la production de « plants sains mycorhizés ».

Sur les plantations déjà établies, au bout d'une ou deux années, les différences entre plants d'origine diverse s'estompent et la gravité des Fusarioses dépend à la fois de l'inoculum présent au départ dans la parcelle (quels sont ses hôtes autres que l'Asperge ?) et de la sagesse avec laquelle la plantation est exploitée : l'épuisement en réserves des racines charnues sous l'effet de récoltes pratiquées dès la 2e année, ou prolongées plus de 2 mois en saison sensibilisera l'aspergeraie aux dégâts des Fusarioses.

Dans les climats plus chauds (ex. : Tai-wan, zone antillaise) où la production d'asperges est bisannuelle ou continue, le même souci d'équilibre entre prélèvements et photosynthèse se traduira par le maintien en permanence de 3 (plantations débutantes) à 6 « tiges-mères » en bon état végétatif par mètre de ligne, pour assurer une bonne nutrition des racines.

On se souciera également de l'alimentation minérale des plantes. Bien que l'Asperge soit une des plantes les plus résistantes au chlorure de sodium, l'alimentation calcique des plantes est un facteur de tolérance aux Fusarioses.

Avant plantation, on dispose aujourd'hui d'une méthode permettant d'estimer le potentiel infectieux du sol en *Fusarium* nuisibles à l'Asperge (mise au point par le laboratoire « microflore des sols » de l'INRA-Dijon). Elle permettra au planteur d'Asperges soucieux de réussite de choisir une parcelle ·présentant au départ peu de risques [*].

Autres parasites des racines et des rhizomes

Les *Fusarium* n'apparaissent pas seuls dans les isolements réalisés à partir de racines d'Asperge nécrosées. Dans la précédente édition de cet ouvrage nous signalions *Pyrenochaeta terrestris* (v. chapitre ALLIUM) et un *Phialophora* (colonies grises à croissance lente), dont on n'a pas reparlé depuis...

On signale de moins en moins souvent, sinon parfois sur pépinières, les *Zopfia rhizophila* et *variospora* (fig. 94 C).

Ces ascomycètes produisent sur les racines charnues un encroûtement noirâtre, granulé de périthèces, sous lequel l'écorce de la racine reste longtemps vivante.

On n'a jamais précisé si ces *Zopfia* étaient parasites ou épiphytes. On les observait à l'arrachage à l'époque où les aspergeraies duraient plus de 10 ans...

Lésions et pourritures sur turions et bases de tiges

Des **Phytophthora** peuvent provoquer des pourritures de turions, soit à leur sortie de terre (*P. megasperma* aux États-Unis), soit après la récolte à partir de leur base (*P. cactorum* en France).

La lésion « graisseuse » de *P. megasperma* s'observe surtout en production d'asperges vertes (fig. 95 C). Falloon *et al.* en Californie ont montré que ce parasite attaque aussi les racines charnues et les rhizomes. Des applications au sol de métalaxyl augmentent les récoltes et diminuent le pourcentage de turions pourris. Le buttage beaucoup moins accentué des plantations pour asperges vertes est sans doute plus favorable aux conditions d'humidité du sol qui stimulent les *Phytophthora*.

La « **Fausse Rouille** » des turions d'Asperge a été longtemps considérée comme « physiologique ». Elle se traduit, à la récolte des asperges blanches, par des symptômes variés : « voile » de couleur rouille généralisé, nécroses rougeâtres des écailles, stries rouges, lésions rougeâtres en forme de boutonnière (fig. 95 A).

L'hypothèse parasitaire a été explorée par Blancard et Faure, qui ont pratiqué des isolements à partir des lésions, et des inoculations artificielles

---

[*] En France ces analyses sont réalisées par le laboratoire de la flore pathogène des sols du Service Régional de la Protection des Végétaux (SRPV-Centre) à Fleury-les-Aubrais.

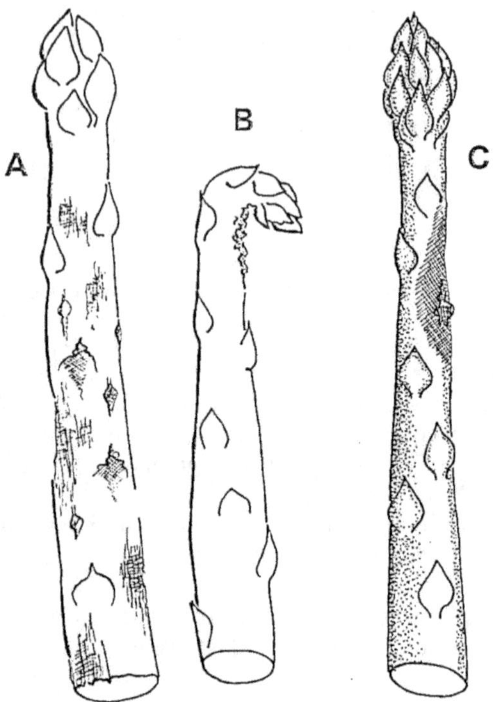

Figure 95. — Lésions sur turions d'Asperge.
A : La « Fausse rouille » sous ses diverses formes : lésions en « voile » ou « boutonnières » rougeâtres, nécroses des écailles.
B : Conséquence d'une attaque de Mouche des semis.
C : *Phytophthora* sur Asperge verte.

avec les souches obtenues. On retrouve la même microflore que sur les racines : les *Fusarium oxysporum, moniliforme* et *roseum* var. *culmorum*, des *Penicillium* et divers autres champignons.

Les inoculations artificielles reproduisent les divers types de symptômes avec certains des *F. oxysporum* isolés, et surtout avec les *F. moniliforme*.

Il existe donc sans doute une liaison entre les syndromes « dépérissement fusarien » et « fausse rouille des turions ».

On ne confondra pas ces dégâts d'origine cryptogamique avec ceux de « **Mouche des semis** » (*Phorbia platura*) dont les attaques n'aboutissent pas au développement complet de l'insecte, laissant sur les turions des cicatrices latérales souvent proches de la pointe, entraînant la courbure de celle-ci (fig. 95 B).

Sur les bases de tiges, on peut parfois observer des attaques de *Sclerotinia minor*, sur des terrains où la monoculture de la Laitue a accumulé les sclérotes de ce champignon (ex. : Pyrénées orientales).

II. Maladies des tiges et du « feuillage »

Les vraies feuilles sont chez l'Asperge réduites à des écailles, le « feuillage » est constitué de **cladodes**, de nature caulinaire. Les principales maladies de ce feuillage sont la Rouille (la vraie...), la Stemphyliose et la Cercosporiose (fig. 96).

La **Rouille** est provoquée par *Puccinia asparagi*, autoïque sur l'Asperge, attaquant parfois les *Allium*.

Le stade écidien est visible dès le mois d'avril au stade « asperge verte » sous forme de taches vert-clair en léger relief sur lequel se développent ensuite spermogonies et écidies. Il passe le plus souvent inaperçu.

Le stade *Uredo* sévit à la fin du printemps et durant l'été, il attaque aussi bien les tiges et les rameaux que les fins cladodes. La fructification des

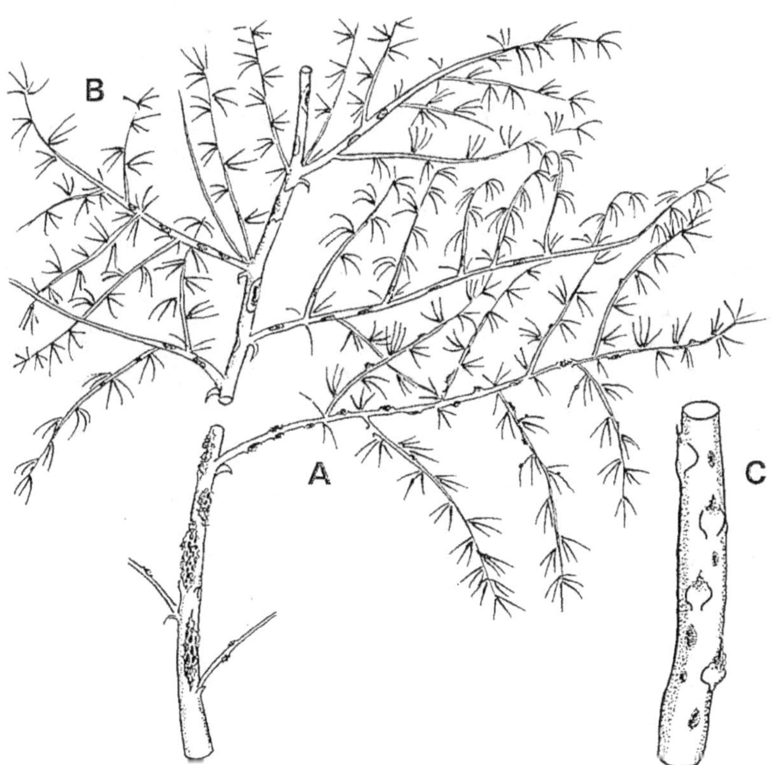

Figure 96. — Maladies foliaires de l'Asperge.
A : Rouille.
B : Stemphyliose.
C : Dégâts de Stemphyliose sur base de tige (nécrose des écailles et taches elliptiques).

urédosores est optimale à 25 °C-30 °C, alors que la germination des urédo-spores est la meilleure vers 10 °C-15 °C. La progression de la Rouille de l'Asperge est donc favorisée par les fortes alternances de température et la rosée nocturne (3 heures d'humectation suffisent pour la germination). Ces conditions seront souvent remplies sous climat méditerranéen.

A l'automne apparaissent les téliospores, souvent sur les tiges et les rameaux, disposées en sores concentriques.

Elles sont supposées perpétuer l'infection, produisant au printemps suivant les basidiospores génératrices du stade écidien.

La Rouille est susceptible de sécher prématurément le feuillage, et sans doute aussi de concurrencer les racines comme bénéficiaire de la photosyn-thèse.

On préconise :

— **des traitements en végétation**, classiquement avec Manèbe ou Manco-zèbe. Plus récemment, on a conseillé le mélange Manèbe + Triforine. La cadence de ces traitements, débutant dès la sortie des tiges sur les jeunes plantations, et par la suite dès la fin de la récolte, peut être fixée à 15-20 jours, ou déterminée, comme dans le Midi de la France, par un système d'avertissements agricoles. Les fongicides de type « I.B.E. » sont en cours d'expérimentation ;

— **en fin de végétation**, s'il y a abondance de téliospores, on conseille d'évacuer du champ les vieilles tiges et de les brûler (au lieu de gyrobroyer sur place), et de pulvériser la surface du sol avec du dinitrocrésol (sel de soude à 2 %).

On trouve dans la littérature des années 50 des indications américaines sur la plus ou moins grande sensibilité à la Rouille des « variétés » d'Asperge. La reproductibilité douteuse des variétés - populations chez cette plante, et leur hétérogénéité, rendent ces indications peu valables.

On peut supposer que le choix des parents et des combinaisons aboutissant aux hybrides actuels a été fait en éliminant les génotypes sensibles à la Rouille. Reste à savoir comment celle-ci évoluera dans l'avenir face à des plantations plus homogènes.

La **Stemphyliose** ou « **Grillure estivale** » est une maladie d'apparition récente, observée au début des années 80 en Suisse, dans le Midi de la France, en Nouvelle-Zélande, au Japon, et seulement en 85 en Californie.

Elle est provoquée par une souche spécialisée à l'Asperge de *Stemphylium vesicarium* (autrefois confondu avec *S. botryosum*).

Son apparition est plus localisée que celle de la Rouille et frappe de préférence (par exemple, en France dans le Gard) les bas-fonds humides, les bords de rivières, où rosée et brume matinale se prolongent plus longtemps. Comme toutes les Alternarioses et Stemphylioses, elle sera probablement favorisée par l'irrigation par aspersion pratiquée au petit matin ou sur le soir.

Se manifestant en début de saison par des nécroses des écailles à la base des tiges, le champignon envahit ensuite tiges, rameaux et cladodes : taches punctiformes puis elliptiques grises à bordures violacées sur tiges et rameaux, point nécrotique entraînant décoloration et chute du cladode.

On préconise des traitements à base de Manèbe, Iprodione ou Chlorothalonil (produits classiques contre les *Alternaria* et *Stemphylium*). Plus récemment, Nourrisseau *et al.* ont obtenu de bons résultats avec le Flutriafol, associé à un fongicide à large spectre (ce fongicide est efficace aussi vis-à-vis des Rouilles) avec des pulvérisations espacées de 20 jours, débutant au moment où les tiges atteignent 60 cm.

On cherche à mettre en évidence, en Nouvelle-Zélande, des différences de comportement entre lignées d'Asperge vis-à-vis du *Stemphylium*.

En Californie et Nouvelle-Zélande, ce *Stemphylium* est également capable de provoquer des lésions violettes (*purple spot*) sur Asperges vertes. On en observe parfois en France dans le cas d'attaques très précoces.

La **Cercosporiose** (*Cercospora asparagi*) est rare dans les climats tempérés *. Elle devient au contraire la principale maladie du feuillage de l'Asperge sous climats subtropicaux ou tropicaux humides (ex. : Taï-wan, zone antillaise). Des taches nécrotiques allongées apparaissent sur les rameaux, des points nécrotiques sur les cladodes qui se dessèchent et tombent.

Dans les années 70, la maladie était facilement contrôlée par des pulvérisations de Bénomyl.

C'est aussi en conditions chaudes (ex. : Taï-wan) qu'on redoute les attaques sur tiges de *Phoma asparagi*, dont l'optimum se situe à 27 °C. Il provoque des taches grises à bordures brunes, ponctuées de pycnides.

III. Maladies à virus

Un certain nombre de virus ont été décrits sur Asperge, dans plusieurs pays, appartenant à diverses catégories, comme le *Strawberry latent ring-spot* (Népovirus) ou le *Tobacco streak* (Ilarvirus), la Mosaïque de la Luzerne ou même la Mosaïque du Tabac.

Les données les plus récentes — et peut-être les plus inquiétantes — nous viennent d'Italie, où Bertaccini et Marini font état de 2 virus très répandus dans les aspergeraies :

— *Asparagus virus 1*, un **potyvirus** sans symptômes nets, indexable sur *Chenopodium amaranticolor*, transmissible par semences. Ce virus a été observé aussi au Japon ;

— *Asparagus virus 2*, un **ilarvirus** * lui aussi transmis par les semences (des taux allant jusqu'à 60 % seraient observés dans des lots commerciaux), indexable sur tabac « White Burley ». Sans symptômes lui non plus à lui seul, c'est lorsqu'il se combine avec l'*Asparagus virus 1* que se produiraient des symptômes de perte de vigueur et de productivité.

---

* Elle a été observée en Italie aux environs d'Alessandria (Piémont).

* Groupe de virus moins bien représenté sur plantes maraîchères que sur arbres fruitiers, 4 sortes de particules globulaires 25-35 nm, 4 molécules de RNA + simple brin, transmis par le pollen.

A une époque où, d'une part, on dispose de moyens applicables en série pour tester les lots de semences et où, d'autre part, on se plaint du déclin de la productivité et de la durée de vie des aspergeraies, il serait souhaitable d'étendre les prospections de virus sur plantations et sur lots de semences à d'autres pays que l'Italie — et peut-être de comparer la sensibilité aux Fusarioses de plantes saines et atteintes par le complexe viral. Les méthodes de détection de type ELISA sont en cours de mise au point en Italie.

IV. Synthèse générale et vues d'avenir

Au risque de nous répéter nous résumerons les paragraphes ci-dessus de la façon suivante :

— la réussite et la longévité d'une aspergeraie reposent au départ sur l'usage d'un matériel végétal sain (et si possible mycorhizé) et sur le choix d'une parcelle dont les précédents n'ont pas été favorables au Rhizoctone violet, et dont le sol a été vérifié peu contaminé par des *Fusarium* virulents sur Asperge ;

— en cours de végétation, on assurera la meilleure alimentation possible des racines charnues, en évitant de surexploiter les futures tiges, et en protégeant celles que l'on conserve des maladies foliaires et des attaques d'insectes (ex. : mouche des tiges, Criocères) ;

— la fertilisation sera conforme à celle que préconisent les agronomes (elle atteint à Taï-wan 700 unités d'azote/ha/an), avec un souci particulier d'apport de matière organique bien décomposée et de sels calciques.

Bibliographie

• Généralités

MOLOT P.M. et SIMONE J., 1969. — Mise au point des connaissances sur les maladies de l'Asperge. *P.H.M.*, n° 100, 6041-6045.

MOREAU B., 1982. — L'Asperge. Amélioration des techniques agronomiques pour mieux gérer la culture. *P.H.M. - Rev. hortic.*, n° 227, 1-6.

MOREAU B. et ZUANG G., 1977. — *L'Asperge*, 211 p. INVUFLEC éd. (chapitre « maladies », 133-147).

WU F.S., 1970. — Etiological survey of Asparagus diseases in Taïwan. *J. Taïwan Agric. Res.*, **19**, 60-67.

• Maladies des racines et des rhizomes

BLANCARD D. et MOLOT P.M., 1982. — Mise au point sur le Rh. violet et la Fusariose de l'Asperge. 2. Éfficacité *in vitro* de quelques fongicides sur la croissance mycélienne de *R. violacea* et *F. oxysporum*. *P.H.M. Rev. hortic.*, 228.

CASSINI R., NOURRISSEAU J.G. et CASSINI Renée, 1983. — Le dépérissement fusarien des aspergeraies. *CR. Acad. Agric. Fr.*, **69**, 1355-1361.

GROGAN R.G. et KIMBLE K.A., 1959. — The association of *Fusarium* wilt of Asparagus with decline and replant problem in California. *Phytopathology*, **61**, 891.

JOHNSTON S.A., SPRINGER J.K. et LEWIS G.H., 1979. — *Fusarium moniliforme* as a cause of stem and crown rot of Asparagus and its association with asparagus decline. *Phytopathology*, **69**, 778-780.

MOLOT P.M. et SIMONE J., 1964. — Action comparée d'une fumure organique et d'une fumure minérale azotée sur le développement de *R. violacea*. *Rev. Zool. Agr. et Appl.*, (1-3), 42-44.

MOLOT P.M., SIMONE J. et LEROUX J.P., 1975. — Influence de la microflore du sol sur le développement de *R. violacea*. *Ann. Phytopathol.*, **7** (1), 27-36.

MOLOT P.M., FERRIÈRE H. et CONUS M., 1982. — Mise au point sur le R. violet et la Fusariose de l'Asperge. I. Influence du traitement des griffes à l'eau de Javel sur leur sensibilité à la Fusariose. *P.H.M. - Rev. hortic.*, n° 223.

MOLOT P.M. et LOMBARD D., 1986. — 5 années d'expérimentation sur asperge en plein champ - problème de l'origine des griffes et de leur traitement avant plantation en relation avec le problème du dépérissement. *P.H.M. - Rev. hortic.*, n° 270.

STEPHENS C.T., 1988. — An *in vitro* assay to evaluate resistance of *Asparagus* spp. to *Fusarium* root and crown rot. *Plant Dis.*, **72**, 334-337.

• Maladies des turions

BLANCARD D. et FAURE B., 1988. — Étude préliminaire de la « Rouille physiologique » de l'Asperge. *C.R. 2ᵉ Conférence internationale sur les maladies des plantes*. ANPP, Bordeaux, nov. 88, I, 547-554.

FALLOON P., FALLOON L., MULLEN R.J., BENSON B.J. and GROGAN R.G., 1983. — Effect of *Phytophthora* spear rot on asparagus yield. *Calif. Agric.*, Jul.-Aug. 83, 16-17.

○ **Maladies du « feuillage »**

BERAHA L., LINN M.B. et ANDERSON H.W., 1960. — Development of the asparagus rust pathogen in relation to temperature and moisture. *Plant Dis. Rep.*, **44**, 82-86.

BLANCARD D., PIQUEMAL J.P., GINDRAT D., 1984. — *La Stemphyliose* de l'Asperge. *P.H.M. Rev. hortic.*, **248**, 27-30.

NOURRISSEAU J.G., BAUDRY A., LAFAURIE C., LARUE P., 1987. — La grillure estivale de l'Asperge. *Fruits et légumes*, **40**, 45-47.

○ **Virus**

BERTACCINI A., MARANI F., 1983. — Virosi dell'asparago. *Ital. Agric.*, **1**, 24-26.

BERTACCINI A., MACRI S., POLLINI C.P., MARTINI L., 1988. — Diagnosi del virus 2 del Asparago mediante la tecnica ELISA. *Inf. fitopatol.*, **38**, 9, 39-41.

EVANS T.A., STEPHENS C.T., 1988. — Association of Asparagus virus 2 with pollen of infected asparagus. *Plant Dis.*, **72**, 195-198.

FUJISAWA I., GOTO T., TSUCHIZAKI T., IIZUKAN N., 1983. — Host range and some properties of Asparagus virus 1 isolated from *Asparagus officinalis* in Japan. *Ann. Phytopathol. Soc. Japan*, **49**, 299-307.

UYEDA I., MINK G.I., 1981. — Properties of Asparagus virus 2 a new member of the ilarvirus group. *Phytopathology*, **71**, 1264-1269.

XI
MALADIES DES CRUCIFÈRES

Ce chapitre sera principalement consacré aux maladies des *Brassica* cultivés par les maraîchers (divers choux, navets), des Radis (*Raphanus sativus*) et du Cresson de fontaine (*Nasturtium officinale*), dont la vie aquatique imprime un caractère particulier à l'évolution des maladies. Les autres crucifères cultivées (Cresson de terre, *Barbarea verna*, Roquette *Eruca sativa* etc...) ne seront mentionnées qu'épisodiquement, vu leur caractère marginal.

Nous pensons utile de donner des précisions sur la systématique des *Brassica* les plus cultivés en production maraîchère. Ils appartiennent aux espèces *B. oleracea* et *B. campestris* (syn. *B. rapa*), toutes deux diploïdes.

La consommation humaine des variétés tubéreuses de *B. napus*** (leur amphidiploïde) n'est plus aujourd'hui qu'un mauvais souvenir des temps de guerre. *B. napus* comprend également le Colza, plante oléagineuse aujourd'hui beaucoup plus importante que la Navette, forme oléifère de *B. campestris*.

La forme sauvage de *B. oleracea* se rencontre en Normandie (falaises d'Étretat). Les formes les moins évoluées de cette espèce (choux cavaliers) sont cultivées comme fourrage, ou pour fournir des feuilles pour la soupe dans les jardins familiaux.

Une sélection portant sur plusieurs siècles a permis, dès la Renaissance, de disposer de formes chez lesquelles l'hypertrophie de tel ou tel organe fournit des légumes plus délicats :

choux pommés : *B. oleracea* subsp. *capitata*
    var. *capitata* : choux pommés à feuilles lisses
    var. *sabauda* : choux de Milan, à feuilles cloquées
choux portugais à côtes : *B. oleracea* subsp. *capitata*
    var. *costata*
choux de Bruxelles : *B. oleracea* subsp. *oleracea*
    var. *gemmifera*
choux fleurs : *B. oleracea* subsp. *botrytis* var. *botrytis*
broccolis à jets : *B. oleracea* subsp. *botrytis* var. *italica*
choux raves : *B. oleracea* subsp. *acephala* var. *gongyloïdes*
De la même façon, chez *B. campestris*, à partir de formes sauvages ou peu évoluées (ex : « Moutarde jaune » spontanée dans les mornes d'Haïti, sembla-

---

* Choux-raves, rutabagas.

ble à l'« Endive » des maraîchers du Congo) se sont différenciées des formes chez lesquelles l'hypertrophie porte sur tel ou tel organe :

— les côtes des feuilles chez les « **Pak-choy** » (choux chinois à côtes, « *B. sinensis* ») ;

— les feuilles du cœur, comme chez les *B. oleracea* de type « chou pommé ». Les choux chinois pommés (« **Pe-tsaï** ») étaient autrefois appelés *B. pekinensis* ;

— une racine tubérisée : les **Navets** bien que ce ne soit pas évident, appartiennent à la même espèce végétale que les « choux chinois », dont la culture commence à se développer en Europe.

Adaptées à des températures relativement basses (optimum autour de 18 °C-20 °C), les Crucifères maraîchères sont des plantes très rustiques et souffrent de peu de maladies graves quand on les cultive épisodiquement dans des conditions climatiques optimales.

Cette situation peut se détériorer dans les zones de culture intensive où elles occupent une part importante des rotations, surtout si les pépinières sont réalisées toujours au même endroit et les graines produites sur place.

Des conditions éloignées de l'optimum climatique (cultures estivales en Californie, ou sous climats tropicaux humides) peuvent aussi conduire à des manifestations de maladies graves.

Les données originales dont nous ferons état dans ce chapitre dériveront d'observations réalisées en Provence, aux Antilles, et surtout des travaux réalisés dans le cadre de l'INRA-Rennes sur les maladies du Chou-fleur en Bretagne, où l'évolution des pratiques culturales et des génotypes cultivés n'a pas fini de modifier la situaton phytopathologique.

Les Crucifères cultivées (excepté *B. napus*, partiellement autogame) sont des plantes allogames autostériles, dont on cultivait traditionnellement des variétés-populations, entretenues par sélection massale permanente. Cette sélection était réalisée soit par le cultivateur lui-même (variétés « fermières » de choux-fleurs bretons), soit par les producteurs grainiers (les producteurs provençaux de « choux pointus » et de choux-fleurs ont toujours acheté leurs semences).

Depuis une vingtaine d'années, la possibilité de surmonter l'autostérilité par fécondation de fleurs encore en bouton a permis, chez le chou pommé, d'obtenir des lignées pures et des hybrides F_1. Chez le chou-fleur on pratique une sélection massale améliorée basée sur l'évaluation des performances de la descendance des plantes mères, et on s'achemine en Bretagne vers la production d'hybrides F_1 entre géniteurs perpétués par voie végétative : bouturage, ou multiplication *in vitro*.

Ces opérations, encadrées par l'INRA, sont prises en charge par les organisations professionnelles. De nombreux hybrides F_1 de choux-fleurs sont déjà proposés par les firmes privées.

La production de plants de choux-fleurs tend elle aussi, en Bretagne, à échapper au producteur individuel. Elle est de plus en plus réalisée en « minimottes », sous serre, par des producteurs spécialisés, ce qui évite le gaspillage des semences plus performantes, mais plus chères.

I. Maladies provoquées par des champignons du sol

Pépinières et jeunes plantes

Une grande partie des fontes de semis et des lésions à la base des jeunes plants (« Pied noir » des jeunes choux et choux-fleurs) implique des parasites spécifiques des Crucifères, dont il sera question dans les chapitres suivants : *Rhizoctonia solani, Phoma lingam, Alternaria brassicicola.*

C'est une raison supplémentaire (par rapport à la situation générale « fonte de semis sur plantes maraîchères) pour veiller à l'état sanitaire des semences, et des sols de pépinière, qu'on devra se résigner à désinfecter ou à changer de place dès que les symptômes de fontes des semis ou de « pied noir » deviennent importants.

Des fontes de semis dues à des *Pythium* peuvent être observées sur Crucifères, mais sont rarement aussi graves que celles que provoquent les *Rhizoctonia.*

Rhizoctonia solani

Suivant les conditions de milieu, l'âge des plantes et les souches de *Rhizoctonia* présentes dans le sol, les symptômes provoqués sur Crucifères peuvent être très variés.

Les souches rencontrées peuvent appartenir au moins à trois « groupes d'anastomose » :

— **en conditions chaudes, par temps sec, mais en sol humide** (irrigation en climat méditerranéen, en production de plants durant l'été pour choux pommés et choux-fleurs) prédomineront les souches polyphages du groupe « AG 4 », provoquant des symptômes de fonte de semis et de « pied noir » des jeunes plantes ;

— **en conditions chaudes et humides** (étés des climats continentaux, étés subtropicaux en Floride ou au sud du Japon, climats tropicaux humides) prédomineront les souches « AG 1 » à développement aérien.

On observera des symptômes sur les feuilles extérieures des choux pommés, débutant par l'apparition du réseau mycélien caractéristique, bientôt suivie par la décomposition totale du tissu foliaire entre les nervures (symptôme observé aux Antilles françaises). Aux États-Unis, on redoute, de plus, une attaque des pommes de chou, se traduisant par des lésions noires sur les feuilles extérieures, point de départ de pourritures bactériennes en conservation.

— **en conditions plus fraîches** (températures comprises entre 15 °C et 20 °C) peuvent intervenir les souches du groupe « AG 2-1 », spécialisées aux crucifères. Ces souches jouent en Bretagne le rôle principal dans l'apparition des symptômes de « pied noir » sur plants de chou-fleur en pépinière. En Pro-

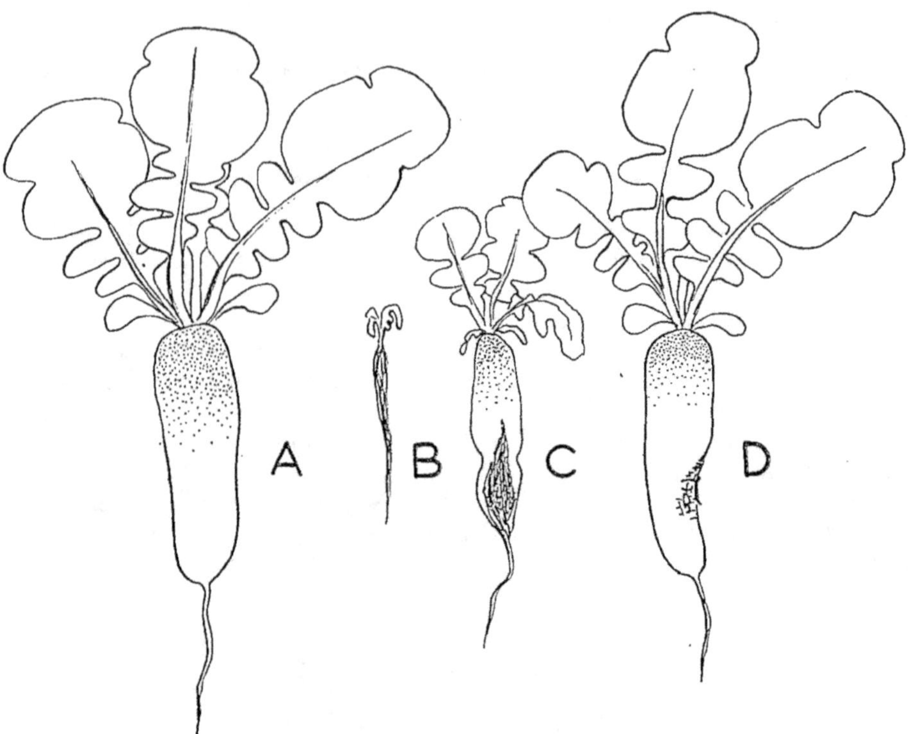

Figure 97. — Dégâts de *Rhizoctonia solani* sur Radis.
A : Plante saine. **B** : Attaque précoce. **C** : Attaque tardive. **D** : Attaque cicatrisée.

vence, nous les avons surtout observées sur Radis (fig. 97), sur lesquels elles provoquent soit la mort des jeunes plantes, soit des cicatrices brunes et déformantes rendant les radis invendables.

○ Méthodes de lutte

Il est bien difficile de donner d'autres conseils que ceux de rotation et d'hygiène générale des sols vis-à-vis des attaques de type « AG 1 » en conditions chaudes et humides : on évitera de planter des choux après des légumineuses fortement attaquées par le « web blight »... mais les graminées elles mêmes peuvent servir de réservoir aux souches « AG 1 ».

— Les **pépinières estivales** en conditions **méditerranéennes** seront si possible désinfectées (vapeur, fumigants, solarisation...). On évitera autant que possible une trop longue persistance de l'humidité en surface du sol tiède, facteur très favorable au développement de *R. solani*. On pourra également s'inspirer des indications données ci-dessous pour l'usage de fongicides vis-à-vis des souches « AG 2-1 ».

— Vis-à-vis des **souches spécialisées aux crucifères** (production de plants de choux-fleurs en Bretagne, radis en culture de printemps et d'été en conditions méditerranéennes), on peut également préconiser la désinfection superficielle du sol des pépinières, ou des planches de radis — cependant le « Dazomet » n'a pas donné en Bretagne des résultats tout à fait satisfaisants.

Le quintozène a été utilisé avec succès, à raison de 10 g de m.a./m^2, pour protéger les radis en Provence (application sur 5 à 10 cm d'épaisseur par ratissage ou fraisage très superficiel). Ce produit reste également valable en Bretagne sur pépinières de choux-fleurs.

La brièveté du cycle des radis permet aussi de les protéger par traitement de semences avec un anti-basidiomycète systémique : la carboxine [*] à raison de 12 g de m.a./kg de semences permet une protection totale.

Parmi les anti-basidiomycètes plus récents essayés dans les années 80 en Bretagne, le « toclophos-méthyl » s'est révélé inefficace, le « pencyuron » très efficace, mais avec de gros risques de phytotoxicité en cas de surdosage.

Une estimation du « potentiel infectieux » des sols en *R. solani* peut être réalisé par des plantes pièges : *Vigna radiata* à 25 °C pour les souches AG 4 (et éventuellement AG 1 si les plantules sont recouvertes d'une chambre humide), radis « Le National » pour les souches AG 2-1 (essais réalisés à 10 °C la nuit, 15 °C le jour).

« Hernie » des Crucifères

Cette maladie provoquée par le Myxomycète *Plasmodiophora brassicae* est une des premières qui ait attiré l'attention des pionners de la Pathologie végétale (Woronin en Russie, 1878). Les méthodes de lutte définitives ne sont cependant pas encore entre nos mains...

● Biologie de l'agent infectieux (fig. 98)

Les « spores de repos » de *P. brassicae* peuvent persister 10 à 15 ans dans le sol. Elles peuvent être réveillées par le passage, à proximité, de racines de Crucifères, mais aussi d'autres plantes : Papavéracées (Coquelicot) et Graminées (Ray-grass, Dactyle).

Elles germent en donnant des **zoospores primaires** biflagellées (températures cardinales 6 °C-22 °C-35 °C), **haploïdes**, qui se fixent sur les poils absorbants, y pénètrent pour former un « plasmode primaire ». Ce dernier se résout bientôt en quelques zoosporanges qui libèrent dans le sol, de 2 à 8 jours après l'infection, des **zoospores secondaires**, qui peuvent, soit se comporter comme les zoospores primaires et réinfecter des poils absorbants [**], soit fusionner 2 à 2 pour donner des organes infectieux quadriflagellés, dicaryotiques, qui, après pénétration dans le cortex des racines y engendrent des **plasmodes dicaryotiques**, de plus grande taille que les plasmodes primaires.

---

[*] Essais réalisés par A. Beyries à l'INRA-Montfavet dans les années 70. Les études de résidus dans les radis n'ont pas été faites, mais si la carboxine entourant 1 graine se retrouvait intégralement dans un radis de 5 g, on aboutirait à 8 ppm.

[**] Chez les hôtes non crucifères le *Plasmodiophora* ne dépasse pas ce stade.

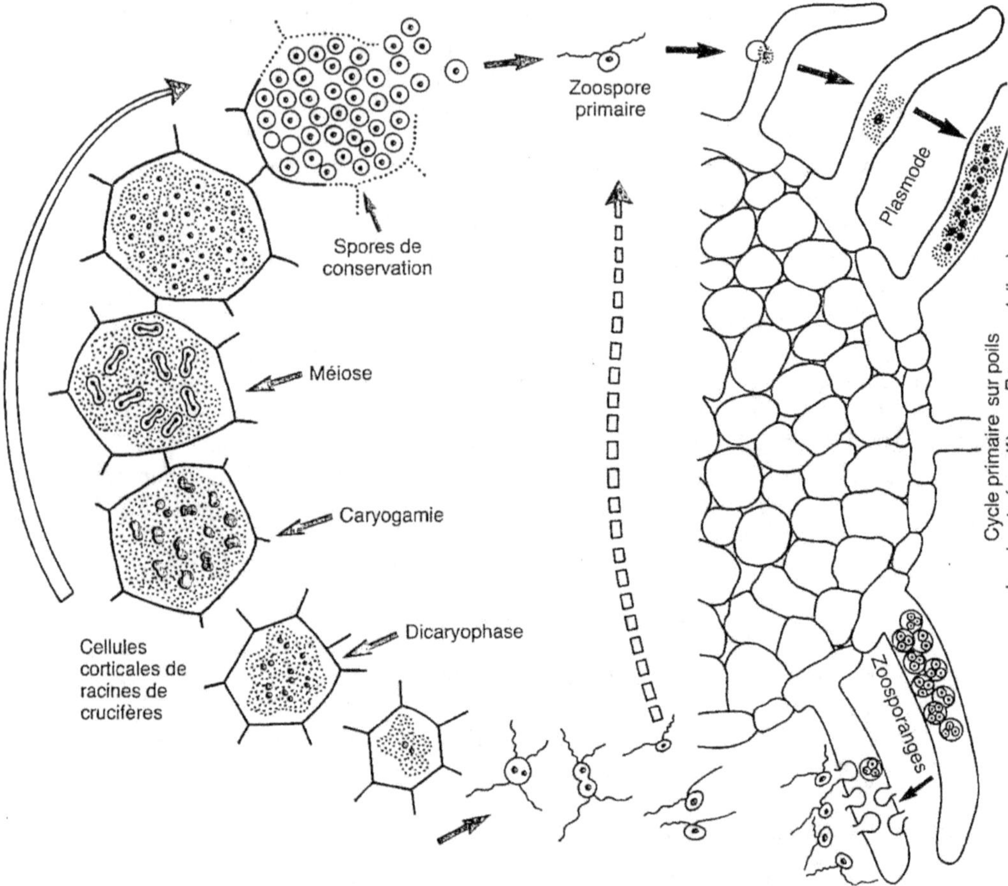

Figure 98. — Le cycle de développement de *Plasmodiophora brassicae* (interprétation de Ingram et Tommerup, considérée comme la meilleure par Buczacki).

Les cellules infectées sont hypertrophiées, les cellules voisines (de la même façon que dans le cas des *Meloidogyne*) se multiplient de façon anarchique et s'hypertrophient à leur tour, ce qui conduit à la formation de galles.

En fin de cycle, à la suite de la **fusion des noyaux** des dicaryons, suivie de **méiose**, les plasmodes secondaires se résolvent en de très nombreuses spores de conservation, qui sont libérées dans le sol par la décomposition des galles.

○ Symptômes chez les Crucifères sensibles

Contrairement aux *Meloidogyne*, le *Plasmodiophora* épaissit les racines sur toute leur circonférence, et non de façon unilatérale. Sur les variétés non tubéreuses (choux pommés, choux-fleurs, choux chinois), il provoque l'apparition, soit d'une masse unique hypertrophiée à la base de la plante, soit de galles en forme de « saucisses » plus ou moins contournées (fig. 99 A), à la suite d'attaques plus tardives. Sur les variétés à racines ou hypocotyles tubérisés (Navet, Chou-rave), il induit une déformation de la partie normalement renflée, ou la formation de grosses galles irrégulières à la partie inférieure de la racine : on obtient alors le symptôme « **hernie** » (fig. 99 B). On se gardera de confondre les galles de *Plasmodiophora* avec celles de Ceutorrhynques (charançons gallicoles), surtout présentes au collet des plantes (fig. 99 C).

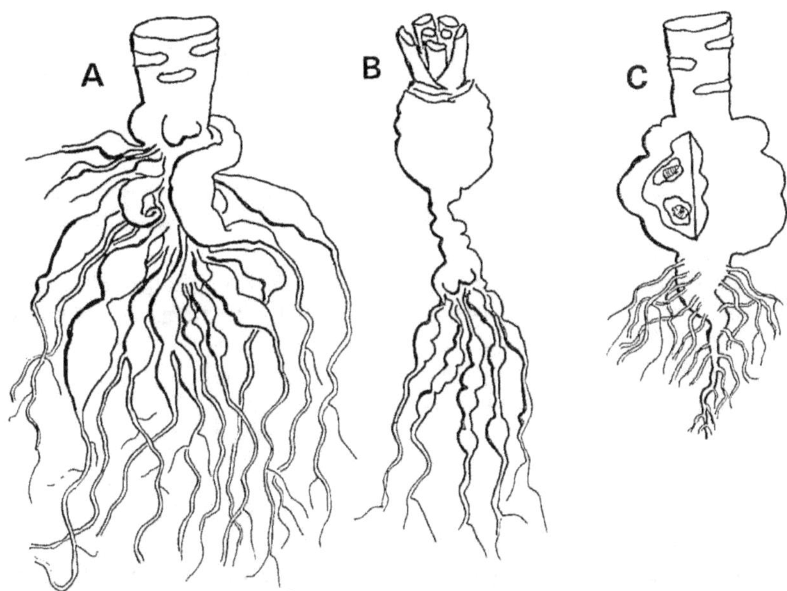

Figure 99. — *Plasmodiophora brassicae.*
A : Dégâts sur Chou, de type « racines en massues » (*club-root*).
B : Symptôme de « hernie » sur une crucifère à racine tubéreuse.
C : Ne pas confondre avec les galles de Ceutorrhynques.

Les parties aériennes des plantes porteuses de galles ont un développement réduit, d'autant plus que les attaques sont plus précoces. Le système vasculaire perturbé (vaisseaux contournés, mal développés) alimente insuffisamment le feuillage, on observe des flétrissements en cours de journée.

Si de plus les galles sont colonisées par des envahisseurs secondaires, qui provoquent leur pourriture, le flétrissement devient définitif (fig. 100), comme dans le cas des *Meloidogyne*.

Les Crucifères maraîchères les plus sensibles sont les choux chinois pommés, le Chou-fleur, le Chou de Bruxelles, le Chou pommé. Le Chou-rave, le Chou cavalier sont moyennement sensibles, les navets et les radis

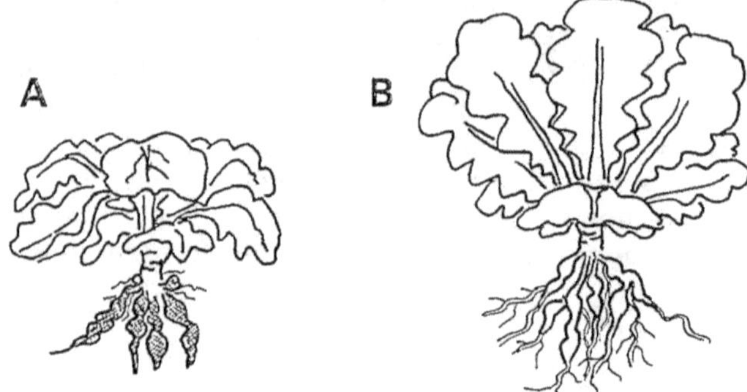

Figure 100. — *Plasmodiophora brassicae* : effet de l'envahissement des galles par des parasites secondaires, entraînant le flétrissement permanent des plantes (A), alors que les plantes porteuses de galles intactes ne présentent que des flétrissements transitoires (B).

moins attaqués. Mais cette hiérarchie grossière peut être totalement perturbée par des différences de sensibilité variétale et l'existence de races du parasite (voir ci-dessous le paragraphe « résistance »).

Nous avons observé une fois une attaque sur Cresson (dans une cressonnière très ancienne, à Bordeaux, dans les années 50), se manifestant par des tumeurs nodulaires sur tiges et sur nervures *.

● Facteurs influençant la gravité de la maladie

Nous avons mentionné ci-dessus les températures cardinales de développement du *Plasmodiophora* — qui coïncident en fait avec celles de la croissance des crucifères. Les déplacements des zoospores à proximité des racines seront favorisés par la présence d'eau libre dans le sol (pluies, irrigation).

La **réceptivité des sols** à la Hernie est surtout fonction de leur pH, comme le montrent les résultats d'essais réalisés à partir d'un échantillonnage de sols bretons par l'INRA-Rennes (voir tableau ci-contre). Il ne ressort pas de façon claire de la littérature si c'est le pH lui-même (quels que soient les cations concernés) ou si c'est l'ion calcium qui exerce cet effet. Celui-ci n'est pas purement physico-chimique, car dans la même série d'expériences, il a été montré que la stérilisation du sol (quel que soit le pH) augmente sa réceptivité, de même que son acidification par l'acide sulfurique (ce qui semble éliminer un effet des argiles).

Les **rotations** faisant souvent revenir les crucifères sur les mêmes terrains (plus d'un quart de la surface de l'exploitation) conduiront tôt au tard à des contaminations graves de *Plasmodiophora* sur crucifères, si le pH du sol et les conditions d'humidité sont favorables au parasite (mais ce sont aussi les conditions favorables à la plante-hôte). Cela peut arriver même là où on pourrait le moins s'y attendre : à Matouba en Guadeloupe, une zone tradi-

---

* Ce qui doit encourager l'équipe de l'INRA-Rennes à poursuivre l'étude du *Plasmodiophora* en culture hydroponique.

Tableau 18

Indices de maladies observés sur plantules de choux chinois élevés
sur des échantillons de sol bretons, et contaminées avec des nombres croissants
de spores de repos de *Plasmodiophora*

Origine des prélèvements	Nombre de spores de *P. brassicae* apportées par ml de sol						
	pH	0	10^4	10^5	10^6	10^7	10^8
Mevel	8,0	0	0	6	11	70	62
Leber	8,3	0	0	1	21	55	72
Cazuc	8,2	0	0	6	51	40	76
Mesmeur	6,1	0	2	7	39	70	84
Rové	8,0	0	0	12	54	86	92
Madec	6,7	0	0	12	39	95	93
Paugam	7,5	0	10	32	66	97	89
Prigent	7,2	0	6	47	62	93	93
Creach	5,9	0	30	98	92	76	100
Pennors	6,1	0	60	92	95	95	100
Creignou	7,4	0	75	87	92	94	100
Mercier	5,2	0	89	90	88	87	100

tionnelle de culture de choux pommés, à 500-700 m d'altitude était dans les années 70 gravement atteinte * : d'où venait l'inoculum ? On peut imaginer que, vingt ou trente ans avant quelques spores de repos étaient arrivées avec la poussière accompagnant les graines.

Peut-on exploiter le comportement des plantes qui, comme le ray-grass ou le dactyle (sinon le coquelicot...) font germer les spores de repos en ne leur permettant qu'un développement très limité ? Elles pourraient constituer des « **cultures-pièges** ». Cependant l'expérience montre que, si les crucifères succèdent immédiatement aux graminées, l'effet escompté n'est pas obtenu.

Les pépinières, si elles sont infectées, peuvent jouer un grand rôle dans la propagation de la maladie : les jeunes plants à repiquer peuvent parfois porter déjà des galles, ou, plus discrètement, héberger dans leurs poils absorbants les plasmodes primaires du *Plasmodiophora*.

Les plants produits en « minimottes » peuvent n'être pas épargnés, si ces minimottes sont directement posées sur un sol contaminé.

---

* Observation P. Pauvert-INRAAG. Cette zone de maraîchage traditionnel a aujourd'hui disparu, à la suite de l'émission de cendre de la Soufrière en 1976, qui a stérilisé les terrains. Les choux aujourd'hui cultivés plus bas souffrent avant tout de *Xanthomonas* et de *Rhizoctonia* « AG1 ».

○ **Méthodes de lutte**

Les méthodes culturales combinant les amendements et les rotations seront plus profitables à long terme que l'usage de fongicides, que l'on réservera éventuellement à la pépinière.

— **L'amendement calcique** est classiquement conseillé, soit avec du calcaire broyé, qui peut être apporté en grande quantité, soit avec de la chaux éteinte, à des doses supérieures de 1,5 t/ha à celle qui permet d'amener le pH du sol à 7. Sherf et Mc. Nab conseillent, si l'on utilise le calcaire broyé, de le compléter par 1 600 kg/ha de chaux.

En Bretagne, l'efficacité d'amendements calcaires naturels comme le « trez » * (50 % de CaO) a été expérimentalement vérifiée ces dernières années, à des doses de l'ordre de 9 t/ha renouvelées tous les 2 ans pour des sols réceptifs, dont le pH de départ est de l'ordre de 5.

On se souviendra cependant que les amendements calcaires ne sont pas dénués de tout inconvénient, surtout si l'on tente de faire passer brutalement le pH d'un sol de 5 à 7,5. Les principaux à redouter sont :

— l'induction de carences, en particulier en manganèse dans les sols d'origine granitique (dans les sols d'origine volcanique, on réduit au contraire la toxicité du manganèse...) ;

— la recrudescence des « gales » d'organes tubérisés dues à des *Streptomyces* : sur Pomme de terre, mais aussi sur Patate douce, Carotte et... Navet.

Mais sur un sol que des cultures répétées de crucifères auront considérablement enrichi en spores de repos de *Plasmodiophora*, l'élévation du pH à elle seule ne suffira pas à faire régresser totalement la hernie (se reporter au tableau p. 411), et le retour à une situation plus saine ne sera obtenu qu'au bout de quelques années, en combinant amendement calcaire et rotation ne faisant revenir les crucifères que tous les 4 ans. Bien entendu, les mêmes principes devraient être appliqués aux pépinières. Les « minimottes », à base de tourbe, ne sont pas suspectes, mais il serait intéressant de neutraliser leur pH.

Un certain nombre de **matières actives** ont été signalées comme efficaces vis-à-vis de *Plasmodiophora brassicae* : du Thirame (12 g/m^2 dans 10 litres d'eau) à des produits japonais très récents, comme la « trichlamide » (N-butoxytrichloroéthyl hydroxybenzamide), non encore commercialisée en France, en passant par le quintozène (5 g/m^2) et les benzimidazoles (ex. : bénomyl 2,5 g/m^2). Le bénomyl peut aussi être employé en trempage de jeunes plants avant repiquage (40 g/100 litres d'eau).

On peut envisager l'usage de ces divers fongicides sur les pépinières, ainsi que leur désinfection par les fumigants.

On doit faire une mention spéciale de la **cyanamide calcique** **, dont les

---

* Ou « traez » : débris de coquillages ramassés sur certaines plages bretonnes : c'est un amendement calcaire moins onéreux que le « maërl », provenant de Lithothamnes (algues calcaires) dragués en mer.

** Formule chimique CN$_2$Ca. C'est un produit utilisé à la fois comme engrais azoté et amendement calcique dans les sols acides. Du fait de sa phytotoxicité elle doit être appliquée au moins 15 jours avant plantation (20 % N, 60 % CaO).

produits de décomposition dans le sol contrarient la survie des spores de repos. Son emploi tous les ans ou tous les 2 ans à des doses de 500 kg à 1 t/ha peut conduire à une réduction de l'infection du sol, à condition d'être combiné avec une rotation ne faisant intervenir les crucifères que tous les 3 ou 4 ans.

• Variabilité du pathogène et résistance variétale

La sélection pour la résistance à la hernie des crucifères est compliquée par l'existence de races physiologiques chez *P. brassicae*. On utilise actuellement en Europe un système de classification des races, élaboré par un consortium de phytopathologistes de l'Europe du Nord (Angleterre, Hollande, Allemagne, Danemark), conduisant à une nomenclature d'une diabolique complication (voir tabl. 19).

Tableau 19

Système ECD (European clubroot differential set) de détermination
des races de *Plasmodiophora brassicae*

Numéros	Hôtes différentiels	Coefficients
	B. Campestris	
1	Navet aaBBCC	1
2	Navet AAbbCC	2
3	Navet AABBcc	4
4	Navet AABBCC	8
5	Chou chinois « Granaat »	16
	B. napus	
6	Colza DC 101	1
7	Colza DC 119	2
8	Colza DC 128	4
9	Colza DC 129	8
10	Rutabaga DC 130	16
	B. oleracea	
11	Chou pommé « Badges shipper »	1
12	Chou pommé « Bindsachsener »	2
13	Chou pommé « Jersey queen »	4
14	Chou pommé Septa	8
15	Chou cavalier lacinié « Verheul »	16

On désigne les souches de *P. brassicae* par 3 notes concernant chacune des 3 espèces résultant de l'addition des coefficients des hôtes attaqués. Une souche attaquant les hôtes n°s 2, 4, 5, 8, 9, 10, 14 et 15 sera classifiée 26/28/24. Il ne peut y avoir confusion, car à chaque nombre de 1 à 31 ne peut correspondre qu'une seule combinaison des nombres 1, 2, 4, 8 et 16.

Chez *Brassica campestris,* la résistance a été recherchée par l'emploi de gènes dominants, pour le Navet.

On a proposé en Hollande trois gènes dominants de résistance A, B, C, avec comme résultat un relatif échec, car des souches « 31 » (attaquant tous les hôtes différentiels *campestris*, y compris le navet AABBCC) ne sont pas rares en Hollande.

Les choux chinois couramment cultivés en Europe sont très sensibles à *P. brassicae* (ce qui permet de les utiliser au stade plantule pour évaluer le potentiel infectieux des sols). Le cultivar « Granaat » est sensible à toutes les races physiologiques définies par l'ECD. Tout espoir de résistance n'est cependant pas perdu pour cette sous-espèce, puisque un gène dominant induisant une résistance a été trouvé chez une minorité de plantes dans la population « Michihili » *.

Chez **Brassica oleracea**, on ne connaît pas de résistance monogénique dominante. Celles qui ont été décrites sont polygéniques à tendance récessive, ou, pour le moins, birécessives (ex. : le chou pommé américain « Badger shipper », sélectionné par J.C. Walker à partir d'un hybride naturel chou pommé × chou cavalier, qui est un des hôtes différentiels de l'ECD). De plus, ces résistances polygéniques ne semblent ni totales, ni tout à fait « horizontales », puisque les variétés qui en sont porteuses font partie des hôtes différentiels... **

D'une façon générale, une étude récemment réalisée en Bretagne montre que c'est dans des variétés-populations « fermières » de choux cavaliers ou de choux pommés que l'on trouve le plus faible degré d'attaque en conditions d'inoculation contrôlée. Les notes attribuées à 50 populations s'échelonnent de la façon suivante :

	Note la plus basse	Moyenne	Note la plus haute
Choux fleurs	91	96,7	100
Broccolis	86	90,05	97
Choux pommés	57	86,8	97
Choux fourragers	23	60,5	87

(Résultats obtenus avec un inoculum « S¹ Jouan ». Un autre inoculum « Kervedez » donne un résultat analogue.)

L'amélioration de la résistance à la hernie chez le Chou-fleur sera donc une œuvre de longue haleine, elle devra combiner introgression à partir d'autres types de choux, et sélection récurrente, avec inoculation par diverses sources d'inoculum.

---

* Il est curieux d'observer que l'AVRDC à Taïwan ne semble pas se soucier de résistance à *P. brassicae*. Peut-être les traditions chinoises d'amendement organique suffisent-elles à éliminer ce problème ?

** Les choux sauvages des falaises de craie de Folkestone ou d'Étretat n'ont guère de chance de fournir des gènes de résistance, puisque les lieux où ils poussent sont très défavorables au parasite.

Spongospora du Cresson

Spongospora subterranea var. *nasturtii* [*] appartient lui aussi aux Plasmodio-phoracées. Beaucoup plus fréquent sur Cresson de fontaine que le *Plasmodio-phora*, il attaque les racines émises au niveau des nœuds, qui se renflent et se recourbent en forme de crochet (fig. 101). Le système radiculaire se désorganise, les plantes flottent. Le feuillage prend une couleur chamois. Les attaques sont plus graves en hiver, quand la croissance du Cresson est ralentie, les attaques s'atténuent à partir d'avril. La maladie sévit surtout en eau peu courante, et remonte en général du bas vers le haut des fosses.

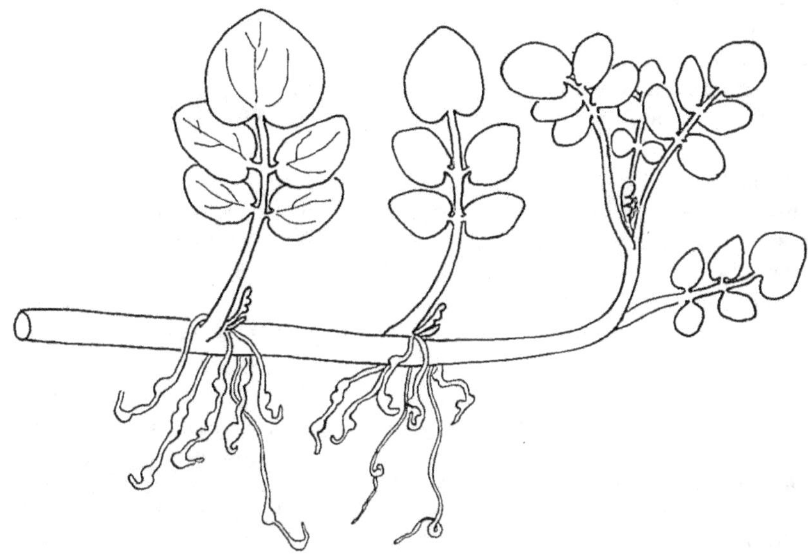

Figure 101. — Attaque de *Spongospora subterranea* var. *nasturtii* sur racines de Cresson.

On peut lutter contre le *Spongospora* par utilisation du Zinc sous diverses formes :
— « Zinc frit » (poudre de verre riche en Zinc), préconisé en Angleterre. On l'applique en haut des fosses ;
— grenaille de Zinc dans le canal d'alimentation des fosses,
— sulfate de Zinc s'écoulant goutte à goutte,
— ou plus simplement encore apport massif de sulfate de Zinc dans les fosses en début de saison (20 g/m^2).
La culture sous film de polyéthylène, en favorisant la végétation, diminue les dégâts de la maladie.

---

[*] Nous avons déjà rencontré sa var. *subterranea* sur racines de tomate (v. p. 147).

Trachéomycoses des Crucifères

La Fusariose vasculaire du chou est provoquée par *F. oxysporum* f. sp. *conglutinans*. Elle est surtout redoutée en Amérique du Nord. Les plantes atteintes présentent des symptômes de jaunisse, souvent unilatérale, pouvant conduire, avant la mort de la plante, à un développement dissymétrique du chou.

La résistance à cette Fusariose a été recherchée dès les années 30, en particulier par J.C. Walker, qui a montré l'existence de deux types de résistance chez les choux pommés : une **résistance polygénique** dont l'effet disparaît au dessus de 25 °C (l'optimum d'agressivité du *Fusarium* se situe vers 27 °C), et une **résistance monogénique** efficace à toutes les températures, dont sont pourvues la plupart des variétés et hybrides des catalogues américains actuels.

Ce gène de résistance dominant, dont on donnait en exemple la stabilité depuis plus de 50 ans, vient d'être surmonté en Californie (1988) par une nouvelle race de *F. oxy.* f. sp. *conglutinans*, qui provoque des dégâts sur les choux « résistants » dès 22 °C.

La Fusariose vasculaire du chou semblait épargner l'Europe. Elle a été signalée sur chou de Bruxelles, en Italie, en 1982, et identifiée sur chou pommé dans la région niçoise par le GRISP d'Antibes encore plus récemment (observation non publiée). Il reste à espérer qu'il ne s'agisse que de la race 1.

Un *F. oxy.* f. sp. *raphani* attaque le Radis, depuis les années 30 aux États-unis, plus récemment en Europe (Angleterre, 1974 ; Allemagne, 1976). Il a été observé en 1981 dans la région parisienne où il attaque non seulement les radis d'hiver de type « Radis noir » mais aussi les petits radis roses et blancs. Les attaques peuvent se produire dès 17 °C, avec un optimum entre 24 °C et 28 °C. On observe soit des mortalités précoces, soit des jaunissements nécrotiques du feuillage avec brunissement des vaisseaux de la racine.

Des différences de sensibilité variétale sont signalées depuis longtemps aux États-Unis. En France, le radis « Le Flamboyant » se révèle particulièrement sensible, des hybrides expérimentaux de l'INRA-Montfavet beaucoup plus résistants.

La **Verticilliose** a été signalée sur Chou de Bruxelles en Angleterre.

Autres champignons du sol signalés sur Crucifères

Aphanomyces raphani est redouté aux États-Unis sur radis, en particulier sur les radis blancs longs de type « White Icicle ».

Les lésions bleu-noirâtre provoquées par ce champignon débutent, soit sur la partie filiforme de la racine principale, soit latéralement à partir du point d'émergence de radicelles.

Les infections précoces provoquent des zones craquelées noirâtres sur la racine tubérisée, souvent avec étranglement, analogues à celles que provoque le mildiou, mais situées plus bas. Les attaques se produisent pendant l'été, à des températures comprises entre 20 °C et 27 °C.

Les radis rouges se révèlent moins sensibles.

Phytophthora megasperma peut provoquer des pourritures de racines (tubéreuses ou non) sur les *Brassica* maraîchers. On observe la maladie par taches cofréspondant aux « mouillères » dans lesquelles l'eau de pluie stagne dans les champs. Des températures moyennes de l'ordre de 15 °C-18 °C favorisent cette maladie.

II. Dégâts de nématodes

Même en conditions très favorables au développement des **nématodes à galles** (*Meloidogyne* spp.) les divers types de *Brassica oleracea* ne sont pas très fortement attaqués, non plus que les radis et les navets.

Lés choux chinois pommés, par contre, peuvent subir des attaques assez sérieuses.

En conditions tempérées, ce sont des **nématodes à kystes** qui peuvent se montrer préjudiciables aux *B. oleracea*, les deux espèces *Heterodera cruciferae* (spécifique) et *H. schachtii* (qui attaque aussi la Betterave) peuvent attaquer les jeunes plants en pépinière et les plantes au champ.

Les symptômes sur racines consistent en une abondance anormale de fines radicelles, brunies, et portant, vues à la loupe, de très nombreuses femelles d'*Heterodera* sous forme de têtes d'épingle blanches.

La présence abondante d'individus de ces espèces d'*Heterodera* (associés à un *Pratylenchus*) provoque en Bretagne sur certaines pépinières de choux-fleurs un rabougrissement des plants, qui peuvent devenir inutilisables.

De plus le piégeage à partir d'échantillons de sol avec des plantules de Radis (qui révèlent à la fois *Rhizoctonia* et *Heterodera*) montre que les deux types d'infection sont souvent associés.

La présence de ces *Heterodera* est une raison de plus pour conseiller la désinfection des planches de pépinière pour les choux-fleurs. L'efficacité du dazomet a été récemment vérifiée. On peut également penser à l'effet secondaire du bénomyl vis-à-vis des nématodes à kystes, au vu des résultats favorables obtenus avec ce produit.

Aux États-Unis, les nématodes les plus redoutés sur choux sont des *Paratrichodorus* induisant un symtôme de « stubby root » (racines coralloïdes).

III. Maladies bactériennes des Crucifères

Comme la Tomate et le Haricot, les Crucifères hébergent des *pathovars* de *Xanthomonas campestris* et *Pseudomonas syringae*, ainsi qu'éventuellement des *Pseudomonas* et *Erwinia* pectinolytiques.

Nervation noire des Crucifères

Cette maladie est provoquée par *X. campestris* pv. *campestris*.

Cette bactérie pénètre dans les feuilles par les hydatodes, au moment où les gouttelettes d'exsudation au bord des feuilles sont réabsorbées en début de matinée. Les bactéries colonisent le système vasculaire en progressant dans la direction du pétiole et de la tige. Le symptôme classique consiste en lésions en forme de V au bord des feuilles, d'abord jaunâtres puis desséchées, sur lesquelles les nervures infectées se détachent en noir (fig. 102).

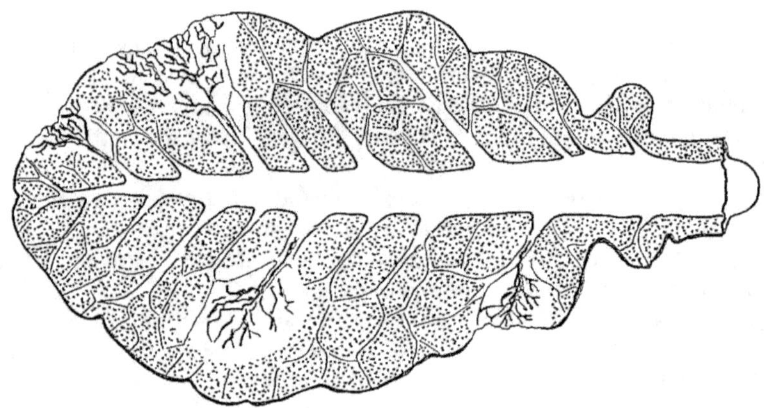

Figure 102. — La nervation noire des Crucifères *(Xanthomonas campestris* pv. *campestris)*.

Si les bactéries parviennent jusqu'à la tige, elles peuvent entraîner la nécrose d'un secteur du système vasculaire, le nanisme avec croissance asymétrique des jeunes plantes et la chute des feuilles.

La perpétuation du *Xanthomonas* est assurée sur débris contaminés, parfois sur Crucifères sauvages, mais surtout grâce à la contamination du tégument des semences.

Les températures cardinales sont 5 °C-28 °C-36 °C. Cet optimum thermique assez élevé semblait devoir restreindre la répartition de la maladie aux pays tropicaux humides, où elle est en effet très importante, et aux automnes pluvieux des climats méditerranéens : nous l'observions en septembre dans le Vaucluse, les années où les pluies d'automne commençaient le 15 août. Encore considérée comme secondaire en Bretagne en 1979, elle y a pris aujourd'hui une sérieuse extension : l'intervalle de températures 5 °C-28 °C indiqué par les températures cardinales indiquées ci-dessus ne doit donc pas être négligé *.

---

* Comparativement, *X. campestris* pv. *vesicatoria* est inhibé quand les températures nocturnes sont inférieures à 15 °C.

Même si les jeunes plants ne portent pas encore de lésions typiques, ils peuvent être déjà contaminés de façon épiphyte au moment du repiquage. On améliora l'état sanitaire des pépinières :

— par l'usage de graines saines ou désinfectées par thermothérapie à l'eau chaude (20 à 25 minutes à 50 °C) ;

— par des traitements cupriques renouvelés tous les 10-15 jours en pépinière (bouillie bordelaise ou mélange cuivre-dithiocarbamates).

X. c. pv. *campestris* attaque surtout le chou pommé et le chou-fleur.

Chez le chou pommé, une résistance intéressante a été trouvée en 1972 par Williams *et al.* dans des lignées dérivant de la variété japonaise « Early fuji ». Le déterminisme de la résistance est oligogénique : le gène « **f** » dérivant de « Early fuji » se comporte comme dominant ou récessif suivant l'état dans lequel se trouvent deux autres gènes A et B. Les hybrides F_1 **fF** seront donc :

— très résistants s'ils sont fF aa BB ou fF aa Bb,

— moyennement résistants s'ils sont fFAaBB, fFAABb ou fFAABB,

— assez sensibles s'ils sont : fFAAbb.

La résistance se manifeste par l'apparition d'une lésion marginale jaune de petite taille sans envahissement vasculaire.

Des lignées résistantes (« Badger 14 » à « Badger 20 ») ont été proposées par l'Université de Wisconsin et utilisées par les firmes semencières pour réaliser des hybrides F_1 tolérants.

Chez le chou-fleur, la sélection pour la résistance est moins avancée. Un travail préliminaire a été entrepris pour la Bretagne (collaboration INRA-Rennes et INRA-Angers).

L'objectif à court terme est l'élimination de formules hybrides F_1 exagérément sensibles. Dans une notation de 0 à 3, avec inoculation de jeunes plantes avec des souches agressives, des notes allant de 0,98 à 2,9 ont été attribuées à une collection d'hybrides expérimentaux.

Pseudomonas du Chou-fleur

Pseudomonas syringae pv. *maculicola* provoque à la face inférieure des feuilles de chou-fleur et de broccoli des petites pustules noires analogues à celles de *P.s.* pv. *tomato* sur feuilles de Tomate (les autres *B. oleracea* sont moins sensibles).

La présence d'une dizaine de pustules peut entraîner le jaunissement d'un compartiment internervaire.

L'optimum de développement de cette bactérie se situe vers 24 °C. Les maxima supérieurs à 30 °C stoppent l'épidémie.

On ne semble pas attribuer en France une grande importance à cette maladie, bien qu'elle soit redoutée aux États Unis.

Bactéries pectinolytiques

Un certain nombre d'*Erwinia* et de *Pseudomonas* pectinolytiques ont été signalés à propos de pourritures de portions de feuilles, pétioles, et pommes de chou ou de chou-fleur, en particulier *Ps. cichorii* en Floride.

En France, des *Ps. cichorii* ou des *Pseudomonas* « soft rot » (groupe IV a) ont été signalés par Coleno *et al.* comme agents primaires de la « piqûre » des pommes de chou-fleur, l'*Alternaria* s'y installant de façon secondaire. Cette hypothèse ne semble pas avoir été retenue par la suite.

Par contre, à la suite de conservations de longue durée de pommes de chou-fleur à 1 °C-2 °C, 95-98 % d'humidité, des pourritures bactériennes probablement liées à des infections latentes peuvent se développer en cas de rupture de la chaîne du froid avant consommation.

En conditions tropicales humides, ou au cours des étés des climats « sud-chinois » (Taïwan, Hong Kong, Floride), les choux chinois pommés sont atteints de pourritures graves débutant au niveau des nervures de feuilles au contact du sol, provoquées par des *Erwinia* de type *carotovora* ou *chrysan-themi*.

On peut essayer de lutter contre cette maladie par culture sur planches surélevées, réduisant l'humidité du sol en surface, ou en évitant l'enfouisse-ment de déchets végétaux verts avant repiquage des choux. Mais ces méthodes sont peu efficaces et l'adoption de variétés et hybrides récents de choux chinois sélectionnés à la fois pour la tolérance à la chaleur et la résistance à ces pourritures représente la véritable solution (ex. : l'hybride « ASVEG 1 » de l'AVRDC).

IV. Maladies foliaires dues à des champignons, pouvant parfois attaquer les plantules, les tiges et les pommes

Mildiou des Crucifères

L'agent de ce mildiou, *Peronospora parasitica*, n'est pas une entité homo-gène : on peut y distinguer au moins trois formes spécialisées : *brassicae*, *raphani*, *capsellae*, qui peuvent se subdiviser en races — tout au moins la f. sp. *brassicae* vis-à-vis d'un gène dominant de résistance chez le Chou.

Ce *Peronospora* se manifeste par des efflorescences blanches (conidio-phores et conidies incolores) à la face inférieure des feuilles.

A la face supérieure, on distingue soit une tache jaune floue, soit des nécroses arborescentes.

Son optimum thermique est assez bas (8 °C à 16 °C la nuit, moins de 23 °C le jour). Il se propage à la faveur des pluies et de la rosée nocturne — ou même, puisqu'il ne produit pas de zoospores, de l'humidité saturée.

Le mode de perpétuation de ce *Peronospora* reste mal connu : la spécialisation des f. sp. *brassicae* et *raphani* exclut leur perpétuation sur crucifères sauvages. Les oospores, produites surtout lorsque les températures moyennes atteignent 20 °C sont la voie la plus probable de sa survie. Elles peuvent persister dans les débris de culture. Une référence polonaise citée par Dixon fait état d'une perpétuation par les semences (oospores sur les graines). On retrouve là encore la prescription de trempage des graines à l'eau chaude (50 °C, 20 minutes).

Ce sont les jeunes plantes qui se montrent les plus sensibles, et la lutte en pépinière peut se révéler indispensable (manèbe, mancozèbe ou mélanges dithiocarbamates-cuivre, combinant les protections mildiou-*Xanthomonas*). On a conseillé aussi la dichlofluanide et, en Angleterre, le prothiocarbe, en arrosage du sol des pépinières $(0,1 \text{ g/m}^2)$ ou incorporé au substrat des minimottes.

Après une période de faible sensibilité pendant la croissance végétative, où l'on observe seulement quelques lésions sur feuilles sénescentes, on constate parfois des dégâts de nature systémique sur organes hypertrophiés ou tubérisés : lésions nécrotiques internes sur les nervures de feuilles de pommes de chou, ou sur les branches à l'intérieur des pommes de chou-fleur, lésions sur hypocotyles de Chou-rave ou de Radis. Sur ce dernier hôte, les dégâts peuvent être très graves. Les lésions intéressent la partie supérieure du radis. Elles sont noires, craquelées, et se prolongent à l'intérieur en suivant les rayons médullaires. Le mycélium de *Peronospora* peut être présent, avec ses suçoirs, jusqu'au cœur du radis (fig. 103).

Au moment, proche de la récolte, où ces dégâts apparaissent, les feuilles porteuses de mildiou, origine de l'infection (cotylédons, 1re ou 2e feuille) ont disparu depuis longtemps.

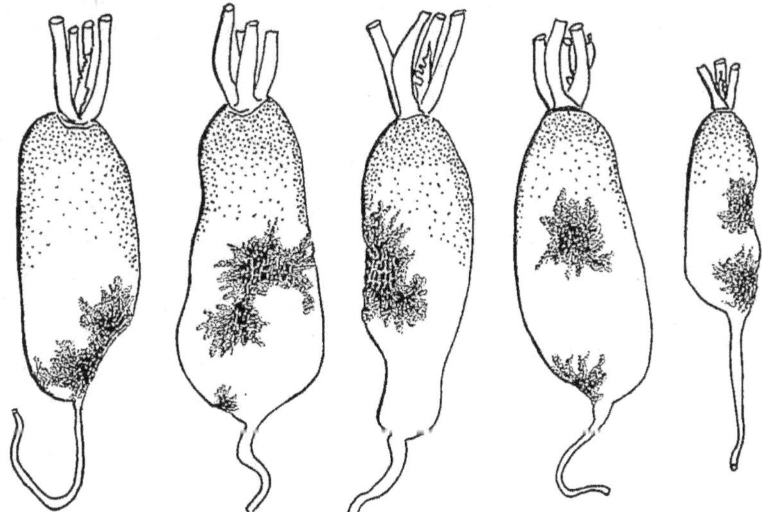

Figure 103. — Attaques de Mildiou *(Peronospora parasitica)* sur hypocotyles de Radis.

Si l'on veut lutter par voie chimique, c'est très tôt qu'il faut intervenir.

Une résistance polygénique dominante au mildiou est présente chez le radis japonais « All seasons », des différences de sensibilité apparaissent chez les populations françaises, d'après des travaux en cours à l'INRA-Montfavet. Chez le Chou chinois, la résistance est travaillée à l'AVRDC : l'hybride « ASVEG 1 », déjà cité ci-dessus présente une tolérance au mildiou.

Rouille blanche

Elle est provoquée par *Albugo candida*. Elle se manifeste par de petites pustules blanches arrondies de 2 à 3 mm de diamètre, d'abord d'aspect nacré, recouvertes par l'épiderme, qui se déchire ensuite, libérant une poudre blanche de conidies. L'infection peut devenir systémique et concerner les tiges ou les hampes florales, les pustules sont alors souvent de forme allongée.

Les *Brassica oleracea*, à cuticule cireuse, sont rarement attaqués de façon sérieuse par la Rouille blanche, qui, comme le Mildiou, peut être subdivisée en races :

race 1 sur *Raphanus*

race 2 sur *Brassica campestris* et *B. juncea*

race 3 sur le véritable radis noir, *Cochlearia armoracia*, multiplié par voie végétative, sur lequel elle peut devenir un problème grave. Des crucifères peu cultivées comme le « Cresson de terre », *Barbarea verna* sont également très sensibles.

Les températures cardinales pour la germination des spores sont 1 °C-12 °C-18 °C, l'optimum pour le développement du mycélium dans les plantes de 20 °C.

La Rouille blanche se montre suffisamment grave sur Radis pour que les sélectionneurs se préoccupent de résistance. Un gène de résistance **Ac1**, dominant, est utilisé à l'INRA-Montfavet, où il est incorporé à des lignées mâle-stériles pour fabrication d'hybrides.

Oïdium des Crucifères

C'est un *Erysiphe* de type *polygoni* (le conidiophore produit 1 seule conidie par jour) que l'on appelle aujourd'hui *E. cruciferarum*. Son optimum thermique se situe vers 28 °C, il sévit en principe en conditions chaudes et sèches (états arides des États-Unis), mais demande cependant une humidité nocturne élevée pour la germination des conidies.

Son importance dans le Wisconsin est suffisante pour avoir entraîné J.C. Walker et Williams à sélectionner la lignée « Globelle » qui peut servir à produire des hybrides F_1 résistants.

En France, cette maladie n'est considérée comme importante ni en Provence, ni en Bretagne.

Par contre, en Angleterre, elle a provoqué ces dernières années des dégâts importants sur choux de Bruxelles, chez lesquels l'oïdium peut coloniser non seulement les grandes feuilles, mais aussi la tige et les bourgeons, que la présence d'oïdium (d'abord farineux, puis entraînant des lésions nécrotiques quand les températures baissent à l'automne) peut rendre invendables.

Les producteurs anglais, quand ils ont le bonheur de connaître des mois d'août et septembre ensoleillés, ajoutent des anti-oïdiums de type « IBE » aux traitements aphicides pratiqués sur Choux de Bruxelles pendant cette période.

Alternarioses des Crucifères

On en distingue trois espèces :

Alternaria brassicae }
Alternaria brassicicola } sur *Brassica oleracea* et *B. campestris*
Alternaria raphani   sur Radis.

Les deux espèces attaquant les *Brassica* se distinguent par de nombreux caractères morphologiques et biologiques, qui font d'*A. brassicicola* un parasite plus ubiquiste, moins exigeant en conditions climatiques particulières pour devenir épidémique. Les attaques d'*A. brassicae* seront parfois graves, mais plus rares sur les Crucifères maraîchères, alors que sur le Colza c'est le parasite le plus important (v. tabl. 20).

Tableau 20

Comparaison entre *Alternaria brassicae* et *A. brassicicola*

	Alternaria brassicae	*Alternaria brassicicola*
Conidies	75-370 µ peu nombreuses, solitaires ou chaînes de 2, prolongement filiforme	18-130 µ nombreuses, produites en chaînes.
Exigences pour la sporulation	succession pluie-dessiccation, obscurité-lumière, comme pour *A. solani*	pas d'exigences particulières.
Températures cardinales	3 °C-22 °C-30 °C	6 °C-26 °C-37 °C
Pénétration dans les feuilles	stomatique prédominante	cuticulaire ou stomatique.

Aussi bien sur *B. oleracea* que sur *B. campestris* les attaques d'*Alternaria* peuvent se produire à divers stades de la vie de la plante :

— attaques sur porte-graines conduisant à l'invasion des siliques, puis des graines, sur lesquelles le mycélium peut rester superficiel ou pénétrer dans les téguments ;

— attaques en pépinière (ou en semis direct) sur plantules, à partir de la contamination des semences, ou de débris porteurs de mycélium ou de spores, conduisant à des fontes de semis ou, plus tardivement, à des symptômes de « pied noir » ;

— attaques sur feuilles adultes ou sénescentes sur plantes plus âgées, se manifestant par des taches de taille variable, brunes ou noires, présentant souvent une zonation concentrique et un centre plus clair ;

— attaques sur organes hypertrophiés : lésions noires de 2 à 3 mm de diamètre sur les feuilles extérieures des pommes de chou, ou « piqûre » des pommes de chou-fleur * (taches brunâtres de 2 à 3 mm de diamètre pouvant, suivant les conditions de milieu, évoluer en pourriture humide, ou s'élargir en se recouvrant d'*Alternaria* sporulé — le plus souvent *A. brassicicola*).

Bien entendu, les climats humides (océaniques, continentaux avec orages d'été, ou tropicaux humides) sont les plus favorables aux attaques d'*Alternaria*.

La lutte contre ces *Alternaria* peut être envisagée à divers stades :

— production de semences saines, soit en plaçant les porte-graines en climat sec, soit en les protégeant par des pulvérisations fongicides (on en placera 2 entre la floraison et le moment où les siliques atteignent leur plein développement) ;

— désinfection des semences par poudrage fongicide, ou par le classique traitement à l'eau chaude (50 °C-20 minutes) ;

— pulvérisations sur les jeunes plantes en pépinières, espacées de 10 à 15 jours, puis dans le mois qui suit le repiquage, puis enfin 30 à 40 jours avant la récolte dans le cas des choux pommés et des choux-fleurs.

Parmi les nombreuses matières actives signalées comme plus ou moins efficaces, c'est l'**iprodione** qui se détache nettement comme la meilleure, que ce soit en traitement de semences (5 g/kg) ou en pulvérisations sur les jeunes plantes, au champ, ou sur porte-graines.

Ces dernières années, parmi les produits les plus récents, le prochloraze a fait preuve d'une efficacité comparable.

La participation directe d'*Alternaria brassicicola* au symptôme de « piqûre » des pommes de chou-fleur semble confirmée par la réduction considérable des dégâts (de plus de 30 % à moins de 5 %) par un programme de traitements réalisé aux divers stades évoqués ci-dessus (résultats d'essais du Service de la Protection des Végétaux et d'organisations professionnelles bretonnes).

On commence à soupçonner, dans l'épidémiologie des *Alternaria* des Crucifères, des interactions avec les organismes de la **phyllosphère** (ex. : *Stemphylium* sp.) mais les travaux en cours sur ce sujet n'ont pas encore abouti à des applications pratiques.

Alternaria raphani n'est pas souvent cité comme agent d'une maladie grave : nous avons cependant observé des attaques foliaires en culture sous abri dans le Midi de la France.

---

* Voir également au paragraphe « Maladies bactériennes ».

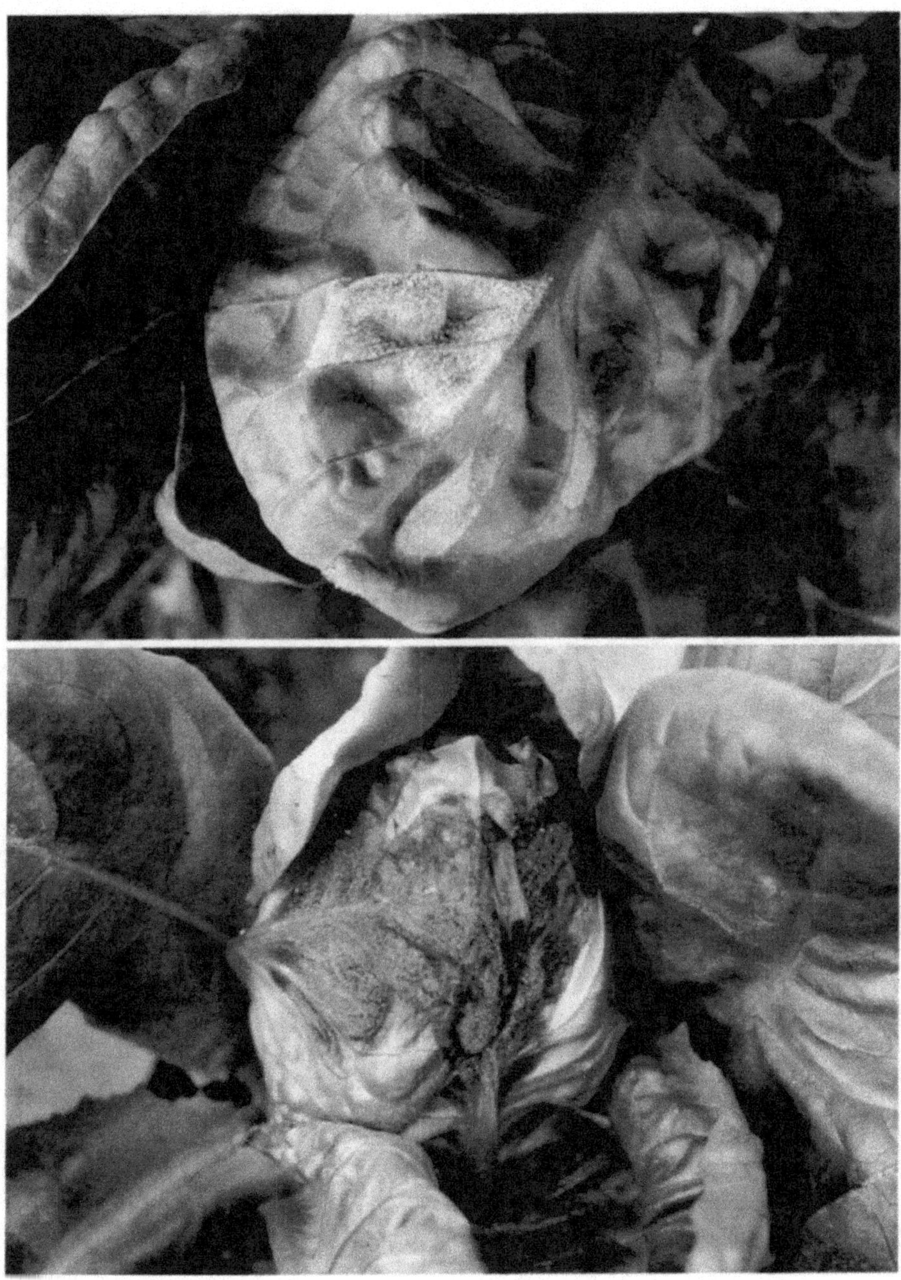

Planche 13 : **Maladies foliaires de la Laitue.** En haut, le Mildiou *(Bremia lactucae).* En bas, *Botrytis cinerea.* (Photos D. Blancard, INRA-Montfavet).

Planche 14 : Dégâts de virus sur Laitue. En haut, Mosaïque de la Laitue. En bas, Beet western yellows (plantes saines à gauche). (Photos H. Lot, INRA-Montfavet).

Phoma lingam

Ce champignon est la forme imparfaite de *Leptosphaeria maculans*. C'est un parasite beaucoup plus redouté sur Colza que sur crucifères maraîchères. On observe parfois cependant des dégâts importants sur choux pommés.

C'est dans ce cas le stade pycnide qui joue le rôle principal *. La perpétuation du *Phoma* est assurée soit par la contamination des semences, soit par les débris de culture, en particulier lorsqu'on enfouit sur place les trognons et les pommes non commercialisables, dans un système de rotation insuffisante.

Les attaques débutent par les cotylédons ou les premières feuilles, qui se nécrosent entièrement en se recouvrant de pycnides. A partir de là, par invasion du pétiole, peuvent apparaître des lésions allongées, en creux, de couleur gris-beige avec une marge rougeâtre, sur la tige des jeunes plantes. Cette lésion peut, en descendant, atteindre le pivot.

Elle a pour conséquence, soit la mort de la jeune plante, soit son développement dissymétrique, avec malformation de la pomme (fig. 104).

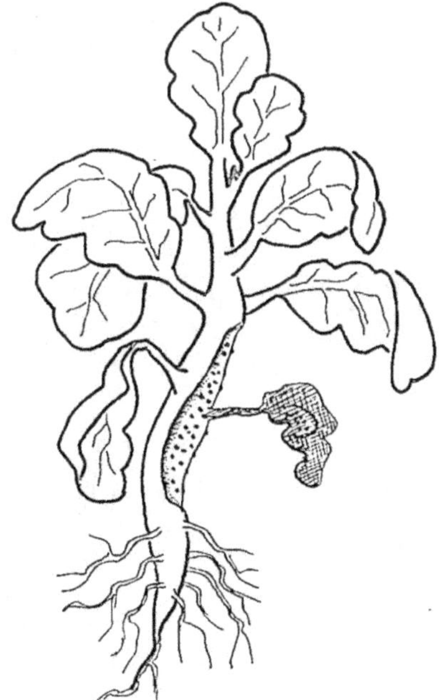

Figure 104. — Attaque de *Phoma lingam* sur plant de Chou (Matouba, Guadeloupe).

Les dégâts sont assez rares de nos jours en Europe. Dans la zone de Matouba en Guadeloupe (déjà citée plus haut pour la Hernie) ce parasite

---

* Alors que sur Colza ce sont les projections d'ascospores à partir des périthèces formés sur les débris de culture qui déclenchent l'épidémie.

provoquait de graves dégâts dans les années 70. P. Pauvert (INRA-Antilles-Guyane) avait alors mis en évidence une possibilité de lutte efficace par l'usage du bénomyl (traitement de semences à 2 g/kg, suivi de deux pulvérisations en pépinière).

Mycosphaerella brassicicola

Cet ascomycète a comme caractéristique originale sa propagation exclusive par projection d'ascospores.

Il provoque sur feuilles de chou ou de chou-fleur des taches ovales ou circulaires dans les espaces délimités par les grosses nervures, de couleur gris clair, zonées de brun, sur lesquelles on voit apparaître des conceptacles disposés en cercles concentriques. Leur diamètre varie de 0,5 à 2 cm, elles peuvent être entourées d'un halo jaune (fig. 105).

Deux sortes de « conceptacles » coexistent sur les taches foliaires : des « pycnides » qui sont en réalité des spermogonies, produisant des spores très petites fonctionnant comme agents de fertilisation, et des périthèces contenant un bouquet d'asques, capables de projeter de nombreuses ascospores.

La gamme de températures convenant au développement de *M. brassicicola* est assez restreinte (13 °C-26 °C), avec un optimum à 16 °C pour l'infec-

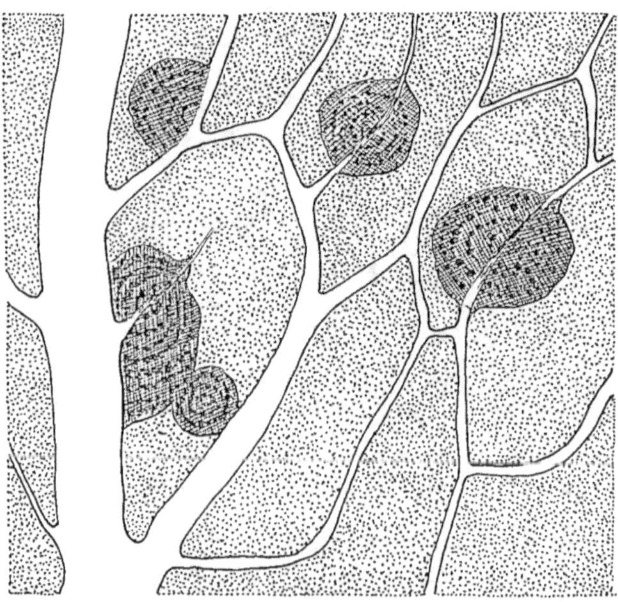

Figure 105. — Portion de feuille de Chou portant des lésions de *Mycosphaerella brassicicola*.

tion et 20 °C pour la croissance des lésions. La présence d'eau liquide sur les feuilles est nécessaire pour la germination des ascospores, aussi bien que pour déclencher la projection de celles-ci. Une humidité saturée pendant 4 jours est nécessaire à la fructification.

Ces conditions ne sont réalisées que dans des régions côtières soumises à des pluies fréquentes : Bretagne et côte atlantique sud en France, hiver en Californie.

Ce *Mycosphaerella* reste pour le moment sensible aux fongicides de type « benzimidazole », que l'on utilisera en mélange avec l'iprodione ou le prochloraze pour lutter à la fois contre *Alternaria* et *Mycosphaerella*.

Anthracnose américaine des *Brassica campestris*

Elle est provoquée par *Colletotrichum higginsianum*. On l'observe au Sud-Est des États-Unis, à Puerto Rico, en Jamaïque. Nous l'avons retrouvée aux Antilles françaises sur feuillage de Navet et de Chou chinois.

C. higginsianum appartient au « groupe 1 » décrit dans notre premier chapitre (type *C. gloeosporioides*, non sclérotique), mais ses conidies sont très allongées, comme celles de *C. atramentarium*. Il provoque de très nombreuses lésions allongées sur la nervure principale des feuilles (1 à 2 × 4 à 5 mm), de couleur noire. A la face inférieure des feuilles, il attaque les petites nervures (lésions noires de 2 mm de longueur).

En conditions antillaises, les lésions des petites nervures sont aggravées par une colonisation secondaire d'*Alternaria brassicicola*, qui les transforme en taches circulaires nécrotiques de 3 à 5 mm de diamètre (fig. 106).

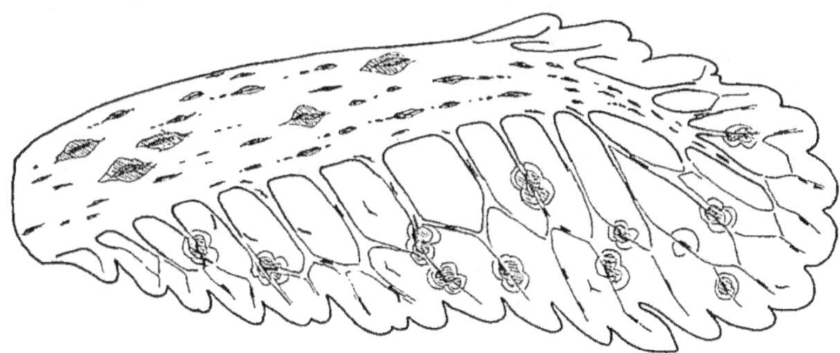

Figure 106. — Lésions sur la côte et les nervures d'une feuille de Chou chinois, provoquées par *Colletotrichum higginsianum*, surinfectés par *Alternaria brassicicola* sur le limbe foliaire.

L'optimum thermique de *C. higginsianum* se situe entre 26 °C et 30 °C (minimum 14 °C, maximum 37 °C).

Sur Navet, Sherf et Mc Nab signalent de plus des lésions circulaires déprimées d'assez grande taille sur la racine tubérisée.

Cette maladie peut amener la destruction complète du feuillage des navets, et l'échec total de la culture des variétés classiques de chou chinois en conditions d'« hivernage » antillais (températures variant entre 24 °C et 31 °C, pluviosité mensuelle supérieure à 250 mm).

Les variétés récentes de choux chinois tolérantes à la chaleur (exemple : l'hybride AVRDC « Asveg 1 ») se montrent pratiquement résistantes au complexe *Colletotrichum* + *Alternaria* — ce qui n'était pas prévu par leurs obtenteurs car la maladie n'est pas signalée en Extrême-Orient.

Sur la variété-population « Navet des vertus race Marteau » l'attaque n'est pas homogène. Il serait facile de constituer une population résistante en envoyant les racines des plantes les moins attaquées grainer en Europe... !

Autres maladies à propagation aérienne

Une autre « Anthracnose » peut attaquer le feuillage des choux-fleurs et Choux de Bruxelles. Elle est provoquée par *Gloeosporium concentricum*, dont la forme parfaite est *Pyrenopeziza brassicae*. Les taches foliaires sont blanches, petites (3 mm de diamètre) et disposées en cercles concentriques.

L'optimum du parasite se situe vers 20 °C, la maladie sévit surtout en Angleterre, Irlande, Europe du Nord-Ouest et Nouvelle-Zélande.

Un certain nombre de *Cercospora* et *Cercosporella* peuvent provoquer des taches nécrotiques sur feuillage de crucifères. On peut relever dans la littérature :

— *Cercosporella brassicae* (syn. *Cercospora albomaculans*), dont l'optimum se situe vers 20 °C, attaque surtout les *B. campestris*, mais peut aussi se rencontrer sur chou pommé et Broccoli (États-Unis, Australie) ;

— *Cercospora brassicicola* provoque des dégâts sur les mêmes hôtes, mais son optimum thermique est probablement plus élevé, car il est signalé en conditions tropicales et au Sud-Est des États-Unis ;

— *Cercospora cruciferarum* et *C. atro-grisea* sont signalés sur Radis aux États-Unis ;

— *Cercospora nasturtii* attaque le Cresson. Nous l'avons observé dans la zone antillaise.

Sclerotinia sclerotiorum peut attaquer les Crucifères, en particulier les choux pommés, sans doute par projections d'ascospores, avec une abondante production de très gros sclérotes.

V. Maladies à virus des Crucifères

On rencontre sur Crucifères deux maladies à virus très importantes transmises par pucerons, trois virus transmis par coléoptères, et quelques autres maladies d'importance mineure. Un mycoplasme redouté sur Colza, sur lequel il provoque la « chloranthie » (hypertrophies et anomalies florales) a été signalé sur porte-graines de chou et, ce qui est plus grave, sur Broccoli et chou-fleur en Italie.

Virus transmis par pucerons

● Mosaïque du Navet (*Turnip mosaic virus*-TuMV)

C'est un *Potyvirus* transmis par plus de 40 espèces de pucerons, les deux vecteurs les plus importants sont *Myzus persicae* et *Brevicoryne brassicae* (le puceron cendré du chou), tous deux capables de se développer sur Crucifères. Ce virus n'est pas strictement inféodé aux Crucifères, puisqu'on peut également le rencontrer sur Laitue et Scarole (v. chapitre XII) et quelques mauvaises herbes appartenant aux composées (Mouron blanc, *Galinsoga*).

Il en existe des souches qui se différencient par leur capacité à provoquer des symptômes nécrotiques sur certains *Brassica oleracea* : souches « Navet », non nécrotiques, souches « *Cabbage black ring spot* » provoquant une mosaïque annulaire nécrotique sur chou pommé et chou de Bruxelles (fig. 107). Cette apparition de symptômes nécrotiques peut se poursuivre en conservation sur pommes de chou (nombreuses taches noires de 2 à 3 mm de diamètre).

Le symptôme sur Chou-fleur n'est pas nécrotique et consiste en taches chlorotiques de 1 à 2 cm de diamètre.

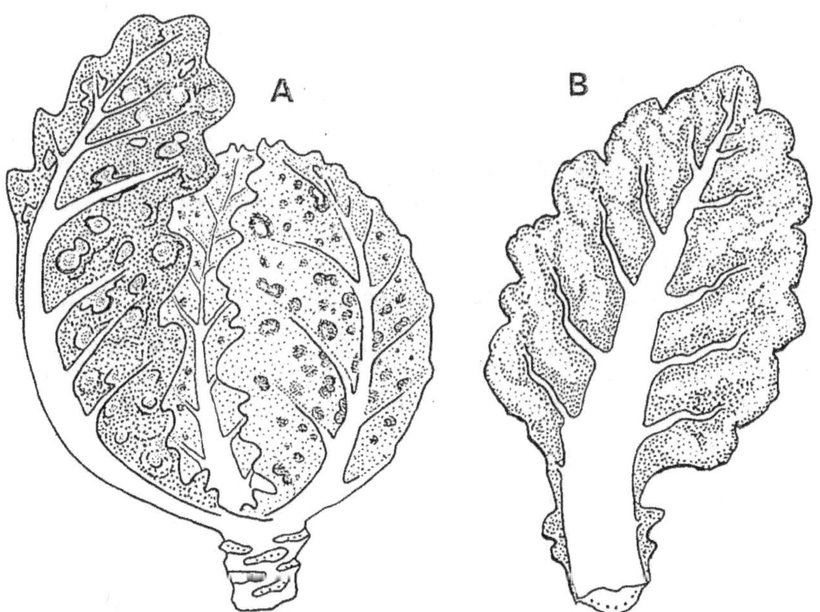

Figure 107. — Les deux principaux virus du Chou *(Brassica oleracea)*.
A : Attaque de type « *Cabbage black ring-spot* », due à une souche de la mosaïque du Navet (TuMV).
B : Mosaïque du Chou-fleur (CaMV).

Les souches « Navet » sont très redoutées sur Chou chinois en Extrême-Orient.

◉ Mosaïque du Chou-fleur (*Cauliflower mosaic virus*-CaMV)

Type des *Caulimovirus*, elle est transmise par une vingtaine de pucerons, dont les plus importants sont, encore, *Myzus persicae* et *Brevicoryne brassicae*. Cette transmission est « bimodale » : la majorité des pucerons deviennent infectieux immédiatement après piqûre de la plante-source, et sont vite débarrassés du virus après quelques piqûres sur d'autres plantes, mais un certain pourcentage d'entre eux reste infectieux jusqu'à 48 h, se comportant comme les vecteurs des virus « semi- persistants ».

Ses hôtes sont exclusivement des crucifères cultivées ou sauvages (Capselle, Sanve, Ravenelle).

Les symptômes de la Mosaïque du Chou-fleur sur plantes en végétation évoluent de l'éclaircissement des nervures sur les feuilles présentes au moment de l'infection vers une mosaïque liée aux nervures (*vein-banding* — fig. 107 B) sur les feuilles ultérieures. Les réactions nécrotiques sont rares : sur pommes de chou en conservation, on peut observer de fines ponctuations noires le long des nervures et dans les espaces internervaires. Sur Chou-fleur, la végétation des plantes est gravement compromise, les pommes peuvent rester petites ou avorter.

Les températures élevées atténuent les symptômes de CaMV, une apparition de forts symptômes à l'automne n'implique pas forcément une contamination récente.

◉ Virus de la Jaunisse occidentale de la Betterave (BWYV)

Il peut attaquer les Crucifères et plus particulièrement le Navet. Dans le Nord-Est de l'Italie, ce virus se superpose aux mosaïques provoquées par TuMV et TYMV, avec un symptôme de jaunisse-enroulement jaunâtre et des nécroses internes des navets, liées aux rayons médullaires.

◉ Jaunisse nécrotique du Broccoli (*Broccoli necrotic yellow virus*, BNYV)

Elle est provoquée par un *rhabdovirus* transmis de façon spécifique par *Brevicoryne brassicae*. Elle attaque en Angleterre les choux-fleurs d'hiver et les Choux de Bruxelles. Elle a été récemment retrouvée en Italie sur Chou-fleur.

◉ Épidémiologie et méthodes de lutte

Les deux virus les plus importants signalés ci-dessus (TuMV et CaMV) ne sont pas transmis par les semences, et les hôtes spontanés ne semblent pas jouer un grand rôle en Europe dans leur épidémiologie. En Provence, région éminemment favorable aux virus transmis par pucerons (cf. chapitres « Solanées », « Cucurbitacées » « Salades »), mais où un intervalle de quatre mois au moins sépare les dernières récoltes des premiers semis de choux et choux-fleurs, et où les maraîchers ne produisent pas leurs graines, aucune épidémie de TuMV ou CaMV n'a jamais été observée * sur ces hôtes dans les années 60. Au contraire, à la même époque en Angleterre et en Bretagne les dégâts sur choux, choux de Bruxelles et surtout choux-fleurs étaient très importants, les plantes étant souvent infectées par les deux virus à la fois.

Broadbent en Angleterre, puis Spire pour la Bretagne ont défini les grands principes devant aboutir à restreindre ce type d'épidémie :

— éviter, sur la même exploitation, la présence permanente de crucifères : pépinières, parcelles de production, côtoyant des porte-graines « fermiers » ;

— pratiquer dans le courant de l'été des pulvérisations aphicides, pour éviter la prolifération des *Myzus* et *Brevicoryne*.

Cette mesure ne serait cependant efficace que si elle était appliquée à toutes les cultures de Crucifères d'une zone de production, et concernait aussi les bordures.

En Bretagne, l'hiver glacial 62-63, détruisant tous les choux et choux-fleurs présents, apporta la confirmation de l'intérêt d'une « coupure » dans le chevauchement des parcelles sur le terrain : les épidémies de CaMV, et surtout de TuMV, subirent une importante régression, et au cours des années suivantes l'abandon progressif des productions « fermières » de semences aida à consolider la situation, puis aujourd'hui la production des plants par des horticulteurs spécialisés.

La Mosaïque du chou-fleur n'a cependant pas disparu, et subsiste sous forme de foyers que les gels de 85, 86 et 87 (violents mais plus brefs que ceux de 62-63) n'ont pas fait disparaître. La connaissance des deux virus a beaucoup progressé grâce aux travaux de Kerlan et Mevel (INRA-Rennes) ainsi que les méthodes de détection.

La contamination virale des parents d'hybrides reproduits par voie végétative posait un problème, aujourd'hui résolu par régénération *in vitro*.

En ce qui concerne la **résistance variétale**, les travaux actuellement les plus avancés concernent le chou chinois pommé, pour lequel l'AVRDC a obtenu des géniteurs de résistance aux cinq souches de TuMV sévissant en Extrême-Orient.

Virus transmis par Coléoptères

On trouve sur Crucifères les trois catégories de virus transmis par Coléoptères : como, tymo et sobémovirus.

Leurs vecteurs principaux sont les petites altises des Crucifères, *Phyllotreta* spp., qui peuvent proliférer dans les pépinières de choux et choux-fleurs, ou les semis directs de navets ou radis. Les traitements du sol ou du sillon de plantation contre la Mouche du chou suffisent en général à les éliminer. Une génération d'été peut attaquer les plantes au champ.

---

* Cependant, dans les années 60, dans la même région (vallée du Toulourenc), de graves attaques de TuMV étaient observées sur Cresson, avec symptômes de frisolée nécrotique. Une élimination totale du matériel virosé, suivie d'un nouveau départ en semis, permit de rétablir la situation.

◦ Mosaïque jaune du Navet (*Turnip yellow mosaic virus*, TYMV)

Type des *tymovirus*, elle peut attaquer le Navet, le chou chinois et le chou-fleur avec des symptômes de mosaïque jaune (particulièrement intense sur chou chinois).

L'infection virale augmente la sensibilité des plantes au gel.

◦ Virus de la Rosette du Navet (*Turnip rosette virus*, TRV)

Il a été décrit sur Navet en Écosse. Les plantes atteintes présentent des nécroses sur pétioles et nervures et restent naines et prostrées. C'est un *sobemovirus*.

◦ Virus de la Mosaïque du Radis

Ce *comovirus* a été décrit aux États-Unis.

◦ Virus du Turnip Crinkle (rabougrissement du Navet)

Décrit en Allemagne et en Yougoslavie, il fait partie des *tombus virus* (virus proches du *Tomato bushy stunt*, normalement transmis par le sol), mais peut être occasionnellement véhiculé par les *Phyllotreta*.

Aucun de ces virus ne prend une grande extension dans la pratique. Le TYMV a été très utilisé pour des études de virologie fondamentale.

Virus des taches jaunes du Cresson

Nos connaissances sur ce « *Watercress yellow spot virus* », décrit par Spire, ne sont pas encore complètes. Il se manifeste dans la région parisienne et en Angleterre par de grandes taches circulaires ou annulaires jaunes sur les folioles. La croissance du Cresson s'arrête, les taches se nécrosent en entraînant des boursouflures. Ces symtômes ne s'extériorisent qu'à basse température (entre 0 °C et 10 °C). En bâchant les fosses avec des films plastiques, on arrive à élever suffisamment la température pour faire repartir la végétation.

Les particules de ce virus n'ont pas encore été définitivement décrites. Sa transmission par le *Spongospora* semble probable.

VI. Maladies non parasitaires

La production d'organes aussi « anormaux » par rapport au type sauvage que les pommes de chou ou de chou-fleur, les bourgeons de chou de Bruxelles, les hypocotyles ou racines tubérisés de chou-rave, navet ou radis mettent la physiologie des plantes à rude épreuve ! On ne doit pas s'étonner de voir apparaître des « maladies non parasitaires » correspondant à des troubles nutritionnels ou physiologiques.

Nécroses marginales de feuilles, nécroses internes de pommes de Chou

Comme la Laitue, les choux pommés peuvent présenter des nécroses foliaires marginales, aussi bien sur les feuilles extérieures qu'à l'intérieur de la pomme. Ces lésions sont là aussi liées à une mauvaise alimentation calcique du tissu foliaire, aggravée par une période de temps sec succédant à des pluies abondantes.

Une alimentation azotée importante favorise l'apparition de ce « tip burn » qui fut, en sélection de choux pommés, un des soucis de J.C. Walker. On retrouve ici comme « résistante » la lignée « Globelle », déjà citée pour sa résistance à l'Oïdium.

Rupture des pétioles des feuilles externes de la pomme de Chou

Cet accident, que nous avons observé dans la zone de production de choux pommés de Salagnac, en Haïti, devrait probablement être attribué, en l'absence d'irrigation, à une période pluvieuse (provoquant une reprise de croissance de la pomme) succédant à une période sèche : on pourrait comparer ce symptôme aux « fentes de croissance » des fruits de Tomate, alors que le « Tib burn » pourrait être comparé à leur « nécrose apicale ».

Anomalies des pommes de Chou-fleur

L'induction florale chez le Chou-fleur est provoquée par les « basses températures » : 2 à 5 semaines entre 8 °C et 15 °C pour les « Choux-fleurs d'automne », 5 à 10 semaines entre 6 °C et 10 °C pour les « Choux-fleurs d'hiver ».

Un radoucissement des températures à la fin de cette « vernalisation », avant qu'elle soit complète, ou un écart de température trop important entre jour et nuit peut aboutir à la « **bractéation** » * des pommes de chou-fleur : les bractées internes, insérées aux ramifications à l'intérieur de la pomme, s'allongent, verdissent et font saillie en surface.

Une fois la pomme formée, si celle-ci, très près de la récolte, est soumise à un temps à la fois doux et humide (plus de 18 °C dans la journée), les ébauches d'inflorescences à la surface de la pomme s'allongent de quelques millimètres en prenant une teinte verte ou violacée : c'est le symptôme « **chou fleur moussu** ». Ce symptôme est très fréquent en Provence au cours des hivers doux. Les pommes moussues sont fragiles et facilement dépréciées par des envahissements bactériens ou fongiques à la suite d'écrasement de la « mousse ». On s'en inquiète également en Bretagne.

---

* Désignée en Bretagne sous le nom de « Chitoun ».

Intumescences

Des journées tièdes, des nuits fraîches avec une atmosphère saturée d'humidité en permanence peuvent provoquer sur feuilles de chou l'apparition d'intumescences (ou « œdème ») petites excroissances verruqueuses souvent disposées le long des nervures, d'abord recouvertes par l'épiderme, qui peut ensuite éclater sous la pression de cellules hypertrophiées du mésophylle, très fragiles, pouvant servir de point de départ à des attaques de bactéries pectinolytiques ou d'*Alternaria*.

Carences minérales

Les plus graves sont celles qui concernent le bore et le molybdène :

— **Carence en bore** : elle se traduit par une nécrose interne de la tige du chou-fleur, pouvant se prolonger par secteurs dans la pomme, dont la croissance s'arrête et qui prend un goût amer. Il en est de même pour la racine tubérisée du Navet, qui présente en son centre une zone fibreuse nécrosée ;

— **Carence en molybdène** : elle est surtout caractéristique sur chou-fleur, chez lequel elle provoque sur feuilles le symptôme de « queue de fouet » (*whip-tail*) (fig. 108).

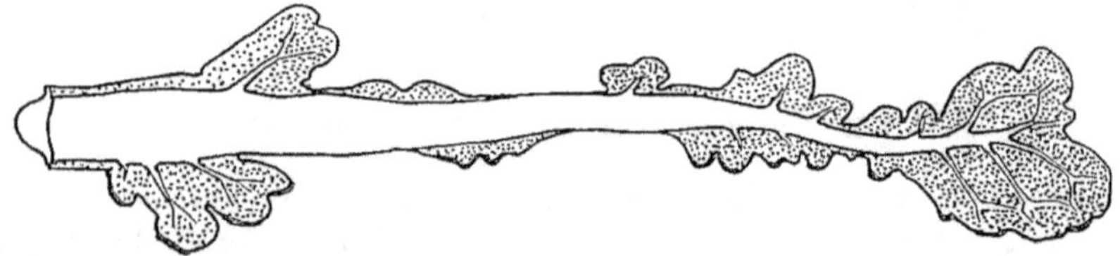

Figure 108. — Carence en molybdène sur Chou-fleur.

La nervure principale garde un développement normal, mais le limbe se développe de façon irrégulière, avec de nombreuses zones manquantes.

Cette carence peut se manifester dans des sols acides comme les « sols rouges méditerranéens » de la Costière du Gard (sols ferralitiques fossiles). On peut la combattre indirectement par chaulage, ou directement par pulvérisation ou apport au sol de molybdate d'ammoniaque.

VII. Orientation générale de la lutte contre les maladies des Crucifères

Des conseils que nous avons pu donner pour chacune des maladies des Crucifères se dégagent quelques règles générales valables pour l'amélioration de leur état sanitaire :

1) pratiquer une politique générale d'amendements calciques dans les sols acides et pratiquer, si possible, une rotation de 4 ans ;

2) produire des semences saines par culture en climat sec ou traitement fongicide des porte-graines (*Alternaria, Phoma, Xanthomonas*). A défaut, désinfection de celles-ci par un poudrage fongicide (ex. : iprodione + bénomyl contre *Alternaria* et *Phoma*) ou par thermothérapie à l'eau chaude (*Alternaria, Phoma, Xanthomonas*) ;

3) établir les pépinières en sol sain ou désinfecté, amené à pH7 (rhizoctone, hernie, nématodes), pratiquer en pépinière une lutte préventive contre *Xanthomonas, Alternaria, Phoma*, mildiou, pucerons, altises ;

4) en situation épidémique, pratiquer en végétation des traitements fongicides (*Alternaria, Mycosphaerella*) et aphicides (virus) ;

5) éviter la présence permanente de Crucifères sur l'exploitation, ou mieux encore dans la zone de production : spécialisation au niveau de la production graînière et, éventuellement, de la production de plants. Dans ce dernier cas, la responsabilité du producteur de plants sera importante vis-à-vis de l'état sanitaire des cultures.

Pour les cultures à cycle court, semées sur place (Navets, Radis) les conseils 1 et 2 restent valables. On devrait souhaiter, en particulier dans le cas du radis, la reprise d'études sur les combinaisons de fongicides en traitement de semences qui permettraient de protéger les plantes du rhizoctone et du mildiou sans laisser trop de résidus à la récolte.

Bibliographie

○ Généralités

LE BOHEC J., 1979. — *Le Chou-fleur*. CTIFL éd. 228 p. (chapitre « *Les principales maladies* » par B. Jouan et F. Rouxel, 139-164).

MC KAY R., 1956. — *Crucifer diseases in Ireland*. 78 p. — Dublin — At the sign of the 3 candles ed.

NIEUWHOF, 1969. — *Cole crops*. 353 p. (World crop books) Leonard Hill — Interscience publishers, London.

○ Maladies provoquées par des microorganismes du sol

— *Rhizoctonia solani*

ABAWI G.S., MARTIN S.B., 1985. — *Rhizoctonia* foliar blight of Cabbage in New York state. *Plant Dis.*, **69** (2), 158-161.

BEYRIES A., 1969. — Efficacité de quelques fongicides systémiques contre *Rhizoctonia solani* par traitement de semences de Haricot et de Radis. *Phytiatr. Phytopharm.*, **2**, 107-116.

WILLIAMS P.H., WALKER J.C., 1966. — Inheritance of resistance to *R. solani* bottom rot in Cabbage. *Phytopathology*, **56**, 367-368.

YTBAREK S.M., VERMA P.R. et MORRALL R.A.A., 1987. — Anastomosis group, pathogenicity and specificity of *Rhizoctonia solani* isolates from seedling and adult rapeseed/canola plants and soils in Saskatchewan. *Can. J. Plant Pathol.*, **9**, 6-13.

— *Plasmodiophora brassicae*

BUCZACKI S., TOXOPEUS H., MATTUSCH P., JOHNSTON T.D., DIXON G.R., HOBOLTH G.R., 1975. — Study of physiologic specialisation in *Plasmodiophora brassicae* : proposals for attempted rationalization through an international approach. *Trans. Brit. Mycol. Soc.*, **65**, 295-308.

CRETE R., CHIANG M.S., 1980. — Screening Brassicas for resistance to clubroot, *Plasmodiophora brassicae*. *Can. Plant Dis. Survey*, **60** (1), 17-19.

CRISP P., CRUTE I.R., SUTHERLAND R.A., ANGELL S.M., BLOOR K., BURGESS H., GORDON P.L., 1989. — The exploitation of *Brassica oleracea* in breeding for resistance to clubroot (*Plasmodiophora brassicae*). *Euphytica*, **42**, 215-226.

DIXON G.R., ROBINSON D.L., 1986. — The susceptibility of *Brassica oleracea* cultivars to *Plasmodiophora brassicae* (clubroot). *Plant Pathol.*, **35**, 101-107.

NAIKI T., DIXON G.R., 1987. — The effect of chemicals on developmental stages of *Plasmodiophora brassicae* (club root). *Plant Pathol.*, **36**, 316-327.

ROUXEL F., BRIARD M., 1988. — Studies on soil receptiveness to club root caused by *Plasmodiophora brassicae* : experiments on responses of a series of vegetable soils in Brittany C.R. *Proceedings CEC/IOBC exp. group meet.*, Rennes, nov. 85. EEC éd., 145-152.

ROUXEL F., CADIOU M., 1988. — Estimation des populations de *Plasmodiophora brassicae* dans les sols. *Agronomie*, **8** (7), 653-658.

ROUXEL F., LEJEUNE B., SANSON M.T., LEGALL V., 1988. — Essai de lutte intégrée contre la Hernie des Crucifères due à *Plasmodiophora brassicae*. *C.R. 2ᵉ conf. int. maladies des plantes*. ANPP Bordeaux, nov. 88, I, 501-508.

STRANDBERG J.O., WILLIAMS P.H., 1967. — Inheritance of resistance to club-root in Chinese Cabbage. *Phytopathology*, **57**, 330.

TJALLINGJII F., 1965. — Testing club root resistance of Turnips in the Netherlands and the physiologic specialisation of *P. brassicae*. *Euphytica*, **14** (1), 22.

WORONIN, 1878. — *Plasmodiophora brassicae*, Urheber der Kohl Pflanzenhernie — traduit par Chupp C. (1934). Phytopathological classics vol. IV. *Am. Phytopathol. Soc.*, St Paul, Minnesota.

— *Spongospora du Cresson*

BONDOUX P., 1959. — Essais de traitement de la maladie des « racines tordues » du Cresson. *C.R. Acad. Agric. Fr*, 1-3.

TOMLINSON J.A., 1958. — Crook root of Watercress III, the causal organism *Spongospora subterranea* f. sp. *nasturtii*. *Trans. Br. Mycol. Soc.*, **48**, 491-498.

— *Autres champignons du sol*

BOSLAND P.W., WILLIAMS P.H., 1986. — An evaluation of *Fusarium oxysporum* from crucifers, based on pathogenicity, isozyme polymorphism, vegetative compatibility and geographic origin. *Can. J. Bot.*, **65**, 2067-2073.

BOSLAND P.W., 1988. — Influence of the soil temperature on the expression of yellows and wilt of Crucifers by *F. oxysporum*. *Plant Dis.*, **72**, 777-780.

COUTEAUDIER Y., ALABOUVETTE C., VEGH I., LOUVET J., 1981. — Manifestation de la fusariose vasculaire du Radis *(F.O. raphani)* dans la région parisienne. *PHM-Rev. hortic.*, **217**, 43-44.

GHAFOOR A., 1964. — Radish black root rot fungus : host range, nutrition and oospore production and germination. *Phytopathology*, **54**, 1167-1171.

TAMIETTI G., GARIBALDI A., 1982. — La tracheofusariosi del Cavolo di Bruxelles : periodo critico per l'infezione, resistenza varietale et trasmissibilità per seme. *Inf. fitopatol.*, **32** (11), 43-48.

TOMPKINS C.M., TUCKER C.M., GARDNER M.W., 1963. — *Phytophthora* root rot of Cauliflower. *J. Agric. Res.*, **53**, 685-691.

WALKER J.C., SMITH R., 1930. — Effect of environmental factors upon the resistance of Cabbage to yellows. *J. Agric. Res.*, **41**, 1-15.

— *Maladies bactériennes*

CHUN W.W.C., ALVAREZ A.M., 1983. — A starch-methionine medium for isolation of *X. c.* pv. *campestris* from plant debris in soil. *Plant Dis.*, **67**, 632-635.

COLENO A., LENORMAND M., HINGAND L., 1971. — Sur une affection bactérienne de la pomme de Chou-fleur. *C.R. Acad. Agric. Fr.*, 650-657.

MEW T.W., HO W.C., CHU L., 1976. — Infectivity and survival of soft-rot bacteria in chinese cabbage. *Phytopathology*, **66**, 1325-1327.

RAT B., CHAUVEAU J.F., 1985. — La Nervation noire des Crucifères. *Phytoma* — Défense des cultures, juill.-août 85, 41-42.

SCHAAD N.W., GITTERLEY W.R., HUMAYDAN H., 1980. — Relationship of incidence of seedborne *X. campestris* to black-rot of Crucifers. *Plant Dis.*, **64**, 91-92.

SHARMA G.R., SWARP V., CHATTERJEE S.S., 1972. — Inheritance of resistance to black rot in cauliflower. *Can. J. Genet. Cytol.*, **14**, 367-370.

SMITH M.A., RAMSAY G.B., 1953. — Bacterial spot of broccoli (*Pseudomonas maculicola*). *Phytopathology*, **43**, 583-584.

WILLIAMS P.H., STAUB T., SUTTON J.C., 1972. — Inheritance of resistance in cabbage to black-rot. *Phytopathology*, **62**, 247-252.

WILLIAMS P.H., 1980. — Black-rot : a continuing threat to world Crucifers. *Plant Dis.*, **64**, 736-742.

○ **Maladies cryptogamiques à propagation aérienne**

— *Alternaria* spp.

HUMPHERSON-JONES F.M., MAUDE R.B., 1981. — Control of dark leaf spot (*A. brassicicola*) of *Brassica oleracea* seed production crops with foliar sprays of iprodione. *Ann. Appl. Biol.*, **100**, 99-104.

HUMPHERSON-JONES F.M., MAUDE R.B., 1982. — Studies on the epidemiology of *Alternaria brassicicola* in *Brassica oleracea* seed production crops. *Ann. Appl. Biol.*, **100**, 61-71.

JOUAN B., LEMAIRE J.M., HERVÉ Y., 1972. — Étude des maladies du Chou-fleur. I. Les parasites des porte-graines de chou-fleur d'hiver. *Ann. Phytopathol.*, **4** (2), 133-155.

LOUVET J., BILLOTTE J.M., 1964. — Influence des facteurs climatiques sur les infections du colza par l'*Alternaria brassicae* et conséquences pour la lutte. *Ann. Epiphyt.*, **15** (3), 229-243.

MAUDE R.B., HUMPHERSON-JONES F.M., 1980. — Studies on the seed-borne phase of dark leaf spot (*A. brassicicola*) and grey leaf spot (*A. brassicae*) of brassicas. *Ann. Appl. Biol.*, **95**, 311-319.

MAUDE R.B., HUMPHERSON-JONES F.M., 1980. — The effect of Iprodione on the seed-borne phase of *Alternaria brassicicola*. *Ann. Appl. Biol.*, **95**, 321-327.

○ **Autres parasites foliaires**

BONMAN J.M., GABRIELSON R.L., WILLIAMS P.H., DELWICHE P.A., 1981. — Virulence in *Phoma lingam* to cabbage. *Plant Dis.*, **65**, 865-867.

CROSSAN D.F., 1954. — *Cercosporella* leaf spot of Crucifers. *N. C. Agric. Exp. St. Tech. Bull.*, **109**, 1-23.

NELSON M.R., POUND G.S., 1959. — The relation of environment to the ring-spot (*Mycosphaerella*) disease of crucifers. *Phytopathology*, **49**, 633-640.

RAMSEY G.B., SMITH M.A., WRIGHT W.R., 1954. — *Peronospora* in radish roots. *Phytopathology*, **44**, 385.

RUGGIERI D., 1966. — Il cancro dello stelo del Cavolfiore da *Phoma lingam*. *Phytopathol. mediterr.*, **5**, 164-165.

SCHEFFER R.P., 1950. — Anthracnose leaf spot of crucifers. *N. C. Agric. Exp. Stn. Bull.*, **92**, 1-26.

STAUNTON W.P., KAVANAGH T., 1966. — Natural occurence of the perfect stage of *Gloeosporium concentricum*. *Ir. J. agric. Res.*, **5**, 140-141.

Van BAKEL J.M., 1968. — Black leg and dry rot of head cabbage. *Meded. proefsta. groent. voolgrond.*, **41**.

WALKER J.C., WILLIAMS P.H., 1965. — The inheritance of powdery mildew resistance in cabbage. *Plant Dis. Rep.*, **49**, 198-202.

WILLIAMS P.H., GLENN-POUNDS S., 1963. — Physiological races of *Albugo candida*. *Phytopathology*, **53**, 983.

• Virus et mycoplasmes

BERTACCINI A., PISI A.M., MARANI F., 1983. — Virescenza e fillodia del cavolfiore e del broccolo. *Inf. fitopatol.*, **33** (5), 57-60.

BROADBENT L., 1957. — *Investigations on virus diseases of* Brassica *crops*, 94 p. Cambridge University press. ed.

CRESCENZI A., PERESSINI S., ALIOTO D., RAGOZZINO A., 1989. — Segnalazione di infezioni virali su rapa in Friuli-Venezia Giulia. *Inf. fitopatol.*, **4**, 59-83.

GREEN S.K., 1985. — Turnip mosaic virus strains in cruciferous hosts in Taïwan. *Plant Dis.*, **69**, 28-31.

IENGO C., CAMELE I., RAGOZZINO A., 1985. — Alcuni malattie del cavolfiore collegate da infezioni virali. *Inf. fitopatol.*, **33** (5), 57-60.

KERLAN C., MEVEL S., 1987. — Situation actuelle des viroses du Chou-fleur en Bretagne. *C.R. Acad. Agric. Fr.*, 103-116.

KERLAN C., MEVEL S., 1987. — Practical use of ELISA to detect cauliflower mosaic virus in cauliflower. *Bull. OEPP*, **17**, 125-130.

KERLAN C., MEVEL S., 1989. — Variabilité biologique de la Mosaïque du Chou-fleur en Bretagne. *Agronomie*, **9**, 83-90.

KERLAN C., MEVEL S., 1989. — La Mosaïque du Chou-fleur constitue-t-elle encore un problème en Bretagne ? *Aujourd'hui et demain*, **13**, 12-16.

LIM W.L., WANG S.H., NGO C., 1978. — Resistance in Chinese cabbage to turnip mosaic virus. *Plant Dis. Rep.*, **62**, 660-662.

SPIRE D., 1960. — Influence des conditions de milieu sur le développement de la maladie des taches jaunes du Cresson. *C.R. Acad. Agric. Fr.*, 405-407.

SPIRE D., ANDRÉ M., 1964. — Le virus de la Mosaïque du Chou-fleur en Bretagne. Méthodes de lutte à envisager. *C.R. Acad. Agric. Fr.*, 845-851.

• Maladies non parasitaires

KUO C.G., TSAY J.S., TSAI C.L., CHEN R.J., 1981. — Tipburn of chinese cabbage in relation to calcium nutrition and distribution. *Sci. Hortic.*, **14**, 131-138.

PALZKILL D.A., TIBBITS T.W., WILLIAMS P.H., 1976. — Enhancement of calcium transport to inner leaves of cabbage for prevention of tipburn. *Am. Soc. Hortic. Sci.*, **101**, 645-648.

PLANT W., 1950. — The control of Whiptail in Broccoli and Cauliflower. *Agriculture — London*, **57**, 130-134.

WALKER J.C., WILLIAMS P.H., POUND G.S. — Internal tipburn in Cabbage, its control through breeding. *Bull. Agric. Univ. Wisconsin*, n° 258, 11 p.

Nous avons également tiré parti de nombreux bulletins internes édités par la Protection des Végétaux et les organisations professionnelles en Bretagne, éventuellement en collaboration avec l'INRA, ainsi que des rapports annuels de l'AVRDC.

XII

MALADIES
DE LA BETTERAVE ROUGE,
DE LA CÔTE DE BLETTE
ET DES ÉPINARDS

Ces trois plantes appartiennent à la famille des **Chénopodiacées**, qui comprend aussi d'autres plantes maraîchères aujourd'hui désuètes, comme l'Arroche ou Belle Dame, et l'Herbe du Bon Henri (*Atriplex hortensis, Chenopodium bonus henricus*), et de nombreuses mauvaises herbes (Chénopodes). *Chenopodium amaranticolor* (proposé comme légume-feuille par Bois) et *Chenopodium quinoa* (cultivé comme céréale au Pérou et en Bolivie) sont devenues des plantes-test très utilisées par les virologues.

L'Épinard (*Spinacia oleracea*) supporte mal la sécheresse, la chaleur et les jours longs qui facilitent la montée à graine.

Il est surtout cultivé dans les climats doux et humides, où sa production est devenue industrielle (épinards pour conserve ou surgélation, récoltés mécaniquement). Dans le Sud-Est de la France et les climats méditerranéens, c'est une culture hivernale. On le remplace en été par la Tétragone (*Tetragonia cornuta*, Aïzoacées), pratiquement indemne de maladies. En conditions tropicales humides, l'Épinard est incultivable, un certain nombre de légumes-feuilles en tiennent lieu, en particulier les Amarantes et la Baselle, aux maladies desquelles nous consacrerons un bref paragraphe.

Cultivées par les maraîchers, les Betteraves rouges potagères ne sont pas distinctes du point de vue botanique des Betteraves industrielles (*Beta vulgaris*). La Côte de Blette ou « Poirée » est une plante voisine, chez laquelle ce sont les pétioles et non les racines qui sont hypertrophiés (*Beta vulgaris* var. *cycla*). On trouve sur ces deux plantes les mêmes maladies que sur les Betteraves sucrières et fourragères, mais parfois avec des symptômes différents.

I. Maladies provoquées par des champignons du sol

Mortalité de plantules et de jeunes plantes

• Les **fontes de semis** peuvent être sévères sur Épinard, sur Betteraves et Côtes de Blette. Elles sont provoquées par des champignons du sol : *Pythium* de type *ultimum* dans les sols dont la température est comprise entre 12 °C et 20 °C, *Rhizoctonia solani* de type AG 4 à température plus élevée.

Chez la Betterave peuvent intervenir d'autres champignons provenant soit du sol : *Aphanomyces cochlioides* depuis longtemps redouté aux États-Unis et signalé depuis peu en Europe, soit véhiculés par les semences, en particulier *Phoma betae* (que nous retrouverons ci-dessous), dont le mycélium et les pycnides peuvent être présents sur le liège des glomérules.

Les traitements de semences, pour avoir une garantie d'efficacité, doivent se montrer actifs contre toutes ces causes de mortalité de plantules. On peut leur demander, de plus, d'éliminer les germes de maladies foliaires transmises par les semences (*Cercospora* de la betterave, Mildiou, Anthracnose de l'épinard) ou de protéger les jeunes plantes des premières contaminations, par voie systémique.

L'emploi de matières actives très spécifiques peut révéler la présence d'un parasite jusqu'alors inconnu (ex. : métalaxyl, très efficace vis-à-vis des *Pythium* et *Peronospora*, sans action sur *Aphanomyces*).

A côté de matières actives classiques, douées d'une bonne efficacité vis-à-vis des *Pythium* et du *Phoma* de la betterave (thirame, mancozèbe, quinolate de cuivre), on peut aujourd'hui envisager l'emploi de matières actives plus récentes, douées d'activités particulières :

— hymexazol : *Pythium, Aphanomyces*, Rhizoctone (la dose préconisée contre l'*Aphanomyces* est cependant plus élevée : 4 g/kg de semences, que celle active sur *Pythium* : 0,6 g/kg) ;

— métalaxyl : à 0,60 g de m.a./kg il protège les plantules de Betterave et d'Épinard, non seulement contre les *Pythium*, mais aussi contre les mildious pendant 60 jours ;

— iprodione : tout particulièrement active contre *Phoma betae*, à 1 g/kg de semences ;

⊙ **Sur jeunes plantes**, on peut retrouver des mortalités ou des dépérissements provoqués par des parasites déjà signalés ci-dessus — dans le cas de l'Épinard ces « jeunes plantes » peuvent avoir déjà atteint le stade « récolte ».

Dans la précédente édition de cet ouvrage, nous signalions deux types d'attaque de *Pythium* sur Épinard :

— pourriture de la racine jusqu'au collet, plantes affaissées, se détachant facilement du sol ;

— nanisme, feuilles épaisses et cassantes, nécrose marginale, *Pythium* présent dans la racine et le collet, sans pourriture visible. Ce deuxième symptôme rappelle celui que provoque *P. tracheiphilum* sur laitue.

Nous ne savons malheureusement rien de plus qu'il y a 20 ans sur l'identité du *Pythium* responsable de ce deuxième symptôme. Le traitement des semences au métalaxyl semblerait tout indiqué dans les deux cas — et moins onéreux que la désinfection du sol à la vapeur que nous préconisions alors.

Les **pépinières de Côtes de Blette** semées en août en conditions méditerranéennes souffrent souvent de graves mortalités dues à des *Rhizoctonia solani*

AG 4, jusqu'au stade où les plantes sont bonnes à repiquer, avec pourriture du collet. On pratiquera avec avantage la désinfection ou la solarisation des planches à semis.

Aphanomyces cochlioides peut prolonger ses dégâts au-delà du stade « plantule », si celles-ci survivent au premier contact avec le parasite. On observe des pourritures de racines débutant à l'extrémité inférieure, ou sur le côté, aboutissant à des déformations ou étranglements de la racine en début de grossissement, avec jaunissement et flétrissement du feuillage.

Fusarioses vasculaires

On connaît les formes spécialisées *betae* et *spinaciae* de *Fusarium oxysporum*. Elles se confondent peut-être partiellement puisque Armstrong et Armstrong considèrent la f. sp. *betae* comme une f. sp *spinaciae* race 2.

L'optimum thermique de ces fusarioses est élevé (27 °C) : l'Europe ne semble pas concernée pour le moment.

La Fusariose vasculaire de l'épinard préoccupe les phytopathologistes américains et japonais, qui décèlent des différences de sensibilité variétales.

Dégâts sur racines de Betterave

• Des **pourritures sèches** de racines de Betterave, redoutées aux États-Unis constituent le deuxième acte d'un « root rot complex » débutant par les fontes de semis évoquées ci-dessus.

Elles résulteraient de l'envahissement secondaire de lésions de *Pythium* mal cicatrisées par des *Fusarium* très variés (*oxysporum, moniliforme, roseum, solani*). Elles se développent sur des parties étranglées ou déprimées de la racine tubérisée et peuvent atteindre tout l'intérieur.

• Le **Rhizoctone violet** attaque la Betterave, avec cependant moins de fréquence et de gravité que la Carotte ou l'Asperge.

• La **Gale commune** due à *Streptomyces « scabies »* peut se rencontrer sur betterave, avec des symptômes analogues à ceux que nous avons décrits sur Carotte. Elle peut nuire à la présentation des Betteraves rouges vendues crues, alors que l'industrie sucrière s'en soucie assez peu.

II. Dégâts de nématodes

En conditions chaudes, sous climat méditerranéen ou tropical, les tentatives de production de betteraves rouges peuvent être complètement compromises par les *Méloidogyne* (nématodes à galles), avec des déformations aussi catastrophiques que celles que nous avons signalées sur Carotte.

Dans la moitié Nord de l'Europe, c'est un nématode à kystes, *Heterodera schachtii* qui est le plus redouté sur Betterave. Il peut aussi attaquer l'Épinard. Cet *Heterodera* provoque les symptômes habituels de ce type de nématodes : chétivité de la racine principale, prolifération de radicelles qui brunissent lorsque les femelles d'*Heterodera* arrivent à maturité (têtes d'épingle blanches, visibles à la loupe). La polyphagie de cette espèce (Crucifères, Ombellifères, Chénopodiacées, mauvaises herbes) rend la lutte difficile dans les exploitations où les Choux, les Carottes et la Betterave (la plus sensible à cette espèce) tiennent une place importante.

III. Maladies bactériennes

Aucune maladie bactérienne n'a été décrite sur Épinard.

Sur Betterave, on peut redouter :

— *Pseudomonas syringae* pv. *aptata*, qui provoque des taches foliaires d'abord graisseuses puis nécrotiques, avec un optimum de virulence proche de 30 °C. Cette bactériose est considérée comme sérieuse aux États-Unis et au Japon, elle a été signalée en Italie et en Europe de l'Est (étés chauds, humides et orageux) ;

— *Corynebacterium betae* * provoque le « flétrissement argenté » (*silvering*) de la Betterave. Des plages d'aspect argenté apparaissent le long des nervures, les feuilles atteintes flétrissent, le flétrissement de la majorité d'entre elles entraîne la mort de la plante. Cette maladie a été signalée sur Betterave rouge en Angleterre, elle infecte les porte-graines et se transmet par les semences.

Un *Xanthomonas campestris* pv. *betae* attaque les Betteraves potagères au Brésil.

IV. Maladies cryptogamiques du feuillage

Mildious

Les Mildious de la Betterave et de l'Épinard sont considérés aujourd'hui comme les f. sp. *betae* et *spinaciae* de *Peronospora farinosa* **. Ils apparaissent comme un velouté gris-violacé à la face inférieure des feuilles, correspondant, dans le cas d'attaques localisées, à des taches jaunes à la face supérieure.

Leur surface peut être assez grande (plusieurs cm^2), leur contour irrégulier.

Des attaques sur très jeunes plantes peuvent conduire à un envahissement généralisé, la face inférieure des jeunes feuilles est entièrement couverte de mildiou, elles prennent un aspect cloqué, et la croissance des plantes est définitivement compromise.

C'est ce symptôme qui prédomine sur Betterave et côtes de Blette. Sur ces dernières les attaques de mildiou déprécient totalement la production (fig. 109).

---

* Synonymes : *C. flaccumfaciens* pv. *betae*, ou *Curtobacterium*...

** On les appelait autrefois *P. effusa*, *P. spinaciae* (Épinard) et *P. schachtii* (Betterave).

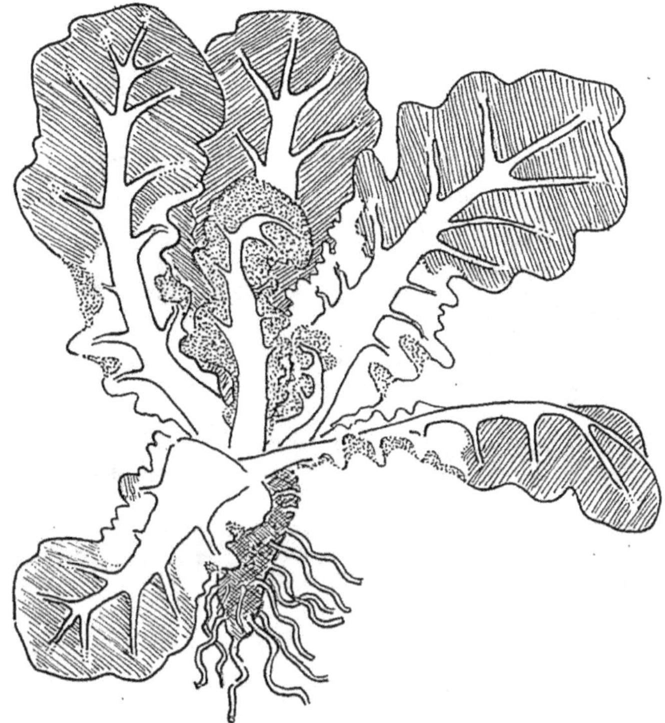

Figure 109. — Attaque généralisée de Mildiou sur un plant de Côte de Blette (le velouté gris-violacé de *Peronospora* est représenté en pointillé, le vert foncé « normal » des parties saines des feuilles en hachures).

Au contraire, sur Épinard on observe des attaques aussi bien généralisées que localisées sur feuilles de tous âges (fig. 110).

Les deux mildious ont des optimums thermiques bas (8 °C à 10 °C). Les épidémies de Mildiou de l'Épinard sont graves par temps humide (rosées abondantes, pluies légères) quand les températures sont comprises entre 8 °C et 18 °C.

Ils sont tous deux transmissibles par les semences, et tout particulièrement celui de l'Épinard, dont les graines peuvent héberger de nombreuses oospores. On conseille, bien sûr, la thermothérapie à l'eau chaude.

On conseillait autrefois des traitements par pulvérisation (zinèbe, manèbe, captane), débutant précocement (stade 1 feuille — condition impérative pour la Betterave) et renouvelés plusieurs fois.

Les antimildious systémiques ont considérablement facilité la lutte. Le traitement des semences au métalaxyl * protège les jeunes plantes 60 jours (voir ci-dessus au paragraphe « Fontes de semis »). Dans le cas de l'Épinard,

---

* En 1989 aucune résistance de ces deux mildious au métalaxyl n'avait été signalée.

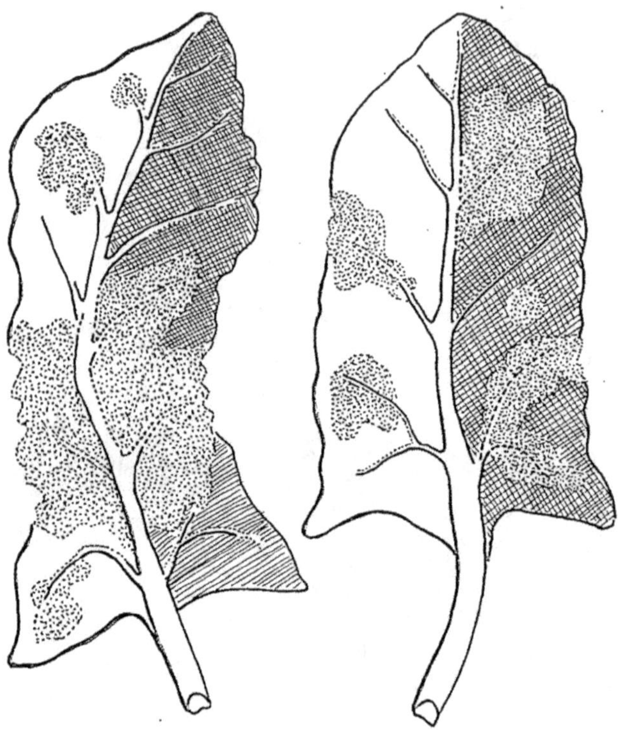

Figure 110. — Mildiou de l'Epinard (le velouté gris-violacé du *Peronospora* est figuré en pointillé, les zones saines du limbe en hachuré ou en blanc).

une application de métalaxyl en granulés dans le sillon au moment du semis assure une protection de 120 jours (aux États-Unis).

La **résistance variétale** permet de résoudre de façon encore plus élégante les problèmes de **mildiou sur Épinard**. Dans les années 50, une résistance au mildiou, provenant de l'épinard iranien PI 140467 a été incorporée en Californie à un type « Viroflay », baptisé « Califlay ». Une deuxième race de mildiou apparut en 1958, un retour au géniteur d'origine permit d'y retrouver un deuxième gène de résistance. Une « race 3 » apparut en Hollande en 1975, en 1977 au Texas, attaquant les nouvelles variétés et hybrides résistant aux races 1 et 2, mais épargnant « Califlay ». La situation peut être ainsi résumée (tabl. 21).

Dans les catalogues européens actuels, les hybrides préconisés pour l'Europe du Nord sont résistants aux races 1, 2 et 3 (ou A,B,C pour les Hollandais). Ceux qui sont destinés aux cultures en conditions méditerranéennes résistent aux races 1 et 2 (et à la Mosaïque du Concombre — v. ci-contre).

Le Mildiou de l'Épinard a, pour le moment disparu des cultures.

Tableau 21

Résistance au mildiou chez l'Épinard

Variétés : gènes de résistance	Résistent aux races
Viroflay : m_1 m_2 m_3	—
Califlay : M_1 m_2 M_3	1 et 3
Variétés et hybrides des années 60 : M_1 M_2 m_3	1 et 2
Chinook : M_1 M_2 M_3	1, 2 et 3

Autres maladies foliaires de l'Épinard

● Rouille blanche

Albugo occidentalis semble strictement américaine. Ses températures cardinales sont plus élevées que celles du mildiou : 2 °C-**12** °C-27 °C pour la germination (nocturne) des conidies, qui produisent des zoospores, 16 °C-**21** °C-27 °C pour le développement du mycélium dans les feuilles. Les pustules blanches peuvent se développer à la face inférieure des feuilles et sur les pétioles.

Les traitements de semences ou du sillon au métalaxyl préconisés pour le mildiou sont efficaces aussi vis-à-vis de la Rouille blanche.

● Anthracnose

Elle est provoquée par *Colletotrichum dematium* f. sp. *spinaciae* *. Elle est devenue en Bretagne et dans la région nantaise la principale maladie foliaire sur cette culture depuis la disparition pratique du mildiou.

Les taches foliaires sont nécrotiques, rondes, de couleur gris clair, et peuvent se recouvrir, surtout par temps humide de très nombreuses ponctuations noires, les acervules sclérotiques hérissées de *setae* du *Colletotrichum* (fig. 111 B).

Les températures cardinales pour le développement de la maladie sont 5 °C-**20** °C-25 °C-30 °C. Le *Colletotrichum* est propagé par la pluie, à la température optimum ; 9 h d'humectation du feuillage sont nécessaires à la contamination, les taches apparaissent en 5 jours.

Le *Colletotrichum* peut être propagé par les semences (sur lesquelles, d'après Matta et Garibaldi, on observe souvent des acervules) mais aussi se conserver dans les résidus de culture grâce à la nature sclérotique de ses fructifications (il fait partie du même groupe que *C. circinans*). On envisage

---

* Aux États-Unis, une autre anthracnose est provoquée par *C. spinacicola* à conidies cylindriques très petites.

aussi une perpétuation sur des chénopodes. On ne sait pas encore, tout au moins en Bretagne, quel est le plus important de ces trois modes de perpétuation.

La plupart des manuels recommandent des traitements au manèbe, tous les 7 à 10 jours. Ils devront cependant s'arrêter suffisamment tôt pour ne pas laisser de résidus sur la récolte... L'efficacité des fongicides de type « benzimidazole » sur les anthracnoses, en particulier lorsqu'elles sont foliaires, mériterait que ces produits soient essayés en traitement sur semences et en début de végétation.

◦ Cladosporiose

Elle est provoquée par *Cladosporium* (syn. *Heterosporium*) *variabile*. Les taches sont un peu plus petites que celles d'anthracnose (3 à 5 mm), rondes avec un halo jaune, elles se recouvrent d'un velouté noirâtre, constitué par les fructifications du *Cladosporium* (fig. 111 A).

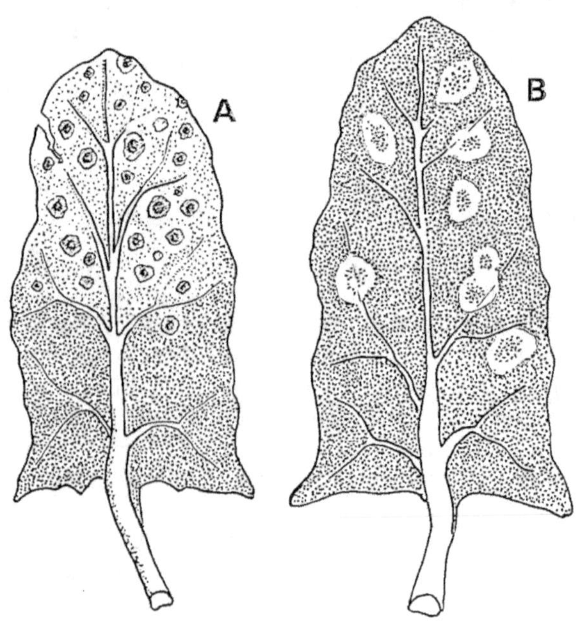

Figure 111.
A : Cladosporiose de l'Epinard. B : Anthracnose de l'Epinard.

Cette maladie est considérée comme moins grave que l'anthracnose, son optimum thermique est de 20 °C-22 °C.

On conseille là aussi des pulvérisations de manèbe.

• Quelques autres maladies foliaires sont considérées comme mineures : le **charbon foliaire**, *Entyloma ellisii*, qui se manifeste par des taches blanchâtres sous les feuilles, la **Cercosporiose** (*Cercospora bertrandii*, très petites taches à marge brune), la **Ramulariose** (*Ramularia spinaciae*, observé en Belgique), *Ascochyta spinaciae*, *Alternaria spinaciae*, *Phyllosticta chenopodii*... et pour terminer une Rouille hétéroïque américaine, *Puccinia aristidae*, parasite de graminées (*Aristida, Distichlis*), produisant ses écidies sur Épinard.

Autres maladies foliaires de la Betterave et de la Côte de Blette (fig. 112)

● **Oïdium** de la Betterave

Provoqué par *Erysiphe betae* (du groupe *E. polygoni*), il était traditionnellement considéré comme une maladie de peu d'importance. A partir de 1974

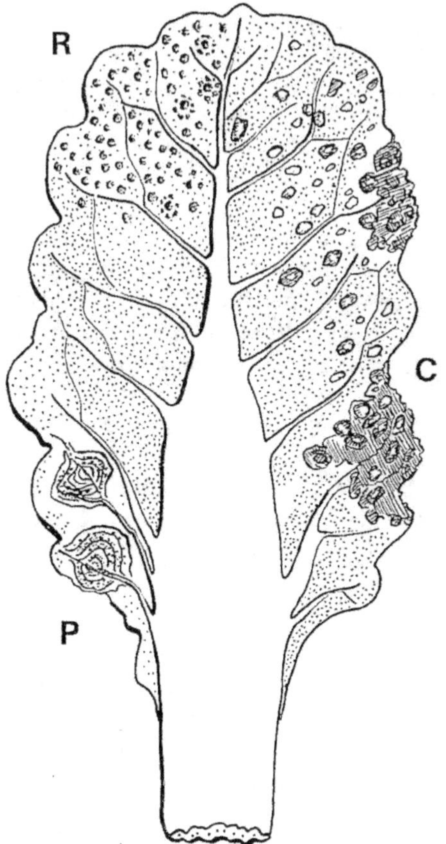

Figure 112. — Maladies foliaires sur Côte de Blette.
C : *Cercosporiose*. R : Rouille. P : *Phoma betae*.

aux États-Unis, de 1975 en Europe, il s'est développé sur les betteraves industrielles au point de provoquer des pertes de récolte de l'ordre de 10 %, et de motiver des traitements. Les raisons de cette évolution sont mal connues (années chaudes et sèches ? hybrides plus sensibles ?)

La maladie apparaît en conditions sèches, son optimum se situe entre 20 °C et 25 °C. On préconise des applications de soufre, de fongicides de type bensimidazole + soufre et de produits plus récents : fénarimol, fenpropimorphe, triadimifon en combinaison avec les précédents.

○ Cercosporiose et Ramulariose

Elles sont respectivement causées par *Cercospora beticola* et *Ramularia beticola*. Les taches foliaires dues au *Cercospora* sont rondes, nécrotiques de 3 à 5 mm de diamètre, avec une marge bien marquée (fig. 112), brune chez la Côte de Blette, encore plus importante et rouge chez la Betterave potagère. Les taches de *Ramularia* sont un peu plus grandes, moins nombreuses sur la feuille et moins marginées.

Les deux maladies sont propagées par la pluie et se perpétuent à la fois par les semences et sur les débris de culture. Leurs températures cardinales sont légèrement différentes : 4 °C-26 °C-40 °C pour le *Cercospora* (dans la pratique les épidémies se développent à des températures comprises entre 15 °C et 35 °C, en conditions pluvieuses), alors que l'optimum du *Ramularia* se situe à 20 °C, et qu'il ne se développe plus à des températures supérieures à 27 °C.

On lutte contre le *Cercospora* par traitement fongicide des semences (manèbe, mancozèbe, oxyquinoleate de cuivre) et par pulvérisations fongicides en végétation. Les dithiocarbamates et les fongicides de type « benzimidazole » sont les plus employés, mais le *Cercospora* peut devenir résistant à ces derniers, en particulier en cultures industrielles si l'on pratique plus de trois traitements par saison : c'est ce qui s'est produit en conditions de climat continental à étés chauds et orageux (ex. : Nord de la Grèce). On conseille alors des associations combinant, par exemple, carbendazime + triadimefon, ou fenarimol + carbendazime + manèbe *.

On n'envisage pas en général de programmes de traitement spécialement dirigés contre le *Ramularia*, qui se montre assez sensible au soufre employé vis-à-vis de l'oïdium. Le bitertanol et le flutriafol sont considérés comme efficaces.

○ Rouille

Elle a pour agent *Uromyces betae*, autoïque, et surtout nuisible par ses stades urédo-téleutospores. L'optimum thermique de cette Rouille est relativement bas (3°C-14°C-25 °C), dans l'Europe du Nord c'est la maladie qui apparaît la dernière en saison sur betteraves industrielles, son effet sur le

---

* Il est absolument exclu d'employer en culture maraîchère les produits à base de triphényl-étain préconisés sur Betteraves sucrières.

rendement n'est pas très important. Sur côtes de Blette, bien sûr, la présence de Rouille n'est pas tolérable.

Aux États-Unis, on rencontre sur Betterave comme sur Épinard le stade écidien de *Puccinia aristidae*.

● *Phoma betae*

Nous avons signalé au paragraphe « fontes de semis » que ce parasite n'est pas très agressif du feuillage au stade végétatif. Les taches qu'il provoque sont alors assez grandes, zonées, et intéressent surtout les feuilles sénescentes. Mais il infecte activement les hampes florales en voie de maturation et, de là, se communique aux semences. On ne saurait trop recommander, sur ces porte-graines, une protection par des pulvérisations d'iprodione.

On attribuait autrefois un rôle important à *Phoma betae* dans l'apparition de lésions et pourritures noires de racines.

Il se comporte en fait en envahisseur secondaire de lésions dont la cause initiale est la carence en bore.

Le stade parfait de *Phoma betae* : périthèces de *Pleospora bjoerlingii* se différencie durant l'hiver sur les déchets de culture, et peut participer par projection d'ascospores à la perpétuation de la maladie.

V. Virus de la Betterave et de l'Épinard

Un certain nombre d'entre eux peuvent envahir les deux hôtes, mais avec des symptômes et une importante relative variable suivant l'espèce et la variété concernée.

Virus transmis par pucerons selon le mode non persistant

Nous soulignerons tout d'abord à quel point, en conditions méditerranéennes, la production « fermière » de semences de côtes de Blette constitue, par les hampes florales très abondamment envahies par plusieurs espèces de pucerons (*Aphis fabae, Myzus persicae*) une source abondante de vecteurs...

● **Mosaïque du Concombre** (CMV)

En conditions méditerranéennes de très forte épidémie, elle peut affecter les côtes de Blette, mais le virus ne se généralise pas à toute la plante ; on n'observe qu'une ou deux feuilles chlorotiques et déformées, la croissance de la plante n'est pas compromise.

Par contre, sur Épinard, ce virus provoque une maladie très grave, avec des symptômes de mosaïque déformante à température inférieure à 20 °C, de chlorose généralisée et de flétrissement à plus haute température (fig. 113). La maladie sévit en été dans l'Europe du Nord, elle restreint à quelques mois

Figure 113. — Virus de la Mosaïque du Concombre (CMV) sur Epinard : à gauche, plante saine,
à droite plante virosée du même âge.

d'hiver les possibilités de culture de l'épinard en conditions méditerranéennes, déjà compromises de juillet à septembre par la chaleur.

La résistance au CMV chez l'épinard est étudiée aux États-Unis depuis 1916, avec des reprises de sélection entraînées par l'apparition de nouvelles souches de virus : le premier géniteur utilisé venait de Mandchourie, le deuxième, repéré en 1960, de Belgique (PI 179590).

Les variétés et hybrides « résistants » actuels se comportent bien en conditions tempérées et méditerranéennes, mais peuvent être envahis par la souche subtropicale hébergée par les *Commelina* *.

Les cultivars actuellement proposés pour cultures d'été en conditions tempérées, ou pour les climats méditerranéens, résistent au CMV et aux races 1 et 2 de mildiou.

⊙ Mosaïque de la Betterave

Elle est provoquée par un *potyvirus* (*Beet mosaic virus*, BMV) qui peut envahir les diverses variétés de *Beta vulgaris*, l'épinard, la tétragone, et des mauvaises herbes chénopodiacées et amaranthacées. Il provoque des symptômes de mosaïque vert clair - vert foncé, avec parfois une tendance annulaire. Il est considéré comme sans importance aujourd'hui **, en comparaison

---

* Mais il n'y a de toutes façons aucun intérêt à cultiver des épinards dans les situations où sévit cette souche de virus...

** A tel point que l'*European hand book of plant diseases* (1988) pourtant extrêmement complet, omet de le signaler.

avec les jaunisses sur Betterave et le CMV sur Épinard. Il a été cependant retrouvé dans les années 80 sur côte de Blette et Betterave rouge dans la région de Nice.

● Mosaïque de la Laitue (LMV)

Elle a été signalée aux États-Unis (état de New York) comme susceptible d'attaquer l'Épinard, et en Angleterre la **Mosaïque du Navet** (TUMV).

Virus transmis par insectes selon le mode persistant ou semi-persistant

● Jaunisses de la Betterave

Elles peuvent être provoquées par plusieurs virus dont les plus importants sont :

— la Jaunisse grave de la Betterave (*Beet yellows virus, BYV*), un *closterovirus* *, transmis de façon semi-persistante par 35 espèces de pucerons, dont les plus importants sont *Myzus persicae* et *Aphis fabae*. Elle affecte les diverses formes de *Beta vulgaris*, l'épinard, et peut se conserver sur Chénopodes, Plantains, Séneçon, Capselle, Mouron blanc, Liseron ;

— la « Jaunisse modérée » de la Betterave (*Beet mild yellows virus*, BMYV), qui est en fait la souche « Betterave » européenne de *Beet western yellows virus* (BVYV), un *luteovirus* décrit au chapitre I, p. 64.

Les symptômes des deux virus sont difficiles à distinguer, et le caractère « modéré » des symptômes de BMYV n'est pas tellement évident. Les infections mixtes sont fréquentes.

On observe un jaunissement (ou un rougissement dans le cas de la Betterave potagère) des feuilles externes et médianes de la plante, qui prennent une consistance cassante, la croissance végétative et, éventuellement, le grossissement des racines sont compromis.

Les feuilles, dont la physiologie est modifiée par accumulation de sucre, deviennent sensibles, surtout dans le cas de BYV, à des *Alternaria* semi-saprophytes provoquant des taches nécrotiques.

Les attaques graves sont plus rares sur Épinard, en partie du fait de la durée d'incubation assez longue de ces jaunisses (plus de 3 semaines).

Du fait du caractère persistant ou semi-persistant du mode de transmission de ces virus, on peut envisager de les combattre par lutte aphicide. Bien entendu les traitements du sol avec aldicarbe + lindane préconisés sur betteraves industrielles ne sauraient en aucun cas être envisagés en culture maraîchère.

● Curly-top de la Betterave

Geminivirus transmis par cicadelles, il affecte gravement certaines régions des États-Unis ; il atteint également l'épinard.

---

* Particules flexueuses très longues, 1250 × 10 nm, RNA simple brin.

○ **Enroulement de la Betterave** *(Beet leaf curl)*

Il est provoqué par un *rhabdovirus* transmis par *Piesma quadatum* et redouté en Europe centrale.

○ **Fausse jaunisse de la Betterave** *(Beet pseudo yellows)*

Transmise par la mouche blanche *Trialeurodes vaporarium*, elle peut participer au complexe « jaunisse » des betteraves cultivées en plein air. Elle est en fait beaucoup plus importante sur Laitues et Concombres de serre (voir chapitres correspondants p. 248 et 479).

Virus transmis à partir du sol

○ **Rhizomanie**

Cette maladie est apparue dans les années 50 en Italie, sur Betteraves sucrières. Canova isolait dès 1966 dans les racines malades deux virus :

— l'un transmis par *Polymyxa betae (Plasmodiophoracées)*, qui reçut par la suite au Japon le nom de Beet necrotic yellow vein virus ou BNYVV, cause de la maladie ;

— l'autre transmis par *Olpidium brassicae*, sans influence néfaste sur la plante, qui faisait partie du groupe de la Nécrose du Tabac. La maladie progresse en France depuis 1972.

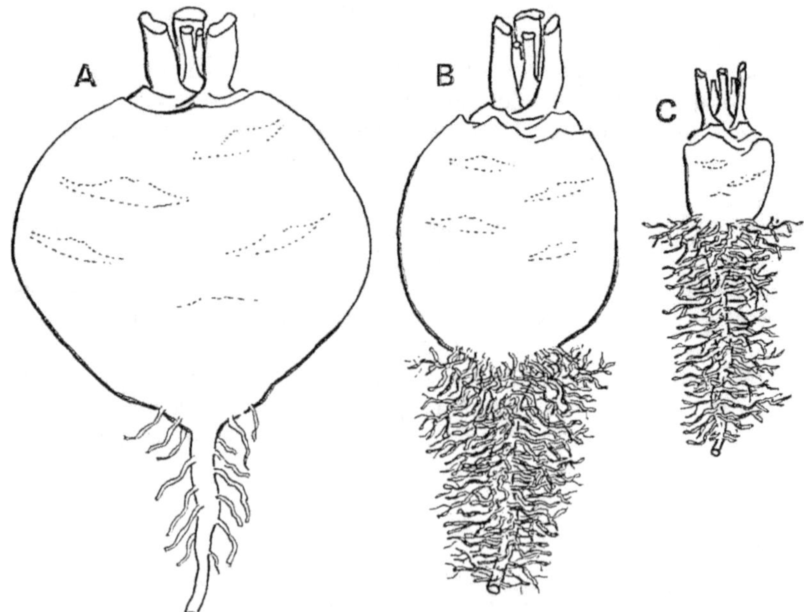

Figure 114. — Rhizomanie sur Betterave potagère.
A : Racine saine. B, C : Racines atteintes à divers degrés.

Le symptôme le plus constant de la Rhizomanie sur les diverses formes de *Beta vulgaris* est une production sur toute la surface de la racine, ou en certains points seulement, de radicelles fines, en très grand nombre, d'aspect « poivre et sel », ayant tendance à retenir la terre qu'elles traversent [*] (fig. 114).

La racine tubérisée (ou le pivot des Côtes de Blette) présente, vue en coupe longitudinale, des vaisseaux brunis.

Sur les parties aériennes, les symptômes sont en général peu nets : fanaison en cours de journée, gaufrage et mauvais développement des feuilles du cœur. Le symptôme « necrotic yellow vein » (jaunissement suivi de nécrose du réseau de nervures) n'apparaît que de façon irrégulière, sur des feuilles isolées ou demi-feuilles, sur des plantes contaminées très précocement.

L'infection des racines par les zoospores vectrices de *Polymyxa* a lieu le plus facilement en sol gorgé d'eau, à des températures voisines de 20 °C.

Bien que les spores de repos de *Polymyxa* restent infectieuses plusieurs années, les dégâts graves de rhizomanie s'observent surtout dans des parcelles où la culture de betterave revient un an sur deux ou trois — situation fréquente dans le Nord de la France autour des usines.

On ne doit donc pas s'étonner de la présence de la maladie (décelée par le GRISP d'Antibes) chez les producteurs de Côtes de Blette de la région niçoise, chez lesquels cette culture peut occuper jusqu'à la moitié des surfaces de l'exploitation. La maladie a été observée aussi sur betteraves rouges, dans les mêmes jardins.

L'Épinard peut être atteint par le BNYVV, mais ne montre pratiquement pas de symptômes sur racines. Au contraire, plus de 25 % des plantes infectées présentent le symptôme de jaunissement nécrotique des nervures.

Une fois contaminés les terrains restent infectieux pendant de nombreuses années. Seule une désinfection radicale du sol peut en venir à bout, elle est économiquement difficile à envisager en culture industrielle. Par contre, les plus dynamiques des maraîchers niçois désinfectent, non seulement leurs pépinières, mais aussi leurs parcelles de plantation, au bromure de méthyle, se débarrassant ainsi à la fois de leurs problèmes de Rhizomanie et de *Rhizoctonia*.

● Autres virus transmis par le sol

Le *Tomato black ring* provoque un ringspot sur Betterave. Une mosaïque jaune de l'épinard en Angleterre (*Spinach yellow mottle*) est provoquée par une souche du *Tobacco rattle*, transmise par *Trichodorus primitivus*.

VI. Symptômes non parasitaires

Tout symptôme de jaunissement ou chlorose internervaire doit faire soupçonner chez l'Épinard une carence naturelle ou induite en magnésium ou en

---

[*] Il est bien entendu indispensable de vérifier l'absence d'*Heterodera*.

manganèse. La carence en molybdène provoque une chlorose des jeunes feuilles suivie de nécrose de l'apex.

La **carence en bore**, se manifeste chez l'épinard sous forme de chlorose généralisée, accompagnée d'un port prostré et d'un noircissement des racines.

Elle est tout particulièrement redoutée sur les formes à racine tubérisée de *Beta vulgaris*, mais avec des symptômes différents selon les variétés. Alors qu'elle se manifeste chez les betteraves industrielles par une nécrose interne de la racine, le symptôme sur Betterave rouge est une attaque en ceinture avec fentes et gerçures latérales, le plus souvent au niveau du sol (fig. 115).

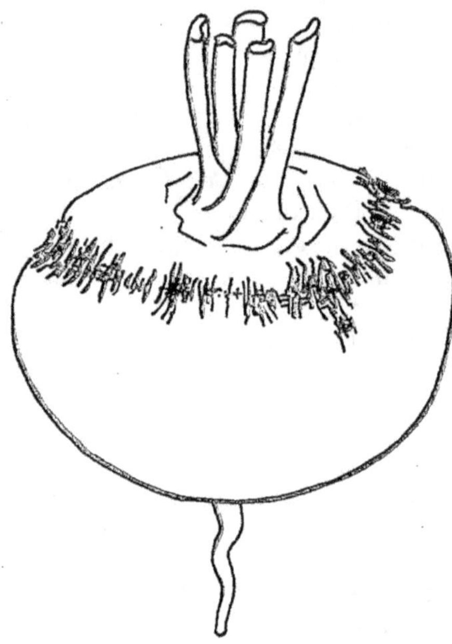

Figure 115. — Symptômes de carence en bore sur Betterave potagère.

VII. Maladie de la Baselle et des Amarantes-épinards

La Baselle (*Baselle rubra*) et diverses Amarantes (*Amaranthus hybridus, A. dubius, A. tricolor*) ne sont pas les seuls légumes feuilles consommés dans les pays tropicaux, loin de là, mais cependant les plus répandus.

La Baselle, aux racines très sensibles aux *Meloidogyne* et sujette à des mortalités de jeunes plantes par attaques de *Rhizoctonia solani* au collet est par contre généralement indemne de parasites foliaires — sauf en Afrique équatoriale, où elle est attaquée par une rouille au cycle raccourci : les spores produites par des conceptacles en forme d'écidies germent en produisant directement des basides et des basidiospores.

Planche 15 : Dégâts de virus sur Laitue. En haut, la « Jaunisse des serres » transmise par *Trialeurodes vaporarium* (Beet pseudo-yellows virus). En bas, la « Maladie des taches orangées », transmise par *Olpidium*. (Photos H. Lot et D. Blancard, INRA-Montfavet).

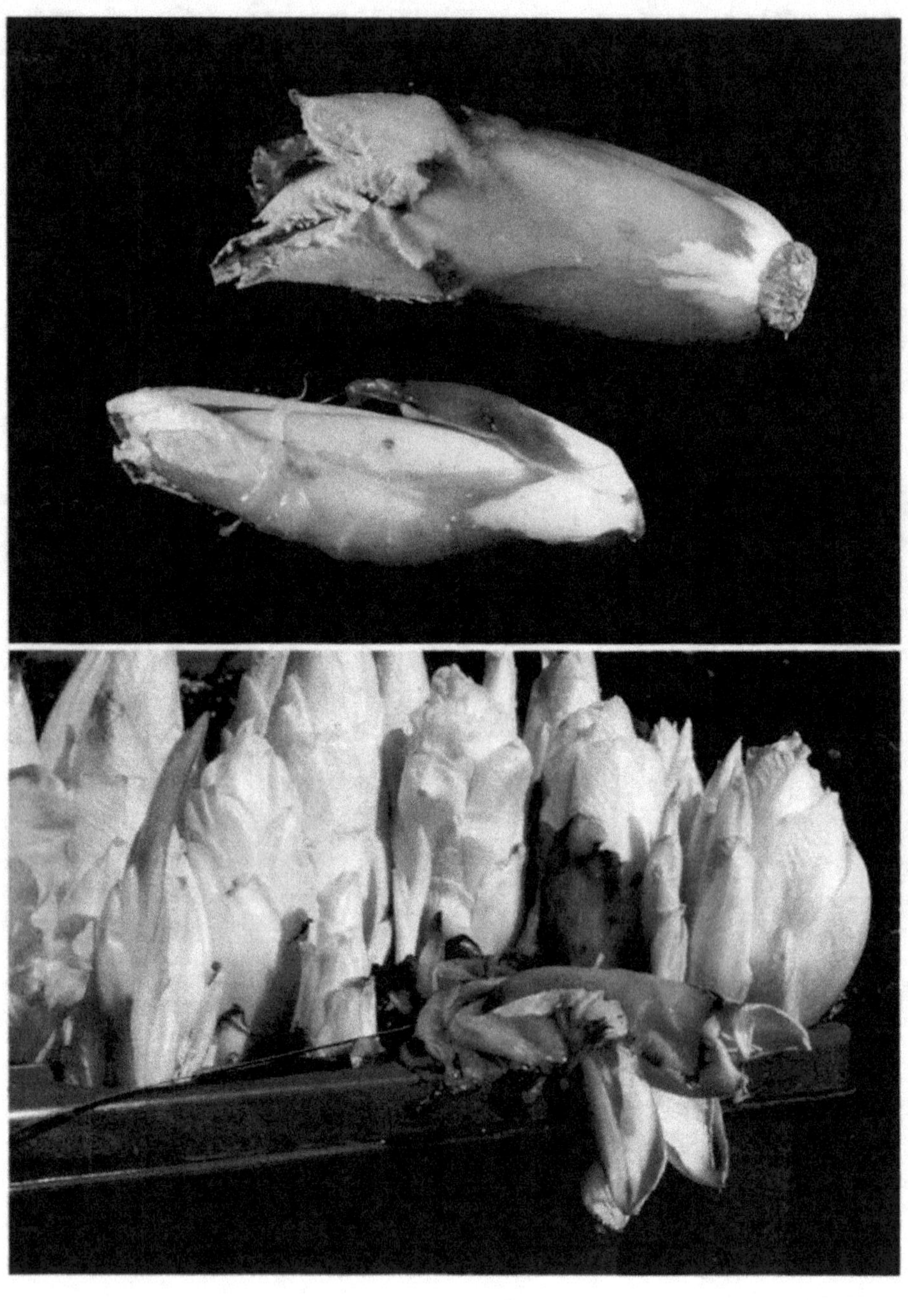

Planche 16 : En haut, pourriture à *Erwinia* sur Endive. En bas, apparition de la pourriture dans un bac de forçage. (Photos R. Samson, INRA-Angers).

Les Amarantes sont sujettes à des pourritures de tiges à partir du sol provoquées par *Pythium aphanidermatum*. Les *A. dubius* sont plus résistants à cette maladie que les *A. hybridus*.

Choanephora cucurbitacearum peut lui aussi envahir les tiges, soit directement (symptôme observé en Afrique équatoriale) soit à partir des blessures provoquées par la récolte échelonnée branche par branche (symptôme observé aux Antilles).

Les racines d'Amarantes-épinards sont totalement résistantes aux attaques de *Meloidogyne,* ce qui les rend intéressantes dans les rotations maraîchères.

Bibliographie

● Maladies provoquées par des champignons du sol

ABAWI G.S., CROSIER D.C., BECKER R.F., 1974. — Symtomatology and etiology of root rots of table beets in New York. *Ann. Proc. Am. Phytopathol. Soc.*, **1**, 132.

BOUHOT D., LORIDAT P., 1985. — *Nouvelles données sur les agents de fonte de semis, de pied noir et de nécroses de racines de betteraves.* Premières journées d'études sur les maladies des plantes. ANPP, Paris, 83-92.

LEBRUN A., 1981. — Les maladies cryptogamiques de la betterave transmises par les graines et par le sol. *Phytoma-Défense des cultures*, juin 1981, 45-46.

NAIKI T., MORITA Y., 1983. — Evaluation of spinach resistance to *Fusarium oxysporum* f. sp. *spinaciae. Proc. Kansaï Plant Prot. Soc.*, **25**, 10-13 (RPP 1983-4033).

● Mildious

BYFORD W.J., 1981. — *Downy mildews of beet and spinach.* In *The downy mildews.* Ed. D.M. Spencer, 531-543. Academic Press. London.

DAINIELLO F.J., 1986. — Evaluation of use-pattern alternatives with metalaxyl for control of foliar diseases of spinach. *Plant Dis.*, **70**(3), 240-242.

EENINCK A.H., 1976. — Resistance in spinach to downy mildew. *Proc. Eucarpia Meet. leafy vegetables.* Wageningen Holland, mars 1976, 53-54.

INABA T., TAKAHASHI K., MORINAKA T., 1983. — Seed transmission of spinach downy mildew. *Plant Dis.*, **67**, 1139-1141.

JONES R.K, DAINIELLO F.J., 1982. — Occurence of race 3 of *Peronospora effusa* on Spinach in Texas and identification of sources of resistance.

LEBRUN A., 1981. — Le Mildiou de la Betterave. *Phytoma — Défense des cultures*, mars 1981, 16-17.

NAIKI T., MORITA Y., 1983. — Evaluation of spinach resistance to *F. oxysporum* f. sp. *spinaciae. Proc. Kansai Plant Prot. Soc.*, **25**, 10-13 (RPP 1983 4033).

● Autres maladies foliaires

DRANDAREWSKI C.A., 1978. — Powdery mildew of beet crops. In *The Powdery mildews.* Ed. D.M. Spencer, Academic Press, London, 201-218.

COLLET J.M, ROUXEL F., 1989. — L'Anthracnose de l'Épinard. *PHM-Rev. hortic.*, **300**, 37-39.

HEUX F., 1985. — Betterave sucrière : les maladies cryptogamiques du feuillage. *Phytoma-Defense des cultures*, juill.-août 1985, 22-24.

RICHARD-MOLARD M., 1982. — Betterave sucrière : les maladies du feuillage et leur traitement. *Phytoma-Défense des cultures*, juin 1982, 8-11.

RICHARD-MOLARD M., 1980. — L'Oïdium de la Betterave. *Phytoma-Défense des cultures*, mai 1980, 17-18.

● Virus

BAYLISS K.W., OKOKWO V.N., 1979. — Virus infections on Spinach in England. *J. Hortic. Sci.*, **54**(4), 289-297.

CANOVA A., 1966. — Si studia la rizomania della bietola. *Inf. fitopal.*, **16**, 235-239.

DIDELOT D., CASIMAJOU M.L., 1988. — La Rhizomanie des Chénopodiacées maraîchères. *Phytoma-Défense des cultures*, janvier 88, 54-55.

DOOLITTLE S.P., WEBB R.E., 1960. — A strain of cucumber virus — infectious to blight-resistant spinach. *Phytopathology*, **50**, 7-9.

KURPPA A., JONES A.T., HARRISON B.D., BAILISS K.W., 1981. — Properties of Spinach yellow mottle, a distinctive strain of Tobacco rattle virus. *Ann. Appl. Biol.*, **98**, 243-254.

PUTZ C., 1977. — Composition and structure of Beet necrotic yellow vein virus. *J. gen. Virol.*, **35**, 397-401.

PUTZ C., 1982. — La Rhizomanie de la Betterave. *Phytoma-Défense des cultures*, nov. 82, 24-25.

PUTZ C., VALENTIN P., 1984. — La Rhizomanie s'étend en France. *Phytoma-Défense des cultures*, mars 84, 27-29.

VALENTIN P., PUTZ C., 1984. — Betterave sucrière : les jaunisses symptômes et pertes de rendement. *Phytoma-Défense des cultures*, mai 1984, 21-23.

WATSON M.A., HEATHCOTE G.D., LAUCKNER F.B., SOWRAY P.A., 1975. — The use of weather data and counts of aphids in the fields to predict the incidence of yellowing viruses of sugar beets crops in England in relation to the use of insecticides. *Ann. Appl. Biol.*, **81**, 181-198.

WEBB R.E, PERRY B.A., JONES H.A., Mc LEAN D.M., 1960. — A new source of resistance to spinach blight. *Phytopathology*, **50**, 54-56.

XIII
MALADIES DE LA LAITUE, DES CHICORÉES ET DE LA MÂCHE

C'est à la famille des Composées qu'appartiennent la plupart des plantes que l'on cultive comme salades vertes :

— *Lactuca sativa* : Laitues à couper, Laitues « beurre », Laitues romaines, Laitues grasses d'été, intermédiaires entre les deux catégories précédentes, et Batavias, à feuillage plus ou moins crispé.

— *Cichorium endivia* * : Chicorées scaroles et frisées.

Nous traiterons ensemble les maladies de ces deux espèces, dont beaucoup leur sont communes, et qui se cultivent de la même façon.

— *Cichorium intybus*, la « Chicorée sauvage », très amère, et dont le plus souvent on ne consomme les produits qu'après étiolement : **Endives**, en France et en Belgique (beaucoup plus importantes économiquement que les types « Pain de sucre » et « Barbe de capucin ») et variétés italiennes, très diversifiées, dont on connait bien maintenant dans le reste de l'Europe les types « Rossa di Verona » et « Chioggia », de plus en plus utilisées pour égayer la coloration des salades vendues toutes triées en sachets, en mélange avec de la scarole ou de la chicorée frisée.

Les procédés d'étiolement se sont beaucoup modernisés ces dernières années, nous traiterons à part de la pathologie de la chicorée sauvage, plante très rustique au champ, mais fragile au cours de la seconde période.

Un bref paragraphe sera consacré à la Mâche ** (*Valerianella olitoria*), plante beaucoup plus proche de sa forme sauvage que les Laitues et Chicorées.

I. Maladies des Laitues et des Chicorées scaroles et frisées

Problème des résidus de pesticides

Vis-à-vis des maladies cryptogamiques, qui prennent de l'extension dès que les salades occupent une place importante dans les parcelles maraîchères ou

---

* Attention à la littérature anglosaxonne, qui désigne cette espèce par « endive ».

** Famille des Valérianellacées. Dans les pays tempérés, avant que l'on n'utilise des herbicides sur céréales, on récoltait la Mâche à l'automne dans les chaumes.

les serres, le producteur sera partagé entre la tentation d'intensifier l'usage des fongicides et le souci des résidus dont les législations européennes se soucient de plus en plus. Contradictoires en 1988 (ex. : bénomyl autorisé en France mais non en Hollande, situation inverse pour les fumigations de tétrachloronitrobenzène), on peut espérer qu'elles s'harmoniseront dans les années 90.

Quels que soient les produits adoptés, il sera en général judicieux de placer les traitements suffisamment tôt pour arriver au début de la pommaison (14 à 16 feuilles chez la Laitue) avec une situation assez saine pour ne pas les poursuivre. Il en sera de même pour les traitements insecticides destinés soit à freiner des dégâts directs d'insectes, soit à freiner la propagation des virus transmis selon le mode persistant.

Maladies d'origine tellurique ou sévissant à la surface du sol

o Fontes de semis

Elles sont rarement très graves, mais peuvent avoir pour agents, non seulement les *Pythium* et *Rhizoctonia* habituellement signalés, mais aussi le *Botrytis cinerea*, très répandu dans la nature, et pouvant être véhiculé par des semences ayant mûri en conditions pluvieuses. En semis denses, le *Botrytis* peut apparaître sous la forme « toile » : mycélium stérile blanc-grisâtre, semblable à une toile d'araignée, sous lequel les plantules s'affaissent. Les souches de type « toile » sont très sclérotiques et peu sporulantes en culture.

On traitera les semences au thirame (3 g de m.a./kg) même, et surtout, si le substrat destiné à produire le plant à repiquer est stérilisé. On se souviendra à ce propos que la Laitue est très sensible aux résidus de méthyl-isothiocyanate, et à l'excès d'ammoniaque.

o *Sclerotinia* et *Botrytis*

Ces deux champignons ont une origine différente, mais se retrouvent au niveau du sol pour attaquer laitues et souvent aussi chicorées à partir de « bases nutritives » constituées par les premières feuilles sénescentes, à la base de la plante, ou par des parties de feuilles plus âgées ayant souffert de mildiou.

L'équipement enzymatique du *Sclerotinia* est très puissant et agit à distance par rapport à la zone où se trouve le mycélium. Il n'y a pas de réaction de défense, les pourritures sont molles et blanchâtres.

Quand l'attaque intéresse le collet de la plante, la salade flétrit brusquement sans changer de couleur (fig. 116 A).

On rencontre bien sûr çà et là sur Laitues et Chicorées la forme à gros sclérotes, qui peut envahir la plante à n'importe quel niveau. Cependant le retour fréquent de salades sur la même parcelle, en particulier dans les climats méditerranéens à hiver doux, entraîne la prolifération dans le sol de

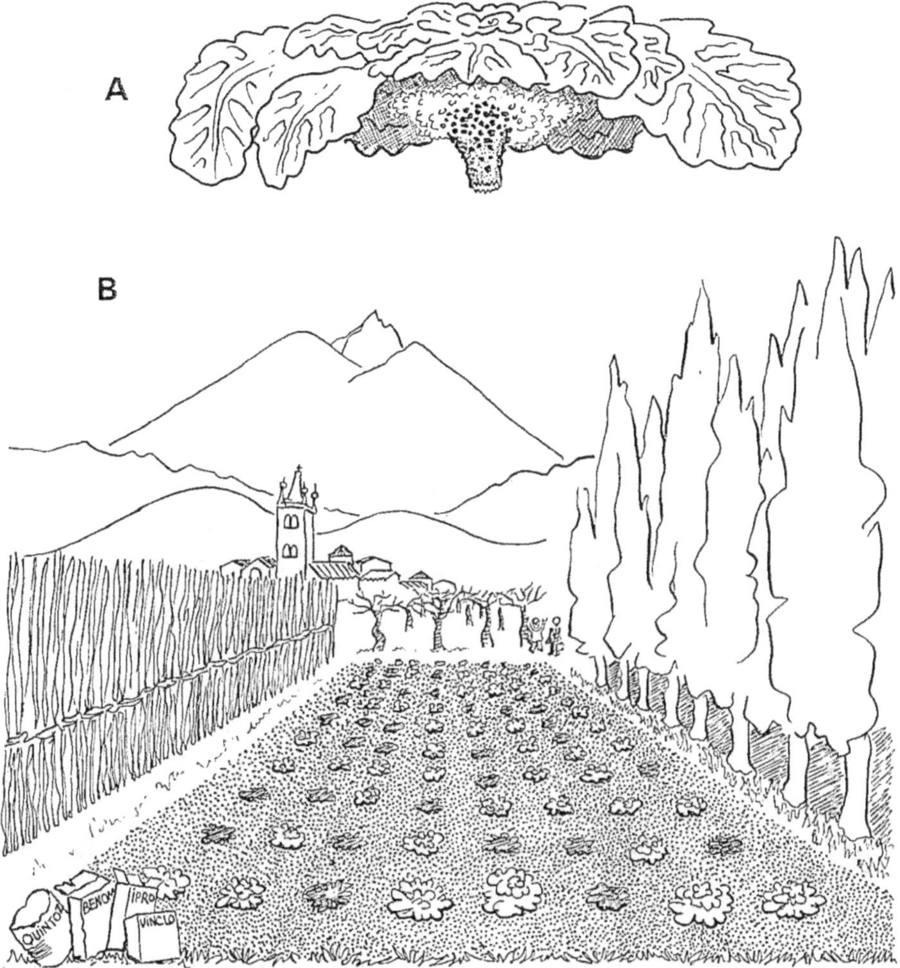

Figure 116. — *Sclerotinia minor* sur Laitue.
A : Une salade atteinte de pourriture du pivot.
B : Perte d'activité des fongicides dans le Roussillon. Solutions d'avenir : rotation des fongicides, solarisation (très efficace), lutte biologique par le *Trichoderma* ?

la forme à petits sclérotes, *Sclerotinia minor* : c'est le cas de la rotation Tomate/Salade dans le Roussillon, ou des associations Laitue-Abricotier (Roussillon) ou Laitue-Olivier (Italie du Sud). *S. minor* envahit les salades soit à partir des feuilles sénescentes sous la pomme, soit directement par le pivot à 3-4 cm de profondeur.

Dans le cas du *Botrytis cinerea*, l'invasion des tissus est moins rapide, ceux-ci ont le temps de réagir à l'infection, ce qui se traduit, en particulier sur pivot, par une coloration rougeâtre à la marge des lésions.

Les laitues dont le pivot est attaqué latéralement présentent des symptômes de jaunissement ou rougissement du feuillage, souvent unilatéraux. Le flétrissement n'intervient que plus tard, ou peut arriver au stade récolte, mais on s'aperçoit alors souvent en épluchant les salades que les nervures des feuilles du cœur présentent des nécroses internes rougeâtres allongées (stériles à l'isolement : il s'agit d'une réaction à distance, fig. 117).

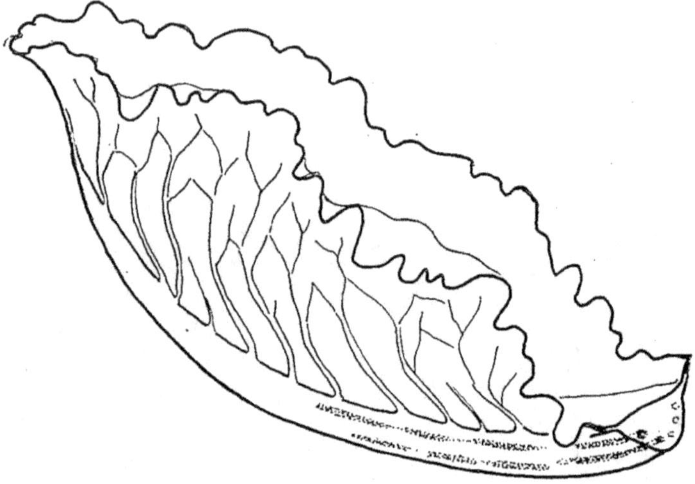

Figure 117. — Symptômes systémiques provoqués à distance par *Botrytis cinerea* : nécroses internes dans la côte d'une feuille de cœur de Laitue, visibles par transparence.

On peut observer des symptômes analogues sur porte-graines, dont le *Botrytis* est un parasite sérieux. Les attaques plus tardives peuvent griller les inflorescences — ou contaminer les graines.

Le *Sclerotinia* peut lui aussi attaquer les porte-graines, en produisant des sclérotes dans la moelle de la tige. Des sclérotes de *S. minor* peuvent ainsi se trouver mélangés aux graines de chicorée à la suite du battage.

Il y a des différences de degré d'attaque entre variétés vis-à-vis du *Sclerotinia* et du *Botrytis*, mais mettant en jeu des mécanismes peu spécifiques. Les types à port érigé (Romaines, Laitues grasses), à cuticule épaisse (certaines Batavias, comme « Great Lakes 54 ») sont moins attaquées que les Laitues beurre à feuilles fines et à port étalé. Les chicorées sont moins sensibles au *Botrytis* que les laitues, mais peuvent souffrir de graves dégâts de *S. minor* si le sol est très contaminé.

L'optimum de développement des deux champignons se situe vers 18 °C-20 °C, mais les attaques peuvent se déclencher gravement dès 10 °C. En serre, surtout en conditions de temps gris, il est impossible de maintenir des températures supérieures à l'optimum des parasites sans provoquer l'étiolement. En plein air, les cultures méditerranéennes ayant lieu en saison de pluies hivernales, il est souvent impossible de jouer sur l'irrigation.

La lutte contre les *Sclerotinia* et *Botrytis* des salades, que ce soit en plein air ou en serre, repose donc principalement sur la lutte fongicide, avec déjà un lourd historique de cycles « boom and bust » [*] (succès puis échec) de telle ou telle famille de fongicides, à cause de résistances véritables (cas du *Botrytis*), ou de phénomènes plus complexes (cas du *Sclerotinia*) (fig. 116 B).

On employait dans les années 50-60 des fongicides dont l'activité nous paraît aujourd'hui bien insuffisante, aux doses qui étaient employées en pulvérisation du sol en début de culture : quintozène, dicloran pour le *Sclerotinia*, thirame pour le *Botrytis*.

Le bénomyl et les autres produits de la même famille remportèrent des succès éclatants au début des années 70 : le *Botrytis* s'y adapta bien vite. Vis-à-vis de *Sclerotinia minor* son usage entraîna la prédominance du symptôme « attaque sur pivot ». Les dicarboximides ont constitué un net progrès, mais nous savons aujourd'hui, grâce à des recherches conduites dans les Pyrénées orientales que l'iprodione et la vinchlozoline, par leur usage répété, stimulent dans le sol la prolifération d'une microflore qui les dégrade.

Ces microflores sont cependant relativement spécifiques de l'un ou l'autre produit. La persistance de cet état de dégradation accélérée de l'iprodione, ou de la vinchlozoline dans le sol ne dépasse pas 3 ans après l'arrêt de leur usage.

On pourra donc concevoir des rotations de cultures et de produits conservant à ces derniers leur efficacité. Sur salades (contrairement au cas des *Allium*) on gardera en réserve la procymidione, car sa persistance peut poser des problèmes de résidus. Elle n'est d'ailleurs pas autorisée sur salades en Allemagne et en Suisse.

Vis-à-vis du *Botrytis*, qui devient facilement résistant à l'ensemble des dicarboximides, il faudra envisager leur association ou leur alternance avec un fongicide à large spectre présentant une activité anti-*Botrytis* (thirame, dichlofluanide, chlorthalonil), et ne pas les employer plus de deux fois par saison (en particulier en serre).

Bien entendu, vis-à-vis du *Sclerotinia*, les procédés de désinfection générale du sol (vapeur, fumigants, **solarisation**) restent valables. Si le sol n'est travaillé que superficiellement après désinfection, il suffit que celle-ci intéresse 10 à 15 cm de profondeur. Rappelons cependant notre méfiance vis-à-vis du bromure de méthyle, avant culture de Salades : elles accumulent facilement 5 à 10 fois la dose tolérée de bromures, plantées immédiatement après traitement ; les résidus ne deviennent acceptables qu'en troisième culture — à moins de lessiver le sol avec 250 l d'eau/m^2 : c'est plus facile à conseiller qu'à réaliser ! La solarisation a donné de très bons résultats en 1989 dans le Roussillon.

Une lutte biologique serait hautement souhaitable, sinon vis-à-vis du *Botrytis*, tout au moins pour le *Sclerotinia*.

Des essais sont en cours dans le Roussillon par application au sol de *Trichoderma* (P. Davet, comm. pers.). On ne doit cependant pas espérer une

---

[*] Nous empruntons ce terme à Van Der Plank, qui l'employait pour les résistances « verticales ».

activité immédiate, car ce champignon ne détruit les sclérotes qu'aux environs de 25 °C-30 °C. Son application devrait donc être envisagée préalablement à la culture estivale qui précède la plantation de salades.

● Rhizoctone brun (fig. 118)

Il n'existe pas, à proprement parler, de souche « Composées » de *Rhizoctonia solani* analogue à la souche « Crucifères » AG 2-1 adaptée aux basses températures. Les attaques que l'on observe sur Laitues et Chicorées sont dues aux souches polyphages AG 1 ou AG 4, dont les températures optimum sont supérieures à celles du *Sclerotinia* ou du *Botrytis*.

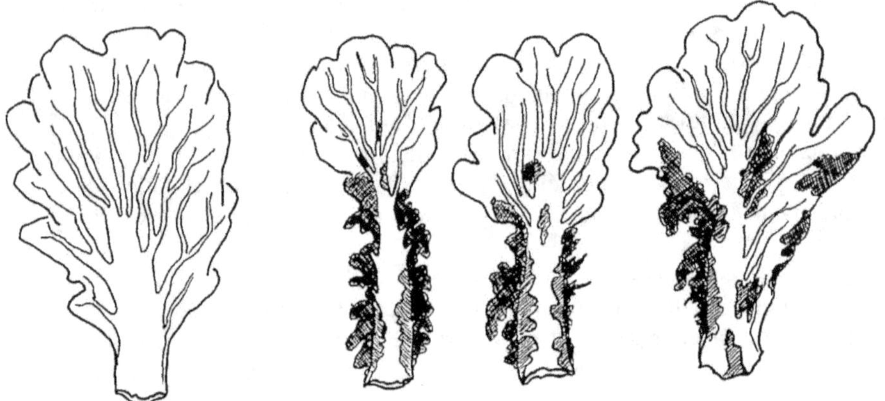

Figure 118. — Dégâts de *Rhizoctonia solani* sur feuilles de Scarole.

On pourra donc observer des attaques dans les dernières cultures en serre du printemps et en plein air dans les climats à été pluvieux ou orageux (ex. en France : Bayonne, Grenoble).

Les attaques débutent par des lésions rougeâtres sur les nervures de feuilles de Laitues ou Chicorées en contact avec le sol. Ces lésions peuvent s'étendre jusqu'au pivot et provoquer une pourriture du collet (en anglais « bottom rot »), ou s'étendre au limbe des feuilles (mycélium épiphyte, surtout avec les souches AG 1). Les lésions de rhizoctone sur Laitue sont particulièrement favorables à des envahissements secondaires par des bactéries entraînant la déliquescence noirâtre des tissus atteints et des zones voisines.

En conditions tropicales (souches AG 1 de type *microsclerotia* ou *sasakii*) les Chicorées se montrent beaucoup plus sensibles que les Laitues.

Parmi les produits qui ont été ou sont employés en traitement de la surface du sol sur Laitues, on peut signaler le quintozène et l'iprodione comme moyennement actifs sur le rhizoctone brun. Des essais récents donnent le pencyuron et le mépronil comme beaucoup plus prometteurs.

Dans la région de Grenoble, la couverture plastique du sol s'est montrée aussi efficace que les traitements fongicides pour protéger les Laitues, la combinaison des deux donnant les meilleurs résultats.

● *Pythium* vasculaire des Composées (fig. 119)

Caractérisé en Italie par Matta en 1965, *Pythium tracheiphilum* présente un comportement exceptionnel parmi les Pythiacées.

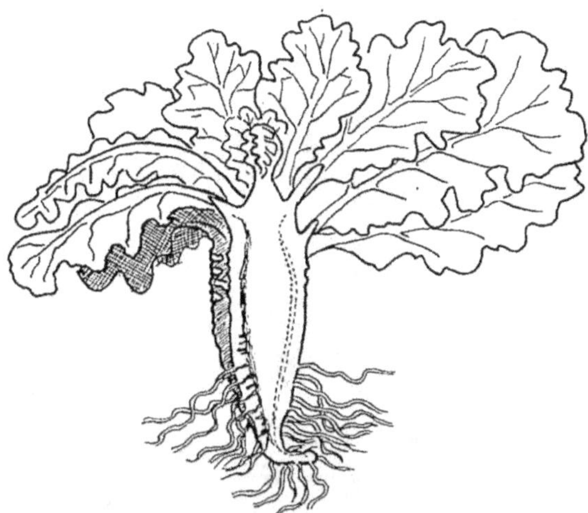

Figure 119. — Attaque vasculaire de *Pythium tracheiphilum* sur Laitue (schématique d'après Matta). Pour la démonstration, la plante représentée souffre d'une attaque unilatérale, mais le plus souvent la Laitue est entièrement envahie.

Il est capable, chez quelques composées (Laitue, Artichaut, Séneçon — mais non Tournesol ni Chicorées) d'envahir les vaisseaux du bois. Il a été retrouvé dans un certain nombre de pays (Midi de la France, Hollande, États-Unis), mais ne provoque pas d'épidémie généralisée, on le retrouve çà et là de façon endémique.

P. tracheiphilum est un sphérosporangié, ses sporanges peuvent germer de façon directe ou, plus rarement, en produisant des zoospores. Il se conserve dans le sol sous forme d'oospores, à germination échelonnée.

Les symptômes sur Laitue concernent la racine pivotante, dont la surface est rugueuse et grisâtre, portant moins de racines secondaires que celle des plantes saines. A l'intérieur, on observe un brunissement intéressant une partie ou la totalité des vaisseaux.

Les parties aériennes peuvent présenter un rabougrissement (*Pythium stunt*) dans le cas d'attaques précoces, ou, le plus souvent, un flétrissement transitoire en milieu de journée, qui devient peu à peu permanent.

On observe des différences de sensibilité entre variétés de Laitue, aussi bien parmi les types cultivés en plein air que chez les Laitues de serre. Les « Trocadéro » sont particulièrement sensibles.

L'application de plus en plus fréquente d'anti-mildious systémiques devrait encore raréfier les cas de *Pythium* vasculaire. Si celui-ci est sensible aux acylanides (ex. : métalaxyl), il ne l'est pas, par contre, au propamocarbe.

○ Maladie du « gros pivot » de la Laitue (fig. 120)

Jusqu'à une époque récente, cette maladie était considérée comme non parasitaire. Elle se manifeste par une hypertrophie relative du pivot et du collet, recouverts d'un tissu liégeux fendillé longitudinalement, avec réduction du volume de la pomme. Les Anglo-saxons la désignent sous le nom de « *corky root* ».

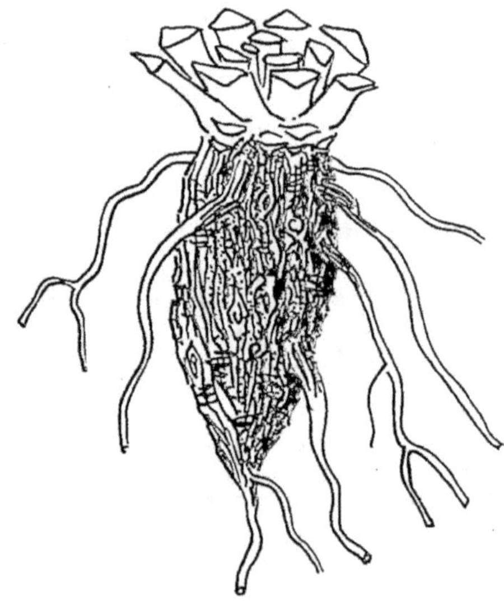

Figure 120. — Maladie du « gros pivot » ou « *corky root* » de la Laitue (phytotoxicité des résidus de Laitue, ou parasite primaire bactérien ?).

Elle était classiquement attribuée à des **phytotoxines** (acides ethylamino-benzoïque, hydroxycinnamique), émises dans le sol au cours de la décomposition de déchets végétaux verts, en conditions très humides.

Les déchets de Laitue (trognons, laitues de 2e choix) sont tout particulièrement toxiques après 3 semaines de décomposition à 20 °C. On évitera donc de les laisser sur la parcelle et de les enfouir après récolte, si l'on veut replanter Laitue sur Laitue.

En Californie, on a récemment décrit une bactérie à croissance lente, d'isolement difficile, qui serait spécifiquement responsable des dégâts de « corky root » sur Laitue (récemment baptisée *Rhizomonas suberifaciens* van Bruggen). Des contaminations artificielles ont permis d'obtenir des classements de sensibilité variétale concordant avec les observations au champ.

Des « résistances » (notes inférieures à 2 pour un index allant de 1 à 5) ont été observées chez les variétés américaines « Montello » et « Green Lakes », ainsi que chez des introductions turques. Des notes inférieures à 3 ont été relevées chez « Dandie », « Kinemontepas » et « Blondine ». Certaines *L. serriola, saligna, dentata, virosa* ont été aussi notées résistantes.

La résistance de « Green Lakes » se comporte en croisement comme monogénique récessive.

● Nématodes

En conditions chaudes et sur sols légers, les *Meloidogyne* sont les parasites telluriques majeurs de la Laitue. On se reportera au chapitre II pour les méthodes générales de lutte.

Nous préciserons ici que l'élevage des plants dans des mottes de terreau stérilisé de grande taille (0,5 dm^3), suivi après repiquage d'arrosages journaliers, permet d'obtenir des salades acceptables même en sol fortement contaminé (en conditions antillaises, 30 jours de pépinière, 30 jours de culture).

Maladies cryptogamiques à propagation aérienne

● Bactérioses

De nombreuses pourritures à faciès bactérien sont observées sur salades et leur diagnostic est difficile. Souvent le parasitisme de ces bactéries est douteux et leurs dégâts secondaires à l'attaque d'un autre parasite (*Bremia*, rhizoctone), ou aux diverses formes de Nécrose marginale (v. ci-dessous).

Xanthomonas campestris pv. *vitians* semble un véritable parasite, provoquant des lésions marginales en forme de V sur les feuilles de Laitue, comme le pv. *campestris* sur celles de Chou, pouvant progresser le long des nervures. L'optimum thermique de la bactérie se situe vers 26 °C, mais elle peut se développer à des températures beaucoup plus basses, sur plantes sensibilisées par le gel.

On ne connait pas, par contre, de pathovar de *Pseudomonas syringae* spécialisé à la Laitue ou aux chicorées, mais on signale souvent des dégâts de *Pseudomonas* pectinolytiques dont le parasitisme peu spécifique peut être encouragé par divers facteurs : on a cité *P. viridilivida*, *P. marginalis*, mais le parasite le plus sérieux reste *Pseudomonas cichorii*.

Les températures élevées, les pluies violentes, les fumures azotées excessives favorisent ce type de dégâts : taches foliaires noirâtres puis desséchées, ou attaque du pivot (pourriture latérale ou interne noir-verdâtre pouvant s'étendre aux feuilles du pourtour de la pomme).

Ce type de symptômes est redouté sur laitues de serre, liés là aussi à l'excès d'azote, et tout particulièrement à ceux qui peuvent suivre une désinfection à la vapeur.

On doit bien entendu éviter d'utiliser pour l'arrosage de l'eau où se décomposent des déchets végétaux.

● Mildiou de la Laitue

Bremia lactucae, le Mildiou ou « meunier » de la Laitue est une espèce attaquant un grand nombre de Composées (nous le retrouverons sur Artichaut), mais comportant des formes spécialisées à telle ou telle espèce végétale. Les Chicorées scaroles et frisées ne sont pratiquement pas attaquées.

Le *Bremia* apparaît comme un velouté blanc poudreux à la face inférieure des feuilles, correspondant à une tache vert clair puis jaunâtre à la face supérieure, dont le centre peut se nécroser par la suite.

Le plus souvent les taches de *Bremia* ont des dimensions de l'ordre de 1 à 2 cm, délimitées par les nervures secondaires. Elles peuvent se généraliser à toute la feuille chez les plantules.

Chez les variétés très sensibles (ex. : « Merveille d'hiver ») les attaques de *Bremia* peuvent concerner toute la surface des feuilles extérieures de la pomme, prenant un aspect systémique.

Les conidies de *Bremia* germent le plus souvent par un filament, à la faveur d'une humectation assez brève (3 h minimum) à la température optimum de 15 °C. On peut donner comme températures cardinales 2 °C-**15 °C**-20 °C, ou mieux encore définir un optimum de 5 °C à 10 °C la nuit, 13 °C à 20 °C le jour. Une brève période sèche en milieu de journée favorise en effet la dissémination des conidies par torsion brusque des conidiophores. Les étés pluvieux de l'Europe du Nord, l'automne et le printemps du Midi de la France, l'hiver des pays méditerranéens méridionaux permettront le développement du *Bremia* en culture de plein air. Les conditions de culture en serre modérément chauffée ou sous abris froids seront encore plus favorables au *Bremia*.

Sa conservation au cours de l'année peut être assurée par le chevauchement des cultures de Laitues sur l'exploitation ou au voisinage. Sa régression semble cependant totale pendant les mois où les maxima dépassent 30 °C.

Même dans l'Europe du Nord sa perpétuation par oospores attire de plus en plus l'attention des chercheurs.

Des **résistances** de deux types peuvent s'observer vis-à-vis du mildiou de la Laitue :

— une **tolérance générale** au mildiou que peuvent présenter des variétés même anciennes, comme « Trocadéro », beaucoup moins attaquées que des variétés de qualité supérieure (ex. : « Val d'Orge », « Merveille d'hiver »). Ce type de tolérance n'atteint pas pour le moment un niveau suffisant pour produire un effet appréciable en culture sous abri. La « résistance horizontale » chez les Laitues de serre n'est pour le moment qu'un objectif à long terme. Il sera sans doute plus vite atteint chez des types « Batavia » que chez des Laitues « beurre » ;

— des **résistances monogéniques**, trouvées soit chez *L. sativa*, soit à partir d'hybridations avec des expèces voisines comme *L. serriola*.

On en connaît actuellement 18, que *B. lactucae* surmonte malheureusement assez facilement en donnant naissance à de nouvelles races, dont certaines cumulent jusqu'à 5 facteurs de virulences. L'usage, sous serre, de variétés pourvues de quatre ou cinq gènes de résistance est cependant susceptible (conformément à la théorie des « résistances verticales » de Van Der Plank) de retarder le début des épidémies, ce retard pouvant varier de quelques

semaines à quelques années (ex. : « Ravel », résistante à 5 races, « Orba »,
« Jessy » résistantes à 6 races)

Tableau 22

Gènes et « facteurs » de résistance chez la Laitue vis-à-vis de *Bremia lactucae*

Variétés de Laitue jouant le rôle d'hôtes différentiels	Gènes ou facteurs de résistance
Cobham-Green	sensible à toutes les races
Lednikyu	Dm 1
Blondine	Dm 1 + Dm 13
UCM2	Dm 2
Dandie	Dm 3
T 57	Dm 4
Valmaine, Valverde	Dm 5/8
Sabine	Dm 6
Musette	Dm 6 + Dm 11
GL 659	Dm 7 + Dm 13
Bourguignonne 9 b	$R_{5/8} + R_{9b}$
Sucrine	Dm 5/8 + Dm 10
Capitan	Dm 11
Pennlake	Dm 13
Vanguard 75	Dm 7 + Dm 10 + Dm 13
Saffier	Dm 1 + Dm 3 + Dm 7 + Dm 16
Kinemontepas	Dm 10 + Dm 13 + Dm 16
Prado (Hilde)	R 12
Mariska	R 18

(Dm 5 et Dm 8 ont été démontrés synonymes. Les numéros manquants correspondent à des « facteurs » décrits
correspondant en fait à la réunion de plusieurs gènes. Seul R 18 reste insurmonté en France. Aucune variété de serre
n'en était pourvue en 1989.)

Tableau 23

Équivalence des « races hollandaises » NL de *Bremia lactucae*
et des gènes de résistance surmontés

NL 1 surmonte DM : 2	
NL 2	: 2. 3. 5/8. 6
NL 3	: 5/8. 6. 7
NL 4	: 2. 5/8. 7
NL 5	: 3. 7.
NL 6	: 2. 5/8. 11
NL 7	: 2. 3. 6. 7.
NL 10	: 2. 3. 5/8. 6. 7
NL 11	: 5/8. 6. 7. 16
NL 12	: 5/8. 6. 7. 11. 16
NL 13	: 3. 5/8. 7. 11.
NL 14	: 2. 3. 5/8. 6. 11
NL 15	: 2. 3. 5/8. 7. 11
NL 16	: 2. 3. 5/8. 6. 7. 11. 16

Le tableau 22 donne la situation 1989 des gènes et facteurs de résistance connus, le tableau 23 l'équivalence des « races hollandaises » et des résistances surmontées. Seul « R18 » à cette époque n'avait pas encore été mis en échec en France. La stratégie à envisager pour l'avenir serait de transférer à la fois dans les variétés à venir plusieurs gènes « neufs » venant de laitues sauvages.

La **lutte chimique** contre le *Bremia* a longtemps reposé sur les dithiocarbamates : zinèbe sur jeunes plantes, manèbe, mancozèbe ou thirame (ce dernier intéressant par son effet sur le *Botrytis*) sur plantes plus âgées. Les traitements devaient être précoces, souvent renouvelés, pour aboutir à une situation parfaitement saine au moment où leur interruption s'imposait de peur de résidus à la récolte (6 semaines avant celle-ci, stade 14-16 feuilles).

Les antimildious systémiques ou translaminaires (ex. : métalaxyl , phoséthyl Al, propamocarbe) permettent en principe une meilleure efficacité et une action de plus longue durée. L'addition de 12 mg de métalaxyl/dm^3 de terreau pour la production de plants peut protéger les laitues du mildiou jusqu'à la récolte[*]. Mais des souches de *Bremia* résistantes au métalaxyl ont déjà fait leur apparition. Ces nouveaux produits devront donc être judicieusement alternés ou combinés avec des fongicides à large spectre.

Ces indications sur les méthodes de lutte génétique ou chimique ne doivent pas faire oublier les méthodes culturales, insuffisantes à elles seules, mais pouvant contribuer à l'amélioration de la lutte : bon drainage, planches surélevées, éviter d'arroser avant le lever du soleil ou par temps gris, en culture sous abri allier chauffage et aération le matin.

● Oïdium sur Laitues et Chicorées

Erysiphe cichoracearum (*sensu stricto...*) est l'agent de l'oïdium des Composées. On l'observe très fréquemment sur Chicorées frisées et Scaroles, en particulier au cours des automnes méditerranéens. Il provient probablement de sources constituées de composées sauvages (ex. : Séneçon). Son optimum est de l'ordre de 22 °C. L'oïdium est suffisamment important dans le Roussillon pour motiver un traitement comportant un produit anti-oïdium sur jeunes plantes (méthylthiophanate en 87-88... mais *E. cichoracearum* peut devenir résistant aux benzimidazoles).

Les Laitues sont rarement attaquées par l'Oïdium, la plupart des types cultivés sont immuns, sauf cependant les batavias américaines de type « Great Lakes », parfois demandées en Europe par les pays nordiques.

● « Anthracnose » de la Laitue et des Chicorées (fig. 121)

C'est une dénomination impropre : cette maladie n'est pas provoquée par un *Colletotrichum*, mais par un *Marssonina*[**] (*M. panattoniana*) pour lequel

---

[*] Méthode non homologuée en France en 1989.

[**] Les *Marssonina* à spores bicellulaires, dont on connaît la forme parfaite correspondent à des **Helotiales** (*Neofabraea, Drepanopeziza*).

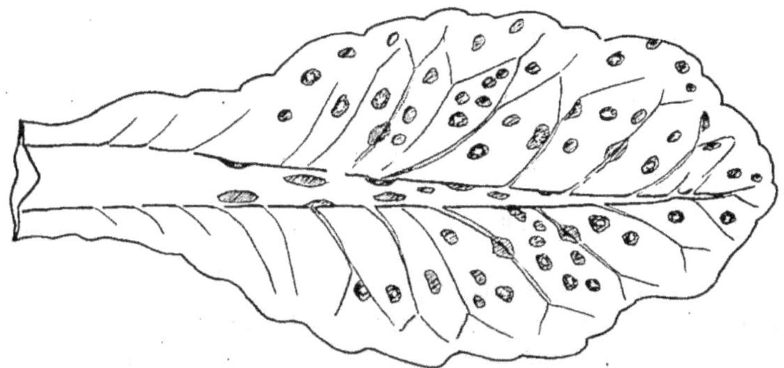

Figure 121. — Feuille de Laitue Romaine attaquée par *Marssonina panattoniana*.

on a proposé récemment le nouveau nom de *Microdochium panattonianum* (ce qui semble absurde, les *Microdochium* ayant des conidies non cloisonnées, et non bicellulaires comme les *Marssonina*, y compris celui de la Laitue...). *M. panattoniana* produit des microacervules (une centaine de spores) situées sous la cuticule. Il induit l'apparition de taches brunes nécrotiques, à bordure jaune, dont le centre peut se perforer, donnant naissance à une « criblure ». Disséminé par les pluies, avec un optimum aux environs de 20 °C, c'est un champignon de cultures de plein air. Son apparition est sporadique, il peut se perpétuer sur les débris de culture, sur les Laitues sauvages (*L. serriola*) et se transmettre par les semences. On observe aussi des attaques sur Chicorées.

On observera une rotation de 3 ans sur les parcelles où la maladie s'est manifestée. Le captafol et la dichlofluanide avaient été signalés comme efficaces dans les années 60.

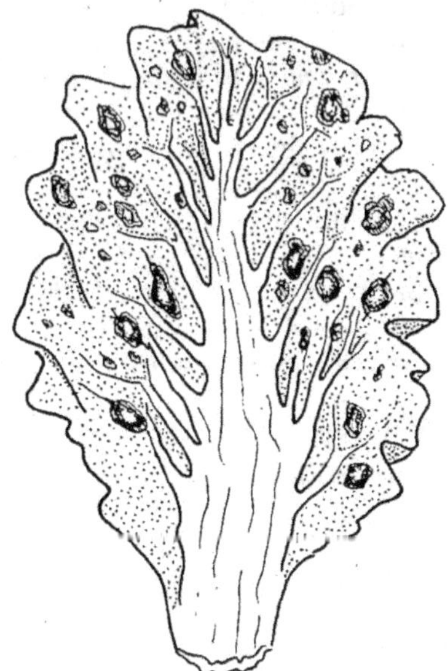

Figure 122. — *Alternaria porri* f. sp. *endiviae* sur Scarole.

• Alternariose des Chicorées

Alternaria dauci f. sp. *endiviae* est morphologiquement semblable à *A. solani* ou *A.dauci*. On l'observe surtout sur Scaroles, avec un symptôme typique de taches arrondies ou ovales zonées, avec souvent un centre clair (fig. 122).

Il sévissait dès l'automne dans le Roussillon, en hiver en Sicile. On l'a observé en Côte d'Ivoire. Les lots de semences de Scaroles étaient autrefois souvent contaminés.

Les Chicorées frisées sont moins sensibles, la Laitue en inoculation artificielle ne manifeste que des points nécrotiques d'hypersensibilité.

Cet *Alternaria* est devenu très rare ces dernières années (souci des producteurs de semences de fournir des lots sains, ou effet de l'abondance des fongicides déversés sur salades pour combattre d'autres maladies ?).

• Septoriose et Cercosporiose de la Laitue

Ces deux maladies sont seulement épisodiques en climat tempéré ou méditerranéen *, car elles réclament pour leur développement à la fois chaleur et humidité (températures comprises entre 20 °C et 30 °C, dissémination par la pluie).

Elles deviennent graves en conditions tropicales humides. *Septoria lactucae*, à des températures voisines de 20 °C est un « maculicole » (pycnides au centre de taches nécrotiques). Au contraire, à des températures plus élevées (moyennes 25 °C-27 °C) il entraîne le jaunissement de feuilles entières, les pycnides apparaîssant sur le tissu foliaire encore vivant.

Les attaques de *S. lactucae* se produisent soit à partir des semences (on examinera les graines à la loupe binoculaire pour déceler les pycnides), soit dans des exploitations où la culture de la Laitue revient souvent au même endroit (perpétuation sur débris de culture).

Au contraire, *Cercospora longissima* (qui provoque l'apparition de taches nécrotiques à contour irrégulier, 3 à 6 mm) se manifeste sur des parcelles neuves pour la Laitue, ce qui suggère un hôte sauvage (*Bidens, Emilia* spp. ?) non encore identifié.

J. Fournet a montré l'efficacité du Bénomyl dans des essais réalisés en Guadeloupe, soit par élevage des plants dans du terreau additionné de ce produit (5 mg/plante), soit par pulvérisation des planches en début de végétation.

Bien entendu, il pourra arriver que le *Septoria* et le *Cercospora* deviennent résistants au benzimidazoles...

• Rouilles des Laitues et des Chicorées

On rencontre épisodiquement sur Laitue les écidies de *Puccinia opizii*, sur des parcelles voisines de marécages envahis de *Carex* (hôte des stades II et III).

---

* La Septoriose doit cependant être fréquente sur porte-graines, étant donné que l'on observe souvent des semences contaminées.

Sur Chicorées au contraire, on observe souvent les urédo et téleutosores d'une rouille dont le nom complet est : *Puccinia hieracii* var. *hieracii* f. sp. *endiviae*.

Les pustules sont de couleur rouille (urédospores) puis brun foncé (téleutospores), très nombreuses, envahissant des feuilles entières. Plus rarement, on observe des plantes naines, portant des pustules sur toutes leurs feuilles.

Cette maladie s'observe dans les pays méditerranéens, en général à l'automne. L'incubation est sans doute longue, aucun programme particulier de traitement n'a été envisagé.

● Exemples de programmes de traitements anticryptogamiques

Les programmes de traitements sur Laitues et Chicorées devront prendre en compte tous les parasites sévissant dans un milieu donné, aussi bien à la surface du sol (*Sclerotinia, Botrytis*) que spécifiques du feuillage (ex. : *Bremia*).

On en trouvera trois exemples au tableau 24. Les parasites visés sont principalement :

— sur Chicorées dans le Roussillon : *Sclerotinia, Rhizoctonia, Botrytis*, Oïdium, *Alternaria, Marssonina*, bactérioses ;

Tableau 24

Exemples de programmes de traitements phytosanitaires pratiqués dans les années 80 sur salades

	Chicorées de plein air - plantation d'automne - Roussillon 1987-1988	Laitues sous abri - Roussillon hiver 1987-1988	Laitues - serres anglaises (manuel J.T. Fletcher, 1984)
Fongicides dans le terreau	Iprodione 75 mg/dm^3	Métalaxyl + Folpel 15 + 210 mg/dm^3 ou propamocarbe 220 mg/dm^3.	
Pépinière (jours) 10 15 20 25	Manèbe + methylthiophanate Pyrimicarbe Zinèbe + Thirame	Zinèbe (alterné avec insecticides) Zinèbe	
Après plantation	(semaines) 1 Iprodione + cuivre 2 Pyrimicarbe 3 Vinchlozoline 4 5 Vinchlozoline 6 Manèbe + insecticide	(nombre de feuilles) 7-9 Manèbe + Vinchlozoline 11-13 Iprodione + insecticide 15-16 Vinchlozoline 18-20 Phoséthyl-Al + Iprodione	(semaines) 1 thirame 2 thirame 3 iprodione 4 iprodione 5 fumigation TC 3 6 iprodione 7 iprodione 8 fumigation TC 3 (tétrachloronitrobenzène)

— sur Laitues dans le Roussillon : *Sclerotinia, Pythium, Botrytis, Bremia* ;
— et, pour les serres anglaises, *Botrytis* et *Bremia* (la désinfection du sol y est pratiquée de façon régulière).

Tout cela n'empêche pas que, dans le jardin de l'amateur, des variétés rustiques comme « Feuille de chêne », « Batavia brune grenobloise », « Cybèle », ou « Tora » (de mars à septembre) n'ont guère besoin que d'anti-limace...

Virus et mycoplasmes sur Laitues et Chicorées

• Mosaïque de la Laitue (souches classiques)

Elle est provoquée par un **potyvirus** (*Lettuce mosaic virus*, ou LMV) dont les souches communes sont transmises par la semence à un taux qui peut atteindre 15 % chez des porte-graines infectés précocement, 1 % chez des plantes contaminées juste avant floraison.

La Mosaïque de la Laitue se manifeste en début d'attaque par un éclaircissement des nervures. On observe ensuite une mosaïque parfois peu distincte, liée aux nervures, toujours accompagnée d'un important retard de croissance et d'une moins bonne pommaison.

De très nombreux pucerons peuvent transmettre le virus, les plus spécifiques de la Laitue (ex. : *Nasonovia ribis nigri*) n'étant pas forcément les meilleurs vecteurs.

On a signalé la Mosaïque de la Laitue sur de nombreuses Composées : Chicorées, Séneçon, Laiteron, *Lactuca virosa* et *scariola* (voir cependant au paragraphe suivant), et mauvaises herbes d'autres familles : mourons blanc et rouge, capselle, chénopodes, lamier.

La transmission par la semence reste cependant la source principale de virus, puisque l'usage de **semences saines** (à moins de 1/1 000 dans la plupart des cas, moins de 1/30 000 dans des zones californiennes très riches en pucerons ailés) reste le meilleur moyen de lutte, éventuellement conforté par des traitements aphicides sur jeunes plantes en pépinière.

La production de semences saines repose sur un schéma en deux étapes : production d'une « superélite » en serre grillagée, deuxième génération plantée en conditions peu favorables au virus (ex. : zones méditerranéennes de moyenne altitude), sous conditions d'isolement, avec production des jeunes plants sous chassis grillagés, traitements aphicides, épuration.

Les méthodes de contrôle de l'état sanitaire des graines se sont progressivement améliorées depuis les années 60 : examen de milliers de plantules en serre, puis indexation d'extraits de 700 plantules sur un *Chenopodium quinoa*, aujourd'hui test ELISA sur extraits de 200 graines.

Souvent, l'effort des firmes semencières porte plus sur les méthodes de contrôle que sur les conditions de production, les lots non certifiables pouvant être écoulés dans les sachets pour jardins familiaux — ce qui ne risque pas d'aboutir à l'éradication du virus.

Un autre moyen de lutte est l'usage de **variétés hautement tolérantes**. Un gène récessif **g** induisant une tolérance de plus ou moins haut niveau suivant le contexte génétique dans lequel il est introduit, mais interdisant dans tous les cas la transmission par semences a été repéré dans les années 60 dans la variété espagnole « Gallega de invierno » (type de romaine à feuilles larges, épaisses, vert foncé, à pomme lâche). On en dispose aujourd'hui dans de nombreux types variétaux pour culture de plein champ.

● Autres potyvirus, et Mosaïque du Concombre

L'usage rationnel de graines certifiées, ou celui de variétés pourvues du gène **g** améliore considérablement l'état sanitaire des laitues cultivées en plein air, mais peut révéler la présence d'autres virus transmis par pucerons de la même manière.

Certains de ces virus seront les causes prédominantes de mosaïques sur Scaroles et Chicorées frisées.

On rencontrera principalement :

— ***des souches aberrantes de Mosaïque de la Laitue*** (« LMV.1 »), en général non transmissibles par la graine chez la Laitue, capables d'attaquer les Chicorées et certaines Composées sauvages. Elles se perpétuent sur ces dernières, ou grâce au chevauchement des cultures sensibles ;

— ***la Mosaïque du Navet*** (TuMV), virus que nous retrouverons au chapitre « Crucifères », attaquant principalement les plantes cultivées et sauvages de cette famille. Il peut se perpétuer aussi sur d'autres plantes sauvages (Mouron blanc, *Galinsoga*). Il provoque sur Chicorées un éclaircissement des nervures puis une mosaïque en taches jaunes pouvant aller jusqu'à un jaunissement général.
Les Laitues sont immunes à ce virus, sauf une série de batavias américaines (« Calmar », « Valverde », par exemple). Leur sensibilité est reliée par un linkage étroit au gène Dm 5/8 de résistance au mildiou (extrait de *L. serriola*) ;

— ***la Mosaïque de l'Herbe Z'aiguille*** est inconnue en France en l'absence de son hôte principal *Bidens pilosa* (mauvaise herbe tropicale et subtropicale, dont nous avons adopté le nom antillais). Ce potyvirus est redouté en Floride, il attaque Laitues et Chicorées en culture hivernale ;

— ***la Mosaïque du Concombre :*** les Laitues et Chicorées sont moins réceptives à ce virus que les Cucurbitacées ou le Poivron. On peut la trouver sur une certaine proportion de plantes, soit à symptômes douteux (par indexage systématique), soit avec des taches chlorotiques, une mosaïque et un retard de croissance. Rare dans le Midi de la France sur salades, malgré son effet catastrophique sur d'autres cultures, le CMV a été quelquefois observé de façon assez sérieuse dans le Nord de la France et aux États-Unis ;

— *la **Mosaïque de la Luzerne*** (AMV), le virus du *Flétrissement de la Fève (broad bean wilt)*, eux aussi transmis par pucerons suivant le mode non persistant ont été signalés sur Laitues.

On se reportera au chapitre II pour les méthodes générales de lutte possibles vis-à-vis des virus appartenant à cette catégorie épidémiologique.

• Virus transmis par pucerons selon le mode persistant (ou semi-persistant)

Le principal est celui de la **Jaunisse occidentale** de la Betterave (*Beet western yellows,* BWYV), très important dans les pays méditerranéens et jusque dans la région parisienne. Nous avons décrit ses caractères généraux dans le chapitre I (**lutéovirus**). Il attaque principalement les Laitues en culture de plein air. Les symptômes s'expriment 2 à 3 semaines avant la récolte, par une jaunisse internervaire des feuilles extérieures. La pomme s'arrête de grossir, en fin d'évolution ; elle jaunit et les feuilles extérieures se nécrosent sur les bords, après être devenues cassantes [*].

Les symptômes sur Chicorées sont analogues, mais celles-ci sont plus rarement cultivées en conditions estivales.

En effet, les symptômes apparaissent d'autant mieux que l'ambiance est plus ensoleillée et l'atmosphère plus sèche.

Les dégâts de ce virus n'ont été pleinement appréciés qu'à partir des années 80, grâce aux progrès des techniques virologiques. Il est non-transmissible mécaniquement, la sérologie n'est pas facile et n'a été mise au point que très récemment. On attribuait autrefois les dégâts à des « carences ».

Il existe des différences de sensibilité au BWYV parmi les variétés de Laitue. Les laitues d'été très vertes (ex. : « Kagraner Sommer ») expriment particulièrement bien les symptômes. Les Batavias européennes sont moins affectées, ainsi que certains types de Laitues-beurre.

Des variétés « tolérantes » sont en cours de sélection par les firmes privées européennes et seront sans doute vendues sans autre mention spéciale que « Laitues d'été tolérantes à la chaleur ». Une résistance de plus haut niveau est recherchée chez les laitues sauvages.

Des symptômes analogues peuvent être provoqués aux États-Unis par le *Beet yellow stunt*, qui fait partie du complexe des **clostérovirus** de la Betterave.

Des **rhabdovirus** peuvent être observés sur salades, en particulier la **Jaunisse nécrotique** de la Laitue, dont les hôtes naturels sont le Séneçon et le Laiteron, redoutée en Australie. Plus près de nous, la **Jaunisse des nervures du Séneçon** (*Sowthistle yellow vein*) provoque aux États-Unis, en Angleterre et en Italie, une jaunisse des nervures sur Laitue. L'éradication des hôtes sauvages, la lutte contre le puceron vecteur (*Hyperomyzus lactucae*) sont conseillées.

---

[*] Ces symptômes peuvent être confondus avec ceux qu'entrainent de fortes attaques de pucerons des racines (*Pemphigus bursarius*), dont les colonies farineuses s'observent à l'arrachage.

La **Mosaïque du Pissenlit** (*Dandelion mosaic*) décrite en Angleterre infecte parfois la Laitue dans ce pays.

● Virus transmis par divers insectes (Thrips, Aleurodes)

On croyait jusqu'en 1987 les cultures maraîchères européennes à l'abri du *Tomato spotted wilt* (Maladie bronzée de la Tomate) transmis par *Thrips tabaci* et *Frankliniella insularis*. Sa récente détection sur Tomate dans le Sud-Est de la France incite à décrire ses symptômes sur Laitue : apparition sur les feuilles atteintes de très nombreuses taches nécrotiques leur donnant une allure générale « bronzée ». Cette attaque est très souvent unilatérale et conduit à une malformation de la pomme.

La « **Jaunisse des Laitues et Chicorées de serre** » est provoquée par le **Beet pseudoyellows virus** (v. chapitre I) transmis par la mouche blanche des serres *Trialeurodes vaporarium*.

La jaunisse est dans ce cas internervaire, les feuilles prennent une consistance cassante. La gravité de la maladie est liée à l'importance des populations de mouches blanches.

Un virus transmis par *Bemisia tabaci* a été signalé en Californie.

● Virus transmis par le sol

On trouve sur Laitue et Chicorées (surtout sur Laitue) des virus transmis par *Olpidium* et par **Nématodes**.

Le plus important est celui de la **maladie des grosses nervures** (*Lettuce big vein* [*]). Le virus peut survivre 8 ans dans les kystes d'*Olpidium*. Les symptômes se manifestent à partir du stade 5-6 feuilles par un éclaircissement des nervures, accompagné d'un ralentissement de croissance des compartiments internervaires, qui a pour effet de donner à la feuille une consistance rugueuse, un port érigé, les nervures apparaissant déformées et en relief (fig. 123).

Les symptômes sont d'autant plus nets que les températures sont plus proches de 10 °C.

La lutte contre le « big vein » repose sur les rotations, ou sur des mesures spécifiques anti-*Olpidium*. Celui-ci est éliminé par la vapeur, le bromure de méthyle (attention aux résidus !) et, plus difficilement, par le dazomet.

On connaît mal l'efficacité des fongicides vis-à-vis de l'*Olpidium*. Certains d'entre eux, signalés comme actifs, ne le sont pas par eux-mêmes, mais par les adjuvants (mouillants) qu'ils contiennent (v. chapitre II p. 99 pour l'usage de mouillants en culture hydroponique).

La Scarole et le Laiteron sont sensibles au virus des grosses nervures en inoculation artificielle.

Un symptôme différent peut, lui aussi, être provoqué par un agent infectieux transmis par un *Olpidium* : la **Maladie des taches orangées**, plus ou

---

[*] Les particules de ce virus n'ont été observées qu'en 1983. Elles ne se rattachent à aucun groupe classique : allongées, 350 × 18 nm, RNA double brin.

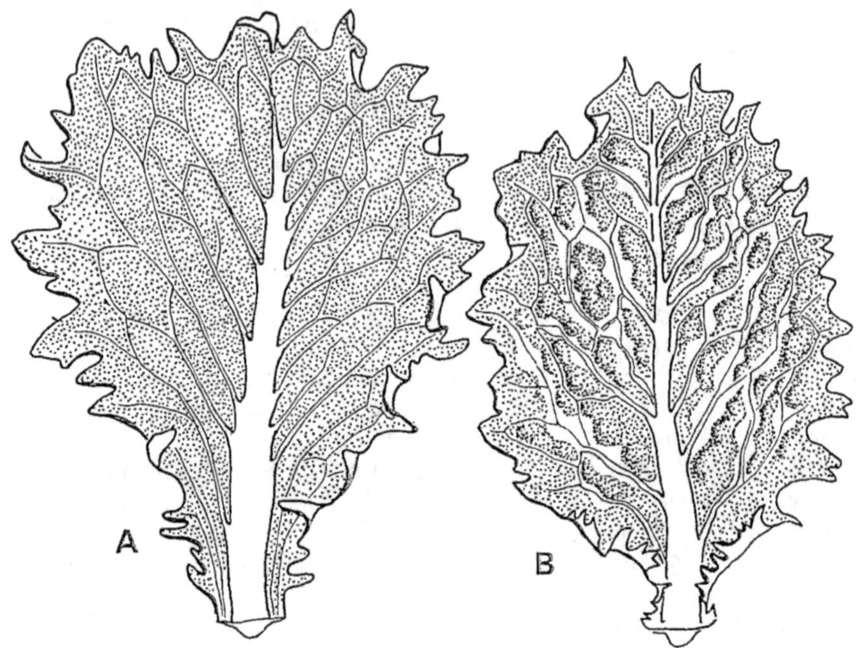

Figure 123. — Symptômes de la maladie des grosses nervures sur feuille de Batavia (B), en A, feuille saine.

moins huileuses, visibles d'abord à la face inférieure des feuilles, évoluant en nécroses ou pourritures suivant le microclimat.

Ce symptôme observé en Hollande, en Belgique et en France présente la même épidémiologie que la maladie des grosses nervures.

Des **virus transmis par nématodes** ont été observés çà et là sur salades, pouvant parfois prendre une certaine expansion (ex. : Nord de la France) sur Laitue.

Il s'agit soit de **Népovirus** provoquant des symptômes de taches annulaires et lignes sinueuses chlorotiques ou nécrotiques (ex. : *Tomato black ring*, transmis par *Longidorus*), soit de souches du *Tobacco rattle* (rabougrissement, port affaissé, anneaux jaunes) transmis par *Trichodorus* sp.

○ Mycoplasmes

Aux États-Unis, la souche « *Eastern* » des *Aster Yellows* provoque le « *Rio Grande disease* » de la Laitue, décrit au Texas. On observe une chlorose des feuilles du cœur, dont le développement s'arrête, accompagnée d'exsudations de latex formant des cloques rouges poisseuses. La pomme ne se développe pas, elle est remplacée par quelques moignons de feuilles avortées. La plante prend une consistance cassante. Ce symptôme a été retrouvé en Italie, où la présence de mycoplasmes a été vérifiée. Nous avons observé le symptôme sur Batavias dans l'Ardèche en 1988.

Symptômes non parasitaires

Les « maladies physiologiques » de la Laitue sont nombreuses, certains diagnostics de « carences » pouvant prêter à confusion avec des symptômes de virus :

Phosphore : nanisme, feuilles vert terne ou bronzées, mauvaise pommaison
Calcium : nécrose marginale (v. ci-dessous)
Potasse : feuilles foncées, nécrose marginale (v. ci-dessous)
Magnésium : feuilles pâles, chlorose-internervaire
Manganèse : feuilles chlorotiques, nécrose internervaire
Molybdène : nécrose marginale sur feuilles déformées en cuillère
Cuivre : chlorose internervaire, nécroses terminales et latérales
Bore : feuilles dures et cassantes, atrophie des racines.

Nous insisterons ici sur les dégâts d'étiologie complexe, ou pouvant prêter à confusion avec les maladies.

On ne confondra pas avec le « big vein » les **dégâts de gel** : 15 à 20 jours après un gel léger, on peut observer sur un étage de feuilles une apparence ridée et cloquée de la face supérieure. Au-dessous, à l'emplacement des cloques, l'épiderme est dessoudé du mésophylle et tendu comme une peau de tambour.

La **Nécrose marginale** ou « *Tip burn* » se manifeste à ses débuts par de petites taches brunes au bord des feuilles, devenant nécrotiques ou confluentes. Elles sont liées à la rupture de canaux laticifères, et à la toxicité du latex émis. Si la feuille poursuit sa croissance, elle se déforme et le bord se déchire (fig. 124).

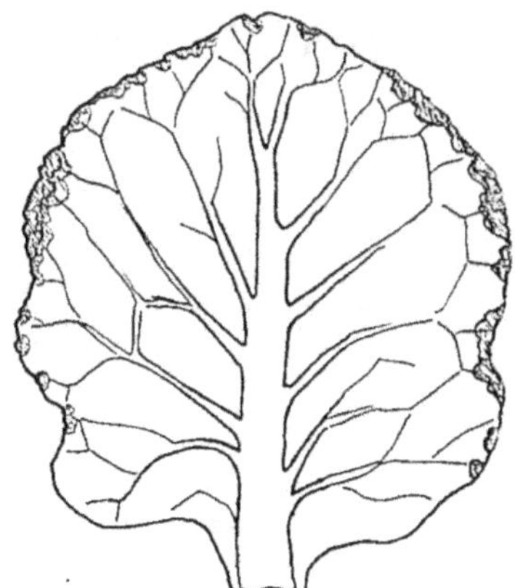

Figure 124 — Nécrose marginale sur feuille de Laitue.

Par temps sec, la nécrose s'arrête, par temps humide elle peut servir de point de départ à des *Pseudomonas* pectinolytiques ou au *Botrytis*. Les feuilles entourant la pomme sont particulièrement sensibles.

Ce type de nécrose marginale est favorisé par les facteurs suivants :

— soleil brillant succédant au brouillard de la matinée,

— alimentation calcique insuffisante, soit primitive, soit secondaire à des alternances de sécheresse et d'humidité, ou à un enracinement insuffisant ;

— carence en potasse, mais aussi excès de celle-ci par rapport à la magnésie, excès d'azote par rapport au phosphore.

Un facteur variétal intervient aussi : la nécrose apicale est, au même titre que les maladies parasitaires, un souci pour le sélectionneur. Certaines variétés anciennes de Laitue (ex. : « Lilloise ») sont d'une telle sensibilité qu'on se demande comment on a pu les cultiver.

On assimile souvent à la nécrose marginale décrite ci-dessus, observée sur feuilles adultes, une nécrose marginale et internervaire des jeunes feuilles, pouvant se manifester dans la pomme, et liée à une insuffisante évacuation, au niveau du feuillage, de l'eau absorbée par les racines.

Ce symptôme se manifeste par temps chaud et humide.

En climat tropical humide, sur sol ferralitique décalcifié, les deux formes de nécrose marginale se manifestent avec violence. Le choix variétal se réduit aux « Laitues grasses » (ex. : « Sucrine », « Madrilène ») et à certaines Batavias (ex. : « Minetto »).

La Laitue est très sensible à d'infimes traces d'herbicides de type phénoxyacétique (ex. : 2.4-D, M.C.P.A.), auxquelles elle réagit par épinastie et déformations foliaires. Elle est très sensible à la salinité liée à l'excès d'engrais chlorés ou sodés. La limite de conductivité à ne pas dépasser dans le sol est de 2 600 000 milimhos.

II. Maladies des « Chicorées sauvages »
(*Cichorium intybus*)

C. intybus existe à l'état sauvage dans presque toute l'Europe. Deux centres de diversification ont donné naissance à des variétés utilisées comme salades : **l'Italie**, d'où sont originaires les types à feuilles rouges aujourd'hui répandus dans le reste de l'Europe (« Vérone », dont les pommes sont produites au champ en début d'année après un arrêt de végétation hivernal, « Chioggia », cultivée de la même façon que les scaroles et disponible presque toute l'année).

La Belgique, où, à partir des « chicorées à café » cultivées pour leurs racines à torréfier s'est différenciée la « Chicorée Witloof » dont on produit au champ (semis d'avril-mai) les racines, ensuite utilisées en forçage à l'obscurité, à des températures comprises entre 14 °C et 20 °C pour obtenir des « chicons » ou « endives ».

Traditionnellement, ce forçage était réalisé dans des couches où l'on recouvrait de terre les racines disposées côte à côte. Un effort de sélection réalisé à partir des années 50 à l'INRA-Versailles a conduit à utiliser aujourd'hui des hybrides F_1 (ex. : « Zoom », obtention INRA) qui n'ont plus besoin de « terre de couverture » pour produire des chicons cylindriques et fermes, les racines sont alors forcées sous tunnels obscurs ou, le plus souvent aujourd'hui, dans des bacs de tôle ou de plastique empilés dans des hangars (éclairés avec des tubes fluorescents verts quand il y a des manipulations à réaliser). Ces bacs sont soit remplis de tourbe, soit alimentés en solution nutritive où trempe la base des racines.

Ce changement de technique a profondément modifié la pathologie de l'Endive...

Maladies sévissant au champ

Dans l'Ouest de la France, on a récemment observé des attaques de *Thielaviopsis basicola* sur racines d'Endive. Si l'invasion est précoce, elle peut conduire à des déformations de celles-ci, rendant leur manipulation difficile.

Quel que soit leur type variétal, les rosettes de feuilles produites au champ par les *C. intybus* sont en général moins attaquées par les maladies que celles des chicorées scaroles et frisées. On peut cependant y observer l'Oïdium et, plus rarement la Rouille (*Erysiphe cichoracearum, Puccinia hieracii* var. *hieracii*) vis-à-vis desquels on ne réalise le plus souvent aucun traitement.

Ceux qui sont appliqués sont plutôt destinés à diminuer le niveau de contamination des racines et des bases de feuilles par des parasites qui se manifesteront en cours de forçage (*Sclerotinia, Phytophthora, Phoma, Erwinia* — v. paragraphe suivant).

Des *nécroses marginales* dans lesquelles interviennent des *Pseudomonas* pectinolytiques (*P. marginalis, P. cichorii*) sont surtout favorisées par l'excès de fertilisation azotée.

Elles intéressent surtout les feuilles du cœur des rosettes.

La Mosaïque du Concombre, le BWYV peuvent atteindre les *C. intybus*, mais pour le moment la production de racines n'est pas réalisée en conditions méditerranéennes de plaine, où ces attaques pourraient devenir très graves [*].

Maladies se manifestant en cours d'étiolement

Leur importance relative a varié ces dernières années avec l'évolution des techniques : régression du *Sclerotinia* et du *Phytophthora*, apparition d'une grave maladie bactérienne.

⊙ *Sclerotinia*

On trouvait surtout sur endive le *Sclerotinia sclerotiorum* à gros sclérotes — bien entendu si l'on essayait de produire des racines à Perpignan elles seraient sans doute attaquées par *S. minor*

Produisant au champ des attaques sporadiques sur collet ou bases de feuilles, le *Sclerotinia* trouvait un milieu très favorable à son développement

---

[*] Une production de racines et de chicons a démarré récemment en Espagne, mais cela se passe à 600 m d'altitude.

dans les couches de forçage avec terre de couverture, grâce aux « trous d'air » entre les racines serrées les unes contre les autres, et au choix de sols légers pour les recouvrir.

On observait alors de véritables « nids » de pourriture attaquant le collet des racines et les chicons, avec production de très gros sclérotes.

Les méthodes de lutte reposaient sur le choix des terrains pour la production des racines : éviter les vieux terrains maraîchers et, en grande culture, préférer les précédents « céréales » aux dicotylédones. Par la suite, les sols des couches et la terre de couverture devaient être, soit désinfectés à la vapeur ou aux fumigants, soit imprégnés de quintozène (doses de l'ordre de 70 g de m.a./m^3).

Les méthodes modernes de forçage ont en principe éliminé les possibilités d'invasion grave de *Sclerotinia*.

L'introduction du *Sclerotinia* par les racines est combattue par trempage de celles-ci dans une bouillie thiabendazole * + iprodione (100 et 75 g de m.a./ 100 litres).

⊙ *Phytophthora*

C'est *P. cryptogea* (optimum de développement vers 21 °C) qui a été le plus souvent signalé dans les couches à endives avec terre de couverture. L'excès d'humidité et la température excessive favorisent cette maladie, qui se manifeste par une pourriture humide débutant par la base de la racine. On préconisait la désinfection au metam-sodium de la terre des couches, l'amélioration de leur drainage, et l'abaissement de la température de forçage vers 14 °C.

⊙ *Phoma*

Celui qui attaque l'Endive est aujourd'hui désigné comme *P. exigua* var. *exigua*. On le rencontre aussi sur Pomme de terre. Contaminant superficiellement racines et tubercules, il pénètre dans leur chair par les blessures pratiquées au moment de la récolte — qui sectionne obligatoirement à 15-20 cm du collet la longue racine pivotante de l'Endive.

Dans les bacs à tourbe ou hydroponiques, le *Phoma* provoque une pourriture noire, progressant lentement, à partir de la base de la racine. Dans les bacs hydroponiques, la production de radicelles dans le liquide est supprimée, le chicon reste nain ou se momifie.

Le trempage fongicide signalé ci-dessus est destiné à la lutte contre le *Phoma* aussi bien que contre le *Sclerotinia*.

⊙ Pourriture bactérienne

Cette maladie est apparue au début des années 80 dans les endiveries fonctionnant sans terre de couverture. Elle est provoquée par une souche

---

* Ce produit, légèrement pénétrant, mais non systémique dans les chicons doit être préféré au bénomyl qui, de plus, inhibe un peu la sortie des radicelles.

d'*Erwinia atroseptica* différente de celle qui attaque la pomme de terre, avec un optimum thermique pour la virulence voisin de 20 °C *.

L'*Erwinia* est souvent associé à *Geotrichum candidum* et à des *Pseudomonas* fluorescents qui exercent peut-être un effet de synergie (ex. : *P. putida*) et contribuent à l'odeur fétide des chicons pourris.

La colonisation bactérienne se produit en général à partir des moignons de feuilles sectionnés au collet de la racine et suit un bref trajet vasculaire pour pénétrer dans les nouvelles feuilles du chicon, par leur partie médiane (nervure). La pourriture se généralise très rapidement au chicon entier si les conditions de température sont favorables. On a observé des pertes allant jusqu'à 90 % de la production dans certaines salles de forçage.

Un certain nombre de mesures permettent de redresser cette situation :

— **choix du terrain** où sont produites les racines : on évitera les vieux terrains maraîchers et ceux où une masse importante de déchets végétaux verts a été récemment enfouie : prairies retournées, engrais verts, etc. Là encore le précédent « céréales » sera le meilleur ;

— **fertilisation équilibrée** en production de racines, avec un apport d'azote (reliquats compris) ne dépassant pas 130 kg/ha ;

— **traitements cupriques** ** **en végétation :** bien qu'on en conseille deux (fin septembre et début octobre pour un semis d'avril), des essais réalisés en collaboration INRA-Versailles-Institut de Beauvais semblent montrer qu'ils ne commencent à « marquer » qu'à partir de quatre, échelonnés entre fin août et début octobre ;

— **abaissement de la température des salles de forçage :** à 17 °C les dégâts sont déjà beaucoup moins importants qu'à 20 °C, et deviennent faibles à 14 °C, même à partir de racines suspectes.

Les températures de l'ordre de 20 °C seront donc réservées aux premières productions d'automne, que l'on cherchera à réaliser avec des racines les plus saines possible, grâce aux précautions évoquées ci-dessus au champ.

● **Symptômes non parasitaires**

Le plus redouté est le « rougissement du cœur » à la base du chicon, attribué à un trouble de la nutrition calcique. On tente d'y remédier en ajoutant du chlorure de calcium au bain dans lequel on trempe les racines.

La **Physiologie des racines** gouverne la production de chicons de bonne qualité, qui ne peuvent être produits que par des racines « mûres ». La production précoce nécessite, en principe, l'usage de génotypes « précoces » plantés très tôt, avec des artifices destinés à accélérer la végétation printanière (mulch plastique ou bitumineux). L'évolution des techniques de conservation des racines (on généralise de plus en plus la conservation en « pallox »

---

* Cette souche devrait être prochainement décrite par R. Samson (comm. pers.) comme *E. carotovora* subsp. *odorifera*.

** Là aussi il faudrait s'interroger sur le choix « cuivre » ou « cuivre + dithiocarbamates », et l'intérêt éventuel de la présence de zinc dans la bouillie.

à des températures inférieures à 0 °C) pourra permettre d'éviter cette sujétion, grâce à des conservations de 10 à 11 mois, dans des conditions où ces très basses températures bloquent l'évolution des contaminants fongiques ou bactériens.

III. Maladies de la Mâche ou Doucette
(Valerianella olitoria)

La récolte dans la nature et les modes traditionnels de culture non abritée au jardin rendaient cette salade disponible surtout en automne et début d'hiver (semis d'août à octobre). Sa culture sous abris prolonge aujourd'hui la période de production jusqu'au printemps suivant. Ne souffrant pas d'un complexe de maladies aussi grave que la Laitue, elle doit cependant être protégée contre un certain nombre de parasites.

○ Maladies non spécifiques

La Mâche peut, comme les Laitues et Scaroles, être attaquée par *Sclerotinia minor* — on évitera de la cultiver dans des terrains connus pour leur infection, ou on emploiera des méthodes de lutte analogues à celles que nous avons décrites précédemment. Moins sensible que la Laitue à *Botrytis cinerea*, elle peut cependant être attaquée en conditions très favorables à ce champignon.

○ Maladies spécifiques

Les deux principales sont provoquées par *Peronospora valerianellae* (mildiou) et *Phoma valerianellae*.

Le **Mildiou**, sous sa forme la plus grave, envahit la totalité de la petite plante de façon systémique : elle est nanifiée, les feuilles recourbées en forme de cuillère et portant à leur face inférieure les fructifications caractéristiques de couleur gris violacé du champignon.

Les plantes montrant ces symptômes ont été contaminées dès leur germination par les **oospores** du *Peronospora*, qui peuvent être véhiculées en très grand nombre par les semences, de façon superficielle.

On peut les détecter en examinant au microscope des lames à concavité contenant l'eau de lavage d'échantillons de lots de semences, et délimiter des classes de contamination, de « saines » à « très fortement contaminées ».

Si l'on n'est pas absolument sûr du très bon état sanitaire des graines, on les traitera avec du mancozèbe à raison de 5 à 10 g de matière active/kg de semences.

On pratiquera ensuite deux traitements au zinèbe ou au mancozèbe entre la germination et le moment où les cotylédons ont atteint leur taille définitive. Par la suite on a préconisé des traitements cupriques (avec risque de phytotoxicité) : 2 traitements répartis entre le stade « 2 cotylédons déployés » et celui où la surface foliaire totale atteint 6 cm^3.

Les anti-mildious systémiques ou translaminaires ont été expérimentés, mais leur usage n'apparaît pas indispensable, et n'est pas pour le moment autorisé.

Il existe des différences de sensibilité entre variétés de Mâche vis-à-vis du mildiou, de « Coquille de Louviers », très sensible à « Vérella », proposée par une firme française comme « résistante à la plupart des races de mildiou ».

Phoma valerianellae est lui aussi propagé par les semences, il provoque des fontes de semis puis des dépérissements de plantes plus âgées par pourriture partielle du collet. Pour lutter contre ce parasite, on conseille d'ajouter de l'iprodione au traitement des semences, et d'ajouter également ce produit aux 2e et 3e traitements sur le feuillage.

En conditions relativement chaudes et sèches (semis d'août, réchauffement printanier des abris), un **Oïdium** peut apparaître sur la mâche, combattu avec succès par le chinométhionate.

Bibliographie

○ *Sclerotinia* et *Botrytis*

ADAMS P.B., TATE C.J., 1975. — Factors affecting lettuce drop caused by *Sclerotinia sclerotiorum. Plant Dis. Rep.*, **59**, 140-143.

CASANOVA M., DUBROCA J., 1973. — Étude des résidus de divers fongicides utilisés dans le traitement des cultures de laitue en serre. *Ann. Phytopathol.*, **5**, 85-91.

DAVET P., 1979. — Activité antagoniste et sensibilité aux pesticides de quelques champignons associés aux sclérotes du *Sclerotinia minor. Ann. Phytopathol.*, **11**, 53-60.

DAVET P., MARTIN C., 1979. — A propos de la sclérotiniose des salades dans le Roussillon. *PHM-Rev. hortic.*, **197**, 27-30.

DILLARD H.R., GROGAN R.G., 1985. — Influence of green manure crops and lettuce on sclerotial populations of *Sclerotinia minor. Plant Dis.*, **69**, 579-582.

LOUVET J., DUMAS M., 1958. — Contribution à l'étude des agents de pourriture de la Laitue en culture hâtée ou forcée. *Ann. Epiphyt.* **2**, 211-241.

MARTIN C., 1989. — *Étude des variations d'efficacité pratique des imides cycliques sur* Sclerotinia minor. Thèse — USTL Montpellier, avril 1989, 87 p. + annexes.

WAFFELAERT P., 1969. — Nouvelles perspectives de lutte contre les maladies provoquant la pourriture de la Laitue. *Bull. Tech. Pyrénées orientales*, **51**, 49-59.

○ Autres maladies d'origine tellurique

AMIN K.S., SEQUEIRA L., 1966. — Phytotoxic substances from decomposing lettuce residues in relation to the etiology of corky root rot of lettuce. *Phytopathology*, **56**, 1054-1061.

BAUDRAND M., CAMPOROTA P., 1988. — Pourriture basale de la Laitue due à *Rhizoctonia solani* — essais de lutte au champ. *II Conf. Int. Maladies des Plantes*. ANPP. Bordeaux, nov. 1988, 493-500.

BROWN P.R., MICHELMORE R.W., 1988. — The genetics of corky-root resistance in Lettuce. *Phytopathology*, **78**, 1145-1150.

CAMPOROTA P., BAUDRAND M., TAUSSIG C., 1986. — Pourriture basale de la Laitue provoquée par *Rhizoctonia solani* : essais de traitement au champ. *PHM-Rev. hortic.*, **271**, 33-38.

GARIBALDI A., 1969. — Osservazioni preliminari sulla resistenza cultivarietale della lattuga al *Pythium tracheiphilum. C.R. 2ᵉ Congrès Un. Phytopathol. mediterr.*, Avignon-Antibes, sept. 1969, 193-196.

HOLMES T.D., KNAPMAN J., 1963. — Bottom rot of lettuce and its control. *Plant Pathol.*, **12**(4), 147-148.

MATTA A., 1965. — Una malattia della lattuga prodotta da una nuova specie di *Pythium. Phytopathol. mediterr.*, **4**, 48-53.

VAN BRUGGEN A.H., GROGAN R.G., BOGDANOFF C.P., WATERS C.M., 1988. — Corky root of lettuce in California caused by a gram negative bacterium. *Phytopathology.*, **78**, 1139-1145.

○ Mildiou (*Bremia lactucae*)

CRUTE I.R., 1984. — The integrated use of genetic and chemical methods for the control of lettuce downy mildew. *Crop Protect.*, **3**, 223-242.

CRUTE I.R., 1987. — The occurence, characteristics, distribution, genetics and control of a metalaxyl resistant pathotype of *Bremia lactucae* in the U.K. *Plant Dis.*, **71**, 763-767.

FARRARA B.F., ILOTT T.W., MICHELMORE R.W., 1987. — Genetic analysis of factors for resistance to downy mildew (*Bremia lactucae*) in species of lettuce (*L. sativa* and *L. serriola*). *Plant Pathol.*, **36**, 399-514.

ILOTT T.W., DURGAN M.E., MICHELMORE R.W., 1987. — Genetics of virulence in Californian populations of *B. lactucae* (lettuce downy mildew). *Phytopathology*, **77**, 1381-1386.

LEROUX P., MAISONNEUVE B., BELLEC Y., 1988. — Détection en France de souches de *B. lactucae*, agent du mildiou de la Laitue, résistantes au métalaxyl et à l'oxadixyl. *PHM-Rev. hortic.*, **292**, 37-40.

MORGAN W., 1983. — Viability of *Bremia lactucae* oospores. *Trans. Br. Mycol. Soc.*, **80**, 403-408.

MORGAN W., 1984. — Integration of environmental and chemical protection for control of *Bremia lactucae* in glasshouse. *Crop Protect.*, **3**, 349-361.

• Autres maladies foliaires

ANSELME C., CHAMPION R., 1966. — L'*Alternaria dauci* f. sp. *endiviae* parasite des chicorées. *C.R. Acad. Agric. Fr.*, 1298-1304.

BOUCHET J., 1965. — L'Anthracnose de la laitue en culture sous serre *(Marssonina)*. *Phytoma*, mai 1965, 43-44.

DESLANDES J.A., BARDIN R., SNYDER W.C., 1953. — Perithecia of *Erysiphe cichoracearum* on lettuce in the field. *Plant Dis. Rep.*, **37**, 135.

FOURNET J., JACQUA G., 1973. — Essais de lutte contre les maladies de la Laitue (Septoriose). *Nouv. maraîchères et vivrières de l'INRA-Antilles*, **5**, 1-10.

GARIBALDI A., 1968. — Ricerche sull'Alternariosi delle insalate. *Ann. Fac. Sci. Univ. Studi. Torino*, **4**, 149-170.

MARRAS F., 1960. — Prove di lotta contro la ruggine delle indivie (*Puccinia cichorii*). *Notizario mal. Piante*, **52** (N.S.31), 137-146.

SMITH P.R., 1961. — Seed borne *Septoria* in lettuce. *J. Agric. Victoria.*, **59**, 555-556.

• Mosaïque de la Laitue

BANNEROT H., BOULIDARD L., MARROU J., DUTEIL M., 1969. — Étude de l'hérédité de la tolérance au virus de la mosaïque de la laitue chez la variété « Gallega de invierno ». « Études de virologie ». *Ann. Epiphyt.*, **20**.

LOT H., MAISONNEUVE B., 1988. — La diversification peut parfois être source d'épidémie. Un exemple : les Laitues et la Mosaïque. *PHM-Rev. hortic.*, **289**, 33-36.

LOT H., MAURY-CHOVELON V., 1985. — New data on the 2 major virus diseases of lettuce in France : lettuce Mosaic virus and Beet Western Yellows virus. *Phytoparasitica*, **13**, 277.

MARROU J., 1961. — Transmission et dissémination de la Mosaïque de la Laitue. *BTI*, **158**, 351-356.

MARROU J., 1966. — Réflexion sur la dissémination de la Mosaïque de la Laitue dans les cultures grainières. « Études de virologie ». *Ann. Epiphyt.*, **17**, 56-60.

MARROU J., MESSIAEN C.M., MIGLIORI A., 1967. — Méthode de contrôle de l'état sanitaire des graines de Laitue. « Études de virologie ». *Ann. Epiphyt.*, **18**, 227-248.

MARROU J., BANNEROT H., 1969. — Confirmation de la non-transmission du virus de la Mosaïque de la Laitue par les graines de la variété « Gallega de invierno ». « Études de virologie ». *Ann. Epiphyt.*, **20**,

MAURY-CHOVELON V., 1984. — *Recherches sur la détection du virus de la Mosaïque de la Laitue par la méthode immuno-enzymatique : adaptation au contrôle de l'état sanitaire des graines.* Thèse-Université de Marseille-Luminy.

ZINC F.W., GROGAN R.G., WELCH J.E., 1956. — The effect of the percentage of seed transmission on the subsequent spread of lettuce mosaic virus. *Phytopathology*, **46**, 662-664.

• Autres virus transmis par insectes

BOS L., HUIJBERTS H., MAAT D.Z., 1983. — Further characterization of Dandelion mosaic virus from lettuce and dandelion. *Neth. J. Plant Pathol.*, **89**, 207-222.

LOT H., ONILLON J.C., LECOQ H., 1980. — Une nouvelle maladie à virus de la laitue de serre, la jaunisse transmise par la mouche blanche. *PHM-Rev. hortic.*, **209**, 31-34.

LOT H., CHOVELON V., MAISONNEUVE B., 1989. — Resistance to Beet Western yellows in *Lactuca* species. *4ᵉ Colloque international d'Epidémiologie*, Montpellier 1989, 49-52.

MARROU J., MIGLIORI A., 1966. — Sensibilité de la Scarole à quelques virus fréquemment répandus en culture maraîchère. « Études de virologie ». *Ann. Epiphyt.*, **17**, 56-60.

PURCIFUL D.F., CHRISTIE S.R., ZITTER T.A., BASSETT , 1971. — Natural infection of lettuce and endive by *Bidens* mottle virus. *Plant Dis. Rep.*, **55**, 1061-1063.

STUBBS L.L., GUY A.D., 1963. — Control of lettuce necrotic yellows virus disease by destruction of *Sonchus oleraceus. Aust. J. Exp. Agric. Anim. Husb.*, **3**, 215-218.

STUBBS L.L., 1963. — Necrotic yellows, a newly recognized virus disease of lettuce. *Aust. J. Agric. Res.*, **14**, 439-459.

TOMLINSON J.A., 1972. — Beet western yellows, a disease of lettuce. *Grower*, **78**, 347.

ZINK F.W., DUFFUS J.E., 1969. — Relationships of Turnip mosaic virus susceptibility and downy mildew (*Bremia lactucae*) resistance in lettuce. *J. Ann. Soc. Hortic. Sci.*, **94**, 403-407.

• Virus transmis par Olpidium *

CAMPBELL R.N., GROGAN R.G., 1964. — Acquisition and transmission of lettuce big vein virus by *Olpidium brassicae. Phytopathology*, **54**, 681-690.

CAMPBELL R.N., 1965. — Weeds as reservoir hosts of lettuce big vein virus. *Can. J. Bot.*, **43**, 1143-1149.

GARRETT R.G., TOMLINSON I.A., 1967. — Preliminary study on lettuce big vein control. *Plant Pathol.*, **16**, 79-82.

• Mycoplasmes

ALIOTO D., LAHOZ E., IENGO C., RAGOZZINO A., 1987. — Sacche di latice e nanismo in lattughe infette di procarioti di tipo MLO. *Inf. fitopatol.*, **9**, 47-50.

---

* La publication scientifique définitive sur le « virus des taches orangées » ne tardera sans doute pas, suite aux travaux de RN. Campbell et H. Lot à l'INRA-Montfavet en 1989.

• Symptômes non parasitaires sur Laitue

KRUGER N.S., 1966. — Tip burn of lettuce in relation to calcium nutrition. *Queensl. J. Anim. Agric. Sci.*, **23**, 379-385.

RAO R., 1966. — Studies on the environmental factors controlling tip burn in lettuce. *Disc. Abstr.*, **26**, 6334.

TIBBITS T.W., STRUCKMEYER B.E., RAO R., 1965. — Tip burn of lettuce as related to the release of latex. *Proc. Am. Soc. Hortic. Sci.*, **86**, 462-467.

• Maladies de l'Endive

BOUVARD E., 1987. — *Implication* d'Erwinia *sp. dans une pourriture molle de* Cichorium intybus *L au forçage* — Thèse-Université d'Orsay.

JOLIVET E., FIALA V., LAVILLE J., COCHET J.P., 1988. — Prévention de la coloration brune de l'axe du chicon d'Endive par traitement de la racine par une solution de chlorure de calcium. *PHM-Rev. hortic.*, **283**, 33-38.

FORLOT R., HARRANGER J., PAYEN J., SCHWINN J.J., 1966. — *Phytophthora cryptogea*, nouvel agent de pourriture des Endives en cours de forçage. *Phytopathol. Z.*, **56**, 1-18.

SAINDRENAN P., COCHET J.P., MARLE M., 1982. — Les principales maladies de la Chicorée witloof. *Phytoma - Défense des cultures*, nov. 82, 39-41.

SAMSON R., POUTIER F., SAILLY M., HINGAND L., JOUAN B., 1980. — Bactéries associées à une pourriture du collet de l'Endive. *Ann. Phytopathol.*, **12**(4), 311.

• Maladies de la Mâche

CHAMPION R., MECHENEAU H., 1984. — Méthode de détection de *Peronospora valerianellae*, agent du mildiou, sur les semences de mâche. *Seed Sci. Technol.*, 7(2), 259-263.

VEGH I., CHAMPION R., BOURGEOIS M., BRUNET D., 1978. — Présence en France de *Phoma valerianellae* sur Mâche. *PHM. Rev. hortic.*, **184**, 39-43.

XIV
MALADIES DE L'ARTICHAUT ET DU CARDON

L'Artichaut (*Cynara scolymus*) est classiquement reproduit par voie végétative. On utilise des rejets (œilletons) ou des éclats de souche. Le semis de graines est utilisé par les sélectionneurs (Foury puis Pécaut à l'INRA-Montfavet) pour créer de nouveaux clones, comme par exemple « Salanquet », à capitules globuleux violacés, qui est venu s'ajouter aux traditionnels « Camus de Bretagne », « Macau d'Hyères » et « Violet de Provence » cultivés en France.

Des variétés d'Artichaut directement reproductibles par graines ont été également obtenues, mais ne rencontrent pour le moment de succès qu'en Israël (lignée « Jaja-Talpiot », coobtention INRA-Université de Jérusalem).

Le Cardon (*Cynara cardunculus*) est une production mineure n'intéressant guère en France que la vallée du Rhône jusqu'à Lyon. Reproduit par graine, le Cardon est hybridable avec l'Artichaut, avec lequel il ne constitue en fait qu'une seule espèce.

Très sensibles au froid (dégâts de gel sur capitule dès 0 °C, mort totale des plantes après quelques jours à − 10 °C), ralentissant leur croissance dès que les températures moyennes dépassent 20 °C, les cultures d'Artichaut sont pratiquées dans des régions côtières (Côte d'Azur, Roussillon, Finistère) à la fois non gélives et épargnées par les trop fortes chaleurs estivales. Hors de France, la Sardaigne, la Campanie et l'Apulie, les zones basses de l'Espagne et la Tunisie sont les principales zones de production.

Les années exceptionnellement gélives (ex. en France : 1956, 1963, 1985-86-87) sont suivies d'une baisse de production et d'une forte demande de plants que les méthodes de multiplication traditionnelles mettaient plusieurs années à satisfaire.

La multiplication *in vitro*, en plus de son intérêt « régénératif » (v. paragraphe « virus », ci-dessous) permet de résoudre cette difficulté pour certaines variétés. Mise au point à l'INRA-Montfavet, elle est pratiquée par quelques sociétés privées.

I. Maladies provoquées par des parasites telluriques

Fontes de semis

En conditions méditerranéennes de semis d'août, sous des températures supérieures à l'optimum de végétation de la plante, les plantules d'Artichaut issues de semis peuvent être victimes de mortalités importantes probablement dues à des *Rhizoctonia* « AG 4 », après leur repiquage au champ.

On doit surtout éviter tout arrosage excessif, et pratiquer des irrigations fréquentes à faible volume (observation de F. Martin sur les pépinières de sélection à l'INRA-Montfavet).

On devra tenir compte de ce risque si l'on adopte la reproduction de l'Artichaut par graine et, si l'on utilise le semis direct, pratiquer éventuellement des traitements de semences comportant un fongicide à large spectre plus un anti-basidiomycètes.

Pertes dans les pépinières et les jeunes plantations

C'est encore dans les plantations estivales, surtout lorsqu'elles sont réalisées avec des éclats de souche, que l'on observe le plus de mortalités de plants d'Artichaut.

Là encore, aussi bien en Provence qu'en Sardaigne, c'est *Rhizoctonia solani* le parasite majeur. Nous préconisions en 1970 un trempage dans une bouillie mixte PCNB + phaltane. Les planteurs bretons, beaucoup moins exposés à ces accidents, puisqu'ils plantent des œilletons en avril, trempent cependant aujourd'hui leurs plants dans des bouillies à base de bénomyl, méthylthiophanate ou carbendazime + prochloraze (à environ 0,2 % de matière active), éventuellement additionnées de produits hormonaux rhizogènes (à base d'acide naphtylacétique).

Parasites telluriques des plantes adultes

Ils ont tout particulièrement été étudiés en Sardaigne, par Marras, dans les années 60. On retrouve, à la base des tiges, *Rhizoctonia solani*, mais aussi *Sclerotinia sclerotiorum* sous ses deux formes, et *Sclerotium rolfsii*. Sur la partie souterraine de la tige et sur les rhizomes peut s'y ajouter *Erwinia carotovora*, provoquant des pourritures molles. Ces attaques, surtout sur plantations pluriannuelles, conduisent à des mortalités de plus en plus importantes au fur et à mesure du vieillissement des plantes.

Comme parasites vasculaires, on peut citer *Verticillium dahliae*, décrit en Provence par Vigouroux, et le *Pythium tracheiphilum* de la Laitue, que l'on retrouve parfois sur Artichaut. Les symptômes de trachéomycose apparaissent sur feuilles (développement asymétrique, avec arcure de la nervure centrale, perte de turgescence puis nécrose de la moitié atteinte), et aussi sur l'axe floral (capitule dissymétrique).

A l'époque où l'on gardait les plants d'Artichaut plus de 3 ans, ils étaient parfois attaqués par le « pourridié laineux » de la Vigne et des Arbres fruitiers (*Rosellinia necatrix*).

La question se pose enfin de savoir s'il existe, en particulier en Bretagne, une « **fatigue des sols** » plantés trop fréquemment en Artichaut ? Les champignons et bactéries cités ci-dessus pourraient y participer, ainsi que des nématodes (*Pratylenchus* spp.). Il ne faudrait pas négliger non plus la recherche du *Thielaviopsis basicola*, qui ne « sort » pas facilement en isolement, et peut-être celle de la bactérie nouvellement décrite comme agent du « corky-root » de la Laitue en Californie (v. p. 468).

Qu'ils soient parasitaires ou physicochimiques, les facteurs défavorables liés au sol seront par ailleurs encore plus nocifs s'ils exercent leur action sur des plantes virosées (v. ci-dessous).

II. Maladies cryptogamiques des organes aériens

Graisse de l'Artichaut (*Xanthomonas cynarae*)

Décrite en Bretagne par M. Ridé (INRA-Angers) cette maladie se rencontre aussi dans le Sud-Ouest de la France.

Les dégâts les plus graves apparaissent lors de printemps capricieux, faisant succéder à des gels légers des journées tièdes et humides (humidité relative supérieure à 75 %).

Quatre jours après, la bactérie (qui a envahi les bractées du capitule grâce aux légers décollements de l'épiderme provoqués par le gel) se manifeste par des taches huileuses exsudant un mucus bactérien jaunâtre (fig. 125 X).

D'autres attaques, avec des symptômes analogues, peuvent faire suite à de violents orages d'été (choc des grosses gouttes de pluie). Des taches graisseuses discrètes sur le feuillage passent le plus souvent inaperçues, mais contribuent à perpétuer le *Xanthomonas*.

La lutte par pulvérisation de streptomycine, expérimentée avec succès par Ridé, ne peut être envisagée de nos jours. L'usage de produits cupriques ou même de zinèbe (s'agissant d'un *Xanthomonas*) est difficile à envisager sur des capitules proches de la récolte.

La maladie pénalisera surtout les tentatives de plantations d'artichaut dans des zones de l'intérieur, plus gélives que le littoral.

Mildious et Oïdiums

L'Artichaut est attaqué par une souche de **Bremia lactucae** différente de celles qui attaquent la Laitue.

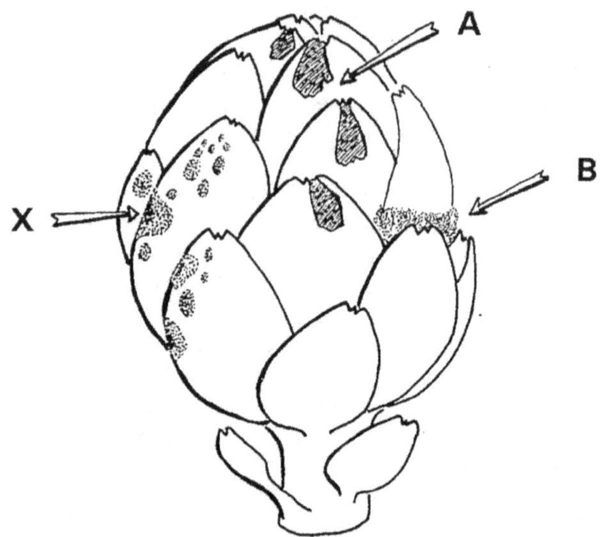

Figure 125. — Altérations des bractées du capitule chez l'Artichaut.
A : *Ascochyta hortorum*. B : *Botrytis cinerea*. X : *Xanthomonas campestris* pv. *cynarae*.

Les lésions apparaissent à la face supérieure des feuilles comme des marbrures rougeâtres zonées. A la face inférieure, le *Bremia* fructifie à la marge des lésions (fig. 126 A).

Les dégâts foliaires peuvent devenir importants en conditions méditerranéennes hivernales, ou au cours de printemps pluvieux, en été en Bretagne.

Les lésions sur capitules sont très discrètes et se localisent à la pointe des bractées. D'après M. Moreau, elles n'en seraient pas moins redoutables car points de départ privilégiés d'attaques *d'Ascochyta* et de *Botrytis*.

L'Oïdium le plus important sur Artichaut est *Leveillula taurica*, dont la forme conidienne présente sur Artichaut des caractères particuliers : abondance de mycélium aérien mélangé aux poils de la plante à la face inférieure des feuilles, longueur des conidiophores (j.à. 400 μ), conidies plus larges et plus courtes que sur Poivron ou Tomate... Cela avait engagé Ciccarone à le considérer comme différent (*Leveillula compositarum* f. sp. *cynarae*). Cette opinion n'était pas partagée par Tramier (INRA-Antibes). Les travaux récents de l'équipe Molot (INRA-Montfavet) ont confirmé la non-spécialisation.

Des taches jaunâtres mal définies apparaissent à la face supérieure des feuilles, correspondant au développement d'aspect farineux de l'*Oïdiopsis* à la face inférieure. La confluence de ces taches entraîne le dessèchement des feuilles, avec enroulement vers le haut.

Les zones littorales à faibles écarts de température, à forte humidité nocturne en l'absence de pluie, favorables à la culture de l'Artichaut, sont aussi très favorables au *Leveillula*, qui se développera à des températures

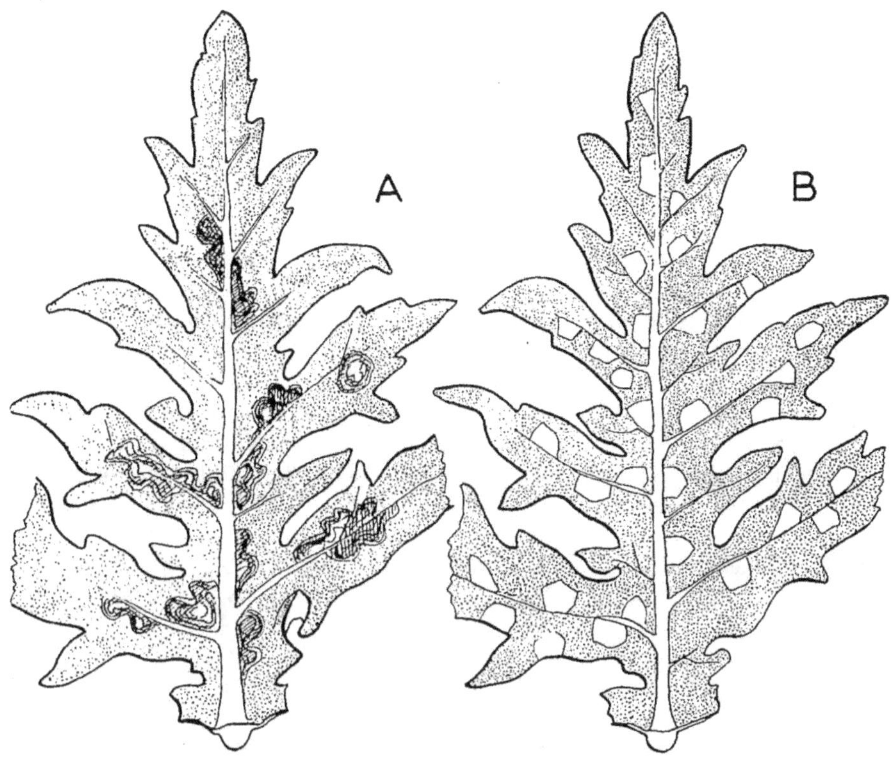

Figure 126. — Maladies foliaires de l'Artichaut.
A : *Bremia lactucae*. B : *Ramularia cynarae*.

comprises entre 10 °C et 28 °C (automnes méditerranéens). On préconise aujourd'hui, en cas de forte infection, l'emploi du chinométhionate, du fénarimol ou du pyrazophos.

Un autre oïdium, de type *Erysiphe cichoracearum*, peut attaquer l'Artichaut en conditions de printemps méditerranéen. Là aussi les conidiophores apparaissent à la face inférieure des feuilles.

Autres maladies des feuilles et des capitules

Le **Ramularia cynarae** provoque sur les feuilles âgées des taches angulaires nécrotiques de couleur claire, limitées par les nervures (fig. 126 B).

Ascochyta hortorum, champignon à pycnides parasite de nombreuses plantes, attaque les bractées du capitule à partir de leur pointe. Les lésions peuvent atteindre 1 à 2 cm, elles sont zonées, noirâtres, et se recouvrent de pycnides (fig. 125 A).

Il est possible que ce champignon ne soit qu'un envahisseur secondaire de lésions initiales de mildiou, ou de « tip burn » (v. ci-dessous).

Botrytis cinerea peut lui aussi attaquer les bractées à partir de la pointe, en particulier en cours de transport.

Il attaque souvent aussi des bractées entières à partir de leur base. La bractée atteinte se distingue des autres par sa couleur fauve. Le fragment végétal servant de « base nutritive » a sans doute échoué entre deux bractées trop écartées (fig. 125 B).

Traitements fongicides sur Artichaut

Un certain nombre de fongicides sont en cours d'inscription officielle en France pour les traitements sur Artichaut : produits à large gamme d'efficacité, anti-oïdiums, anti-mildious.

Les planteurs d'Artichaut, en fait, ne pratiquent pas de traitements fongicides réguliers. Grâce à leur caractère systémique, les anti-oïdiums et anti-mildious récents pourront juguler des attaques de *Leveillula* ou *Bremia* devenant excessives. Peut-être peut-on se hasarder à conseiller un traitement fongicide avec un produit à large gamme d'efficacité au moment où les capitules n'ont pas dépassé la taille d'une grosse noix...

III. Les virus de l'Artichaut

Nos connaissances ont beaucoup progressé sur ce sujet au cours des dernières années, non seulement par l'allongement impressionnant de la liste des infections virales possibles (19 virus répertoriés en 1988), mais aussi par une meilleure appréciation des pourcentages de plantes atteintes dans les diverses régions de production, et par des estimations de pertes de rendement (en comparaison avec des plants « régénérés »).

Ce ne sont pas les virus qui provoquent les symptômes les plus spectaculaires qui sont les plus répandus. Au contraire, des virus provoquant des symptômes faibles ou nuls peuvent atteindre 80 ou 100 % des plantes, et induire des pertes de 15 à 30 % isolément, de 50 % en complexe.

Le tableau 25, compilé d'après des documents récents publiés en Italie et en France, essaye de donner une liste provisoire des virus pouvant attaquer l'Artichaut.

L'Italie surpasse la France pour le nombre de virus observés, d'une part sans doute parce que l'équipe virologique de l'Université de Bari les étudie depuis longtemps — peut être aussi à cause de l'ancienneté de cette culture dans ce pays.

Nous nous bornerons ci-dessous à donner des indications plus complètes sur les virus les plus importants en France, leur épidémiologie, les pertes de rendement qu'ils peuvent provoquer, et l'intérêt d'utiliser des clones « régénérés » par culture de méristème et multipliés *in vitro*.

Tableau 25

Virus identifiés sur Artichaut en 1988

Groupe ou virus-type	Nom anglais	Initiales	France	Italie	Autres pays
Potyvirus	Artichoke latent V.	ALV	+	+	monde entier
	Bean yellow mosaic V.	BYMV	–	+	–
Cucumovirus	Cucumber mosaic V.	CMV	+	+	Grèce
Souches du BBMV	Broad bean wilt V. F.A.	BBWV-FA	+	–	Grèce
	Broad bean wilt V. I.A.	BBWV-IA	(Provence)	+	
	Broad bean wilt sensu stricto	BBWV	(rare)	(rare)	
Nepovirus	Art. italian latent V.	AILV	–	+	Grèce
	Art. yellow ringspot V.	AYRV	–	+	—
	Art. vein banding V.	AVBV	–	+	Turquie (?)
	Raspberry ringspot V.	RRSV	–	–	Turquie, Grèce
	Tomato blackring V.	TBRV	+	–	—
Tobravirus	Tobacco rattle V.	TRV	+	–	Brésil
Tombusvirus	Artichoke mottled crinkle V.	AMCV	–	+	Maroc, Malte, Tunisie, Grèce
Pelargonium zonate ring spot virus	Pelargonium zonate ringspot virus	PZRV	–	+	—
Tomato spotted wilt	Tomato spotted wilt V.	TSWV	–	–	Argentine, Australie
Potexvirus	Artichoke curlydwarf V.	ACDV	–	–	Californie
Ilarvirus	Tobacco streak V.	TSV	–	–	Brésil
Tobamovirus	Tobacco mosaic V.	TMV	–	+	—
Rhabdovirus	Cynara rhabdovirus	CyRV	–	+	Espagne

● « Virus latent de l'Artichaut » (ALV)

C'est un *potyvirus* transmissible par de nombreux pucerons. Il est difficile de lui attribuer des symptômes particuliers. Il recontamine très rapidement les plantes saines issues de semis ou de culture *in vitro* si celles-ci sont en petit nombre et non isolées. Dans de bonnes conditions de culture, on peut lui attribuer des baisses de récolte de l'ordre de 15 à 20 %. Toutes les variétés traditionnelles d'Artichaut en sont porteuses, dans le monde entier, les nouveaux clones ont été rapidement recontaminés.

● Virus du groupe du « Flétrissement de la Fève » (BBWV)

Les plus fréquents sur Artichaut : BBWV-FA en Bretagne, BBWV-İA sur le pourtour méditerranéen (mais assez rare en Provence) ne sont transmis que par le Puceron de l'Artichaut *Capitophorus horni* *.

Les symptômes de la souche FA sont difficiles à définir (jaunissements légers, par plages, d'apparition fluctuante), alors que la souche ĬA, en complexe avec l'ALV provoque une mosaïque jaune.

La recontamination des plantes saines est plus lente que dans le cas de l'ALV, à condition de tenir en respect le puceron vecteur. Les pertes de rendement induites par le BBWV-FA seul peuvent être estimées à 25-30 %, par le complexe ALV + BBWV-FA à 45-50 %. Les populations traditionnelles de « Camus de Bretagne » renferment 40 à 70 % de plantes infectées par ce complexe.

● Virus de la Mosaïque du Concombre

La contamination par ce virus est un événement assez rare sur Artichaut puisque, même dans le Midi de la France, les pourcentages de plantes attaquées sont très faibles. Elles présentent une très forte réduction de croissance et des déformations foliaires, avec une baisse de rendement de plus de 50 %.

● Virus transmis par voie tellurique

On en connaît deux en France, mis en évidence dans certaines communes de Bretagne, la proportion de plantes contaminées ne dépassant pas 20 % dans les parcelles les plus atteintes. Ce sont le *Tomato black ring*, transmis par *Longidorus attenuatus* (nepovirus) et le *Tobacco rattle* transmis par *Trichodorus primitivus*. Ce dernier nématode est très souvent présent en Bretagne dans les parcelles d'artichaut.

On peut y détecter le virus en repiquant dans des échantillons de sol des plants de tabac « Xanthi » ou de *Physalis floridana*. Les *Solanum nigrum* spontanés y sont atteints en plus forte proportion que les artichauts...

La perte de rendement chez les plantes atteintes de *Tomato black ring* est évaluée à 40 %, les dégâts du Tobacco rattle ne sont pas encore évalués.

En Italie, la situation est encore plus complexe car on y a décrit trois *nepovirus*, dont un sans symptômes (« virus latent italien » de l'Artichaut) et un « tombus virus » (virus proche du « Tomato bushy stunt », transmis par le sol sans intervention de vecteur).

● Influence du facteur « sol » sur les baisses de rendement induites par les virus

Sans entrer dans les controverses relatives aux « dépérissements de l'Artichaut » en Espagne ou en Tunisie **, on peut faire état d'essais réalisés en

---

* Ce puceron, qui accomplit son cycle complet sur des chardons (*Cirsium* spp.) se perpétue sur Artichaut sous forme parthénogénétique, en particulier dans les zones côtières à hiver doux.

** La salinité de l'eau d'irrigation et l'insuffisance de la fertilisation suffisent-elles en Tunisie à aggraver considérablement l'effet de l'ALV, ou une bactérie intervient-elle ? En est-il de même en Espagne, ou existe-t-il dans ce pays un autre *Potyvirus* de l'Artichaut plus agressif que l'ALV ?

Bretagne par A. Migliori (INRA-Rennes) pour soupçonner une interaction entre une « fatigue des sols cultivés en artichaut » et les pertes de rendement induites par le complexe de virus ALV + BBWV-FA sévissant dans cette région :

	Sol désinfecté ($CH_3 B_r$)	Sol non désinfecté
Plants sains	13,2 t/ha	8,8 t/ha
Plants virosés	6,5 t/ha	2,8 t/ha

La baisse de rendements qui atteint 50 % en sol désinfecté s'élève jusqu'à 70 % en sol « fatigué ».

● Comment tirer le meilleur parti des plants régénérés multipliés *in vitro*

Contrairement à ce qui se passe en France pour l'Ail, dans la plupart des pays européens pour la Pomme de terre ou le Fraisier, il n'existe ni en France, ni dans les pays voisins, d'organisation officielle de production de plants d'Artichaut sous sélection sanitaire. Des sociétés privées de culture *in vitro* proposent aux planteurs des plants en godets directement issus des tubes de culture.

Spécifions tout d'abord que cette opération, possible pour « Camus de Bretagne », « Macau d'Hyères » et pour les nouvelles variétés INRA comme « Salanquet », n'est pas envisageable pour les « Violets de Provence » (ex. : Clone INRA « VP45 »), ou les variétés espagnoles ou italiennes du même groupe variétal. Ces cultivars évoluent en culture *in vitro*, et des « variants » apparaissant en faible proportion en multiplication traditionnelle prennent rapidement le dessus, vis-à-vis du type conforme, en multiplication accélérée *in vitro*. Ce sont le type « Pastel », à feuilles plus découpées, capitules plus renflés, bractées plus échancrées, plus tardif de 3 semaines, impropre à la production d'automne et, en plus faible proportion le type « Bull », à feuilles entières et rendement faible.

Pour les autres cultivars, les plants issus de multiplication *in vitro*, d'un prix relativement élevé, ont connu un certain succès dans les systèmes de production où le plant « traditionnel » est rare et cher, et d'une reprise douteuse, comme pour le « Macau d'Hyères » planté en août. Dans le Roussillon, les producteurs se servent d'un petit effectif de plants *in vitro* pour des multiplications ultérieures. C'est en Bretagne, où la situation virologique est la plus mauvaise (pourcentage élevé de plantes avec le complexe ALV + BBWV-FA, présence de virus transmis par nématodes) que le plant *in vitro* a eu le moins de succès, étant donnée la quasi-gratuité des œilletons de « Camus de Bretagne », produits en abondance en avril, époque de plantation traditionnelle.

Au stade « Laboratoire - sortie de tubes » assuré par les sociétés privées de culture *in vitro* devrait donc succéder un deuxième stade de multiplication sous tunnel à l'abri des pucerons et sur sol désinfecté.

Une ablation précoce des hampes florales chez les plantes-mères permettrait d'obtenir un taux de multiplication de l'ordre de 20. Le dynamisme des organisations professionnelles bretonnes permettra sans doute la mise en place d'un tel système dans les années 90.

IV. Symptômes non parasitaires

Les deux plus importants concernent les capitules :

— **la nécrose apicale des bractées**, probablement due à des à-coups d'alimentation en eau à la reprise de végétation au printemps, frappe surtout la production précoce en conditions méditerranéennes. Elle peut être le point de départ d'attaques d'*Ascochyta* ou de *Botrytis* ;

— **l'atrophie des capitules**, concernant au départ le réceptacle floral, entraîne un rabougrissement général de l'organe et la nécrose apicale des bractées. Ces « carciofi monachi » (artichauts-moines), comme on les appelle en Italie, sont bien entendu inconsommables. Cette anomalie concerne surtout la production automnale, et semble liée à une trop grande rapidité de croissance des hampes florales à la reprise de végétation après le ralentissement estival. On a récemment conseillé des traitements au diaminozide (produit à activité anti-gibberelline) pour combattre l'atrophie des capitules.

V. Maladies du Cardon

Elles semblent sans aucune gravité : l'Oïdium et le Mildiou sont signalés, mais seulement sur les feuilles sénescentes. La reproduction par graine écarte les problèmes de virus. Le stade auquel on pourrait craindre des dégâts de pourritures, c'est-à-dire la cinquantaine de jours pendant lesquels les feuilles sont emmaillotées dans un cylindre de paillon, de carton ondulé ou de plastique aux couleurs vives ne semble même pas donner lieu à beaucoup d'accidents, si l'on prend la précaution, grâce à un collier plus épais au sommet du cylindre, de ne pas trop serrer les uns contre les autres les pétioles que l'on veut blanchir.

Bibliographie

● Généralités

BARTHELET J., LANSADE M., 1957. — *Les maladies de l'Artichaut.* Congrès d'Hyères-Journées maraîchères méridionales, 79-84.

FOURY C., 1976. — L'Artichaut. *BTI*, **311**, 18.

● Maladies d'origine tellurique

CHAMBONNET D., POCHARD E., VIGOUROUX A., 1967. — La Verticilliose de l'Artichaut dans le Sud-Est de la France. *Phytopathol. mediterr.*, **6**, 95-99.

MARRAS F., 1962. — I marciumi del colleto del Carciolo causati da *Sclerotinia sclerotiorum, Sclerotium rolfsii e Rhizoctonia solani* in Sardegna. *Ann. Fac. Agraria Sassari*, 10.

MARRAS F., 1966. — Il marciume radicale del Carciofo e del Cardo causato da *Pectobacterium carotovorum*. Atti 10 congresso Un. Fitopat. Mediterranea. Bari, sett. 1966, 160-167.

● Maladies cryptogamiques des organes aériens

CICCARONE A., 1955. — Indizi di specializzazione del parassitismo in *Leveillula taurica. Notizario Mal. Liante*, **31-32**, 165-173.

MOLOT P.M., LEROUX J.P., DIOP-BRUCKLER M., 1989. — *Leveillula taurica,* cultures axéniques, biologie et pouvoir pathogène sur Piment, Tomate, Concombre, Artichaut et Cardon. *Agronomie* (sous presse).

MARRAS F., FONDAI A., CORDA P., 1985. — La Difesa del Carciofo delle malattie crittogamiche. *Inf. fitopatol.*, **35**(9), 19-24.

MOREAU M., 1961. — Une altération des Artichauts. *Bull. Res. Counc. Israel*, **10 D**, 219-222.

TRAMIER R., 1963. — Étude préliminaire du *Leveillula* dans le Midi de la France. *Ann. Epiphyt.*, **14**, 335-370.

● Virus

MIGLIORI A., LOT H., PECAUT P., 1984. — Les virus de l'Artichaut. 1. Mise en évidence de trois virus dans les cultures françaises d'artichaut. *Agronomie*, **4**(3), 257-268.

MIGLIORI A., MARZIN H., RANA G.L., 1984. — Mise en évidence du Tomato Black Ring virus (TBRV) chez l'Artichaut en France. *Agronomie*, **4**(7), 683-686.

MIGLIORI A., MARZIN H., 1985. — Présence du Tobacco rattle virus (TRV) dans les cultures d'artichaut en France. *Agronomie*, **5**(6), 549-552.

MIGLIORI A., HOMO E., CORRE J., MARZIN H., CURVALE J.P., 1987. — Répartition, fréquence et nuisibilité des virus de l'Artichaut en Bretagne. *PHM-Rev. hortic.*, **274**, 29- 36.

MIGLIORI A., RANA G.L., PIAZZOLLA P., GOURRET J.P., RUBINO L., 1988. — Caractérisation d'une nouvelle souche du virus du flétrissement de la Fève isolée de l'Artichaut en France. *Agronomie*, **8**(3), 201-209.

MIGLIORI A., FOUVILLE D., RANA G.L., 1989. — Détection du virus latent de l'Artichaut (ALV) et du virus du flétrissement de la Fève (BBWV) souche FA par le test ELISA. *PHM-Rev. Hortic.*, **299**, 59-64.

POCHARD E., MEHANI S., MARROU J., 1964. — Présence d'un virus latent dans les populations françaises et nord-africaines d'Artichaut. *Études de Virologie appliquée* INRA, **5**, 23- 29.

RANA G.L., MARTELLI G.P., 1983. — Virosi del Carciofo. *Ital. agric.*, **120**, 1, 27-38.

● Régénération, multiplication *in vitro*

MARRAS F., FONDAI A., FIORI M., 1982. — Possibilità di risanamento del carciofo da infezioni virali mediante coltura *in vitro* di apici meristematici. *Atti. giorn. fitopatol.*, suppl., 151-158.

PÉCAUT P., DUMAS DE VAULX R., LOT H., 1983. — Virus-free clones of globe artichoke (*Cynara scolymus*) obtained after *in vitro* propagation. *Acta Hortic.*, **131**, 303-309.

PÉCAUT P., CORRE J., LOT H., MIGLIORI A., 1985. — Intérêt des plants sains d'Artichaut, régénérés par la culture *in vitro*. *PHM-Rev. hortic.*, **256**.

PEÑA-IGLESIAS A., AYUSO-GONZALES P., 1974. — The elimination of viruses from globe artichoke by etiolated meristem tip culture. *Proc. XIX Int. Hortic. Congr.*, Warshava 63.

● Dépérissements d'origine complexe

MEHANI S., 1969. — Influence des fumures sur la dégénérescence infectieuse des Artichauts due au virus latent en Tunisie. *C.R. IIe Congrès Un. Phytopathol. mediterr.*, Antibes, 405-408.

PEÑA-IGLESIAS A., AYUSO-GONZALES P., 1972. — Degeneration of Spanish globe artichoke plants. Virus isolation, purification and ultrastructure of infected hosts. *Anl. Inst. Nac. Inv. Agr.*, **2**, 89-122.

WELWAERT W., VAN VAERENBERGH J., 1979. — Recherches sur la dégénérescence infectieuse de l'Artichaut en Tunisie. *Atti IIIe Congr. int. studi. sub. Carciofo.*, Bari, Nov. 1979, 929-942.

● Symptômes non parasitaires

MAGNIFICO V., LINSALATA D., PALMA E., 1985. — L'atrofia del capolino di carciofo e mezzi di controllo. *Inf. fitopatol.*, **35**(9), 41-45.

XV
MALADIES DU SALSIFIS
ET DE LA SCORSONÈRE

Le Salsifis (*Tragopogon porrifolius*) et la Scorsonère (*Scorzonera hispanica*) sont deux plantes très voisines de la famille des Composées. Elles se différencient par une racine blanche, des feuilles vert clair et des fleurs violettes pour le Salsifis, alors que la Scorsonère possède une racine à écorce noire, des feuilles vert sombre et des fleurs jaunes. Une fois pelées, les racines des deux espèces donnent un légume analogue, et la Scorsonère, qui donne (en particulier en culture bisannuelle) des rendements plus élevés supplante de plus en plus le Salsifis. Des cultures sur sols sableux, profonds, couvrent de vastes surfaces dans le Nord de la France et en Belgique.

I. Maladies cryptogamiques

La plupart des maladies des deux plantes leur sont communes. La plus fréquente est la **Rouille blanche** provoquée par *Albugo tragopogonis*, dont les zoospores issues des conidies produites par les pustules foliaires, sont capables de contaminer les feuilles entre 1 °C et 20 °C. Des oospores sont produites en fin de saison.

Nous préconisions en 1970 la bouillie bordelaise... Des essais récents réalisés en Belgique ont montré l'efficacité de traitements combinant des matières actives plus récentes : chlorothalonil + triadimefon, ou triphényl étain * + tridemorphe vis-à-vis de cet *Albugo*, ainsi que vis-à-vis de l'Oïdium (*Erysiphe cichoracearum*), autre maladie importante de la Scorsonère.

Un *Alternaria* morphologiquement semblable à *A. solani*, que nous avons observé en Bourgogne, se comporte soit comme parasite primaire (taches nécrotiques zonées), soit comme parasite secondaire (taches analogues, mais centrées sur une pustule de Rouille blanche) (fig. 127).

Les fleurs des deux espèces peuvent être envahies par des charbons : *Ustilago scorzonerae*, *U. tragopogi pratensis*.

On peut observer aussi deux véritables rouilles : *Puccinia scorzonorae* sur Scorsonère, *P. hysterium* sur Salsifis.

---

* L'usage de ce composé stannique nous semble cependant peu sympathique en culture maraîchère.

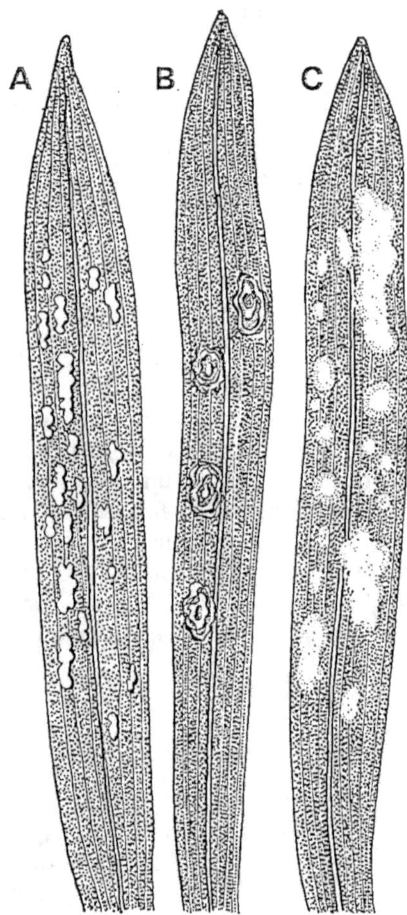

Figure 127. — Maladies foliaires de la Scorsonère.
A : Rouille blanche.
B : Alternariose (taches souvent centrées sur une pustule de Rouille blanche).
C : Oïdium.

II. Maladies de cause inconnue

● « Bois de chêne » de la Scorsonère (fig. 128)

Cette maladie ne devient apparente qu'à la récolte, les plantes ayant végété normalement. L'épiderme de la racine est crevassé longitudinalement dans le tiers supérieur, les petites racines adventives font défaut, ou tout au moins ne laissent pas écouler de latex au point de rupture.

Sectionnée, la racine malade ne laisse pas échapper de latex, le liber est coloré en brun et la zone médullaire est jaunâtre, lignifiée et desséchée.

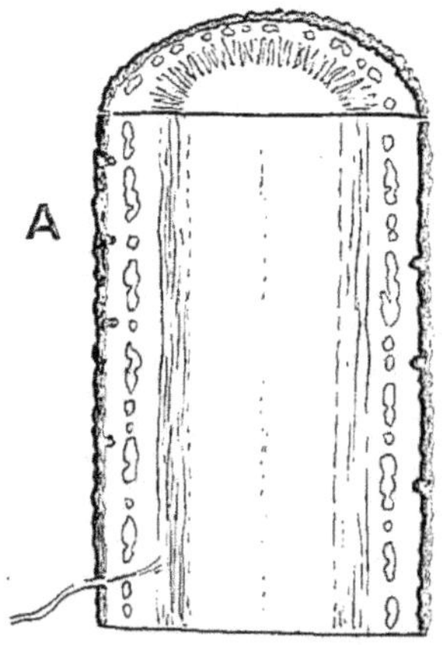
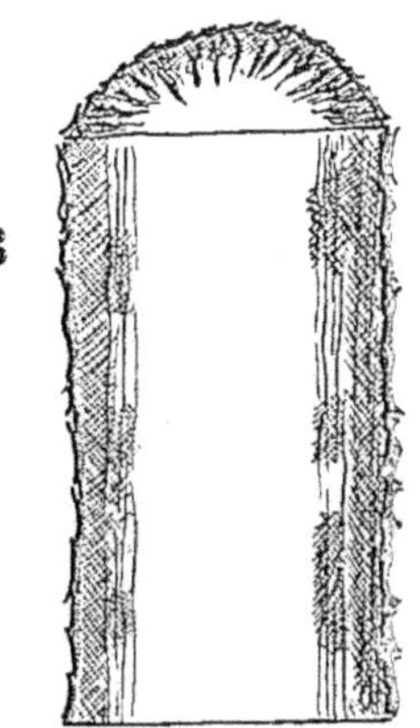

Figure 128. — Maladie du « Bois de chêne » du Scorsonia.
A : Coupe d'une racine saine (exsudation de latex sur la section du parenchyme cortical).
B : Racine malade (brunissement du parenchyme cortical, noircissement des rayons médullaires, pas d'exsudation de latex).

Cette modification tissulaire, ainsi que le fendillement externe, procède de haut en bas.

Les plantes atteintes ne sont pas groupées en zones ou en foyers, mais dispersées au hasard parmi les saines, deux racines étroitement entrelacées pouvant être l'une saine, l'autre malade. Le pourcentage de plantes atteintes peut dépasser 50 %.

Les racines malades deviennent très dures à la cuisson et sont immangeables.

Nous avions observé ce symptôme dans les années 60 dans le Sud-Ouest de la France, en Bourgogne et dans le Val de Loire. Il est maintenant redouté aussi en Belgique.

Sa cause reste malheureusement inconnue : s'agit-il d'une maladie de même étiologie que le « cœur noir » du céleri, liée à des défauts d'alimentation en eau et en calcium ? La répartition des plantes malades permet d'en douter, la tendance des producteurs belges à rechercher de nouveaux terrains évoquerait une « fatigue de sol », la répartition au hasard des plantes malades une virose transmise par un vecteur volant...

● Etranglement des racines de Salsifis

On observe sur les racines atteintes un étranglement liégeux à mi-hauteur, avec des crevasses longitudinales.

Les tissus sous-jacents restent normaux. Les isolements fournissent fréquemment des *Rhizoctonia solani*, mais on ne peut affirmer qu'ils soient la cause de la maladie.

III. Attaques de nématodes

Les sols sableux dans lesquels on cultive ces racines sont particulièrement propices aux développement de nématodes. Les dégâts de *Meloidogyne* que nous signalions en 1970, dans la région de Mâcon (où il gèle assez régulièrement), devaient se rapporter à l'espèce *M. hapla*, la plus résistante au froid. Ces attaques entraînent l'apparition de racines déformées ou fourchues.

Bibliographie

BOUCHET J., 1961. — Une affection nouvelle de la Scorsonère dans la vallée de la Loire. *Phytoma*, **128**, 36-37.

POPULER C., 1966. — Les conditions de libération des spores de la Rouille blanche des Composées, *Albugo tragopogonis. Bull. Rech. Agron. Gembloux*, NS 1, 28-38.

VULSTEKE G., MEEUS P., 1985. — Optimaal aantal fungicide bespuitingen bij schorseneer. *Parasitica*, **41**, 13-24.

XVI
RÉPERTOIRE MYCOLOGIQUE

(rédigé en collaboration avec H. MUGNIER) *

Les caractères mycologiques, dimensions de spores et noms d'auteur des champignons cités dans les chapitres précédents ont été laissés à l'écart, pour alléger le texte. Nous les préciserons ci-dessous, en ajoutant quelques indications sur les méthodes d'isolement et de culture de certains d'entre eux, d'après l'expérience des différents auteurs de ce livre, qu'il s'agisse de « parasites facultatifs », cultivables *in vitro* ou de « parasites stricts », dont on peut conserver des souches *in vitro* sur des organes végétaux vivants détachés de l'hôte.

Les champignons cultivables sur milieux artificiels sont pour la plupart peu exigeants. Ils redoutent cependant les sucres simples (ex. : glucose), surtout si ceux-ci sont stérilisés en présence de sels ammoniacaux ou de peptone. Les milieux couramment utilisés par les stations de pathologie végétale INRA de Bordeaux, Montfavet et Guadeloupe sont les suivants (pour 1 litre d'eau du robinet).

Milieu **S** : $(NO_3)_2Ca$ .... 1 g

NO_3K .... 0,25 g

SO_4Mg7H_2O .... 0,25 g

PO_4KH_2 .... 0,125 g

PO_4K_2H .... 0,125 g

Extrait de malt cristallisé .... 1 g

Saccharose .... 5 g

Acide citrique .... 0,05 g

Gélose .... 25 g

Ce milieu, peu nutritif, défavorable aux bactéries, est recommandé pour l'isolement et la conservation des souches. Les champignons incapables de s'y développer sont très rares (*Thielaviopsis basicola, Phytophthora infestans* parmi la liste ci-dessous).

Milieu **A** : Farine d'Avoine (flocons d'Avoine
du commerce réduits en poudre au mixer à sec)

40 g

Gélose .... 15 g

* Laboratoire « Développement des fongicides », Rhône-Poulenc Agrochimie, spécialiste des champignons inférieurs, *Pythium* et *Phytophthora*.

> Milieu L : (Reconstitution du milieu « V8 vegetable soup »
> des auteurs américains, si le commerce local ne
> permet pas d'en trouver des boîtes).
> — 1 petite boîte (70 g) de concentré de Tomate à
> 25 %
> — 1 pot de 100 g d'aliment infantile « Légumes
> assortis » ne comportant ni viande ni Tomate.
> — PO₄KH₂ .... 3 g
> — gélose .... 20 g

Ces trois milieux suffisent à cultiver et à faire fructifier la grande majorité des parasites « facultatifs » des plantes maraîchères. Des adjonctions sont parfois utiles (v. à *Phytophthora infestans* le milieu « Avoine-Pois chiche »). Si l'on veut préparer un milieu à base d'un légume particulier, utiliser en général :

250 g de matière fraîche (Haricots verts, Céleris, Carotte...)

Passer au mixer dans 1 litre d'eau, filtrer sur étamine, ramener à 1 litre, géloser à 20 ou 25 g/l, après avoir si nécessaire remonté le pH à 6,5 avec du PO_4K_2H.

Les tubes ensemencés (isolements ou repiquages) seront, sauf indication contraire, conservés sur des étagères éclairées par 2 à 3 tubes fluorescents fonctionnant 12 heures par jour, à une température ne dépassant pas 25 °C.

L'élimination des contaminations bactériennes est un des soucis majeurs du mycologue à l'isolement et au cours des premiers repiquages. De nombreux antibiotiques sont proposés dans la littérature. Plus simple, l'**acidification** des milieux est souvent aussi efficace : avant de verser le milieu dans la boîte de Pétri (10 ml), on y mettra 0,2 ml de solution stérilisée d'acide citrique à 5 %, on mélangera rapidement avant solidification [*].

Les isolements à partir de racines seront facilités par un lavage à l'eau courante des fragments à ensemencer (petits paniers constitués par un fragment de tuyau plastique de 2 cm de diamètre, au fond duquel on colle un grillage fin, suspendus au robinet). Si l'eau du robinet est tant soit peu javellisée, le rinçage ultérieur à l'eau stérile n'est pas indispensable. Un ensemencement direct de ces fragments sur S favorise au maximum les *Pythium* et *Phytophthora*. Une désinfection à l'eau de Javel (4 ° chlorométriques, une minute) ou au bichlorure de mercure (1 % dans l'éthanol à 10 %) suivie de rinçage, favorisera au contraire les champignons pourvus de chlamydospores, de mycélium à parois épaisses ou de microsclérotes. L'isolement direct des champignons phytopathogènes à partir du sol est le plus souvent difficile, il est par contre souvent possible de les « piéger » par des plantules (voir exemples à *Fusarium, Plasmodiophora, Phytophthora, Pythium, Rhizoctonia, Thielaviopsis*).

Acrothecium carotae Arsvoll

Conidiophores bruns de longueur variable, pouvant reprendre leur croissance après avoir produit un bouquet de conidies hyalines en forme de croissant arrondi aux deux extrémités, le plus souvent avec 3 à 5 cloisons 10-65 × 5-6,5 μ.

Aecidium habunguense Henn

Taches arrondies de 1 à 2 cm de diamètre sur feuille d'Aubergine ou de *Solanum torvum*, déprimées à la face supérieure, orangées en relief à la face inférieure, porteuses d'écidies. Écidiospores 16 × 18 μ.

---

[*] Les milieux gélosés à pH inférieur à 6, autoclavés, ne se solidifient pas.

Albugo

Pustules sous épidermiques d'aspect nacré, se déchirant pour laisser échapper une poudre blanche. Conidies d'aspect d'abord cubique ou rectangulaire, devenant ensuite arrondies ou ovoïdes. Germination par zoospores ou directe (v. fig. 8).

Albugo candida (Pers. ex. Chev.) Kuntze
Syn. *Cystopus candidus* (Pers.) de By.
Conidies 16-20 × 14-16 μ. — Sur Crucifères.

Albugo occidentalis Wilson
Conidies 14-20 × 8-16 μ. — Sur Épinard aux États-Unis.

Albugo tragopogonis (Pers.) Gray
Syn : *Cystopus tragopogonis* (Pers.) Schroet.
Conidies arrondies diam. 20-22 μ. Sur Salsifis et Scorsonère
(On rencontre aussi dans les jardins *A. portulacae* sur Pourpier et *A. bliti* sur Amarantes).

Alternaria, Stemphylium, Ulocladium (v. fig. 14)

Champignons dont la forme parfaite, lorsqu'elle est connue, appartient aux *Pleospora*. Conidies très robustes, survivant après 18 mois à l'état sec. Suivant les espèces la fructification *in vitro* est obtenue plus ou moins facilement. Certaines (ex. : *A. brassicicola*) fructifient facilement sur tous milieux. On peut laisser sécher les tubes et repiquer tous les 6 mois à partir de conidies.

Si la fructification est faible ou nulle, on peut essayer (par ordre de difficulté croissante) :

1 - la **culture en couche mince** : 5 ml de milieu S ou L par tube, que l'on fait rouler presque horizontalement pendant la solidification, pour répartir le milieu sur toute la surface ;

2 - la culture en **boîte de Pétri** suivie de **lavage** pendant une nuit dans un grand volume d'eau, de préférence stérile, on expose ensuite à la lumière du jour les boîtes renversées sur un papier filtre (méthode Billotte) ;

3 - la **culture** en fiole de Roux sur un **support solide** (ex. : fragments de tiges de Tomate de 2 cm, stérilisés 2 jours de suite), suivie d'un **lavage** à l'eau stérile (dans 2 grands erlenmeyers successifs, à 4 h d'intervalle), puis d'une exposition à la lumière du jour des fragments rangés sur des plateaux flambés, avec **dessiccation** progressive en 2-3 jours.

Alternaria brassicae (Berk) Sacc.
Syn. *A. exitiosa* (Kuhn) Jorst.
Conidies 85-125 × 16-28 μ, solitaires ou en chaînes de 2, brun clair, le prolongement n'étant pas plus hyalin que la spore.
Fructification : méthode 2.

Alternaria brassicicola (Schw.) Wiltshire
Syn : *A. circinans* (Berk et Eurt) Bolle, *A. oleracea* Milbraith.
Conidies en chaînes, avec peu de cloisons longitudinales, 50-75 × 10-18 μ.
Bonne fructification en culture.

Alternaria cucumerina (Ell. et Ev) Elliott
Syn : *A. brassicae* var. *nigrescens* Peglion, *Sporodesmium mucosum* var. *pluriseptatum* Karst et Har.
Conidies solitaires à long appendice filiforme hyalin, corps de la spore 54-90 × 14-22 μ, appendice 28-150 μ.
Fructification : méthode 3.

Alternaria crassa (Sacc.) Rands
Très semblable à *A. solani*, mais l'appendice filiforme est coloré comme la spore et de plus grande largeur (2-4 μ).
Fructification : méthode 3.

Alternaria dauci (Kuhn) Groves et Skolko
Syn : *A. porri* (Ell.) Neerg. f. sp. *dauci* (Kuhn) Neerg.
Morphologie semblable à celle d'*A. solani*.
Fructification : méthode 3.

Alternaria dauci f. sp. *endiviae* (Nattr.) Janesic
Conidies 57-100 × 12-18 μ (sans le filament apical qui mesure 72 à 182 μ).
Syn : *A. porri* f. sp. *cichorii* (Nattr.) Schmidt.
Fructification : méthode 3.

Alternaria porri (Ell.) Neerg
Syn : *A. allii* Nolla.
Certaines souches ont une morphologie semblable à celle d'*A. solani*. D'autres, fortes productrices en culture d'un pigment rougeâtre, ont des conidies finement verruqueuses, dépourvues de prolongement filiforme.
Fructification : méthode 3.

Alternaria raphani Groves et Skolko
Voisin d'*A. brassicae*.
Conidies plus larges, plus courtes, cellules plus globuleuses 70-115 × 14-35 μ.

Alternaria saprophytes
Fréquemment rencontrés dans les isolements, ils produisent des conidies en longues chaînes, avec des cloisons longitudinales fréquentes (contrairement à *A. brassicicola*).
On peut distinguer, selon P. Joly (dimensions moyennes des conidies) :

A. tenuissima (Kunze exPers.) Wiltsh.
Conidies 60 × 15 μ, assez claires, avec un bec assez allongé.

A. alternata (Fr.) Kessler.
(Syn. *A. tenuis* Nees.).
Conidies 37 × 13 μ, foncées

A. chartarum Preuss.
(Syn. *A. citri*)
Conidies 20 × 10 μ, foncées
Ils fructifient abondamment sur tous milieux.

Alternaria solani (Ell. et Mart.) Jones et Grout.
Syn : *A. porri* f. sp. *solani* (E. et M.) Neerg.
Conidies solitaires pourvues d'un prolongement filiforme hyalin parfois bifurqué. Corps de la spore : 50-100 × 15-25 μ, prolongement 30-150 μ × 1-2 μ.
Fructification : méthode 3, qui, comme pour les formes *cucumerina, dauci, endiviae, porri* sera d'autant plus efficace qu'on l'appliquera à des souches fraîchement isolées. Certains laboratoires possèdent des souches « fertiles » d'*A. solani*, qui produisent en inoculation artificielle sur Tomate des taches zonées dépourvues de halo jaune.

Alternaria tomato (Cke.) Weber
Conidies analogues à celles d'*A. solani*, 2 à 3 fois plus petites.

Sporodesmium scorsonerae Aderh.
Ce champignon, dont les conidies sont semblables à celles d'*Alternaria solani* devrait être rangé parmi les *Alternaria* sect. *non catenatae*.

Stemphylium botryosum Wallr.
Conidies verruqueuses à extrémités arrondies, forte constriction médiane 27-42 × 24-30 μ.
Saprophyte courant, produit en culture sur S. des stromas noirs (1 à 2 mm) qui sont des ébauches de périthèces de *Pleospora herbarum* (Pers.) Rab.

Stemphylium floridanum Hann. et Weber
Syn. *S. lycopersici* (Enjo.) Yamamoto
Conidies 3 fois plus longues que larges, pointues à l'extrémité apicale, 44-72 × 12-20 μ. Parasite des Solanées.
Fructification : méthode 1.

Stemphylium radicinum (M.D.E.) Neergard
Syn. *Alternaria radicina* Meier, Dreschler et Eddy
Conidies de forme ovale, 20-45 × 12-23 μ.
Sporulation abondante en culture

Stemphylium solani Weber
Conidies 2 fois plus longues que larges, 36-52 × 14-20 μ, extrémité pointue.
Parasite des Solanées.
Fructification : méthode 1.

Stemphylium vesicarium (Wallr.) Simmons
Conidies aux deux extrémités obtuses, sans constriction médiane très marquée. 26-44 × 12-20 μ, forme parfaite *Pleospora* sp.
Il existe des souches de *S. vesicarium* pathogènes sur *Asperge*, sur *Solanées*, ou faiblement parasites des *Allium*.
Fructification : méthode 1.

Ulocladium atrum Preuss
Ce parasite foliaire du Concombre produit en mélange 3 types de spores : certaines analogues à celles des *Alternaria* saprophytes de type *alternata*, d'autres analogues à celles de *Stemphylium vesicarium*, d'autres enfin globuleuses avec des cloisons en croix. Une souche pathogène sur Concombre dans le midi de la France a été déterminée par le C.B.S. (Baarn) comme *Ulocladium botrytis* Preuss.

Aphanomyces (v. fig. 5)
Se distinguent des *Pythium* par le mode de germination de leurs sporanges filamenteux (v. p. 20) et par leur non-sensibilité aux métalaxyl, furalaxyl... Croissance vigoureuse sur tous milieux.

Aphanomyces cochlioides
Oogones diam. 20-29 μ, 1 à 4 anthéridies, oospore 16-24 μ.

Aphanomyces euteiches Jones et Dreschler
Oospores diam. 18-25 μ, paroi de 1,5 μ d'épaisseur.

Aphanomyces raphani Kendrick
Oogone 26 à 52 μ, 1 à 3 anthéridies, oospores diam. 19-39 μ

Ascochyta bolsthaueseri Sacc.
Pycnospores 10-27 × 2,5-6,5 μ en majorité unicellulaires — 10 à 15 % bicellulaires.

Ascochyta fabae Speg
Pycnospores 15-18 × 4-5 μ, en majorité bicellulaires.
Isolement à partir de cirrhes produits sur échantillons mis en chambre humide — bonne fructification sur S.

Ascochyta pinodes — v. à *Mycosphaerella*

Ascochyta pinodella — v. à *Phoma medicaginis* var. *pinodella*

Ascochyta pisi Lib.
Pycnospores 13,9 × 4,2 μ.
Isolement : placer des gousses tachées en chambre humide 24 h, prélever des cirrhes. Fructification moyenne sur S, bonne sur A. Pour conserver aux souches leur pouvoir de sporulation, repiquer à partir de pycnospores.

Aspergillus *niger* Van Tieghem
Syn. *Sterigmatocystis nigra*
Conidiophores 200-1 000 × 10-20 μ, terminés par une vésicule sphérique de 20-100 μ de diam., portant 2 rangs de phialides produisant des chaînes de conidies globuleuses diam. 2,5-4 μ. Colonies noires à marge blanche sur tous milieux.

Botrytis (v. fig. 20)
Formes imparfaites d'Ascomycètes du genre *Botryotinia* (... ou section des *Sclerotinia* produisant une forme conidienne *Botrytris*). Isolement à partir du velouté conidien ou du tissu malade. Fructification plus ou moins abondante en culture, de préférence sur L. Certaines souches ou espèces produisent surtout des sclérotes plats. Les sclérotes prélevés, rincés, lavés à l'eau stérile, posés sur gélose pure, peuvent souvent germer en produisant la forme conidienne *Botrytis*.

Botrytis allii Munn.
Conidies 7-11 × 5-6 μ.
Colonies grises présentant un velouté plus régulier et plus ras que *B. cinerea*, fructification plus facile et plus stable en culture.

Botrytis cinerea Pers.
Forme parfaite *Botryotinia fuckeliana* (de By) Whetz., extrêmement rare.
Conidies 10-15 × 8-11 μ.
Fructification très variable suivant les souches, l'isolement monospore ne garantit pas l'obtention de souches stables, du fait de l'hétérocaryose (10 à 15 noyaux/conidie).

Botrytis fabae Sardina
Conidies 12-24 × 10-18 μ.
Moins fertile en culture que *B. cinerea*. Meilleure fructification en fiole de Roux sur feuilles de Fève stérilisées.

Botrytis squamosa J.C. Walker
Conidies 15-22 × 12-15 μ, certaines sont en forme de cœur. L'extrémité des conidiophores présente des cloisons nombreuses et proéminentes lui donnant l'aspect d'un accordéon.
Isolement plus difficile que celui des autres *Botrytis*, à partir des rares conidiophores à l'extrémité des feuilles d'Oignon malades ; sclérotique en culture. Conidies produites sur sclérotes lavés exposés à la lumière du jour, en boîtes de Pétri sur papier filtre humidifié.
Forme parfaite obtenue par Viennot-Bourgin sur milieu de Kauffmann ou de Czapeck : *Botryotinia squamosa* V.B. apothécies de 2 à 3 mm de hauteur, 3 à 5 mm de diamètre. Asques 90 × 10-13 μ, ascospores 11-17 × 8-11 μ, unicellulaires.

Botrytis porri V. Beyma
(forme parfaite *Botryotinia porri* V. Beyma)
Syn. *Sclerotinia porri*.
Conidies 11-14 × 7-10 μ. Production en culture et sur l'hôte de très gros

sclérotes (jusqu'à 1 cm) de forme très contournée (« cérébroïde »), de consistance d'abord gélatineuse puis carbonacée.

Bremia : v. à « Péronosporacées »

Cercospora (v. fig. 15).

Conidiophores bruns produisant des conidies très allongées, cloisonnées transversalement.

Les *Cercospora* peuvent se diviser en deux catégories : les « **maculicoles** », qui fructifient sur des taches foliaires nécrotiques, les conidiophores étant le plus souvent portés par un *stroma* analogue à un microsclérote, et les « **biotrophes** » qui fructifient à la surface inférieure de portions de feuilles (compartiments internervaires) encore vivantes.

Les « maculicoles » sont en général de croissance assez lente, et fructifient très mal sur milieu gélosé, comme par exemple *C. beticola*. On peut obtenir leur fructification en les cultivant sur un support solide, par exemple un morceau de grillage de nylon plastifié à maille de 0,8 mm trempant dans un milieu liquide en fiole de Roux, que l'on mouille tous les jours en agitant la fiole (méthode Lebrun).

Les « biotrophes » fructifient en général facilement, encore mieux sur L ou milieu à base de feuilles de la plante-hôte que sur S.

Cercospora maculicoles

Cercospora apii Fres.
Conidies 3-10 cloisons 50-100 × 4 μ.

Cercospora asparagi Sacc.
Syn. *C. caulicola*.
Conidiophores naissant sur des stromas allongés dans le sens de la longueur du cladode. Conidies 35-130 × 2,5-5 μ.

Cercospora beticola Sacc.
Conidies 80-200 μ × 4 à 6 μ à la base, 1,6 à 3 μ au sommet.

Cercospora capsici Heald et Wolf
Conidiophores 20-150 × 3,5-5 μ sur un stroma diam. 15-30 μ.
Conidies hyalines 30-200 × 2,5-4 μ.

Cercospora carotae (Pass.) Kazn. et Siem.
Conidies 30-65 × 3-5 μ.

Cercospora citrullina Cooke.
Conidiophores 50-300 × 4,5-5 μ. Conidies 50-200 × 2-4 μ, parfois jusqu'à 450 × 5,5 μ. Pas de stromas bien différenciés.

Cercospora fabae Fautr.
Conidies 50-100 × 5-7 μ.

Cercospora longissima (Cogini) Sacc.
Conidiophores 25-80 × 4-6 μ. Conidies 20-100 × 3-5 μ.

Cercospora melongenae Welles.
Conidiophores sur un stroma peu individualisé, 20-150 × 4-6,5 μ.
Conidies 40-120 × 2,5-5 μ.

Cercospora biotrophes

Cercospora deightonii Chupp.
Velouté fauve, sur Aubergine ou *Solanum torvum*. Conidiophores 25-70 × 3,5-5 μ.
Conidies 25-90 × 2,5-5 μ.

Cercospora fuliginea Holdan
Velouté noir mat sur feuilles de Tomate. Conidiophores 3,5-5 × 70 μ.
Conidies 40-120 × 2,5-5 μ.

Cercospora unamunoi (Unam.) Castellani
Syn. *Cladosporium capsici* (March. et Stey.) Kovachewsky.
Espèce intermédiaire entre les deux genres — velouté fauve sur feuilles de Poivron. Conidies uni ou bicellulaires 14-40 × 3,5-4 μ.

Cercosporella brassicae (Fautr. et Roum.) Hœnel.
Conidies hyalines 65-100 × 2-3 μ.

Cercosporidium punctum (Lacroix) Deighton.
Ce champignon, parasite du Fenouil et du Persil, a suscité une très nombreuse synonymie, parmi laquelle nous citerons : *Fusicladium, Cladosporium* ou *Megacladosporium depressum*.
Stromas pouvant atteindre ou dépasser le mm., porteurs de conidiophores bruns denticulés. Conidies bicellulaires, plus larges à leur base qu'au sommet 18-51 × 4-9 μ.

Chalaropsis thielavioides Peyr.
Champignon dont les phialides et les endoconidies sont analogues à celles de *Thielaviopsis basicola*. Les chlamydospores, plus rares, sont unicellulaires, ovoïdes, 14-19 μ diam.

Choanephora cucurbitacearum (B. et Rav.) Thaxter (voir fig. 9)
Mucorinée produisant sur des conidiophores ramifiés, terminés par des têtes conidifères, des conidies brunes, striées longitudinalement, 15-25 × 7-11 μ. Sporanges beaucoup plus rares 35-100 μ de diamètre, sporangiospores 18-30 × 10-15 μ. Zygospores rares 50-90 μ de diam. ; à l'œil nu velouté analogue à celui de *Botrytis cinerea*, mais plus noir.
En milieu artificiel on ne peut obtenir de conidiophores que sur des milieux riches (A ou L) en couche mince (10 cm³ de milieu dans une boîte de Pétri de 10 cm). On obtient des sporanges en transférant sur un milieu peu nutritif (gélose pure ou S) un fragment de culture sur un milieu riche (A ou L).

Cladosporium (v. fig. 15)

Comme chez les *Cercospora*, on rencontre des *Cladosporium* maculicoles ou biotrophes, sans que cela entraîne de différences dans leurs facultés de fructification en culture.

Cladosporium cucumerinum Ell. et Arth.

Syn. *Scolecotrichum melophthorum* Prill. et Del.

Conidies irrégulières, monocellulaires 10-15 × 3-5 μ, bicellulaires 15-30 × 4-6 μ.

Isolement souvent infructueux à partir des taches foliaires nécrotiques, facile sur S à partir du velouté mycélien présent sur les chancres sur tiges ou les taches sur fruits. Croissance rapide en culture, bonne fructification sur « S », meilleure sur « L ».

Cladosporium fulvum Cke.

On l'appelle aujourd'hui *Fulvia fulva* (Cke.) Ciferi.

Conidies irrégulières, monocellulaires 10-18 × 6-8 μ, dans les conditions normales de serre, plus longues et plus étroites en atmosphère saturée et lumière faible.

Isolement sur S à partir du duvet conidien prélevé sur les feuilles. Croissance très lente en culture. Colonies vertes par réflexion, violettes en transparence (on rencontre aussi des souches grises). Apparition de secteurs mutants gris stériles. Repiquer à partir des zones fertiles, en étalant les spores sur toute la surface du milieu. Conservation sur S, sporulation abondante sur L.

Cladosporium herbarum Ell. et Arth.

Conidies irrégulières, monocellulaires : 8-13 × 3-4 μ, bicellulaires plus longues.

Saprophyte commun, fréquemment présent dans les isolements à partir de taches foliaires ; fructifie sur tous milieux.

Cladosporium pisicolum Snyder

Conidies unicellulaires 5-12 × 3,5-5 μ, bicellulaires 12-24 × 4-5,5 μ.

Cladosporium variabile (Cke.) De Vries.

Syn : *C. macrocarpum* Preuss., *Heterosporium variabile* Cke.

Conidiophores et conidies présentant la disposition typique des *Cladosporium*, mais conidies finement échinulées comme celles des *Heterosporium*... Monocellulaires 8-12 × 5-7 μ, bicellulaires 12-17 × 7-8 μ.

Bonne fructification sur L.

Colletotrichum

(voir fig. 12 les principales catégories de *Colletotrichum* auxquelles se rattachent les espèces parasites des plantes maraîchères).

Les *Colletotrichum*, que l'on peut isoler et conserver sur milieu « S » montrent en général une bonne fructification sur « A ». Certaines espèces particulièrement délicates demandent des milieux proportionnellement moins riches en glucides et plus riches en protéines, comme celui de Mathur, utilisé par Bannerot *et al.*, pour 1 litre d'eau :

Glucose	2,8 g	
SO$_4$Mg7H$_2$O	1,23 g	
PO$_4$KH$_2$	2,72 g	(stériliser 20 mn à 110 °C)
Peptone bactériologique	2 g	
Gélose	20 g	

Les *Colletotrichum* ont tendance à produire en culture des secteurs mycéliens stériles. On luttera contre cette tendance, soit en repiquant à partir de masses de spores qu'on étalera sur le milieu, soit en reprenant périodiquement la souche par isolement monospore.

Groupe 1 (type *C. gloeosporioides* — forme parfaite *Glomerella cingulata*)

Colletotrichum higginsianum Sacc.
Taches liées aux nervures sur feuilles de Crucifères.
Conidies 15-20 × 3-4 μ (c'est le membre du groupe qui produit les spores les plus longues).

Colletotrichum gloeosporioides f. sp. *melongenae* Fournet
Attaque les fruits immatures d'Aubergine et de *Solanum torvum*, les fruits mûrs de Tomate et de Poivron.
Conidies 10-18 × 3-4 μ, en forme de « grain de riz », avec une extrémité plus pointue que l'autre.
Il est probable que sont synonymes de cette f. sp. les *Colletotrichum acutatum* et *piperatum* signalés aux États-Unis sur fruits de Poivron.

Colletotrichum lagenarium (Pass.) Ell. et Halst.
Conidies 13-19 × 4-6 μ.
Germination par *appressoria* foncés, diam. 7-9 μ.

Colletotrichum lindemuthianum
Conidies 13-29 × 4-5 μ.
Espèce à croissance chétive — milieu de Mathur recommandé.

Groupe 3 (type *C. atramentarium*)

Colletotrichum atramentarium
Sur racines de Solanées.
Synonymes *C. phomoides* (Sacc.) Chester ou *C. coccodes* (Wallr.) Hugues (sur fruits de Tomate).
Conidies 15-20 × 3-4 μ, germant par appressoria noirs.
Généralement sclérotique et stable en culture, produit parfois des secteurs roses producteurs d'acervules, ou gris stériles.

Groupe 4 (type *C. dematium*)

Colletotrichum dematium f. sp. *circinans* (Berk.) V. Arx.
Syn. *C. circinans* (Berk.) Vogl.
Conidies en forme de croissant 18-28 × 3-4 μ, appressoria 6-8 × 4-5 μ.

Isolement à partir de lambeaux d'écailles d'Oignon (éliminer les écailles externes, prélever sur la dernière à montrer des taches) ; cultures à prédominance sclérotique sur S, fructification conidienne et production de sclérotes sur A.

Colletotrichum dematium f. sp. *spinaciae* (Ell. et Halst.) V. Arx.
Syn. *C. spinaciae* Ell. et Halst.
Conidies en forme de croissant 19-24 × 2,5-3 μ.

Colletotrichum capsici (Syd.) Butler et Bis.
Syn : *Vermicularia capsici* Syd.
Sur tiges et fruits de Poivrons. Stromas (ou sclérotes) 70-120 μ, pourvus de soies abondantes 70-115 μ, produisant des conidies en forme de croissant 17-28 × 3-4 μ.

Corynespora cassiicola (B. et C.) Wei.
Synonymes : *Corynespora melonis, Corynespora lycopersici, Helminthosporium carposaprum, Helminthosporium vignicola.*
Conidies de forme très irrégulière, en courtes chaînes de 2, 3 ou 4, soit de forme cylindrique (type « *Helminthosporium* ») soit en forme de massue (type « *Alternaria* »), avec 3 à 15 cloisons, 40-300 × 5-20 μ.
Cette espèce regroupe les souches parasites sur Solanées, Cucurbitacées, *Vigna* et Papayer. Croissance et fructification bonnes sur S, très bonnes sur L.

Cylindrocarpon radicicola W_2
Conidies en fausses têtes puis en *sporodochia*, unicellulaires 7-20 × 2-5 μ, tricellulaires 25-40 × 5-7 μ, arrondies aux deux extrémités.
Colonies combinant les couleurs blanc, jaune et brun. Envahisseur secondaire d'organes souterrains. Ne pas confondre avec *Fusarium solani.*

Didymella bryoniae (Auersw.) Rehm.
Cette espèce a donné lieu à une extraordinaire synonymie, ex. : *Mycosphaerella citrullina, M. cucumis, Didymella melonis* et, pour la forme pycnide : *Ascochyta citrullina, A. melonis, A. cucumis, Phyllosticta citrullina, Diplodina citrullina...*
Pycnides diam. 80-170 μ. Pycnospores de taille variable, certaines pycnides (spermogonies ?) en produisent de plus petites 5-11 × 3-6 μ, d'autres de plus grosses, bi ou tricellulaires 13-20 × 4-6 μ. Périthèces diam. 80-170 μ, asques 44-56 × 7-11 μ. Ascospores ovoïdes à 2 cellules inégales 9-13 × 4-5 μ. Les différentes sortes de fructifications se rencontrent en mélange sur les lésions gris clair observées sur tiges de Cucurbitacées.
Envahissement secondaire fréquent par des *Fusarium roseum.* Isoler en prélevant le tissu sous-épidermique. Production de périthèces et pycnides en mélange sur S, de pycnides seulement sur A. Fertilité très variable selon les souches.

Didymella lycopersici Kleb.
Périthèces 120-150 × 100 μ. Ascospores 16-18 × 5-6,5 μ, bicellulaires. Pycnides (*Diplodina lycopersici* (Cke.) Holles) 100-270 μ, pycnospores en majorité unicellulaires 6-7 × 3-5 μ, quelques bicellulaires 8-11 × 3-5 μ.

Isolement : fendre en deux les tiges suspectes, ensemencer sur S des fragments de moëlle grisâtre. Conservation sur S, fructification sur L. Ne pas exposer à des températures dépassant 25 °C.

Entyloma : ce genre appartient aux Tilletiacées (Ustilaginales : charbons et caries, beaucoup mieux représentées sur Céréales que sur plantes maraîchères). Ce sont des « Charbons foliaires » à chlamydospores sous-stomatiques, d'un diamètre d'environ 10 μ, très peu colorées, germant sur place pour donner au sommet d'un promycélium sortant par le stomate des sporidies allongées et minces.

Les compartiments internervaires attaqués sont d'un vert plus pâle que le reste de la feuille, le velouté de sporidies très discret à la face inférieure. On observe *E. ellisii* Halsted. sur Épinard, *E. petuniae* sur Haricot.

Erysiphe : voir à « Oïdiums »

Fusarium (v. fig. 17).

Clef des espèces rencontrées sur plantes maraîchères.
On observera le mode de production des microconidies sur tubes ou boîtes de Pétri de milieu S, à sec, avec un objectif × 10 ou × 20.
On obtiendra facilement les chlamydospores, en cas de doute, en faisant incuber 10 jours un fragment de culture sur milieu S dans un tube d'eau distillée stérile.

A. microconidies présentes
B. microconidies en chaînes, chlamydospores absentes, **F. moniliforme**
BB. microconidies en fausses têtes, chlamydospores absentes, **F. moniliforme** var. **subglutinans**
BBB. microconidies en fausses têtes sèches, abondantes, chlamydospores présentes, largeur des macroconidies ⩽ 4 μ, **F. oxysporum**
BBBB. microconidies produites dans une gouttelette d'eau au bout d'un conidiophore assez long, chlamydospores présentes, largeur des macroconidies ⩾ 4 μ, **F. solani**
BBBBB. microconidies produites en bouquets sur des conidiophores ramifiés, en mélange avec des macroconidies et des spores à 1 cloison, **F. roseum** var. **arthrosporioides**
AA. microconidies absentes, **F. roseum**

Conservation des souches sur S, fructification et colorations caractéristiques sur A. Les *Fusarium* sont plus résistants que la plupart des champignons au gaz carbonique (incubation des boîtes sous CO_2 pur), aux alcools (éthanol 1 à 2 %, méthanol 2 à 4 %) et au sel marin (50 g/l). On peut tirer parti de ces résistances pour des isolements sélectifs (CO_2 ou alcools pour *F. oxysporum*, NaCl pour *F. roseum*, par exemple).

On ne pourra affirmer qu'un *Fusarium* est cause d'une maladie que si on a pu reproduire celle-ci par inoculation artificielle.

Fusarium moniliforme (Sheld) Sn. et H.
Aspect cultural analogue à celui des souches de *F. oxysporum* dépourvues de *sporodochia*.
Microconidies 4-18 × 1,5-4 μ. Macroconidies 3 cloisons : 20-60 × 2-5 μ.
Espèce classiquement inféodée aux céréales — fréquente sur Asperge.

Fusarium moniliforme var. *subglutinans* (Wr. et Rg.) Sn. et H.

Aspect cultural analogue à celui des souches de *F. oxysporum* pourvues de *sporodochia*. Examinés de très près les microconidiophores de ce *Fusarium* sont des « polyphialides ». Ils sont souvent légèrement ramifiés (2 ou 3 branches), mais moins que ceux de *F.r.* var. *arthrosporioides* ; dimensions des micro et macroconidies analogues à celles de l'espèce-type. Classiquement inféodé aux céréales, fréquent sur Asperge.

Fusarium oxysporum (Schlecht.) Sn. et H.

Le mycélium, les *sporodochia* (masses de macroconidies) et le milieu sous-jacent peuvent présenter des colorations allant de l'orangé au violet en passant par le rose. Certaines souches ne présentent ni *sporodochia* ni pigmentation (autrefois *F. conglutinans*). Certaines sont dépourvues de *sporodochia* mais produisent un pigment mauve ou violet, avec quelquefois des sclérotes bleu-violet (autrefois *F. orthoceras*). D'autres enfin produisent des *sporodochia* crème, roses ou orangés, avec ou sans pigmentation violette au voisinage du milieu (autrefois *F. oxysporum* et *F. bulbigenum*). Ces différences morphologiques sont indépendantes de la virulence et de la spécificité, bien que les souches saprophytes du sol ou radicicoles soient plus souvent sporodochiales que les parasites vasculaires.
Microconidies 4-13 × 2-3 μ. Macroconidies 3 cloisons 20-50 × 2,5-4 μ, 5 cloisons 30-70 × 2,5-5 μ.

Fusarium solani (Mart.) Sn. et H.

Mycélium blanc ou fauve. Masses de macroconidies souvent abondantes. Les *sporodochia* fusionnent souvent entre eux pour former des plages muqueuses ou *pionnotes*. *Sporodochia* ou *pionnotes* crème, jaunes, verts ou bleus. Pigment jaune, verdâtre ou bleu diffusant dans le milieu.
Les souches de la f. sp. *cucurbitae* ont tendance à être très mycéliennes et peu pigmentées, avec des macroconidies très longues (70 μ). Celles de la f. sp. *phaseoli* sont le plus souvent fortement pigmentées de bleu, avec des macroconidies de longueur moyenne (50 μ). Les souches parasites de la pomme de terre (var. *coeruleum*) sont également très bleues, avec des macroconidies courtes. Les souches antillaises au collet des Solanées et légumineuses sont peu pigmentées, et productrices (grâce à leur *homothallisme*) de périthèces rouges (*Nectria haematococca* Berk et Br., ou *Hypomyces solani* Reink. et Berth.).
Le milieu A permet de bien distinguer les colorations de *F. oxysporum* et *F. solani*, contrairement au « PDA » sur lequel ce dernier peut devenir violet.
De façon générale microconidies 5-14 × 2,5-5 μ. Macroconidies 3 cloisons 20-50 × 3,5-6 μ, 5 cloisons 26-70 × 4-6 μ.

Fusarium roseum var. *avenaceum* (Sacc.) Sn. et H.

Mycélium blanc-rosé, abondant. Macroconidies produites soit isolément, soit en sporodochia orangés ; pas de chlamydospores.
Macroconidies 3 cloisons 22-60 × 2,3-4 μ, 5 cloisons 40-75 × 2,5-4 μ. Pigment rose dans le milieu présent ou absent suivant les souches (entité peu homogène).
Espèce classiquement inféodée aux céréales. Se rencontre sur *Allium*, Asperge, Pois, Fève.

Fusarium roseum var. *culmorum* (Sacc.) Sn. et H.

Mycélium rouge brique à reflets jaunes, chargé de petits agglomérats de microconidies (*microsporodochia*). Chlamydospores ovoïdes faiblement différenciées. Pigment rouge dans le milieu.

Macroconidies 3 cloisons 18-44 × 3-8 µ, 5 cloisons 26-60 × 4-9 µ.

Espèce classiquement inféodée aux céréales. On la trouve également sur Asperge et sur *Allium*.

F. roseum var. *graminearum* (Schwaab) Sn. et H.

Mycélium rouge brique à reflets jaunes. Production de macroconidies sur le mycélium, comme pour *culmorum*, mais moins abondante, et seulement sous éclairage alternatif — produit parfois également des périthèces (*Gibberella*) dans ces conditions, ou encore mieux sur pailles stérilisées. Chlamydospores absentes.

Macroconidies 3 cloisons 25-66 × 3-6 µ, 5 cloisons 28-72 × 3,2-6 µ. Pigment rouge dans le milieu.

Espèce classiquement inféodée aux céréales, parfois rencontrée sur Asperge et *Allium*.

F. roseum var. *gibbosum* (Wr.) Sn. et H.

Mycélium beige ou fauve producteur de nombreuses chlamydospores souvent échinulées. Conidies isolées, rares, ou parfois produites en *sporodochia*, présentant une forme « busquée » très caractéristique, de longueur et largeur très variable.

Espèce fréquente dans le sol et au collet des Cucurbitacées, n'est jamais un parasite virulent.

F. roseum var. *arthrosporioides* (Sherb) Mess. et Cass.

Présente les colorations caractéristiques de *F. roseum* (couleur carmin ou fauve), mais produit en mélange micro et macroconidies sur des conidiophores ramifiés.

Saprophyte, ou envahisseur de fruits à partir de pièces florales flétries.

F. roseum var. *sambucinum*

Caractères analogues à ceux de *F.r.* var. *culmorum*, mais pigment rouge absent, et conidies plus courtes : 3 cloisons.

Espèce parasite sur arbustes, lianes (ex. : sureau, clématite), et provoquant une pourriture des tubercules de pomme de terre. Peut se montrer agressive sur Pois.

Fusicladium pisicola Linf.

Conidiophores courts, érigés 16-24 × 4-6 µ ; conidies pour la plupart bicellulaires, échinulées 16-32 × 8-14 µ.

Geotrichum candidum Link.

Syn : *Oospora lactis* (Fres.) Lind.

Filaments hyalins se désarticulant en conidies cylindriques 5-10 × 4 µ.

Saprophyte très courant sur fruits de Tomate ou de Poivron à surmaturité.

Croissance très faible sur S, luxuriante sur L.

Gloeosporium concentricum (Grev.) Berk et Br.

Acervules produisant des conidies hyalines 6,5-14 × 2-3 μ.

Forme parfaite *Pyrenopeziza brassicae* — petites apothécies noires sur débris de culture.

Homsfordia pulvinata (Berk. et Curt.) Hugues

Syn. *H. ugadensis*

Conidiophores ramifiés comme ceux d'un *Botrytis* en miniature. Extrémités des branches portant plusieurs denticulations conidifères.

Conidies globuleuses diam. 4-7 μ.

Hyperparasite des *Cercospora, Cladosporium, Fulvia*

Helminthosporium allii Campanile

Conidies 26-40 × 9-12 μ, cloisons transversales parfois bifurquées en Y.

Isolement : comme pour *Colletotrichum dematium* f. sp. *circinans*. Bonne croissance et fructification sur S.

Heterosporium allii Ell. et Mart.

Conidies cylindriques brun verdâtre, 1 à 3 cloisons, finement échinulées. 20-33 × 9 μ. Les var. *cepae* Ranoj et *cepivorum* Nic. et Ag. produisent des spores plus grandes 44-100 × 9-12 μ.

Isariopsis : voir à *Phaeoisariopsis*

Leptotrochila porri V. Arx et Boerema

Taches allongées, brun noirâtre, limitées par les nervures sur feuilles de Poireau, formées par un pseudostroma de filaments bruns entrelacés. Apothécies discoïdes, noires, diam. 350-700 μ. Asques à 8 ascospores 82-98 × 14-18 μ. Ascospores unicellulaires 16-21 × 6-9 μ, paraphyses nombreuses, diam. 2-5 μ, renflées à l'extrémité.

Leveillula : voir « Oïdiums »

Macrophomina phaseoli (Maub.) Ashby

Synonymes : *Sclerotium bataticola* Taub., *Rhizoctonia bataticola* (Taub.) Butl.

Pycnides rarissimes aussi bien sur les hôtes qu'en culture. Pycnospores 12-34 × 6-12 μ ; microsclérotes 300-600 μ.

Croissance très rapide en culture (3 cm/jour sur S), optimum supérieur à 30 °C.

Marssonina panattoniana (Berl.) Magn.

Syn. récent : *Microdochium panattonianum* Galea, Price et Sutton.

Ne pas s'attendre à trouver de véritables acervules comme chez les *Colletotrichum*, mais seulement des groupes de 40 à 100 spores de-ci, de-là sous la cuticule. Spores bicellulaires légèrement arquées 17 × 4 μ.

Isolement en ensemençant sur S avec une aiguille lancéolée le tissu des lésions apparues sur les nervures principales, après enlèvement de la cuticule. Colonies roses à croissance lente sur S, plus luxuriante sur L.

Mycocentrospora acerina (Hartig.) Newhall

Mycélium toruloïde, se transformant en chlamydospores irrégulières diam. 17-30 μ. Conidies 60-250 × 8-15 μ, cloisonnées transversalement (6-11 cloisons), les cellules centrales foncées, amincies à l'apex. Un appendice filiforme 30-150 μ est inséré sur la cellule basale.

Colonies d'abord hyalines, devenant noires en passant par le gris-verdâtre ou le pourpre.

Champignon à gamme d'hôtes très diverse : semis de Platane, Pensées, Ombellifères (Carotte, Céleri) et, très récemment, taches foliaires sur Laitue.

Mycosphaerella brassicicola (De By.) Ces. et de Not.

Forme « pycnide » *Phyllosticta brassicae* (Curr.) Westend.

Les « pycnides » (ou spermogonies) produisent de très nombreuses spermaties hyalines 2,5-4,5 × 1,5-2,5 μ.

Les périthèces observés simultanément ou peu après mesurent 90-125 × 80-112 μ. 4 à 5 asques par périthèce, renfermant 8 ascospores hyalines, bicellulaires à loges inégales 15-25 × 3,5-5,5 μ.

Mycosphaerella citrullina : voir à *Didymella bryoniae*

Mycosphaerella pinodes (Berk et Box) Stone

Périthèces diam. 90-180 μ. Asques 50-80 × 10-15 μ. Ascospores 17 × 8 μ (2 cellules égales, dont le contour a une tendance triangulaire). Pycnospores 8-16 × 3-6,5 μ, bicellulaires en majorité.

Oïdiums : nom français des champignons de la famille des Erysiphacées, et appartenant, pour les plantes maraîchères, aux genres *Erysiphe*, *Leveillula*, *Sphaerotheca* (formes parfaites) et *Oidium*, *Oidiopsis* (formes conidiennes). Ce sont des *parasites stricts*, que l'on peut cependant, grâce aux travaux de la Station de Pathologie végétale de Montfavet, conserver *in vitro* en association avec des organes végétaux aseptiques (feuilles, cotylédons). La conservation des souches sur de longues durées se pratique sur des feuilles aseptiques dans des bocaux, le pétiole plongeant dans un milieu gélosé de type Murashige et Skoog + vitamines de Morel. Les feuilles proviennent d'un « Oïdiotron » (cases alimentées en air pulsé filtré, plantes poussant sur substrat stérilisé). Elles sont désinfectées par trempage 3 mn dans $HgCl_2$ à 0,5 % puis rinçage à l'eau stérile avant mise en bocal. La désinfection des conidies d'Oïdium pour ensemencement initial est délicate : 2 mn dans $HgCl_2$ à 0,5 ‰, reprise sur filtre de Seitz K5, lavage 2 fois à l'eau stérile, pulvérisation sur les feuilles (pour les *Oidium* — l'*Oidiopsis* correspondant à *Leveillula taurica* est de préférence transféré dans des gouttelettes d'eau, à la face inférieure de la feuille).

Une méthode plus simple a été mise au point pour les Oïdiums des Cucurbitacées : prélèvement de cotylédons âgés de 7 jours sur des plantules élevées en miniserres sur substrat stérilisé. On pose ces cotylédons, désinfectés et rincés comme ci-dessous, dans des boîtes de Pétri contenant le milieu stérilisé suivant, pour 1 l :

Gélose	5 g
Mannitol	14 g
Saccharose	10 g
Benzimidazole	30 mg

Les boîtes sont placées à 23 °C-24 °C, sous éclairage fluorescent 6000 lux 14 h/jour. L'ensemencement est pratiqué à sec, en prélevant avec une pointe en fer de très petites quantités de conidies. Les repiquages sont pratiqués tous les 35-40 jours et peuvent être réalisés par soufflage.

Erysiphe cichoracearum D.C.

Cette grande espèce comporte des souches capables d'attaquer des plantes très diverses : Composées cultivées et sauvages, Cucurbitacées, Tomate (récemment), Haricot en serre.

Conidies en longues chaînes (chaque conidiophore en produit plusieurs par jour), en forme de tonnelet, dépourvues de « corps de fibrosine » à l'observation dans la potasse à 3 %, germant le plus souvent à l'une de leurs extrémités, en donnant sur une surface solide un appressorium en forme de massue, 20-35 × 15-20 µ.

Périthèces d'apparition irrégulière, du fait de l'hétérothallisme, diam. 80-140 µ, 10-15 asques à 2 ou 3 ascospores 20-28 × 12-20 µ.

Erysiphe polygoni D.C.

Contrairement à la précédente, les « formes spécialisées » de cette espèce ont souvent reçu des noms spécifiques : *E. cruciferarum* (Opiz) Junel, *E. heraclei* (D.C.) Salmon (= *E. umbelliferarum* De Bary), *E. betae* (Vanha) Beltzien, *E. pisi* Syd.

L'Oïdium américain du Haricot est par contre resté un *E. polygoni*...

Conidies en chaînes courtes (une seule conidie produite par jour) ou solitaires 40-50 × 15-20 µ. Périthèces rares, diam. 100-180 µ, 2 à 8 asques, 2 à 8 ascospores par asque 19-25 × 9-14 µ.

Leveillula taurica (Lev.) Arnaud

Forme conidienne : *Oidiopsis taurica* (Lev.) Salm.

Mycélium interne dans le mésophylle, conidiophores sortant par les stomates chez les Solanées et Cucurbitacées, très longs et d'origine difficile à situer chez l'Artichaut et le Cardon.

Conidies en courtes chaînes, la première produite présente un apex pointu, les suivantes sont en forme de tonnelet. Sur Artichaut et Cardon 50-55 × 19-22 µ, sur Solanées 60-65 × 14-16 µ.

Périthèces de grande taille contenant des asques nombreux, connus en France seulement sur *Phlomis herba-venti* et *Teucrium* spp. Diam. 140-250 µ. 10 à 40 asques 80-10 × 35-50 µ, le plus souvent 2 ascospores 25-40 × 15-20 µ.

Spharotheca fuliginea (Schlecht.) Salmon

Conidies de forme ovoïde, contenant des « corps de fibrosine » à l'examen dans la potasse 3 %, germant latéralement, avec un appressorium lobé, 29-35 × 18-20 µ.

Périthèces apparaissant de façon irrégulière, du fait de l'hétérothallisme, diam. 90-110 µ, renfermant 1 asque, à 8 ascospores 18 × 12 µ.

Olpidium (Chytridiomycètes)

On rencontre les *Olpidium* dans les cellules sous-épidermiques des racines. Un thalle endocellulaire à plusieurs noyaux peut se transformer, soit en zoosporange émettant par un tube de décharge des zoospores pourvues d'un flagelle postérieur, soit en kyste de conservation à paroi épaisse. On distingue, sur les plantes qui nous intéressent :

Olpidium brassicae

Zoosporanges sphériques ou allongés 12-220 µ, zoospores globuleuses diam. 3-4 µ, kystes de conservation d'allure « étoilée », du fait de replis de la paroi extérieure.

Tomlinson distingue une souche « Crucifères », et une souche « Laitue » plus polyphage, vectrice de virus (ex. : Big vein).

Olpidium radicale Schwarz et Cook

Zoosporanges sphériques ou allongés 20-300 µ, zoospores 7-10 × 2-3 µ, ovales, pyriformes, ou rétrécies à la partie médiane, se raccourcissant après 1 ou 2 h d'activité, flagelle 18-20 µ. Kystes de conservation diam. 15-100 µ, paroi 3-5 µ, lisses à l'extérieur, avec un réseau hexagonal (difficile à observer) à l'intérieur.

Polyphage — parmi les meilleurs hôtes on peut citer *Phleum pratense, Citrullus vulgaris, Cucurbita maxima, Trifolium incarnatum* et *T. pratense, Veronica beccabunga...* Vecteur de virus sur Cucurbitacées.

Synonymes : *Olpidium cucurbitacearum* Barr., *Pleotrachelus bornovanus* Satyhanci.

Les Olpidium peuvent être multipliés au laboratoire sur plantules poussant sur sable stérilisé + solution nutritive, contaminées par l'eau de lavage de racines infectées. 15 jours après inoculation, les racines hébergeant l'*Olpidium* peuvent être séchées à température ambiante, et rester infectieuses plusieurs années. *O. brassicae* se manipule plus facilement que *O. radicale.*

Péronosporacées

Champignons appartenant (pour les plantes maraîchères) aux genres *Peronospora, Pseudoperonospora, Plasmopora* et *Bremia* — v. fig. 7.

Ce sont des « parasites stricts », non cultivables sur milieux artificiels. On peut cependant en conserver des souches au laboratoire, sur cotylédons détachés, ou disques découpés dans des feuilles de plantes ayant poussé dans les conditions les plus « propres » possible : graines désinfectées à l'eau de Javel, terreau stérilisé ou vermiculite imbibée de solution nutritive.

Les cotylédons ou disques de feuilles peuvent être déposés dans des boîtes de Pétri contenant du papier filtre humidifié avec de l'eau distillée, soit flotter sur des solutions de benzimidazole (200 à 400 mg/l).

Même avec cet inhibiteur de sénescence, les repiquages doivent être pratiqués assez fréquemment (tous les 15 jours), les fragments de feuilles ou les cotylédons sont exposés à un éclairage fluorescent (2 000 lux). Certains mildious supportent une congélation de longue durée à − 18 °C.

Bremia lactucae Regel

Conidiophores dichotomes terminés par des extrémités en forme de cupules portant 3 à 5 stérigmates. Conidies presques sphériques diam. 16 à 18 μ. Germination par tubes germinatifs ou par zoospores (4,2 μ).

La conservation des souches de *Bremia* sur jeunes feuilles détachées de Laitue est pratiquée dans tous les laboratoires étudiant ce parasite (en France : INRA – Amélioration des Plantes – Versailles).

Peronospora farinosa (Fr.) Fr.

Cette espèce regroupe les *P. effusa* (Grev.) Tul. ou *P. spinaciae* Laub. (sur Épinard) et *P. schachtii* Fck. (sur Betterave).
Conidies 17,5-32,5 × 12,8-25,6 μ. Oospores diam. 20 à 50 μ.

Peronospora parasitica (Pers.) ex Fr.

Syn. *P. brassicae* Gaüm.
Conidiophores dichotomes. Conidies 20-22 × 16-20.
On peut voir se développer des conidiophores *in vitro* à partir de fragments de radis prélevés aseptiquement à l'intérieur de l'organe attaqué.
Conservation des souches sur cotylédons de Radis, à 18 °C-24 °C, posés la face inférieure vers le haut et sur papier filtre humidifié, éclairage 2 000 lux 12 h par jour.

Peronospora pisi (Syd.) Campbell.

Syn. *P. viciae* (Berk.) de By. Conidies 13-29 × 11-22 μ. Oospores à paroi sombre, diam. 26-43 μ.

Peronospora schleideni Ung.

Syn. *P. destructor* (Berk.) Casp. Conidies 40-72 × 18-29 μ. Oospores diam. 30-38 μ.

Peronospora valerianellae Fck.

Feutrage gris violacé, conidiophores 300-400 μ. Conidies 17- 23 × 15-21 μ. Oospores diam. 34-42 μ, paroi plissée, fréquentes sur les semences.

Plasmopara nivea (Mart.) Schroet.

Syn. *P. crustosa*.
Conidiophores faiblement ramifiés à angle droit dans le tiers supérieur, 90-200 μ, se terminant par 2 ou 3 stérigmates. Conidies ovoïdes 15-24 × 15-21 μ.

Pseudoperonospora cubensis (B. et C.) Rostov.

Conidiophores sortant des stomates, un peu renflés à la base, ramifiés 2 à 5 fois, formant un feutrage gris-violacé. Conidies (ou plutôt sporanges) gris-fauve 20-40 × 14-25 μ. Oogones diam. 25-50 μ. Oospores à paroi épaisse diam. 22-44 μ, germination des conidies et oospores par émission de zoospores.

Conservation des souches sur cotylédons de Concombre ou Melon âgés de 8 à 14 jours, posés sur papier filtre, éclairage 2 000 lux, température variant entre 18 °C et 25 °C. Repiquage hebdomadaire, ou congélation à − 18 °C.

Phaeoisariopsis griseola (Sacc.) Ferraris

Synonyme *Isariopsis griseola* Sacc., *Cercospora columnaris*.

Corémies bien visibles à la loupe, formées par un fascicule de conidio-phores (v. fig. 71 B). Conidies très légèrement olivâtres 50-100 × 5-8 μ.

Isolement : prélever sous la loupe avec une aiguille flambée la masse de conidies à l'extrémité d'une corémie, ou une corémie entière avec son microsclérote basal sur une jeune tache. Ensemencer sur S. Croissance lente en culture, fructification la meilleure sur un milieu à base de haricots verts.

Phoma apiicola Kleb.

Pycnides 70 à 420 μ de diamètre, pycnospores 3-4 × 1-1,6 μ, mycélium à articles larges et courts, souvent toruleux.

Isolement sur S à partir de fragments prélevés à la limite de la nécrose dans le céleri-rave ou le trognon du céleri-côte. Repiquage, production de pycnides sur L.

Phoma betae Frank.

Pycnides 125-650 μ. Pycnospores 3,8-9,3 × 2,6-4,9 μ, forme parfaite *Pleospora betae* Björling : Périthèces 230-304 μ, ascospores muriformes 19-25 × 8,5-10 μ.

Phoma destructiva Plowr.

Syn. *Diplodina destructiva* (Plowr.) Petr.

Pycnides très irrégulières pouvant présenter plusieurs ostioles 30-350 μ. Pycnospores 3,4-8,5 × 1,7-2,8 μ, en faible proportion bicellulaires.

Isolement facile à partir de fruits de tomate atteints, ou de cirrhes obtenus à partir de taches foliaires en chambre humide. Très bonne fructifications sur L.

Phoma exigua Desm.

Pycnospores 5,5-10 × 2,5-3,5 μ, ellipsoïdes ou en forme de haricot, souvent biguttulées, parfois bicellulaires.

Espèce pouvant se rencontrer sur de nombreux hôtes, en particulier Carottes, Endives, parmi les plantes qui nous intéressent.

Phoma lingam (Tode) Desm.

Pycnides de taille très variable. Pycnospores 3,6 × 1-2,5 μ. La forme parfaite *Leptosphaeria maculans* (Desm.) Ces. et de Not. se forme sur les vieilles tiges de Crucifères (surtout Colza) laissées sur place durant l'hiver. Périthèces 300-500 μ, glabres, hémisphériques, à paroi épaisse, noire. Asques 100-150 × 12-15 μ. 8 ascospores fusiformes à 5 cloisons 35-60 × 4,5-6 μ, jaune-brunâtre.

Sur milieux de culture usuels on obtient la forme pycnide.

On peut obtenir les périthèces sur tiges de graminées stérilisées, entre 15 °C et 18 °C sous lumière alternée (d'après L. Lacoste).

Phoma medicaginis Malbr. et Roupn. var. *pinodella* L.K. Jones

Pycnospores 7,8 × 3,7 μ. Mycélium produisant de nombreuses chlamydospores.

Phoma valerianellae Boerema et de Jong

Pycnides 33-149 μ diam. Pycnospores 3,1-8,8 × 1,3-2,5 μ, d'allure cylindrique, arrondies aux 2 extrémités, le plus souvent unicellulaires, parfois bicellulaires.

Phomopsis dauci et *P. foeniculi* du Manoir et Vegh (morphologiquement voisins, mais spécialisés)

Attaques surtout sur hampes florales. Pycnides 150-200 × 80-120 μ, aplaties. Pycnospores alpha 8-10 × 2-2,5 μ. Pycnospores béta 18-25 × 1,2 μ.

Phomopsis sclerotioides Van Kesteren

Sur les racines de l'hôte produit seulement des « pseudostromas » (lignes noires formées de cellules mycéliennes foncées à parois épaisses) et des « pseudo-sclérotes » (amas de cellules foncées remplissant une cellule épidermique). Production en culture de sclérotes de taille variée, de 100 μ à 3-10 × 2-5 mm, à écorce noire.

Sur certains milieux, production de pycnides stromatiques de forme très irrégulière, contenant des loges sporifères festonnées produisant des pycnospores 7,5-10,5 × 2,5-4,5 μ (spores alpha — pas de spores « bêta »). V. Kesteren conseille pour la production de pycnides les gousses de Haricot stérilisées. Ne pas confondre avec *P. cucurbitae* Mc. Keen observé sur tiges au Canada, qui produit des « spores béta ».

Phomopsis vexans (Sacc. et Syd.) Hart.

Pycnides stromatiques produisant des spores ovoïdes biguttulées 5-8 × 2-3 μ (spores alpha) en mélange avec des spores filiformes à extrémité courbe 28 × 13 μ (spores béta).

Forme parfaite *Diaporthe vexans* (Sacc. et Syd.) Gatz, asques 36 × 9 μ, ascospores 10-13 × 4 μ.

Les souches les plus récemment observées en Guadeloupe ne produisent pas de « spores béta ».

Phytophthora : voir à « Pythiacées »

Plasmodiophora brassicae Woronin (v. fig. 102)

Plasmodes plurinucléés puis zoosporanges diam. 6-7 μ dans les poils absorbants. Plasmodes se transformant en masses de spores de conservation arrondies diam. 4-6 μ dans les cellules corticales hypertrophiées incluses dans les galles. Zoospores biflagellées d'observation difficile — parasite strict.

Détection du *Plasmodiophora* : **dans la plante**, par observation microscopique des poils absorbants (plasmodes, zoosporanges), ou des cellules corticales des galles (spores de conservation) ; **dans le sol** : piégeage par des plantules de Chou chinois « Granaat », sensible à tous les pathotypes attaquant les *Brassica*.

Conservation de l'inoculum : au congélateur à − 18 °C sous forme de galles racinaires, ou de suspension de spores de conservation obtenue après broyage des galles aux mixer et purification par tamisage jusqu'à 10 μ, éventuellement associé à une centrifugation (3 000 tours-10 mn) pour réduire la flore bactérienne. Conservation possibe plusieurs années. Culture sur « racines transformées » obtenue par H. Mugnier.

Plasmopora : voir à « *Péronosporacées* »

Polymyxa betae Keskin.

Plasmodes sporangiaux 2 ou 3 par cellule, se segmentant en sporanges par des constrictions. Zoospores émises par des tubes de décharge 5-8 μ. Zoospores biflagellées. Plasmodes cystogènes évoluant en cystosores comprenant 4 à 300 spores de conservation arrangées de façon très variable, polyhédriques, diam. 4-5 μ.

Les racines de plantes virosées en pot, broyées, peuvent être conservées à sec et servir d'inoculum pendant plusieurs années.

Polymyxa betae a été cultivé avec succès sur « racines transformées » de betterave par H. Mugnier.

Pseudoperonospora : voir à « *Péronosporacées* »

Puccinia (Urédinales) Les téleutospores de *Puccinia* sont pédicellées et bicellulaires.

Puccinia allii (D.C.) Rud

Rouille autoïque, stades II et III sur Ail et Poireau. Urédosores punctiformes ou lenticulaires, orangés, éclatés. Urédospores à pores germinatifs indistincts. Téleutosores confluents, en plaques losangiques. Téleutospores 33-66 × 12-26 μ (moy. 50 × 20), dans des logettes délimitées par des paraphyses brunes (vu en coupe).

Puccinia angyvyi Bouriquet

Rouille autoïque observée à Madagascar. Stades I et III sur Aubergine. Attaque feuilles et tiges. Écidies 630 × 420 μ. Cellules péridiales rectangulaires 25 ×20 μ, écidiospores à membrane épaisse 2,4 μ, 16-26 × 14-19 μ. Téleutospores bicellulaires, à très long pédicelle, paroi épaisse, atteignant 4 μ au sommet, 35-53 × 21-27 μ.

Puccinia apii Desm.

Rouille autoïque, stades I, II, III sur Céleri.
Spermogonies sous les feuilles, mêlées aux écidies. Cellules péridiales à paroi très épaisse verruqueuse. Urédo et téleutosores également hypophylles. Urédospores 24-35 × 20-26 μ, téleutospores 30-50 × 15-23 μ, paroi lisse.

Puccinia asparagi D.C.

Rouille autoïque. Stades I, II, III sur Asperge.
Spermogonies nombreuses sur les axes jeunes. Écidies en petites cupules orangées. Urédosores sur les rameaux secondaires, pustuleux, ovalaires, déhiscents, roux. Urédospores à paroi épineuse, 4-5 pores germinatifs.

Téleutosores sur rameaux et sur tige principale, confluant en plaques zonées ovales noires.
Urédospores 20-30 × 17-25 μ, téleutospores 30-50 × 17-28 μ.

Puccinia cichorii D.C.
Syn. : *P. hieracii var. hieracii f. sp endiviae* (Bellynck ex. Kickx) Boerema et Verhoeren. Rouille autoïque. Stades II et III sur chicorées *endivia* et *intybus*. Urédosores punctiformes, pulvérulents, des 2 côtés des feuilles, nombreux. Urédospores 21-30 × 18-22 μ. Téleutosores de même disposition, brun-noir. Téleutospores 27-40 × 18-26 μ, pédicelles 40-80 μ.

Puccinia hysterium (Stri.) Rohl.
Syn. *P. tragopogonis* Corda. Rouille autoïque, stades I et III sur Salsifis. Écidies cupulées sur des plantes à feuilles jaunâtres et déformées (infection systémique). Téleutosores punctiformes longtemps clos. Téleutospores à grosses verrues 26-48 × 20-25 μ, « mésospores » (unicellulaires) fréquentes.

Puccinia opizii Bub.
Rouille hétéroïque. Stades S, I sur Laitue, II et III sur *Carex*. Cellules péridiales à paroi épaisse et striée (6 μ).
Écidiospores carrées puis globuleuses diam. 13-17 μ.

Puccinia porri (Sow.) Wint.
Rouille autoïque sur Oignon, Ciboule, Poireau, Ail (importante en Extrême-Orient).
Urédosores punctiformes ou lenticulaires, orangés, éclatés, urédospores 3 pores germinatifs. Téleutosores en groupes, de taille inégale. Téleutospores 28-45 × 18-27 μ, paraphyses absentes. Mésospores (unicellulaires) fréquentes.

Puccinia scorzonerae (Shum.) Inel.
Rouille autoïque, stades S, I, II, III sur Scorsonère.
Sores des deux côtés de la feuille, petits, punctiformes, pulvérulents, nombreux. Téleutospores à verrues fines, serrées, paroi brun-fauve, pores germinatifs bien marqués 25-42 × 22-34 μ (moy. 36,5 × 26,3).

Pyrenochaeta lycopersici Gerlach, ou « *gray sterile mycelium* »
Pycnides pourvues de *setae*, de taille irrégulière, portant sur des conidiophores plus allongés que ceux de *P. terrestris* des conidies ellipsoïdes 4-6 × 1-1,5 μ.
Agent de la maladie des racines liégeuses de Tomate. Isolement difficile d'un mycélium gris stérile, le plus souvent supplanté par *Fusarium* spp., *Rhizoctonia solani* et *Colletotrichum coccodes*. Réussite en plus forte proportion après trempage des racines malades dans l'eau de Javel. 4 ° Chloro., 10 minutes, suivi d'un rinçage à l'eau stérile. Ensemencement sur S, cultures ultérieures plus luxuriantes sur L. Les pycnides sont absentes sur les milieux usuels. Gerlach puis Matta en ont obtenu sur pailles stérilisées par les U.V.

Pyrenochaeta terrestris (Hansen) Gorenz

Syn. *Phoma terrestris* Hansen. Pycnides de forme irrégulière, avec souvent 2-3 ostioles en culture, ornées de *setae*, que produit également le mycélium externe sur les racines. Pycnides 100-500 µ, *setae* 10-100 µ, pycnospores 4-6 × 2-2,5 µ.

Isolement à partir des racines roses d'*Allium* ou de Maïs, par la méthode du lavage ou après action de l'eau de Javel (v. ci-dessus). Colonies d'un rouge vineux caractéristique (à croissance beaucoup plus lente que les *Fusarium roseum*). Production de pycnides très variable suivant les souches (situation liée à l'hétérocaryose, décrite par Hansen dès les années 30).

Pythiacées : *Phytophthora* et *Pythium*

Ces champignons, contrairement aux Peronosporacées, ne sont pas des « parasites stricts », on peut les cultiver avec plus ou moins de facilité sur milieux gélosés. Les principaux caractères qui distinguent les *Phytophthora* des *Pythium* sont les suivants :

— chez les *Phytophthora*, les zoospores se différencient à l'intérieur des sporanges, chez les *Pythium* au contraire le contenu du sporange est expulsé à l'extérieur sous forme d'une vésicule à partir de laquelle se différencient les zoospores ;

— les *Phytophthora* sont résistants à l'hymexazole, auquel sont sensibles les *Pythium* (milieux à 25-50 mg/l) ;

— de façon moins absolue, la croissance des *Phytophthora* est en général lente sur milieu S, le mycélium prenant un aspect coralloide ou sinueux, alors que celle des *Pythium* est très rapide (1 à 3 cm/jour, le plus souvent), dès l'isolement ;

— la présence de papilles sur les sporanges ne distingue pas les *Phytophthora* des *Pythium* de façon absolue.

Phytophthora

Miss Waterhouse divise les *Phytophthora* en 6 groupes suivant la disposition de l'anthéridie : « paragyne » (attachée à un endroit quelconque de l'oogone) ou « amphigyne » (entourant le pédoncule de l'oogone), et la structure de l'apex des sporanges : papille très différenciée, simple épaississement apical, ou apex peu différencié.

Les *Phytophthora* peuvent être *homothalliques*, et produisent alors le plus souvent de nombreux oogones et oospores en culture, ou *hétérothalliques* : il faut alors confronter deux souches appartenant à des groupes de compatibilité complémentaires pour en obtenir.

Les groupes 2 à 6 concernent les plantes maraîchères *.

Groupe 2 : sporanges à papille très marquée, anthéridies amphigynes.

Phytophthora capsici Leonian

Sporanges de forme irrégulière, souvent pourvus de 2 à 3 papilles, 30-105 × 21-56 µ. Oogones diam. 25-30 µ, oospores 19-24 µ, paroi 1 à 2 µ (hétérothallique) t ° cardinales 9 °C-26 °C-32 °C.

Isolement : méthode du lavage de racines. Ensemencement sur S, mycélium peu abondant, croissance luxuriante sur A ou L. Croissance linéaire sans formation de mycélium coralloide.

---

* Le groupe 1 ne comprend que *P. cactorum*, qui concerne les pépinières forestières, le Pommier et le Fraisier.

Les sporanges sont rares sur la plupart des souches isolées en France (les souches italiennes, plus fertiles, appartiennent en général au groupe complémentaire de compatibilité).

On peut en obtenir en incubant 24 h. des rondelles, découpées dans des cultures sur milieu L, dans de l'eau minérale ou une dilution de terre (une partie pour 10 parties d'eau, filtrée sur papier). On obtient des zoospores en faisant passer 1 heure à 10 °C les rondelles productrices de sporanges. On peut appliquer cette méthode aux racines de Poivron, pour détermination rapide (leur mise en chambre humide fait apparaître *Fusarium solani*).

Phytophthora parasitica Dastur

Syn. : *P. nicotianae* var. *parasitica*. Sporanges ovoïdes avec une, parfois 2 papilles. 30-50 × 25-40 µ (plus réguliers et plus petits que ceux de *P. capsici*). Oogones diam. 24-31 µ oospores 22-29 µ, paroi 1,5 à 2 µ (hétérothallique) t ° cardinales 10 °C-**31** °C-37 °C.

Les souches isolées dans le Midi de la France à partir de la chair des Tomates attaquées, ou de la moëlle des tiges, ont une croissance lente, dendritique sur S, vigoureuse sur A avec abondante production de sporanges. Ceux-ci émettent d'abondantes zoospores quand on dilacère le feutrage mycélien dans l'eau distillée à 20 °C.

La distinction de la var. *nicotianae*, à conidies plus longues, et pathogène sur Tabac, est considérée comme sans valeur par Ricci (1989). Les aptitudes parasitaires sont cependant variables suivant les souches : celles isolées sur Aubergine dans la région d'Avignon dans les années 60 présentaient la spécificité « *nicotianae* », et non celles provenant de Tomate.

Ces deux espèces peuvent être « piégées » dans les échantillons de sol avec des fruits immatures de Tomate (*P. parasitica*, *P. capsici*) ou de Courgette (*P. capsici*) : mettre dans des cristallisoirs 1 cm de terre et 2 cm d'eau, faire tremper les fruits 4 à 5 jours à 25 °C. Les lésions apparaissent à la « ligne de flottaison ».

Groupe 3 : papille légèrement marquée, anthéridies paragynes le plus souvent.

Phytophthora porri Foister

Sporanges à papille irrégulièrement marquée 35-80 × 29-50 µ, oogones diam. 36-45 µ, oospores 33-42 µ, paroi 4,5 µ, homothallique, t ° cardinales < 5 °C-**25** °C-34 °C.

Isolement à partir du mésophylle de feuille de Poireau, à la limite des taches blanches, après avoir arraché l'épiderme. Incubation et conservation des souches à moins de 25 °C *. Production très abondante d'oospores sur milieu A, croissance faible avec un mycélium très sinueux sur S. Production de conidies par incubation dans l'eau minérale à 12 °C-15 °C de fragments de culture sur A.

Phytophthora syringae (Kleb.) Kleb.

Sporanges 57-80 × 30-40 µ, oogones diam. 36-45 µ, oospores 33-42 µ, paroi 2 µ, homothallique, t ° cardinales < 5 °C-**20** °C-23 °C.

La souche « fenouil » décrite par Noviello et Snyder croît assez lentement sur les milieux courants (ex. : « corn meal agar »), mieux sur « lima bean agar ». On peut donc conseiller comme pour *P. infestans* (voir ci-dessous) la combinaison « avoine-pois chiche ».

---

* L'optimum indiqué par Ribeiro, et mentionné ci-dessus, nous paraît optimiste.

Groupe 4 : papille légèrement marquée, anthéridies le plus souvent amphigynes. Les espèces mentionnées ci-dessous sont à dissémination aérienne et optimum thermique bas.

Phytophthora infestans (Mont.) de Bary
Conidiophores bien différenciés, avec des renflements aux ramifications (v. fig. 6). Conidies 21-38 × 12-23 μ, d'abord terminales, puis latérales par suite de la croissance du conidiophore. Germination par zoospores au-dessous de 18 °C, par filament au-dessus. Oospores observées au Mexique (récemment en Hollande) diam. 28-32 μ. Hétérothallique, températures cardinales 4 °C-**20 °C**-26 °C.
Isolement difficile. Réalisé cependant assez aisément à partir du mycélium que l'on trouve entre la paroi interne et les placentas dans des fruits de Tomate récemment attaqués, ou à partir du pilier central de ces mêmes fruits. Ensemencement direct sur A (la croissance est nulle sur S), incubation et repiquages ultérieurs à des t ° inférieures à 25 °C (optimum 18 °C). Sporulation et croissance faibles sur A, meilleure sur A + pois chiches (avant stérilisation, on ajoute 2 à 3 pois chiches entiers à chaque tube de milieu A).
Un milieu à la farine de pois chiches représente l'idéal mais sa stérilisation est délicate, car il mousse facilement et mouille les bouchons si l'on ouvre l'autoclave trop tôt ou trop tard. Les Anglo-saxons préparent un « lima bean agar » à partir de pois-savon (*Phaseolus lunatus*) surgelés.

Phytophthora phaseoli Thaxter
Espèce très proche de *P. infestans*, sporanges 32-50 × 22-27 μ, oogones 30-38 μ, oospores 23-29 μ, paroi 2,5-4, homothallique, t ° cardinales 5 °C-**17 °C**-27 °C.

Groupe 5 : sporanges sans papille, avec seulement un léger épaississement apical. Anthéridies amphigynes et paragynes en mélange.

Phytophthora megasperma var. *megasperma* (Dresch.) Waterhouse
Espèce polyphage (contrairement à *P.m.* var. *sojae*) rencontrée sur crucifères, luzerne, arbres et arbustes... et Carotte.
Sporanges 15-60 × 6-45 μ, oogones 42-52 μ, oospores 37-47 μ homothallique, températures cardinales 2 °C-**22 °C**-30 °C.

Groupe 6 : sporanges sans papilles, à prolifération interne (après une émission de zoospores, un nouveau sporange est produit à l'intérieur de l'enveloppe du premier, et ainsi de suite). Anthéridies le plus souvent amphigynes.

Phytophthora cryptogea (Peth.) Lafferty
Sporanges 37-55 × 23-30 μ. Oogones 30-38 μ, oospores 27-35 μ, paroi 3,5 μ, hétérothallique, t ° cardinales 2 °C-**22 °C**-30 °C.

Phytophthora drechsleri Tucker
Sporanges 36-70 × 26-40 μ, oogones 36-53 μ, oospores 33-50 μ, paroi 3 μ. Hétérothallique, t ° cardinales 5 °C-**29 °C**-36 °C.
(Ribeira considère les deux espèces comme très proches, sinon synonymes,

la différence ne résidant que dans l'optimum de croissance *in vitro*. Dans la pratique, ces deux espèces sont pathogènes en sols froids (< 18 °C).

Pythium

Le « monde » des *Pythium*, habitants universels du sol et des eaux est encore très mal connu. Leur importance en pathologie végétale est sans doute sous-estimée, en particulier dans les phénomènes de « fatigue des sols » (Wilhelm, 1965), les « fontes de semis » et quelques maladies spécifiques (« cavity spot » de la Carotte, trachéomycose de la Laitue) ne représentant sans doute que la « partie émergée » de leur nocivité.

La meilleure monographie du genre (Van der Plaats-Niterink, 1981), tenant compte de la notion très importante d'*hétérothallisme*, admet 85 espèces, plus des variétés. Elle est susceptible de terrifier le phytopathologiste de terrain, au même titre que le « Wollenweber et Reinking » pour les *Fusarium* dans les années 50.

H. Mugnier (Rhône-Poulenc, Agrochimie) nous promet prochainement une monographie francophone réduite à 60 espèces.

Quand nous saurons déterminer les espèces, il restera sans doute à régler un problème de « formes spécialisées » : on peut donner comme exemple *Pythium myriotylum*, toujours cité comme pathogène sur Solanées, Cucurbitacées, légumineuses, mais dont les souches isolées sur « Malanga » (*Xanthosoma brasiliense*, plante à tubercules alimentaires) se révèlent aux Antilles totalement avirulentes sur Tomate ou Haricot, alors qu'elles sont hautement pathogènes sur *Xanthosoma*.

Les caractères sur lesquels repose la détermination des *Pythium* sont les suivants :
— *sporanges* : filamenteux, irrégulièrement lobés, ou plus ou moins sphériques. Dans ce dernier cas, ils peuvent perdre la faculté d'émettre des zoospores, et se comporter simplement comme « conidies » ou « chlamydospores ». On ne doit pas les confondre avec les « *structures appressoriales* » qui se développent avec profusion en moins de 36 h au contact du fond des boîtes de Pétri plastiques, mais auxquelles les spécialistes ne reconnaissent, hélas, aucune valeur déterminative ;
— *oogones* : lisses, ou pourvus de protubérances à extrémités soit arrondies, soit pointues ;
— *anthéridies* : elles peuvent être « diclines » (provenant d'un autre filament que l'oogone), « périclines » (provenant du même filament), ou « hypogynes » (synonyme d'amphigyne — v. plus haut à *Phytophthora*). Elles peuvent aussi être totalement absentes chez des *Pythium* produisant des « oospores parthénogénétiques » ;
— *oospores* : elles peuvent se montrer « plérotiques » (remplissant l'oogone) ou « aplérotiques » (ne le remplissant pas totalement).

L'aspect des colonies : cotonneuses, ou à mycélium aérien réduit, pouvant dans ce cas présenter une structure radiale, palmée, coralloïde... n'est à prendre en compte que si l'on utilise exactement le même milieu que l'auteur du manuel : le milieu « corn meal agar », par exemple est préparé à partir de grains de Maïs entiers, broyés au laboratoire. La farine obtenue est bouillie une heure (60 g/litre d'eau) puis on filtre la suspension obtenue avant de la géloser.

Nous décrirons d'abord **trois espèces polyphages**, agents de manques à la levée et de fonte de semis, facilement isolées à partir d'échantillons de sols [*], puis un certain nombre d'autres espèces probablement importantes

---

[*] Poser sur des boîtes de milieu S additionné de 100 mg de quintozène et 15 mg de bénomyl/litre des rondelles de 2 cm de diamètre de dilution de terre à 1 %, gélosée.

en pathologie végétale, mais dont le rôle est moins bien connu, ainsi que les agents des maladies spécifiques de la Carotte (cavity-spot) et de la Laitue (trachéomycose).

Pythium ultimum Trow. var. *ultimum*

Colonies cotonneuses sur S, à croissance rapide (plus de 3 cm/jour). Conidies sphériques intercalaires ou terminales diam. 20-25 μ *. Oogones terminaux ou parfois intercalaires 20-24 μ, 1 à 3 anthéridies par oogone, à disposition variable. Oospores aplérotiques 17-20 μ, paroi 2 μ ou plus ; t ° cardinales 5 °C-**27** °C-30 °C.

Pythium sylvaticum Campbell et Hendrix

Syn. : *P. de Baryanum*. Colonies cotonneuses sur S, croissance analogue à celle de *P. ultimum*. Conidies terminales ou intercalaires sphériques ou en forme de citron, diam. jusqu'à 32 μ. Oogones rarissimes, sauf lorsqu'on confronte une souche « mâle » et une souche « femelle ». Oogones diam. 18-20 μ, 2 à 4 anthéridies, diclines. Oospores aplérotiques 15-18 μ, paroi 1 à 2 μ d'épaisseur ; t ° cardinales < 5 °C-**25** °C-37 °C.

Ces deux espèces sont majoritaires parmi les souches isolées du sol de parcelles cultivées en plantes annuelles, sous climat tempéré. Il s'y ajoute des souches à colonies de croissance plus lente, de type « palmé-coralloïde », dépourvues de fructifications caractéristiques, et dont le pouvoir pathogène est beaucoup plus faible, ne provoquant de manques à la levée sur haricot que si l'on choisit une variété de type « Flagolet vert ».

Pythium aphanidermatum (Edson) Fitzp.

Syn. *P. butleri* Subr. Colonies à croissance très rapide sur S, filaments mycéliens pouvant atteindre 10 μ de largeur. Sporanges formés de filaments renflés de façon irrégulière, de 20 μ ou plus d'épaisseur, produisant des zoospores (12 μ de diamètre à l'état enkysté). Oogones terminaux, diam. 22-24 μ. 1 ou 2 anthéridies par oogone, monoclines ou diclines. Oospores aplérotiques 20-22 μ, paroi 1-2 μ ; températures cardinales 10 °C-**37** °C-> 40 °C.

Cette espèce (avec sa quasi-synonyme *P. deliense*) est majoritaire dans les isolements réalisés à partir du sol de parcelles cultivées en plantes annuelles sous climat tropical humide, suivie par *P. splendens* (v. ci-dessous).

Nous ajouterons à ces trois espèces, peut-être les plus importantes pour la pathologie végétale, un certain nombre d'autres, elles aussi polyphages, qui peuvent être rencontrées sur fontes de semis, pourritures de racines ou d'organes charnus.

Autres espèces polyphages (liste non limitative)

Pythium intermedium de Bary

Colonies non cotonneuses, d'allure plus ou moins radiale. Largeur des filaments j.à 7 μ. Nombreuses conidies sphériques, produites en chaînes, se détachant facile-

---

* *P. ultimum* var. *sporangiiferum* Dresch. produit des zoospores (très rarement observé).

ment, pouvant flotter sur l'eau, diam. j.à. 25 μ. Hétérothallique. Oogones 19-22 μ, anthéridies diclines. Oospores 16-20 μ, paroi 1-2 μ ; t ° cardinales 5 °C-**23 °C**-30 °C. Croissance 30 mm/jour à l'optimum.

Pythium irregulare Buisman

Colonies légèrement cotonneuses ou d'allure radiée. Largeur des filaments j.à. 6 μ. Sporanges sphériques 10-20 μ, rares. Conidies sphériques, ovales ou irrégulières diam. j.à. 25 μ. Oogones globuleux ou de forme irrégulière, le plus souvent intercalaires 16-21 μ, avec souvent jusqu'à 5 appendices en forme de doigt. 1 à 3 anthéridies, monoclines le plus souvent. Oospores plus ou moins aplérotiques 15-18 μ ; t ° cardinales 1 °C-**30** °C-35 °C. Croissance 25 mm/jour à 25 °C.

Pythium mamillatum Meurs

Colonies avec un mycélium aérien peu dense, ou radiées. Largeur des filaments j.à. 6,5 μ. Sporanges globuleux ou ovoïdes intercalaires ou latéraux, 18-23 μ, avec des tubes de décharge bien nets 10-28 μ. Zoospores produites à 20 °C. Oogones globuleux ou oblongs, intercalaires ou terminaux, pourvus de nombreuses protubérances coniques, mais obtuses, diam. 15-18 μ, protubérances 2-6 μ. 1 ou 2 anthéridies en général monoclines. Oospores plérotiques, paroi 0,8-1,4 μ ; t ° cardinales 5 °C-**25** °C-33 °C. Croissance 25 mm/jour à 25 °C.

Pythium myriotylum Dreschler

Colonies non cotonneuses. Largeur des filaments j.à. 8,5 μ, appressoria en forme de massue, en grappes irrégulières. Sporanges formés de filaments irrégulièrement renflés largeur 7-17 μ. Zoospores formées à 20 °C, tubes de décharge j.à. 100 μ. Oogones 26-32 μ, 3 à 6 anthéridies diclines, parfois monoclines. Oospores aplérotiques 20-27 μ, paroi 2 μ. Températures cardinales 5 °C-**37** °C-> 40 °C. Croissance à 25 °C, 28 mm/jour. Espèce caractéristique des climats tropicaux, parfois cependant trouvée en France — pourritures de racines et de tiges.

Pythium salpingophorum Dresch.

Colonies non cotonneuses. Largeur des filaments j.à 7 μ. Sporanges globuleux 17-19 μ. Zoospores formées à 15 °C, tubes de décharge 4-45 μ. Oogones intercalaires en chaînes de 2 à 5, diam. 15-19 μ. Anthéridies monoclines ou diclines, j.à. 3 par oogone. Oospores plérotiques 14-18 μ, paroi 1-1,5 μ ; t ° cardinales 5 °C-**25** °C-30 °C. Croissance à 25 °C, 20 mm/jour (espèce citée à cause de sa spécificité « Légumineuses » : Pois en Allemagne et États-Unis).

Pythium spinosum Sawada

Colonies légèrement cotonneuses, filaments 2,5-5 μ de largeur. Conidies intercalaires et terminales globuleuses ou ovoïdes, j.à. 33 μ, avec parfois 1 ou 2 protubérances en forme de doigt. Oogones globuleux ou fusiformes 17-21 μ avec de nombreuses protubérances, 4 à 8 μ le plus souvent 1 anthéridie monocline. Oospores le plus souvent plérotiques 15-19 μ, paroi mince ; t ° cardinales 5 °C-**25** °C-35 °C. Croissance à 25 °C, 30-35 mm/jour.

Pythium splendens Braun

Colonies cotonneuses, filaments de largeur j.a 9 μ. Conidies abondantes, sphériques, le plus souvent terminales, diam. 25-43 μ, germant par 1 à 6 tubes. Le plus souvent hétérothallique, parfois homothallique. Oogones 27-32 μ, 1 à 8 anthéridies diclines. Oospores aplérotiques 22-28 μ, paroi 1 à 3 μ ; t ° cardinales 5 °C-**25** °C-34 °C. Croissance à 25 °C, 30-35 mm/jour.

Espèce souvent rencontrée comme parasite de blessure, sur boutures, racines ou tubercules.

Pythium vexans de Bary
Colonies cotonneuses, filaments j.à. 5 µ de largeur. Sporanges subglobuleux, ovoïdes ou piriformes, parfois prolifères, intercalaires ou terminaux 18-23 × 15-21 µ. Oogones terminaux sur de courtes branches latérales, diam. 18-23 µ. 1 ou 2 anthéridies monoclines, rarement diclines, Oospores aplérotiques 16-19 µ, paroi j.à. 1,5 µ ; t ° cardinales 5 °C-**30** °C-35 °C. Croissance à 25 °C, 18 mm.

Symptômes spécifiques dus à des *Pythium*

Trachéomycose de la Laitue : *Pythium tracheiphilum* Matta.
Colonies non cotonneuses, filaments largeur j.à. 6 µ. Sporanges terminaux et intercalaires, globuleux, diam. 22-28 µ. Zoospores formées à 16 °C, tubes de décharge j.à. 15 µ. Chlamydospores nombreuses dans le tissu de l'hôte et dans les vieilles cultures, de forme et taille variable, à paroi épaisse (caractère unique parmi les *Pythium*). Oogones 14-17 µ, 1 à 2 anthéridies le plus souvent monoclines. Oospores plérotiques 13-16 µ, paroi 1,5-3 µ ; t ° cardinales < 4 °C-**25** °C-27 °C. Croissance à 25 °C, 24 mm/jour.

« **Cavity spot** » **de la Carotte** : deux espèces au moins sont concernées.

Pythium sulcatum Pratt et Mitchell
Colonies non cotonneuses, largeur des filaments j.à. 7 µ. Conidies globuleuses, ovoïdes ou en forme de cacahuète, jusqu'à 45 × 26 µ. Sporanges filamenteux, ne se distinguant pas du mycélium. Zoospores formées à 20 °C. Oogones terminaux ou intercalaires 15-17 µ, 1 à 3 anthéridies mono ou diclines. Oospores aplérotiques 13-15 µ, paroi 1-1,5 µ ; t ° cardinales 2 °C-**24** °**C**-36 °C. Croissance à 25 °C, 14 mm/jour.

Pythium violae Chesters et Hickman
Colonies faiblement cotonneuses, filaments largeur j.à. 6 µ. Conidies terminales ou intercalaires 25-30 µ. Oogones 27-38 µ, 1 à 8 anthéridies la plupart monoclines. Oospores aplérotiques 24-30 µ, paroi j.à. 3 µ ; t ° cardinales 5 °C-**25** °C-32 °C. Croissance à 25 °C, 15 mm/jour.
L'isolement des *Pythium* qui provoquent sur Carotte le « cavity spot » est réputé difficile. On doit partir de lésions débutantes, encore peu envahies par *Cylindrocarpum radicicola* et *Fusarium solani*, sur milieu malt gélosé additionné d'antibiotiques (pénicilline 250 mg, polymixine 50 mg/l), en évitant la streptomycine, toxique pour les Pythiacées. Étant données les vitesses de croissance signalées ci-dessus par Van der Plaats-Niterink, qui ne sont « lentes » que comparées à celle de *Pythium ultimum*, cela vaudrait la peine d'essayer un milieu S dilué au 1/10, ou de la gélose pure, avec éventuellement 5 mg/l de bénomyl.

Nous terminerons cet aperçu de quelques *Pythium* par une espèce fréquente dans les isolements, non phytopathogène, mais hyperparasite sur *Pythium* et autres champignons.

Pythium oligandrum Dreschler

Colonies non cotonneuses à mycélium peu dense, filaments largeur j.à. 7 μ. Sporanges irréguliers formés de renflements globuleux. Zoospores émises à 18-20 °C, tubes de décharge 15-35 μ. Oogones le plus souvent dépourvus d'anthéridies 21-31 μ, pourvus d'épines pointues 5-7 μ. Oospores aplérotiques 18-27 μ paroi 1-2,8 μ ; t ° cardinales 7 °C-30 °C-37 °C. Croissance à 25 °C, 30 mm/jour.

Rhizoctonia solani Kühn

Mycélium brun clair à brun foncé, robuste, largeur 5 à 15 μ. Ramifications latérales avec une légère constriction à la base. Production sur les branches latérales d'articles en forme de tonnelet, en chaînes ramifiées.

Ces chaînes sont le point de départ de la formation de sclérotes bruns, de forme irrégulière, de 2 à 5 mm, bien différenciés chez les souches typiques. Certaines souches atypiques ne présentent pas de vrais sclérotes, mais seulement des amas mycéliens jaunâtres peu cohérents (« *Moniliopsis aderholdi* Ruhl. »).

Forme parfaite *Thanatephorus cucumeris* formant parfois un manchon gris-violacé autour des bases de tiges sénescentes, ou se développent en plages sur le sol. Basides 12-18 × 8-11 μ, stérigmates (3 à 7) 5-12 × 2,5-3,5 μ. Basidiospores dissymétriques 7-12 × 4-7 μ.

Isolement facile sur S, croissance luxuriante sur A. Nous avons fait allusion p. aux « groupes d'anastomose », que peuvent déterminer certains laboratoires spécialisés (en France INRA-Dijon, INRA-Rennes). On ne doit pas compter sur des caractères morphologiques pour distinguer les groupes, signalons tout au plus que sur « PDA » du commerce (Difco) et dans l'obscurité les « AG 4 » ne forment pas de sclérotes, et que les AG 1 « *microsclerotia* » produisent des microsclérotes plus gros que ceux qu'on observe sur les plantes (1 à 2 mm au lieu de 300-800 μ). Les *R. solani* « AG 4 » peuvent être « piégés » dans le sol par des plantules de *Vigna radiata* à 25 °C, les « AG 2.1 » par des plantules de Radis, à 15 °C.

Rhizoctonia violacea Tulasne

Mycélium incolore à l'état jeune, puis se chargeant d'un pigment violet. Formation de « corps miliaires » diam. 1 à 2 mm et de cordonnets mycéliens visibles à l'œil nu, plus tard de sclérotes violets atteignant 5 mm.

La forme sexuée *Helicobasidium purpureum* (Tul.) Pat., ou *H. brebissonii* Desm. s'observe rarement dans la nature, jamais *in vitro*. Les basides à long pédoncule sont arquées à l'extrémité, avec 3 cloisons. Basidiospores hyalines, ellipsoïdes ou réniformes 9-12 × 3-10 μ.

L'isolement est difficile : détacher au scalpel un petit fragment de racine ou tubercule portant des corps miliaires, non pourri. Le désinfecter par trempage 45 secondes dans une solution contenant : éthanol 10 %, $HgCl_2$ 1 %. Rinçage soigneux dans l'eau stérile, ensemencement sur milieu « Malt » (15 g d'extrait de malt cristallisé, 20 g gélose par litre). Au bout de 4 à 5 jours le milieu se colore en brun, les corps miliaires émettent un feutrage mycélien. Repiquer sur un milieu à base de malt et viande (20 g de farine de viande, 30 g ex. de malt, 20 g gélose/l). La croissance du *R. violacea* est très lente, même sur ce milieu très nutritif (d'après P.M. Molot).

***Rhizopus* nigricans** Ehrenberg

Mycélium non cloisonné de gros diamètre, formant des arceaux. Rhizoïdes et bouquets de sporangiophores au contact du milieu. Sporangiophores 1 à 4 mm × 24-42 μ. Sporanges 100-350 μ, spores 9-12 × 7-8 μ.

***Sclerotinia* sclerotiorum** (Lib.) de Bary

Syn. *S. libertiana* Funck. Sclérotes de forme irrégulière 2,5 à 10 mm. Microconidies (spermaties ?) diam. 3-4 μ. Apothécies diam. 4-6 mm, naissant sur les sclérotes. Asques 125-160 × 8-10 μ. Ascospores hyalines diam. 6-8 μ.

***Sclerotinia* minor** Jagger

Comme ci-dessus, sclérotes de 0,5 à 2 mm, apothécies rares, petites (diam. 1,5-2 mm).

Les souches à caractères intermédiaires entre *S. sclerotiorum* et *S. minor* peuvent être désignées comme *S. intermedia* Rams.

Ces *Sclerotinia* sont facilement isolés des tissus en décomposition, après lavage superficiel, incision et prélèvement à la limite du tissu malade.

Croissance faible sur S, vigoureuse sur A et L. Conserver les souches à des t ° inférieures à 30 °C. Production d'apothécies : prélever des sclérotes sur des cultures vigoureuses, les placer à demi enfoncés dans des cristallisoirs du diam. d'une boîte de Pétri mais plus profonds, dans du sable stérile humidifié, sur la fenêtre au Nord en demi-saison, ou dans un local à t ° moyenne 15 °C à 18 °C, sous éclairage fluorescent 8 à 12 h/jour.

Les sclérotes de *Sclerotinia* peuvent être dégradés dans le sol par des *Trichoderma* (voir ci-dessous) ou par des parasites plus spécifiques, comme par exemple :

Coniothyrium minitans Campbell : pycnides à conidies brunes 4-6 × 3,5-4 μ.

Sporidesmium sclerotivorum Uecker *et al.* et *Teratosperma oligocladum* Uecker *et al.* sont des parasites encore plus prometteurs, leur mycélium parcourant activement le sol à la recherche des sclérotes. Tous deux pourvus d'une forme microconidienne *Selenesporella* (conidiophores bruns ramifiés produisant des conidies hyalines 7-8 × 1 μ, en bouquets.

Les macroconidies sont brunes, allongées avec des cloisons transversales pour *Sporidesmium*, à 4 branches disposées comme les rayons d'un tétraèdre pour *Teratosperma*, cloisonnées.

***Sclerotium* cepivorum** Berk.

Sclérotes sphériques environ 500 μ, le mycélium produit des microconidies (spermaties) analogues à celles des *Sclerotinia*. Certaines souches, dépourvues de mycélium aérien blanc sur l'hôte et en culture, produisent des sclérotes de 1 à 2 mm (« pourriture noire »).

Ne pas confondre avec le *Sclerotinia* sp. décrit par Snyder, dont on peut trouver les sclérotes plats en « crottes de mouche » sur les écailles extérieures de l'Ail. Cultures sans mycélium aérien produisant les mêmes sclérotes plats (non pathogène).

Isolement sans difficulté à partir des palmettes mycéliennes présentes entre les écailles ou les caïeux des bulbes atteints. Croissance faible sur S, meilleure sur A, encore meilleure sur A + peptone 10 g/litre.

Sclerotium rolfsii Sacc.

Mycélium hyalin, présentant parfois les « anses d'anastomose » caractéristiques des basidiomycètes. Sclérotes analogues à des graines de radis : 1 à 3 mm, plus gros en culture que sur l'hôte.

Conservation des souches sur S ou L, production abondante de sclérotes sur A. « Piégeage » possible dans le sol avec des plantules de Lentille.

Septoria (v. fig. 13)

Les *Septoria* attaquant les plantes maraîchères (contrairement au *Septoria nodorum* des céréales) sont des champignons à croissance très lente en culture, parfois un peu meilleure sur A ou L que sur S. Isolement en prélevant à la pointe d'une aiguille flambée un cirrhe obtenu en mettant une feuille ou un pétiole infecté en chambre humide, ensemencer sur S.

Pour les repiquages ultérieurs, utiliser des tubes neufs, ayant encore une goutte de liquide à leur base. Racler avec le fil les masses muqueuses de spores produites par quelques pycnides, diluer les spores dans la goutte de liquide à la base du tube à ensemencer, étaler sur toute la surface du milieu.

Septoria apiicola Speg.

Pycnides 65 à 147 μ de diam. pycnospores flexueuses, obtuses à leur extrémité 14-58 $\times$ 1,5-3 μ. Cloisons difficilement visibles.

Septoria cucurbitacearum Sacc.

Pycnospores 40-70 $\times$ 1-1,5 μ.

Septoria lactucae Pass.

Pycnospores dimensions moyennes 27 $\times$ 5 μ.

Septoria lycopersici Speg.

Pycnospores 60-120 $\times$ 2-4 μ, 3 à 9 cloisons.

Septoria petroselini Desm.

Pycnospores 32-40 $\times$ 1,5 μ.

Septoria pisi West.

Pycnospores non flexueuses 40 $\times$ 3 μ. On trouve aussi sur Pois *S. flagellifera* Ell. et Ev., pycnospores 80-120 $\times$ 2-2,5 μ.

Sphaerotheca : voir à « Oïdiums »

Spongospora subterranea (Wallr.) Lagerh.

Plasmodes contenant une grande vacuole centrale à maturité. Zoosporanges sphériques, faiblement colorés en jaune diam. 6-12 μ. Zoospores biflagellées diam. 2,4-4,6 μ à l'arrêt.

Spores de conservation rassemblées en sphères creuses dans les cellules parasitées, hexagonales ou polygonales 3,3 à 4,4 μ. Membrane mince, jaune au début, puis brune.

Cette description est valable pour la f. sp. *nasturtii* sur Cresson, ou la f. sp. *subterranea* sur pomme de terre.

Sur Tomate le *Spongospora* n'arrive en général pas à former des spores de conservation typiques.

Sporodesmium : Voir à « *Alternaria, Stemphylium, Ulocladium* »

Stemphylium : idem

Thielaviopsis basicola (Berk. et Br.) Ferr.

Syn. *Chalara elegans* Nag. Raj. et Kendrick (v. fig. 16)

Conidiophores (ou « phialides ») très allongés produisant des endoconidies cylindriques 10-23 × 3-5 µ. Chlamydospores en forme de tonnelets empilés les uns sur les autres 25-60 × 10-12 µ.

L'isolement de *T. basicola* par les méthodes courantes est difficile : poussant très mal sur S, il est supplanté par des *F. oxysporum*.

Nous proposons la méthode suivante : poser sur des boîtes de Pétri de milieu S des fragments de racines ou d'hypocotyles porteurs de lésions noires, lavés à l'eau courante. Au bout de 36 h repérer à l'objectif × 10 ceux qui sont porteurs de chaînes d'endoconidies, les transférer dans un tube contenant de l'acide citrique à 1 %, stérile. Poser des gouttes de la suspension d'endoconidies ainsi obtenue sur des boîtes de milieu A.

Ne pas oublier que la meilleure façon de détecter *T. basicola* est l'observation directe des chlamydospores sur les racines... On peut le piéger dans les échantillons de sol avec des plantules de *Vigna radiata* (germination à 18 °C-20 °C).

Trichoderma

Non pathogènes sur les plantes (sinon avec des inoculations artificielles en « forçant sur la dose »), les *Trichoderma*, surtout en sols acides, sont dans le sol des antagonistes importants et des destructeurs de sclérotes (*Sclerotinia, S. cepivorum, Sclerotium rolfsii*). Les espèces les plus importantes sont les suivantes :

Trichoderma hamatum (Bon.) Bain.

Colonies blanches avec des zones sporifères vert pâle. Conidiophores se terminant le plus souvent par des filaments stériles peu flexueux après avoir émis des branches latérales porteuses de phialides pyriformes 4-6,5 × 3-4 µ. Phialospores vert pâle à paroi lisse 3,8-6 × 2,2-2,8 µ. Chlamydospores diam. 7-12,5 µ.

Trichoderma harzianum Rifai

Colonies d'abord blanches devenant vert foncé une fois sporulées. Axe principal des conidiophores larg. 4,5 µ. Nombreuses branches latérales, fertiles jusqu'au sommet. Phialides en forme de quilles 5-7 × 3-3,5 µ. Phialospores vert pâle 2,8-3,2 × 2,5-2,8 µ. Chlamydospores 6-12 µ.

Trichoderma koningii Oud.

Colonies d'abord blanches devenant vert foncé une fois sporulées. Conidiophores très ramifiés, fertiles jusqu'au sommet, axe larg. 4 µ. Phialides allongées 7,5-12 × 2,5-3,5 µ. Phialospores vertes 3-4,8 × 1,9-2,8 µ. Chlamydospores diam. j.à. 12,5 µ.

Trichoderma polysporum (Link. ex. Pers.) Rifai

Colonies restant blanches. Axes des conidiophores 4-6,3 µ. Ils se terminent par un filament stérile ondulé ; phialides 4-6,5 × 3-3,5 µ, pyriformes. Phialospores incolores 2,8-3,7 × 1,8-2 µ. Chlamydospores diam. 8,5 µ.

Trichoderma viride Pers. ex. Gray
Colonies à croissance rapide (plus de 1 cm/jour à 25 °C), vert bleuâtre à marge blanche, émettant une odeur de noix de coco. Conidophores très ramifiés axe larg. 4,5 µ. Phialides allongées 8-14 × 2,4-3 µ. Phialospores apparaissant rugueuses à l'objectif immersion × 100, globuleuses diam. 3,6-4 µ ou légèrement ovoïdes 4-4,8 × 3,5-4 µ. Chlamydospores abondantes, diam. j.à. 14 µ.

Ne pas confondre avec les *Trichoderma* :

Gliocladium virens Miller, Giddens et Foster
Conidiophores et phialides rappelant les *Trichoderma*, colonies vertes, conidies 3-4 × 1,7-2,7 µ produites en gouttelettes englobant plusieurs phialides et non, comme chez les *Trichoderma,* en fausses têtes compactes.

Urocystis cupulae Frost.
Syn. *U. colchici* Liro, *U. magica, Tuburcinia cepulae* (Frost.) Liro.
v. fig. 86.
Glomérules de 17 à 25 µ de diam., comprenant 1, rarement 2 chlamydospores fertiles de 10 à 16 µ de diam., entourées de vésicules stériles. Germination par un promycélium court portant 4 à 8 sporidies allongées.

Uromyces (Urédinales)
Les téleutospores des *Uromyces* sont pédicellées et unicellulaires.

Uromyces betae (Pers.) Lev.
Rouille autoïque. Stades S, I, II, III sur Betterave.
Spermogonies à la face supérieure de la feuille, réunies en groupes. Ecidies à la face inférieure, sur une partie cloquée correspondant aux spermogonies. Urédosores nombreux, urédospores 21-32 × 15-28 µ, paroi 2,5-3 µ. Téleutospores 22-24 × 18-26 µ, paroi épaisse, papille apicale.
La betterave est aussi l'hôte écidien de *Puccina isiacae*, rouille des roseaux (*Phragmites*).

Uromyces phaseoli (Pers.) Wint.
Rouille autoïque sur Haricot. Stade écidien très rare : spermogonies groupées sur une petite tache blanche, écidies à la face opposée, par 3 ou 5. Écidiospores 20-26 × 16-20 µ.
Urédo et téleutosores nombreux, sur les 2 faces des feuilles, parfois tiges et gousses, punctiformes ou lenticulaires, pulvérulents, souvent un cercle de pustules autour d'une pustule centrale. Urédospores 20-30 × 16-23 µ, 2 pores germinatifs équatoriaux. Téleutospores 22-26 × 20-25 µ paroi lisse ou marquée de quelques verrues. Large papille hyaline à l'apex.
Sous les Tropiques, ne pas confondre avec *Phakospora vignae* : urédosores recouverts par l'épiderme s'ouvrant par un pore central, urédospores incolores.

Uromyces pisi (D.C.) Otth.
Hétéroïque — stade écidien sur *Euphorbia cyparissias*. Urédospores diam. 21-25 µ, téleutospores 20-28 × 14-22 µ, verruqueuses (sur Pois).

Uromyces viciae craccae Constantin
  Hétéroïque — stade écidien sur *Euphorbia cyparissias*. Urédospores diam.
  15-22 μ, téleutospores 20-28 × 17-22 μ, striées longitudinalement (sur Pois
  et *Vicia cracca*).

Uromyces fabae (Pers.) de Bary
  Syn. *U. viciae fabae* (Pers.) Schlecht. Autoïque. S, I, II, III sur Fève et de
  nombreuses autres légumineuses, dont le Pois.
  Ecidies par petits groupes serrés le long des nervures. Urédo et téleutospores sur feuilles et tiges. Urédospores 21-26 × 16-25 μ, 3 à 5 pores
  germinatifs. Téleutospores 26-28 × 15-27 μ, lisses, apex obscur 7-11 μ
  d'épaisseur.

Ustilago *scorzonerae* (Alb. et Schw.) Schroeter
  Charbon des fleurs de Scorsonère. Chlamydospores à paroi réticulée diam.
  9-16 μ.

Ustilago tragopogi pratensis (Pers.) Roussel.
  Charbon des fleurs de Salsifis. Chlamydospores à paroi réticulée 13-
  17 × 10-16 μ.

Verticillium

  Genre comportant des saprophytes, des parasites de champignons et
  d'insectes.
  Les espèces phytopathogènes sont au nombre de 5, d'après Isaac. Les *V. nubilum*,
  tricorpus et *nigrescens* ne sont que faiblement pathogènes, et concernent surtout la
  Pomme de terre et la Menthe.
  V. alboatrum Reïnke et Berth concerne surtout la Luzerne et le Houblon, mais
  peut se rencontrer sur plantes maraîchères. Il ne produit pas de microsclérotes,
  mais seulement des cellules mycéliennes foncées. Sa forme conidienne est analogue
  à celle de *V. dahliae*.

Verticillium dahliae Kleb. (v. fig. 17)
  Microsclérotes noirs 70-200 μ, globuleux ou allongés. Conidiophores verticillés, portant à chacune de leurs extrémités terminales ou latérales une
  gouttelette liquide renfermant des conidies ellipsoïdes hyalines 5-12 × 2-
  3μ.
  Isolement à partir des tissus ligneux de la plante atteinte, ou de fragments de
  pétioles flambés ; ensemencer des fragments de 5 à 10 mm sur S. Bonne croissance
  et conservation des souches sur S. L'obscurité favorise l'apparition des microsclérotes chez les souches à mycélium aérien cotonneux (fréquentes sur Tomate).

Zopfia *rhizophila* Rabh.
  Périthèces rassemblés en croûtes noires sur racines d'Asperge, diam. 1-
  2 mm. La paroi des asques est fugace. Ascospores bicellulaires d'un noir
  opaque 64-80 × 34-48 μ.
  Ce champignon semble rebelle à la culture *in vitro*, et serait peut-être à placer
  parmi les parasites stricts.

Bibliographie

En complément des ouvrages généraux de mycologie cités à la fin du chapitre I nous avons consulté :

LANGE L., INSUNZA V. 1977. — Root inhabiting *Olpidium* species : the *O. radicale* complex. *Trans. Brit. Mycol. Soc.*, **69**, 377-384.

RIBEIRO O.K., 1978. — *A source book of the genus* Phytophthora J. Cramer — Vaduz, 417 p.

RIFAI M.A., 1969. — *A revision of the genus* Trichoderma. Mycological papers n° 116. CMI-Kew. 56 p.

VAN DER PLAATS-NITERINK A.J., 1981. — *Monography of the genus Pythium*. Studies in Mycology — CBS. Baarn n° 21, 242 p.

WILHELM S., 1965. — *Pythium ultimum* and the soil fumigation growth response. *Phytopathology*, **55**, 1016-1020.

INDEX

---

* Récemment rebaptisé « Papaya ringspot virus souche m ».

IN 0 036 074 T

Imprimé pour vous par Books on Demand (Allemagne)